博物馆与中小学教育结合制度设计研究

Museums' Integration with
Primary and Secondary School Education
Studies on Institutional Design

郑奕 著

复旦大学出版社

目 录

序一 / 陆建松   1
序二 / 段 勇   1

第一章 导论   1
  第一节 核心概念界定   2
  第二节 研究意义与价值   10
  第三节 研究对象、思路与方法、创新点   19

第二章 博物馆与中小学教育结合的价值诉求与理念确立   29
  第一节 厘清教育的终极目的与真正价值   29
  第二节 校外教育是素质教育的一大主干   37
  第三节 提升博物馆在校外教育中的地位   42

第三章 国际社会博物馆与中小学教育结合的理念与实践   51
  第一节 立法、政策、规划   52
  第二节 财政保障与经费投入   65
  第三节 教育部门牵头馆校合作   69
  第四节 第三部门机构的研究   77
  第五节 博物馆把握时代挑战和机遇,以服务学校为先   85

第四章 我国博物馆与中小学教育结合的历史、现状以及
    对策和路径选择   107
  第一节 我国校外教育事业发展综述   107

第二节　我国博物馆与中小学教育结合的历史、现状以及
　　　　　　问题、原因　　　　　　　　　　　　　　　　　129
　　第三节　我国博物馆与中小学教育结合的发展对策和路径选择　153

第五章　我国博物馆与中小学教育结合的顶层设计　　　162
　　第一节　以规划引领　　　　　　　　　　　　　　　　163
　　第二节　以政策细化落实与导向规划　　　　　　　　　189
　　第三节　以立法促规划、政策的法治化　　　　　　　　248

第六章　我国博物馆与中小学教育结合的中层设计　　　272
　　第一节　领导与统筹机制　　　　　　　　　　　　　　273
　　第二节　财政保障与经费投入机制　　　　　　　　　　281
　　第三节　考核评价机制　　　　　　　　　　　　　　　297
　　第四节　激励机制　　　　　　　　　　　　　　　　　336
　　第五节　校外教育师资培养培训机制　　　　　　　　　343
　　第六节　宣传推广与信息公开机制　　　　　　　　　　362
　　第七节　决策咨询与合作研究机制　　　　　　　　　　379
　　第八节　区域协同发展与示范引领机制　　　　　　　　393
　　第九节　安全责任与问责机制　　　　　　　　　　　　406

第七章　我国博物馆与中小学教育结合的底层设计　　　411
　　第一节　学校对博物馆的遴选机制　　　　　　　　　　412
　　第二节　博物馆对学校的供给机制　　　　　　　　　　425
　　第三节　馆校投入保障机制　　　　　　　　　　　　　472
　　第四节　馆校与家长、社区、社会的联动机制　　　　　496
　　第五节　馆校评估机制　　　　　　　　　　　　　　　504

第八章　我国博物馆与中小学教育结合：制度设计之理论框架　524
　　第一节　制度变迁：博物馆与中小学教育结合之制度设计的
　　　　　　时代演进　　　　　　　　　　　　　　　　　525
　　第二节　我国博物馆与中小学教育结合的广义制度环境　530
　　第三节　我国博物馆与中小学教育结合：制度设计之理论框架　535

第四节　我国博物馆与中小学教育结合：制度设计之愿景构想　　543

结语　　550

附录　　553
　　一、针对博物馆教育工作者的问卷与访谈　　553
　　二、针对中小学教师的问卷　　556
　　三、美国博物馆学校名录（按所在州的首字母顺序排列）　　560
　　四、上海市小学、初中、高中之2019学年度课程计划　　566

参考文献　　569

后记　　578

序一

陆建松

郑奕博士的新书《博物馆与中小学教育结合：制度设计研究》可谓五年磨一剑，是她继《博物馆教育活动研究》一书后在博物馆学领域的又一成果，更是探索我国馆校合作、文教结合的开拓性、高屋建瓴之作。

国际社会高度重视博物馆在中小学教育中的作用，将博物馆纳入青少年教育、国民教育体系是发达国家的普遍行为，包括通过立法、政策等明确博物馆纳入国民教育体系的内涵及要求，即主要为青少年教育服务，重点是纳入基础教育体系，通过制定有效的政策措施，切实融入中小学教学计划。由此可见，制度保障是关键。

进入新世纪以来，我国政府高度重视博物馆在青少年教育方面的重要性，出台了一系列政策和举措。其中，2018年10月8日，中共中央办公厅、国务院办公厅印发了《关于加强文物保护利用改革的若干意见》，并在"主要任务"中提出"将文物保护利用常识纳入中小学教育体系，完善中小学生利用博物馆学习长效机制"。近二十年来，尽管各地博物馆在探索与中小学教育结合方面做了不少努力，但在应试教育和追求升学率等背景下，合作往往是一头热、一头冷，成效不大，博物馆难以实质性融入青少年教育体系。

郑奕一直致力于博物馆教育研究，特别是对国内外的相关理论和实践拥有深厚积淀。因此，她敏锐地抓住了我国博物馆与中小学教育结合不力的根源——制度设计缺位，可谓把脉精准。为了"稳、狠、准"地寻求破解之道，她一方面对全球先进国家的相关制度设计及实践进行全面考察，提炼成功经验；另一方面从我国创新人才培养的战略、文教结合的跨领域维度这一更高视角，对我们存在的问题、原因进行了深入剖析。在此基础上，逻辑推演到发展对策和路径选择——我国博物馆和中小学教育结合的制度设计，并构建了理论框架。较之以往单一维度的馆校合作研究,这一涵盖顶层、中层和底层设计的综合解决方案,将政府作为主导方引入,同时充分聚焦其公共文教服务的供给职责,不仅具有全局性和系统性,而且具有可操作性和"落地性"。

作为导师,我一直教导学生做学问不要囿于象牙塔,不要坐而论道,要立足中国大地,要有现实关怀,要富有社会应用性,要为国家咨政服务。多年来,郑奕一直秉承这样的治学理念,独立主持国家社会科学基金项目、全国文物保护标准化技术委员会项目等六项国家级和省部级课题,并担任国家文物局、教育部评审专家,以及国际博物馆协会博物馆学专委会亚太分会常务理事,拥有一般青年学者难有的学术格局。仅2019年,其成果不仅获得上海市决策咨询研究成果奖二等奖,而且获得党和国家领导人的批示。希望她继续精益求精,以追求一流的学术作为目标,为业界贡献更多的智力支持。

2020年10月5日

(作者为复旦大学文物与博物馆学系系主任、国务院学位委员会办公室全国文博专业学位研究生教育指导委员会秘书长)

序二

段 勇

近年来,郑奕博士一直是我国博物馆学界很活跃的青年学者,尤其在博物馆教育领域,成果多、质量高,深受业内外关注。不过,她前一阵似乎在公开场合相对沉寂了一段时间,一方面当然是众所周知的疫情缘故,另一方面应该就是为了呈现在大家面前的这部作品。

这不仅是我国博物馆领域具有开拓意义的一部真正的大作,也是社会教育领域难得的一项深度研究成果。

在家庭教育、学校教育和社会教育的划分中,博物馆教育属于社会教育,但它实际上又贯穿了家庭教育、学校教育和社会教育这三大领域,而且兼具知识教育、能力培养和价值塑造的功能,因此越来越受到各界关注和重视,已成为终身教育、全域教育的重要平台。

从博物馆诞生之日起,未成年人就一直是博物馆教育的主要对象。博物馆与中小学教育的结合,从广义上看,在欧美一些博物馆大国已有上百年的历史,并形成了系统的研究成果和实践模式,比如美国著名的"K-12"项目。我国其实也很早就将大、中、小学生作为博物馆教育的重要对象,近十年来博物馆主管部门更是大力推动"文教结合",重点就是面向中小学。虽然做了许多努力,也取得了不少成绩,但是从广度和深度来看,实践成效却比较有限,主要体现在博物馆与中小学之间仍然缺乏深度结合模式和长效合作机制。

郑奕此书从全面梳理博物馆与中小学教育的相关概念入手,明确了所探讨问题的学理基础和实践范畴;介绍了国际实践与研究状况,树立了可资参考借鉴的相对标的;论述了我国博物馆与中小学教育结合的历史与现状,肯定了成绩,也揭示了问题;特别是针对当前我们实践中的难点、堵点和痛点,拨开表层现象的迷雾,抽丝剥茧探寻问题根源,突破了前人的局限性,拓展了新的研究广度和深度,并提出了具体可行的政策及操作建议。

本研究主题具有学科前沿性和实践意义,研究方法以问题为导向、理论与实践相结合,研究体系宏大、结构形成闭环,内容丰富翔实,观点明确具体,建议路径清晰,使措施能够落地。

作为一名老博物馆人,一个致力于博物馆与学校教育结合的推动者,我在实践中对两者结合的困难及问题症结曾有所感悟,但是没能深入进行根源性挖掘。读了此书,不由得对作者在相关研究上所下的工夫大为赞叹,更对作者解决问题的制度设计路径深为称许。

该书的最大亮点,除了对问题根源深入挖掘直达关键核心,还有就是关于顶层设计、中层设计、底层设计的立体解决方案。建立在对我国行政管理体制机制剖析基础上的三大层级设计,既有明确的功能区分又相互形成合力,堪称一套完整的"降龙十八掌"。相信并期待郑奕博士的这一研究成果能够在今后实质性推进博物馆与中小学教育结合的制度化和长效化方面取得令人欣喜的成效。

个人以为,对这样一部大作来说,序言宜短不宜长,以便读者尽早进入正文、先睹为快。

2020 年 9 月 22 日

[作者为上海大学党委副书记、前国家文物局博物馆与社会文物司(科技司)司长]

第一章
导 论

百年大计,教育为本。教育有梦,则民族有梦,教育梦是实现中华民族伟大复兴这一中国梦的基石。2020年是我国"十三五"的收官年,更是教育实现新发展、新跨越的奠基年。习近平总书记在2018年全国教育大会上提出的"五育"并举(德智体美劳)指导思想,以及"培养什么人、怎样培养人、为谁培养人"这一根本问题,标志着我国素质教育发展到了新阶段,基础教育改革也进入了"深水区"。

强国必先强教。少年强则国强,青年兴则国兴。校外教育作为社会教育的一大板块,既是实施素质教育的重要路径,又是基础教育的必要组成部分。与此同时,文化是一个国家的气质、风骨、灵魂,而博物馆更是其中的金字招牌,承载着精神品格和理想追求,正如习近平总书记所言:"一个博物馆就是一所大学校。"这些年来,伴随着我国博物馆事业大繁荣,并呼应国际业界将"教育"作为场馆的首要目的和功能,中国已经成为博物馆发展最快、投入最多的国家之一,不仅总量世界领先,而且大部分都免费开放,这在全球屈指可数。在此背景下,博物馆与中小学教育结合事业大发展,并正在被我国各级各地政府纳入文化和旅游、教育议程。事实上,它也值得被作为一份创新型、中长期事业去建设,且成为教育综合改革的重要一环,以及国家"德政"工程的一部分。

制度之治乃最理想的治理模式,规则文明是最先进的文明形态。当下,我国博物馆与中小学教育结合事业历经多年发展,已拥有扎实的基础,但仍不满足于量的积累,而是希冀达求质的飞跃,并强化国家站位,主动服务大局,因此亟需制度设计。鉴于此,相应的制度设计研究兼具理论和实践价值,无论对规划、政策、立法的顶层设计,还是馆校合作的底层设计,以及亟待加强的中层设计而言,都具有重要意义。

眼界决定境界,高瞻方能远瞩。立足当下,放眼国门内外,我们已建成了国际上规模最大的教育体系,同时学生个性化、多元化需求日趋强烈,以至于没有一个教育、文旅(文博)机构可置身事外。期待本研究成果能咨政、启民、育才,助推我国文教领域的科学决策、科学实施、科学评价,并引导青少年在博物馆学习中"润物细无声"地增强中国特色社会主义道路自信、理论自信、制度自信、文化自信。更重要的是,我们致力于通过博物馆与中小学教育结合事业,进一步参与全球文教治理,履行我国对联合国2030年可持续发展议程的承诺,并贡献中国智慧、中国经验、中国方案,展现负责任的大国形象。同时,推动中华文化走出去,提升我们在新一轮国际文教制度改革与创新中的话语权,发出中国声音,讲好中国故事,为践行"人类命运共同体"这一伟大价值观做出贡献。

期待我国博物馆进一步加强文物价值的挖掘阐释和传播利用,让文物活起来,并厚植青少年、儿童的生命阅历,扩展其精神疆域,在发现、高扬人的价值上奋力跋涉,更为推动实现中华民族伟大复兴的"中国梦"提供精神力量。

第一节 核心概念界定

本节主要对与研究对象——"博物馆与中小学教育结合:制度设计"直接相关的核心概念进行界定,以为下文论述做铺垫。

一、什么是博物馆?

(一)《博物馆条例》的定义

根据2015年3月20日起施行、中国博物馆行业首部全国性法规——《博物馆条例》之第二条,博物馆是指"以教育、研究和欣赏为目的,收藏、保护并向公众展示人类活动和自然环境的见证物,经登记管理机关依法登记的非营利组织"。

本定义呼应了国际博物馆协会对博物馆的定义,并将教育作为博物馆的首要目的和功能。

(二)国际博物馆协会(International Council of Museums, ICOM)[①]的定义

在国际博物馆界,最新版的博物馆定义由2007年的第21届国际博物

---

① 为博物馆国际学术组织,总部设在联合国教科文组织内。

馆协会代表大会修订，并首次将"教育"作为博物馆的第一功能予以论述。它将"教育"调整到博物馆业务目的的首位，并取代了多年来将"研究"置于首位的认识。

该版本的博物馆定义为：博物馆是一个为社会及其发展服务的、向公众开放的非营利性常设机构，为教育、研究、欣赏的目的征集、保护、研究、传播并展出人类及其环境的物质及非物质遗产。（A museum is a non-profit, permanent institution in the service of society and its development, open to the public, which acquires, conserves, researches, communicates and exhibits the tangible and intangible heritage of humanity and its environment for the purposes of education, study and enjoyment）

二、什么是中小学生与儿童、青少年、未成年人？

(一) 中小学生

本研究聚焦的是中华人民共和国范围内的、博物馆与中小学教育结合工作。并且，该事业涉及一系列小学、中学，后者包括普通初中和普通高中。但本研究暂不覆盖特殊教育学校①和工读学校②。中小学生指的是中学生、小学生，前者包括初中生和高中生。

(二) 青少年、儿童、未成年人

1. 儿童

医学界将14岁以下作为儿童的医学观察年龄段。根据《中华人民共和国未成年人保护法》及《联合国儿童权利公约》的规定，儿童指18岁以下的任何人。

在本研究中，对儿童的界定采取前者，并与青少年在年龄段上连接，同时两者共同构成未成年人。此外，儿童若根据上小学与否的标准，还可分为学龄前与学龄后儿童。

2. 青少年

青少年是青春期年龄段的人，而青春期则是儿童转变为成人的过渡时期，通常指13岁至19岁左右。但学者认为很难给青春期下一个准确定义，因为

---

① 由政府、企业事业组织、社会团体、其他社会组织及公民个人依法举办的专门对残疾儿童、青少年实施的义务教育机构。

② 是中华人民共和国为有轻微违反法律或犯罪行为未成年人开设的一种特殊教育学校，不属于行政处分或刑罚的范围。

它可从不同角度理解。同时,各国各地区对青少年的界定也存在一定出入。

对应中小学的学段角度,青少年一般指自上初中到高中毕业的学生(初中为 13 至 15 岁,高中为 16 岁至成年),经历 6 年时间的中学阶段。

3. 未成年人

未成年人一般指未满 18 周岁的公民,但根据某些国家(如日本)的定义,则指未满 20 周岁的公民。

值得一提的是,根据《中华人民共和国公共文化服务保障法》,在群体均等方面,该法规定:"各级人民政府应当根据未成年人、老年人、残疾人和流动人口等群体的特点与需求,提供相应的公共文化服务。"其中,未成年人位居首位,足见国家层面的重视。

综上所述,中小学生主要从学段角度进行界定,相对完整、精准;儿童、青少年、未成年人主要从年龄角度进行界定。它们之间有重合、交叠,但也存在差异。儿童和青少年皆属于未成年人。同时,儿童和青少年根据医学界、法律界以及不同国家的界定,存在一两岁的出入、交叉。确切地说,中小学生覆盖了部分青少年和儿童,因为儿童还包括学龄前(小学前)儿童,但又不及未成年人的跨度那么大。

因此,在本研究中,使用中小学生的表述更适切,以直接对应学校教育及综合素质评价(其应用发生在校园时期)等,同时还可规避儿童和青少年之间的一两岁年龄出入、交叉。

三、什么是社会教育、校外教育、博物馆与中小学教育结合?

(一) 社会教育

教育是一项系统工程。按照实施场所与主体,国内外基本都将教育划分为学校教育、家庭教育、社会教育,它们皆是整个教育系统的子系统。正如 2004 年《中共中央国务院关于进一步加强和改进未成年人思想道德建设的若干意见》等所明确的,"要建立健全学校、家庭、社会相结合的未成年人思想道德教育体系,使学校教育、家庭教育和社会教育相互配合,相互促进"。事实上,日本早在 1947 年就通过被称为宪法姐妹篇的《教育基本法》,把教育的概念界定为学校教育、家庭教育和社会教育三者的总和①。

---

① 王晓燕:《日本校外教育发展的政策与实践》,《国家教育行政学院学报》2009 年第 1 期,第 90 页。

就社会教育的定义而言,广义上它泛指社会生活中一切对人身心发展产生影响的教育;狭义上它与学校教育相对,是指学校教育以外、一切文化教育设施对青少年、儿童和成人进行的各种教育活动[①]。根据《关于将博物馆纳入国民教育体系的调研报告》,"博物馆是社会教育的重要承担者,是国民特别是青少年感知历史,认识现在,探索未来的重要文化殿堂"[②]。其实,社会教育同家庭教育一样,皆伴随每个人的一生。

(二) 校外教育与课外教育(活动)

1. 校外教育

(1) 概念

根据《校外教育的概念和理念》一文,校外教育是一种有目的、有计划、有组织的教育,不是泛化的教育影响。它作为一种实践活动形式多样,同时作为一个学术概念在表述上也众说纷纭[③]。该文梳理的国外关于校外教育概念的界定包括但不限于如下几种:

● 校外教育是在学校教育之外、由专门的校外教育机构对儿童实施的教育活动。明确从理论上做出上述概括的是苏联著名教育家——凯洛夫(Kairov)。他在所著的《教育学》(Pedagogy)第18章《课外活动和校外活动》中指出:"除了学校以外,各种机关和团体对儿童实施的多种多样教养、教育工作,叫儿童校外活动。"[④]

● 校外教育也称学校外教育,有时与社会教育通用,或者称之为"有计划的社会教育"。1930年,日本学者松永健哉提出了校外教育概念,认为它相对于学校教育而言具有独特的教育价值。1973年,在日本教职员联盟发布的教育制度检讨委员会报告中,首次提出相对于学校教育的学校外教育。后者的主要内容包括:与校内生活有关的校外教学指导,由教师引导学生在校外进行;与儿童、学生校外生活有关的校外指导。并且,校外教育的职责由校外教育机构和学校共同承担[⑤]。

● 校外教育是和校外活动相对应的概念。欧美一些学者认为,校外活

[①] 连晶:《同辈群体对青少年学生道德社会化的消极影响及教育干预研究》,西南大学硕士学位论文,2009年,第27—31页。

[②] 国家文物局博物馆司调研组:《关于将博物馆纳入国民教育体系的调研报告》,《新形势下博物馆工作实践与思考》,文物出版社2010年版,第62页。

[③] 康丽颖:《校外教育的概念和理念》,《河北师范大学学报》2002年第3期,第24—25页。

[④] 沈明德:《校外教育学》,学苑出版社1989年版,第26—27页。

[⑤] 李友芝:《中外师范教育辞典》,中国广播电视出版社1988年版,第108页。

动是在校园以外的场所进行的课外活动①。

值得一提的是,部分国内外学者将校外教育划定在课余时间内进行,如周末和寒暑假,笔者并不完全认同。与此同时,校外教育和课外教育(活动)存在差异,事实上校外教育同样可以发生在课内。

(2) 对象与目标

校外教育的对象是青少年、儿童,其目标则包括总目标和具体目标。其实,校外教育与学校教育的总目标具有一致性,具体目标则需结合校外教育的性质、任务、特点而定②。

在此背景下,就校外教育的本质特征而言,关键是把握其有别于其他教育形式的独特性。校外教育较之学校教育,目标的独特性在于:一是侧重青少年、儿童的个性品质培养,关注他们在科技、文艺、体育等方面的兴趣和才能发展;二是寓品德教育于丰富多彩的活动中,更注重学生的道德情感升华和行为塑造;三是强调教育与实际生活的有机结合,通过组织有益于青少年、儿童身心健康的文化娱乐活动,促使其课余生活空间更广阔;四是关注学生的闲暇生活,将教育与娱乐有机结合③。

(3) 校外教育与已有教育类别的关系

长期以来,国内外关于校外教育在整个教育体系中的归属问题众说纷纭。研究者选择不同角度分析议题,但所有探讨都涉及校外教育与已有教育类别的关系。

早在1947年,日本就通过《教育基本法》把教育的概念界定为学校教育、家庭教育和社会教育三者的总和。并且,于1949年颁布《社会教育法》,这是其校外教育管理的总法。它对社会教育的定义是:在学校教育课程之外所举行的、主要针对青少年和成年人的有组织的教育活动。该定义把校外教育归属于社会教育。鉴于此,日本的校外教育是与学校教育紧密衔接、相互补充并相对独立完整的教育事业④。

就我国而言,有学者将校外教育划入学校教育,认为两者拥有共同的教育对象,都是在校中小学生。也有人认为,校外教育由社会教育机构举办,并主要在学校之外开展,因此属于社会教育。此外,还有一些其他的分类。但我们可以初步得出如下结论:校外教育是社会教育中不可或缺的组成部

---

① [英]德·朗特里:《西方教育词典》,上海译文出版社1988年版,第222页。
②③ 康丽颖:《校外教育的概念和理念》,《河北师范大学学报》2002年第3期,第25页。
④ 王晓燕:《日本校外教育发展的政策与实践》,《国家教育行政学院学报》2009年第1期,第90页。

分,亦是现代教育系统中的非正规教育(informal learning,包括岗位培训、校外教育、继续教育等)。它与作为正规教育(formal learning,包括学前教育、中小学教育、高等教育)中的典型——中小学教育拥有共同的对象,如同基础教育的"比翼鸟"。当然,两者在办学方式、招生方式、教学活动的组织以及对象的稳定性、文化传播的系统性和规范化程度上均存在差异①。

值得一提的是,若以教育的策划与实施主体作为分水岭,并非由中小学担任主体的校外教育,自然属于社会教育范畴。当然,就一些研究将校外教育置于学校教育范畴而言,应该是活动、项目的策划与实施主体仍为中小学,只不过空间转移到了校外,因此并不矛盾。事实上,校外教育的职责由校外教育机构与学校共同承担恰恰是良性发展态势,同时以前者为主。

2. 课外教育(活动)

《国家中长期教育改革和发展规划纲要(2010—2020年)》在"义务教育"一章中提及"加强校外活动场所建设和管理,丰富学生课外及校外活动"。可见,校外与课外活动存在差异。

此外,《舞动成长的翅膀:上海市中小学课外活动实施指南》一书也提及:"课外活动是与课堂教学并驾齐驱的学校教育体系的另一主干"②,"中小学生的课外活动包含两个方面:学校内的和学校外的"③。鉴于此,校内、校外侧重以中小学为边界,从空间维度进行区分;而课内、课外侧重以学校课程(curriculum/course)为边界,从时间维度进行区分,具体如下图所示。

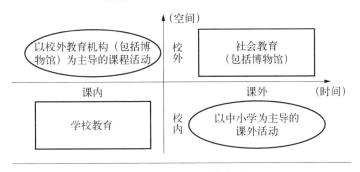

图1 校内外、课内外教育(活动)的"同"与"异"

---

① 康丽颖:《校外教育的概念和理念》,《河北师范大学学报》2002年第3期,第26页。
② 高德毅:《舞动成长的翅膀:上海市中小学课外活动实施指南》,上海教育出版社2014年版,绪论第6页。
③ 同上书,第129页。

根据上图的坐标轴和四大象限所示,在同时覆盖"课内"和"校内"的第三象限,对应的正是学校教育;与之相对的,是既在课外又在校外的第一象限,对应的是社会教育,博物馆教育即属此列。此外,校外教育可由学校组织,在课堂之外进行,对应的是课外＋校内的以中小学为主导的课外活动,详见第四象限,仍属于学校教育范畴;也可由校外教育机构安排师资,利用学校校舍和设施设备,在课堂内组织,详见第二象限中课内＋校外的以校外教育机构为主导的课程活动,仍属于社会教育范畴,博物馆亦可在其中发挥重要作用。事实上,当下国内外校外教育的职责正由校外教育机构与学校共同承担,并以前者为主。

在本书中,鉴于博物馆与中小学教育结合的研究需求,因此意在凸显博物馆这一社会教育空间相较于学校的独一无二价值;同时,旨在表达博物馆与中小学的合作既可在课内又可在课外进行。而我们正提倡将场馆教育融入学校的日常课程,在课内时间践行博物馆学习。

(三) 博物馆与中小学教育结合

国际上将博物馆纳入国民教育体系,同时关注学校教育与终身学习两方面。并且,博物馆纳入国民教育体系的主要内涵及要求是:为青少年教育服务,重点纳入基础教育体系,切实融入中小学教学计划[①]。

值得一提的是,2018 年 7 月,习近平总书记主持召开中央全面深化改革委员会第三次会议,审议通过了《关于加强文物保护利用改革的若干意见》,并在"主要任务"中提出"将文物保护利用常识纳入中小学教育体系,完善中小学生利用博物馆学习长效机制"。同年 10 月 8 日,中共中央办公厅、国务院办公厅印发该文件。鉴于此,我国博物馆与中小学教育结合符合国家顶层设计,亦是将博物馆纳入国民教育体系的重中之重。

事实上,早在 2007 年 5 月,多位全国政协委员就联名提交提案《建议将博物馆纳入国民教育体系》,这是我国首次正式聚焦该主题,并尤其强调博物馆与中小学教育结合的内容。之后,2014 年《关于开展"完善博物馆青少年教育功能试点"申报工作的通知》、2015 年《国家文物局、教育部关于加强文教结合、完善博物馆与中小学教育结合功能的指导意见》、2020 年《教育部、国家文物局关于利用博物馆资源开展中小学教育教学的意见》都直指博

---

① 国家文物局博物馆司调研组:《关于将博物馆纳入国民教育体系的调研报告》,《新形势下博物馆工作实践与思考》,第 64 页。

物馆与中小学教育结合的主题和内容。

此外,根据 2015 年 3 月 20 日起施行、中国博物馆行业首部全国性法规——《博物馆条例》,"博物馆社会服务"一章中的第三十五条规定:"国务院教育行政部门应当会同国家文物主管部门,制定利用博物馆资源开展教育教学、社会实践活动的政策措施。地方各级人民政府教育行政部门应当鼓励学校结合课程设置和教学计划,组织学生到博物馆开展学习实践活动。博物馆应当对学校开展各类相关教育教学活动提供支持和帮助。"这些都是我国从顶层设计的立法、政策层面,为博物馆与中小学教育结合事业发展定了基调,做了铺垫。

四、什么是制度与制度设计?

(一) 制度

制度或称为建制,属于社会科学概念,泛指以规则或运作模式规范个体行动的一种社会结构。这些规则蕴含着社会价值,其运行彰显了社会秩序。

当然,在制度的语用范畴里,其使用方法随着时代发展不断变化。其具体含义的确定,取决于具体环境。此外,鉴于学科领域、定义视角、定义范围以及理解、立场、主张的不同,对制度有不同的解释。其中,富有代表性的观点包括:制度是一种规则,是一种习惯或习俗,是一种组织机构或结构,是行为模式,体现为博弈系统[①]。

在本研究中,制度是一个社会在运行过程中,为规范调节自身行为及相互关系而制定或约定的规则体系。它之所以广泛应用,源于自身功能,包括引导与规范功能、激励与惩罚功能、调节与建构功能[②]。

此外,本研究涉及的文化和旅游(文博)、教育制度皆是制度的重要组成部分,是其在特定领域的具体化。博物馆与中小学教育结合及其制度设计,不仅仅是制度的产物和体现,更需要制度的保障才能付诸实践并可持续发展。

---

① 柳欣源:《义务教育公共服务均等化制度设计》,华东师范大学出版社 2019 年版,第 44—46 页。
② 同上书,第 47—48 页。

(二)制度设计

制度是可设计的。制度设计指主体根据社会和组织发展需要,规划新的制度形式并使之制度化的过程。它是人类实践活动的重要组成部分,是所有制度化群体或组织赖以成立的基础工作①。鉴于此,制度设计是制度的体现和具体化,是实现形式。事实上,制度表现为社会关系和规则体系,而体系的建立或废改皆须通过设计完成。

从本质上说,制度设计是政治问题,因为政治的核心即利益、规范以及两者的相互关系②。此外,不只政治学研究它,经济学、社会学、心理学等也都以其为研究对象。同时,制度设计不仅有理论研究,而且有案例、实证、经验研究。

鉴于制度设计的重要性和复杂性,以及"最优制度是可以安排的"这一理想和事实,本研究聚焦我国博物馆与中小学教育结合的制度设计,并致力于回答:谁来调整相关行为?怎样调整行为?何时调整行为?调整行为的学理支撑来自何方?这些其实也是其他制度设计不可回避的议题。当然,我国博物馆与中小学教育结合事业主要由中央和地方政府进行制度供给,尤其是在顶层设计和中层设计层级,并基于此形成位于底层的馆校合作机制。整体的制度设计据此展开,它同时涉及理论与实践两个方面。

第二节 研究意义与价值

本研究以问题为导向,因此本节主要通过回答三大问题来论述研究意义与价值,分别是:为何要"将博物馆与中小学教育结合"?为何是"博物馆"?为何必须依托"制度设计"?三大问题一一指向了校外、校内教育融合的必要性,博物馆在校外教育中的重要位置,以及制度设计对助推本事业中长期发展的卓越功能。

一、为何要"将博物馆与中小学教育结合"?

第一问,为何要"将我国博物馆与中小学教育结合"?正如2018年《关

---

① 柳欣源:《义务教育公共服务均等化制度设计》,第148页。
② 朱杰进:《国际制度设计:理论模式与案例分析》,上海人民出版社2011年版,序言第Ⅲ页。

于加强文物保护利用改革的若干意见》所示,我国之所以在"主要任务"中提出"将文物保护利用常识纳入中小学教育体系,完善中小学生利用博物馆学习长效机制",彰显的正是中央政府对于社会教育与学校教育融合、校内外教育融合的顶层设计,以契合基础教育改革、创新人才培养模式等国家战略。

(一) 社会教育与学校教育融合,助推基础教育改革

一直以来,中小学都是高效的知识传承机构,但也常常将知识的获得和应用割裂,以至于传授的是"惰性知识"(inert knowledge)①。因此,教学中我们越来越提倡为学生提供广泛应用所学的机会,使间接经验变成直接的,并授予其必要的认知策略。当代学习科学(learning science)研究者认为,知识具有情境性,有意义的学习发生在真实的情境(context)中。在该理念下,学校教育有两种优化选择:一是在校内课堂中设置任务,模拟情境,从而达到真实性学习的目的;二是提供校外、课外情境,将不同情境中的学习体验融合到课堂教学中②。

在教育部教育发展研究中心副主任陈如平研究员看来,"学校为人的发展提供了条件保障,人的发展可能性即是学校教育可能性的基础,也是学校教育不可能之处的事实前提。'可能与不可能'暗示着学校要秉持客观态度将其育人的可能性发挥到最大,同时谦虚而审慎地对待不可能之处,以创生一种彰显教育理想、预示着未来也许会实现而现实尚未实现的学校形态"③。

事实上,教育本身就是学校教育、家庭教育、社会教育三者的总和,学校、家庭、社会教育机构在不同层面为青少年、儿童提供学习机会。但在研究和实践中,课堂教育得到了绝大多数关注,而校外教育在长时间内因其"非正规"标签而不为人重视。这就造成了我们对教育的研究长期局限在一个单一系统内,而现在是时候对学习环境进行整合性探索了④。此外,博物馆作为非正规教育机构,属于社会教育范畴;中小学作为正规教育机构,属

---

① 惰性知识是个体虽然已经获得并保存在头脑之中,但在某些情况下不能提取出来加以应用而处于一种非活跃状态的知识。研究表明,尽管某些知识具有潜在的可应用性,但个体经常不能主动、自觉地应用它们解决面临的问题。

② 鲍贤清、杨艳艳:《课堂、家庭与博物馆学习环境的整合——纽约"城市优势项目"分析与启示》,《全球教育展望》2013 年第 1 期,第 62 页。

③ 陈如平:《关于新样态学校的理性思考》,《中国教育学刊》2017 年第 3 期,第 35 页。

④ National Research Council, *Learning Science in Informal Environments: People, Places, and Pursuits*, Washington, DC: The National Academies Press, 2009.

于学校教育范畴。而馆校合作于学校而言,划归到校外教育板块;同时,博物馆本身并不止于为中小学服务,还致力于全民教育和终身教育。

鉴于此,我国博物馆与中小学教育结合事业在此背景下发展,目前它主要以校外教育的形式壮大。这不仅涉及馆、校两大公共文教资源的整合,而且涉及中国特色教育体系与文化模式的构建,因此不是简单的"1+1=2"。事实上,无论是以本国中小学的需求为导向,还是以国际文教界的发展现状和趋势为参照,我们都须树立更开放协同的教育观,以不负学校教育、家庭教育、社会教育的共同责任担当,并形成合力。也即,一方面,加强校内外教育的对接,聚焦"知识教育+技能教育+情感教育"的融合发展模式,从而真正培育学生的核心素养,并最终实现立德树人的终极目标;另一方面,明晰校内外教育的独特内涵和功能边界,确保两者在目标一致前提下的异质性①。

(二)校外教育助推"创新人才培养模式"国家战略

中国的未来发展,关键靠人才,基础在教育。《国家中长期教育改革和发展规划纲要(2010—2020年)》早就指出:"我国教育还不完全适应国家经济社会发展和人民群众接受良好教育的要求。教育观念相对落后,内容方法比较陈旧,中小学生课业负担过重,素质教育推进困难;学生适应社会和就业创业能力不强,创新型、实用型、复合型人才紧缺。深化教育改革成为全社会共同心声。"

鉴于此,作为素质教育重要载体的校外教育,成为新时代我国基础教育转型的一大抓手,以从外延发展转向内涵建设。事实上,教育已成了正规与非正规学习的集合。在此背景下,"为了每一个学生的终身发展"逐步成为全球文教界的共识,以关注青少年、儿童的个性化需求,致力于其全面发展。并且,相较于学校教育中学科的既定性,校外教育的专业更灵活多样,外加其活动的丰富多元,这些都构成了校外教育作为单独门类在我国发展60多年的原因②。

值得一提的是,我国在2016年《国家创新驱动发展战略纲要》中提出国家发展分三步走:2020年进入创新型国家,2030年跻身创新型国家前列,

---

① 黄琛:《中国博物馆教育十年思考与实践》,《中国学术期刊(光盘版)电子杂志社》有限公司2017年版,第7页。
② 周立奇、胡盼盼:《校外教育优质发展的三个支点》,《光明日报》2019年12月10日,第14版。

2050年成为世界科技创新强国。并且,在"战略任务"中,提出"建设高水平人才队伍,筑牢创新根基",包括:"推动教育创新,改革人才培养模式,把科学精神、创新思维、创造能力和社会责任感的培养贯穿教育全过程。"但从目前情况看,创新型人才、高水平技能人才的不足已成为我国经济转型的瓶颈。这也是为何我们必须进一步通过校外教育提升人才培养,且不仅仅聚焦人才数量与结构,更重要的是质量。反观国际经验,STEM(Science, Technology, Engineering and Mathematics,也即科学、技术、工程、数学四门学科的英文首字母缩写)教育取得巨大成效的国家,无不把文教发展与国家战略、人才战略紧密结合。事实上,唯有在顶层设计统筹考虑国家产业发展、人才储备、各级各类教育,以形成需求、政策、制度、内容、评估、经费相配套的一体化战略,才能有的放矢地培养创新型人才,成就创新型国家①。

而如何培养创新型人才也是各国教育进入21世纪面临的一大挑战。其实,无论是在国内还是国外,校外教育无疑非常有利于中小学生兴趣、意志、情感、态度、价值观等的整体协调发展,而博物馆也越来越强调对人的培育、滋养。正如《国家中长期教育改革和发展规划纲要(2010—2020年)》早就在"体制改革"的第一项"人才培养体制改革"中提出的:"创新人才培养模式。适应国家和社会发展需要,深化教育教学改革,创新教育教学方法,探索多种培养方式,形成各类人才辈出、拔尖创新人才不断涌现的局面。"而该纲要是在新千年后的首次全国教育工作会议上颁布,也是第一次全国教育工作会议文件把"人才培养体制改革"置于改革部分的第一条②。在此背景下,博物馆学习正可以通过知行统一、学思结合、因材施教等服务中小学教育,创新人才培养模式,以呼应教育的根本目的——人才培养。事实上,近年来我国针对核心素养而提出的教育改革,其课程改革的内涵早已不囿于教材等,而更多的是对学生学习方式与人才培养模式的重构与变革③。一言以蔽之,国家教育方针、素质教育战略要求与校外教育、博物馆与中小学教育结合事业的育人目标具有内在的一致性,实际都在回答"培养什么人"这一问题。

---

① 王素:《〈2017年中国STEM教育白皮书〉解读》,《教育与教学》2017年第14期,第5、7页。
② 赵秀红:《教育70年 与共和国同向而行》,《中国教育报》2019年9月4日,第4版。
③ 黄琛:《中国博物馆教育十年思考与实践》,第42页。

二、为何聚焦将"博物馆"与中小学教育结合？

第二问，为何聚焦将"博物馆"与中小学教育结合？也即，为何以博物馆为重点发展校外教育？因为博物馆作为社会教育的代表性机构，近年来繁荣发展，并且比起其他校外教育场所更具有建设和管理优势。此外，博物馆还拥有"实物"这一排他性资源。事实上，在2014年至2017年实施、教育部为推动我国校外教育而启动的计划——"蒲公英行动计划"中，已在"用""协"两项措施中提及："充分整合青少年宫、科技馆、博物馆、美术馆等校外资源，做好中小学生课后服务工作"，"大力推进社会资源协同配合；配合相关部门认真落实博物馆、美术馆、展览馆、图书馆等国家公共文化服务设施免费开放政策，开发适应中小学生需要的活动项目"。也即，肯定了博物馆的校外资源、社会资源位置。

（一）我国校外教育机构良莠不齐，博物馆具有建设和管理优势

早在《国家中长期教育改革和发展规划纲要（2010—2020年）》中，我国就明确要"规范各种社会补习机构和教辅市场。加强校外活动场所建设和管理，丰富学生课外及校外活动"。当前，我们的校外教育机构主要指代少年宫、青少年宫、儿童活动中心、少年之家等。但其实不应局限于此，尤其是要纳入以"教育"作为首要目的和功能，以及在建设和管理上都相对成熟的博物馆。

事实上，在《关于将博物馆纳入国民教育体系的调研报告》中，早就对"博物馆作为国民教育特殊资源和阵地的独特优势"表述如下：以实物为载体，强调亲身参与和互动体验；教育对象具有广泛性，是整个社会的广大成员；教育内容具有多样性；不仅传播知识，也对人民群众特别是青少年进行思想道德教育和传播社会主义精神文明的重要课堂[①]。

1. 立法及准入标准

在日本，校外教育设施主要有儿童文化中心、少年自然之家、儿童馆、公民馆、图书馆、博物馆以及学习塾。而学习塾即为校外补习学校，是正规社会教育机构之外开展校外教育的民间机构，主要以升学指导、补充学校教

---

① 国家文物局博物馆司调研组：《关于将博物馆纳入国民教育体系的调研报告》，《新形势下博物馆工作实践与思考》，第63页。

育、培养青少年的兴趣和能力为目的①。

目前,我国校外教育机构发展良莠不齐,这与校外教育立法的缺位直接相关。在组织管理方面,这些场所分属不同的系统或部门,条块分割,自成一体,资源和力量分散,缺乏有效监督②。此外,一系列校外培训机构有时也加入,包括社会补习和教辅机构等,使得该市场"混战"加剧。值得注意的是,在教育部基础教育司中,原来的"德育与校外教育处"已于2020年夏季调整为"德育处"与"校外教育与培训监管处"。而将培训监管与校外教育并置,足见其间的关系,并对校外培训监管提出了更高要求。

事实上,传统的校外教育机构如少年宫、青少年宫、儿童活动中心、少年之家也面临设置标准、管理办法等问题。值得借鉴的是,上海市教育委员会与上海市青少年学生校外活动联席会议依据"开放性、公益性、针对性、服务性、共建共享"这5条准入标准来精心选择并进行校外教育的阵地建设,将原本散落在全市的各个场馆,由点串成线,再形成面,最终几乎覆盖到学生综合素质提升和实践能力培养的所有方面③。

与之形成比较的是,博物馆领域已通过立法这一最高层级的顶层设计,明确了博物馆的准入标准,以及国有和非国有馆的平等地位。包括在《博物馆条例》的"总则"中规定:"博物馆包括国有博物馆和非国有博物馆。国家在博物馆的设立条件、提供社会服务、规范管理、专业技术职称评定、财税扶持政策等方面,公平对待国有和非国有博物馆。"此外,整个"博物馆的设立、变更与终止"一章也涉及此内容。

2. 建设和管理规范、标准

除了立法缺位导致的准入标准缺位,其实我国校外教育机构的建设、管理规范也都缺位,而这恰恰直指场所安全等最基本事宜。但这需要按照规定、标准等要求来规划、设计和建设校外教育设施,并统一管理、综合利用。事实上,我国《2000年—2005年全国青少年学生校外活动场所建设与发展规划》已提及"制定《全国青少年学生校外活动场所管理规程》",可惜至今未出台。

---

① 赵丽丽:《回归素质教育的本原——日本小学生校外教育探究》,《基础教育参考》2006年第3期,第18—21页。
② 吴鲁平、彭冲:《中国青少年校外教育政策研究——一种文本内容分析》,《中国青年研究》2010年第12期,第30页。
③ 徐倩:《校内校外,共绘育人版图》,《上海教育》2015年11月A刊,第22—23页。

作为结果的是,"十二五"以来,我国传统的校外教育机构仍然存在经费保障不健全、教师队伍不稳定、城乡发展不均衡等问题,具体包括:场所经费来源渠道单一,主要依靠中央和省级财政,市县投入普遍不足,一般只能保证在职人员工资,办公、运行经费筹措困难;教育系统所属校外活动场所理应作为事业单位来管理,现在人员编制偏少,在编人员数量与发展需要及范围不协调。对场所教师职称评定没有体现校外教育特点,他们在职称评定、专业成长等方面机会较少;城区场所建设较好,活动内容丰富,教学水平高,而农村和边远贫困地区场所设施老化、活动单一①。

相比较的是,博物馆领域不仅对场馆的设立条件、登记备案等明确规定,而且通过一系列建设和管理国标、行标,对其提供社会服务、规范管理、专业技术职称评定、财税扶持政策等软硬件发展都做了引导,包括《博物馆建筑设计规范》(JGJ66－2015)、《博物馆展览内容设计规范》(WW/T0088－2018)、《博物馆开放服务规范》(GB/T 36721－2018)等。这些都便于博物馆及其上级主管部门和单位对场馆的门槛准入、事前事中事后管理等进行把关,以供给中小学教育优质的服务。事实上,根据《国家基本公共文化服务指导标准(2015—2020年)》,在"基本服务项目—文化设施"下,已有"公共博物馆、公共美术馆依据国家有关标准进行规划建设"的导向。

(二)博物馆的首要目的和功能是教育,并以实物学习作为排他性优势

2007年召开的第21届国际博物馆协会代表大会对博物馆定义进行了修订,并首次将"教育"作为第一功能予以论述,取代了多年来将"研究"置于首位的认识。另外,定义在表述时,还将"教育"作为"征集、保护、研究、传播、展出"等基本业务的共同目的。而施行于2015年、作为我国博物馆行业第一部全国性法规的《博物馆条例》,也明确了"教育"是博物馆的首要目的和功能。

2009年的《博物馆教育工作者手册》(*The Museum Educator's Manual*)一书指出:"博物馆教育被最广义地理解为任何促进公众知识或体验的活动",并且"教育的愿景也是博物馆使命和整体目标的愿景。教育和展览彼此关联,并理应互相包含"②。目前,国际上越来越多的博物馆在官方网站上

---

① 唐琪:《让校外教育发挥更大育人作用——"十二五"以来全国校外教育事业综述》,《中国教育报》2017年3月21日,第1版。

② A. Johnson et al., *The Museum Educator's Manual*, Lanham, MD: AltaMira Press, 2009, p.8.

以"edu"（教育）作为后缀，意为教育机构。同时，博物馆被普遍界定为非正规教育机构。当然，非正规主要对应的是中小学等正规教育机构，不代表场馆不可以融入正规教育。事实上，全美国及全世界最大的博物馆集群——史密森博物学院（Smithsonian Institution）制定的2004—2009年教育战略规划中，为自身界定的教育角色就包含了正规教育、非正规教育、职业培训三方面。此外，从国际文教界的实践看，将博物馆纳入国民教育体系事业主要关注学校教育和终身学习两方面。并且，其内涵及要求是：为青少年教育服务，重点纳入基础教育体系，切实融入中小学教学计划[①]。

如果说博物馆是一部立体的百科全书，那么实物学习就是其作为校外教育、社会教育机构的排他性优势。也即，博物馆作为青少年教育、国民教育特殊资源和阵地的独特优势首先表现在"以实物为载体、强调亲身参与和互动体验"，而"这种以实物例证向观众表达深刻内涵和传送信息的方式，无论从人的生理机制或认识过程而言，都会使观众感到亲切，易于接受和理解"[②]。此外，博物馆学习与大中小学教育存在质的差异，前者除了更具非正规性，还拥有自我激励（self-motivated）、情感性（affective）等特征。同时，博物馆为学校师生提供的学习体验，也与其他临时访客的不同。

三、为何我国博物馆与中小学教育结合亟需"制度设计"？

第三问，为何我国博物馆与中小学教育结合亟需"制度设计"？也即，如何应对"谁来发展、怎么发展、如何评价"这些现实问题，以破解影响事业持续发展、制约博物馆教育作用更好发挥的体制机制问题，并强化国家站位、主动服务大局。事实上，近二三十年来，政策层面、学术界、基层馆校围绕此问题已有不少探索，而我国博物馆与中小学教育结合也到了必须以制度创新来引领转型发展的关键时期。

目前，校外教育几乎是我国教育体系中最薄弱的板块之一。同时，馆校合作、文教结合不只是两大文教机构和系统的职责所系，更是政府制度设计和社会治理的重心所在。正如"十八大"提出深化教育领域综

---

① 国家文物局博物馆司调研组：《关于将博物馆纳入国民教育体系的调研报告》，《新形势下博物馆工作实践与思考》，第64页。
② 同上书，第63页。

合改革,当时上海市即把重点置于制度创新上,以之作为最大红利。这也是上海在几十年教育改革中摸索出的经验——作为公共服务型政府,最应该做的是供给高质量的制度资源,因为制度资源唯有政府才能提供。

当然,教育改革不仅要改革政府管理方式,还需各利益相关方的共同参与。同样的,我国博物馆与中小学教育结合也不简单地等同于馆校合作,前者涉及政府、博物馆、中小学、家庭、社区等各方,不局限于某个"点",而是必须上升到"线"和"面",因此亟需制度设计,并包含顶层、中层、底层设计各个层级,如同一个正金字塔形格局。金字塔中的各方,皆受制度设计影响。同时,国家、博物馆、学校、社会各方唯有精诚合作、系统运转,才能最终打造惠及每一个中小学生的育人共同体。

事实上,教育作为一种社会现象,本身具有相当的复杂性,尤其是社会教育,并且一系列元素组成了共同体。"共同体"最早由德国社会学家斐迪南·腾尼斯(Ferdinand Tonnies)在其著作《共同体与社会》(Community and Society)中提出,用来表示一种基于情感、紧密联系的共同生活方式。在此基础上衍生出的"实践共同体",则由人类学家让·莱夫(Jean Lave)与教育学家爱丁纳·温格(Etienne Wenger)首次提出[①]。并且,二人还于1990年前后提出了情境学习(situated learning)这一方式。

值得一提的是,从2007年5月的全国政协委员联名提案《将博物馆纳入国民教育体系》,到2008年3月的《呼吁将公共博物馆等纳入国民教育体系》提案,再到2017年3月的《关于将博物馆纪念馆纳入国民教育体系,助推实施中华优秀传统文化传承发展工程的建议》,以及2020年5月的《适时将博物馆教育纳入中小学课程教育体系》全国"两会"提案,在此进程中我国博物馆与中小学教育结合事业不断推进。正如2018年《关于加强文物保护利用改革的若干意见》所示,"将文物保护利用常识纳入中小学教育体系,完善中小学生利用博物馆学习长效机制"已在"主要任务"之列,这恰是"量的积累"基础上"质的飞跃"。

当然,要把设想变成现实,把局部经验变成全国做法,最规范有力的推进方式就是制度设计。这不只是"术",更是"道",是事实存在与理论构建的

---

① 周立奇、胡盼盼:《校外教育优质发展的三个支点》,《光明日报》2019年12月10日,第14版。

一体化。也即,制度供给的进一步科学、合理、多元化是实现路径,包括建立政府"主导"、博物馆"主动"并以中小学为教育服务"主体"的体制、机制等。这也是本研究聚焦"制度设计"的初衷所在,以期在咨政、启民、育才方面贡献智力支持。

第三节　研究对象、思路与方法、创新点

本研究的对象为:我国博物馆与中小学教育结合及其制度设计。其中,关键词为博物馆、中小学教育、结合、制度设计。而本研究的创新点正与这几大关键词直接相关,并与研究思路、方法联动。本节主要围绕这些内容展开。

一、研究对象

教育是学校教育、家庭教育、社会教育三者的总和。其中,学校教育是个体接受教育历程中最重要的一环。一般通称的教育制度即主要指学校教育制度,简称学制①。当然,三大类教育之间存在交集。

值得一提的是,博物馆作为非正规教育机构,供给的学习属于社会教育范畴;中小学作为正规教育机构,供给的教育属于学校教育范畴。因此,本研究的路径是,探索如何将位于社会教育中的博物馆学习,进一步与位于学校教育中的中小学教育结合,以此作为前者的前进路径,如下图所示。同时,鉴于博物馆是文化和旅游领域的代表,中小学是教育领域的代表,因此博物馆与中小学教育结合也是文教结合事业的彰显。

二、研究思路与方法

(一) 研究思路与本书架构

制度研究是人文科学、社会科学的核心问题。相关学者不仅关注制度

---

① 柳欣源:《义务教育公共服务均等化制度设计》,第49页。

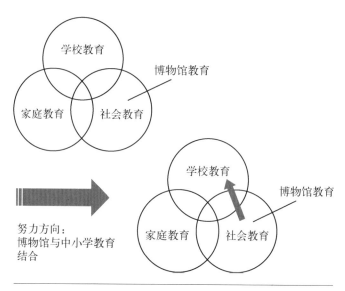

图 2　我国博物馆与中小学教育结合示意图,即本研究的目标

的影响力,研究其如何塑造个体行为和历史,而且更关注制度的形成过程与变迁方式,以探索理性制度设计的可能性。其中,当下研究尤以后者为重,因为如果深入了解制度的影响力(或效果)及其变迁方式,学术旨趣自然会转向"为获得特定效果应创造何种制度",也即"制度设计"。

馆校合作、文教结合由量的积累走向质的飞跃必须以制度为中介,正如教育改革总是以制度转型和创新作为突破口。就我国博物馆与中小学教育结合而言,目前关键也在于制度性因素的调整。因此,本研究的基本思路是:从中小学、博物馆的文教需求出发,以新制度主义[①]为理论基础和分析视角,解剖我国博物馆与中小学教育结合的主要现实问题和背后根源,进而提出优化型制度设计。基于上述思路,本研究按照如下逻辑从三方面展开:

首先,从巩固和提升我国博物馆与中小学教育结合的现实诉求出发,梳理议题提出的背景,阐明本研究的价值和意义(见第一章)。

其次,从学理论述、历史考察、现实剖析三个维度,系统分析国内外博物馆与中小学教育结合事业的发展现状。其一是基于新制度主义的理论视

---

① 以"制度"为核心概念来解释政治、经济、社会现象的学术流派被统称为新制度主义,其三个流派包括历史制度主义、理性选择制度主义、社会学制度主义。

野,对博物馆与中小学教育结合的内涵、价值诉求、理念审度等进行学理论述,为全书提供一致的研究立场和理论基础(见第二章)。其二是运用历史主义与现实主义结合、借鉴外来与研究本土统一的方法论,通过历史研究、比较研究,立足国际维度剖析博物馆与中小学教育结合制度的演进历程,并聚焦美国、英国、日本等国的理念与实践,形成历史参照和经验借鉴(见第三章)。其三是梳理我国20世纪90年代以来校外教育、博物馆与中小学教育结合的发展历程;同时通过调查研究,对主要问题、背后原因进行现实剖析,从而引出新的制度设计需求,并探讨相应的制度属性、特征等(见第四章)。总之,笔者致力于运用历史的眼光、比较的方法、联系的观点来看待本事业发展。

最后,则分别从顶层设计、中层设计、底层设计的三大层级,具体阐述我国博物馆与中小学教育结合的制度设计。一方面,意在基于现实需求,实行"供给侧结构性改革",包括从规划、政策、立法的顶层设计,到涉及一系列运行机制的中层设计,再直抵位于底层设计的馆校合作机制,构建立体的、我国博物馆与中小学教育结合的制度设计(见第五、六、七章),这也是本书的主干部分和最大创新;另一方面,旨在基于制度的变迁路径选择(包括制度变迁的发生机制、基本方式、阶段周期)与要素分析(广义制度环境)两个维度,呈现我国博物馆与中小学教育结合的制度设计及其理论框架(见第八章),从而确保制度安排的科学性和可操作性,以及未来的愿景与构想,这亦是本书的另一大创新。

(二) 研究方法

本研究缘起于2013年,以笔者主持的两个省部级课题"公益性文化机构(博物馆)与中小学素质教育的联动机制研究""将博物馆纳入上海青少年教育体系的制度设计研究"为基底,历时近7年完成。其间,部分成果于2019年摘得第十二届上海市决策咨询研究成果奖二等奖,专报获得党和国家领导人的批示。

我国博物馆与中小学教育结合的制度设计研究,专业性强,因此必须采取科学方法,以为制度设计及其理论框架的构建提供理论和实践的双重支撑。事实上,方法论的择取也是本制度设计整体建构的关键。这就要求各利益相关方尤其是主体,运用系统性思维分析事业发展的本质内涵,以及实现目标的各种要素之间的逻辑关系和相互影响,建立起分析内在逻辑及其间关系的整体框架。本研究具体使用的方法如下。

1. 文献分析法

所谓文献分析法,即通过基础理论研究,厘清博物馆与中小学教育结合、制度设计、校外教育、馆校合作、文教结合等概念内涵,把握价值定位和理念导向。具体从如下几方面展开:一是依托中国知网、复旦大学图书馆等网络数据库,从理论上初步厘清博物馆与中小学教育结合及其制度设计的内涵、类型、特征、属性及运行模式等,了解我国现存的主要问题,归纳学界所作的相关原因分析和对策建议等;二是通过文献追溯,查阅我国校外教育、文教结合等规划、政策、立法文本,以在顶层设计层级初步梳理我国博物馆与中小学教育结合的制度形成与变迁过程。书中所列的所有红头文件,笔者都曾反复研读。

此外,笔者并未将文献分析对象局限于"博物馆与中小学教育结合",毕竟这在我国属于新兴事业,处于初级发展阶段。同时,通过一定程度地扩大范围以覆盖相关教育、文化和旅游(文博)政策,笔者梳理了不同时期党和国家对人才培养的总体要求,包括我国迄今为止的9次全国教育大会以及其他年度全国教育工作会议资料。同时,还开展了传统文化分析,聚焦中华优秀传统文化、传统教育对人才培养的要求,因为立德树人是校内外教育的共同目标,也是博物馆与中小学教育结合的出发点和归宿。此外,笔者还开展了课程标准分析,以了解我国中小学课程中涉及博物馆的内容等。

总之,通过文献分析法以及与之同步的阅读、梳理、归纳、小结工作,加深了笔者对研究主题、内容的理解,并为本书撰写提供了理论支撑。

2. 访谈法

本研究大量采用了访谈法,通过它可以了解问卷调查中难以获知或触及的隐性问题,更深入探索我国馆校合作、博物馆与中小学教育结合的突出和棘手问题,如经费投入、监管评估、师资配备等。基于此,把握真实样态,并对当今文教领域关注度高、有价值的焦点问题进行追问。

调研中,访谈对象涉及教育学、考古学及博物馆学、政治学、法学、经济学、管理学、社会学等多个界别的近五十名代表,汇总形成了近十万字的访谈记录和大量调研数据,这为建构符合国情特点和现实需求的我国博物馆与中小学教育结合的制度设计及其理论框架提供了实证依据。

值得一提的是,针对中央和地方政府教育和文旅部门管理者(通常为公务员)、市级与区级教研员、高校教授、博物馆馆长、中小学校长、博物馆教育工作者、中小学教师等进行的开放式访谈,笔者主要采用一对一的、半结构化访谈(semi-structured interview)①形式,对中小学生则多采用群体访谈形式。其中,针对博物馆教育工作者、中小学教师的访谈提纲详见附录一、二,并以占据我国博物馆主体的历史文化类场馆为样本。

3. 问卷调查法和实地调查法

鉴于本研究以笔者主持的两个省部级课题"公益性文化机构(博物馆)与中小学素质教育的联动机制研究""将博物馆纳入上海青少年教育体系的制度设计研究"为基底,因此这两个课题中的问卷调查及相关数据同样为本研究所部分采撷。其中,针对场馆教育工作者的问卷详见附录一,针对中小学教师的详见附录二,并以占据我国博物馆主体的历史文化类场馆为样本。此外,本研究也参考了科罗拉多州立大学教育学院的阿努拉达·巴蒂亚(Anuradha Bhatia)《博物馆实地考察学习中的馆校合作伙伴关系》(Museum and School Partnership for Learning on Field Trips)中的问卷和访谈提纲,以及宋娴《博物馆与学校的合作机制研究》中对上海市科技特色学校与博物馆合作的问卷调查数据等。

此外,笔者自2012年起参加国家文物局、中国博物馆协会的中国博物馆定级与运行评估,以及上海市文化和旅游局的博物馆定级与运行评估、陈列展览和教育活动精品推介工作,并聚焦其中的教育评估,撰写了中央层级的博物馆评估总报告等。同时,利用一系列工作之便,走访了全国各地博物馆,并开展场馆与中小学合作的实证调查研究。其中,多次实地考察先行先试博物馆与中小学教育结合事业的省市如北京、上海、浙江、江苏、陕西等。另外,本研究还辅以了国家文物局2014—2016年"完善博物馆青少年教育功能试点"工作的数据和案例,因此对整体事业的不足、原因与未来发展路径拥有理性把握和真切感知。

4. 比较研究法

本研究通过开展国际比较研究,分析多个国际专业组织如联合国教科文组织、国际博物馆协会、美国博物馆联盟、英国博物馆协会,以及美国、日本、英国、法国、意大利等国将博物馆纳入青少年教育、国民教育体系的理念与实践。此外,王乐《馆校合作研究:基于国际比较的视角》中的国际案例,也为本研究所部分采撷。

---

① 半结构化访谈是指按照粗线条式的提纲而进行的非正式访谈。该方法对访谈对象的条件、所询问问题等只有粗略的基本要求。访谈者可根据当时的实际情况灵活做出必要调整,至于提问方式和顺序、回答方式、记录方式和访谈时间、地点等没有具体要求,由访谈者根据情况灵活处理。

另外,由于我国教育、文化和旅游领域的财政投入与政策实施等在各地存在差异,通过比较研究法,亦可提供直观数据。同时,对比不同时期我国相关文教制度变迁历程以及不同机构、学者提出的指标内容(如博物馆定级和运行评估指标体系),也可为我国博物馆与中小学教育结合事业发展提供参考和借鉴,从而提出适切的制度设计。

5. 跨学科研究

跨学科的目的在于通过超越以往的分门别类方式,实现对议题的整合性研究。目前,国际上比较有前景的新兴学科大多具有跨学科性质,而跨学科研究本身也是当代科学探索的一种新范式。

值得一提的是,学者约翰·古兰(John J. Koran, Jr.)和玛丽·卢·可兰(Mary Lou Koran)早在1986年就提出,博物馆教育是综合了应用心理学、教育学、社会学及人类学等知识与方法论的跨学科领域。同时,朱迪·戴蒙德(Judy Diamond)于1992年指出,博物馆教育研究不受限于单一学科,这对其理论建构是一项优势。此外,安妮·斯托尔(Annie V. F. Storr)也于同年提出,博物馆教育借鉴社会学、心理学、文化研究、政治科学等学科理论,可建立自身的知识体系。事实上,国内外业界对博物馆教育理论体系构建的呼声已日渐高涨①。

鉴于馆校合作、博物馆与中小学教育结合与我国文教结合事业休戚相关,因此本研究首先横跨文化和旅游、教育领域,并且因为聚焦制度设计,故必须采撷政治学、法学、经济学、管理学、社会学等相关成果。尤其本研究直指博物馆从社会教育向学校教育的努力路径,因此笔者在博物馆学之外,花了相当多的时间和精力在教育学领域,尤其是正规教育板块。

6. 根源分析法

"根源分析法"(Root Cause Analysis, RCA)作为一种分析工具和有效流程,便于研究者对重大问题和导致问题的事件、因素进行全面、系统性审查。它通过特定步骤和相关工具来确定问题根源,找到主要原因,包括发生了什么、为什么发生、怎样做才能减少再次发生等。

本书第四章第二节"我国博物馆与中小学教育结合的问题、原因"即主要应用了此方法,以抓大放小、找出处于"进行时"状态的四大问题,接着精准识别出表象、问题背后的十大原因。最后则引出解决这些根本问题、应对

---

① 王启祥:《博物馆教育的演进与研究》,《科技博物》2000年第4期,第11页。

关键原因的方案,也即导向第三节"我国博物馆与中小学教育结合的发展对策和路径选择"。

三、研究创新点

何谓创新?从某种程度上说,创新就是"无中生有",以有目的、有组织地寻求改变。本研究的创新点主要从对象和视野创新、路径创新、成果创新三方面体现,具体如下。

(一)研究对象和视野创新

在我国博物馆与中小学教育结合的发展历程中,进入21世纪后各级各地政府虽出台了一系列直接和间接的规划、政策,甚至是立法,但仍然任重而道远。当前,已有一些研究开始注意到了体制、机制的制度因素,如《博物馆与学校的合作机制研究》。但以政府为主导并覆盖博物馆和中小学的制度设计研究几乎没有,同时以新制度主义为视角的成果如柳欣源《义务教育公共服务均等化制度设计》在文教领域鲜少。也即,目前多数研究是馆校合作层级的点对点式研究,而缺乏聚焦政府并纳入全社会的、由"点"到"线"、到"面"的"合纵连横"型研究。此外,已有的研究多是案例研究,缺乏对背后深层次体制、机制问题、原因的根源性研究。而我国博物馆与中小学教育结合事业,唯有自上而下、以政府为主导,并结合自下而上、以博物馆和中小学为主体发展,方有可能真正落地。

鉴于此,本书基于前人和笔者近7年的研究基础,从个案中抽离出共性的体制、机制根源,并从制度因素中提炼出制度设计。同时,以新制度主义为理论视野,客观呈现了我国以及其他主要国家博物馆与中小学教育结合的制度形成过程。此外,在对现实制度困境的剖析基础上,从顶层、中层、底层设计三个层级,最终构建了制度设计之理论框架,丰富了研究视野。

事实上,就当前国内外研究议程而言,制度设计正处于制度研究的前沿。同时,馆校合作、文教结合的跨界联动以及破解现实难题的需求,也倒逼学术研究不断进步。因此,本研究的学理意义不言自明,并首先体现在研究对象和视野创新上。

(二)研究路径创新

任何制度设计都应基于实际需求。并且,制度的功能发挥须在多种因素互动的基础上实现,因此单一向度的研究路径难免陷入以偏概全、片面解释的窠臼。

基于上述考量,本书在研究路径上尝试了"综合创新",并主要体现在三方面:其一,历史与逻辑相统一的"基础性综合"。历史与逻辑统一是辩证思维的基本原则,也是学术研究的基本素养。因此,本书既注重博物馆与中小学教育结合制度的逻辑推演,也注重该制度的历史发展。其二,制度分析的"多向度综合"。也即摒弃单一向度,既聚焦制度设计向度,又覆盖制度变迁、制度执行等向度,希冀全景透视相关制度的形成与变迁以及建构进程[①]。其三,具体研究策略的"三维综合"。也即对制度设计及其理论框架进行总体构建时,从"比较借鉴"(第三章)、"实证调查"(第四章)、"理论框架构建"(第八章)三方面入手,为完善我国博物馆与中小学教育结合的实践和理论发展提供更具证据性、更可靠的"施工图"。

(三) 研究成果创新

搭建制度设计之理论框架,是本研究的一大成果创新。当然,本书的出版并不代表研究的终结,同时该框架作为一个动态型经验框架,笔者对其的探索也将继续,以使之日臻完善。

具体说来,我国博物馆与中小学教育结合的制度设计之理论框架搭建,主要通过两条路径展开:一方面,梳理、提炼、总结本书的主干部分——顶层设计(第五章)、中层设计(第六章)、底层设计(第七章),并作宏观、中观、微观管理上的纵向排列组合;另一方面,采撷新制度主义以及政治学、法学、经济学、管理学、社会学等学科中的理论框架要素,为本研究所用。在此基础上,综合搭建基于中国国情并融合国际理念与实践的我国博物馆与中小学教育结合制度设计之理论框架,以为各级各地文教部门和单位的决策、管理提供依据,为具体的馆校合作提供指导,同时也为博物馆之外的其他公共文化服务机构和校外教育机构如图书馆、档案馆等融入中小学教育,提供参考和借鉴。

1. 搭建理论框架的基本原则

当下,在社会文教变迁加剧与满足民众多元需求的趋势下,博物馆教育的角色与功能也随之调整。同时,加强博物馆与中小学教育结合的理论研究、建立方法论与知识体系,实为博物馆应变的根本之道。在本研究中,搭建理论框架的基本原则如下:

[①] 柳欣源:《义务教育公共服务均等化制度设计》,第33页。

其一,坚持我国博物馆与中小学教育结合的制度设计的科学性。也即,紧紧围绕立德树人的根本要求,遵循学生身心发展规律与教育规律,将科学理念和方法贯穿本研究的全过程,重视理论支撑和实证依据,确保研究的严谨规范。

其二,注重我国博物馆与中小学教育结合的制度设计的时代性。也即,充分反映新时代国内外社会发展对人才培养的要求,全面体现先进的教育思想和文化理念,确保研究成果与时俱进、具有前瞻性。

事实上,优质的制度设计既需要面对现实,强化针对性;又要面向未来,具有前瞻性。"针对性"来源于对我国博物馆与中小学教育结合的现实状态尤其是主要问题进行精准诊断;"前瞻性"则取决于对国家经济社会发展总体思路的敏锐把握,以及对世界主要国家将博物馆纳入青少年教育、国民教育体系发展大势及经验的借鉴。

其三,强化我国博物馆与中小学教育结合的制度设计的本土性。包括强调博物馆在中华优秀传统文化传承与发展中的独特位置,及其之于青少年、儿童核心素养培育的意义和价值,凸显博物馆的社会教育责任,并确保本研究立足国情、具有中国特色、体现民族特点。

2. 理论框架层级图

之所以用理论框架来集中呈现制度设计,是因为笔者想融合文科的思维与理科的表达方式。具体说来,我国博物馆与中小学教育结合的制度设计之理论框架如同一个正金字塔造型,并自上而下覆盖了三大层级:顶层、中层、底层设计(详见第八章的示意图)。其中,顶层设计强化的是宏观管理,分别从规划、政策、立法维度并行与递进;而中层设计尤其需要我们的重视和投入,它比起顶层和底层设计,属于问题大却往往不起眼的层级。并且,中观管理将起到纵向承上启下协调、横向联动的作用,以助推宏观决策等落地为微观行动;而底层设计夯实的是微观管理,以促使馆校合作从量的积累进阶到质的飞跃。

此外,之所以在第八章中用层级图来综合呈现制度设计,是因为馆校合作、文教结合是宏大的命题,其发展不是一句响亮的口号或单一举措即可达成,而博物馆与中小学教育结合作为一项中长期事业,也并非一时一事,而是需要各利益相关方的精诚合作。同时,各层级、各方的供给需求和聚焦点都不同。比如,对各级各地政府而言,要在宏观上"引导"和中观上"管理"好,以提升政府的校外教育、文教结合治理能力;而对博物馆、中小学而言,则须在底层上各自"办"好正规和非正规教育,并将两者部分结合,且重点是融合的质量提升与特色发展。鉴于此,通过理论框架可一目了然,并帮助厘清和直面各层级、各利益相关方不想做、不敢做、不会做、随便做等问题,同时强调一体化思维和精细化管理,这也是制度设计及其理论框架对本研究及相关实践的最大意义。

第二章
博物馆与中小学教育结合的价值诉求与理念确立

制度设计通常都不是随意的。作为一个复杂的系统,每一种制度皆有其特定的目标定位和应用范围,以及相应的价值、理念支撑。本章将主要基于价值、理念维度对博物馆与中小学教育结合进行理性思考,以为下文论述做铺垫。一方面,价值导向是我国文教治理的"命门",在此前提下,才能导向制度设计。比如,2005年上海市出台的《上海市学生民族精神教育指导纲要》和《上海市中小学生命教育指导纲要》,就对全市校外教育实施具有引领性作用。另一方面,理念先行,理念导向行动。没有思维上的积极主动性,一切都是乌托邦。哲学家黑格尔认为:"理念就是思想的全体","因此理念也就是真理,并且唯有理念才是真理"[①]。

而之所以透过价值、理念维度重新思考和审视我国博物馆与中小学教育结合的社会环境、历史文化根源等,是因为我们常常走得太远,而忘了为什么出发。事实上,唯有站在高位引领,并始终把立德树人作为出发点和归宿点,才是正规、非正规教育机构共同实现完整教育的一种自我觉醒,包括文化自觉和教育自信,同时促使博物馆的教育功能获得全社会的普遍认同。如上文所述,博物馆与中小学教育结合呼唤"整体建构"的有效模式,同时具体实施要走"系统路径",这就涉及价值观、方法论、操作体三个层面。其中,价值观的确立是整体建构的前提,它要求回答一系列基本问题,而其核心正是理念。

第一节 厘清教育的终极目的与真正价值

博物馆与中小学教育结合非一时一事,且跨越文化和旅游(文博)、教育

---

① [德]黑格尔:《小逻辑》,商务印书馆1980年版,第213—214页。

领域。就该事业的可持续发展而言,理应在"以人为本、促进学生全面而有个性的发展"的价值引领下,系统规划、设计。同时,它其实与我国校外教育、基础教育发展的终极目标拥有一致的内涵。正如"为了每一个学生的终身发展""为了每一个孩子的健康快乐成长"等都是上海教育综合改革的核心理念,亦是校外教育的指导思想①。

当下恰逢我国基础教育转型的关键时期,必须树立新型教育价值观和质量观,从育人高度进一步认识博物馆与中小学教育结合的意义,对其功能定位进行再认识。因为最有价值的校外教育,是把学生的快乐成长作为第一要务,将教育从过度追求功利的泥潭中解放出来,让教育"更有立人成才的价值、更有缔造幸福的寻味、更有奠基未来的功效",这也是关系文教成败的战略抉择②。而博物馆与中小学教育结合,无疑具有这样的先天优势,加之依托制度设计的后天之力,可将文旅(文博)、教育的内涵"润物细无声"地融入每一次活动和项目中。作为教育工作者,必须用坚定的专业立场守护教育的灵魂。

一、遵循教育规律,回归育人本原,加强"心灵教育"

在 2020 年 10 月中共中央、国务院印发的《深化新时代教育评价改革总体方案》中,"坚决纠正片面追求升学率倾向"位列"重点任务"之首。也即:"各级党委和政府要坚持正确政绩观,不得下达升学指标或以中高考升学率考核下一级党委和政府、教育部门、学校和教师,不得将升学率与学校工程项目、经费分配、评优评先等挂钩。对教育生态问题突出、造成严重社会影响的,依规依法问责追责。"这属于最新的顶层设计之一,即通过教育评价这一"指挥棒"的完善,引导教育发展方向,包括遵循教育规律,回归育人本原,加强"心灵教育"。

事实上,国家越是经济发达、社会越是现代化,对回归教育规律的愿望就越迫切。而我们已起而行之,反复追问教育之于人的终极价值,并让科学性跑过功利性,把人的价值置于中心。

(一) 遵循教育规律,回归育人本原

基础教育改革是一个永恒的命题,我国中小学在自主发展、内涵发展、

---

① 高德毅:《舞动成长的翅膀:上海市中小学课外活动实施指南》,绪论第 1 页。
② 同上书,引言第 1—2 页。

特色发展、创新发展等方面已获诸多成果,但同时仍存在着三大问题:一是急功近利,屈从于外部评价的功利化倾向严重;二是不讲科学,反教育行为时有出现;三是违背规律,揠苗助长、竭泽而渔的现象较为普遍。此外,学校中以学生为主体的"人"也往往存在如下状况:一是抽象化,学生的某种属性被抽象出来用以表征其全部的存在,不仅表现为数字化,如升学率、成绩排名、获得多少荣誉,而且表现为标签化,把人划成三六九等;二是分裂化,学生在教育过程中身心二元分离和对立;三是非自主化,学校教育存在对受教育者学习自由的抑制,内容仅限于教材,空间固定在教室等。不难看出,我国基础教育发展在思想理念、方式方法、手段策略等方面都亟需进行深层次探讨和系统性变革[①]。

教育的终极目的和真正价值是什么?无论是学校教育、家庭教育还是社会教育,"为了每一个学生的终身发展""促进学生全面而有个性的发展"等都是核心要义。因为忽略了以人为本、抛开了青少年和儿童的身心论教育,或是把创新作为装饰的做法,都偏离了育人本真。事实上,回归教育本真等"基于原点"的系统思考、深度回归、理性认知正是我国基础教育改革的出发点、立足点和归宿点,于博物馆与中小学教育结合事业发展亦如是,总之即"原生态、去功利、致良知、可持续"。

时下,我国教育的转型任务无疑是艰巨的,因为单纯靠物质、资金能解决的问题都不再是最主要矛盾,更难的恰恰在于让各级各类教育回归育人本原,符合教育规律、符合人才成长规律,以真正培养德、智、体、美、劳全面发展的社会主义建设者和接班人。而这份回归也在廓清我们对社会教育的认知,重新定义校外教育的价值追求。值得一提的是,上海市围绕教育综合改革构建的三大制度体系,第一就是"以遵循教育规律、回归育人本原为重点的育人制度体系"。其中的"促进学生的全面发展、个性发展和终身发展","重视教育过程公平,关注弱势群体,努力使每个学生都有人生出彩的机会"等全新育人理念,都是针对育人过程中过于重视知识传授、重视考试和分数、追求升学率等偏差提出的。

事实上,《国家中长期教育改革和发展规划纲要(2010—2020年)》早就提出"为每一个学生提供适合发展的教育"。此外,我国新课程改革的核心理念也是"一切为了学生的发展"。而这"一切"指的是学校所有教学方略的

---

① 陈如平:《关于新样态学校的理性思考》,《中国教育学刊》2017年第3期,第35页。

制定、方式方法的使用,都建立在以人为本、促进人的健康成长的基础上;"学生"显然覆盖了学校里的每一位;"发展"指的是学校教育教学及一切校外、课外活动,都把目标锁定在有利于学生获得今后走向社会所需的基本生存能力,包括自主学习、与人合作、信息收集与处理、学会办事、独立生存能力等。澳大利亚未来学家彼得·伊利亚德说过:"如果你今天不生活在未来,那么你的明天将生活在过去。"

在此背景下,对教育终极目的和真正价值的重新定义和解读,也意味着对"考试评价"与"招生选拔"等制度的改革,以从"育分"转向"育人",把促进人的全面发展、适应社会需要作为衡量教育质量的根本标准,并且学校、博物馆都是试点单位,其结合也是创新型工作。毕竟,博物馆学习的内涵与学校教育相通,即为了每一个孩子的终身发展奠基,它从学龄阶段甚至是学前阶段可能就已开启。同时,当校内教育不断朝着培养学生综合素质、核心素养方向改革时,校外教育的演进路径也将与之相辅,并形成合力。

(二)加强"心灵教育"

作为中小学改革的基本着眼点,我们除了要培养支撑国家未来的人才,还要加强青少年、儿童的"心灵教育"。也即,通过丰富的人性教育,尊重每个孩子的个性,培养其尊重生命和尊重他人之心、重同情正义公正之心,培养伦理观、创造性和国际性,以使其一生都能发挥最大能量。这就需要调动学校、家庭、社会教育的各个环节相互合作,改变偏重智育和知识灌输型教育的风气,让学生在宽松环境中培养自我学习、思考和行动的"生存力",从幼时就切实掌握社会生活的规则,同时适应国际化的急速发展等。

博物馆在美国被誉为社会的"道德储存库"[①]。同时,日本已把加强"心的教育"置于21世纪改革的首位。与以往的道德教育不同,它具有更丰富的内涵和更鲜明的现实性。1998年6月,日本中央教育审议会第一次明确提出"心的教育"概念,要求培育少年儿童的"生存力"和开拓新时代的积极进取之心,增强博物馆等的社区育人功能和给予孩子自然体验的机会[②]。1999年6月,终身学习审议会以"生活体验、自然体验培育日本儿童之心"为题,发表咨询报告,强调要建立社区活动的支援体制,纠正过度的课后补习行为。根据中央教育审议会和终身学习审议会的报告,1999年文部科学

---

① 段勇:《美国博物馆的公共教育与公共服务》,《中国博物馆》2004年第2期,第90页。
② 吴忠魁:《日本文化立国战略与基础教育改革的新发展》,《比较教育研究》2001年第4期,第2页。

省会同有关部、厅紧急制定了以丰富儿童体验活动为主要内容的《全国儿童计划(紧急3年战略)》[①]。这些都给予了作为社会教育机构的博物馆以发展空间,并使之与中小学教育及家庭教育结合。

而我国若要加强"心灵教育",校外教育与校内教学的结合是必要路径,具体如下。

其一,可在中小学加大开展志愿者活动,也即进行社会性劳动和服务,这也符合现在的课程、考试评价与招生选拔对学生社会实践(志愿服务)以及"劳育"发展的要求。事实上,为了使这类活动制度化,日本政府已把道德、社会科和家庭科进行的志愿者活动纳入了新的学习指导要领,在其总则中有"志愿者活动"的相关条款,要求学校开展。同时,文部科学省还实施了"志愿者活动体验模式推进事业",并着手修改有关法令,在高中阶段把志愿者活动作为学分加以认定[②],这与我国的实践异曲同工。

其二,社会越是现代化就越需要继承和发展传统,更何况中国历史久远、传统文化丰厚,因此让青少年发扬本民族的文化传统是我国开展"心灵教育"的另一项重要内容,包括聘请博物馆中掌握传统艺能的匠人走进中小学或在馆内进行故乡文化和传统教育传播,更重要的是,培育其继承发展传统文化的使命感。事实上,日本文部科学省已实施了"传统文化教育推进事业"[③]。

其三,一旦把人的价值置于教育的中心,课程就必然站在教学改革舞台的中央。而教改的核心是课改,课改的核心则是心育,也即让学生的精神世界与真实的广大世界连接。但心灵世界的教育不能简单靠灌输、塑造,而应在师生共同参与、教学相长的过程中,由学生自主认知、体验、感悟、抉择、践行。与此同时,精神世界的丰富与精神触角的敏锐、广度联系在一起。没有多彩的生命活动、丰厚的生命阅历,就没有精神的强健。2011年,上海市修订完善各学科课程标准,提出"三突出、两提高"的修改原则,其中一个"突出",就是"突出学习经历:设计各学科学生必须经历的学生实验、社会实践、设计制作、项目研究等活动,丰富学生各种实践体会";同时"拓展学习时空、完善学习方式"。此外,上海还提出充分发挥人文类、科普类社会资源的

[①] 吴忠魁:《日本文化立国战略与基础教育改革的新发展》,《比较教育研究》2001年第4期,第2—3页。
[②] 同上书,第3页。
[③] 同上书,第2—3页。

育人功能,并于2015年列出了科普、历史人文艺术等各类社会场馆78家①,其中包括许多博物馆。

由此可见,"心灵教育"的内核是注重接触社会和自然,并且注重与博物馆等社会教育机构合作,以增加青少年、儿童的真实体验。事实上,博物馆和学校在为新世纪培养社会公民方面具有相似的使命,也即培养杰出、公平公正、具有责任意识的公民。而未来我们要创造怎样的博物馆与中小学教育结合事业?笔者觉得,应该是借此让孩子们更有选择性,学习过程更快乐、更有幸福感,能在不确定性加剧的未来做更好的自己,从而也帮助构建一个更美好的社会。

二、创新人才培养模式是建设创新型国家的战略需求

创新驱动、转型发展是我们站在更高起点上进阶的必由之路,以实现从制造型大国到创新性大国的转变,而人才正是源动力,教育则是开发人力资源的主要途径。在此背景下,我国建设创新型国家的战略需求对校外教育也提出了新的任务,毕竟实践才是创新之母。可以说,促进人的全面发展是国家创新转型的根本目的②,是我国的战略选择,更是教育的未来。"为什么我们的学校总是培养不出杰出人才?"这就是著名的"钱学森之问",其实质正是教育如何从知识型向创新型人才培养模式进行转型。

事实上,《国家中长期教育改革和发展规划纲要(2010—2020年)》早就在"人才培养体制改革"中明确:"更新人才培养观念。深化教育体制改革,关键是更新教育观念,核心是改革人才培养体制,目的是提高人才培养水平。树立人人成才观念,面向全体学生。树立多样化人才观念,尊重个人选择,鼓励个性发展。树立终身学习观念,为持续发展奠定基础。树立系统培养观念,推进小学、中学、大学有机衔接,教学、科研、实践紧密结合,学校、家庭、社会密切配合。"此外,《上海市中长期教育改革和发展规划纲要(2010—2020年)》也在"总体目标"中明确:"到2020年,上海要率先实现教育现代化,率先基本建成学习型社会,努力使每一个人的发展潜能得到激发,教育发展和人力资源开发水平迈入世界先进行列。"

---

① 余慧娟、赖配根、李帆、朱哲、金志明、董少校:《上海教育密码》,《人民教育》2016年第8期,第18—19页。
② 高德毅:《舞动成长的翅膀:上海市中小学课外活动实施指南》,绪论第2页。

值得一提的是,2018年9月10日,在最新一次的全国教育大会上,习近平总书记给我国教育发展、改革提出了新任务和要求,尤其是"两个体系"命题——"努力构建德智体美劳全面培养的教育体系,形成更高水平的人才培养体系"。同时,根据2020年1月《教育部关于在部分高校开展基础学科招生改革试点工作的意见》,我国推出了取代自主招生考试的"强基计划",致力于服务国家重大战略需求,选拔一批有志向、有兴趣、有天赋的高中生进行专门培养;并且在评价模式上与推进教育评价改革相结合,探索在招生中对学生进行全面、综合评价,引导中学重视青少年的综合素质培养。而博物馆与中小学教育结合正是聚焦人才培养方式创新以及"怎样培养人"这一根本问题的举措,是提高教育质量的题中应有之义,目前博物馆正在高中生社会实践及研究型学习中扮演重要角色。

总之,我国博物馆与中小学教育结合事业发展的一大目标是帮助打造服务经济的文教高地,为国家的人才培养战略服务。事实上,我国是人口大国,只有通过办好各级各类教育,促进人的全面发展,才能真正把人口优势转化为人力资源优势,把人口红利转化为人才红利[1]。也即,动员全社会资源在共识基础上的积极参与、交流协作、多元投入,以推动创新型人才培养和创新创业教育为抓手。一言以蔽之,育人是博物馆与中小学教育结合的核心任务,需要把人置于中心位置,套用一句流行语就是:"让儿童站在学校正中央。"这既是教育的使命与职责,也是博物馆、中小学教育的本质使然[2]。更重要的是,国家教育方针、素质教育战略要求与校外教育、博物馆与中小学教育结合事业的育人目标具有内在一致性,实际都是在回答"培养什么人"这一关键问题。

三、因材施教是教育的最高境界

2019年7月,国务院副总理孙春兰同志在全国基础教育工作会议上指出:"树立科学的教育理念,坚持有教无类、因材施教,推动多样化办学,为不同性格禀赋的学生提供更加适宜的教育。"这赋予了因材施教更丰富、鲜亮的现代内涵和使命担当,对于我国校外教育、博物馆与中小学教育的结合事

---

[1] 杜彬恒、陈时见:《我国教育战略规划的基本特征和价值理念——基于我国五个纲领性教育文献的政策分析》,《河北师范大学学报》2020年第3期,第26页。
[2] 陈如平:《关于新样态学校的理性思考》,《中国教育学刊》2017年第3期,第36页。

业发展,具有全新而深远的意义。

事实上,因材施教古已有之。宋代大儒程颐最先从孔子教人的经验中概括出"圣人教人,各因其材"的说法。另一位大儒朱熹接着说道:"圣贤施教,各因其材,小以小成,大以大成,无弃人也。""因材施教"由此而得,这是古代圣贤留下的教育财富,是凝结了两千多年教育思想的法宝,更是千百年来教育工作者不懈追求的最高境界。

从根本上说,在因材施教的教育理念、原则、方式指导下,无论是校内还是校外教育工作者,都应根据学生的不同身心状况及个性特征,运用具体的教学方法,最后实现青少年全面而有个性的发展。由于因材施教的出发点和归宿点是个体差异,强调因人而异、各尽其才、所有人都能在各自基础上得到提高,因此它对教育行为的影响和作用是根本的、普遍的、深远的,必须为任何正常的教育所遵循和运用,包括我国博物馆与中小学教育结合事业,以使之成为助推青少年成人、成才、成功的必由之路。

当然,要在校外教育、博物馆与中小学教育结合中做到因材施教,必须尊重和爱护每一个学生,关心和成全其生命发展;正确认识青少年的个体差异,最大可能地满足其个性化学习需要;充分了解每一位学生,用发展辩证的眼光看待他们,坚持不放弃任何一人。同时,若要有针对性地实施个别化教育,"抓两头、促中间"必不可少,正如邓小平同志早在1977年就提出的"办教育要两条腿走路,既注意普及,又注意提高",我们尤其要在博物馆学习中,实施差异化评价,防止以分数论英雄,把学生分成三六九等,要平等公正地对待每一位学生,为其提供更适合的机会。此外,还要探索运用云平台、大数据、人工智能等信息技术,让新技术为因材施教插上有力的翅膀,使之真正惠及每一个学生[①]。

2019年的《中国教育现代化2035》提出,到2035年中国要总体实现教育现代化,迈入教育强国行列,推动我国成为学习大国、人力资源强国和人才强国。同时,2020年《深化新时代教育评价改革总体方案》也明确了"树立科学成才观念。坚持以德为先、能力为重、全面发展,坚持面向人人、因材施教、知行合一,完善综合素质评价体系"。而"因材施教"是教育的最高境界,更是通往教育强国的必由之路,亦是我国博物馆与中小学教育结合必须恪守的金科玉律。

---

① 陈如平:《"因材施教"是教育的最高境界》,《中小学管理》2020年第1期,卷首。

第二节　校外教育是素质教育的一大主干

校内外环境提供了不同的教育"给养"(affordance)，但能否发挥各自的独特作用，取决于我们对学习的理解和对环境的认识。生态心理学家吉布森(J. J. Gibson)提出用"给养"一词来解释人与环境的互动关系[①]。具体说来，"给养"是物体提供给主体的行为可能性，不同物体带给行为者不同的给养，同一物体对不同行为者也会产生不同的给养，这种不同是由于行为者的认知和能力所决定的[②]。

借用"给养"来比喻校内外环境的整合，校外教育作为素质教育的一大主干，理应逐步与课堂教学并驾齐驱，如同"比翼鸟"。其中，既包括促使其地位回归，又需要体系化建设它。另外，博物馆与中小学教育结合也为基础教育改革创新提供了另外一种可能，前提是我们教育设计者意识到整合校内外环境的重要性与整合所带来的可能性，以及对博物馆"给养"的识别，进而善加利用。

一、校外教育的地位回归

校外教育的地位涉及教育政策的战略导向等。时下，隶属于社会教育的校外教育已不再是传统观念中学校教育的拾遗补缺或仅仅作为课堂教学的补充和延伸等。从育人功能的角度看，校外活动与课堂教学同样对中小学生身心发展有着极为重要的作用，它们虽有不同的策划与实施主体，但却是基础教育的两大基本实施途径以及素质教育的两大主干。事实上，上海市围绕教育综合改革设计的三大制度体系，其一便是"以加强资源共享、促进融合互补为导向，努力形成促进内涵发展和教育公平、推动教育与经济社会发

---

① J. J. Gibson, The Theory of Affordances, in R. Shaw & J. Bransford eds., *Perceiving, Acting, and Knowing: Toward an Ecological Psychology*, Hillsdale, NJ: Lawrence Erlbaum, 1977, pp.67-82. J. J. Gibson, *The Ecological Approach to Visual Perception*, Boston, MA: Houghton Mifflin, 1979.
② 鲍贤清、杨艳艳:《课堂、家庭与博物馆学习环境的整合——纽约"城市优势项目"分析与启示》,《全球教育展望》2013年第1期,第67页。

展合作共赢的开放联动制度体系"①,其中也包括校内外教育的开放合作。

此外,无论是国际上的"欧盟核心素养""21世纪技能评估工具",还是我国各级各地的"中国学生发展核心素养""学业质量绿色指标"等,都为博物馆与中小学教育结合事业带来了新的价值取向和理念导向,也为新的制度背景做了铺垫。

(一) 作为背景的"核心素养"培育

1996年,联合国教科文组织之21世纪教育国际委员会发布了《学习:内在的财富》②(Learning: The Treasure Within)报告。它作为国际社会的一份学习宣言,提出了学习的"四大支柱":学会求知、学会做事、学会共处、学会生存。并且,它还谈及教育价值:"教育应该促进每个人的全面发展,即身心、智力、敏感性、审美意识、个人责任感、精神价值等方面。"

早在1972年,联合国教科文组织就发布了《学会生存:教育世界的今天和明天》(Learning to Be: The World of Education Today and Tomorrow)报告。并且,2015年,该组织还发布了《反思教育:向全球共同利益的转变?》(Rethinking Education: Towards a Global Common Good?)报告。

2003年,经济合作与发展组织出版了《核心素养促进成功的生活和健全的社会》(Key Competencies for a Successful Life and a Well-functioning Society)报告,指出"核心素养"超越直接传授的知识和技能,包含了认知和实践技能、创新能力、态度、动机以及价值观等,同时认为反思性思考和行动是核心③。

2000年《里斯本战略》(Lisbon Strategy)的制定,为"欧盟核心素养"(Key Competences/Key Competences for Lifelong Learning)的形成提供了背景和基础,后者的最终版本于2006年出炉,包含八项内容:使用母语交流、使用外语交流、数学素养与基本的科学技术素养、数字素养、学会学习、社会与公民素养、主动意识与创业精神、文化觉识与文化表达。并且,它从情感、态度、价值观等方面进行了详细规定④。

2009年,作为美国联邦政府机构、为所有博物馆和图书馆提供引导与扶

---

① 余慧娟、赖配根、李帆、朱哲、金志明、董少校:《上海教育密码》,《人民教育》2016年第8期,第9页。
② 也有译成《教育:财富蕴藏其中》的。
③ 李艺、钟柏昌:《谈"核心素养"》,《教育研究》2015年第9期,第18页。
④ 裴新宁、刘新阳:《为21世纪重建教育——欧盟"核心素养"框架的确立》,《全球教育展望》2013年第12期,第96—97页。

持的博物馆与图书馆服务署(Institute of Museum and Library Services)推出了21世纪技能评估工具,而"21世纪技能"特别强调博物馆和图书馆在培养公众信息获取能力、交际能力、科技知识、批判式思维、解决问题能力、创造性、文化素养、全球意识等方面的重大作用①。

此外,2011年,上海出台了《上海市中小学生学业质量绿色指标(试行)》,其中包括学习动机、学业压力、师生关系等一系列影响学业质量的关键因素。该绿色指标在排序第一的"学生学业水平指数"中,在以往关注青少年标准达成度的基础上,开始聚焦其高层次思维能力指数,包括知识迁移能力,预测、观察和解释能力,推理能力,问题解决能力,批判性思维和创造性思维能力等。

2015年举行的第二届"北京教育论坛"上,专家认为:"核心素养是新课标的来源,也是确保课程改革万变不离其宗的'DNA'。"②2016年,我国发布了"中国学生发展核心素养"研究成果,该素养以培养"全面发展的人"为核心,注重青少年支撑终身发展、适应时代要求的关键能力培养。它分为文化基础、自主发展、社会参与三方面,综合表现为人文底蕴、科学精神、学会学习、健康生活、责任担当、实践创新六大素养,具体则细化为国家认同等18个基本要点。"中国学生发展核心素养"理论框架和目标体系的提出,标志着我国素质教育发展到了新阶段,基础教育改革进入了"深水区"。

总的说来,教育是人类社会特有的实践活动,人是其中最重要的元素。而培养人正是教育的最基本职能,也是其特质所在③。国内外一系列"核心素养"培育,都为博物馆与中小学教育结合事业带来了新的价值取向和理念导向,包括科学的教育观、人才观、质量观,同时也做了背景铺垫。

(二) 校外教育的强势回归

校外活动与课堂教学互补互促、相辅相成,两者各有特点,理应并重发展。事实上,无论是校内、校外教育还是学校、社会教育,都一致地为创新人才培养的核心目标服务。当然,两者侧重点不同,校外活动更注重对青少年、儿童实际操作技能的训练,解决问题和创造能力的培养,以及个性特长的发展等。在日本,与学校教育以系统知识为基本内容、以学生能力培养为

---

① 湖南省博物馆编译:《〈向"重要教育合作伙伴"目标迈进〉文章发表 总结美国近10年博物馆教育实践》,湖南省博物馆网站,2011年12月27日。
② 黄琛:《中国博物馆教育十年思考与实践》,第87页。
③ 杜彬恒、陈时见:《我国教育战略规划的基本特征和价值理念——基于我国五个纲领性教育文献的政策分析》,《河北师范大学学报》2020年第3期,第26页。

主要目标、以学科教学为根本途径相比,校外教育更强调少年儿童自身的主体性,开展活动以自发性为前提,并将内容与社会现实融合,注重在直接经验中引导学生体验①。

2016年4月,时任国务院副总理的刘延东同志指出:"将修学旅行纳入中小学教育是方向,对于孩子了解国情、热爱祖国、开阔眼界、增长知识实现全面发展十分有益。"研学旅行将学习与旅行实践结合,将学校教育和校外教育衔接,强调学思结合,突出知行统一,让学生在研学旅行中学会动手动脑、生存生活、做人做事,促进身心健康,有助于培养其社会责任感、创新精神、实践能力②。截至目前,教育部在2017年命名第一批全国中小学生研学实践教育基(营)地的基础上,于2018年命名了第二批,并采取一次命名、分年支持的思路。

放眼国际,非正规教育的价值正在进一步彰显,这一方面出于教育工作者对一系列学术、社会经济、政治变化的应对,另一方面也基于"将近80%的学习都在非正规情境下发生"的事实。鉴于此,不少教育改革都基于非正规学习而发生,且正规、非正规教育之间的发展愈发平衡③。不少国家已经意识到,传统教育板块中越来越正规的学习架构,其实有违于学校为学生铺垫的、在创意经济取得成功的诉求④。

总之,在进一步发展博物馆与中小学教育结合事业前,我们理应实现校外教育地位的回归,包括其与校内课堂教学责任共担、目标一致。这也是教育本真的理性回归,是完整的基础教育和素质教育的题中之义。事实上,国际上已有不少国家将校外教育置于与课堂教学并驾齐驱的地位,继而实现了校外教育功能定位的"协同"转向。正如《我国校外教育功能定位流变及其现代转向》一文所总结的,当下校外教育理应与学校教育一起,构成基础教育的"一体两翼"。其中,素质教育为"体",校内外教育为"翼",两者都服务于素质教育⑤。

---

① 王晓燕:《日本校外教育发展的政策与实践》,《国家教育行政学院学报》2009年第1期,第93页。
② 王振民编:《中国校外教育工作年鉴(2016—2017)》,武汉大学出版社2017年版,第266页。
③ B. King, New Relationships with the Formal Education Sector, in B. Lord ed., *The Manual of Museum Learning*, Plymouth: Rowman & Littlefield Publishers, 2007, pp.77-78.
④ Ibid. p.82.
⑤ 刘登珲:《我国校外教育功能定位流变及其现代转向》,《湖南师范大学教育科学学报》2016年第5期,第118页。

二、校外教育强调体系建设

于中小学而言，校外活动是有组织、有计划开展的开放性、多样化校外教育教学活动的总称，是课程结构的组成部分。它们源于课程活动，反过来又促使其更充实①。如果说为每一位学生提供适合的校外教育是我国基础教育转型的必然要求，那么科学谋划活动格局、强调体系建设，也是其发展的题中应有之义。这旨在回答，如何进一步平衡校外活动与课堂教学的关系，包括促使博物馆与中小学教育结合不作为游离、割裂于课程实施的边缘化、碎片化、点状式项目。在该体系建设中，既有内容，又有形式，当然还涉及相应的评价及管理，也即横向成系列、纵向有梯度。

值得一提的是，上海市中小学第二期课程改革（简称"二期课改"）在理念上改变了把校外活动排斥于课程体系之外，仅作为课程实施的一种方法和形式；在实践上则将其纳入课程建设过程和整体结构，使之既成为课程的组成部分，又作为现代课程的新元素②。在上海践行基础型课程、拓展型课程、研究型课程的进程中，校外活动是与课堂教学有机衔接并共同实现课程目标的必要途径。此外，上海以《上海市学生民族精神教育指导纲要》和《上海市中小学生生命教育指导纲要》为价值引领的校外教育内容体系，也同步完善了中小学纵向衔接、学校教育和社会教育横向贯通的实施体系。

就如何夯实校外教育的体系建设而言，一方面，我们要更新课程理念，将校外活动有机纳入课程建设和实施过程，包括国家课程、地方课程、校本课程。同时，尽可能开放教学过程，创新设计，并对教学组织进行科学衔接、合理转换③，这其中就包括引入博物馆这一优质社会教育资源。另一方面，我们须平衡校外活动与学习对象的关系，促使校外教育的体系建设体现小学、初中、高中不同学段的层次性及连贯性，让其成为不同年龄、个性的学生可选择的"超市式"项目，而非千人一面④、千馆一面。

近年来，北京市教育委员会在全市校外教育机构中开展了"三个一"活动，即培育一批创新项目、建设一批特色项目、发展一批精品项目。该举措致力于推动相关机构的供给侧改革，包括推动校外教育形式由零散的活动

---

①② 高德毅：《舞动成长的翅膀：上海市中小学课外活动实施指南》，绪论第6页。
③ 同上书，第93—94页。
④ 同上书，引言第4页。

逐渐转向系统化的课程。换言之,北京充分利用校外教育"活动育人"的优势,将活动开发经验运用到课程开发中,并打破学科界限。这种活动课程化的转变让育人目标更聚焦学生核心素养,育人方式也更符合青少年、儿童的成长规律①。

第三节　提升博物馆在校外教育中的地位

博物馆与学校是天然的合作伙伴。这一方面源于校内外教育机构的共同使命——承担培育青少年和儿童全面、个性化、终身发展的任务。而新时代校外教育质量的高低,将直接影响我国基础教育事业的长足发展。另一方面,在国家推动育人方式变革及教育综合改革的背景下,校内教学尤其需要校外教育的资源与平台支持。鉴于此,我们亟需提升博物馆在其中的地位,促使其不仅于中小学教育"锦上添花",而且发挥"雪中送炭"的作用。事实上,地位关乎战略,而博物馆学习基于实物的独一无二性以及含化立德树人任务的与时俱进性,都是值得提升其地位的明证。

一、博物馆依托实物的独一无二性

中小学与博物馆作为校内外教育机构的代表,具有先天差异。事实上,校内外教育衔接与贯通的前提,正是明晰两者的独特内涵和功能边界,确保两者在目标一致前提下的异质性。目前,我国博物馆作为社会教育、校外教育的重要组成部分,主要从文化和旅游(当然还包括历史、自然科学、艺术等维度)的切入口来助力学校教育,这也是上海市提倡"文教结合"事业的一大原因,以鼓励大部分博物馆所属的文旅系统与中小学所属的教育系统跨界合作。

博物馆作为非正规教育机构的典型,其独一无二性正在于以实物为基础,提供"基于实物的教育"(object-based learning)。同时,博物馆以展览为

---

① 周立奇、胡盼盼:《校外教育优质发展的三个支点》,《光明日报》2019年12月10日,第14版。

主要阵地,展教结合,而展览本身即是一种教育产品,具有直接性和真实性。因此,博物馆是建立在"物"基础上的多感官学习机构,提供了受众与实物的"相遇和接触"机会,"物"是前提性教育元素,也是学校通常所不具备的媒介。鉴于此,无论形式如何演进,基于实物的学习都是博物馆教育的核心。馆方理应鼓励青少年、儿童在馆内观察并尽可能动手,以耳听、眼看、手动、心跳,在一手体验中完成从感性到理性的认知过程。毕竟,物的真实感正适合孩子的具象思维特点,也有利于培育他们的实证思维。而从实物中学习,也是人类的原始学习方式,正所谓"纸上得来终觉浅,绝知此事要躬行"。

值得一提的是,博物馆学习以实物为基础,这是其排他性优势,也是较之其他校外教育机构的最大优势。难怪发达国家纷纷将博物馆视为学校天然的合作伙伴,把博物馆定位为青少年、儿童最重要的教育资源和最值得信赖的器物信息资源之一。时下,国际上有相当多的大中小学都将课程移至场馆展厅、教育空间、库房内进行。而当年,美国"博物馆磁石项目"(The Museums Magnet Program)[①]的最大意义和价值,在于纠偏了彼时中小学局限于课本教学的现象。该项目的关键部分是持续的学习考察,聚焦以学习者为中心的实践和体验学习(experiential learning)。考察中,学生在不同场馆内与原真实物、艺术品接触。并且,这些考察都历经教师和博物馆教育工作者的共同设计,整合了由标准驱动的课程与各馆实物、人工制品、藏品等,既"基于实物"又"基于项目"[②]。

事实上,博物馆有别于学校的特质理应被开发,尤其是其结合了学习和娱乐的非正规教育情境。一定程度的娱乐元素的加入,有助于中小学生克服依然存在于正规教育前的灰色障碍,激发其由内而外的兴趣,而兴趣则是最好的老师。忘了那些惯常的作业,取而代之需要青少年和儿童观察、提问、发现的任务,而分类、论述等正是批判式思维的培育工具,这些都不妨在博物馆情境中实践,并传播回教室。其实,许多学生都非传统型学习者,也非传统意义上的优等生,但当被邀请解决疑难、触碰物件、在展品展项间游

---

① "该项目由迈阿密—戴德县公立学区资助,后者获得了美国教育部的磁石扶持项目(U.S. Department of Education's Magnet Assistance Program)的三年支持。其关键部分是持续不断的学习考察"。见 K. Fortney and B. Sheppard eds., *An Alliance of Spirit: Museum and School Partnerships*, Arlington, VA: American Association of Museums Press, 1988, pp.4-5.

② K. Fortney and B. Sheppard eds., *An Alliance of Spirit: Museum and School Partnerships*, 1988, pp.4-5.

走并以更具感官驱动的方式体验时,他们整个人都被激活了①。因此,博物馆作为自由选择的场所,当太过模仿义务教育或强迫学生进行指定学习时,它们会削弱自己的成功。

需要指出的是,博物馆不只是校外教育场所,其学习也不仅仅是学校教育的延伸和补充,它更代表了一种不同但相得益彰的学习理念和方式方法,故得坚持原汁原味,这将在下文第四章"我国博物馆与中小学教育结合的历史、现状以及对策和路径选择"中具体论述,并指出功能定位的"协同"转向。在日本博物馆界,"用孩子的视角看世界""快乐地学习"等都是场馆的核心教育理念。该国第四大国立博物馆——九州国立博物馆(Kyushu National Museum)副馆长宫岛先生曾表示,孩子平时学习负担已经很重,到博物馆来就不能再强迫他们,要让其在一个快乐的环境中,否则头脑中就没有创造力。因此,博物馆教育的出发点是为孩子创造一个轻松的环境,鼓励他们去发现和创造②。

众所周知,书本知识是间接经验,只有间接、直接经验交互,才会形成个人对世界的真切认识、理解,尤其现在的孩子在虚拟世界待太久了,我们得促使其精神世界与真实天地连接。这也是我国课程改革的重任,课程、教学需要超越学校边界在广大社会、自然空间中发生③。而博物馆基于实物的真实情境,以及由此导向的独特校外教育模式,为青少年、儿童开辟了一条与其生活的世界交互的通道,让灵性从他们的头脑和心灵深处自由舒坦地生发,以认识自己、认识世界。

二、博物馆是立德树人的重要课堂,应融入学科教育

博物馆作为国民教育的特殊资源和阵地,不仅传播知识,而且是对人民群众特别是青少年和儿童进行思想道德教育的重要课堂。正如习近平总书记于2015年2月17日讲话中所言:"一个博物馆就是一所大学校。"目前,国内外博物馆已不止于输出知识,而在于提升学生的核心技能,并培育其情

---

① K. Fortney and B. Sheppard eds.,*An Alliance of Spirit: Museum and School Partnerships*,1988,pp.3-4.
② 孙丽梅:《日本博物馆的青少年教育》,《中国文物报》2006年5月12日,第4版。
③ 余慧娟、赖配根、李帆、朱哲、金志明、董少校:《上海教育密码》,《人民教育》2016年第8期,第18—19页。

感、态度、价值观,继而影响其行为的改变。

无论是校外教育还是博物馆与中小学教育结合事业,都以立德树人作为第一要义。当然,它们的发展都不止于德育范畴。事实上,我们有必要既将博物馆学习纳入校外教育、德育范畴,又将其纳入学科教育。而一旦融入学科性课程,博物馆对中小学的教育供给将取得实质性突破。

(一)博物馆是立德树人的重要课堂,并以德育为先

1. 德育下的校外教育

目前,在我国各地各级政府的红头文件中,校外教育主要被置于德育板块中。这对应的恰是机构设置,也即在教育主管部门和单位中,由德育处主管校外教育工作。比如,上海市校外教育的红头文件"文号"通常为"沪教委德〔××××年〕××号"。的确,所有业务的管理皆需一个归口部门,即便工作还涉及其他单位。而将校外教育交由"五育"(德智体美劳)之首的德育牵头管理,既是历史遗留的传统,又不失为一项不错的选择。

事实上,博物馆作为立德树人的重要课堂,可潜移默化地影响中小学生的思想观念、价值判断、道德情操,并"润物细无声"地转化为其情感认同和行为习惯。因此,在博物馆与中小学教育结合的制度供给中,爱国主义教育、革命传统教育、思想道德建设等始终是重要主题。这从各时段的中央政策中可窥知,如 1991 年《中共中央宣传部、国家教委[①]、文化部、民政部、共青团中央、国家文物局关于充分运用文物进行爱国主义和革命传统教育的通知》、2004 年《中共中央国务院关于进一步加强和改进未成年人思想道德建设的若干意见》、2019 年《新时代爱国主义教育实施纲要》等。此外,大部分国有博物馆都被定位为爱国主义教育机构。

2015 年 10 月,全国中小学社会主义核心价值观教育经验交流暨德育工作会议在京召开,时任教育部党组书记、部长的袁贵仁同志讲话。他强调,要发挥好社会实践的体验作用,使核心价值观教育活起来、动起来,引导学生从课上走到课下,从校内走向校外,从思想认知到亲身体验,从实践体验逐步内化为终身受益的行为习惯和道德自觉[②]。此外,在上海市"二期课改"中,德育也是核心,它从整体融合的教育观出发,努力使全部教学和学生

---

① 中华人民共和国国家教育委员会是一个国家教育管理行政机构,成立于 1985 年,1998 年完成其历史职责。其职责任务是负责制定教育中长期发展规划,制定教育、教学政策法规,宏观指导、组织的协调教育工作,推进教育体制改革,督导各类学校教育工作。

② 王振民编:《中国校外教育工作年鉴(2016—2017)》,第 132 页。

生活都包含德育的实施。而这些皆是博物馆践行立德树人的良机。

2. 校外教育的渐进独立及其与德育的与时俱进融合

值得一提的是,在教育部基础教育司中,长期居于首位的业务是德育与校外教育,并与学前教育、义务教育、普通高中教育、特殊教育、装备与现代化等业务并列。但2020年夏季,该司下设处室调整为德育处、义务教育处、普通高中教育处、校外教育与培训监管处等。从业务角度讲,这给予了校外教育独立的发展空间,并加大对各种校外培训的监管。与此同时,德育业务除了继续位居首位外,理应贯穿于所有教育,是一切教育之"魂"。

事实上,所有工作理念与功能的转换,都不可避免地影响或反作用于机构设置,或需要借助机构设置的调整来实现。此外,我们还要与时俱进地赋予"德育+博物馆学习"新的时代内涵和现代表现形式。一方面,爱国主义教育、革命传统教育、思想道德建设等仍然具有巨大的当下意义和价值,并与现在大力提倡的中华优秀传统文化、社会主义核心价值观教育等相关。因此,博物馆与中小学教育结合需要与德育正向关联,因为育人为本,德育为先。另一方面,我们得将立德树人"润物细无声"地融入博物馆社会实践、文化知识、思想道德教育等各环节,而非仅仅列为意识形态教育。正如2014年《教育部关于培育和践行社会主义核心价值观进一步加强中小学德育工作的意见》在"准确把握规律性,改进中小学德育的关键载体"中所表达的:"改进实践育人。各级教育部门和中小学校要广泛开展社会实践活动,充分体现'德育在行动',要将社会主义核心价值观细化为贴近学生的具体要求,转化为实实在在的行动。要广泛利用博物馆、美术馆、科技馆等社会资源,组织学生定期开展参观体验、专题调查、研学旅行、红色旅游等活动。"

当下,我们的难点不在于确认博物馆是否具有立德树人的功能属性,而在于如何"巧转化",以促使德育通过场馆学习"落地生根"。此外,本研究虽聚焦于中小学学段,但其实要构建的是以我国博物馆与中小学教育结合为引领的、大中小幼一体化的"将博物馆纳入青少年教育和国民教育体系",以层层深入、有机衔接,最终推进德育内化于心、外化于行。

(二)博物馆学习逐步融入学科教育

当下,我国博物馆与中小学教育结合于中小学而言,基本被纳入校外教育范畴,同时校外教育多被纳入德育范畴。当然,随着上文所述的教育部基础教育司下处室的调整,未来各地有望跟进,在教育主管单位中单列校外教育处室,也作为对此业务发展的进一步重视。

的确,即便德育为先、德育为"魂",但无论是校外教育,还是馆校合作、文教结合发展,从业务角度看都不应限于德育范畴。事实上,在我国博物馆与中小学教育结合事业中,非常有必要将博物馆学习逐步纳入校内的学科课程,而不是止步于校外的活动/实践课程。一旦将这一环节打通,将促使博物馆对中小学的教育供给取得实质性突破。值得一提的是,根据现下中小学的组织架构,其内部常设机构主要有:教务处、德育处/政教处、总务处/后勤处,此外还有学校办公室/校长办公室、教科室/科研处、团委、工会/教代会、保卫处/保卫科,以及教研组、年级组等设置。因此,博物馆理应既"打入"德育处,又"攻下"教务处,以取得德育、校外教育以及学科教育的多重结合机会。

英国博物馆和美术馆研究中心(Research Centre for Museums and Galleries)的报告显示,多数教师表示博物馆教育可达到课程教学和道德教育的双重目标[①]。此外,国际博物馆界普遍重视师生参与的自主意愿和教育导向,其主题和内容既有人格陶冶、道德教育,又有专业技能深化、闲暇教育,覆盖了历史、文化、自然、科学、艺术等不同维度。毕竟,中小学走进博物馆,并不只是因为德育需求。同时,我们也宜放宽德育的外延,并凸显其时代性,以使新时代下中华优秀传统文化、社会主义核心价值观、立德树人等与博物馆学习相融合,找准文教合力育人的最佳结合点,以期为中小学生所喜闻乐见。

值得一提的是,课程是师生成长的"跑道",是教育影响未来一代心灵的核心环节。而将博物馆学习融入学科教育,致力于培养学生的创新精神和实践能力,可引导青少年发现学科的意义。毕竟,学科教学不仅向学习者解释知识是什么,而且让学生了解所有学科对其成长的意义,成为他们与社会联系的纽带。而这些需要青少年用自身实践去逐步体验,感知学习内容的意义所在,进而影响和改变自身的世界观和价值观[②]。

三、博物馆重视青少年,并邀请其成为主角

著名心理学家艾瑞克逊(Erikson, E. H.)认为,人生的每一阶段都有其

---

① 驻英国台北代表处文化组:《英国博物馆与中小学教育结合 师生满意度达80%》,《教育部电子报》2009年11月26日(第386期)。
② 余慧娟、赖配根、李帆、朱哲、金志明、董少校:《上海教育密码》,《人民教育》2016年第8期,第18页。

主要的危机,发展的顺利与否视其能否成功化解危机。而"认同"与"认同混淆"正是青少年的主要危机,也即他们对"我是谁?"和"我将走向何方?"等问题,感到迷失与彷徨。因此,青少年若能克服认同危机,就会把对自我现况、生理特征、社会期待、过往经验、现实环境与未来期望等六个层面的觉知整合,形成一个完整而和谐的结构①。

习近平总书记曾言,青少年阶段是人生的"拔节孕穗期",最需要精心引导和栽培②。鉴于此,在博物馆与中小学教育结合中,我们应加大对青少年的重视和研究,并邀请其成为活动、项目主角。2019年《新时代爱国主义教育实施纲要》直接将"新时代爱国主义教育要面向全体人民、聚焦青少年"作为小标题,而《上海市公民科学素质行动计划纲要实施方案(2016—2020年)》主要指出的五大人群③也以青少年为先,并以"实施青少年科学素质行动"为"重点任务"之首。

(一) 博物馆加大重视和研究青少年

目前,全世界的博物馆都在加大重视和研究青少年,包括他们需要什么、如何与同龄人交流、场馆为什么使他们感觉不舒服、其他校外教育机构如何与中小学生建立中长期联系等。甚至博物馆还需要与电脑游戏、通信技术等作战,争夺部分受众,因为青少年的时间、精力、金钱都有限,场馆面临的竞争不只是文教机构,更不囿于业内同行。

由于青少年已不再如儿童一般容易直接接受教师与教育机构给予的一切,他们对于同伴的认同也常常多于对成人社会规则的遵守,因此这个"令上帝也疯狂"的群体往往难以成为博物馆的最爱,相对于倍受重视的儿童与成人观众更是如此④。比如,国立博物馆免费开放政策极大地推动了英国博物馆事业的发展,但遗憾的是,本该是这一利民政策最大受益者的青少年(13—19岁)却依然处于被遗忘的角落。对场馆来说,该群体尴尬地处于"家庭项目"和"成人项目"的夹缝之间;于青少年而言,课业的繁重压力及经济尚未独立的窘境使得博物馆体验无论从时间还是消费层面(英国国立博物馆虽免费开放,但绝大多数活动为收费项目)而言,都是一种奢侈⑤。

---

① ④ 刘婉珍:《与青少年做朋友——美术馆能为青少年做什么? 如何做?》,《朱铭美术馆季刊》2003年第13期。

② 汪瑞林:《推进立德树人的生动实践——2019年基础教育课程与教学改革观察》,《中国教育报》2019年12月25日,第9版。

③ 五大人群为:青少年、城镇劳动者、领导干部和公务员、社区居民、农民。

⑤ 湖南省博物馆编译:《英国:博物馆应如何吸引青少年》,湖南省博物馆网站,2012年4月6日。

当然,由于博物馆平等对待服务对象的宗旨,以及为青少年供给不同于学校教育的潜力与责任,因此努力策划与实施相关展教活动、项目的机构仍不少。一些场馆教育工作者甚至认为,引导、扶持青少年所获得的成就感大于儿童,因为他们已能针对主题进行独立探讨,且专注时间长,还可为自己做选择[1]。时下,越来越多的机构都不再视青少年为被动的接收者,而是希望他们成为常客,成为博物馆的朋友,更成为推动场馆发展的好帮手。

总的说来,青少年教育理应成为博物馆教育的重点,中小学生既是利益相关者,又是最大受益者,而场馆完全有潜能成为其成长伙伴。事实上,从小培养儿童、青少年对博物馆的喜爱,一方面可以将民族的历史和文化植根于其幼小的心灵,另一方面他们成人后还会携家人前来,是场馆可持续发展不可或缺的观众群体。而从儿童抓起,激发他们对博物馆的兴趣,培养他们的参观和利用习惯,是国际上很多场馆的教育目标之一。即便这些观众日后并不从事相关工作,但是从小形成的对博物馆的亲切感,对其文化的认同感,会促使他们在一生中不断回来,还会成为志愿者、会员,甚至是捐赠者(许多捐赠者都是从小经常去博物馆并对它拥有美好回忆的人)。欧美博物馆不断得到这样的回报,这正是其开展未成年教育的成功之处[2],在一定程度上也"润物细无声"地改变了国民教育思想。

(二) 博物馆邀请青少年成为主角

从宏观上讲,我国博物馆与中小学教育结合目前仍存在内容匮乏、形式单一,较少考虑不同学段、年龄学生的差异性等问题。此外,活动目标、主题与学生能力不匹配、与生活实际脱离的现象也时有发生,使得活动简单重复、难易倒置和层次不清。因此,博物馆与中小学教育结合如何"适对象""扬主体",也即如何适应学生的身心发展、如何体现其主体作用,至关重要。

具体说来,博物馆活动必须彰显学生的主体性。一方面,要激发青少年、儿童的主观能动性,关键在于摆正和处理好场馆教育工作者、学校教师与学生的关系。前两者的角色主要在于引领、指导,而不是包办、取代,因此得及时研究青少年的特点,尊重其差异,服务其需求,促进其体验与创造,而不是让他们感觉自己被选择、被安排。另一方面,博物馆项目从策划设计到组织实施,再到总结反思,都要让学生唱主角,让每个人承担任务,实行任务

---

[1] 刘婉珍:《与青少年做朋友——美术馆能为青少年做什么? 如何做?》,《朱铭美术馆季刊》2003年第13期。

[2] 郑奕:《博物馆教育活动研究》,复旦大学出版社2015年版,第416—417页。

驱动制,并同步管理,真正实现"我的时间我做主""我的活动我安排"①。甚至在一定情境下,博物馆、中小学还可鼓励学生自主开展活动,包括以小队为单位,甚至是个体独立进行。当然,场馆、学校需要制定诸如活动手册等,以明确方向,提供流程等引导、扶持②。

比如,日本神户市立博物馆(Kobe City Museum)专门开辟了"儿童描绘21世纪的神户"展区,在整面墙上展示了80余名当地小学生的绘画作品,这成为神户通史陈列中极富特色的组成部分,让孩子们真正参与到展览创建中③。同时,一些博物馆还邀请青少年策展等,并促使其扮演重要角色。例如,英国约克郡的两家场馆提供了数千英镑有奖征集展览创意。约克郡博物馆(Yorkshire Museum)的"中世纪画廊"和约克城堡博物馆(York Castle Museum)的"玩具展"于2013年改陈,16—24岁青少年均可提交创意,最终获奖的创意还将被采纳并付诸实践,同时作者将分别获得6 000英镑和2 000英镑奖励④。

此外,2012年伦敦奥运会是现代奥运会与残奥会历史上盛大的"文化奥林匹克",博物馆作为重要组成部分受到了"文化奥林匹克"理事会的高度重视。而此前博物馆还算不上是伦敦年轻人的热衷地,因此理事会特别策划了一系列项目,呼吁青少年进一步参与场馆发展⑤。其中,由英国23家博物馆共同发起的"世界的故事"被誉为规模最大的活动之一。它号召青少年以全新视角解读藏品,探索全世界文物的奥秘。另外,伦敦博物馆(The Museum of London)特别成立了"汇聚点"(Junction)青年会/青年顾问小组,下文还将就此展开论述。

---

① 高德毅:《舞动成长的翅膀:上海市中小学课外活动实施指南》,引言第3页。
② 同上书,第40页。
③ 孔利宁:《日本博物馆的青少年教育》,《科学发展观与博物馆教育学术研讨会论文集》,陕西人民出版社2007年版,第221页。
④ 湖南省博物馆编译:《英格兰约克市两家博物馆向青少年有奖征集展览创意》,湖南省博物馆网站,2012年11月6日。
⑤ 湖南省博物馆编译:《2012伦敦"文化奥林匹克"呼吁青少年参与博物馆发展》,湖南省博物馆网站,2011年2月14日。

第三章

国际社会博物馆与中小学教育结合的理念与实践

当前,不同国家在博物馆与中小学教育结合事业上尚处于不同的发展阶段,但都十分重视场馆对学校教育的供给。本章主要采取国际比较研究视角,采撷全球文教界的成熟经验。一方面,从个性中提炼共性,使之具备普适性,以发挥案例的"以点带面、示范引领"作用;另一方面,国际案例浩如烟海,而笔者采取"按需选用、为我所用"的原则,坚持扎根中国与融通中外相结合。

鉴于此,本章主要循着历史主义与现实主义结合、借鉴外来经验与研究本土实际相统一的原则,系统梳理世界主要国家博物馆与中小学教育结合的制度演进脉络,归纳相应的制度特征等。博物馆最早起源于西方国家,同时馆校合作的尝试在19世纪的英、美、日等国已然出现。并且,它们对合作意义和价值的觉识并非形而上地徘徊于观念和文字之间,而是真切落实到博物馆展区内和学校课堂上,并在行动中完善。可以说,西方国家的馆校合作起步早,并在政治、经济、文化等多种因素综合影响下、经长期积累后日趋成熟[①]。其中,美国作为世界第一经济强国,英国、法国作为欧洲先进国家,以及日本、韩国作为亚洲发达国家,其有益经验都值得我们省思与参考。

事实上,若要推动我国校外教育、博物馆教育发展模式创新,重点之一便是构建"一流的标准",以建设一批达到国际水平的博物馆与中小学教育结合案例、模板等。处于教育转型的当下,我们必须有全球化视野和开放胸怀,包括支持博物馆以国际同类机构为参照,在社会大环境中实现家校社合一的文教和谐。更重要的是,我们既要遵循本国文化和旅游(文博)、教育发展的历史传统与基础,又要借鉴国际上主要国家的理念与实践,并着

---

① 王乐:《馆校合作研究:基于国际比较的视角》,厦门大学出版社2017年版,第135页。

力把国际先进经验本土化,坚持走中国特色的博物馆与中小学教育结合道路。

第一节 立法、政策、规划

在国际文教界,将博物馆纳入国民教育体系已成为普遍行为。事实上,日、英、美等国的教育发展史,也是一部立法史,即采用教育立法的方式进行规制[1]。而制度设计的最高层级便在于中央政府制定法律法规、政策、规划,实现顶层设计保障,包括通过立法明确博物馆纳入国民教育体系的内涵及要求,即主要为青少年教育服务,重点是纳入基础教育体系,通过制定有效的政策措施,切实融入中小学教学计划[2]。

比如,2004 年的意大利《文化遗产与景观法规》(Code of Cultural Heritage and Landscape)规定,意大利文化遗产部、教育大学研究部及各地方政府,应当缔结协定,协调博物馆等文化机构和场所,与属于国家教育系统的各种类型和水平层次的学校缔结特别协定,为学校教育提供教学资源和发展教学节目,传播文化遗产和科学知识,促进学生的全面发展。此外,法国、荷兰、丹麦、西班牙、斯洛伐克等国的博物馆法律法规也都有将场馆纳入国民教育体系的类似规定[3]。

一、日本:通过"社会教育三法",明确博物馆的地位

早在 1949 年,日本就颁布了《社会教育法》,作为校外教育管理的总法。该法将校外教育明确归属于社会教育,这促使校外教育发展首先获得了法律保障,并确认了它在整个教育体系中与学校教育并列发展的地位,继而走上法制管理轨道。此外,日本相继于 1950 年颁布了《图书馆法》、于 1951 年颁布了《博物馆法》,三者统称"社会教育三法"[4],进一步确认了博物馆在社会教育乃至整个教育体系中的地位。随着信息化、国际化、终身学习社会

---

[1] 柳欣源:《义务教育公共服务均等化制度设计》,第 177 页。
[2][3] 国家文物局博物馆司调研组:《关于将博物馆纳入国民教育体系的调研报告》,《新形势下博物馆工作实践与思考》,第 64 页。
[4] 赵丽丽:《回归素质教育的本原——日本小学生校外教育探究》,《基础教育参考》2006 年第 3 期,第 18—21 页。

的来临,日本新法令法规不断对"社会教育三法"加以充实①。

此外,青少年教育作为博物馆教育工作的核心内容,受到各级政府相关部门的特别关注和有力支持,包括政策的宏观指导和专项资金扶持皆为之奠定了坚实基础。

(一)"社会教育三法"与博物馆

在近现代史上,日本一直走教育兴国路线,是当仁不让的教育先进国。1872年,日本颁布了《学制》,这是其近现代教育史上第一部体系完整的法令,颁布的宗旨是把学问作为立身之本,以达到"邑无不学之户,家无不学之人"。《学制》首次将所有学校教育统一纳入国家管理②。

第二次世界大战后,日本在校外教育发展上首先进行建章立制,从法律层级明确其定位并规范管理。1946年颁布的《日本国宪法》第25条规定:"全体国民都享有健康的、最低限度的文化生活的权利。"1947年,日本颁布被称为宪法姐妹篇的《教育基本法》,并将"教育"的概念界定为学校教育、家庭教育和社会教育三者的总和。同时,明确规定:"国家和地方公共团体必须大举奖励社会教育,通过利用图书馆、博物馆、公民馆和其他社会教育设施、学校设施、提供学习机会和信息等适切的方法,努力达到教育目的的实现。"同年,日本还制定了《学校教育法》;1949年6月,该国颁布《社会教育法》,作为校外教育管理的总法。该法对"社会教育"的定义是:在学校教育课程之外所举行的、主要针对青少年和成年人的有组织的教育活动。此外,日本又相继于1950年颁布了《图书馆法》、于1951年颁布了《博物馆法》(以《社会教育法》为母法制定),三者统称"社会教育三法",进一步确认了博物馆在社会教育乃至整个教育体系中的地位③。

日本校外教育的发展得益于其社会教育所具有的悠久与深厚的传统,起源可追溯到明治维新时期。当时,为启发民智、促进近代化、传播文化科学知识,国家大力发展社会教育,广泛建立了博物馆、图书馆等社会教育设施④。因此,日本近代博物馆的创办始于明治时代(1868年至1912年)。二战之后,百废待兴。而《博物馆法》的及时出台,促使场馆作为社会教育的重

---

① 王晓燕:《日本校外教育发展的政策与实践》,《国家教育行政学院学报》2009年第1期,第90—91页。
② 柳欣源:《义务教育公共服务均等化制度设计》,第87页。
③④ 王晓燕:《日本校外教育发展的政策与实践》,《国家教育行政学院学报》2009年第1期,第90页。

要组成部分被正式立法。它规定:"博物馆是对历史、艺术、民俗、产业、自然科学等有关资料进行收集、保管,为辅助教育而向大众开放展示,以促进教育、调查研究、娱乐等而举办必要活动的机构","以有利于国民教育、学术研究和文化发展为目的",博物馆"应与学校、图书馆、研究所、文化馆等教育、学术或文化相关的各种机构进行合作,并支持其举办活动"等。并且,为便于博物馆教育功能的发挥,国家规定其归属于都道府县教育委员会管理①。当然,从明治时代到二战结束,日本博物馆发展以欧美场馆为模板,仍然以收藏为主要目的,并被定位为学校教育的补充②。同时,作为有组织的、受教育行政指导管理的、以少年儿童为对象的校外教育主要从二战后发展起来③。

此外,20 世纪贯穿日本社会教育界的主流理念还包括,通过提高家庭和社会成员的自觉性,促使校外教育有序运行和健康发展,同时国家提供法律保障,以法律、法令法规、条例等形式规定社会成员的义务。例如,日本《社会教育法》第 3 条对国家及地方公共团体的任务做出如下规定:"国家及地方公共团体必须依据本法及其他相关法令的规定,通过设置和运营奖励社会教育所必需的设施,举办集会、制作与颁发资料以及其他方式,以方便全体国民能够利用一切机会和一切场所,自主地根据实际生活需要提高文化教养水平","国家及地方公共团体在履行前项任务时,鉴于社会教育与学校教育、家庭教育具有紧密关联性,在努力确保与学校教育进行衔接合作的同时,也需要考虑有助于家庭教育的提高"。因此,从国家到地方的都道府县及市町村的教育委员会等,法律都逐一明确了其开展校外教育的具体任务和职责④。

随着信息化、国际化、终身学习社会的来临,日本新法令法规不断对"社会教育三法"加以充实和完善。20 世纪六七十年代,该国开始将终身教育和终身学习理念引入法律并广泛宣传;80 年代中期,临时教育审议会明确提出建立终身学习体系;1990 年 6 月,国会通过了《终身学习振兴法》。此

---

① 国家文物局博物馆司调研组:《关于将博物馆纳入国民教育体系的调研报告》,《新形势下博物馆工作实践与思考》,第 64 页。
② 王乐:《馆校合作研究:基于国际比较的视角》,第 127 页。
③ 赵丽丽:《回归素质教育的本原——日本小学生校外教育探究》,《基础教育参考》2006 年第 3 期,第 18—21 页。
④ 王晓燕:《日本校外教育发展的政策与实践》,《国家教育行政学院学报》2009 年第 1 期,第 90—91 页。

外,2006年12月22日,日本《教育基本法》修正案获得通过。其中,新增了"终身学习理念"条目,提出"要努力实现这样的社会,即每一个国民为了完善自己的人格及度过丰富的人生而在其一生的所有机会、所有场合都能够进行学习,并且其学习成果发挥相应的价值"。同时,对在终身学习理念之下的社会(校外)教育特别增加了一条规定:"学校、家庭和地域居民以及其他关联者等,在自觉完成各自对教育的责任和义务的同时,互相之间必须要努力携手合作。"[1]

(二) 科学技术创造立国、文化立国两大战略以及其他对博物馆的建章立制

1. 科学技术创造立国、文化立国两大战略

对于已经实现高度工业化但自然资源贫乏的日本而言,在信息化和知识经济的背景下,国家日益明确选择走知识创新的道路。1996年,内阁启动了科学技术基本计划,响亮地提出科学技术创造立国战略,宣告了以往靠引进技术实现经济发展模式的终结。同时,该国也清醒地看到,作为经济高度发展的国家,追求精神的富有、满足国民日益多样的文化教育需求,以文化与科技的平衡回应21世纪的需求应是并行不悖的战略选择。1996年,日本确定了"文化立国21世纪方案"。1997年的"文化振兴基本计划"又提出,要把文化振兴提高到国家最重要课题的位置,强调对文化进行重点投资,认为该投资是对未来的先行性投资[2]。

为了服务这两大战略,20世纪90年代后期以来,日本以构筑21世纪的教育为目的,进行了一系列改革设计。1997年1月文部科学省第一份"教育改革方案"出台,提出了五方面计划:其一,丰富人性的培育与教育制度革新,包括加强"心的教育"、实现教育制度弹性化、重构学校教育内容、加强环境教育、改善地方教育行政系统、推进高中教育改革和加强人权教育等。其二,增强对社会要求和变化的"机敏应对"能力,包括对少子化和高龄化社会的应对、肩负未来科技发展的人才培养和适应社会要求的学术研究振兴、对信息化发展的对应、文化振兴等。其三,学校与社会的积极合作,包括强化学校、家庭、社区之间的合作,加强家庭教育,推进校外体验活动,促进社

---

[1] 王晓燕:《日本校外教育发展的政策与实践》,《国家教育行政学院学报》2009年第1期,第91页。
[2] 吴忠魁:《日本文化立国战略与基础教育改革的新发展》,《比较教育研究》2001年第4期,第1页。

会志愿者活动,社会人员和社区人才走进学校等。其四,推进国际化,包括加强教师的国际体验和贡献,推进教育改革的国际交流与合作。其五,为扩大教育改革的影响而与经济界进行合作的渠道设定等①。

这份"教育改革方案"制定后,文部科学省在听取和吸收了其他省厅意见和建议的基础上,于1997年8月、1998年4月、1999年9月先后进行了三次修订②。

值得一提的是,青少年教育历来被认为是日本教育问题最严重的领域。文部科学省认为,伴随家庭小型化和少子化以及都市化发展,家庭和社区的"教育力"显著下降,这是构成诸问题丛生的背景。同时,伴随考试竞争加剧,中小学陷入知识灌输型教育,培养思考力和丰富人性的活动受到忽视,过于看重机会均等,没能充分进行与每个学生多样化个性和能力相适应的教育。这种状况不能适应科学技术创造立国战略对人才的需求,也与在中小学阶段为实现今后人生的可持续发展奠定基础、提升生活质量的目标相去甚远。因而,日本"教育改革方案"在科学技术创造立国、文化立国两大战略下,把"心的教育"以及适应个性和能力的教育放在核心位置③。

2. 其他对博物馆的建章立制

(1) 基本方针、标准等

1945年前,日本只有100座左右的博物馆。1988年,该数字达到2 577座。2010年,这一数字更是增长到5 775座。但博物馆真正引发全社会关注,始于20世纪80年代末。

日本《博物馆法》规定,博物馆应与学校、图书馆、研究所、公民馆等教育、学术及文化设施通力合作,对其活动提供援助。在此背景下,在文部科学省颁布的《公立博物馆的设置及运营的理想标准》中,明确了博物馆应和学校、社会教育机构,以及相关团体建立密切联系和协作,努力促使青少年参加博物馆事业,积极举办以儿童或学生为对象的体验、学习活动。并且,博物馆应对其设施设备进行必要的改进,以方便青少年使用。2007年日本内阁会议通过的《文化艺术振兴基本方针》提出要进一步推动促进面向青少年的文化艺术活动,并明确指出,美术馆、博物馆进一步充实教育普及活动

---

① 吴忠魁:《日本文化立国战略与基础教育改革的新发展》,《比较教育研究》2001年第4期,第1—2页。

②③ 吴忠魁:《日本文化立国战略与基础教育改革的新发展》,《比较教育研究》2001年第4期,第2页。

的内容,以增进青少年对艺术以及地方历史、文化的了解。值得一提的是,文部科学省还专门出台了《私立博物馆充实青少年学习机会的有关标准》,就场馆的开放时间、对青少年参观的免票措施,以及对学校教育的支援等作出规定,以推动私立博物馆积极开展青少年教育活动[①]。

可以说,日本对博物馆的建章立制较早,并聚焦其教育功能的充实和完善,且该国早就形成了融合学校教育、家庭教育、社会教育的大教育体系。同时,构筑了一套集立法、决策、咨询、管理、执行于一体的校外教育管理运行机制。

(2) 新"学习指导要领"与"综合学习时间"

为了落实文化立国战略、有助于进行"心的教育",以及落实科学技术创造立国战略、为创新性人才培养奠定坚实基础,日本明确认识到必须改革课程设置和教学内容。制定新的课程标准是20世纪90年代后期以来中小学教育改革的基本内容。在1998年10月教育课程审议会《关于幼稚园、小学、初中、高中盲校、聋校及养护学校教育课程基准的改善》咨询报告的基础上,文部科学省发布了修改中小学学习指导要领(教学大纲)的告示,决定幼儿园从2000年,小学、初中从2002年,高中从2003年起执行新的学习指导要领[②]。

新课程标准的制定基于以下四大方针展开,包括:培育丰富的人性和社会性,以及在国际社会生活的日本人的自觉性;培养自我学习、思考的能力;在宽松的教育中,谋求切实掌握基础和基本素养,加强发挥个性的教育;建设有特色的教育和有特色的学校。基于该方针,日本进行了如下改革[③]:

第一,大幅削减教学时数,严选教育内容。受应试教育影响,中小学灌输型教育现象严重,加上知识程度偏高,教学效果低下。通过改革,国家削减了对学生而言偏高的内容,并将其上移至高一级。小学、初中的教学内容削减了30%。同时,大幅削减教学时数,年教学时数减少70课时,平均每周减少2课时。小学年教学时数由1 015课时降为945,初中年教学时数由

[①] 孔利宁:《日本博物馆的青少年教育》,《科学发展观与博物馆教育学术研讨会论文集》,第218页。
[②] 吴忠魁:《日本文化立国战略与基础教育改革的新发展》,《比较教育研究》2001年第4期,第3—4页。
[③] 同上书,第4页。

1 050课时降为980①。

第二,设立一门新课程——综合学习时间,并实行没有教科书的教学。以往日本实行分科教学,有些内容被分割至各学科,为了改变这种状况,从小学三年级起到高中阶段,新设了综合学习时间,将国际理解、信息、环境、福祉、健康等内容横向、综合性地进行教学。同时,这种综合学习时间没有统一、固定的教科书,故而被称作"没有教科书的教学"②。文部科学省期望各中小学通过自2002年起新增的70—130课时综合学习时间,开展富有特色的教育活动,并培养学生的自主性和创造性。文部省在新"学习指导要领"中明确要求学校进行相关教学时,积极利用"各地的文化财、文化设施、社会教育设施",进一步提升了博物馆与学校教育的密切协作③。

第三,扩大选择性学习的幅度,增加教学时间和科目的弹性。为了发展学生个性、适应其能力,国家改革增加了初中用于选修课的教学时数,同时缩减了高中必修科目的最低学分数。高中毕业最低学分数由以往的80个以上缩减为74个以上,必修的最低学分数由38个缩减到31个,也即学生所修学分的一半以上是通过选修获得。此外,为了增强学校教学的灵活性,改革后规定高中可在学习指导要领确定的科目之外,根据地区、学校和学生的实际需要,开设本校独有的教学科目④,这相当于我国的学校/校本课程。

此外,日本还加强了外语、信息、环境教育等课程的教学。比如,以往的环境教育只是在社会科、理科、保健体育科、技术、家庭科等学科中进行,改革后规定在中小学所有学科中都加强相关内容,并且进行环境教育时必须重视体验性和问题解决式学习,这就给自然科学类博物馆融入学科教育提供了机会⑤。

二、英国:立法、政策赋予博物馆合法身份和自由空间

英国是教育立法体系最健全的国家之一,不少法律、法令法规、条例的出台和更新都牵动了馆校合作的变革与深化,促使博物馆与中小学教育结合的尝试得到了充分赋权。同时,辅以政策等顶层设计。事实上,该事业的

---

① ② ④ ⑤ 吴忠魁:《日本文化立国战略与基础教育改革的新发展》,《比较教育研究》2001年第4期,第4页。
③ 孔利宁:《日本博物馆的青少年教育》,《科学发展观与博物馆教育学术研讨会论文集》,第223页。

中长期发展需要国家、博物馆、中小学、社会四方面集体推动运转,并首先由国家肯定博物馆的教育价值,制定相关法律法规和政策,赋予博物馆与中小学教育结合的合法身份和自由空间。

(一) 文化、教育立法与博物馆

英国在1845年通过了《博物馆法》(Museum Act),使得地方政府可以运用经费设立及维持博物馆,这对该国早期的博物馆发展具有重大影响。其后,1852年在伦敦设立、以装饰艺术及手工艺品为主要内容的维多利亚与艾尔伯特博物馆(Victoria and Albert Museum,V&A)成为第一座将公众教育列为目标的馆①。

值得一提的是,英国是教育立法体系最健全的国家之一,先后拥有1870年的《初等教育法案》/《福斯特法》(Forster Act)、1876年的《桑登法》(Sandon's Act)、1880年的《芒代拉法》(Mundella's Act)、1891年的《免费初等教育法》(Free School Elementary Education Act)、1918年的《费舍教育法》(The Fisher Act)、1944年的《1944年教育法》(Education Act 1944)/《巴特勒法案》(The Butler Act)等②。而英国不少法律、法令法规、条例的出台和更新都促使博物馆与中小学教育结合的尝试得到了充分赋权。

其中,1870年的《初等教育法案》将教育权赋予所有5—12岁学龄儿童,同时该法案还将全国划分为若干学区,学区内设立学校委员会管理本地区初等教育③。其间,学校委员会围绕学校课程和教学方法进行了激烈讨论,并积极肯定了实物教学的价值。尽管学校也可提供实物教学,但博物馆却持有更丰富的资源。1895年,《学校教育法》[Education (Schools) Act]获修正,它将学校到博物馆参观视为有效的教学方式,并开启了馆校合作关系④。

此外,1987年英国教育大臣肯尼斯·贝克(Kenneth Baker)向下院提交了教育改革方案,即《1988年教育改革法案》(Education Reform Act 1988)。至此,英国的教育管理体制发生了大变化,其中最引人注目的是于1988年推行的国家课程(National Curriculum)。该法案规定,义务教育阶段实行全国统一的课程标准,建立国家课程委员会负责课程建设,施行全国成绩评定制度⑤。

---

① 王启祥:《博物馆教育的演进与研究》,《科技博物》2000年第4期,第6页。
② 柳欣源:《义务教育公共服务均等化制度设计》,第83—84页。
③ 同上书,第83页。
④ 王启祥:《博物馆教育的演进与研究》,《科技博物》2000年第4期,第5页。
⑤ 柳欣源:《义务教育公共服务均等化制度设计》,第85页。

同时,学生必须学习国家统一课程,包括 10 门基础学科①,其中数学、英语、科学为核心学科。值得一提的是,1989 年的国家课程介绍中,重点提倡让中小学生直接使用大量实用资源,这对博物馆而言是关键性转折点,因为博物馆和历史遗址无疑是最佳场所,它们也见证了学校教学需求的巨大增长,包括 1991 年学校团体参观的人数飙升至 750 万,同时倒逼博物馆将其资源与课程标准联动。

之后,英国于 1992 年成立了国家教育标准局,其主要职能是教育督导,评估内容包括学校财务管理、学生学习质量、教学质量等。教育标准局每年向国会提交报告,汇报年度督导情况,并接受国会质询。2006 年,英国政府颁布《2006 年教育督导法案》(Education and Inspections Act 2006),对教育标准局和督导职责进行了明确规定,并加大督促力度,保障义务教育质量②。

(二) 文教政策与博物馆

在英国,博物馆(教育)地位的大幅提升可上溯至 1997 年工党选举后政治议程的变化,包括该党对于"教育、教育,还是教育"(首相托尼·布莱尔③ 1997 年的演讲)的强调以及对社会融合、终身学习策略的开发。工党执政后,加强教育投入,并将"全纳教育"思想运用到教育的均衡发展上,而"学习"也成为博物馆规划、政策制定的核心。1998 年,英国将"促进正规和非正规教育发展,为终身学习创造机会"列为博物馆的基本职能④。

事实上,博物馆在中小学教育中的角色不断得到英国政府的官方认可。2000 年,教育与就业部(Department for Education and Employment, DfEE)和文化、传媒和体育部(Department for Culture, Media and Sport, DCMS)⑤联合发表了《博物馆的学习能量:博物馆教育愿景》(*The Learning Power of Museums: A Vision for Museum Education*)报告,并界定了"博物馆和美术馆教育计划"(Museums and Galleries Education Programme)⑥

---

① 即数学、英语、科学、历史、地理、技术学、音乐、艺术、体育和现代外语。
② 柳欣源:《义务教育公共服务均等化制度设计》,第 85—87 页。
③ "1997 年,工党领袖托尼·布莱尔当选首相,提出走'第三条道路'的政治主张。'第三条道路'主要指'市场功能+政府调控',走介于自由资本主义和福利国家之间的中间道路。"见柳欣源:《义务教育公共服务均等化制度设计》,第 85 页。
④ 王乐:《馆校合作研究:基于国际比较的视角》,第 114 页。
⑤ 2017 年,该部门新加了数字部门,更名为"数字、文化、传媒和体育部"。
⑥ "1999 年,英国教育与就业部推出了'博物馆和美术馆教育计划',初步资助 63 个博物馆服务学校,推进馆校合作的全国性项目。"见庄瑜:《学校中的缪斯乐园——构建教育未来的馆校合作研究》,《外国中小学教育》2015 年第 12 期,第 15 页。

实施的目标对象和范围。这份报告促使博物馆、美术馆发展进入了彼时的政策议程,并同时关注学校教育和终身学习两方面,其中涉及场馆的多方面功能,包括:推进国家课程;用实物和阐释材料建立知识宝库,将课堂教学引入日常生活;为儿童提供了解当地社会的机会,并帮助学校推广基本的公民职责和权力责任;为儿童创设活动和项目,培养其关键性技能,如沟通能力、团队精神和创造力等[①]。

2001年,英国开始实施一项为期四年的"区域复兴计划"(Renaissance in the Regions),以建立区域性博物馆教育网络,提高场馆的文化地位和教育价值。该计划致力于推动教育变革,而馆校合作正是核心内容。2003年,博物馆和美术馆研究中心发布了这项计划的评估报告。2005年,第二份报告发布[②]。

2003年,英国政府颁布了《每个孩子都重要》(Every Child Matters)绿皮书,提出通过提供高质量的教育和赋予享受更广泛幸福的权力,每个孩子都应该有机会发掘自己的潜能。而博物馆正创建了充盈乐趣和创造性的空间,其实物教学的真实感和设计感契合了绿皮书要求[③]。并且,以"全纳教育"促进"全纳社会"的发展正是布莱尔政府"第三条道路"的重要内容,该思想也集中体现在了该绿皮书中。

三、美国通过立法、规划追求"标准化改革"以及博物馆的"卓越"与"平等"

自20世纪80年代起,美国开启了"标准化改革"。之后,一系列以学业标准为核心的教育改革,成为促进美国义务教育发展的有效措施,同时惠及了校外教育。

美国博物馆通常认为其主要责任是提供资源和服务来激发人们终身学习的热情以及支持学生的学习。几年前,美国博物馆联盟开始发布年度"博物馆事实与数据"(Museum Facts & Data),其中许多都涉及场馆教育功能的发挥、馆校合作等。比如,2018年的"博物馆事实与数据"即包括:95%的美国选民赞成对当地博物馆予以立法支持。可见,通过立法等顶层设计来

---

① 郑奕:《博物馆教育活动研究》,第38页。
② 王乐:《馆校合作研究:基于国际比较的视角》,第114页。
③ 同上书,第115页。

助推博物馆与中小学教育结合，以达求场馆发展的"卓越"与"平等"，在美国由来已久，并逐渐形成了惯例，深入民心。

（一）"标准化改革"等基础教育质量改革

进入20世纪80年代，美国由工业社会向信息社会转变，促进教育质量的实质性提高成为迫切要求。这一时期，"标准化改革"得以进行，即提高基础教育质量的大规模改革[1]。1981年，里根政府成立了国家优质教育委员会（National Commission on Excellence in Education），开始对义务教育质量进行全面调查。1983年发布了报告——《国家在危机中：教育改革势在必行》（*A Nation at Risk: The Imperative for Educational Reform*），指出中小学教育质量存在滑坡等一系列问题。由此，各州制定了高质量学业标准，提升了教师资格要求，这次改革更强调教育发展的整体平衡[2]。

1993年克林顿就任总统后，自1994年始，政府先后通过了三项基础教育改革方案，即《2000年目标：美国教育法案》（Goals 2000: Educate America Act）、《改善美国学校法案》（Improving America's School Act）、《学校与就业机会法案》（School-to-Work Opportunities Act）。从此，联邦政府在教育立法方面开始持续关注"标准"及相应测评。1999年，克林顿政府颁布的《全体儿童教育优异法案》（Educational Excellence for All Children Act）在核心原则上与1965年的《初等和中等教育法案》（Elementary and Secondary Education Act）及1994年的《改善美国学校法案》一脉相承，即各州、各地区、各学校参照这些标准来指导课堂教学和学生评价[3]。

同时，联邦政府继续推进"磁石学校计划""公立特许学校计划"等，以增加学生、家长在选择优质学校时的灵活性和公平性。这其中就包含了"博物馆学校"（将在本章第五节中详述）的大发展。自此，以学业标准为核心的教育改革，成为促进美国义务教育发展的有效措施，同时惠及了校外教育的进步。

值得一提的是，自1995年美国政府颁布国家科学教育标准以来，各科技博物馆的教育项目开始了向标准靠拢的趋势，活动尽可能结合标准。例如，旧金山探索馆（The Exploratorium）是国家科学教育标准在科技博物馆的试点，它帮助数百名教师将标准转化为学生学习体验，并在科技博物馆的

---

[1] 柳欣源：《义务教育公共服务均等化制度设计》，第78页。
[2] 同上书，第79页。
[3] 同上书，第79—80页。

标准运动中起到先锋和示范作用。可以说,"标准"为探索馆的项目提供了方向、重点、根据和杠杆,使之超越"教师在一时一地"的作用并有可能跨越制度、地理、政治和等级界线进行推广。1997年11月,探索馆还在旧金山主办了一个讨论会,讨论国家科学教育标准对于博物馆工作的价值[①]。

事实上,美国国家科学教育标准有两个支柱:一是探究性学习,即鼓励和引导孩子主动学习,通过探究的方式学习科学方法和精神,而非接受现成的结论。这是标准的深度,即标准的创新性。二是"所有美国人的科学",指出标准要惠及每个学生,不只是成绩优秀的学生,更关注成绩不好、失去学习科学兴趣和信心的学生,特别是因残疾或民族、语言等原因而导致的弱势学生,即"不让一个孩子掉队"。这是标准的广度,即标准的公平性。为了促使所有学生都具有符合标准的科学素养,美国政府将此列为最优先政策,促使科学中心为学校服务时都要主动配合学校正在进行的科学教育改革[②]。

(二)博物馆的"卓越"与"平等"发展

经历了20世纪八九十年代的教育改革后,美国义务教育在机会均等及质量上都取得了成就。进入21世纪,其义务教育改革的价值取向转变为追求优质资源的均等化[③],其中也包括博物馆这一社会、校外教育资源。

在21世纪初的美国基础教育改革顶层设计层面影响深远的一项是小布什当选总统后,于2001年通过、2002年签署的《有教无类/不让一个孩子掉队法案》(No Child Left Behind Act of 2001,NCLB)[④]。该法案的主要目标包括四方面:提高学校教育的绩效,增强地方管理的灵活性,扩大家长的选择权,增加教师教学的有效性[⑤]。同时,该法案对美国馆校合作产生了意外结果,并即刻体现在学生实地考察(field trip)的大幅下滑上。它使得部分中小学教师放弃合作,并谨慎掌控目标、学生表现、准备、支持等要素;同时倒逼博物馆迎接挑战,包括重新思考:学生实地考察必须应对什么课程标准?学生如何在参观后证明其学习的精通程度?学生能以有意义的方式合成校内外体验吗?博物馆可以做什么来支持教师?显然,所有的馆方资源都必须得到检验,包括其有用性、相关性以及对学术目标的支持等。

---

①② 钱雪元:《美国的科技博物馆和科学教育》,《科普研究》2007年第4期,第25页。
③⑤ 柳欣源:《义务教育公共服务均等化制度设计》,第80页。
④ 它是2002年1月8日签署的一项美国联邦法律,旨在解决贫困地区学生和黑人男生的受教育问题。

2001年的"9·11"事件后,小布什政府对国家教育战略进行了调整,停止了原计划实行到2005年的《美国教育部2001—2005年战略规划》,并于2002年发布了《美国教育部2002—2007年战略规划》。此外,目标定位为追求"平等"与"卓越",且平等为卓越服务。值得一提的是,早在1992年,美国博物馆协会[The American Association of Museums,AAM,自2012年起更名为美国博物馆联盟(The American Alliance of Museums,AAM)]就推出了《卓越与平等:博物馆教育与公共维度》(Excellence and Equity: Education and Public Dimension of Museums)报告,以强化博物馆的教育角色。它鼓励场馆将教育置于公共服务的中心[①]。但在当时,这是一个颇为激进的提议,标志着美国博物馆从传统强调学术与艺术欣赏的模式转向了新模式:虽然仍致力于卓越的学术研究与艺术性,但更重视吸引社区公众,为更广泛的观众服务,这亦是对"公平"部分的强调[②]。

奥巴马在2008年担任总统后,联邦政府的教育政策进一步强化了质量这一主题,并主要围绕提升教育标准、强化问责及评价等展开。奥巴马政府对《有教无类法案》进行了修订,并于2010年3月发布了《改革蓝图——对〈初等和中等教育法案〉的重新授权》(A Blueprint for Reform: The Reauthorization of the Elementary and Secondary Education Act,以下简称《改革蓝图》)。《改革蓝图》的前言写道:"实现更平等、更公平和更公正社会的关键是世界一流的教育,每一个美国儿童都应该受到世界一流的教育。"2015年12月,《每一个学生成功法案》(Every Student Succeeds Act)取代了《有教无类法案》。它带来的最大改变是,将教育的控制权归还给各州和各地方学区,并且"州问责制"取代了"联邦问责制",体现出该国教育管理权从联邦向地方政府下移的趋势[③]。值得一提的是,早在1990年,《肯塔基州教育改革法案》(Kentucky Education Reform Act)就已从州政府角度,呼唤动手做学习,并强调社区资源,这无异于为博物馆与变化中的中小学教育结合创设了机会[④]。

---

① H. H. Genoways & L. M. Ireland:《博物馆行政》,五观艺术管理有限公司2007年版,第337—338页。
② 湖南省博物馆编译:《犹他州艺术博物馆馆长论述博物馆教育》,湖南省博物馆网站,2014年9月1日。
③ 柳欣源:《义务教育公共服务均等化制度设计》,第81—82页。
④ E. C. Hirzy ed., *True Needs, True Partners: Museums and Schools Transforming Education*, Washington, DC: Institute of Museum Services, 1996, p.30.

第二节 财政保障与经费投入

博物馆事业发达国家往往高度重视场馆在国民教育尤其是中小学教育中的作用,同时政府给予充分的财政保障,并建立多级政府分担投入的支持体系,且采用教育立法规制。这涉及中央、地方各级政府谁是投入主体、属于谁的责任、何种责任、多大投入比例等。在此背景下,博物馆与中小学教育结合拥有了多渠道的资金筹措平台,包括源自政府、社会基金、博物馆、学校、社区等。同时,博物馆普遍建立了向中小学和青少年、儿童减免费开放的制度。

比如,欧盟国家的公立博物馆对本国及欧盟其他国家所有18岁以下和65岁以上人群以及组织参观的学校教师、导游免费开放,对其他人群亦优惠开放,以尽可能扩大博物馆的社会教育面。与减免费做法相配套,博物馆的门票由政府统一下拨经费或给予专项补贴[①]。其中,从2009年4月4日始,法国25岁以下人群及教师可免费进入国家级博物馆和历史遗迹游览。时任总统的萨科齐表示,年轻人如果养成参观博物馆的习惯,他们在成年后依然会经常前往,这会帮助博物馆形成比较稳定的参观群体。萨科齐的这项决定是法国博物馆全面免费开放计划的替代措施,涉及10余处国家级历史遗迹和40余家国家级博物馆,由此产生的经济代价估计在每年2 500万欧元,主要受惠人群是教师和18—25岁的青年人,因为18岁以下青少年已在享受免费待遇了。萨科齐还同时宣布,他在任期内将在每年的文化预算中预留1亿欧元用于文化遗产领域的发展[②]。

一、英国:政府财政保障为主,辅以国家彩票投入

英国博物馆与中小学教育结合的资金主要源于政府多形式的、直接或间接的财政投入,例如交通补贴、统一采购、转移支付等。一方面,政府每年拨付专项资金;另一方面,博物馆、学校也可根据实际需求,向政府申请特殊资助。当然,它们同样可以向各类社会基金寻求资助,比如20世纪30年代

---

① 国家文物局博物馆司调研组:《关于将博物馆纳入国民教育体系的调研报告》,《新形势下博物馆工作实践与思考》,第64页。
② 《法国25岁以下人群及教师将可免费参观博物馆》,《世界教育信息》2009年第2期。

卡内基基金会就资助了各种形式的馆校合作项目,但政府支持依然是最有力的①。

1999年,英国教育与就业部推出了"博物馆和美术馆教育计划",初步资助63个场馆服务中小学、推进馆校合作的全国性项目②。2001年,英国政府投资约7000万,实施了一项为期四年的"区域复兴计划",希望建立区域性博物馆教育网络,提高场馆的文化地位和教育价值,以期推动教育变革,而馆校合作正是核心内容③。

事实上,英国各级各地政府对博物馆教育与社会融合项目的资助,标志着博物馆及其教育职能地位的大幅提升。此外,国家政策还指出,教育(不论学校教育还是终身学习)必须成为博物馆的核心职能。这直接导向了"一流博物馆——英国博物馆的愿景与战略行动计划"(Leading Museums: A Vision and Strategic Action Plan for English Museum)的出炉,并且该计划得到了大量资金支持④。

值得一提的是,英国艺术产业资助主要来自国家财政、英格兰艺术委员会(Arts Council England, ACE)、创意苏格兰(机构)(Creative Scotland)、彩票基金、私人慈善机构。但随着这些年国家财政预算的下降,英格兰艺术委员会也不得不相应减少预算,但彩票基金的投入部分弥补了该缺口⑤。其实,国家彩票(National Lottery)自发行以来,已帮助英国艺术、文化产业成功应对了多种挑战,包括每年为几百家非营利机构如博物馆等提供资金保障。尽管彩票不能完全替代政府财政,但可作为有力补充。同时,它还将投向巡展项目以及面向儿童和年轻人的组织机构⑥。

二、美国: 政府财政保障与社会资助双管齐下

在美国,国家、州、地方各级政府都提供了便捷的资助平台和渠道,通过

---

① 王乐:《馆校合作研究:基于国际比较的视角》,第116页。
② 庄瑜:《学校中的缪斯乐园——构建教育未来的馆校合作研究》,《外国中小学教育》2015年第12期,第15页。
③ 王乐:《馆校合作研究:基于国际比较的视角》,第114页。
④ 吕继熔:《一流博物馆——英国博物馆的愿景与战略行动计划》,《湖南省博物馆馆刊》2010年第6期,第562—568页。
⑤ 《英格兰艺术委员会宣布将彩票资金用于常规性文化机构投入》,艺术眼,2014年1月10日。
⑥ 湖南省博物馆编译:《英格兰艺术委员会将为文化机构投入更多的彩票收入》,湖南省博物馆网站,2014年6月26日。

财政拨款、转移支付①、交通补贴等方式为博物馆与中小学教育结合提供直接或间接资金支持。而馆校合作的价值得到了社会普遍认可,部分资助便来自社会基金。

美国博物馆协会 1969 年的《美国的博物馆:贝尔蒙特报告》(America's Museums: The Belmont Report)论述了博物馆的现状,并指出场馆不该只关心收藏,而应更多致力于公共服务,开发更多的教育项目。同时,报告最终提出博物馆教育功能对联邦认可与支持的需求,并导向了 1976 年《艺术、人文和文化事务法案》(Arts, Humanities, and Cultural Affairs Act)和其中《博物馆服务法案》(Museum Services Act)的诞生,以及美国博物馆服务署[Institute of Museum Services,自 1996 年起更名为博物馆与图书馆服务署(Institute of Museum and Library Services,IMLS)②]的创立。

1994 年,美国博物馆服务署之"博物馆领导力行动计划"(Museum Leadership Initiatives)提供了规划经费,以帮助博物馆和学校延伸合作。该项目的目的之一是探索最佳范例,并促使全国馆校合作伙伴关系的发展。1995 年,"博物馆领导力行动计划"继续此前的主题,但一并纳入了规划之外的措施。1996 年出版的《真正的需求,真正的合作伙伴:博物馆与学校改变教育》(True Needs, True Partners: Museums and Schools Transforming Education)一书即是该项目的成果之一。

2015 年 12 月,奥巴马政府出台了《每一个学生成功法案》。它带来的最大改变是,将教育的控制权归还给各州和各地方学区,体现出美国教育管理权从联邦向地方政府下移的趋势。也即,联邦政府日益扮演协调作用③。事实上,早在里根政府时期,由于经济衰退和联邦财政紧缩,政府就奉行"还权于地方"政策,各州可自行决定对所拨经费的具体使用事宜。因此,这一时期州政府承担了越来越多的教育财政责任,并逐渐形成了联邦、州、地方

---

① 转移支付是指政府或企业无偿地支付给个人以增加其收入和购买力的费用。它是一种收入再分配形式。转移支付包括政府的转移支付和企业的转移支付。政府的转移支付大都带有福利支出性质,如社会保险福利津贴、抚恤金、养老金、失业补助、救济金以及各种补助费等。由于政府的转移支付等于把财政收入还给个人,故有的西方经济学家称其为负税收。
② 该署作为联邦政府机构,是美国为所有的博物馆和图书馆提供支持的机构,其愿景是实现一个民主的社会,在这个社会里社区和个人可以通过广泛获取知识文化以及终身学习来实现自身的茁壮发展。它通过对美国博物馆和图书馆的领导作用,从资金、数据和政策分析这些方面对它们提供支持,引导进一步提升它们的服务。
③ 柳欣源:《义务教育公共服务均等化制度设计》,第 81—82 页。

三级政府负担的教育财政体制[1]。

尽管美国各级各地政府针对博物馆与中小学教育结合提供了不同形式和额度的资助，但来自非官方渠道的社会基金等同样发挥了重要作用。目前，美国已建成世界上最健全的社会基金机制，各基金管理规范，功能明确。博物馆和学校可根据实际需求，选择对口的项目基金自由申请，申请主题也相对广泛。由于馆校合作所需经费额度不大，因此资助率高。除了基金会，馆校也可向企业申请资助，例如微软、苹果等公司每年都会资助大量的馆校教学实验[2]。

此外，美国博物馆界每年也为教育投入20亿美元经费，用于国家、地方或核心课程教学，并针对各学科量身定制项目。通常，一座博物馆会将四分之三的教育资源提供给基础教育阶段的学生[3]。

三、日本：通过多种资金途径，扶持博物馆青少年教育工作

日本文部科学省下属主管文化事业的文化厅于1996年颁布并于1999年修改扩充的《21世纪美术馆与博物馆振兴方策——简称"博物馆规划"》规定对博物馆、美术馆举办以青少年为对象的特别展与体验活动，以及其他针对青少年的艺术振兴事业及文化财展出事业，提供专项资金援助，以增进青少年对于文化财和优秀艺术品的接触和了解；并提出鼓励博物馆举办亲子鉴赏课堂，以拓展博物馆作为青少年校外活动场所的机能。以1999年该项方案的预算为例，对于以青少年为对象的艺术振兴事业和特展活动的资助达到3 400万日元。

之后，以2001年《文化艺术振兴基本法》的颁布为契机，2002年起日本文化厅推出了"艺术基地形成事业"，后更名为"推进博物馆城构想"，对公私立美术馆、历史博物馆的工作提供特别的资金援助，明确提出扶持重点是美术馆、历史博物馆所举办的以青少年为对象的文化艺术体验活动。自该项方案启动以来，每年都有数十家美术馆、博物馆得到资助，2007年度文化厅对该项事业的预算达到1.8亿日元。

此外，国家还鼓励民间资本对博物馆青少年教育工作进行赞助。日本

---

[1] 柳欣源：《义务教育公共服务均等化制度设计》，第78—79页。
[2] 王乐：《馆校合作研究：基于国际比较的视角》，第121—122页。
[3] 湖南省博物馆编译：《为博物馆的教育使命而喝彩》，湖南省博物馆网站，2014年3月20日。

国立青少年教育(振兴)机构(National Institution for Youth Education)设立了"儿童梦基金",采取政府和民间共同出资的方式,对青少年学习体验活动、读书活动以及面向青少年的教材开发活动提供援助。在该基金的资助下,许多特色博物馆教育方案的研究开发工作得以展开。如日本博物馆协会(Japanese Association of Museums)研究开发了"体验博物馆""自然探险博物馆志""少年自然之家野外科学体验活动""数字博物馆:科学的探险"等方案,并向全国博物馆推广普及。位于名古屋的德川美术馆(Tokugawa Art Museum)之"游走江户:义直君的来信"网站,通过动漫、游戏等方式介绍江户时代的历史和文化,是深受青少年喜爱的博物馆网络教育方案,其研发工作也得益于该基金的资助①。

第三节　教育部门牵头馆校合作

在博物馆事业发达国家,在政府宏观政策的引导下,教育部门牵头将博物馆纳入中小学教学体系,包括协调建立馆校联系制度,指定专人负责推进;制定教学大纲时,将组织学生到场馆参观列入教学计划,明确规定教师有义务和责任尽量创造机会带学生前往;将博物馆纳入教师培训计划,要求教师树立场馆教育理念,熟悉并善于利用其资源辅助学校教育等②。毕竟,各级各地政府在文教制度变迁过程中,具有其他任何组织所不可比拟的作用,承担着关键角色。当然,博物馆也与学校教学紧密配合,形成了良好的互动关系。

一、日本校外教育的三级行政管理

日本对校外教育实行三级行政管理。具体说来,在中央级的文部科学省设"生涯学习/终身学习政策局"(Lifelong Learning Policy Bureau,1988年前称为"社会教育局"),负责全国的社会教育调查指导、监督咨询、政策规

---

① 孔利宁:《日本博物馆的青少年教育》,《科学发展观与博物馆教育学术研讨会论文集》,第219页。
② 国家文物局博物馆司调研组:《关于将博物馆纳入国民教育体系的调研报告》,《新形势下博物馆工作实践与思考》,第64—65页。

划。并且,博物馆事业由主管文化教育的文部科学省统一管理;在地方的都道府县教育委员会设置专门事务局,其下建立学校教育部和社会教育部,由社会教育部负责管理校外教育,侧重于指导奖励、师资培训、区域协调;第三级即市町村教育委员会,负责校外教育的具体事务和教育设施的设置、使用、管理。

其中,日本在都道府县和市町村层级的教育委员会事务局中设置了"社会教育主事"和"社会教育主事补"两种专业行政人员职位,由其负责所有校外教育工作。另外,教育委员会任命专业的社会教育委员担当校外教育活动的计划立案和技术指导,并提供建言建议[①]。

总的说来,日本对校外教育实行三级行政管理,表现出如下特色:

(一)决策权在文部科学省

在日本,文教结合、馆校合作天然地拥有体制机制保障,以统一领导,协同治理。同时,校外教育的最高主管机关是文部科学省,最高决策权也在此,最高负责人则是文部科学大臣。也即,该国将教育、文化整合到一个中央部门内,其全称为"教育、文化、体育、科学技术部"(Ministry of Education, Culture, Sports, Science and Technology, MEXT)。文部科学省是负责推动普及、指导规划全国社会(校外)教育发展的中央级行政机关,对都道府县教育委员会的教育长任命具有同意权。文部科学大臣及各教育委员会对社会教育各关联团体有提供专业技术指导和建议的责任,承担组织援助社会教育事业所需物资的任务。

其中,生涯学习政策局在文部科学省中与其他的初等中等/中小学教育局(Elementary and Secondary Education Bureau)、高等教育局等11个部门同级,它是专门负责校外教育政策、规划的组织机构;生涯学习审议会则是负责文部科学省校外教育政策的调查审议与咨询机构[②]。图3为2020年的文部科学省组织架构图。

(二)行政权在都道府县和市町村教育委员会

根据日本《社会教育法》,校外教育的行政管理以都道府县和市町村层级的地方教育委员会为主,国家则主要通过制定政策措施、提供财政资助、发布统计信息资料、开展调查研究等来指导并推动地方校外教育事业发展[③]。

[①②③] 王晓燕:《日本校外教育发展的政策与实践》,《国家教育行政学院学报》2009年第1期,第91页。

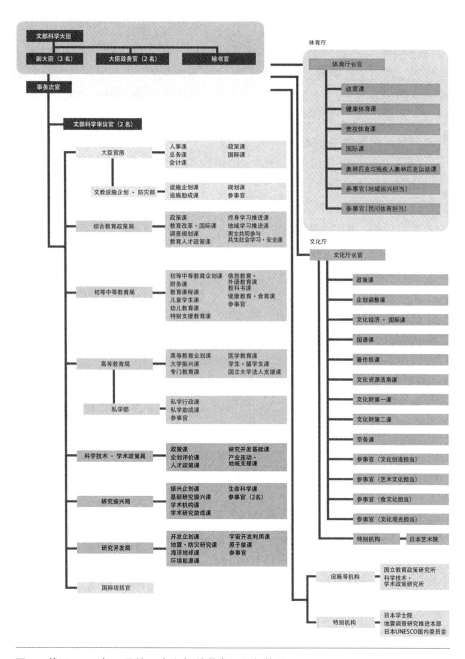

图3 截至2020年4月的日本文部科学省组织架构图
资料来源："組織図の紹介"，文部科学省。

其中,市町村教育委员根据该地区需要,在预算范围内,负责具体事项。包括:博物馆、图书馆、公民馆等相关设施的管理;社会教育委员的人事任命;青少年社会奉献活动、自然体验活动等校外教育事业的调查研究、奖励实施等。都道府县教育委员会除了上述管理职能外,还负责与各市町村教育委员会的联络、校外教育设施设置与运营所需物资的提供与调配、对校外教育人员的培训、对相关设施管理的调查指导等。此外,许多地方也设置了都道府县层级的生涯学习审议会[①]。

(三) 执行权委托给各地方的专门机构和社区

日本校外教育的执行机构多种多样,同时融合协作。其设施依据《社会教育法》而设置,既有综合性的公共机构,也有针对青少年和儿童的专业性校外教育机构。前者如博物馆、图书馆、文化馆、美术馆、天文馆等,后者包括少年自然之家、青少年馆、青少年之家、青年馆、青少年中心、儿童馆以及青少年研究中心等。

作为少年儿童的日常生活空间,社区与校外教育有着直接联系。因此,具体执行方式以社区为切入点。事实上,社区本身就是一种教育环境,蕴涵着丰富资源。1992年2月,日本青少年校外教育活动调查研究者协会在审议报告中提出:"仅依靠学校作为形成少年儿童人格的基本途径是非常困难的,因此,校内和校外的结合以使学生获得更多的直接经验就显得尤为重要"。以社区为载体,整合博物馆、公民馆、图书馆、学校设施等各种资源,是日本校外教育实施的基本立足点[②]。

二、奥地利、墨西哥教育部门协调建立馆校联系制度

早在1960年12月14日,联合国教科文组织就发布了《关于博物馆向公众开放最有效方法的建议》(*Recommendation Concerning the Most Effective Means of Rendering Museums Accessible to Everyone*)报告,并在第16条中指出:"对于博物馆为学校和成人教育所能作的贡献,应该给予承认和鼓励。这应当通过设立合适的机构进一步系统化,该机构负责在地方教育负责人与那些因其藏品属性而对学校特别重要的博物馆之间建立正式和定期联系。"

---

① 王晓燕:《日本校外教育发展的政策与实践》,《国家教育行政学院学报》2009年第1期,第91页。

② 同上书,第91—92页。

在奥地利,维也纳市教育局设有艺术教育专员,负责馆校联系。教育局不仅同维也纳所有博物馆都建立了联系,与附近下奥地利州的各场馆也建立了联系。当各馆有新展览时,它们会通过电子邮件将展览内容发送至教育局,艺术教育专员也会与馆方联系,进一步了解情况,并商量优惠办法。然后,由教育局向各中小学和有关专业课教师转达信息,建议组织参观。参观的具体安排则由校方教师同馆方直接联系①。

此外,一些国家和地区的教育部门在制定中小学教学大纲时,会将组织学生到博物馆学习列入教学计划,明确规定教师有义务和责任尽量创造机会带学生参观。有些课程如历史、艺术史、美术、自然等,教师可根据需要,把课堂搬到博物馆,进行现场教学。在墨西哥,每年中学生学习历史和自然科学的课程时,都要前往博物馆。而维也纳市中小学的美术、音乐等选修课、艺术史等必修课,每周2学时,这些课若到博物馆上,还可计入课时②。

三、日本学艺员制度以及美国博物馆界的教师学历学位教育和培训

在博物馆事业发达国家,教育部门往往将博物馆纳入中小学教师培训计划,要求他们树立场馆教育理念,熟悉并善于利用馆方资源辅助教学。在英国、新西兰,未来的小学教师或校长都得接受博物馆教学的专门指导③。此外,澳大利亚、新西兰尤其重视对校外教育师资的管理及评估体系的实施。在此,主要就全球经典的、作为准入类职业资格的日本学艺员制度以及美国博物馆界针对中小学教师的学历学位教育和培训展开论述。

值得一提的是,不少国家的博物馆都会为中小学教师提供专业培训,包括培养其利用场馆资源开展教学的技能。同时,学校也会承担博物馆工作者的训练,包括介绍先进的学习理论、分析学习者的心理特点、培养基本的教学技能等。此外,馆校双方还会定期安排人员互换交流,馆员走上讲台、教师进入场馆。此类培训和学习往往是免费的,或由政府、社会公益组织、基金会等承担④。

(一)作为准入类职业资格的日本学艺员制度

日本的学艺员制度是一种国家级从业资格,由文部科学省认定。根据

---

① ② ③ 国家文物局博物馆司调研组:《关于将博物馆纳入国民教育体系的调研报告》,《新形势下博物馆工作实践与思考》,第65页。

④ 王乐:《馆校合作研究:基于国际比较的视角》,第136页。

该国 1951 年颁布的《博物馆法》,在博物馆(包括美术馆、天文台、科学馆、动物园、水族馆、植物园等)从事专门职位的工作,需要持有学艺员资格,而相应的人则被称为学艺员。

那如何取得学艺员资格认定呢？一是通过在大学或短期大学修到一定量的学分,外加校外实习；二是通过文部科学省举行的资格认定考试。目前,日本已有 296 所大学及 8 所短期大学在内的 304 所大学开设了学艺员课程。事实上,早在 20 世纪中期,不少大学就开设相关课程,致力于学艺员培养。具体说来,学生需要完成 12 学分的必修科目,包括博物馆学、教育学原理、终身教育论、视听觉教育等 8 个学科。此前,文物的收藏和研究往往是博物馆的中心任务,并间接导致学艺员在教育领域智识的薄弱,现在场馆已开始重视对他们基本教育知识和教学技能的培养。此外,准学艺员还要走进博物馆,完成一定时长的实习,以保证理论与实践结合。当然,场馆也为学艺员提供了不同形式的在职培训机会[①]。

近 70 年来,学艺员制度作为日本博物馆从业人员,尤其是核心专业人士必须遵循的职业资格认定规则,对规范从业者准入起了非常重要的作用。截至目前,约有 8 000 人取得了该资格。事实上,日本已成为全世界对博物馆工作者要求最为严格的国家之一,并形成了科学完善的学艺员培养体系。

此外,针对社区教育的主要指导者——社会教育职员、社会教育设施的专职人员等,日本中央和地方共同出资开展了一系列培训。甚至学校教师还可在博物馆工作一至三年,协助馆方开展与学校教育的合作,并进行相关研究。国立科学博物馆(National Museum of Nature and Science,Tokyo)每年都接受数十名学校理科教师、地方政府教育委员会理科指导系职员、青少年教育设施及青少年团体的科学教育指导者在馆内研修[②]。

(二) 美国博物馆界针对中小学教师的学历学位教育和培训

1. 学历学位教育

美国自然历史博物馆(American Museum of Natural History)自 2012 年起,面向科学背景的候选人,开启了全新的全日制硕士项目。这是纽约首个培养科学教师的硕士项目,旨在向公立学校输送合格的地球科学教学人才。学员可享受学费全免以及补助、生活津贴,但必须承诺毕业后在师资匮

[①] 王乐:《馆校合作研究：基于国际比较的视角》,第 128、130 页。
[②] 孔利宁:《日本博物馆的青少年教育》,《科学发展观与博物馆教育学术研讨会论文集》,第 223 页。

乏的学校执教 4 年①。在为期 15 个月的项目中,学员接受围绕 7—12 年级地球科学的专门课程,同时在博物馆的伙伴学校中进行实地教学,并利用两个暑假的驻馆实习与场馆教育人员、科学家共同工作。毕业后,还有为期两年的职业生涯早期发展项目提供给学员,使其专注于课堂管理和课程开发。

事实上,美国自然历史博物馆还拥有全美唯一以博物馆为基础的博士项目"理查德·吉尔德研究生学校"。该馆希望其独一无二的科学资源及长期以来在职业发展领域的领导优势,得到充分释放和被利用。馆长艾伦·富特(Ellen Futter)表示,该馆拥有 3 300 万件标本和藏品,但其中只有很少一部分对外展出,还有西半球最大的自然史图书馆。在目前的美国科学教育危机②下,博物馆应该有所作为。

2. 培训

美国博物馆界除了为中小学教师供给学历学位项目,在培训方面更是不遗余力。美国科学促进会(American Association for the Advancement of Science,AAAS)认为,20 世纪 50—70 年代声势浩大的科学教育改革归于失败的主要原因之一,是缺乏对教师的相关培训③。1995 年,美国科学教育标准公布后,各州也都有了相应的标准。所以,现在教师的职业发展项目又增加了新动力和内容④。

目前,美国 90% 以上的非正规科学教育机构包括自然科学类博物馆都将其培训努力集中于小学教师,因为教师是青少年教育的"倍增器",而培养学生对科学的兴趣关键是教师,尤其是小学教师⑤。这些机构每年服务的小学教师占全国的近 10%,并提供多种类型和程度的职业发展项目,覆盖了讲习班及其后续班、专题研讨会、实习(包括驻馆实习)、上岗培训等,一并提供课程、教材。其实,早在 2002 年,在国家科学基金会(National Science Foundation)的支持下,旧金山探索馆就成立了一个非正规学习与学校/教学中心(Center for Informal Learning and Schools,CILS),对非正规科学教

---

① American Museum of Natural History,"American Museum of Natural History First to Offer Master of Arts in Teaching Program",December 2011.
② "有数据显示,美国学生在科学和数学方面已落后于其他国家。"见 Motoko Rich:《美国学生数学和科学成绩仍落后》,纽约时报中文网,2012 年 12 月 17 日。
③ 美国科学促进会著,中国科协译:《科学教育改革的蓝本》,科学普及出版社 2001 年版。
④ 钱雪元:《美国的科技博物馆和科学教育》,《科普研究》2007 年第 4 期,第 27 页。
⑤ "小学教师中具有科学背景的人数远远低于中学,结果是他们在教学过程中缺乏自信,无法组织有效的课堂讨论。"见钱雪元:《美国的科技博物馆和科学教育》,《科普研究》2007 年第 4 期,第 26 页。

育机构(Informal Science Institution,ISI)与正规的 K-12①(从幼儿园到 12 年级)科学教育结合进行研究。这是美国科学基金会为按科学教育标准实施改革而资助建设的 5 个中心之一,资助为期 5 年,共 1 080 万美元。该中心还将研究和实践结合,每年向全美 1 万名中小学教师提供职业发展项目,另有 30 多个州的 4.5 万名教师参加了旧金山探索馆为之骄傲的研习计划②。

此外,全美国及全世界最大的博物馆集群——史密森博物学院,每年都会与相关中小学教师座谈多次,并邀请部分教师参与教材编写等。而克利夫兰艺术博物馆(Cleveland Museum of Art)的教师资源中心则向数千名注册成员提供 24 种不同专题的幻灯片教具。每年 9 月至次年 6 月的周二到周五还设有培训、进修,定期参加培训班的人可获得大学承认的硕士课程学分③。多年前,切斯特县历史学会(Chester County Historical Society)与当地中学合作的项目曾获美国博物馆服务署的"博物馆领导力行动计划"经费扶持。作为结果,该历史学会早在 1995—1996 年间就引入了一体化教师服务项目,包括导入性在职工作坊、各主题教师论坛、聚焦博物馆教育技术的学分课程(通过州政府教育部的一个分支来授予学分)、为获取继续教育学分而设的博物馆实习、开发新馆校合作素材的奖励经费、网络服务等④。

值得一提的是,纽约市公立中学的 Exit 探究课题在最初实施时不尽如人意,一大原因是缺少能按照标准实施教学的学科教师。这也部分导向了后来始于 2004 年的"城市优势"(Urban Advantage)项目,它最终促使教师和学生都成为最大受益者。事实上,完整地进行探究性教学首先对教师提出了高要求,包括帮助学生选择研究问题,指导他们设计实验,并把控一个长期的学习项目,这些对很多教师而言都不容易。鉴于此,"城市优势"项目针对这些环节设计了有针对性的培训,聚焦教师专业发展。重要的是,博物馆等项目机构提供了"手把手"式培训,包括其科学家介绍可供探究的课题,并演示整个过程。换句话说,培训主体是训练有素的科学家。比如,选择在

---

① K-12 教育是美国基础教育的统称。其中的"K"代表 Kindergarten(幼儿园),"12"代表 12 年级(相当于我国的高三)。"K-12"是指从幼儿园到 12 年级的教育,因此也被国际上用作对基础教育阶段的通称。
② 钱雪元:《美国的科技博物馆和科学教育》,《科普研究》2007 年第 4 期,第 26—27 页。
③ 段勇:《美国博物馆的公共教育与公共服务》,《中国博物馆》2004 年第 2 期,第 93 页。
④ E. C. Hirzy ed., *True Needs, True Partners: Museums and Schools Transforming Education*, Washington, DC: Institute of Museum Services, 1996, p.20.

植物园培训的教师可跟随科学家一起用量角器、铅垂、皮尺到实地测量某一个树种的高度，记录数据，查阅历年数据，分析得出气候变化和树木生长的关系。这种跟随科学家学习的方式促使教师真正体验了科学过程，了解了如何利用博物馆等校外资源，从而增强了开展 Exit 研究课题的信心。部分教师还进一步学习了相关课程，获得纽约 3 所高校的硕士研究生学分①。

第四节　第三部门机构②的研究

英国博物馆协会（Museums Association）是全世界历史最悠久的组织机构之一，成立于 1889 年，其使命是"激励博物馆改变民众的生活"。该协会会员覆盖了 10 000 多名个体，以及逾 1 500 座博物馆和 250 家公司，至今它仍旧依靠会费收入自给自足。2012 年，澳大利亚博物馆协会（Museums Australia）③旗下的国家教育网络（The Education National Network）④发布了《博物馆教育价值声明书》，高度肯定了博物馆对学校乃至整个社会的重要教育价值，并为馆校课程结合指明了方向⑤。

此外，日本的博物馆之间就青少年教育开展合作研究，逐步建立了网络。每年的"全国科学博物馆协议会"和"全国科学馆连携协议会"都共同举办"科学表演艺术节"，介绍推广各地科学博物馆研发的教育活动新方案等。在民间，青少年教育研究组织和团体遍布全国，其中由文部科学省直接管辖的青少年教育公益组织就有数十家之多，形成了社会网络体系，如日本青少年研究所、日本儿童教育支援财团、全日本青少年育成会、日本幼年教育会、残障儿教育财团、青少年交友协会等。而青少年社会教育体制的良性运行又为博物馆

---

①　鲍贤清、杨艳艳：《课堂、家庭与博物馆学习环境的整合——纽约"城市优势项目"分析与启示》，《全球教育展望》2013 年第 1 期，第 66 页。

②　"英国国家审计署称，'第三部门机构'是指那些既不是公立部门也不是私立部门的机构，它包括自愿和社区组织（登记注册的慈善机构，以及其他一些协会、自助和社区群体等），社会机构，互助和合作社。"见湖南省博物馆编译：《英国博协计划与第三部门合作　创造更多社会价值》，湖南省博物馆网站，2018 年 8 月 24 日。

③　澳大利亚博物馆协会成立于 1993 年，是博物馆行业的全国性社会团体。作为一个非政府、非营利组织，该协会致力于对澳大利亚历史、自然及本土文化遗产的保护、延续及交流。

④　国家教育网络始建于 1975 年，是澳大利亚博物馆教育工作者的职业团体，于 1993 年归属澳大利亚博物馆协会。

⑤　湖南省博物馆编译：《澳大利亚博物馆协会发布〈博物馆教育价值声明书〉》，湖南省博物馆网站，2012 年 8 月 20 日。

青少年教育发展创造了优质环境①。

值得一提的是,国际世界对博物馆教育思想较深入的探索,约始于20世纪初,而欧美博物馆在不同阶段对教育理论的引入其实也受到了当时主流教育思潮的影响。比如,18世纪法国启蒙思想家卢梭(Rousseau)提倡自然主义思想,以创造性地发现儿童内在的"自然性"②;20世纪初,实用主义思潮使成千上万的学生涌入美国博物馆,使无数馆藏走进课堂。二三十年代,实用主义哲学家约翰·杜威(John Dewey)的教育哲学促使学校教师等开始将学生的学习空间拓展至博物馆,相关活动推进了馆校的有效合作,自彼时起博物馆也开始践行自己的教育和文化使命③。并且,杜威还提出"学校即社会""教育即生活""教育即生长"等观点。其创立的儿童中心课程论也主张,学生是课程的核心,学校应以学生的兴趣或生活为基础,教学应以活动和问题反思为核心,学生在课程开发中起重要作用④。事实上,追溯杜威所构想的学校蓝图,教室、实验室、博物馆、图书馆和家庭早就应该成为有机整体⑤;六七十年代,多元文化主义思潮曾使馆校合作的主题聚焦少数族裔文化保护;80年代中期,多元智能理论(Theory of Multiple Intelligences)使许多博物馆推出了不同智力模块的特色项目;而八九十年代,当建构主义理论(Theory of Constructivism)席卷美国博物馆时,它促使场馆的工作重心从展品转向了学习者,包括关注中小学师生的需求、学习风格、兴趣、社会背景等因素。于是,博物馆开发了"以学习者为中心"的活动,有些甚至还专设建构主义实验区⑥。

一、英国:博物馆协会与专家齐发力

1920年,英国科学促进协会(British Association for the Advancement of Science,BAAS)发布了报告,其中包含了《博物馆与教育专委会的(最终)

---

① 孔利宁:《日本博物馆的青少年教育》,《科学发展观与博物馆教育学术研讨会论文集》,第223—224页。
②④ 周立奇、胡盼盼:《校外教育优质发展的三个支点》,《光明日报》2019年12月10日,第14版。
③ 李君、隗峰:《美国博物馆与中小学合作的发展历程及其启示》,《外国中小学教育》2012年第5期,第20页。
⑤ G. E. Hein, John Dewey and Museum Education, *Curator: The Museum Journal*, 2004, 47(4): 413-427.
⑥ 王乐:《馆校合作研究:基于国际比较的视角》,第118—119页。

报告》(*Final Report of the Committee on Museums in Relation to Education*),将馆校合作列为博物馆的重要职能。报告显示,当时有不少场馆都对合作持积极态度,认为这会更好地发挥展品的价值①。

1928年,亨利·迈尔斯(Henry Miers)发布了著名的《迈尔斯报告》(*Miers Report*),也即《关于不列颠群岛公共博物馆的报告(不包括国家博物馆)》[*Report on the Public Museums of the British Isles*(*other than the National Museums*)]。该报告建议设立一个全国范围的博物馆资源流动系统,学校可据此查询并利用全国场馆的展品②。

1938年,英国博物馆协会秘书长福兰克·麦克汉姆(Frank Markham)发布了场馆教育报告。该报告显示:全英800座博物馆中,近400座接受过学校参观,150座配备了专职教育指导人员,80座向学校供给过借出服务。同时,秘书长也提出,更好的馆校合作应体现在以下方面:博物馆建有专门的学习室;展品与学校课程一致;学校有更好的参观机会。此外,他认为馆校合作存在于三个不同的水平:馆内参观、借出服务、博物馆学校③。当然,最早的博物馆学校并未出现在英国,而是首建于美国。

1963年,著名的博物馆教育专业组织——博物馆教育组织(The Group for Education in Museums)成立④。

1969年,博物馆教育圆桌组织(Museum Education Roundtable)成立,它专门从事博物馆教育的研究与推广工作。并且,该组织在1973年出版了第一本博物馆教育专业期刊——《博物馆教育期刊》(*Journal of Museum Education*)。此外,博物馆教育圆桌组织于1990年始每年举办研讨会,这表明该组织认识到博物馆教育理论研究有加强的必要性⑤。

六七十年代,博物馆学研究课程的开设、专业组织的成立、期刊的发行,对博物馆教育的专业发展有极大的积极影响。比如,英国莱斯特大学的博物馆研究课程在70年代末开设,由于艾琳·胡珀-格林希尔(Eilean Hooper-Greenhill)等教授的卓越研究,使得博物馆教育理念与专业知识得以扩展,尤其是格林希尔关于场馆应将教育列为主要任务与功能、制订教育政策的主张,对博物馆教育地位的提升大有助益⑥。

1991年,亨利·摩尔基金会开展了一项关于"馆校合作价值"的调研,

---

①②③ 王乐:《馆校合作研究:基于国际比较的视角》,第113页。
④⑥ 王启祥:《博物馆教育的演进与研究》,《科技博物》2000年第4期,第8页。
⑤ 同上书,第8、11页。

首次明确了博物馆与中小学教育结合对学生的积极影响,同时提出合作的质量受馆校关系、教师参与率、学科相关性等因素影响①。

在英国,博物馆及其教育功能地位的大幅提升可追溯至 1997 年博物馆与美术馆委员会(Museums and Galleries Commission)之《公众财富:学习时代的博物馆》(*A Common Wealth: Museums in the Learning Age*)报告的出版和"一流博物馆——英国博物馆的愿景与战略行动计划"的制定。2000 年,英国教育与就业部,文化、传媒和体育部的联合出版物《博物馆的学习能量:博物馆教育愿景》对博物馆教育与社会融合职能的正式认可,也标志着博物馆教育地位的成功提升。此前,根据文化、媒体与体育部调查机构的研究,英国政府相信教育已成为博物馆的功能中心,它对于新千年的展望是通过场馆来激励与支持一个学习型社会,因为它们可以与最大范围的公众接触②。

2018 年,英国博物馆协会启动了一项试点计划,由保罗·哈姆林基金会提供资助,用以加强各馆与第三部门的合作,建设"目标性伙伴关系"。英国博协将利用该计划,为各博物馆、社区团体和第三部门在全国各地举办 4 次联络交流活动,以检验这种形式能否提高博物馆的观众参与度,同时评估项目未来在全国展开的可能性③。

值得一提的是,在此进程中,英国涌现了一大批出类拔萃的博物馆学专家,为世界博物馆事业做出了杰出贡献,如詹姆斯·佩顿(James Paton)、艾琳·胡珀-格林希尔等,他们对博物馆学、博物馆教育理论和实践进行了前沿探索。此外,如果翻阅博物馆领域的相关文献,我们会发现大量关于彼时馆校合作的详细记录。在苏格兰,20 世纪 90 年代,博物馆组织经常发布年度场馆教育报告,公布博物馆与中小学教育的结合情况与教学效果等。事实上,英国的模式甚至表现出了一定的时代超前性,许多核心理念和教学形式延续至今,例如博物馆资源的课程开发、借出服务等④。

二、美国博物馆联盟/协会引领业界发展

美国博物馆协会自 1906 年创立以来,一直致力于制定博物馆标准与实

---

① 王乐:《馆校合作研究:基于国际比较的视角》,第 114 页。
② 郑奕:《博物馆教育活动研究》,第 36 页。
③ 湖南省博物馆编译:《英国博协计划与第三部门合作 创造更多社会价值》,湖南省博物馆网站,2018 年 8 月 24 日。
④ 王乐:《馆校合作研究:基于国际比较的视角》,第 135—136 页。

践,汇聚和分享资源与发展机遇,促进业界繁荣。2012年9月,该协会正式更名为美国博物馆联盟,以更广泛地吸纳整个领域的力量。旗下的教育专业委员会(Education Committee, EdCom)在众专委会中地位高、历史久。并且,它在博物馆与中小学教育结合、博物馆服务全民教育和终身教育方面,发挥了重要的引导和扶持作用。

(一) 美国博物馆协会/联盟

1967年,美国博物馆协会公开呼吁:博物馆界增加教育及服务功能的预算[①]。

1982年,美国博物馆协会成立了新世纪博物馆委员会(Commission on Museums for a New Century),其宗旨是探索未来博物馆的发展趋势,确立场馆的发展路径及需求。基于此,该委员会总结出博物馆发展的七项必要条件,其中一项即是"加强同教育机构的合作"[②]。1984年,新世纪博物馆委员会出版了《新世纪的博物馆》(*Museums for a New Century*)报告。该报告建议"博物馆和学校应该就相互深入合作开展有效对话",并敦促两者开始考虑新的结合模式。它还重申了馆校合作的价值,且强调在未来需要新的方法和可操作的手段来帮助实现共同目标[③]。同时,该报告还指出,阻碍馆校合作的因素主要是:教育被认为是场馆的附属功能,相关财政预算总是被消减;博物馆教育工作者感觉自己处于场馆教育和学校教育的夹缝中;教师抱怨没能及时了解博物馆的各种资源更新和价值[④]。最重要的是,该报告建议博物馆将"教育"列为最优先的工作,显示了协会对场馆教育功能的重视,以及对过去成果的肯定[⑤]。

1990年,美国博物馆协会在解释"博物馆"的定义时,将"教育"与"为公众服务"并列为核心要素。协会总经理和首席执行官小爱德华·埃博(Edward H. Able, Jr.)认为:"博物馆第一重要的是教育,事实上教育已经成为博物馆服务的基石。"[⑥]

1992年,美国博物馆协会出版了《卓越与平等:博物馆教育与公共维

---

① 王启祥:《博物馆教育的演进与研究》,《科技博物》2000年第4期,第7页。
② 王乐:《馆校合作研究:基于国际比较的视角》,第118页。
③④ American Association of Museums (AAM). *Museums for A New Century. A Report of the Commission on Museums for a New Century.* Washington, DC: American Association of Museums, 1984.
⑤ 王启祥:《博物馆教育的演进与研究》,《科技博物》2000年第4期,第8—9页。
⑥ 段勇:《美国博物馆的公共教育与公共服务》,《中国博物馆》2004年第2期,第90页。

度》报告,提议将教育功能作为所有活动的中心,并指出:"美国博物馆与其他教育机构一样有责任为人们带来更多的学习机会并培养文明而人道的公民。"该报告出版后的10年间,美国博物馆逐步将教育置于公共服务职能的中心,并将其视为使命中不可分割的一部分。这反过来又鼓励博物馆放开眼界,夯实其在支持终身学习和正规教育方面的公共服务潜力。

1995年,美国博物馆协会发布了《新视界:改变博物馆的方法》(New Visions: Tools for Change in Museums)报告,督促美国博物馆改进机构和内部文化,使之更亲和于公众,为更广泛的社会阶层提供更多的教育项目、更好的服务[1]。

2012年9月,美国博物馆协会正式更名为美国博物馆联盟,以更广泛地吸纳整个领域的力量。

2014年中,美国博物馆联盟发布了《构建教育的未来:博物馆与学习生态系统》(Building the Future of Education: Museums and the Learning Ecosystem)白皮书,该成果诞生于2013年9月该联盟与福特基金会共同举办的一次教育大会。会议及报告提出了一个重要议题:博物馆如何与学校合作开创教育的新未来?事实上,联盟旗下的博物馆未来中心(Center for the Future of Museums,CFM)[2]自成立以来即致力于场馆未来发展趋势的研究,其创始人伊丽莎白·梅里特(Elizabeth Merritt)在报告中给出了一系列关键数据,充分证明了博物馆在教育界扮演的重要角色。包括:博物馆每年为教育投入20亿美元;通常,一座馆会将四分之三的教育资源提供给基础教育阶段的学生;博物馆每年接待学生观众5 500万人次;博物馆根据国家与地方教学大纲,量身定制了数学、科学、艺术、读写能力、语言艺术、历史、公民课程、经济常识、地理与社会研究等方面的教育活动;博物馆每年提供1 800万小时的课程,包括针对学生的导览、员工前往学校授课、科学大巴和其他巡展类校外活动,以及针对教师的专业发展课程[3]。

值得一提的是,美国博物馆联盟自几年前开始发布年度"博物馆事实与数据",其中许多都涉及博物馆与中小学教育结合的内容。比如,2018年的

---

① 唐泽慧:《美国博物馆的公众定位与筹资模式》,《中国美术馆》网络版,2006年10月。
② 该博物馆未来中心通过探索文化、政治和经济挑战,帮助博物馆构建更好的明天。具体包括:监控对博物馆而言重要的文化、技术、政治和经济趋势;使博物馆做好帮助社区解决接下来几十年挑战的准备;在博物馆和其他部门/行业类别间构建联系。
③ 湖南省博物馆编译:《美国博物馆联盟发布〈构建教育的未来:博物馆与学习生态系统〉白皮书》,湖南省博物馆网站,2014年6月24日。

博物馆事实与数据包括：

● 95%的美国选民赞成对当地博物馆予以立法支持，其中93%为保守派选民；

● 美国博物馆每年为教育活动投入20亿美元；

● 美国博物馆提供了72.6万个就业岗位，每年为国家经济贡献500亿美元；

● 美国26%的博物馆位于郊区，而许多城市场馆通过大巴车、移动展览、在线资源等方式服务社区；

● 美国博物馆为所有阶层提供服务，其中37%的场馆免费开放或采用建议门票政策，几乎所有馆都提供了折扣票或免费开放日；

● 每年参观美国博物馆的人数约为8.5亿人次，这一数字超过所有大型联盟体育赛事和主题公园参观人数之和；

● 美国所有博物馆保存着10亿多件藏品；

● 美国民众认为历史博物馆是最值得信赖的信息源，参观艺术博物馆的学生在批判性思维能力、同理心、容忍度方面的表现都有所提升；

● 美国博物馆志愿者每周为观众服务100万小时；2 000多座场馆参与了蓝星博物馆计划（Blue Star Museum Initiative），为现役和预备军人及其家属提供免费的夏季参观活动，这项服务惠及92.3万人；

● 美国博物馆创税120多亿元，其中三分之一的税收上缴州和地方政府①。

此外，美国博物馆联盟还经常举办研讨会，探讨更有效的馆校合作模式、正规与非正规教育机构之间的关系与前景，倡议博物馆与中小学教育结合等。并且，研讨会鼓励博物馆跨部门成员参与，如教育工作者、展览策划人员、观众研究人员、评估专家、发展部员工、公共项目人员、公共关系和宣传推广人员、观众服务人员甚至馆长等②。

（二）美国博物馆联盟/协会之教育专业委员会

教育专业委员会是美国博物馆联盟旗下最重要的专业委员会之一，它致力于探索、论述、激发场馆教育领域的创新实践，定义、培养、推广最佳做法。该专

---

① 湖南省博物馆编译：《美国博物馆联盟发布"2018博物馆事实"》，湖南省博物馆网站，2018年3月9日。
② 湖南省博物馆编译：《美国博物馆联盟将举办"博物馆—学校合作关系"研讨会》，湖南省博物馆网站，2013年3月1日。

委会特别创立了"教育卓越奖",以嘉奖具备特殊价值的创新项目、出版物,并展示拥有非凡领导力及做出卓越贡献的个人,这也进一步彰显了博物馆在社会中的地位。此外,专委会还编写和出版有《卓越实践:博物馆教育准则与标准》(Excellence in Practice: Museum Education Principles and Standards)。

比如,2015 年度"教育卓越奖"之"项目卓越奖"(以表彰有创造力和革新力的教育活动)花落皮博迪博物馆(Peabody Essex Museum)的美国原住民研究助学金项目。研究助学金专门颁发给有原住美国人、原住夏威夷人、原住阿拉斯加人血统的候选人。奖金获得者可参与有深度的博物馆部门项目,由此获得场馆领导技能的理论及实践机会。该项目还包括每周一次的工作坊、田野调查活动、论题讨论展示等,迄今已连续举办 6 年,其组织、内容、对原住民的包容性都获得了高度评价。

而同年的"资源卓越奖"(以表彰印刷或多媒体形式的资源)则颁给了凤凰城艺术博物馆(Phoenix Art Museum)的"'我在这里'观众指南"。该指南由三部分构成:"我在这里:与孩子一起""我在这里:第一次参观""我在这里:约会",并综合了馆方数据调查、专业分析、实地观察而形成。观众对这套指南的评论络绎不绝,特别是在社交媒体上,对指南的需求也超出了最初印刷的数量。

又如,芝加哥当代艺术博物馆(Museum of Contemporary Art Chicago)因其 SPACE (School Partnership for Art and Civic Engagement)馆校合作项目荣获了教育专委会颁发的"博物馆教育创新奖"。这个历时 3 年的项目把艺术家及其实践成果引入了芝加哥公立学校,将学校改造成富有创意的艺术与文化思潮交流基地。艺术家和学校艺术、社会科学教师联手设计并教授富有社会气息的跨学科课程,且课程都符合标准,并满足学生对社会思潮、艺术学习的需求。项目中,每个学生有 100 小时的时间与常驻艺术家交流,此外还有额外时间参与社区活动等。当代艺术博物馆馆长马德琳·格瑞恩斯戴伦(Madeleine Grynsztejn)表示:"我们一切工作的核心就是学习。SPACE 项目是具有革命性的,因为它实现了对外部社区的改造。目前来看,该项目已经造福芝加哥不计其数的师生。"①

此外,2015 年的"欧洲年度博物馆"花落荷兰国家博物馆(Rijksmuseum)。

---

① 湖南省博物馆编译:《美国博物馆联盟奖励优秀的教育员和教育项目》,湖南省博物馆网站,2018 年 7 月 4 日。

该奖项创立于1977年,由"欧洲博物馆论坛"负责评选。当选场馆不论规模大小,共同点是用独特氛围、富有想象力的介绍和展示、创造性方法吸引观众,最大限度实现场馆的教育功能和社会责任。荷兰国家博物馆得奖是对其10年改建的肯定,评审团特别称赞了其教育活动以及该馆目标——面向荷兰的每一个12岁及以下儿童①。

第五节 博物馆把握时代挑战和机遇,以服务学校为先

近年来,欧美公立学校来自政府拨款的艺术教育等经费一再被削减,但博物馆却相继加强了对中小学的教育供给。这些都属于博物馆审时度势、把握发展挑战和机遇之举,以成为"时代的弄潮儿"。并且,国际博物馆界针对教育界需求进行产品与服务供给,无论是在战时、衰落时,还是太平盛世,以确保场馆在业内外休闲文化娱乐机构日渐激烈的竞争中站稳脚跟。

在美国,"学校博物馆"和"博物馆学校"并存,该现象折射出博物馆与中小学教育结合的渐趋成熟,以及学校教育和社会教育之间界限的日益模糊。事实上,西方博物馆界对更深层次影响正规教育进程、参与构建教育的未来图景已表现出浓厚兴趣②。而博物馆未来中心的创始人伊丽莎白·梅里特女士认为,在未来的美国,作为浸入式、体验式、自我引导式、动手学习方面的专家,博物馆将成为教育的主流模式,而不再只是补充角色。因为未来的教育时代会以自我引导、体验、社交、分布式学习为特征,致力于培养学生的批判思维、信息的分析综合能力、创新、团队合作等21世纪技能③。

一、博物馆审时度势,把握时代挑战和机遇

无论是昨天、今日还是明天,无论是顺时还是逆势,博物馆都不是孤立的存在,也应进一步融入社会、拥抱民众。事实上,博物馆虽有其固有的主要功能,但其功能在排序上、在延伸拓展上,随着时代发展不断演进,正如博

---

① 《教育功能突出 欧洲年度博物馆花落荷兰》,《中国文化报》2015年6月15日,第3版。
② 吴娟:《美国博物馆:与学校教育融合互动》,《中国教育报》2017年6月29日,第4版。
③ 谢颖编译:《美国博物馆联盟探索教育新模式》,《中国文化报》2014年7月8日,第10版。

物馆的定义需要修订一样。下文主要从战时、安全危机、经济衰退、全球产业升级等不同侧面,呈现博物馆的多重时代性责任担当。其实,作为公共文化服务机构和非正规教育机构的典型,博物馆理应在更广的国内外平台上,发挥更大作用。

值得一提的是,较有计划的教育实践由艺术博物馆发轫,再扩及其他类型场馆,因此艺术博物馆扮演了先驱者角色。并且,早在19世纪中期,博物馆就与学校有了密切合作①。

(一)英国博物馆于战时代行学校之职

1914年第一次世界大战的爆发,阻碍了英国教育、文化的发展,许多学校被战火摧毁,教师被征召入伍。但博物馆却在战争时期承担起了大量中小学教学工作。同时,教育委员会也鼓励有资质的社会人员在博物馆内利用藏品开展教学,内容主要包括健康、卫生、食物等。当时,每天都有大批民众和青少年聚集在场馆内聆听受教。

1939年第二次世界大战爆发后,如同一战时期一样,博物馆再次承担起大量的学校教学工作,以至于战后很长一段时间内,博物馆的功能几乎等同于学校,场馆教育更直接被理解为馆校合作②。

(二)安全危机、经济衰退中的美国博物馆生存与发展之道

1918年冬天,美国波士顿的许多学校因为缺少取暖用的煤而被迫停课关闭。当时该市博物馆纷纷为中小学生开设讲座等,临时替代学校,承担了教育功能③。

2001年,"9·11"事件后,作为美国及全世界博物馆界的航空母舰——史密森博物学院的观众人数大幅下降,学校也纷纷取消了原定与场馆合作的项目。为此,美国一些州长和议员专门到史密森参观以示安全。密西西比州州长说:"对我们学校的孩子来说,(比恐怖袭击)更大的危险是他们不到首都华盛顿(的博物馆)了解国家遗产。"④

新千年前后,公立学校来自政府拨款的艺术教育经费被一再削减,为了适应这一形势,以博物馆之长补学校之不足,众多博物馆相继加强了面向学生的教育项目,也有不少人给场馆捐款,专门指定用于这类项目⑤。2008年左右,美国还遭遇了70多年来最严重的经济衰退。在此背景下,博物馆行

---

① 王启祥:《博物馆教育的演进与研究》,《科技博物》2000年第4期,第12页。
② 王乐:《馆校合作研究:基于国际比较的视角》,第112—113页。
③④⑤ 段勇:《美国博物馆的公共教育与公共服务》,《中国博物馆》2004年第2期,第91页。

业也倍感寒意,包括来自政府和社会的资金一再削减。于是,美国博物馆与图书馆服务署审时度势,出台了包括博物馆和图书馆"21世纪技能"等在内的指导行业发展的新战略,以帮助场馆在新经济形势下重新定义角色,在现实和理想之间寻找生存与成功之道。其中,博物馆与图书馆服务署的"博物馆、图书馆和21世纪技能"(Museums, Libraries, and 21st Century Skills)等,强调了全国博物馆和图书馆在帮助公民建立核心技能方面的关键作用,而21世纪技能则包括信息通信和技术素养、批判性思维、问题解决、创造力、公民素养和全球意识等[1]。

(三) 全球产业升级下的各国STEM教育发展

当下,各国都在进行新一轮的技术革新和产业升级。在全球竞争力指数中,目前美国排名第三,英国第七,德国第五,芬兰第十,以色列第二十四,中国第二十八。此外,在全球创新指数排名中,美国依然第三,英国第四,芬兰第八,德国第九,以色列第十,中国第二十二。即便是排名前列的国家,依然非常有危机意识,纷纷出台了一系列政策,并聚焦STEM(科学、技术、工程、数学)教育。事实上,很多国家都从国家安全、国家竞争力的角度来看待STEM人才培养[2]。比如,美国此前意识到,土生土长的本国学生不进入科学、技术、工程、数学等经济上至关重要的领域工作,只能依靠吸引国外人力来满足需求和维持竞争力。同时,研究表明,孩子在八年级之前,如果能得到科学方面的启发并对之感兴趣,那么将来他们读大学期间,选择与科学相关专业的概率是那些仅应对标准化考试的孩子的三倍。因此,给青少年、儿童以相关启发,是博物馆尤其是科学技术中心、儿童博物馆等的重要任务[3]。在美国教师看来,STEM教育的目的是让更多学生对科学和工程等产生浓厚兴趣,以便将来攻读STEM相关专业,毕业后成为从业者。因此,从动机角度出发,让学生有充分的兴趣是设计STEM课程时必须考虑的[4]。

其实,早在20世纪80年代,美国就提出了STEM教育。1986年,国家科学委员会(National Science Board, NSB)发布了《本科科学、数学和工程教育》(*Undergraduate Science, Mathematics and Engineering Education*)

---

[1] K. Fortney and B. Sheppard eds., *An Alliance of Spirit: Museum and School Partnerships*, p.20.
[2] 王素:《〈2017年中国STEM教育白皮书〉解读》,《教育与教学》2017年第14期,第4页。
[3] 郑奕:《博物馆教育活动研究》,第120页。
[4] 陈如平、李佩宁编:《美国STEM课例设计》,教育科学出版社2018年版,"写给读者的话",第4页。

报告,被认为是该国 STEM 教育的开端。2013 年,该国颁布了《下一代科学课程标准》(Next Generation Science Standards),它作为美国科学课程的专项标准,重要性可与《州立共同核心标准》(Common Core State Standards)比肩。前者从三个维度对各年级的科学教育进行了界定,即学科核心概念、科学与工程实践、跨学科思维①。2017 年,《美国创新和竞争力法案》(American Innovation and Competitiveness Act)提出,知识经济时代培养具有 STEM 素养的人才是具有全球竞争力的关键,并加强了投入。最近,美国又出台了《STEM 2026》,对该教育在未来十年的发展提出了新愿景。

可以说,美国是最早开始重视 STEM 教育的国家,而且有系统化的政策、资金以及课程、师资培训配套②。比如,史密森博物学院的 2014 年财政年度预算案显示,预算总额与 2013 年相比增长了 5 900 万美元,且增量主要用于推进奥巴马政府的教育政策,其中史密森的 STEM 教育预算首次增加了 2 500 万美元。为强化 STEM 计划和项目,联邦政府将此前分配给 11 个机构和部门的 1.8 亿美元集中拨付给教育部、国家科学基金会、史密森博物学院③。

除了美国,英国在 2002 年也把 STEM 教育正式写入了政府文件,2017 年 1 月又出台了《建立我们的工业战略》(Building our Industrial Strategy)绿皮书。该报告提出,在英国的现代工业战略中,技术教育是核心,同时国家还将促进数学教育发展和解决 STEM 技能短缺问题。此外,德国于 2008 年制定了《德累斯顿决议》,将 MINT(德文中的"数学、信息、自然科学、技术")教育列为重要目标。而芬兰也是一个创新性强的国家,历来重视"做中学",并早在 20 世纪 90 年代就出台了 LUMA(芬兰语中的"STEM")计划。该计划的目标是加强 STEM 教育实践和学生对这些学科的兴趣④。当然,所有这些顶层设计都为自然科学类博物馆等进一步与中小学教育结合带来了机遇。

二、供需对接,学、社、家融合

我国于 2015 年提出的"供给侧结构性改革"原先主要针对经济领域,但

---

① 陈如平、李佩宁编:《美国 STEM 课例设计》,"写给读者的话"第 2 页。
② 王素:《〈2017 年中国 STEM 教育白皮书〉解读》,《教育与教学》2017 年第 14 期,第 4—5 页。
③ 湖南省博物馆编译:《史密森博物学院 2014 财政年度预算增加 5 900 万美元》,湖南省博物馆网站,2013 年 4 月 22 日。
④ 王素:《〈2017 年中国 STEM 教育白皮书〉解读》,《教育与教学》2017 年第 14 期,第 4 页。

其核心要义同样适用于文教领域。也即,在博物馆与中小学教育结合中,减少馆方的无效和低端供给,扩大有效和中高端供给,增强供给结构对校方需求变化的适应性和灵活性。

在国际文教界,校外教育有力促进了各国的现代化建设。而现代化建设中的相关文化和旅游(文博)、教育需求,又促使带有全员、全程、全方位性质的博物馆与中小学教育结合事业进入了体系化、综合化发展的新时期,包括实行供需对接,学社家融合。

(一) 欧美博物馆以学校为先,践行供需对接机制

在法国,卢浮宫(The Louvre)每年接待近千万名参观者,其中中小学生为数甚多。而提高青少年、儿童的历史和艺术素养,正是该馆的使命之一。又如,同样在巴黎的、坐落于维雷特公园内的科学工业城(法文 Cites des Sciences et de l'Industrie)是欧洲最大的科普中心。它每年接待的 18 岁以下未成年人占据观众总量的 40%。该科学工业城还为 12 岁以下儿童开设了 4 000 平方米的儿童馆[①],并分为 2—7 岁和 5—12 岁两大展厅,属欧洲之最。

目前,美国所有科技博物馆都为教师、学校和地区提供教育服务。场馆认为支持学校的项目理应是高度优先的。其中,优先以及比较优先服务于教师和学校项目的机构占全部机构的 95%,而 85% 的科学中心优先支持学校项目[②]。又如,菲尔德博物馆(The Field Museum)与芝加哥公共学校于 2008 年完成的一项调查表明,芝加哥学生的科学理解水平处于全美城市学区的最低程度,但当时还没有出台提升该市中学科学成绩的系统性改革方案。为此,当地的菲尔德博物馆、芝加哥儿童博物馆(Chicago Children's Museum)、林肯公园动物园(Lincoln Park Zoo)、佩吉·诺特巴特自然博物馆(Peggy Notebaert Nature Museum)、西北大学、芝加哥公共学院达成合作,推出了一项跨年度(2009—2012 年)科学教育改革,并首先针对 7 所亟须帮助的中学发力[③]。

事实上,美国许多博物馆从 20 世纪初就与中小学教育结合,并践行供需对接机制,恪守"相关性"原则。比如,明尼苏达州的巴肯博物馆(The

---

① 韦坚:《法国博物馆的儿童教育》,《中国文物报》2012 年 1 月 2 日,第 5 版。
② 钱雪元:《美国的科技博物馆和科学教育》,《科普研究》2007 年第 4 期,第 24 页。
③ L. Smetana et al., Cultural Institutions as Partners in Initial Elementary Science Teacher Preparation, *Innovations in Science Teacher Education*, 2017, 2(2): 2-19.

Bakken Museum)与明尼阿波利斯公立学校的合作项目即是典型案例,它在十年间历经大变化。最初该项目完全由馆方开发,没有任何外部利益相关者的介入。师生似乎很享受,却难以维系它。因此,当负责人询问教师如何使其发挥作用时,真正的变化才开始。巴肯博物馆意识到,如果不解决教师负责的课程及其标准问题,那么无论项目有多好,教师也几乎没有时间参与。后来,博物馆还与当地科学领导者交流,后者也进一步强调,最具相关性的项目需要纳入正规教育的最佳实践,以提高学生成绩,促进高质量教学[①]。具体如表1所示。

表1 在关注"相关性"后,美国巴肯博物馆与明尼阿波利斯公立学校的合作项目变化

以前的合作项目	现在的合作项目
单方面决策	共同决策
项目聚焦投入	项目聚焦产出/结果
需要教师做额外工作	支持教师已做的工作
大多数教师被招募参与	许多教师请求参与
最小的学区认知/支持	高学区参与度
每年5 000—10 000美元拨款	每年>15万美元拨款
每年<100名学生	每年>1 500名学生
(为)博物馆低优先级项目	(为)博物馆高优先级项目

资料来源:K. Fortney and B. Sheppard eds., *An Alliance of Spirit: Museum and School Partnerships*, Arlington, VA: American Association of Museums Press, 1988, p.74.

此外,英国《1988年教育改革法案》以及始于同年的国家课程规定,博物馆学习与学校课程结合。在此背景下,场馆根据国家课程标准制定了学习/教育手册,这些手册针对不同年龄学生开发,并提供给教师使用。维多利亚与艾尔伯特博物馆作为世界上最重要的艺术设计史博物馆,配合国家艺术课程标准,开发了不同学段的手册。资料显示,该馆超过80%的参观对象都为学校团体。事实上,英国自小学起就有在博物馆内的课程设置,并且根据各馆发展而调整,促使教学与时代同步。比如,开发伦敦课程

---

① K. Fortney and B. Sheppard eds., *An Alliance of Spirit: Museum and School Partnerships*, p.74.

(London Curriculum)是伦敦博物馆与大伦敦政府(The Greater London Authority,GLA)之间的合作。2016—2017年,伦敦博物馆的成就之一是基于之前针对中学课程的成功开发,继续开发了小学课程[①]。

案例

美国纽约"城市优势"项目将课堂、家庭与博物馆整合[②]

纽约市于2004年启动的一项名为"城市优势"项目,由市议会资助、美国自然历史博物馆联合该市教育局及其他文教机构发起。它通过连接家庭、学校、博物馆,促进公立教育系统的初中科学探究教学,并取得了巨大成功。同时,因为涉及学校、博物馆、家庭各方,项目的运作框架包括如下六部分,以通过为学校和家庭提供丰富的博物馆校外资源,最终帮助中学生更好地完成科学探究项目学习。具体如下:

● 为教师和校长提供培训

这个庞大的项目起源于纽约市对中学科学教学的评估。当时,该市要求所有公立学校初中生在8年级完成一个名为"Exit"的科学探究学习课题,作为录取高中的一项参考指标。但评估结果显示,科学课程教育尤其是探究学习效果不理想,并且公立学校里合格的科学学科教师严重短缺。

鉴于此,教师培训主要涉及探究学习的教学方法、学科知识等,着重让他们理解科学探究的实质。其间,教师将在博物馆科学家的带领下,自行完成一轮Exit课题探究,并通过该过程学习如何帮助学生形成研究问题、设计项目等。

教师培训持续2年,分多阶段实施。第一年累积约50小时。首先是12小时的基础培训,包括主办方介绍"城市优势"项目、各博物馆提供的不同资源等。随后,他们学习如何规划和安排持续整个学年的探究活动,包括设计微型课程、指导学生等。之后的36小时培训中,教师则选择2座博物馆,完成自己的Exit课题。第二年是持续性专业发展培训,约10小时,重点帮助教师进一步提升教学技能。对于教学中的重点、难点,骨干教师会组织互动研讨。

[①] *Museum of London Governor's Report and Financial Statements for the Year Ended 31 March 2017*, p.11.

[②] 鲍贤清、杨艳艳:《课堂、家庭与博物馆学习环境的整合——纽约"城市优势项目"分析与启示》,《全球教育展望》2013年第1期,第62—69页。

而将校长纳入培训,则是为了保持项目的可持续发展性。每年,参与该项目的中小学校长可借此了解当前科学教育的最新研究,更好地理解相关教学活动,并了解如何从学校层面支持探究型教学。此外,培训内容还包括领导力课程,以通过建设学校组织文化,支持科学教育等。

● 为中小学课堂提供教材和仪器设备

Exit课题需要学生动手操作。虽然大多数公立学校都已拥有基本的实验器材,但并不能满足学生的个性化需求。因此,"城市优势"项目为每所参与学校提供了特定仪器设备。在第一年,学校将获得数码相机、解剖显微镜、秒表、放大镜、岩石标本、研究DNA和设计火箭的工具等。第二年,则将获得对水质和土质进行现场试验的工具、温度计、水族箱工具、动植物和矿石标本等。除了仪器设备,教师还能获得相关教学辅助材料、视频、软件等。此外,项目依据学校的学生参与人数给予一定经费,经费则由学科教师根据班级需要,额外采购教学材料或实验仪器等。

值得一提的是,Exit探究课题遵循纽约州的数学、科学、技术教学标准,并建议学生采用如下四种方法中的一种——对照实验、实地考察、二手资料研究、设计研究[①],并应用如上的仪器设备。在一学年里,学生在教师指导下,基于兴趣和前期资料调查,提出自己的研究假设,选择合适的研究类型,确定需要收集的数据,经过实验、分析,最后得出结论。项目结束时,学生撰写一份完整的研究报告。Exit探究项目非常注重证据,因此学生必须自己收集数据或分析二手资料,以形成解释。

● 为班级、家庭、教师提供免费参访项目机构的机会

"城市优势"项目的参与机构除了美国自然历史博物馆,还有布朗克斯动物园(Bronx Zoo)、纽约水族馆(New York Aquarium)、纽约植物园(New York Botanical Garden)、纽约科学馆/厅(New York Hall of Science)、皇后区植物园(Queens Botanical Garden)、布鲁克林植物园(Brooklyn Botanic Garden)、史丹顿岛动物园(Staten Island Zoo)。

但该项目的前期调研发现,很多学生和家庭都未到访过住所附近的博物馆,而组织者希望让教师、学生、家长意识到博物馆、科技馆、水族馆、动物园不仅是休闲娱乐场所,也是丰富的学习资源。为此,项目参与机构为教师

---

① 鲍贤清:《场馆学习:一个有待关注的学习形态》,《上海教育》2014年第16期,第70—71页。

个人、班级、家庭提供了免费参观机会。每个参与学生的家庭都将获得免费券，任选两所项目机构。每个班级也有两次全班访问的免费券，由教师带领参观。这样学生就有多次机会到访自己的研究场所，收集数据等。此外，各项目机构也会为教师提供额外参观券，方便他们到馆搜集教学材料、准备课程等。

● 延伸拓展到家庭

"城市优势"项目将家庭视为重要的组成要素，希望家长更多地参与孩子的探究活动。项目机构设计有专门的家庭指导手册，它向父母介绍了该项目、各参与机构的开放时间和亮点，并对在家指导学生学习科学提供建议。纽约是一个多民族、种族的大熔炉，学生生源来自各地。因此，家庭指导手册设计有9种语言版本，以兼顾将英语作为第二语言的家庭。

此外，为提高家庭参与的积极性，项目组还设立了"家庭科学星期日"和"家庭科学之夜"活动。并且，启用"家长协调人"，作为连接学校和家庭的桥梁。该项目对家长协调人进行培训，包括如何协助教师安排和实施班级参观，如何组织家长参与家庭访问活动等。事实上，纽约市学校或学区已设有家长协调人，负责相关家庭活动的组织、安排、实施。

● 设立示范学校

"城市优势"项目设立示范性学校，并培训学校管理者，选拔和培养骨干教师。该项目组根据学校的地点、学生的组成结构、科学学科的教学情况设立示范校，这些学校将得到一些额外经费和教学资源。

同时，项目组根据教学经验、学科知识、实施科学探究学习的能力选拔一批骨干教师，作为学校和项目机构的纽带。一方面他们协助各机构教育工作者设计教师培训，另一方面持续为学校教师提供支持，协助策划和安排班级实地考察，并与学科教师一起设计微型课程等。示范性学校的管理者、骨干教师每年都可参加一系列领导力课程培训，以助推其在不同层面发挥作用。

● 评估项目

"城市优势"项目由内部、外部人员共同对其运作和完成情况进行评估。每年，所有参与的教师、校长、家长协调员均会收到问卷，对实施过程和效果给予反馈。学生的学习效果也将通过纽约教育局提供的学业成绩数据以及Exit课题作品进行评价。

每年6月的科学博览会(Science EXPO)是整个项目的高潮。届时，美国自然历史博物馆会辟出场地展示全市的 Exit 项目成果。博览会形式类似我国的工业博览会,每个项目学校都有自己的展位,一般每个参与班级会选派 2 项研究课题作为代表前来交流。学生需要自己制作展板,把研究问题、实验设计、实验方法、数据、结论清晰地贴在海报板上。科学博览会不只是向教育管理部门、博物馆、学校汇报,也向公众开放。这对学生而言绝对是一次难得的经历。

总的说来,"城市优势"项目自 2004 年启动至今,已惠及纽约市超过 30% 的 8 年级学生。参加的学校也逐年增加,2005 年有 37 所,2006 年 123 所,2007 年和 2008 年 144 所,2009 年则达到 166 所。项目评估显示,参与的学生科学成绩要优于同年级其他人。当然,该项目带来的效益是多方面的,但教师和学生无疑是最大受益者。并且,在整个教育生态体系中,博物馆的教育给养正在渐进显现。

(二) 日本的"学社融合"活动与博物馆青少年教育工作

日本历来考试竞争激烈,应试教育、灌输型教育严重,这与社会的推波助澜不无关系。如今,为适应科学技术创造立国战略和文化立国战略的需要,中小学推行"心的教育",开展适应每个学生个性和能力的教育,一大关键因素是创造必要的社会条件。也即,教育改革需要良好的社区条件包括博物馆等的配合和支持,以适应 2002 年起开始的全国中小学每周 5 天教学制①。

1. "学社融合"活动

日本把"改变只是在学校进行知识学习,导致与社会和自然界疏离"作为重要内容。为此,文部科学省首先加强了体制建设,于 1996 年开始实施"学社融合推进计划"。按照该计划,国家以学校为核心,与家庭和社区合作,构筑教育网络。1997 年起,文部科学省实施了"社区教育活性化中心活动推进事业",以求在市、町、村通过青少年团体、当地企业以及博物馆等社区机构、学校的参与,共同为中小学生参加社会和自然体验学习提供信息和咨询,以及指导者等②。

在加强校外活动的内容方面,文部科学省自 1997 年起实施了全国性

---

① 吴忠魁:《日本文化立国战略与基础教育改革的新发展》,《比较教育研究》2001 年第 4 期,第 4—5 页。
② 同上书,第 5 页。

"青少年野外教育推进事业",并规定7月20日—8月19日为"青少年野外教育体验活动月"。其间,由国立青少年教育设施和各都、道、府、县,在自然界组织各种探险活动。其中,还有专为那些因厌学等而苦恼的儿童和有心理障碍的学生开办的"青少年野外教室"。并且,为了促进老年人与青少年、城市与乡村儿童之间的跨代、跨区域交流,以及与残疾人的交流,组织实施"青少年交流推进事业"。此外,中小学生还可参加当地社区的体验活动,以增强对自然的感受和培养对环境问题的关心等。终身学习审议会在1999年发布了《生活体验、自然体验培育日本儿童之心》咨询报告,提出为了整顿儿童的成长环境,建立振兴亲子活动的体制,将进一步向学生提供在校外学习和活动的机会与场所[①],如博物馆等。

可以说,文部科学省花了很大力气为青少年提供校外体验机会。包括与社区合作,实施立足本地的"儿童社区活动促进事业",组织开展继承传统艺能、技术,了解乡土等活动;与环境厅联手,在全国开展让儿童担任国立公园管理员,以进行环保和引导游人等为目的的"儿童公园管理员事业";与农林水产省联手,设立"儿童长期自然体验村",让学生利用暑假到农家居住两周左右,以进行自然体验、环境学习和农业生产活动体验等;与林野(业)厅联手,开展"森林之子活动推进计划",让儿童接触森林;与通商产业省和中小企业厅联手,开展"儿童实习事业",通过让学生在当地商业街体验各种职业,了解劳动的重要,促使其思考个人愿望与将来职业的关系;与科学技术厅联手,开展"触摸自然科学计划",提供中学生在大学等科研机构直接接触最尖端成果和研究现场的机会,并将学校的"儿童科学制物教室"与全国的公民馆、科学馆联动开放等,以供青少年在博物馆、美术馆开展动手(看、触、试、思)活动[②]。

当然,日本还存在大量的民间教育机构,包括作为课后补习学校的学习塾。这是学生负担过重的一大原因和结果,同时也影响了他们接触生活和自然的机会。据文部科学省早在1993年的调查,全国参加学习塾的小学生达23.6%,中学生则高达59.5%。当然,日本并无相应法律规定取缔这类机构,只是期望通过政策引导,改变机构的教育取向。如文部科学省要求各地教育行政机关与民间教育事业者合作,拿出具体的改进措施,以促使后者健

---

① 吴忠魁:《日本文化立国战略与基础教育改革的新发展》,《比较教育研究》2001年第4期,第5页。
② 同上,第3页。

康发展。1998年3月,《关于促进教育行政机关与民间教育事业者的合作》报告发表。1999年的《生活体验、自然体验培育日本儿童之心》咨询报告则进一步提议各方共同努力,纠正学生过度的"学习塾行为"。同时,多提供自然、社会体验计划以及开展创造性活动和课题解决式学习支援计划,是民间教育事业者今后的发展方向①。

2. 博物馆青少年教育工作

日本博物馆立足于自身特点,积极服务于青少年的需求,建立了层次完备又各具特色的青少年教育体系。同时,该项工作不断向纵深发展,也强化了博物馆的教育职能,使得场馆在社会教育体系中的地位进一步提升,从而有力推动了博物馆事业的发展。

(1) 展示②

其一,日本博物馆的展览内容设计从青少年的需求出发,举办以之为对象的展览。比如,滋贺县立琵琶湖博物馆(Lake Biwa Museum)的基本陈列定位是被小学高年级学生所理解,神奈川县立自然史博物馆(Kanagawa Prefectural Museum of Natural History)提出所有陈列内容均能被小学年龄的儿童所接受。而儿童博物馆和学校博物馆更是以青少年为服务对象。前者强调娱乐性和趣味性,注重激发孩子的潜能,培养其创造力,正如大阪儿童博物馆(Kids Plaza Osaka)提出的口号,这里是"体验、创作、游戏的空间"。

此外,许多场馆还在暑假或公众假期举办以青少年为对象的临时展览。东京都现代美术馆(Museum of Contemporary Art, Tokyo)的展览以现代艺术为主题,与青少年的身心体验存在一定距离,于是美术馆举办了以动漫为主题的临时展览。如2005年夏季的"哈尔的移动城堡展"取材于日本漫画大师宫崎骏的同名动漫电影作品,还有2006年与迪斯尼公司和日本千叶大学合作的"迪斯尼艺术展"。而千叶县立中央博物馆(Natural History Museum and Institute, Chiba)举办的"青蛙的心情"特别展和神奈川县立自然史博物馆举办的"5亿年前的海:三叶虫眼中的世界"特别展都从动物的视点出发来思考自然和环境问题,很容易激起孩子的共鸣。

---

① 吴忠魁:《日本文化立国战略与基础教育改革的新发展》,《比较教育研究》2001年第4期,第5页。
② 孔利宁:《日本博物馆的青少年教育》,《科学发展观与博物馆教育学术研讨会论文集》,第219—222页。

其二,日本灵活运用多元化展示技术和方法,增强展览对青少年的吸引力。比如,展厅内触摸屏等装置的高度设计合理,便于儿童使用;说明文字力求简明通俗,便于理解。国立科学博物馆在基本陈列的每个单元中增设了面向儿童的辅助说明牌,并采用卡通动物造型,辅以生动有趣的解说文字。又如,互动性、参与性展示装置的合理运用丰富了青少年的身心体验,这在科技类博物馆中表现得尤为突出。在大阪市立科学馆(Osaka Science Museum),几乎所有内容都要通过亲身参与才能感知和了解,观众被鼓励充分利用各种感官认知:视觉、听觉、嗅觉、味觉、触觉甚至是运动感官。大量与科学技术相联系的趣味实验促使孩子在玩的过程中接受了知识熏陶,在娱乐中体会科技魅力。在琵琶湖博物馆,"请触摸""请闻一闻""请听一听"标志代替了传统冷冰冰的"严禁触摸"牌,消除了孩子通常所持的畏惧感。在大阪海洋博物馆(Osaka Maritime Museum),一块小小的说明牌也设计为可翻转的形式,正面为问题,反面为解说,鼓励孩子亲自动手找出答案。

此外,展览中高科技的运用也成为吸引青少年的有力途径。神户地震博物馆(The Kobe Earthquake Museum)配合展览内容,设置了多个高科技影院,包括"心灵剧场""生命的气息"等。其中,心灵剧场的3D影片《叶子阿尔弗雷德》取材于美国著名教育学家李奥·巴斯卡力(Leo Buscaglia)的畅销书《一片叶子落下来》,以梦幻般的影像向孩子阐释了生命的意义与价值。

其三,日本博物馆为青少年提供多样化的信息服务,帮助其深化理解展示内容。琵琶湖博物馆专门为儿童编辑出版了定期刊物《湖人》,介绍馆方的最新动态,以及与展览相关的自然科学与历史文化知识。大阪海洋博物馆在其地上、地下四层展厅内,共设置了15个铃印地点,以配合其"图章接力挑战单"活动。每个图章的图案单独看都仿佛是无主题的画面,但当15枚图章全部集完,小观众们会惊喜地发现拼合而成的正是日本古代著名的菱垣廻船入水仪式景象,这无疑是孩子参观海洋馆最有意义的纪念。

(2)教育[①]

其一,日本博物馆的青少年教育活动内容多样化、个性化,并成为学校教育的有机补充。国立科学博物馆研究开发出不同层次的方案,"儿童周六教室"的对象定位为小学三至六年级学生,通过简单的实验和实习,使他们

[①] 孔利宁:《日本博物馆的青少年教育》,《科学发展观与博物馆教育学术研讨会论文集》,第222—223页。

了解有关自然科学和技术的基础知识;"快乐化学实验室"的对象为小学五年级至中学生,他们通过和专业研究人员一起做实验,学习与日常生活有关的化学基础知识;"儿童自然教室"面向小学三年级至中学阶段学生,内容主要是使用各种显微镜进行标本观察并进行相关实验。同时,面向初中生的活动主要有:"草木染讲习会"供了解植物作为染色材料的特性;"植物学习会"供了解植物分类的相关知识;"自然科学讲演会"由专家进行自然科学最新研究成果的演讲。此外,针对高中生的活动主要有"高中生研究体验讲座""周日自然观察讲座""自然实验讲座""自然的不可思议:物理教室""科学史学校""产业技术史讲座"等。值得一提的是,针对大学生,博物馆还会举办"自然史学术会""生态学讲座""自然保护讲座"等,真可谓"大小中"一体化,且一网打尽。

其二,日本博物馆举办超越场馆界限的特色教育项目,尤其是户外活动,拓展了教育职能。许多历史博物馆组织青少年参观与展览相关的考古遗址,由考古学家现场讲解知识,深化对展品的理解。国立科学博物馆充分利用其附属的自然教育园和筑波实验植物园(Tsukuba Botanical Garden)开展青少年自然观察和生态实习活动。琵琶湖博物馆则组织采集琵琶湖水样,进行以水中浮游生物为主题的观察学习和手工制作活动。此外,由建筑大师贝聿铭设计的美秀美术馆(MIHO Museum)坐落在滋贺县的信乐山中,馆方在山间的传统民居及农田举办名为"秀明自然农法"体验活动,并以学校团体、家庭为对象。青少年可体验用传统方法栽培农作物,了解日本传统建筑的相关知识。

其三,日本博物馆积极开展网络教育活动,它对于促进场馆青少年教育工作具有无法比拟的有利条件,毕竟青少年是网民的主体。因此,许多博物馆都在其网站上开辟了儿童板块,通过各种生动有趣的方式提供在线学习服务。神户地震博物馆网站上的"防灾儿童博物馆"和京都国立博物馆(Kyoto National Museum)网站的"博物馆小辞典"都用孩子喜爱的卡通形象介绍馆方知识,收到了良好的教育效果。

三、馆校合作的集大成者——美国、英国的博物馆学校(Museum School)

什么是博物馆学校?一系列基于博物馆的学习机构都可被冠以此标签,

包括由博物馆单独运营的小型的博物馆中的学校(Schools in Museums)，由校区(School District)单独运营的学校中的博物馆(Museums in Schools)，以及机构之间的融合——将博物馆所代表的非正规教育与学校所代表的正规教育通过强有力的合作伙伴关系结合。事实上，博物馆学校是一个处于建设状态的概念，并无统一的模式①。

但毋庸置疑的是，博物馆学校率先在美国涌现，这不仅迎合了当时全国教育改革的需求，而且其独特的教育方式和优质成效也受到了学校和家庭的欢迎，更吸引了文教研究者的关注。2002年，美国国家科学基金会成立了非正规学习与学校中心，曾对博物馆学校进行专门的立项研究②。对科技博物馆学校而言，其教学目标是将科学中心型的方式与学校常用的教学方法整合，汲取前者使用实物、体验性、主动性、参与性的方法，帮助学生获得高层级思维和关键性技能等。最终，无论是博物馆还是学校皆从中受益，但最大受益者还是学生。目前，英国也迈开了尝试步伐，将博物馆学校提上了国家和地区文教发展的议程。而研究博物馆学校的运行特点，对于拓宽我国博物馆与中小学教育结合以及正在进行的课程改革都有所助益。

(一) 拥有近百年历史的美国"博物馆学校"③

美国的博物馆学校是教育界的特色学校，亦是馆校合作深入的产物。根据明确的记载，最早的至少源起于80多年前，有些已无时间记录。如建立于1949年、位于得克萨斯州的沃思堡博物馆学校(Fort Worth Museum School)，它服务的学龄是幼儿园前至幼儿园阶段，合作博物馆则是沃思堡科学历史博物馆(Fort Worth Museum of Science and History)④。此外，位于纽约州布法罗的布法罗科学博物馆(Buffalo Museum of Science)与布法罗动物园(Buffalo Zoo)于1980年开始运作博物馆学校——查尔斯·德鲁科学磁石学校(Dr. Charles R. Drew Science Magnet School)，服务幼儿园前至一年级学生⑤。磁石学校(Magnet School)之后，又涌现了博物馆特许

---

① B. King, New Relationships with the Formal Education Sector, B. Lord ed., *The Manual of Museum Learning*, Plymouth: Rowman & Littlefield Publishers, 2007, p.81.

② 许立红、高源：《美国博物馆学校案例解析及运行特点初探》，《教育与教学研究》2010年第6期，第38页。

③ 本部分内容参考了许立红、高源：《美国博物馆学校案例解析及运行特点初探》，《教育与教学研究》2010年第6期，第38—40页。

④ K. Fortney and B. Sheppard eds., *An Alliance of Spirit: Museum and School Partnerships*, p.100.

⑤ Ibid., p.99.

学校(Museum Charter School),它们皆是美国学校类型的一种。比如,加利福尼亚科学中心学校(Science Center School,California Science Center)于2004年9月9日开学,这是一所从幼儿园直至5年级的特许学校,是专门为提供服务不足的儿童和家长而设的居民区学校(Neighborhood School),更是加利福尼亚科学中心和洛杉矶统一学区(Los Angeles Unified School District,LAUSD)十多年合作的成果①。

这些博物馆学校有着一系列共同特征,一般都是中小学、校区与博物馆之间结成合作伙伴关系,以达求共同的承诺和目标;由学区管理,并成立常设组织来领导、协调、管理;在充分利用博物馆资源的基础上,将正规和非正规教育结合,创新教学方式,以促进学生的全面、个性化、终身发展。鉴于此,博物馆学校通常由一个校区和至少一座博物馆合作而成,并至少开展以下三种应用性活动之一:创设实物、创设展览、创设博物馆②。也即,平日学校带着学生到博物馆上课,同时也在馆方协助下,制作展品、展览,甚至是在校园内创设自己的场馆。

具体说来,美国博物馆学校通常具有如下运行特点。

1. 办学特色突出,充分利用博物馆资源

美国博物馆学校或是加入磁石计划的特色学校——磁石学校,或是取得了政府特许的小型自治学校——特许学校。它们皆是由政府提供经费支持的公立学校,坐落于公立校区,其生均资金、师生比、学生人口统计特征与校区内的其他学校差不多。当然,磁石学校通常规模较大,以此吸引学区外的学生。它分为两类:一种是经学区批准后,可招收本社区之外、城区内其他社区的学生;另一种是经学区批准后,可招收本城市之外的学生。这种类型的特色学校从20世纪70年代起就在美国蓬勃发展,一定程度上代表了公立学校的演进方向。其特点是来自不同地区、学区的学生都可根据意愿选择就读,且不分社会背景和种族差异,大家在一个多元文化环境中成长。

当然,博物馆学校与其他学校的最主要不同在于,前者与一座或多座社会教育机构合作,包括博物馆、画廊、动物园、植物园等。并且,这些合作机构彼此高度依存③。而美国推进"磁石学校计划""公立特许学校计划",也

---

① K. Fortney and B. Sheppard eds., *An Alliance of Spirit: Museum and School Partnerships*, p.96.
②③ Ibid., p.95.

是为了增加学生、家长在选择优质学校时的灵活性和公平性①。

博物馆学校与博物馆签订有伙伴协议，但并不局限于与某一座场馆合作。这些学校办学立足点明确，主要基于博物馆的丰富资源，开发适合学生的课程。同时，办学特色明显，尤其是艺术类或科技类特色学校，但综合类博物馆学校也取得了不错的成绩，如圣迭戈儿童博物馆学校（The Museum School，San Diego）。

2. 结合正规和非正规教育优势，以促进学生发展为目的

如何培养创新型人才是美国教育进入 21 世纪面临的一大挑战。作为教育改革的尝试之一，博物馆学校将正规和非正规教育的优势融合，并整合了文教机构的双重特点。几乎所有的博物馆学校都具有相通的办学宗旨：注重学生的自我提高和完善，使他们享有自主选择、发展的权利和空间。注重发掘学生的独特个性，培养其成为有创新精神的独立思考者，并具有良好的团队精神。

值得一提的是，开始运作于 1991 年的明尼苏达州科技馆学校（Science Museum of Minnesota School）在 2001—2002 年度被美国教育部评为蓝丝带学校（Blue Ribbon School），而全国仅有 3% 的学校因卓越贡献获此殊荣。同时，成立于 1993 年的纽约市博物馆学校（The New York City Museum School）要求其学生所有科目都达到市级和州级课程标准。1997 年，全部学生通过了英语考试，97% 的人通过了高中会考（Regents），达到了州级英语教学标准，93% 的人通过了历史考试。并且，包括专业教师和博物馆专家在内的学校员工都根据政府课程标准共同设计课程。此外，成立于 1995 年的圣迭戈儿童博物馆小学（Children's Museum of San Diego Elementary School）通过严格、有深度的课程达到州教育部门要求。除了 2003 年，学校 API（California Academic Performance Index，即加利福尼亚学业达成指标）每年都在提高，2004 年在 2003 年的 771 分基础上攀升至 825 分，高于地区分数 114 分和州分数 132 分。并且，每年都达到了《有教无类法案》要求。

3. 课程设置灵活，鼓励教学方式创新

博物馆的实物展示、人机互动，以及主题式模块，与学校环境大不同，特别有利于学生的体验性和探究性学习。同时，博物馆学校针对学生的个体差异制定课程内容，很大程度上体现了因材施教的教育理念。包括在课程

---

① 柳欣源：《义务教育公共服务均等化制度设计》，第 80 页。

设置上比较灵活,课程设计本身即鼓励学生的好奇心和对事物的着迷,鼓励研究和展示。其实,对于有条件接触博物馆的学校,这些课程设置都容易复制。

在教学方式上,一系列创新型方法得到了积极探索,如自我主导的体验性学习、探究性学习、任务导向型学习、协作型学习等,并强调教师和博物馆员工即刻回应学生需求。当然,规定课程也会被纳入与博物馆相关的主题或内容中。

比如,在明尼苏达州科技馆学校,学生每学期有数天时间到明尼苏达州科技馆(The Science Museum of Minnesota)上课。学校开发了与博物馆结合的活动或课程模式——博物馆进程(The Museum Process),并包含四个主要步骤:探索(Explore)、实验(Experiment)、解释(Explain)、展示(Exhibit)。此外,圣迭戈儿童博物馆小学则采用阶段性、应用性学习方式,打乱年龄界限,根据相同能力分组的方法安排课堂;研究传统教学(如说教式教学法)和革新教学方式(如体验性学习、多元智能理论、协作学习等)的各自优势,兼收并蓄;构建共同责任,创造学习型社区,使学生和教职工、家长共同学习;持续与学生交流,使其在学习和行为方面自我主导;并且,学校尤其关注学生的"社会—情感"需要,把他们作为完整的个体进行引导和扶持。

正如纽约市博物馆学校校长索耐特·塔卡西萨(Sonnet Takahisa)和罗恩·查卢森(Ron Chaluisan)所言,"举办博物馆学校是处于教育改革的前沿","在博物馆的环境中比在传统教室环境中更适合推行综合课程学习方式"①。

4. 管理架构开放,交流渠道顺畅

博物馆学校通常会组建新的管理机构,以对教师和博物馆员工的职务进行重新定位。成员必须有意愿往新的专业方向发展,有兴趣进行多学科学习,成为终身学习者,并作为团队教育的一分子等。

博物馆学校的组织架构一般比较开放,注重吸收学生、家长、社区参与,并保持信息交流顺畅、及时。通常它拥有这样的组织架构:管理委员会+现场委员会+教师、专家及协调员。

---

① Barry Lord ed., *The Manual of Museum Learning*, Lanham, MD: AltaMira Press, 2007, p.91.

比如，在圣迭戈儿童博物馆小学，其管理委员会主要由博物馆执行馆长、一位家长（由现场校委会推选）、学校校长和2名教师代表组成，家长和教师代表任期一年。该委员会至少每季度召开一次会议。现场委员会则负责学校的日常管理，由家长、主任教师、普通教师和社区人员组成，并向管理委员会和全体员工提出建议。该委员会每月召开一次会议，讨论学生学习成效、学校活动、财务、特殊活动，或被提议的其他问题。学校邀请所有家长参加，在必要时则组成家长领导的委员会，以有效执行校委会的决定。此外，就教师资格而言，对于专业知识较强的课程，博物馆向教师提供培训。当然，教师必须持有教师资格证书。但对于选修课程而言，则可聘任各行业专家或艺术家提供体验课程。

综上所述，美国博物馆学校是馆校合作深入的产物，大大提升了对博物馆资源的利用效率，降低了社会教育成本。它与普通学校相比有着自己的运行特点和优势，不仅是对馆校这两种文教机构的实体性整合，更是双方适应时代发展做出的反应。其对新教学方式的探究和应用，走在当今美国教育改革的前沿。本书附录三呈现了目前主要的美国博物馆学校名录（按所在州的首字母顺序排列）。

案例

田纳西州诺玛公园博物馆磁石学校（Normal Park Museum Magnet School）的城市旅行日志实践[①]

诺玛公园博物馆学校是一所小学，它以重视体验学习著称。每星期，它都会组织学生到城市的某个场所考察，包括博物馆、农场、政府部门、企业公司，每个孩子还要制作名为"跟我漫游田纳西"的城市旅行日志。这也是学校特色的彰显，具体如下：

● 所有科目的课本都由学生自制

从入学第一天起，学生就要参与一个特别项目——制作城市旅行日志。并且，这并不是常见的旅行日记，交一篇小作文就能搞定，而是语文、数学、社会、科学四个科目的课本。也即，通过城市考察，自制学习课本！

四个科目每学年各做一本。如果孩子从一年级入读，到八年级毕业，就会亲手制作出8套城市旅行日志，很多家庭还专门在家里陈列这些课本。

[①] 《一所美国小学的意外走红：所有学科的课本都由学生自制》，少年商学院。

其实，这也是真正把旅行变成一种教育的"实操"做法，如果教师、家长能帮助孩子培养起这个习惯，不仅是对其探索能力、主题式学习能力的极大锻炼，更能让他们感受到学习的乐趣，收获满满的成长回忆。

● 用提问引爆孩子对城市的好奇心

在诺玛公园博物馆学校，每个科目的教师都会为孩子准备好一份厚厚的大开本空白日志本，下发时即提出和本学科相关的3—4个开放性问题，后面的课程即围绕这些问题展开，其中包含了学生必须掌握的知识点等。

典型的问题如：你所居住的环境怎样影响了生活？城市的构建如何影响了人的行为方式？……孩子们再根据这些问题，延伸出更具体的问题，记录下来，置于目录页。通过这些问题，他们会发现知识与知识之间的联系。

那么作为家长，我们如何设置问题呢？教师的常用方法值得借鉴——"我猜一猜"。你们可以先确定与学科相关的几大问题，然后让孩子说一说"我想知道……"再上网查阅更多背景资料。他们的好奇心会驱使你们找出更多亟待解决的问题。唯有这样，才能确保日志里的所有内容都是孩子希望解决的。

● 家长当好孩子的假期导师，从适度放权开始

确定要解决的问题清单后，你们就可以出发了。诺玛公园博物馆学校的做法是，学生一般先上网查询资料，再实地采访，拍摄论证等。所有材料都需他们整理到旅行日志里，因此日志中会包括：图片、作文、时间表、榜单、词汇、图画、地图、文章……孩子可能会需要协助，但请确保所有内容的选择和编排权皆归属他们。

家长需要做的，就是当一名导师。包括检查所有页面是否齐全，是不是问题清单上的所有提问都获得了让人信服的解答。如果没有，就标红。你们甚至可以学诺玛公园博物馆学校的导师给孩子打分。每本旅行日志的最后都有一个表，对应了每个问题，并附有学生自我打分栏和教师打分栏。这可帮助大家追踪孩子一系列作业的完成度，同时通过评价也能指导其发现自己的问题。

此外，设计封面也是非常好的提炼过程。《我的××城市旅行日志》最大特点是什么呢？每个人都有自己的理解。每学期末，学校还会举行旅行日志展示夜。

● 培养孩子的主人翁精神

诺玛公园博物馆学校一直坚持让学生创造课本，因为这是其独一无二

的学习记录与心得,相当于一本书。这促使他们变得更有主人翁精神,把学习作为自己的事。

就像三年级学生芬恩说的,"旅行游记做起来非常有趣,因为你所学的将得到最充分的展现"。而它的最特别之处,在于成为大家宝贵的财富。大部分学生的作品都会被陈列在家中书架上,家长说那是睡前阅读的好材料,以重温回忆。当然,最难的在于开始,所以无论是教师还是家长,都请帮助孩子培养起这样的习惯,他们将受益无穷。

图4 诺玛公园博物馆磁石学校的学生城市旅行日志
资料来源:《一所美国小学的意外走红:所有学科的课本都由学生自制》,少年商学院。

(二) 英国"试水"博物馆小学①

2016年初,英国伦敦国王学院发起了一项试验——"我的小学在博物馆",致力于将小学课堂搬进博物馆,按照国家课程大纲在馆内为学生组织长时间教学。而英国该举的背景是:一方面,近年来学校场地严重不足,同时社会希望中小学能为青少年、儿童提供更创新、灵活、参与性强的教育。另一方面,经济压力下的博物馆一直希望培育忠实、多元化的观众群体。伦敦国王学院经过可行性报告论证后,携手教育、文化、商业、学术机构,发起了这一项目,以探讨博物馆与中小学教育的深度结合能否产生良好的社会效应。

以往,英国学龄儿童在校期间共有2—3次由学校组织的博物馆参观,但这种活动模式并不能充分展现和利用场馆的丰富藏品。专业人士呼吁教

---

① 湖南省博物馆编译:《英国伦敦国王学院试验博物馆小学》,湖南省博物馆网站,2017年2月23日。

育、文化和旅游部门建立更紧密的合作,指出每个儿童都有权参与文化学习,而这与项目理念不谋而合。过去,英国也有许多馆校合作案例,但该项目是首次将学校课程长时间设置在博物馆中,意义尤为不同。

为了实践这一理念,伦敦国王学院的文化学院携手社会、教育与传播学院学者海瑟·金(Heather King)和珍妮弗·德维特(Jennifer Dewitt)、建筑师温迪·詹姆斯(Wendy James),以及遗产咨询公司的凯特·梅吉尔斯(Kate Measures),组成了一个创新团队。他们挑选了3座学校,分别与当地3座博物馆合作,包括位于斯旺西的国家海滨博物馆(National Waterfront Museum)、利物浦泰特美术馆(Tate Liverpool)和位于南希尔德的阿博伊亚罗马要塞博物馆(Arbeia Roman Fort & Museum, South Shields)。来自2所小学的2个班级和1所幼儿园分别在博物馆、美术馆完成了2周至1个学期的课程,所有课程均需传授国家课程大纲和早期基础教育阶段规定的知识与技能。

试验结果显示,学校与博物馆合为一体的模式可以发挥巨大潜力,儿童、教师、博物馆工作人员、家长皆从中获益。首先,孩子非常适应新环境,顺利程度超出预期。通过在以成年人为主的公共文化环境中长期学习,许多儿童变得更自信,交际能力得到提高。同时,他们也很享受这种体验,博物馆、美术馆藏品的浸入式学习让他们对本地文化机构产生了浓厚兴趣。其次,博物馆、美术馆对接受正规教育的小观众们有了更深入了解,这促使其开发更符合实际的项目,并为特定年龄群打造有针对性的活动。再者,学校、教师对课外资源与空间的利用更得心应手,教师基于馆方丰富的藏品和轻松的学习环境,以更创新的方式教授课程大纲。最后,学校、博物馆与家长也因此建立了更深厚的感情。

当然,该试验项目也遭遇过困难。比如,将正常的学校时间表应用于博物馆,使得馆方后勤服务变得更复杂,有时其空间和设备不得不被其他用途占据。并且,项目刚开始时,馆校对彼此的需求缺乏理解,相互间的交流也不够默契。

总的说来,尽管博物馆小学在英国仅是"试水"阶段,但该项目带来了巨大机遇,促使教育、文化和旅游部门携手为培育更多适应性更强、更具文化素养的青少年、儿童而努力。伦敦国王学院的文化学院院长凯瑟琳·邦德(Katherine Bond)认为:"项目成果可推动两个行业建立更紧密的合作关系,可在不远的将来为所有儿童提供长期博物馆课程,甚至是建立一所博物馆学校。"

第四章

我国博物馆与中小学教育结合的历史、现状以及对策和路径选择

我国博物馆与中小学教育结合在教育领域,于中小学而言,属于校外教育板块。鉴于此,在探讨博物馆与中小学教育结合之前,本章将循着历史主义与现实主义结合的原则,先系统梳理我国校外教育的发展阶段及功能定位流变,以引出下文的"协同"转向选择。在此框架下,笔者聚焦博物馆与中小学教育结合的历史、现状以及其中的问题、相应的原因,并据此导向本研究的主题——我国博物馆与中小学教育结合的制度设计。

希望我们能从回望过往校外教育、博物馆与中小学教育结合事业的实践中不忘初心、牢记使命,把握曾经走过的道路,以规划好当下及未来的发展愿景和路径选择。并且,我们致力于创造"一切都不曾重复,一切都独一无二"的模式,走内生式发展之路,强调立足本土文化和自身基础,倾心而作,倾力而为。

第一节 我国校外教育事业发展综述

进入 21 世纪,我国各市、县几乎都有了至少一座综合性校外教育场所,并渐趋形成一张庞大的网络,校外教育在满足社会教育需求方面扮演了越来越重要的角色。但由于对"功能定位"这一前提性问题缺乏科学、清晰的认识,不少机构在这一过程中出现了迎合市场、各自为政、消极发展(等政策、靠市场、要援助)等问题,丰富的资源难以得到充分利用,甚至滑向教育系统的边缘,可持续发展面临挑战。

因此,本节将首先回答现代校外教育的功能定位及其学理依据,事实上这也是当前我国相关实践和理论研究亟待确证的。另外,近年来党中央、国务院高度重视校外教育,对于该事业截至"十二五""十三五"的进展,以及对"十三

五""十四五"的展望等,也将一并叙述。当然,我国校外教育近七十年的发展,故事很多,所以笔者在综述部分将历程高度浓缩了。但当把这些故事按七十年的足迹、用功能定位流变的逻辑串联时,居然形成了一串"项链"。此外,上海市校外教育发展是全国当仁不让的先锋案例,也在此一并分享。

一、我国校外教育的功能定位流变

在历史唯物主义者看来,校外教育的功能定位并非一成不变的。鉴于此,生产力发展水平、国家方针政策、社会需求、学校教育系统变革与校外教育功能定位之间的互动关系是本研究的基本假设,也是刻画校外教育发展阶段、探求其功能定位嬗变的逻辑基础①。

事实上,自新中国成立以来,我国校外教育经历了萌芽期、初创期、破坏与恢复期、发展期、转型期几个阶段,同时不同阶段其功能定位受历史逻辑的驱策而嬗变。并且,由"延伸""补充""并举"到"协同"转向,自有其内在必然性,如下表所示。

表 2 我国校外教育功能定位的历史嬗变

发展阶段	功能定位	基 本 内 涵
萌芽期: 1949—1956 年	延伸	是学校在校外时空的"延伸",辅助学校缓解儿童滞留带来的社会问题
初创期: 1956—1966 年	补充	作为学校教育的"补充",配合学校进一步深化、拓展儿童经验与知识学习
破坏期: 1966—1976 年	异化	被视作反教育的意识形态工具,培养"小闯将"
恢复期: 1976—1982 年	补充	重新明确校外教育作为学校教育"补充"的基本发展思路
发展期: 1982—1999 年	并举	突出育人功能,与学校教育"并举",弥补学校教育应试化的不足
转型期: 2000 年至今	协同	坚持儿童本位,与学校教育作为基础教育的"一体两翼",协同促进儿童全面、个性发展

资料来源:刘登珲:《我国校外教育功能定位流变及其现代转向》,《湖南师范大学教育科学学报》2016 年第 5 期,第 117 页。

---

① 刘登珲:《我国校外教育功能定位流变及其现代转向》,《湖南师范大学教育科学学报》2016 年第 5 期,第 114 页。

(一)萌芽期：校外教育作为学校的"延伸"，本质功能尚未分化[1]

1949—1956年间，新中国百废待举、百业待兴。当时孱弱的生产力难以支撑人民群众的受教育需求，为缓解这一矛盾，全国大力推行"二部制"（即学校分两个时段交替让学生上课，学生半天学习、半天放假）[2]学校教育形式。而没有实行"二部制"的学校，也实行"净校"政策，上完课即把学生全部赶出校门。在此背景下，为解决儿童放学后无处可去而滋生是非的社会问题，我国借鉴苏联少先宫的经验[3]，提出了建设儿童校外教育机构的思路。所以，中国的校外教育起步于此时。1952年以后，各大城市陆续建成了少年宫、少年活动之家等青少年校外活动场所[4]。

鉴于彼时校外教育机构普遍规模小、数量少、质量不高、管理制度不完善，且以师习苏联为主、缺乏自主建设经验，我们称这一时期为校外教育的萌芽期。即便作为一种有别于学校的独特形态，校外教育仍然依附、辅助于学校，以学校为轴心开展活动，因此自身的教育属性不明朗，同时课程设置随意，师资队伍薄弱，教学方式、管理形式松散。此外，校外教育的功能也尚未从社会服务的范畴中分化，因此其内在、本质的教育性没有得到应有的重视，其潜能被低估。随着国民经济的恢复，校外教育力量的壮大，这一定位的内在矛盾日益暴露。

(二)初创期：校外教育被视为学校的"补充"，教育功能得以确证[5]

1956—1966年间，我国初步进入了依照教育自身规律发展的轨道，"二部制"学校陆续取消，广大青少年、儿童获得了更充分的学校教育机会。同时，校外教育进一步发展，不仅摆脱了苏联模式的束缚，注重结合国情实事求是地开展自主探索，而且机构数量增加、规模扩大、规范化、法制化得到了加强，因此可以把这一时期称为我国校外教育事业的初创期。

1957年共青团中央、教育部联合颁布的《关于少年宫和少年之家工作

---

[1] 刘登珲：《我国校外教育功能定位流变及其现代转向》，《湖南师范大学教育科学学报》2016年第5期，第114—115页。
[2] "'二部制即学校分两个时段交替让学生上课，学生半天学习、半天放假的教学形式，在物质条件匮乏的条件下满足了更多入学儿童的受教育需求。"见刘登珲：《我国校外教育功能定位流变及其现代转向》，《湖南师范大学教育科学学报》2016年第5期，第119页。
[3] 许德馨：《少年宫教育史》，海南出版社1999年版，第16页。
[4] 吴鲁平、彭冲：《中国青少年校外教育政策研究——一种文本内容分析》，《中国青年研究》2010年第12期，第30页。
[5] 刘登珲：《我国校外教育功能定位流变及其现代转向》，《湖南师范大学教育科学学报》2016年第5期，第115页。

的几项规定》是我国第一份校外教育的专门文件,提供了规范化、法制化保障①。该文件提出:校外教育机构"要根据少年儿童的年龄特点和兴趣爱好去组织活动,以他们在学校中获得的基本知识和已有的生活经验为基础,但不要局限于学校课程范围和教学大纲的限制,而应当予以加深和扩大"。这标志着机构功能从"延伸"到"补充"的转变,也表明我国开始自觉运用校外教育的内在规律指导建设。

从延伸到补充的功能定位转变,促使校外教育机构的教育性得以确证,是我国自主探索发展规律的成果。但作为补充的校外教育依然围绕学校教育展开,目的在于深化、巩固、拓展学校学习并进一步为其做准备,分担其压力。校外教育仍旧处于从属地位,独特性与自主性并未得到应有重视,同时迫切需要从随意性、托管性的社会辅助功能转移到育人功能上来,突破社会服务的边界。

值得一提的是,《校外教育的概念和理念》一文提及:"在20世纪80年代中期前,不少学者认为,校外教育是学校教育的延伸和补充。包括是学校时间与空间的延伸;是内容的进一步拓展;是学校个性化教学和因材施教的补充和延伸。这导致许多校外教育机构开始效仿学校的育人模式,于是自身的独特性在效仿中变得模糊不清。"②

随着人民教育需求从普遍均衡到质量提升的进步,尤其是基础教育阶段学校教育普及性、学科性带来的压抑兴趣、个性、无法照顾个别学生需求等问题的出现,校外教育被寄予了更高的社会期望,而补充的功能定位恰恰限制了其潜能。此外,补充意味着学校教育的重复建设,虽然在短时期内分担了学校入学压力,但并不利于国家教育资源的优化配置,影响了国民教育系统整体功能的发挥。

(三) 破坏与恢复期:校外教育功能异化与复归③

1966—1976年间,在"文化大革命"的冲击下,校外教育被否定、破坏,成为"十年动乱"的重灾区。包括经验被否定,场地被占领,设备遭破坏,培养目标被错误地定位为"培养头上长角、身上长刺的小闯将"④。我国校外教

---

① 刘登珲:《我国校外教育功能定位流变及其现代转向》,《湖南师范大学教育科学学报》2016年第5期,第119页。
② 康丽颖:《校外教育的概念和理念》,《河北师范大学学报》2002年第3期,第26页。
③ 刘登珲:《我国校外教育功能定位流变及其现代转向》,《湖南师范大学教育科学学报》2016年第5期,第115—116页。
④ 许德馨:《少年宫教育史》,第57页。

育自主探索的道路被阻断,功能异化,发展停滞近十年。

但1980年颁布的《关于切实解决青少年文化活动场所的意见》标志着校外教育恢复工作的正式启动,并要求退还场馆。此外,1979年召开的第六次全国少先队会议提出了校外教育"三个面向"的基本主张,即面向全体儿童、面向学校、面向少年队,重新确立了校外教育配合学校教育以培养社会主义建设者和接班人的工作思路,这标志着我国校外教育作为学校教育补充的功能定位被再一次明确。

(四) 发展期:突出育人功能,与学校"并举"而渐趋疏离[①]

1982—1999年的十多年是我国校外教育事业的蓬勃发展期。随着生活水平不断提高,越来越多的人希望获得更丰富、多元、个性化的文教服务,校外教育因此迎来新契机。包括机构数量、规模进一步扩大,1987年全国各类场所达到8 000多座,90年代末则有了近万所青少年校外教育机构,并且层次衔接、区域搭配的全国性网络初步形成。1988年成立了中国青少年宫协会[②]。1989年第一所综合性校外教育研究协会——中国教育学会少年儿童校外教育研究会成立,标志着我国校外教育从经验性、随意性探索进入了理性研究阶段。由于该时期各项管理体制渐趋成熟,且在全国建立了覆盖省、市、县的网络,因此把这一阶段称为校外教育的发展期。

进入发展期,相关机构的主体意识开始觉醒,希望建设有别于学校、符合自身发展规律、体现独特性的新模式。1989年我国第一本校外教育专著《校外教育学》问世,对相关理论与实践做了初步概括,进一步推动了该事业的独立化进程。1985年中共中央《关于教育体制改革的决定》提出了学校教育与校外教育"并举"的发展方针,此后的政策文件中几乎不再出现"延伸""补充""辅助""配合"等表征从属关系的词语,这标志着校外教育功能步入了与学校教育并举的轨道。

并举的定位既适应了校外教育快速发展的需求,又有利于优化国家教育资源配置,避免重复建设(把校外教育机构建成第二个学校),此外也分担了应试教育压力,满足了社会的个性、特色化文教需求。但并举的功能定位在确立校外教育主体地位的同时,并未解决校内外教育协作的问题,其实是

---

① 刘登珲:《我国校外教育功能定位流变及其现代转向》,《湖南师范大学教育科学学报》2016年第5期,第116页。
② 吴鲁平、彭冲:《中国青少年校外教育政策研究——一种文本内容分析》,《中国青年研究》2010年第12期,第30页。

各干各的。这种二元论思想导致校外教育虽回避了学校化而独善其身,却使自身陷入相对封闭的状态而不能"兼济天下",包括脱离了大教育系统,与学校教育渐趋疏离。随着学校变革的逐步推进、社会可替代性教育力量的不断涌现以及民众对校外教育优质、规范、高效需求的提高,并举立场的不足也日益暴露。

事实上,《校外教育的概念和理念》一文也提及,80年代中期前,相当多的学者认为校外教育是学校教育的延伸和补充。之后,一些学者开始转变观念,认为现代校外教育和学校教育具有双重互补性,包括资源互补、理论与实践互补、学科教学与活动教学互补、知识教学与技能培养互补、共性化与个性化互补。"互补论"既是认识深化的反映,又导致新问题的产生,包括一些学校一度出现"校内全面发展、校外个性发展"的现象。进入90年代后,不少学者从校外教育与学校教育并重发展的角度,对两者关系进行了重新界定。他们认为,校外教育更能全面体现学习化社会和信息时代的需求,更注重人的价值的实现和主体性发展[①]。

(五)转型期:校外教育功能定位的"协同"转向[②]

1999年,《中共中央国务院关于深化教育改革,全面推进素质教育的决定》出台,标志着我国迈入素质教育改革的新时代,并且"促进每个青少年、儿童的全面发展"成为新世纪教育发展的根本目标。在此形势下,学校教育逐渐改变应试、单一的课程结构,构建了多元满足学生个性发展的素质教育课程体系。2001年,《基础教育课程改革纲要(试行)》下发,标志着我国基础教育阶段全面推行素质教育的开始。而学校课程变革对校外教育也产生了深刻影响,以往只在校外、课外领域出现的活动课程被纳入学校正规课程。外加社会上各种替代性教育形态竞相涌现,校外教育的传统优势在丧失。此外,生产力和人民生活水平提高以及义务教育普及,刺激了更多校外教育消费。据统计,义务教育阶段我国家庭教育负担主要来自校外教育,2007—2011年间家庭教育支出总体下降,但校外教育支出(校外教育支出/家庭教育总支出)持续上升[③]。可以说,校外教育步入了大众消费时代。并且,以上一系列因素都导向其功能定位由学校教育的"延伸"、"补充"、与之

---

① 康丽颖:《校外教育的概念和理念》,《河北师范大学学报》2002年第3期,第26页。
② 刘登珲:《我国校外教育功能定位流变及其现代转向》,《湖南师范大学教育科学学报》2016年第5期,第116—118页。
③ 迟巍、吴斌珍、钱晓烨、梁琦:《我国城镇家庭教育支出研究》,清华大学出版社2013年版,第49页。

"并举"再到"协同"的转变。

而与校外教育大众化相伴相生的,是博物馆等机构不仅需要量的扩充,而且理应发挥质的示范性,尤其是在办学主体多元化、质量参差不齐的背景下,公办校外教育机构如国有博物馆等发挥引领作用是其不可推卸的责任。

1."协同"的内涵及理论依据

"协"代表协调,"同"代表方向、目标一致。因此,"协同"指的是人的行为或事物的构成要素相互影响并一致发展,在此指代校外教育与学校教育相互促进,共同为青少年和儿童的全面、个性、终身发展而努力。

一方面,校内外教育走向协同体现了系统论的要求。在系统论看来,系统由若干相互协调、促进的子系统构成,其整体功能的发挥在于子系统健康发展及良性协作、互动。而校内外教育作为构成基础教育体系的两个子系统,在不同时空下利用自身独特优势发挥作用,不存在高低、尊卑之分,利用一方控制另一方或厚此薄彼必然对整个系统带来不良影响。而满足于各做各的则显然是系统动力机制衰退的表现。这些都要求打破价值优先的特权和各自为政的实践惰性,走向协作。

另一方面,校内外教育协同发展坚持了人本主义的基本立场,回归人的本位正是协同的根本价值指向。长期以来,我国在校外教育功能定位问题上忽视了受众的声音,从延伸到并举秉持的是机构本位立场,分别反映了学校意志延伸以及校外教育独立的博弈。在人本主义看来,校外教育终究不是"学校做什么就做什么"(延伸与补充)、"学校做什么就不做什么"(并举),而是"什么有利于中小学生的发展就做什么"(协同)。毕竟,并举立场的对立面是割裂受众学习与生活的健全和完整性、将其一分为二的思维,即认为学校负责学习、校外负责活动。然而,没有活动配合的学习是机械的,没有学习支持的活动亦是盲目的。

2."协同"对"延伸""补充""并举"的超越

协同的功能定位既为我国校外教育发展划定了边界、明确了身份,又规范了校内外教育的关系,可谓时势所需。一方面,长期以来,校外教育在基础教育系统中边界不清、身份模糊,始终难以摆脱边缘化窘境,包括被视为学校教育的延伸与补充,与其并举等。前者其实是默认了学校教育的优先性,放弃了校外教育的独立性和独特性,自然导致其价值旁落;而后者在明确校外教育主体地位的同时,并未阐明校内外的协作关系,造成校外教育逐渐疏离大教育系统而迷失在市场的追逐中。

另一方面,校外、校内教育长时间来几乎处于各自为政的"两张皮"状态,包括校外丰富的课程资源、活动形式得不到开发利用,学校先进的管理理念、教学创新得不到吸收借鉴。而在协同视域下,两者构成了基础教育的"一体两翼"。其中,素质教育为"一体",校内外教育为"两翼",而不是谁取代谁、谁主谁次。因此,协同不仅明确了校外教育的主体性,还打破了封闭状态,确立了它在素质教育、基础教育中的地位与价值,为其可持续发展奠定了基石。

二、"十二五""十三五"以来我国校外教育发展概况

2015年11月13日,"全国校外教育工作暨示范性综合实践基地建设推进会"在山东省临沂市召开。2016年12月23日,"全国校外教育经验交流暨研学旅行工作部署会"在江苏省镇江市召开。2015年6月29日,"全国中小学综合实践基地建设现场会"在山东省荣成市召开。2016年4月16日,"中国教育学会少年儿童校外教育分会年会"在江苏省妇女儿童活动中心奥体分部开幕。2017年1月8—11日,该分会"2016年度工作总结会议暨校外教育优秀成果展示交流会"在深圳举办。2016年8月24—26日,第四届全国未成年人校外教育兴趣小组活动"新理念、新模式"研讨活动①在西安举行。2016年10月19日,"'责任与未来'——校外教育均衡发展主题论坛"在中国福利会少年宫举行。这些中央层级的会议、论坛都与我国校外教育事业发展休戚相关,旨在充分发挥各级各类机构的示范引领作用,探讨符合现代教育规律的校外教育均衡发展模式。

可以说,"十二五""十三五"以来,我国各级各地教育部门和单位坚持落实立德树人的根本任务,在校外教育场所建设、活动开展、队伍培养、机制完善等方面都取得了积极进展,以努力实现校内外教育协同育人。具体如下。

(一)投入稳中有进,阵地和活动越来越多②

近年来,中央财政一直利用中央专项彩票公益金支持校外活动场所建

---

① "全国未成年人校外教育兴趣小组活动'新理念、新模式'研讨活动是由中国儿童中心于2010年正式启动,每两年举办一次,研讨活动主要面向校外一线教师和管理者,探讨国际国内教育发展新趋势和政策走向,分享在教学、活动和管理方面的新理念、新模式。"见王振民编:《中国校外教育工作年鉴(2016—2017)》,第141页。

② 唐琪:《让校外教育发挥更大育人作用——"十二五"以来全国校外教育事业综述》,《中国教育报》2017年3月21日,第1版。

设、公益性活动补助、师资培训等。比如,自2011年开始,我国利用中央专项彩票公益金45亿元,分3个批次支持建设了149个中小学示范性综合实践基地。在此背景下,"十二五"期间已初步形成了国家、省、市、区县、乡镇街道五级校外活动场所网络,缩小了区域、城乡之间的差距。截至"十二五"末,全国教育系统所属的(区)县级及以上校外活动场所已达3 000个。

此外,教育系统还与其他部门共建乡村学校少年宫和乡村校外活动站34 533个,丰富了场馆类别。鉴于教育部不断加强与其他部委和行业主管部门的配合,我国校外教育的"领地"越来越广,建立、命名具有行业特色的中小学社会实践基地608个,覆盖了红色文化教育、节粮、节水、禁毒、环境保护等主题和内容。此外,教育部还推动开展劳动教育、影视教育、家庭教育,在全国建立了10个劳动教育实验区、12个研学旅行实验区、10个影视教育实验区、10个家庭教育实验区。

除了硬件建设,我国各级各地教育部门和单位、校外活动场所也不断夯实"软件",包括立足"教育性"、突出"实践性"、渗透"趣味性"、体现"服务性"、确保"安全性",为中小学生创造了丰富多彩的活动载体。仅2015年,教育系统所属校外活动场所就开展各类活动15万余项,参与的学生达8 000余万人次。综合实践基地开发各类活动课程1 000余项,涉及爱国教育、国防军事、科普创新、生命安全、素质拓展等众多门类。此外,在全国开展了"神舟十号航天员太空授课""圆梦蒲公英""少年传承中华传统美德""全国中小学生电影周"等影响力大的项目。并且,不断拓展服务空间,通过研学旅行、营地教育等,探索解决学生"三点半"放学后看护、服务留守儿童等社会热点问题,努力满足民众愿望①。

当然,"十二五"期间,我国青少年学生校外活动场所仍然存在数量少、档次低、投入不足、管理不规范、甚至被挤占、挪用等现象。场所建设和管理工作无论在资金投入还是管理上都亟待加强②。因此,"十三五"期间,教育部将继续利用中央专项彩票公益金发展校外教育事业,包括投入46亿元用于"校外活动保障和能力提升项目"与"研学旅行营地建设项目"。

(二) 体制机制越来越活

2001年,教育部联合中央其他29个部门成立了全国青少年校外教育

---

① 《坚持创新、协调、绿色、开放 共享推动校外教育事业再上新台阶——全国校外教育事业暨示范性综合实践基地建设推进会议召开》,教育部网站,2015年11月13日。
② 《关于印发〈2000年—2005年全国青少年学生校外活动场所建设与发展规划〉的通知》(校外联函〔2002〕2号)。

事业联席会议,以宏观指导国家校外教育事业,该联席会议办公室设在教育部。同时,各地也相应建立各级制度。比如,上海市于2001年成立了上海市青少年学生校外活动联席会议,办公室设在上海市教育委员会。

"十二五""十三五"期间,我国各地出台了一系列管理制度文件,初步建立了务实有效的校外教育事业机制。例如,北京市于2011年由市教育委员会、市政府教育督导室研究制定了《北京市区县校外教育工作督导评价方案(试行)》(京教督〔2011〕3号),推动建设"一个联席会议办公室、两个工作专题会议、三个工作资源库",形成校外教育管理网络化格局;重庆市为加强顶层设计,市教委先后印发了《关于深入推进中小学社会实践教育的通知》(渝教基发〔2016〕33号)、《重庆市中小学社会实践教育基地建设指南的通知》(渝教基发〔2019〕9号)等文件,并明确了全市各部门的责任,完善了管理体制;2016年7月8日,浙江省发展和改革委员会、浙江团省委下发了《浙江省未成年人校外活动场所建设与发展"十三五"规划》,这是列入省级"十三五"专项规划编制目录的专项规划,也是全国第一个针对校外教育发展制定的"十三五"规划[①];江苏省则与天津市联合发起"津苏校外教育论坛",并与广东省共同发起"苏粤校外实践教育论坛",每两年举行一次长三角校外教师的教学基本功展示与交流活动,加强省际成果分享,在建立完善区域协同发展机制方面探索新路子[②]。

值得一提的是,早在2007年8月28日,陕西省就在2007年5月的全国政协委员联名提案《建议将博物馆纳入国民教育体系》后,率先颁布并实施了《陕西省教育厅、陕西省文物局关于将博物馆教育纳入国民教育体系的实施意见》(陕教德[2007]11号)。根据该政策,陕西将全省文物系统博物馆资源与教育部门实现共享,将场馆教育列入教学计划,渗透在日常学科教学活动中。包括分期、分批组织安排中小学生到博物馆进行综合实践活动,将场馆作为教学实习基地,丰富校外教育形式。同时,陕西教育行政部门和中小学还将在地方教材和校本教材编写过程中增加博物馆教育和当地历史文化知识的内容。

此外,2014年9月北京市教育委员会推出了"四个一"校外教育工程,即要求中小学生在校期间必须参观一次国家博物馆、首都博物馆、中国人民

---

① 王振民编:《中国校外教育工作年鉴(2016—2017)》,第147页。
② 唐琪:《让校外教育发挥更大育人作用——"十二五"以来全国校外教育事业综述》,《中国教育报》2017年3月21日,第1版。

抗日战争纪念馆,以及参加一次天安门升旗活动。为此,北京市教委拨付专项资金,区县教委也成立了专门工作小组,以落实"四个一"工程。这保证了每一位中小学生都能进入博物馆学习,同时也是场馆走向学校的契机[①]。2015年5月30日,北京市教委还在全市校外教育机构开展了"培育一批创新项目、建设一批特色项目、发展一批精品项目"的"三个一"活动,致力于推动机构的供给侧改革,促进其内涵发展。该活动贯穿整个"十三五"时期,以教育教学活动项目改革为核心,以全市教科研力量为支撑,以全体校外教师参与为基础,大力促进首都校外教育现代化[②]。其实,北京市校外教育机构早在1952年即已诞生。发展至今,全市现已形成优质校外教育的三大支点,包括:课程系统化,符合儿童发展规律和育人目标;教学项目化,集合优质资源保障活动开展;评价标准统一化,以改良为导向促进项目优化[③]。

当然,就"十三五"期间我国大发展的研学旅行而言,湖北省省委、省政府对其高度重视,2015年成立了湖北省中小学研学旅行协调小组,成员单位包括省教育厅、省文化厅、省旅游委等在内的11个单位,以提供强有力的组织保证。湖北省校外教育管理研究会还编辑出版了《湖北省研学旅行工作简报》,旨在传达国家和湖北省最新精神,探讨研究推进中的新问题,分享新成果。2017年5月5日,湖北省中小学研学旅行协调小组在省教育厅召开成立后的第一次全体成员单位会议。同时,"湖北省中小学研学旅行试点启动工作会议暨第五届校外教育年会"于同年5月18—19日召开[④]。

值得注意的是,《中国校外教育工作年鉴》是全面反映我国校外教育现状及发展的大型工具书,自2001年开始编纂。该书得到了全国青少年校外教育事业联席会议办公室(以下简称"全国校外联办")的高度重视和支持。自2007年始,全国校外联办作为年鉴的指导单位,号召各省市青少年校外教育联席会议办公室和全国各级校外教育机构通力合作。

(三) 软硬件双管齐下的"蒲公英行动计划"

2014年,教育部专门就校外教育发展制定了"蒲公英行动计划",对场所建设、治理体系、科学研究、师资队伍等重大问题进行整体谋划。该计划从2014年实施至2017年,它通过"建、配、管、用、研、训、协、督、宣"九项措

[①] 黄琛:《中国博物馆教育十年思考与实践》,第98页。
[②] 王振民编:《中国校外教育工作年鉴(2016—2017)》,第268—269页。
[③] 周立奇、胡盼盼:《校外教育优质发展的三个支点》,《光明日报》2019年12月10日,第14版。
[④] 王振民编:《中国校外教育工作年鉴(2016—2017)》,第162页。

施(也即"九字诀")探索建立长效机制。其中,"九字诀"的含义具体如下:

●建:切实加强校外活动场所建设工作。计划建设30个示范性综合实践基地项目和3 600个乡村学校少年宫项目;同时对2011—2012年度批复立项的示范性综合实践基地项目建设情况开展专项督查;充分利用"中央专项彩票公益金支持未成年人校外活动保障和能力提升项目",做好校外活动场所活动补助、能力提升和人员培训工作。

●配:不断改善校外教育活动装备。在总结分析各地贯彻落实《示范性综合实践基地实践活动指南(试行)》的情况基础上,对《指南》进行修订完善。

●管:努力健全校外教育治理体系。视情召开"全国青少年校外教育事业联席会议",对当前校外教育发展形势进行总结分析,明确下一步工作目标,按照部门职责落实任务分工,规范联席会议办公室运作;指导各地建立健全青少年校外教育事业联席会议制度;启动《少年儿童校外教育机构工作规程》(教基〔1995〕14号)修订工作;指导各地做好校外活动场所安全保障工作。

●用:充分发挥校外教育服务功能。开展"圆梦蒲公英"暑期主题活动;充分挖掘图书馆、体育馆、美术室、实验室、操场等校内资源,整合青少年宫、科技馆、博物馆、美术馆等校外资源,做好中小学生课后服务工作。进一步扩大研学旅行试点,召开中小学生研学旅行试点工作研讨会。

●研:积极开展校外教育应用研究。组建校外教育专家指导委员会,就校外教育发展的重大问题提供政策咨询、理论指导等;根据校外活动场所的不同类型和校外教育的特点,确定课题指南,开展应用性研究。培育一批校外教育理论优秀成果,推出一批校外活动场所文化育人和实践育人的优秀项目和实践活动课程资源。

●训:着力提升校外教育师资水平。开展校外教育师资建设试点工作和2013年度示范性综合实践基地项目管理人员培训工作;利用"中央专项彩票公益金支持未成年人校外活动保障和能力提升项目"开展县级校外活动场所教师培训工作;开展东西部地区、城市与农村校外教师"手拉手"活动。

●协:大力推进社会资源协同配合。联合相关部委做好主题教育社会实践基地的建设、管理和使用工作;配合相关部门认真落实博物馆、美术馆、展览馆、图书馆等国家公共文化服务设施免费开放政策,开发适应中小学生需要的活动项目;指导农村中小学校、学生利用国家公共文化服务设施,如农家书屋、乡镇文化站(室)、科技活动站等资源开展校外、课外活动;组织十万科普专家进校园、百万志愿者开展各类校外服务活动。

● 督:认真落实校外教育督导评估。制定《校外活动场所公益性评估标准》,作为对校外活动场所公益性服务考核评价的依据。

● 宣:选择重大节点在主流媒体开设专栏、开展"蒲公英之花"系列专题报道,介绍校外教育的新成就、新进展。

(四)"十三五""十四五"展望

长期以来,我国校外教育事业与经济、社会、教育、人口等发展,未能很好地协调,整体底子比较薄、历史欠账多。再加上近年来愈发强调素质教育、核心素养等,实际的校外教育资源供给,尤其是普惠型、具有较高质量的资源供给与中小学渐增的需求之间形成了剪刀差。鉴于此,"十三五""十四五"期间,我国还将大力推进校外教育发展。具体如下:

其一,要建好管好校外场所。不只是加大建设力度,还要科学规划场所,规范管理运作,充分发挥其公共服务功能。其二,要全力统筹社会资源。利用好博物馆、美术馆、展览馆、图书馆、中小学主题教育社会实践基地、农家书屋、乡镇文化站(室)、科技活动站等社会资源开展校外、课外活动,促进其内涵发展。其三,要积极开展研学旅行。研学旅行是今后阶段校外教育的重要内容,各地需探索在收费、安全保障、教育模式等方面的突破。其四,要更重视劳动教育。以劳树德、以劳增智、以劳强体、以劳育美、以劳创新,促进学生德智体美劳全面发展。其五,要有效推动家庭教育。注重家庭、家教、家风,并形成家庭教育、学校教育、社会教育有机融合的综合育人体系。其六,要切实加强组织领导。从加强顶层设计、健全领导机制、强化督导检查、加强宣传引导四方面,以"蒲公英行动计划"为行动纲领,进一步理顺工作职能和管理体制,建立完善的评估、激励和问责机制,创新宣传方式,为校外教育事业发展营造良好氛围[①]。

此外,教育部还将编制《县级校外活动场所活动指南》和《综合实践基地课程指南》,以打造校外教育的研究平台和网络平台,为丰富和规范活动课程、提升服务范围和水平提供支持。同时,教育部还将进一步落实《教育部关于加强家庭教育工作的指导意见》(教基一〔2015〕10号)和《关于推进中

---

① 王振民编:《中国校外教育工作年鉴(2016—2017)》,第133页。

小学生研学旅行的意见》(教基一〔2016〕8号),做好家庭教育、影视教育、研学旅行实验区等工作①。

案例

上海市校外教育发展概览

● 大事记

2001年,在2000年《中共中央办公厅、国务院办公厅关于加强青少年学生活动场所建设和管理工作的通知》的背景下,上海市出台了《关于加强全市青少年学生活动场所建设和管理工作实施意见》,并要求"完善青少年学生校外教育事业的领导体制,建立市、区县两级活动场所目标管理责任制,创建市、区县、街道和乡镇三级示范性活动基地"。

同时,上海成立了上海市青少年学生校外活动联席会议(以下简称市校外联),以响应全国青少年校外教育事业联席会议,联席会议办公室设在上海市教育委员会(以下简称市教委)。其中,市校外联由市政府副秘书长牵头,由市文明办、市教委、市劳动保障局、市文广影视局、市体育局、市科委、市旅游委、市财政局、市计委、市建委、市规划局、市司法局、市综治办、市公安局、市工商局、市文管会、市民政局、市新闻出版局等部门和市总工会、团市委、市妇联、市科协、中福会等群众团体负责同志组成。同时,它定期开会,分析情况,研究问题,明确职责,协调学生活动场所的规划、建设、管理和督查工作。至此,上海市校外教育发展的领导体制已经建立,并同步设置了办公室,挂靠市教委,以负责日常事务。

2004—2005年,在2004年《中共中央 国务院关于进一步加强和改进未成年人思想道德建设的若干意见》的背景下,上海市于同年出台了《进一步加强和改进未成年人思想道德建设实施意见》《上海市普通中小学课程方案(试行稿)》。

2005年,在中央《中小学开展弘扬和培育民族精神教育实施纲要》的背景下,上海市教育卫生工作委员会、上海市教育委员会出台了《上海市学生民族精神教育指导纲要》和《上海市中小学生生命教育指导纲要》(以下简称"两纲"),以"两纲"为重点建立校外教育内容体系,对全市校外教育实施具

---

① 唐琪:《让校外教育发挥更大育人作用——"十二五"以来全国校外教育事业综述》,《中国教育报》2017年3月21日,第1版。

有引领性作用。

2008年,上海市校外教育协会于同年11月18日成立,它是由全市校外教育单位、中小学和公益性校外活动场所以及社会企事业单位自愿组成的专业性、非营利性社会团体法人。上海市校外教育协会搭建了政府与社会之间的联动通道,发挥了承上启下作用。

2009年,在2006年中央《关于进一步加强和改进未成年人校外活动场所建设和管理工作的意见》的基础上,上海市出台了《关于进一步加强全市未成年人校外教育事业的指导意见》(沪委办发〔2009〕4号)。

值得一提的是,上海市于同年首次发布了《上海市校外教育事业发展规划(2009—2020年)(试行)》以及与之配套的"上海市校外教育工作三年行动计划"。其中,首轮为《上海市校外教育工作三年行动计划(2009—2011年)(试行)》。

2010年,根据《国家中长期教育改革和发展规划纲要(2010—2020年)》,上海市制定了《上海市中长期教育改革和发展规划纲要(2010—2020年)》,并在"重点发展项目"中提出"学生实践和创新基地建设工程。统筹布局全市青少年实践活动基地,充分开发整合全社会育人资源,为学生提供便捷、多样、优质的德育实践和创新活动资源"。

此外,同年的上海市《关于进一步落实中小学生社会实践工作的若干意见》《上海市中小学课程改革利用社会教育资源实施方案(试行)》,开始将全市中小学课程改革利用社会教育资源、落实社会实践工作之间进行了连接。值得注意的是,"文号"从"沪教委德"到"沪教委基"的转变,意味着博物馆作为校外教育(归口"德育"管理)机构,在政策上离中小学基础教育又近了一大步。

2011年,伴随《上海市中小学生学业质量绿色指标(试行)》的出台,上海市致力于建立"标准—检测—分析—改进"的教学良性循环,引导全社会树立正确的教育质量观。

2013年,随着第二轮校外教育三年行动计划——《上海市校外教育三年行动计划(2013—2015年)》的出台,上海着重推进"校内外教育实践共同体"机制建设。

值得一提的是,同年出台的首轮《上海市文教结合工作三年行动计划(2013—2015)》(沪教委办〔2013〕67号),致力于促进全市文化、教育事业的紧密合作、深度融合和协同发展,并直接惠及在文化和教育领域的博物馆与中小学教育的结合。并且,上海市于2014年初成立了上海市文教结合事业协调小组,该协调小组下设办公室,同样挂靠市教委,以负责日常事务。

2014年,《国务院关于深化考试招生制度改革的实施意见》(国发〔2014〕35号)明确选定上海市和浙江省作为率先实施高考改革的试点地区。同年9月,《上海市深化高等学校考试招生综合改革实施方案》出台。11月,《上海市教育综合改革方案(2014—2020年)》印发。之后上海市还专门编制了实施方案,系统设计、综合推进素质教育6项重点工作,涵盖了德育一体化、义务教育高位均衡发展、高中特色多样化发展、基础教育课程教学体系、基础教育学业质量"绿色指标"评价改革、教育国际化和信息化[①]。

此外,在2014年《教育部关于加强和改进普通高中学生综合素质评价的意见》(教基二〔2014〕11号)的基础上,上海市于2015年出台了《上海市普通高中学生综合素质评价实施办法(试行)》,并于此前在2014年3月发布了《上海市教育委员会等五部门关于做好全市中小学生利用电子学生证在社会场馆开展综合实践学习活动的通知》(沪教委基〔2014〕17号)。同时,根据《关于开展〈上海市校外教育活动场所带头人工作室建设〉的通知》(沪校外联办函〔2014〕14号),市校外联办于2014年11月确定了上海博物馆郭青生等4家单位的主持人[②]。2015年4月,开启了首轮"上海市非教育系统校外教育带头人工作室"招生工作。

2015年,继2月的《关于遴选上海市普通高中学生社会实践首批推荐场所的通知》后,《关于做好上海市普通高中学生社会实践(志愿服务)组织记录操作办法》于4月出台,并规定"高中学生综合素质评价的学生社会实践主要记录内容包括学生军训、农村社会实践、志愿服务(公益劳动)、社会文化活动、社会考察(调查)等。高中阶段学生参加社会实践活动的时间不少于90天,其中志愿者活动不少于60学时"。

可以说,2014—2015年的《上海市深化高等学校考试招生综合改革实施方案》(文号为"沪府发")、《上海市普通高中学生综合素质评价实施办法(试行)》(文号为"沪教委基")等,直接将高中生的博物馆社会实践(志愿服务)与高考的"考试评价"、高校的"招生选拔"进行了连接,这是质的飞跃。

2016年,为贯彻落实《教育部关于印发〈学生志愿服务管理暂行办法〉

---

① 柴葳:《国家教育咨询委员会赴上海和江苏无锡调研现实:德育体育促进素质教育》,《中国教育报》2015年10月9日,第1版。

② 带头人为:上海博物馆郭青生、上海公安博物馆汪志刚、中国科学院上海生命科学研究院殷海生、上海纺织博物馆蒋昌宁。

的通知》(教思政〔2015〕1号)等文件精神,上海市出台了《关于加强上海市普通高中学生志愿服务(公益劳动)管理工作的实施意见(试行)》,并规定"每位学生高中阶段志愿服务不少于60学时"。

同年,第二轮《上海市文教结合工作三年行动计划(2016—2018年)》出台。

2017年,第三轮《上海市校外教育三年行动计划(2017—2019年)》出台。

同年12月,为落实《国家"十三五"时期文化发展改革规划纲要》,贯彻《上海市"十三五"时期文化改革发展规划》,上海市印发了《关于加快全市文化创意产业创新发展的若干意见》。其中,涉及"博物馆"的有:"加快推进博物馆、展览展示场馆等文化项目建设","鼓励经营性文化设施、旅游景区(点)等提供优惠或免费的公益性文化服务,对符合条件的民营博物馆等加大扶持力度","引导社会力量投资兴办博物馆、美术馆、文化创意园区等文化创意产业基础设施,鼓励各级政府给予用地等政策支持"。

2018年,经过"三年一周期",上海市高考综合改革试点形成了制度性成果。根据国务院"及时调整充实、总结完善试点经验"的要求,上海形成了《关于进一步深化全市高考综合改革试点工作的若干意见》。

同时,根据2014年《国务院关于深化考试招生制度改革的实施意见》、2016年《教育部关于进一步推进高中阶段学校考试招生制度改革的指导意见》(教基二〔2016〕4号)和上海市教育综合改革的要求,市教委制定了《上海市进一步推进高中阶段学校考试招生制度改革实施意见》。

此外,上海市教育委员会在2015年《上海市普通高中学生综合素质评价实施办法(试行)》基础上,研究制定了《上海市普通高中学生综合素质评价实施办法》。

值得一提的是,同年5月上海市《全力打响"上海文化"品牌加快建成国际文化大都市三年行动计划(2018—2020年)》发布,它对博物馆如何在全力打响"上海文化"品牌、切实把"红色文化""海派文化""江南文化"三大文化资源转化成为品牌建设源动力方面,做出了新指示。

2019年,在2018年《上海市进一步推进高中阶段学校考试招生制度改革实施意见》基础上,《上海市初中学生综合素质评价实施办法》出台,至此与2018年的《上海市普通高中学生综合素质评价实施办法》前后贯通,覆盖了初中和高中学段。

之后,根据教育部《中小学德育工作指南》及《上海市初中学生综合素质评价实施办法》等文件精神,上海市制定了《上海市初中学生社会实践管理工作实施办法》。

同年,市委宣传部、市教卫工作党委、市教委、市文化旅游局、市财政局、市人力资源社会保障局联合制定了《上海市文教结合三年行动计划(2019—2021年)》。

● 精彩侧面

近20年来,上海市校外教育发展始终以立德树人为根本,坚持素质教育的方向,不断加强联席会议制度,在实现学段间的纵向衔接、校内外横向贯通、打造家校社三位一体的育人共同体方面均走在全国前列。上海市教育委员会和上海市青少年学生校外活动联席会议办公室遵循"政府主导、社会参与、条块结合"思路,构建了"组织规范化、内容序列化、形式多样化、资源社会化、运作多元化、服务人性化"的全方位校外教育实施体系。至此,"公益性、普惠化、开放型"的上海市社会教育大课堂已然形成,并且教育真正成为学校和社会共担的责任[1]。具体体现在以下方面:

■ 价值引领——"两纲"的顶层谋划[2]

2005年3月,上海市教育卫生工作委员会、上海市教育委员会出台了《上海市学生民族精神教育指导纲要》和《上海市中小学生命教育指导纲要》。"两纲"的颁布,立于育人高度进一步认识校外活动的意义与价值,对上海市校外教育的实施具有引领性作用。

可以说,"两纲"立足教育本源,遵循以人为本的理念,旨在促进学生的全面发展。并且,随着教育现代化进程的推进,校外教育已不再是传统观念中学校教育的拾遗补缺。相反,校外活动与课堂教学同样对中小学生身心发展具有极为重要的作用,是构成基础教育不可或缺的组成部分。"两纲"构建了上海市中小学纵向衔接,课内外相互联动,学校、社会、家庭横向贯通的校外教育内容体系和活动实施体系,为深化中小学德育改革树立了新起点。

■ 组织管理体系构建——两级校外活动联席会议制度

2001年,上海市青少年学生校外活动联席会议制度得以构建,致力于

---

[1] 徐倩:《校内校外,共绘育人版图》,《上海教育》2015年11月A刊,第21—22页。
[2] 高德毅:《舞动成长的翅膀:上海市中小学课外活动实施指南》,绪论第2—4页。

统筹协调和指导全市校外教育工作。并且,该联席会议由市政府副秘书长牵头,成员包括全市近30个委办局代表,这首先在领导体制上做了高位定调。同时,各区县也相应建立由分管教育的副区长等牵头的校外活动联席会议制度。此外,自2010年起,由邹竑同志担任市青少年学生校外活动联席会议办公室秘书长,她还于2014年开始兼任市文教结合事业协调小组办公室秘书长。

截至2019年,上海共有16个区,并在区级层面涌现了许多优秀案例。经验表明,同步优化市、区两级政府校外教育管理职责,以形成顺畅的条线很关键,而非把所有责任都大包大揽到市里。事实上,上海市一直鼓励区级相应分担,并通过区校外联办等扮演区域内的主角,包括含化市级相关规划、政策等,并结合区域实际,将任务下移到区,再进一步下移到博物馆和中小学,分层级递进式落地。

2017年的5·18国际博物馆日期间,徐汇区联合区内23家博物馆(包括纪念馆)成立了"光启博物馆联盟"。其中,上海电影博物馆与上海市第二中学签订了馆校共建协议。而博物馆联盟和讲师团的成立是该区的新探索。同年年底,宝山区博物馆联盟也成立了。作为区内35家国有和非国有博物馆、纪念馆之间的纽带,该联盟突破了场馆的性质界别、规模大小等,致力于加强行业管理、协调、指导服务。此外,黄浦区与区内的中国共产党第一次全国代表大会会址纪念馆、上海市银行博物馆、上海当代艺术博物馆、渔阳里等近30家单位建立了合作,并通过设计《黄浦区学生社会实践护照》,分别绘制了适合小学、初中、高中的社会实践路线和任务单,鼓励孩子走进这些特色基地和场馆①。

当然,也有一些区在探索中遭遇了难题,亟待破解。比如,在奉贤区,体制外的校外教育机构层出不穷,对区教育局内指导中小学开展社会实践的部门而言,存在着裁判这些机构办学资质是否合法、师资是否专业、教材是否科学、管理是否合规等挑战。而两所体制内校外教育机构——奉贤区青少年活动中心、奉贤区少年军校虽都由该区统筹,但原有育人机制已不再满足需求,因此转型是必然的。鉴于此,奉贤区迫切呼唤建立区域联席会议制

---

① 杜晨薇:《原来手持这本"护照",可以免费"穿越"上海这么多好玩场馆》,上观新闻,2017年5月31日。

度,以发挥校外教育资格审查、评估通报、联席督办、安全保障等作用①。

总之,上海市校外联议事制度的实质便是形成自上而下的条线,以构成纵向的、市区两级校外活动联席会议制度,并设置专人专岗,推进馆校合作。未来,希冀上海进一步夯实区级校外联及其办公室建设和管理,统筹协调区域内的博物馆与中小学教育结合。此外,还有必要梳理市级层面校外联成员单位、学生社区实践指导站、中华优秀传统文化研习暨非遗进校园优秀传习基地等之间的合作,减少工作重复和交叠,将校外教育的统筹协调和指导职能逐步整合到市校外联。

■ 硬件软件建设双管齐下

"十二五""十三五"以来,通过打造高质量的校外教育供给体系,上海社会教育大课堂格局已基本奠定。包括新建和改建了一批以东方绿舟、上海科技馆为标志的校外教育场馆、校外活动营地、市区两级青少年活动中心,与社会各界共建了千余个爱国主义教育基地、科普教育基地、法制教育基地、军训国防教育基地,以及社区文化活动中心、社区信息苑、社区学校②,逐步形成了覆盖面广、功能突出、公益性强的校外教育活动场所和学生社会实践场所网络③。

具体说来,根据《中国校外教育工作年鉴(2016—2017)》,上海建有市级青少年活动中心3所(上海市青少年校外活动营地——东方绿舟、中国福利会少年宫、上海市青少年活动中心),区级青少年活动中心(少年宫、少科站)21所,学生社区实践指导站28家,各级心理健康辅导中心(站、室)1 600多个。2015年,中国福利会少年宫和上海市科技艺术教育中心还联合发起成立了上海市学校少年宫联盟。可以说,上海不仅完成了301所学校少年宫的街镇全覆盖目标,即每个街道、乡镇至少有1所市级学校少年宫④,而且截至2018年7月的第七批市学生社区实践指导站颁牌,市级学生社区实践指导站已累计至100家,提前完成了"十三五"建设目标。此外,还有中华优秀传统文化传习示范基地、市级示范性校外教育活动场所等。

值得一提的是,上海市教委与市校外联依据"开放性、公益性、针对性、

---

① 上海市青少年学生校外活动联席会议办公室、上海政法学院教育政策与法制研究中心:《2019上海市校外教育发展论坛材料汇编》,2019年11月26日,第12,16页。
② 上海市青少年学生校外活动联席会议办公室编:《"首届校外教育实践课程优秀成果征集与展示活动"获奖作品汇编》,中西书局2019年版,前言。
③ 徐倩:《校内校外,共绘育人版图》,《上海教育》2015年11月A刊,第22—23页。
④ 王振民编:《中国校外教育工作年鉴(2016—2017)》,第536页。

服务性、共建共享"这5条准入标准来精心选择并进行校外教育的阵地建设,将原本散落在全市的各个场馆,由点串成线,再形成面,最终几乎覆盖到学生综合素质提升和实践能力培养的所有方面①。此外,伴随首轮《上海市校外教育工作三年行动计划(2009—2011年)(试行)》,全市于2009年推出了《上海市未成年人社会实践基地版图》/《上海市学生社会实践版图》。此后,该版图和《上海市中小学生社会实践基地家庭护照》/《上海市中小学生社会实践护照(家庭版)》皆不断更新,完善了校外教育内容和资源的一体化架构。

此外,上海市还开发了诸如"改革开放四十周年""人文行走""中华优秀传统文化主题月""青少年科学研究院""中华经典诵读"等未成年人社会实践主题教育活动与校外品牌项目,并囊括了博物馆的志愿者服务与公益劳动、研学实践等。比如,2015—2016年,上海市开展了明日科技之星评选活动、青少年科技创新大赛等49项科技教育活动,上海市学生戏剧节、中华文化进校园系列活动等34项艺术教育活动,每年累计300万人次的学生参与②。此外,各区的特色项目也不断涌现,如虹口区的"指南针"项目,金山区的"科技新农村"项目等③。

目前,上海市校外教育已形成了网上网下、线上线下有机结合、互动交流的大格局。也即,充分发挥主流信息化平台作用,如上海学生活动网、《上海校外教育》杂志、(易班)博雅网、上海市学生社会实践信息记录电子平台以及相关微信公众号等,全方位提供活动信息、教育培训、教育资讯等服务。2016年,仅上海学生活动网年均点击率就高达105万次,该网还被评为"上海百家优秀网站"④。

■ 校外教育与"课程""考试评价""招生选拔"结合

上海市根据2014年《上海市深化高等学校考试招生综合改革实施方案》和《上海市教育综合改革方案(2014—2020年)》、2018年《上海市普通高中学生综合素质评价实施办法》、2019年《上海市初中学生综合素质评价实施办法》等红头文件精神,以"综合素质评价"为"红娘",将囊括博物馆的校外教育与"课程"连接,并契合"考试评价"与"招生选拔"方向,促使博物馆与

---

① 徐倩:《校内校外,共绘育人版图》,《上海教育》2015年11月A刊,第22—23页。
② 王振民编:《中国校外教育工作年鉴(2016—2017)》,第537页。
③ 高德毅:《舞动成长的翅膀:上海市中小学课外活动实施指南》,绪论,第4页。
④ 王振民编:《中国校外教育工作年鉴(2016—2017)》,第538页。

中小学教育结合。具体如下：

其一，积极践行中学生综合素质评价。其中，全市开展了社会实践的认证管理工作，公布了上海博物馆等30多家单位为认证管理工作站。在此基础上，将中小学生参加课外实践活动纳入上海市学生电子学籍卡认证系统，作为对学生进行综合素质评价的重要依据①。与之配套的，还有(易班)博雅网、上海市学生社会实践信息记录电子平台及其微信版等信息化平台建设，方便学生查询已参加活动的内容、次数及时长。

截至2016年10月14日，上海市共推出各类学生社会实践基地1 729个，发布志愿服务岗位385 614个。并且，已有50 456名高二学生、50 841名高三学生参与了志愿服务，高三学生完成40学时的比例为94.84%、完成60学时的比例为92.64%②。

其二，以设立在上海市科技艺术教育中心内的上海市青少年科学研究院为抓手，探索与高校、科研院所、企业合作共同培养后备人才的机制。尤其是主动与复旦大学、上海交通大学、华东师范大学等高校的科学创新实践工作站对接，建立了包括学生思想品德发展状况、传统文化素养、创新精神与实践能力、身心健康信息、兴趣爱好与个人特长等综合素质评价内容，并通过记录社会实践活动过程与综合评价相结合的方式，为高校自主招生、选拔优秀人才提供有价值的信息依据③。

其三，坚持校外教育与课程改革紧密结合，通过活动与课程的融通，实现校内外教育的融合。比如，上海市校外联办以活动课程化、课程特色化为抓手，重点推进馆校衔接、课程衔接、师资衔接，并在运行制度、师资培养、督导评估等方面切实强化保障④。同时，近年来上海市以培养创新精神和实践能力为重点，形成了"红色一课""院士一课""博物馆一课"等覆盖了博物馆的课程。

而与课程实施等相伴的，还有上海市逐步培养了一支素质较高、专兼结合的校外教育师资队伍，推动了场馆教育部及教育专员的制度建设。

---

① 高德毅：《舞动成长的翅膀：上海市中小学课外活动实施指南》，绪论，第3—4页。
② 上海市青少年学生校外活动联席会议办公室、上海政法学院教育政策与法制研究中心：《2019上海市校外教育发展论坛材料汇编》，2019年11月26日，第7页。
③ 王振民编：《中国校外教育工作年鉴(2016—2017)》，第538页。
④ 上海市青少年学生校外活动联席会议办公室编：《"首届校外教育实践课程优秀成果征集与展示活动"获奖作品汇编》，前言。

第二节 我国博物馆与中小学教育结合的历史、现状以及问题、原因

我国博物馆教育伴随着近代博物馆的诞生而开启,并且从清末民初到 20 世纪 90 年代,其发展大致经历了三个主要阶段。而博物馆与中小学教育结合的历史沿革,其实与中国博物馆教育的发展拥有接近的外延。当然,百年多的发展,故事很多,本节将此历程高度浓缩了,以供管窥概貌。正如习近平总书记于 2016 年 11 月 10 日在致国际博物馆高级别论坛的贺信中写道:"中国博物馆事业已有 100 多年历史。中国各类博物馆不仅是中国历史的保存者和记录者,也是当代中国人民为实现中华民族伟大复兴的中国梦而奋斗的见证者和参与者。"

从 2007 年 5 月的全国政协委员联名提案《建议将博物馆纳入国民教育体系》,到 2020 年 5 月的《适时将博物馆教育纳入中小学课程教育体系》全国"两会"提案,13 年间我国博物馆与中小学教育结合事业大发展。截至 2019 年底,全国已备案的 5 535 家博物馆拥有了近 12.27 亿观众,2019 年举办展览 2.86 万个,教育活动 33.46 万场。"十三五"以来,我国平均每两天新增一家博物馆,达到每 25 万人拥有一座馆,普惠均等已成为博物馆发展的显著特征[①],并且青少年利用场馆学习的机制正在逐步形成。当然,我国博物馆与中小学教育结合整体仍处于初级发展阶段,多量的积累、少质的飞跃,并存在着诸多共性问题,尚未建立起长效机制。

鉴于此,本节旨在探索我国博物馆与中小学教育结合事业的历史、现状及其问题、原因,为后一节引出相关制度设计做铺垫。

一、我国博物馆与中小学教育结合的历史与现状

近年来,在党中央、国务院的高度重视下,我国博物馆事业取得了显著成就,博物馆建设步伐加快,公共文化服务水平稳步提高,文物利用的广度与深度不断拓展。就博物馆教育而言,它伴随着近代博物馆的诞生而开启,

---

① 朱筱、陆华东:《2019 年我国博物馆接待观众 12.27 亿人次》,新华网,2020 年 5 月 18 日。

并且从清末民初到 20 世纪 90 年代,其发展大致经历了三个主要阶段。而博物馆与中小学教育结合的历史沿革,其实与中国博物馆教育的发展拥有接近的外延,在此一并梳理。

(一) 博物馆教育发展、博物馆与中小学教育结合的历史回顾

博物馆在中国有悠久的历史渊源,但是近代博物馆和新型学校一样,都在社会逐步近代化的过程中产生。1848 年,西方博物馆被作为一种新事物介绍到中国。1898 年维新运动期间,中国建立博物馆的条件基本成熟。1905 年,在江苏南通建立了第一座公共博物馆①。值得一提的是,京师同文馆是清末第一所官办外语专门学校,于 1862 年 8 月 24 日正式开办②。该馆还设有化学实验室、博物馆、天文台等,可谓从一开始就校馆一体化了。

可以说,我国博物馆不止拥有丰富的文化资源,还拥有源远流长的教育基因,这从其教育发展、场馆与中小学教育结合的历史回顾中可见一斑,具体如下。

1. 第一阶段:"高开"的初级发展阶段(1905—1949 年)③

中国博物馆是社会近代化的产物。事实上,一百多年前,在国家最初引进与兴办博物馆时,就将机构纳入了为教育服务的范畴④。而从一开始就重视场馆的教育功能,与近代社会的历史背景有很大关系。当时的精英、贤达人士了解到博物馆不仅是收藏、研究机构,同时还看到了它们对国民的重要性,即可传播文化知识,培养和激励民族情感。场馆所具备的教育功能正好与晚清时期的教育救国运动宗旨相符,促使维新人士将教育与救亡图存紧密联系。所以,无论是康有为、梁启超还是张謇,他们对博物馆重视的一大原因在于其与广大新式学校及图书馆、出版业一样,可开启民智,培育人才⑤。

张謇(1853—1926 年)先生作为立宪派政治活动家和民族资产阶级实业家,积极倡导创办博物馆。1905 年,他以个人财力在南通建立了中国人

---

① 王宏钧编:《中国博物馆学基础(修订本)》,上海古籍出版社 2001 年版,第 72 页。
② 1902 年 1 月,京师同文馆并入京师大学堂,改名京师译学馆,并于次年开学,仍为外国语言文字专门学校。
③ 部分参考郑奕:《中国博物馆教育发展的昨天、今天与明天》,《中国博物馆》2016 年第 1 期,第 99—100 页。
④ 单霁翔:《从"馆舍天地"走向"大千世界"——关于广义博物馆的思考》,天津大学出版社 2011 年版,第 73 页。
⑤ 李瑶:《中国早期博物馆教育思想的特点及其影响》,《文教资料》2008 年 12 月号下旬刊,第 81 页。

自己创办的近代第一座公共博物馆——南通博物苑。张謇十分重视博物馆的社会化作用,认为它们是社会教育机构,是国家重要的学术部门和学校教育的有力助手[①]。并且,张謇开创南通博物苑之初衷即以教育为目的,包括"设为庠序学校以教,多识鸟兽草木之名",以资新式学校发展。自建成以后,该苑积极配合学校教育,在中国博物馆史上开启了场馆教育以及馆校(不止于中小学)合作的先河,事实上,南通博物苑本身即是南通师范学校的标本室,并为其教学服务。此外,张謇还将博物馆视为"教育救国"的一部分,以达到富国图强之目的。南通博物苑创设之目的即开化思想、教育救国。可以说,从该馆开始,博物馆界便以传播知识、教育公众为己任。同时,精英群体对博物馆的最初认知就是教育,即辅助并配合学校教育,并作为第二课堂的校外教育场所[②]。

20世纪二三十年代,作为中国民主革命家、教育家和科学家的蔡元培(1868—1940年)先生是从理论上阐扬博物馆社会教育价值的第一人。他认为,博物馆是重要的社会教育机构,且教育功能不专在学校。另外,博物馆还是"美育"的重要载体。蔡元培分别列举了美术馆、美术展览会、历史博物馆、古物学陈列所、人类学博物馆、博物学陈列所,以及动物园、植物园在美育方面的作用。他认为,博物馆可以使人得到积极的休息、高尚的消遣,并且足以增进普通人之智德[③]。彼时,蔡元培先生即能清晰认知博物馆的美育作用,可谓思维超前。同时,他与北京最早筹建的博物馆——国立历史博物馆也有关。1912年,时任北洋政府教育总长的蔡元培先生倡议,并由鲁迅先生热心筹划,中华民国政府教育部决定设立国立历史博物馆筹备处(为中国历史博物馆的前身,现中国历史博物馆已与中国革命博物馆合并为中国国家博物馆),以国子监为馆址,旨在"搜集历代文物,增进社会教育"[④]。1918年,迁址到故宫的端门与午门。1920年,国立历史博物馆成立。1926年,正式开馆。

当时,对博物馆认识深刻的还有一个人——杨钟健先生。他认为,博物馆相当于若干个大学[⑤]。此外,中国杰出的女博物馆家和考古学家、曾任南京博物院院长的曾昭燏女士曾在《博物馆》中指出:"(博)物馆只负供给材料

[①] 王宏钧编:《中国博物馆学基础(修订本)》,第75—76页。
[②④] 王乐:《馆校合作研究:基于国际比较的视角》,第130页。
[③] 王宏钧编:《中国博物馆学基础(修订本)》,第86页。
[⑤] 单霁翔:《从"馆舍天地"馆舍天地走向"大千世界"——关于广义博物馆的思考》,第73页。

之责任,余则由学校负责。"①在此背景下,继南通博物苑之后,在蔡元培、李煜瀛等先生的倡导和赞助下,中国出现了一大批近代博物馆,如保定教育博物院、江西省立教育博物馆等②。

1917年,教育界和实业界知名人士共40余人倡议成立中华职业教育社,将职业学校与博物馆的合作写入社章。可见,当时有识之士普遍把博物馆视为年长一些的学生从事观摩实习的重要场所,是课堂教学的重要补充③。

1935年4月,马衡、袁同礼、朱启钤、叶恭绰、沈兼士、丁文江、李济、翁同灏等先生④在北京成立了中国博物馆协会。并且,协会将"博物馆"界定为:"一种文化机构,是以实物的保管和认证而作教育工作的组织及探讨学问的场所。"同时,协会"以研究博物馆学术,发展博物馆事业,并谋博物馆之互助"为宗旨。同年4月,刊行《中国博物馆协会会报》,两月一期。1936年7月,中国博物馆协会、中华图书馆协会联合年会在青岛召开。与会代表一致指出,博物馆极应设立,以补充学校教育,保存文化,提高学术。并且,与会代表还就"设立博物馆人员训练所""教育部指定国立大学若干所添设博物馆学系,造就专门人才""审定博物馆学名词"等问题提出23项议案⑤。

在1912—1949年间的中华民国时期,博物馆被视为教育机构,由教育部的社会教育司管理,为学校教育做出了积极贡献⑥。甚至许多省在创办场馆时都将其定名为教育博物馆,例如甘肃省博物馆的前身就是1939年中英庚子赔款董事会组建成立的甘肃科学教育馆。当然,这与当时的社会背景也有紧密关系,二三十年代的中国博物馆建设充分体现了新文化运动精神——"民主"与"科学",尤其体现在了场馆教育思想中。比如新文化运动主张人人平等,博物馆教育故而提倡平民化,面向广大民众开放;新文化运动宣扬科学、反对愚昧,博物馆也越来越注重科学研究工作,并将成果应用

---

① 曾昭燏、李济:《博物馆》,正中书局1943年版,第9—10页。转引自王乐:《馆校合作研究:基于国际比较的视角》,第130页。
② 王乐:《馆校合作研究:基于国际比较的视角》,第130页。
③ 马继贤:《博物馆学通论》,四川大学出版社1994年版,第37页。
④ "推举马衡为会长,袁同礼、朱启钤、叶恭绰、沈兼士、丁文江、李济、翁同灏等十五人为执行委员。"见王宏钧编:《中国博物馆学基础(修订本)》,第87页。
⑤ 同上书,第86—88页。
⑥ 国家文物局博物馆司调研组:《关于将博物馆纳入国民教育体系的调研报告》,《新形势下博物馆工作实践与思考》,第67页。

到陈列展览中,向观众宣传科学知识,宣扬科学精神①。此外,30年代,伴随着一批有志青年从欧美留学归来,中国博物馆学界亦受到了西方业界思想的影响。

可以说,新中国建立前的几十年是博物馆教育发展的初始阶段,却也以让人惊喜的"高开"面貌呈现,包括当时政府、精英群体对场馆教育功能以及馆校合作定位的成熟认识;博物馆教育思想主要受欧美日业界影响;场馆教育强调改造社会的使命——开风气、广见闻、启民智等,对广大群众进行新知识、新思想、新文化的传播,与当时的社会发展主流相辅相成。

2. 第二阶段:"低走"的曲折发展阶段(1949年至改革开放)②

新中国诞生后,我国博物馆事业经过社会主义改造后,进入了新的历史发展时期。1949年时,旧中国留在各地的博物馆只有25座(其中9座还是外国人办的),但1959年总数已达到480座。

1949年11月,中央政府在文化部内设立了文物事业管理局③,作为专门管理全国文物与博物馆事业的行政机构。1951年10月文化部发布的《对地方博物馆的方针、任务、性质及发展方向的意见》提出:"博物馆事业的总任务是进行革命的爱国主义的教育。通过博物馆使人民大众正确地认识历史,认识自然,热爱祖国,提高政治觉悟与生产热情。"新中国建立

---

① 李瑶:《中国早期博物馆教育思想的特点及其影响》,《文教资料》2008年12月号下旬刊,第81页。

② 部分参考郑奕:《中国博物馆教育发展的昨天、今天与明天》,《中国博物馆》2016年第1期,第100—101页。

③ 1949年11月,中央人民政府在文化部内设立了文物事业管理局。此后,在40年的实践过程中,为了适应国家和文物、博物馆事业的发展形势,这个部门的名称、隶属关系和主管工作曾有过多次变更。1951年12月,经政务院批准,文化部文物事业管理局与科学普及局合并,成立了文化部社会文化事业管理局,主管文物、博物馆、图书馆、文化馆和电化教育工作。1955年1月,文化部恢复文物管理局,主管文物、博物馆事业,划出图书馆、文化馆事业部分,仍由社会文化事业管理局管理。1965年8月,文化部决定将图书馆事业重新划归文物管理局领导,文物管理局改名为图博文物事业管理局。1966年"文化大革命"开始以后,图博文物事业管理局随文化部一起陷于瘫痪状态。1973年2月,国务院决定成立国家文物事业管理局,为国务院直属局,主管文物、博物馆、图书馆工作。1980年5月,中央决定将图书馆事业再次从国家文物事业管理局划出,由文化部新设立的图书馆事业管理局管理。1982年4月,国家机关进行机构改革,国务院决定将文化部、对外文化工作委员会、国家文物事业管理局、国家出版事业管理局和外文出版发行事业管理局五个单位合并,成立新的文化部,国家文物事业管理局改名为文化部文物事业管理局,主管工作不变。1987年6月,经国务院批准,文化部文物事业管理局恢复为国家文物事业管理局,直属国务院,由文化部代管,对外独立行使职权,计划单列。1988年6月,国家文物事业管理局改名为国家文物局。

初期,我国博物馆教育基本围绕这一总任务展开,同时馆校合作也不可避免地带有政治导向,包括普遍采用"阵地讲解"方式,走进学校举办政治性展览和宣传①。

1956年4月,全国博物馆工作会议在北京召开,明确了博物馆的社会地位和教育功能,提出其基本性质是"科学研究机关""文化教育机关""物质文化和精神文化遗存以及自然标本的收藏所"。博物馆的基本任务是"为科学研究服务,为广大人民群众服务"。

50年代,按照苏联博物馆的建制,我国各地场馆纷纷成立了群众工作部。以中国历史博物馆和中国革命博物馆为例,它们于1951年设立了群众工作部(简称群工部),主要职责是宣传讲解、对外服务、对外联络②。不少应届大学毕业生、高中毕业生、军人、艺术工作者加入,负责讲解工作等。其实,五六十年代以后,除了讲解,我国博物馆群工部还是开展了不少活动的,如流动展览、讲座、电化教育、辅助教育等。

50年代末,由于受政治路线上的"大跃进"影响,追求"县县有博物馆、社社有展览室",博物馆被办成了"推动中心工作的有力工具"。此后的"十年动乱"则强调博物馆为政治服务,各馆沦为专政的工具。博物馆实行的"讲解、保管和卫生'三员一体制'",使得场馆教育工作徒有虚名,偏离了文教属性。1966年8月和11月,中国历史博物馆和中国革命博物馆分别被迫闭馆,群众工作亦告停止。可以说,之前我国文物事业取得的成绩几乎被全盘否定了。

3. 第三阶段:"稳中有进"的发展阶段(改革开放至新世纪)③

改革开放后,我国博物馆事业拨乱反正,回归了健康发展的轨道。1978年底,全国文物系统博物馆有349座,1983年为467座,1990年迅速增长到1 013座,2000年至1 397座。加上其他部门和行业所办的场馆,新千年全国博物馆总数达2 000多座。

1979年的《省、市、自治区博物馆工作条例》规定:"博物馆是文物和标本的主要收藏机构、宣传教育机构和科学研究机构。"1985年,文化部文物事业管理局提出,"要打破'等客上门'的惯例,想方设法深入到各行各业中

---

① 王乐:《馆校合作研究:基于国际比较的视角》,第131页。
② 王京:《1912年至1966年中国国家博物馆的社会教育工作》,《中国国家博物馆馆刊》2012年第9期。
③ 部分参考郑奕:《中国博物馆教育发展的昨天、今天与明天》,《中国博物馆》2016年第1期,第101—102页。

去,依靠各部门的党、团组织和工会等密切合作"。1986年10月,文物事业管理局在天津召开全国首次博物馆群众教育工作座谈会并发布会议纪要,提出"讲解、保管、卫生三员一体制,不利于群众教育工作的开展和群众教育队伍素质的提高",号召"开展多种形式宣传教育活动……做到内容丰富多彩,形式生动活泼,观众喜闻乐见"。而馆校合作的教学目的在于:"通过对中华民族的悠久历史和光荣的革命传统的教育,培养他们爱国主义精神和共产主义道德、理想和情操,使他们成为德、智、体、美全面发展的一代新人。"[1]

与此同时,博物馆教育的使命也发生了重大转变,从狭隘的政治功能中解放了出来,并回归原有的文教宗旨,包括博物馆教育与学校教育、旅游、科学知识普及、爱国主义教育、思想道德教育等结合。并且,1988年9月,中国博物馆学会社会教育专业委员会成立,致力于推动学科研究、加强队伍建设、馆际教育部门之间的交流。

1991年3月,时任国家主席的江泽民同志提出"博物馆对学生教育的重要意义"。同年8月,中共中央宣传部、国家教委、文化部、民政部、共青团中央、国家文物局联合发布《关于充分运用文物进行爱国主义和革命传统教育的通知》。各地政府在重点革命纪念和历史文物、革命文物比较丰富的博物馆、纪念馆建立起了一批青少年教育基地。例如,中国人民抗日战争纪念馆规定每月的两个周一作为基地活动日,并建立主题教学室,向合作学校开放;中国历史博物馆则派人担任中小学德育教育研究员,参加学校的主题班会,并在基地学校举办流动展览[2]。

1994年,中共中央印发《爱国主义教育实施纲要》,并且全国文物(文化)系统的博物馆、纪念馆有100家荣获了国家文物局授予的"全国文物系统优秀爱国主义教育基地"称号,其中五六十家分别被列入1997年宣传部命名的首批"百个爱国主义教育示范基地"以及国家教委、文化部等六部委命名的"百个中小学爱国主义教育基地"。

1999年6月,中共中央、国务院颁布《关于深化教育改革,全面推进素质教育的决定》,指出:"实施素质教育应当贯穿于学校教育、家庭教育和社会教育等各个方面","各类文化场所(博物馆、科技馆、文化馆、纪念馆等)要

---

[1] 文化部文物局编:《中国博物馆学概论》,文物出版社1985年版,第170、180页。
[2] 王乐:《馆校合作研究:基于国际比较的视角》,第131—132页。

向学生免费或优惠开放"。

可以说,改革开放至20世纪90年代末,中国博物馆回归了原有的文化教育使命/宗旨,馆校合作也渐上轨道。当然,真正的大发展还是在新千年后。总体上这一时期我国博物馆教育虽发展迅速,国际交流增多,但工作重心依然是文物的收藏和研究,尚未聚焦展示教育和开放服务。同时,博物馆始终都代表着先进文化的发展方向,在弘扬主旋律和宣传国家的方针、政策方面发挥了重要作用。

(二) 新世纪博物馆与中小学教育结合的现状及成就[①]

跨入新世纪,博物馆作为建设社会主义先进文化的中坚力量,日益得到各级各地政府的重视。同时,各馆加速融入社会,其校外教育作用也日渐彰显,博物馆与中小学教育结合事业被正式提上了文教部门和单位的议事日程。

除了爱国主义教育基地建设,2002年后,为提高中小学生的科学技术素养,自然科学类博物馆纷纷与学校合作,共建科普教育基地[②]。事实上,我国仅文物系统就有许多博物馆、纪念馆被列为科普教育基地,开展送展上门、夏(冬)令营、有奖征文、知识竞赛等活动。

2003年10月,时任中央政治局常委的李长春同志视察河南博物院,并提出博物馆工作要"贴近实际、贴近生活、贴近群众"。同年12月,中共中央宣传部、文化部、国家文物局联合印发《关于进一步加强博物馆宣传展示和社会服务工作的通知》。

2004年1月起,浙江省博物馆率先在省级综合馆中免费开放,引起了业内外的强烈反响。同年3月,《文化部、国家文物局关于公共文化设施向未成年人等社会群体免费开放的通知》发布。之后,文化部等12个部委于10月发布了《关于公益性文化设施向未成年人免费开放的实施意见》。鉴于此,在我国博物馆向社会免费开放前,首先对未成年人免费开放了。

与此同时,中宣部、中央文明办、国家发展改革委、教育部、民政部、财政部、文化部、全国总工会、共青团中央和全国妇联10个部委于同年9月联合颁布了《关于加强和改进爱国主义教育基地工作的意见》(中宣发〔2004〕22

---

① 部分参考郑奕:《中国博物馆教育发展的昨天、今天与明天》,《中国博物馆》2016年第1期,第102—104页。
② 王乐:《馆校合作研究:基于国际比较的视角》,第132页。

号)。根据该政策,中宣部会同有关部门从2004年开始,组织实施全国爱国主义教育示范基地的"533工程"①。

2005年12月,《国务院关于加强文化遗产保护的通知》指出:"教育部门要将优秀文化遗产内容和文化遗产保护知识纳入教学计划,编入教材,组织参观学习活动,激发青少年热爱祖国优秀传统文化的热情。"

2007年5月的全国政协委员联名提案《建议将博物馆纳入国民教育体系》,首次聚焦"将博物馆纳入国民教育体系"主题。该提案"建议有关部门进一步重视博物馆的资源和阵地作用,研究建立博物馆参与国民教育体系,特别是把利用博物馆开展教学活动纳入中小学生教育体系方面的长效机制,引导建立有效的馆校联系制度,实现博物馆教育与学校教育的有效衔接,使博物馆真正成为青少年课堂教育的必要补充和校外教育的重要内容,并为营造学习型社会提供更好的服务"。

2008年1月,中共中央宣传部、财政部、文化部、国家文物局联合印发《关于全国博物馆、纪念馆免费开放的通知》。同年3月,时任总理的温家宝同志在第十一届全国人民代表大会第一次会议上的《政府工作报告》中庄严承诺:"具有公益性质的博物馆、纪念馆和全国爱国主义教育示范基地,今明两年实现全部向社会免费开放。"

2008年2月,国务院法制办在其官方网站上,将文化部报送国务院审议的《博物馆条例(征求意见稿)》及其说明全文公布,以便进一步研究、修改后报请国务院常务会议审议。

2009年11月,李长春同志再次考察河南博物院,并指出:"我们要把公共博物馆的建设和各项工作的开展与青少年教育紧密结合起来,与学校的课外活动和社会实践紧密结合起来,使博物馆成为青少年提高各方面素质的实践基地和重要课堂。积极探索校外活动与学校教育有效衔接的工作机制。"

2010年11月,时任国家文物局局长的单霁翔同志在《抓住历史机遇,推进新时期中国博物馆的蓬勃发展》一文中指出:"仅文物系统博物馆2009年举办陈列展览达9 204个,观众达3.27亿人次。全国1 743个博物馆、纪念馆和全国爱国主义教育示范基地实现免费开放,每馆平均观众量比免费

---

① 即利用五年时间,通过中央资助一点、地方财政支持一点、教育基地自筹一点的办法,重点对反映我们党革命斗争历史的示范基地进行资助,使其在展出内容与展示手段、服务质量与教育效果、内部管理与环境面貌三个方面取得显著改善。

开放前增长了50%,博物馆的文化辐射力和社会关注度得到了空前的提高。"①并且,2008年、2009年博物馆免费开放后,共计接待观众8.2亿人次,有些省份博物馆观众增量达到免费开放前的数倍②。

事实上,我国博物馆免费开放后,观众结构也发生了明显变化。更重要的是,它倒逼场馆提升开放服务水平,创新社会教育内容和形式。同时,越来越高频的馆校合作,也极大调动了中小学的参观和利用热情,全国博物馆在青少年教育方面取得了长足进步,主要表现在以下方面。

其一,博物馆普遍拥有了独立的教育部门(还有一些沿袭以往的群众工作部名称或其他)及教育工作者,同时教育工作在馆内的地位和所获资源都有了大幅提升。从社会教育队伍的素质和结构看,一方面从业人员的学历普遍提高为大专以上,本科生及研究生开始增多;另一方面讲解员的比例有所下降,教育活动策划与实施人员增多,甚至大馆还设有专人负责馆校合作事宜。值得一提的是,自从2007年国际博物馆协会代表大会首次将教育作为博物馆的第一功能予以论述,教育工作的必要性和重要性进一步彰显。

其二,博物馆向未成年人免费开放的制度基本建立。根据2004年3月《文化部、国家文物局关于公共文化设施向未成年人等社会群体免费开放的通知》,自同年5月起,"全国文化、文物系统各级博物馆、纪念馆、美术馆要对未成年人集体参观实行免票;对学生个人参观可实行半票;家长携带未成年子女参观的,对未成年子女免票。被确定为爱国主义教育基地的各级各类公共文化设施要积极创造条件对全社会开放"。

在此背景下,2005年全国文物系统博物馆全部对未成年人集体参观实行免费。此外,一些场馆推行中小学生"年卡制",学生以极优惠的价格办卡后,即可在本年度任何时间免费参观,并享受各种免费项目。全国文物系统博物馆2003年未成年观众总数为1 525万人次,免费开放后,2004年达到2 700万人次,2006年为3 500万人次③。

---

① 单霁翔:《抓住历史机遇,推进新时期中国博物馆的蓬勃发展》,《光明日报》2010年11月5日,第7版。
② 周玮:《博物馆等免费开放让人民群众共享文化发展成果》,《中国青年报》2011年2月22日,第6版。
③ 国家文物局博物馆司调研组:《关于将博物馆纳入国民教育体系的调研报告》,《新形势下博物馆工作实践与思考》,第68页。

其三,博物馆加强了与中小学教育的结合。这其中包含了几个层次。一方面,博物馆通过教育基地、校外实践基地、文博基地等方式,与学校共建。根据《关于将博物馆纳入国民教育体系的调研报告》,2007—2008年间,仅文物系统就有一千多座博物馆、纪念馆被当地教育部门认定为教育基地。并且,场馆制定了基地建设规划,采取优待参观、培训小小讲解员、送展览进校园、举办夏冬令营、有奖征文、知识竞赛等合作形式。一些中小学还把阅读课和入队、入团仪式移到附近的博物馆进行。同时,场馆通过为学校提供教具、教学参考材料、教学节目等方式,努力融入中小学教学计划。另一方面,博物馆在日常工作中创新青少年教育的内容和手段,不断改善服务质量。例如,故宫博物院聘请了著名少儿节目主持人鞠萍录制导览讲解;河南博物院等编写了适合不同年龄段的讲解词,挖掘文物背后的故事;旅顺博物馆的"博物馆一日学"活动将参观展览、听专题讲座和报告、模拟体验原始先民生活融为一体;周口店北京人遗址博物馆推出了模型制作、模拟发掘、科普宣讲活动;红岩革命纪念馆则组织未成年人参与"走进红岩、了解红岩、聆听红岩""红岩是我家""给爸爸妈妈说点心里话""我与小萝卜头比同童年"系列活动以及"红岩文化全程一日游"等①。

其四,博物馆探索与教育部门的联动机制。也即,促使馆校合作在"课程""考试"等层面落地。比如,南京梅园新村纪念馆结合小学语文教材中有关周恩来总理的内容,主动与区政府教育科联系,组织小学生分期到馆参观,并进行教学辅导。又如,湖南省博物馆与长沙市中学历史教师联合会合作成立了"长沙市中学历史教师沙龙",每逢新展览即举办免费专场,并邀请长沙市教育局领导、各中小学校长、沙龙会员前来,增进教育工作者对博物馆的了解和将场馆资源应用于教学的意识。2007年,湖南省博物馆举办《国家宝藏》大型展览时,长沙市教育局专门下文,倡导全市中小学生参观,并与省博联合举办有奖征文大赛和对全市小学生免费赠票10万张等活动。各沙龙会员也亲自宣传并组织所在学校的师生前来。同年,长沙市中考文综试卷出现了一道10分的"宣传家乡"题型,画有一尊四羊方尊,题意是"正在湖南省博物馆举行的'国家宝藏'展览中,为什么博物馆要为这件文物设专用展台?"要求学生完成一个解说词提纲撰写。博物馆展览上了中考题,

---

① 国家文物局博物馆司调研组:《关于将博物馆纳入国民教育体系的调研报告》,《新形势下博物馆工作实践与思考》,第69—70页。

这在全国是头一次①,虽属偶然,却是博物馆与中小学教育结合的必然结果。

总的说来,进入新世纪的二十年来,我国各级各地政府日益重视博物馆的教育功能,建立了场馆向未成年人免费开放的制度;同时,博物馆也逐步构建了均等化、广覆盖、多样化的青少年服务体系,创新教育的内容、形式;更重要的是,探索了文化与教育部门的联动机制,共建基地,这些都促使博物馆与中小学教育结合开始走向常规化。

二、我国博物馆与中小学教育结合的四大问题

虽然我国馆校合作起步较早,同时青少年利用场馆学习的机制正在逐步形成,但是与发达国家普遍将博物馆纳入国民教育体系、主要为中小学教育服务相比,我国博物馆与中小学教育结合事业尚处于初级发展阶段。包括多量的积累、少质的飞跃,同时各地发展不均,并存在着不少共性问题。关键在于,我们尚未建立起博物馆与中小学教育结合、青少年参观和利用博物馆的长效机制及相关制度设计。

对研究者而言,稳、狠、准地抓住最普遍和最严重的问题,以跳脱"点"的掣肘,从"线"甚至是"面"的维度进行探索,实属关键。基于此,才有希望在下阶段填补制度缺憾,并全方位覆盖设施建设、服务和产品、运行机制、财政投入、监督评价等方面。目前,我国博物馆与中小学教育结合事业的共性和主要问题如下。

(一)博物馆校均、生均占有率低,且各地、各馆发展不均

截至 2019 年,我国有中小学(包括高中)23.7 万所。其中,小学 16 万所、初中 5.2 万所、高中 2.4 万所②。截至 2019 年底,我国备案博物馆达 5 535 座③。因此,中小学与博物馆的数字比约为 42.8∶1,平均约每 43 所学校占有 1 座场馆。若参照博物馆事业发达国家的数据,我国博物馆的校均占有率偏低,生均占有率则更低。比如,英国约为 11.6∶1(截至 2019 年 10 月中小学 29 056 所④,博物馆约 2 500 座⑤),美国约为 3.8∶1(截至

---

① 国家文物局博物馆司调研组:《关于将博物馆纳入国民教育体系的调研报告》,《新形势下博物馆工作实践与思考》,第 70—71 页。
② 《中国教育概况——2019 年全国教育事业发展情况》,教育部网站,2020 年 8 月 31 日。
③ 《截止到 2019 年底全国备案的博物馆达到 5 535 家》,中国经济网,2020 年 5 月 18 日。
④ "Key UK Education Statistics", 28 October 2019, British Educational Suppliers Association.
⑤ "About Museums", Museums Association.

2018 财年博物馆 35 000 座以上①,2016—2017 年中小学 132 734 所②),日本约为 2.7∶1(截至 2018 年 5 月中小学 35 059 所③,截至 2018 年博物馆 12 900 座④)。

此外,我国博物馆发展及其与中小学教育结合在区域上也存在着巨大的不平衡,北京、上海、浙江、江苏、陕西等地因文教资源丰富和重视程度高而领先,其余省市则相对滞后。总的说来,由于经济、文教发展的不均衡,我国博物馆、中小学本身已在省域、县域、城乡之间存在差距,在馆校合作方面更是如此。以其中的佼佼者为例,上海自然博物馆是全国最受欢迎的场馆之一,每年有近 250 万观众,并以青少年、儿童为主体。同时,大量观众也给场馆有限的人财物资源带来挑战。无独有偶,东方绿舟作为上海市教育委员会的研学营地,业务需求量已远超接待能力,亟需分流⑤。但与此同时,有太多博物馆却利用率明显不足,空置情况严重,可谓两极分化、旱涝有别。

当然,在博物馆与中小学教育结合事业的实际操作中,我们也不能过于强调"一刀切",而超越了场馆和中小学的条件差异、工作者意愿、实际可能等,否则其实效会打折扣,尤其是在初级发展阶段。

(二) 博物馆免费开放不等于馆校合作频次上升,同时"文"弱势于"教"

根据《关于将博物馆纳入国民教育体系的调研报告》,2007—2008 年间,全国文物系统 1 600 多座博物馆年观众量 1.2 亿人次(按 13 亿人口计算,人均接近 0.1 次),其中青少年观众 3 500 万人次(按在校大中小学生 2.3 亿计算,人均 0.15 次)。这与欧美日等国家和地区每年人均参观 2—3 次相比,差距巨大⑥。

事实上,早在 2008 年全国博物馆、纪念馆向社会免费开放前,2004—2005 年间,博物馆已率先向未成年人等群体免费开放了。可以说,博物馆与中小学教育结合的门票障碍得以排除。遗憾的是,场馆的免费入场券并未带来预期的馆校合作频次上升,同时也超出了部分场馆对中小学教育的

---

① "Government Doubles Official Estimate: There Are 35,000 Active Museums in the U.S.", 19 May 2014, Institute of Museum and Library Services.
② "Educational Institutions", National Center for Education Statistics.
③ "学校基本調查",統計で見る日本.
④ "Total Number of Museums in Japan from 2002 to 2018", Statista, 21 August 2020.
⑤ 上海市青少年学生校外活动联席会议办公室、上海政法学院教育政策与法制研究中心:《2019 上海市校外教育发展论坛材料汇编》,第 29、41 页。
⑥ 国家文物局博物馆司调研组:《关于将博物馆纳入国民教育体系的调研报告》,《新形势下博物馆工作实践与思考》,第 71 页。

供给能力。这从博物馆观众中未成年人、青少年、中小学师生所占比例即可见一斑。

此外,在我国馆校合作、文教结合进程中,相较于教育部门、中小学的"强势",文化和旅游部门、博物馆相对"弱势"是不争的事实,表现在学校对场馆的利用时断时续、时轻时重,同时对场馆教育功能漠视等方面。当然,这与中小学长期以来受应试教育的钳制,以及社会主流文化对场馆的"冷落"等都有关。因此,与学科课程、考试评价和招生选拔无直接关系的博物馆学习,自然不是必修项,甚至连选修项都不是。并且,教育行政部门和单位出于安全和责任等考虑,长期以来也不鼓励大规模的中小学生出行。因此,走出校园的馆校合作活动自然不容易也较少开展。同时,即便进入了场馆,多数学校也选择传统的参观模式,固着于安全为上且短平快的思维和行为窠臼。

而上述这些问题,与我国博物馆的"教育"功能不凸显也有关,包括场馆对自身教育角色的"低微"定位、主动服务意识缺失、未能充分宣传推广校外教育价值、教育专业人员缺乏等。事实上,无论是博物馆的建设还是运营,教育都是题中之义,是首要目的和功能。但善意的初衷未必导向场馆与中小学教育结合的态度和能力提升,包括根据需求实行供给侧结构性改革。鉴于此,国家文物局已于 2014—2016 年间开展了"完善博物馆青少年教育功能试点"工作,以探索构建具有均等性、广覆盖的项目并形成机制。

(三)外部、偶发行政指令下的馆校合作尚未经常化、对等化、制度化

长期以来,我国各级各地政府文教部门和单位对博物馆教育功能的认知欠缺,未能将场馆作为必不可少的教育资源纳入中小学教学体系,缺乏将双方教育有效衔接的意识和自觉性。同时,馆校合作若开展,也时常围绕某个特定时日的主题展开,如建党、国庆、反法西斯胜利等。如经常以外部的、偶发性行政指令执行任务,必然会窄化博物馆与中小学教育结合的主题和内容选择,并影响形式创新。同时,馆校内部的合作需求和动因也难以被真正点燃和彻底激活,从而丧失独特的博物馆学习意义。

正如站在今天的高度回溯反思始于 20 世纪 80 年代末的上海市"一期课改"一样,选修课、活动课存在的一大问题是,在开发和实施过程中采用了自上而下的行政策略。虽然这在当时保证了普及与推进,但学校的校本课程开发意愿并未得到充分重视和发挥,课程的校本特征较弱。此外,课程理念也依旧限制在对学生知识与技能的培养上,忽略了育人功能、办学特色、

教师专业成长等方面的意义[①]。基于此,才有了此后的"二期课改"。

如上文所述,目前的馆校合作以学校的选择权大于博物馆的选择权、"教"强势于"文"为主,因此中小学往往仅经过初步沟通甚至无须此环节,即可组织学生入馆。在此情境下,参观的目的也常常不明确、无课程意识、内容模糊,也未配置专业的指导教师,所谓的博物馆学习简化成了游览,只是学生放松心情、学校履行上级校外教育要求、同时场馆服务青少年达标的"形式大于内容"的过程。因此,校方偶发的、随意性合作,以及始终未能获得学习身份的博物馆视觉休闲娱乐之旅,都导向了非系统化结果,这也恰恰说明博物馆与中小学教育结合尚未形成常态化机制。

可以说,于中小学而言,目前我国博物馆的教育供给仍偏"锦上添花",而非"雪中送炭",虽然以场馆的公益性投入为主并涌现了越来越多的先行先试者,但始终未能形成合作的对等化、制度化。表现在:博物馆与中小学教育结合的内容、手段单一,不能满足未成年人随时到馆学习的需求,也尚未发展到馆本课程以及展览进校园等阶段。中小学对场馆的利用囿于集体参观,甚至是春秋游等一次性游玩形式。小型博物馆普遍缺乏专项人财物支持,面对周边学校合作诉求心有余而力不足;大型馆相对实力雄厚,但仍存在"场馆单方面策划实施、校方选用馆方资源"的不对等窘境。

(四)馆校合作内容与形式同质化、低质化

习近平总书记在2017年4月20日的讲话中说道:"博物馆建设不要'千馆一面',不要追求形式上的大而全,展出的内容要突出特色。"这也给我国博物馆与中小学教育结合走特色化道路提出了要求。

事实上,目前我们正存在着馆校合作内容与形式同质化、低质化问题。因为同质化,所以缺乏个性;因为低质化,所以学生的学习成效不佳。虽然我国博物馆青少年教育发展从表面看生机盎然,开发各类活动、项目已成为共识,但事实上很多场馆提供的产品与服务内容单一、雷同、缺乏创意,比如参观导览、工作坊、节庆活动等几乎家家都有,且相差不大,许多项目几乎是为有而有、为教而教,完全构不成竞争力,亦无法形成品牌。同时,时下大热的馆本课程、研学游也被越来越多的场馆所重视,但它们并未与中小学课程标准联动,难道冠以"课程"之名后就真正为师生所需了吗?

[①] 上海市教育委员会编:《砥砺奋进二十年:中小学拓展型、研究型课程实践与探索》,上海科技教育出版社2019年版,第4页。

此外，博物馆针对中小学的活动、项目策划与实施后，馆方经营意识低下，缺乏后续的市场反馈以及升级机制，使得投入与产出、需求与供给不吻合。在"教育"已成为博物馆首要目的与功能、将博物馆纳入青少年教育体系已成为发达国家的普遍行为时，我们不妨放慢心态，去除功利心，不迁就市场，扎实推进，以做出真正适合自己、富有特色与创意的学习产品与服务，而非闲置自身特色资源，一味跟风，简单模仿后就匆忙推出，结果只能是陷入"有则有矣"的表面风风火火的窘境。

三、我国博物馆与中小学教育结合问题背后的十大原因

当前，我国博物馆与中小学之间教育供给和需求之间的不匹配、不协调、不平衡问题是历史原因、现实社会诉求在新形势下的综合反映。但比起表象，问题背后的原因更值得深省，正如本研究方法中"根源分析法"所指明的。而无论是问题还是对原因的分析，都应致力于破解影响事业持续发展、制约博物馆教育作用更好发挥的体制、机制问题，并为引出下文的对策和路径选择做坚实铺垫。就我国博物馆与中小学教育结合"四大问题"背后的"十大原因"而言，具体如下。

（一）理念滞后，缺乏价值和文化引领，内生性动机缺位

为何那么多年来我国馆校合作、文教结合的深层次体制、机制问题始终得不到解决？这首先直指观念、意识、思想上对校外教育、博物馆教育的认识不到位。毕竟，就行动而言，理念先行。这也直接导致一些教育部门和单位、中小学一直未能将场馆作为必不可少的教育资源纳入教学体系，缺乏将两者结合的意识和自觉性。相反，一味地重课堂教学，轻实践育人。这就如同一些地方政府在目标价值取向上只重视经济增长，片面将其等同于政绩，忽视社会的全面发展和人的长远利益一样，结果自然不利于解决教育和文化公平、社会保障等问题。

虽然近年来我国学校、家庭、社会已越来越认同博物馆的育人功能，但在考分、升学率、安全等硬性、显性要求面前，对于博物馆与中小学教育结合的必要性和重要性仍未达成普遍共识，校内外教育偏离、脱节现象时有发生，学校的绩效观存在偏差，甚至不能完成教育部门关于学生社会实践的规定时间等[①]。

---

① 高德毅：《舞动成长的翅膀：上海市中小学课外活动实施指南》，绪论第4—5页。

并且,我国公共组织中官僚主义思想至今存在,倾向于自我保护、拒绝变革,而这些都会构成障碍。

因此,在长期应试教育以及对博物馆教育功能认知不足的现实下,我们理应首先引导理念调整,包括通过校外育人这一强有力载体,促使青少年和儿童的全面、个性化、终身发展,并提升博物馆在其中的位置。此外,我们还要从行动上解决教育评价的"指挥棒"问题,包括考试评价与招生选拔两大实质性环节,并延伸拓展至日常的课程。毕竟,对博物馆与中小学教育结合事业而言,最重要的是价值和文化引领。唯有明确育人为本的文教理念、基于这样的共同愿景,才让校内外"联姻"有了可能,也让博物馆的教育供给有了进一步发展空间。

此外,目前我国文教结合、馆校合作的动机主要是自上而下的,也即源于政府,而非发轫于博物馆、中小学的自身发展诉求。正因为是外部行政驱动、以外在动因为主,因此工作时不时受制于规划、政策、立法的各阶段(未必是中长期)重点,甚至时重时轻、时断时续,有些还受领导更迭等影响。在这样的背景下,本该是合作主体的馆校,因为缺乏原生动力或内在动因,甚至是动机偏离,在合作上形式大于内容,多量的积累,少质的飞跃。包括博物馆对纳入国民教育体系、特别是为青少年教育服务的意识淡薄,而21世纪的场馆理应拥有一种文化,用以嘉奖开发创新,肩负社会责任。同时,中小学更是存在理念误区,比如将馆校间的所有活动都等同于合作,甚至是春秋游;或是前往场馆只是想偶尔变换教学场地,让学生放松一下;不少教师也不愿意在常规教学任务之余,再就博物馆学习进行准备、导入,或是课程改编、开发,以及后续评价等。他们倾向于把课堂时间完全交付场馆使用,或是全盘接受馆方素材;甚至还有学校认为,既然博物馆主动找上门来,就应该它们多付出,自己作为接受者和选择者,无须过多配合和互动等。

(二) 缺乏专项规划引领,体系尚未构建

近年来,我国中小学对校外教育资源的利用和开发虽在不断加大,但跨越文教领域并聚焦博物馆与中小学教育结合的专项规划仍旧缺位,此外校外教育的专项规划也缺位,即便已有《国家中长期教育改革和发展规划纲要(2010—2020年)》《博物馆事业中长期发展规划纲要(2011—2020年)》《国家教育事业发展"十三五"规划》《国家文物事业发展"十三五"规划》等出台。当然,部分省市如上海走在前列,"校外教育"(自2009年始)、"文教结合"(自2013年始)等专项规划相继出炉及不断更新。

此外,全国各地博物馆与中小学教育结合基本处于各自为政、分散发展的状态,缺乏稳定科学、提纲挈领的操作模式和指导方针。这就使得在不同环境下工作的系统性、连贯性、标准性难以保证,也削弱了相关经验的可推广性①。而这些都亟需中央层级博物馆与中小学教育结合的专项规划到位,通过顶层设计把它郑重地作为一份中长期事业来发展。否则,消极影响众多,具体如下。

其一,专项规划和系列计划的缺位,意味着丧失了对博物馆校外教育功能定位这一前提性问题的科学、清晰认识的"成文"机会,同时容易引发馆校合作颇具"运动化"色彩的短期行为。如一窝蜂地应对上级主管部门或单位的红头文件、领导的偏好,或盲目跟风,为课程而课程、为特色而特色,忽略了校外教育、博物馆教育自身的意义和价值,因此很难将该事业自上而下和自下而上发展相结合,缺乏整体性和连续性。

其二,专项规划的缺位,容易导向馆校合作的课程横向统整不紧密、各学段活动纵向衔接不连贯等问题。而"缺乏体系构建"正是目前博物馆青少年教育项目碎片化、点状式现象普遍的一大原因。以馆校合作的高端产品——课程为例,馆本课程与校本、地方、国家三级课程之间在推进中缺乏内在联系,逻辑关系也不清晰;馆校在馆本、校本课程开发中只追求数量,而忽略围绕育人理念、学校办学目标等进行内容设计和系统指导;此外,校外教育传统的活动体系在称谓、分类标准、功能指向上的矛盾日益凸显,亟待在专项规划中将"校内搞课程、校外搞活动"的两套不同甚至相抵牾的话语对接,并加强博物馆项目的课程化建设。

其三,现有部分省市的校外教育规划、计划制定也存在一定的缺憾,包括系列计划需要对规划有所呼应和互动,以真正彰显体系化。目前,公共文教部门、单位常常在年初制定年度计划,但在拟定目标、任务时却忽视一线机构及其工作者的参与。也即,指标往往以行政命令直接下达,上级主管部门很少征求下级单位更遑论一线工作者的意见。若上级对任务的理解与客观实际存在偏差,则很可能导致下级在执行任务时出现消极态度,影响工作绩效。

其四,我国各级各地政府是博物馆与中小学教育结合这项公共文化服务事业的管理主体,是主导方,但也不排斥市场组织和社会团体等多方参

---

① 黄琛:《中国博物馆教育十年思考与实践》,第10—11页。

与。因此,如果专项规划缺位,则管理容易陷入整体性和有序性不足的境地,造成人财物浪费,同时也不利于平衡政府、社会、市场的三方关系。

(三) 专项政策滞后,立法缺位

目前,在我国博物馆与中小学教育结合专项规划缺位的情况下,专项政策也未完全到位,虽然涉及此内容的政策不少。而配套政策的缺失,将直接导致权责利的不明晰,包括文化和旅游(文物)、教育、宣传、民政、科技等相关行政主管部门的协作联动机制、馆校联系制度、经费筹措等的启动和保障不力[1]。而博物馆与中小学教育结合事业本身至少横跨文旅(文物)、教育领域,因此亟需专项政策的引导和扶持。

此外,我国长期以来习惯于用行政手段如按红头文件、上级指示等管理教育,而不善于用立法手段,这其实也是法制不健全的表现之一[2]。目前,国家层面涉及校外教育的法律法规不少,但缺乏专门、综合、高层次的"校外教育法"。而对博物馆与中小学教育结合事业的财政投入、地域均衡、校外师资培养等问题,都需要有制度化的长效机制来对症下药,而非一时一事可解决。所有这些最终都归结于法治保障。

值得一提的是,当下我国博物馆所处的位置,尚不足以彰显其在校外教育、社会教育中的地位,并且社会教育在整个教育体系(包括学校教育、家庭教育、社会教育)中的地位也不够凸显。此外,虽然我国有《博物馆条例》,但并无专项立法明确将博物馆纳入青少年教育、国民教育体系,事实上连校外教育立法也亟待补缺,无论是在中央还是在地方层面。同时,作为我国博物馆行业首部全国性法规的《博物馆条例》,在法律、行政法规、规章的三层法律体系框架中,属于第二层的国务院行政法规级别。因此,若要导向博物馆与中小学教育结合的专项立法,只能从第三层的规章目标开始靠近,详见下文第五章第三节的"以立法促规划、政策的法治化"。

(四) 教育部门未能充分协调建立馆校联系制度

博物馆与中小学教育结合是多主体参与的协同事业,它在社会教育、学校教育两种不同系统的张力下发展,对统筹协调平台的要求苛刻,既要考虑中小学学科课程、活动/实践课程的需求,又要兼顾博物馆的独特属性。目前在馆校合作、文教结合事业中,文化和旅游(文物)、教育部门单打独斗的

---

[1] 国家文物局博物馆司调研组:《关于将博物馆纳入国民教育体系的调研报告》,《新形势下博物馆工作实践与思考》,第72页。

[2] 忻福良:《教育立法要处理好的几个关系》,《高等教育研究》1991年第4期,第81页。

现象皆存在,包括系统内外相关职能单位各自为政、合作意识不强、分工不明确,缺乏整体性引导和管理,而系统外更是没有形成统筹协调机制。

博物馆与中小学教育结合事业虽同时涉及社会教育和学校教育,但唯有通过学校教育方可实现制度化。因此,其关键是将场馆学习纳入日常的教学体系也即课程教育。当然,这非一日之功,具体则需教育部门协调建立馆校联系制度,将组织学生到馆参观列入教学大纲和计划,以及教师培训计划等。

在我国中小学的课程设置中,无论按照哪种分类方式,都是国家课程和地方课程、必修课程、学科/学术课程、分科课程、基础型课程占据绝对主导地位。因此,目前博物馆学习即便有被纳入的时空可能,也是在校本课程、选修课程、活动/实践课程、综合课程、拓展型和研究型课程中。此外,不只是课程浸润不足,由于缺乏强有力的制度保障,博物馆学习与考试评价、招生选拔的关联度也始终不够。鉴于此,在应试教育以及安全顾虑等重压下,学校本来就不易安排校外教育时间,而博物馆项目更是被遗忘抑或是偶尔尝试的对象。

在此背景下,我国若要实质性发展博物馆与中小学教育结合事业,突破点在于,将博物馆学习落于课表上的课程,真正进主流课堂,并拥有课时保障。也即,如上文的本研究对象所示,我们的目标是:社会教育中的博物馆教育积极主动融入学校教育,博物馆主要所属的文化和旅游(文物)系统进一步与教育系统结合。而当跨界联动,尤其是在起步阶段时,由相对"强势"的教育部门协调建立馆校联系制度,并协同文化和旅游部、国家文物局进行制度设计,实属必要,相关举措包括将博物馆学习纳入课程方案、课程计划、课程标准、教材、教学设计,且对接中小学的考试评价、招生选拔等。

(五)专项财政保障不力,博物馆在校外活动经费中占比不足

2000年我国成立了全国青少年校外教育事业联席会议,该联席会议办公室设在教育部。目前,博物馆与中小学教育结合在国家校外教育事业中的位置亟待提升,体现在博物馆时常不被纳入未成年人校外(教育活动)场所和青少年学生活动场所(指少年宫、青少年宫、儿童活动中心、少年之家等)等范畴,而是主要归为未成年人社会实践基地或作为校外教育设施和校外资源等。当然,日本校外教育的执行机构也分为综合性社会公共机构,以及针对青少年、儿童的专业性校外教育机构。前者如博物馆、图书馆、文化馆、美术馆、天文馆等,后者包括少年自然之家、青少年馆、青少年之家、青年馆、青少年中心、儿童馆以及青少年研究中心等。但它们都依据《社会教育

法》而设置,并共同接受国家的财政资助①。

因此,目前我国拨给的青少年学生校外活动经费中,博物馆领域占比不足且不稳定。此外,虽有一些馆校合作项目得到了各级各地校外联牵头的、中央专项彩票公益金的"校外活动保障和能力提升项目"及"研学旅行营地建设项目"扶持,但在申报流程、项目设计与实施等方面存在更具教育系统特点而与博物馆实操不那么契合的情况②。

事实上,我国博物馆与中小学教育结合的财政保障不健全与经费来源渠道单一也直接相关。根据2013年《中央补助地方博物馆、纪念馆免费开放专项资金管理暂行办法》,中央政府对博物馆、纪念馆免费开放设有专项资金,这是目前中央财政对博物馆领域的最大专项投入。该资金虽同时用于补助场馆免费开放所需经费支出,鼓励改善陈列布展,支持重点馆提升服务能力,对免费开放工作成绩突出的省份给予奖励,但对一般地方场馆而言,仍以补助免费开放为主,并无专列的社会教育、校外教育经费。此外,根据2020年《国务院办公厅关于印发公共文化领域中央与地方财政事权和支出责任划分改革方案的通知》,往后博物馆免费开放所需经费由中央与地方财政分档按比例分担,也即中央财政投入缩水。因此,各地博物馆在门票收入下降的同时,因为观众量的大幅上涨,管理运营成本增加,包括展览、教育活动等资源的创造、维护、更新都需大量资金,这让很多馆尤其是中西部地区的场馆感到难以为继。在此背景下,各级各地政府若无专项资金支持,馆校双方也无专项资金用以支付交通、师生保险、教师前期参观和准备、教具购买或制作、课程开发等基本成本,那么博物馆与中小学教育结合在事业发展方面便存在"财力"的掣肘。此外,博物馆与中小学教育结合始终需要各级各地政府的共同投入,目前主要依靠中央和省级财政保障,市县经费投入普遍不足。

(六) 产出难以量化,绩效评估困难

对博物馆与中小学教育结合事业进行绩效管理的一个重要前提是:绩效以量化的方式呈现。这对公共文教部门和单位而言并不容易,于博物馆、中小学同样如此。毕竟它们都不直接从事生产活动,而是提供无形服务。

---

① 王晓燕:《日本校外教育发展的政策与实践》,《国家教育行政学院学报》2009年第1期,第91页。
② 上海市青少年学生校外活动联席会议办公室、上海政法学院教育政策与法制研究中心:《2019上海市校外教育发展论坛材料汇编》,第33页。

由于公共文教服务具有非竞争性和非标准化特征,这就使得服务缺乏可比较的成本效益数据以及足够的来自市场的反馈信息。加之公共文教部门具有非营利性和垄断性特点,其产品或服务鲜少进入市场交易体系,这样反映其生产机会成本的货币价格就不可能形成,因此要对其准确测量就很难[①]。比如,对于时下在校外领域大发展的研学旅行而言,尚未有专业机构对其进行评估,这也部分导致了市场上鱼龙混杂的局面。此外,STEM教育发展虽看起来百花齐放,但在课程缺少标准和认证以及评估机制尚未建立的情况下,不少中小学并不知道如何选择,这些都是现实问题。

事实上,一项合作若要实现中长期可持续发展,必须让各方都受益,且收益是相对可度量的。目前,我国许多博物馆和中小学都不愿直面利益因素的存在及其重要性,一方面源于合作动机主要不是自下而上的,另一方面则源自传统思维的禁锢,其实这是无法回避也必须得到厘清的问题。因此,博物馆与中小学教育结合是否能留下对学生成长有实质性助益的、可计量和累积的成果,并采用适当激励使之与考试评价、招生选拔等联动是关键。同时,确保教师的可兑现收益也很重要,这些都将影响他们是否积极主动和坚持参与。

(七)校外教育师资总量和编制不足,职业发展机会少

无论是专职还是兼职,我国校外教育师资总量都不足,包括博物馆教育工作者难以应对师生数量及其教学诉求,以及中小学没有专职的校外教育人员。而师资不足的原因有多个方面,具体如下:

其一,我们欠缺从学历学位的源头上培养专职校外教育师资的路径,包括高等院校、科研院所尚无"社会教育"或"校外教育"的院系和专业设置,导致"正规军"供给不足。其二,即便未来源头供给跟上,场馆教育人员的编制数量也限制了相关"进人"的可能性。也即,无论是教育系统所属的校外活动场所,还是大部分隶属于文化和旅游(文物)系统的国有博物馆,它们作为事业单位都欠缺足够的人员编制,尤其是教育部门,在编人员数量与场馆青少年教育发展需求及服务范围严重不协调。与此同时,中小学也普遍缺乏专职的校外教育岗位和人员设置。而博物馆与中小学教育结合涉及一系列专业环节,包括课程开发、校园展览创建、观众研究和评估等,并且它属于中长期事业。目前,编制数有限但工作量和要求却不断看涨,工作者总量不足

---

① 李国正等编:《公共管理学》,首都师范大学出版社2018年版,第447页。

且由非专职人员承担,合作专员缺位是常态。其三,博物馆教育工作者等校外师资的专业成长机会较少,其职称评定未能体现教育及校外教育特点,此外晋升通道窄等也都导致了队伍不稳定。其四,在缺乏专员的情况下,各级各地校外联经费不能发放博物馆工作者的馆校合作劳务费,或是场馆只能给予调休作为工作量增量补偿等,都是长久未能突破的问题。同时,大部分中小学教师都在学科课程教授或担任班主任的同时,兼职校外教育职责,却未收获足够的物质和精神激励。

(八) 出行安全、成本等的困局

中小学生前往博物馆参观涉及一系列后勤事宜,包括安全、距离、师生人数、换课等,并不可避免地产生人财物成本,如巴士租赁等交通费、保险费等。目前,大多数馆校合作都在场馆内进行,因此对学校而言,一方面有出行安全的顾虑,所以有些中小学在非必要情况下不轻易让学生外出。另一方面,校馆间的距离及相应的出行成本也是考量因素。若来回博物馆需花费较多时间,学校偶尔为之尚可,但恐无法形成长效机制。事实上,即便是前往距离不远的场馆,若单次往返时间在3小时以上,就会涉及调换课等情况。

鉴于此,在博物馆与中小学教育结合中,我们一方面要应用学校对博物馆的遴选机制,以可持续发展,这将在下文的底层设计的第一节中详述。中小学具体可依据与学校特色整合原则、学校项目优先原则、就近就便与公益性原则、安全保障原则等标准遴选合作场馆,而非集体涌向市中心的大馆却让周边优质资源闲置。另一方面,对馆方而言,服务好周边学校也是其教育发展的第一要义,以不轻易重叠其他社区型博物馆的辐射半径。此外,面对一些学校仍然不愿意或不便于走进场馆的现状,还需要相应的校外教育资源配送服务体系,如博物馆进校园项目等。

当然,除了安全、成本等因素,博物馆对师生的可容纳人数与最佳容纳人数也对学习体验有很大影响。虽然北京、上海、广州等城市的人均博物馆拥有量远高于全国平均水平,但大城市人口众多及人口高峰期的存在是不争的事实。因此,当进行集体活动时,人数过多势必造成资源的捉襟见肘,从而影响到所有人,包括同一批次的中小学生,以及其他观众。这也直指博物馆进校园等项目的必要性,以解决学校的出行问题,同时缓解馆方的空间和人力、物力压力。

(九) 博物馆供给同质化和碎片化,对中小学学情和需求把握不力

之所以说博物馆是"潜在"的校外教育资源,是因为它们尚未发挥应有

的社会教育价值。而我国校外教育之所以难以融入大教育体系,很大程度上是行业内部专业性不强造成的,其独特性无法自证,科学性、规范性自然遭受质疑。因此,无论是校外教育还是博物馆教育发展,要摆脱边缘化首先得修炼内功,既立足自身的独一无二性,又强化专业化建设。

目前,就博物馆与中小学教育结合而言,一方面,合作不够对等化、常态化、制度化,停留在"场馆单方面策划实施、学校选用馆方资源"的初级发展阶段,与博物馆事业发达国家的"馆校紧密协作、共同建设教育资源"相比,存在差距。另一方面,博物馆的不少供给无论从量还是质的角度,都难以满足中小学时下的度身定制参观导览、专题活动、校本课程等需求。同时,场馆教育活动和项目重复建设、门类不平衡,同质化、碎片化问题严重。究其根本,是博物馆未能根据青少年需求进行供给,并且对中小学学情缺乏研究,与教师的合作也不足。

鉴于此,我国博物馆必须系统审视其针对中小学教育供给的"相关性",从藏品中获得灵感,聚焦自身的资源特色输出产品与服务,实行供给侧结构性改革,并将其与国家、省市、地方三级学术标准包括课程方案、课程计划、课程标准、教材、教学设计等制度性依据匹配。事实上,我国供给侧结构性改革的核心就是制度创新与供给,而供给是对需求的回应,对制度供给的研究必须置于需求—供给模式中进行。

(十) 企业身份的尴尬

博物馆与中小学教育结合事业不只是涉及各级各地政府文教部门和单位、博物馆、学校等,还需要社会力量的大力参与,包括企业等。正如在财政保障与经费投入机制方面,我们实行的是以政府投入为主的多元经费筹措机制,详见下文中层设计的第二节。

目前,企业在我国博物馆与中小学教育结合中的功能定位、角色等都比较尴尬,同时我们缺乏具体的制度设计为之保驾护航,这就直接和间接导致了企业对此持观望态度,限制了参与的主观能动性。包括我们尚未有细化的立法、政策、规划,对企业参与校外教育模式进行明晰界定。对于引导社会力量兴办青少年活动场所等,虽规定了相应的财税优惠政策,但具体数字仍未落地,也即各级各地政府尚未"定量"。此外,也没有针对实施企业的资质认定标准、评价体系、行业规范等。

比如,研学旅行业已成为我国校外教育的重要内容,也涉及博物馆,但毕竟属于新兴业态,因此亟待出台相关细则,包括鼓励多元参与、明确政府与市场的边界等,还可将区域研学联动作为一种合法合规的操作模式,同时建立配套的营地和基地建设、经费统筹机制等。目前,上海港城开发(集团)有限公司(简称港城集团)是临港新片区的开发主体之一,它隶属于浦东新区国资委。滴水湖商业旅游开发管理有限公司则是港城集团下属子公司,负责对主城区内的文化、教育、旅游、商业类资源进行开发和管理。但区域研学联动模式在上海市属于首创,如同"新生儿",亟需体制、机制保障。此外,我们还有必要对实施企业设置一定的准入标准、评价体系、问责制度、退出机制等,既让企业参与的身份合法化,又避免市场劣币驱逐良币的现象[①]。

值得一提的是,雀巢公司早在2010年左右就将其环境教育课程——"Project WET 水资源教育全球项目"引入中国,并且雀巢水工厂参观自2013年开始对学生开放,系列活动包括水知识大课堂、流水线亲身体验、水游戏[②]。但这样的优质企业资源正因为有了上海市教育委员会的"识货"并鼓励学校前往才能盘活。

事实上,推动我国博物馆与中小学教育结合关键要形成政府重视、馆校融合、家长认可以及社会支持的良好局面,当然首先还要学生能身心享受。其中,合理界定企业的参与资格和身份,引导、扶持其投入和产出,方为可持续发展之举。而国际文教界巧妙利用商业杠杆"与狼共舞",同时恪守"用户至上"原则、坚守公益底线,已相当成熟,值得我们借鉴。而我国其实也有了《国务院关于进一步加强文物工作的指导意见》《关于推动文化文物单位文化创意产品开发的若干意见》等政策,对于如何以文化创意设计企业为主体之一,如何为社会资本广泛参与研发、经营等活动提供指导和便利条件,如何支持和引导企事业单位通过市场方式让文物活起来等做了引导。

第三节 我国博物馆与中小学教育结合的发展对策和路径选择

法学家认为,制度之治是最理想的治理模式,规则文明是最先进的文明

[①] 上海市青少年学生校外活动联席会议办公室、上海政法学院教育政策与法制研究中心:《2019上海市校外教育发展论坛材料汇编》,第25、27页。

[②] 徐倩:《校内校外,共绘育人版图》,《上海教育》2015年11月A刊,第24—25页。

形态①。的确,对我国博物馆与中小学教育结合事业而言,当下面临校内外教育多维改革同步推进的局面,正从满足基本的公平需求转向提供更高质量的文化、教育,而实现的路径则是制度供给的多样化。此外,正如习近平总书记所言:"制度不在多,而在于精,在于务实管用,突出针对性和指导性。"②所有这些,都敦促我们通过精准的发展对策和路径选择,一边促进校外教育功能定位的协同转向,一边破解博物馆与中小学教育结合的体制、机制障碍,创新制度环境。

一、"协同"转向下的对策和路径——我国博物馆与中小学教育结合的制度设计

如上文所述,自新中国成立以来,我国校外教育经历了萌芽期、初创期、破坏与恢复期、发展期、转型期几个阶段,并且其功能定位也由"延伸""补充""并举"转向了"协同"。在协同的视域下,校内外教育一齐构成了基础教育"一体两翼"中的"两翼",同时素质教育为"一体"。

2018年7月,习近平总书记主持召开中央全面深化改革委员会第三次会议,审议通过了《关于加强文物保护利用改革的若干意见》。其中,在"主要任务"中提出:"将文物保护利用常识纳入中小学教育体系,完善中小学生利用博物馆学习长效机制。"虽然我国博物馆与中小学教育结合事业近年来发展迅速,但与发达国家相比整体尚处于初级发展阶段,因此亟需制度设计。此外,该事业并不简单地等同于馆校合作,不局限于馆和校,而是覆盖了政府、博物馆、中小学、家庭、社区等的系统工程,因此必须以"点"带"线"和"面",需要制度推动以实现中长期可持续发展。

具体说来,我们呼唤的是一种全新的机构伙伴关系(institutional partnership)③。并且,博物馆与中小学教育结合的制度设计犹如一个正金字塔造型,自上而下覆盖了三大层级:顶层、中层、底层。其中,顶层设计指向的是宏观管理,分别从规划、政策、立法角度层层递进;而中层设计尤其需要我们的重视和提升,比起顶层和底层,它似乎并不起眼,但其实问题不少。中观管理起到了纵向承上启下、横向联动的作用,以助推宏观决策等落地为

---

①② 《顶层设计为教育落下重要先手棋》,《中国教育报》2019年9月5日,第2版。
③ B. King, New Relationships with the Formal Education Sector, B. Lord ed., *The Manual of Museum Learning*, Plymouth: Rowman & Littlefield Publishers, 2007, p.78.

微观行动;而底层设计夯实的是微观管理,以促使馆校合作从量的积累进阶到质的飞跃。事实上,唯有政府依法宏观和中观管理,由各级各地文教部门和单位"主导",同时以博物馆、中小学为结合"主体",尤其是以场馆的"积极主动"为先,并纳入社会各方的有序参与,才是为发展具有中国特色和世界水平的现代博物馆与中小学教育结合事业提供的优质制度支撑。

总之,我国教育综合改革已经对校外教育提出了新任务、新要求。当下,如何提升社会教育和学校教育的衔接,包括把优质的博物馆资源引入和转化,促使其文化育人、实践育人机制落地,这是各级各地政府对博物馆与中小学教育结合事业治理的关键,也是呼唤精细化制度设计的时代背景。事实上,制度设计正致力于针对可以做、必须做、做了会对业务发展产生正向影响的环节进行主攻,以最终惠及各利益相关方。

二、我国博物馆与中小学教育结合的制度属性与特征

价值属性和工具属性构成了制度的基本属性,并与其特征关联,这适用于所有领域的制度设计。此外,由于文化和旅游、教育制度本身的复杂性,及其与政治、经济制度等的交叉与重叠,在此情境下,我国博物馆与中小学教育结合事业的制度属性与特征也有了多重性色彩,并具备了中国特色,具体如下。

(一) 属于国家意志,具有公共性

1. 国家意志

制度是一种社会公开的准则或规范,如同制度经济学派的早期代表人物之一——约翰·康芒斯(John R. Commons)所认为的,制度是集体把控个人行动的一系列行为准则和标准。它是集体设定的规约,是人人必须遵守的。所以,从政府行政的角度出发,通过对制度设计、改进、安排[①],可最直接地推进我国博物馆与中小学教育结合事业的发展,从而优化文教治理。

此外,文教结合、馆校合作都是我国基本公共服务的分支,而文教服务的供给正是国家善治行为之一,因此国家性、公共性、政治性是其突出特点。这于博物馆与中小学教育结合的制度设计而言,同样如此。它与党的教育方针等本质是一致的,都是政府意志的反映,要求教育、文化和旅游为建设

---

① 柳欣源:《义务教育公共服务均等化制度设计》,第174页。

社会主义物质文明和精神文明服务,只是内容不同而已,也即,彰显了国家意志、执政理念、政策取向等。正如政府作为国家公共管理与服务职能实现的供给主体,通过建构社会制度和规范、提供公共服务等方式体现统治主体的身份①。

鉴于此,博物馆与中小学教育结合事业自然是国家善治的体现,是德政工程的一部分。基于福利经济学角度,该业务不仅使个人受益,可提高青少年、儿童的整体福利,更重要的是为整个国家带来正向收益,以最终实现全社会文教水平的提高②。因此,建立并优化博物馆与中小学教育结合的制度,绝对有利于我国各项教育、文化和旅游(文物)方针的全面普及、理解认同和贯彻落实。

2. 公共性

公共性是对公共事务、产品属性的概括。根据哈贝马斯(Habermas)的公共领域理论(Theory of Public Sphere),公共性即公共领域,与私人领域相对;任何能够体现公共、共同的原则,对所有公民开放的事物,都可认为其带有公共性。因此,公共性也即全民性、公有性、共享性、开放性、广泛性③。

教育、文化和旅游的公共性是该属性在特定领域的反映和应用,亦是国家意志和社会公共利益的体现,故由政府主导并提供制度保障。鉴于此,博物馆与中小学教育结合事业的公共性也是衡量我国文旅(文物)、教育领域性质的重要标准,是本质属性。一方面,公共性包含了广泛性、统一性。也即,事业发展是个人与社会的双重受益,不仅仅影响个人或单独的中小学生群体,更面向众多社会成员,致力于通过提高青少年、儿童核心素养继而提升国家人力资源实力和国际竞争力,甚至是跨越国界影响全人类的进步。另一方面,公共性包含了公益性和共享性。为中小学生乃至所有公民提供博物馆学习的机会是国家职责所在,亦是社会发展到一定阶段的产物,正如上文所述的我国校外教育发展的不同阶段及其功能定位流变。此外,博物馆与中小学教育结合事业对社会力量参与的容纳和鼓励,也反映了其公共性特征。

事实上,无论是馆校合作还是文教结合,我们的愿景是:努力实现这样的社会,即每一个国民为了完善自己的人格及度过丰富的人生而在其一生

---

①② 柳欣源:《义务教育公共服务均等化制度设计》,第62页。
③ 同上书,第66页。

的所有机会、所有场合都能够进行学习,并且学习成果能发挥相应的价值。在此情境下,博物馆有责任与其他社会教育机构一样,与中小学教育结合,并培养文明而人道的公民。

(二) 属于可操作的行为,具有相对性

1. 宜实行增量改革的可操作行为

博物馆与中小学教育结合事业需要将制度设计与实践有机统一。它不是用来说的,而是用来做的,且能够做到。也即,它是可实现的目标状态。具体包括:第一,逐步被载入我国规划、政策、法律,以国家顶层设计作为支撑。这与该事业彰显了国家意志的属性和特征正呼应,因此未来在全国范围内渐进落地,是可操作、可实施的。第二,上文所述的教育、文化和旅游制度的公共属性,要求国家提供强有力保障,因此博物馆与中小学教育结合终将成为青少年、儿童的一项基本人权,每个人都能享有,只是需要过程。并且,基础教育是整个教育系统中最根本的一环,是实现国民素质提升的最有效手段,是促使公民文明生活的第一步[①]。第三,国家每年大力新建、改建、扩建博物馆等文化基础设施,以不断提升校均、生均场馆占有量,外加博物馆定级和运行评估等工作的开展,这些都从硬件和软件上双重加速了将博物馆纳入我国青少年教育体系的进程。

鉴于此,我国博物馆与中小学教育结合事业发展是可测量、可量化的,包括目标可测、过程可测、结果可测。其目标是青少年、儿童经历一定量的博物馆学习后,达到一定的素质指标。其过程是聚焦博物馆教育的有教无类、因材施教,以提升每一位学生的全面、个性化、终身发展。其结果则可通过对象参与社会职业或升入高一级学校的比率来测量。事实上,经济合作与发展组织曾提出一套衡量教育发展的指标体系(如下表所示)。其中,"学生学业成就与教育的社会产出效益"就与校外教育等直接相关[②]。

表3　经济合作与发展组织提出的衡量教育发展的指标体系

指 标 类 属	具 体 内 容
人口背景	1. 学龄人口的相对数量
	2. 成年人口受教育程度

[①][②] 柳欣源:《义务教育公共服务均等化制度设计》,第62—63页。

(续 表)

指标类属	具 体 内 容
教育投入	1. 占GDP的比例
	2. 公立学校与私立学校的比例
	3. 公共财政对个体的补贴
	4. 生均经费
	5. 公共经费中各级政府的投入比例
	6. 生师比
公民的教育参与程度	1. 义务教育总体入学率
	2. 初中入学率
	3. 需要资助的特殊学生比例
	4. 接受特殊教育的学生比例
学校教育环境与组织管理水平	1. 义务教育阶段教师的法定工资水平
	2. 新教师的职前培训
	3. 教学时间安排
	4. 学生的缺课数
	5. 学校拥有计算机及其使用情况
	6. 学校的各种硬件设施的标准化水平
学生学业成就与教育的社会产出效益	1. 中小学生的学习成绩与升学率
	2. 中小学生对学习的态度
	3. 中小学生的身心发展的健康指数
	4. 就业人口受教育程度与就业的关系
	5. 受教育程度与收入的关系

资料来源：经济合作与发展组织著，中国教育科学研究院组织译：《教育概览2014：OECD指标》，教育科学出版社2015年版。

此外，就博物馆与中小学教育结合事业发展而言，我们主要实行的是增量改革。也即，以不触动现有存量格局（包括利益格局等）为主，在做大过程中通过新的增量来改善整体。其实，在启动初期从增量改革切入，正是我国经济体制改革的成功经验。博物馆与中小学教育结合的增量改革可从政府规划、政策、立法中逐步引入,以降低组织和实施成本。事实上,我国针对农村师资短缺问题而采取的乡村教师支持计划、免费师范生政策等,即是在不改变城市既有师资前提下为农村新增大量合格师资的增量改革举措①。与此同时,上海市在向提升质量和促进公平以最终实现教育全面现代化目标的迈进过程中,亦是用"增量"去撬动"存量",包括通过委托管理与设立新优质学校这两大创举,在基础教育专业资源配置方面形成创新的活样本②。

所谓存量改革,是指通过社会再分配方式,使现有公共资源从富裕地区流向贫困地区,从强势群体流向弱势群体,城市支援农村,以在区域内统一调配资源,即"削峰填谷"。存量改革由于妨碍了既得利益者,实施起来容易遭遇阻碍。我国博物馆与中小学教育结合事业之所以不以存量改革为主,是因为它致力于以发展促均衡,而非拉低先行先试、示范引领地区的文教结合和馆校合作水平。总之,我们将秉持"增存并进"理念,并以增量改革为主,以"造峰扬谷",最终实现高层次均衡,提升公众满意度③。

2. 相对性

我国博物馆与中小学教育结合,即政府为尽可能多的青少年、儿童提供最基本的、适应当前经济社会发展水平和公民需求的博物馆学习机会,并逐步完善中小学生参观、利用场馆的长效机制。但这不是"一刀切",不是平均主义,更不可能一次性到位。它允许差异的存在,之所以希冀在全国铺开,也是为了进一步解决校外教育、文教结合现存的过大差距问题,同时实现一种有中国特色的、大体上的相对公平与效率。这份"相对性"具体体现在以下几方面:

第一,博物馆与中小学教育结合在内容、数量、质量上具有相对性。从供给内容看,它直指博物馆与中小学之间的集体性合作,基本不覆盖亲子教育以及青少年、儿童的个体场馆体验等。从供给数量和质量看,政府主导的博物馆与中小学教育结合以满足学校的基本、底线需求为目标,而不是无限制、无范围的。正如2016年《国务院关于进一步加强文物工作的指导意见》中"发挥文物的公共文化服务和社会教育功能,保障人民群众基本文化权益"所言。如果超越了共通的文教消费,就成了选择性需求,而政府并无

---

① 柳欣源:《义务教育公共服务均等化制度设计》,第156页。
② 余慧娟、赖配根、李帆、朱哲、金志明、董少校:《上海教育密码》,《人民教育》2016年第8期,第9、12页。
③ 柳欣源:《义务教育公共服务均等化制度设计》,第156—157页。

该义务。

第二,经济因素决定了博物馆与中小学教育结合的相对性。我国各地自然条件、经济发展水平差异大,而政府供给的校外教育、文教结合又在很大程度上依赖于地方财政,因此博物馆发展、馆校合作的地域差异必将长期存在。如果单纯削峰填谷,既不可能,又会造成资源的浪费,反而适得其反。

第三,个体的差异性及其个性化文教需求决定了博物馆与中小学教育结合的相对性。青少年、儿童的差异是客观上存在的事实,故而我们首先倡导因材施教理念,如上文第二章第一节中"因材施教是教育的最高境界"所述。这也是为何在我国基础教育改革中,虽有统一的目标,但允许各地采用不同的教材版本及自主安排学校的教学活动等。此外,现在如火如荼发展的校本课程、馆本课程,也正契合了"国家课程、地方课程、校本课程"的三级体系。鉴于此,博物馆与中小学教育结合并不是要达求整齐划一的水平,这本身也不现实,而是力求具有相同公共文教需求的师生对象可以从学校层面享受大致均衡的服务。毕竟,教育的目的从来都不是炮制一模一样的人,而是强调全面、个性化、终身成长。此外,政府也不强制和排斥各地、各馆、各校的多元和自由选择,因此某些指标或标准未必要完全相同。

(三) 属于价值判断,具有发展性

1. 价值判断

所谓"价值判断",是指某一主体对客体的价值判定,也即人们对各种社会现象、问题做出的好与坏、是与否等判定。与价值判断相对应的是"事实判断",也即关于是什么的判定,两者是应然和实然的关系[①]。

博物馆与中小学教育结合目前更偏向价值判断。一方面,该事业在我国尚处于初级发展阶段,更多的是一份愿景,正如 2018 年《关于加强文物保护利用改革的若干意见》所指出的。但它作为实现文化和旅游(文物)、教育小康水平的主要任务之一,是可实现的价值目标,这与上文"可操作的行为"呼应。另一方面,该事业是以现实为依据的理性判断,它并非"一刀切"、毫无特色。相反,它鼓励博物馆、中小学在合作中各显风格,并加大尊重青少年、儿童的差异性。事实上,我们致力于通过制度设计,既调控过大的文教差距,又保护客观存在的不同。也即,针对文教制度和行为的正当性、合理性、理想性做出调整,总体属于基于事实和差异的价值判断。

---

① 柳欣源:《义务教育公共服务均等化制度设计》,第 64—65 页。

2. 发展性

我国博物馆与中小学教育结合事业的演进,是基于现实做出的理性判断。而这份"现实"更包括了业务自身的"发展性",以在动态中"波浪式前进、螺旋式上升"。它一方面体现在发展目标的阶段性上,从一个既定目标到另一个,另一方面体现在发展范围的层次性上,从某一地域最终扩大到全国[①]。

具体说来,博物馆与中小学教育结合的实现是一个非均衡与均衡、全国最低标准与地方标准并存的过程。并且,在不同时期,发展有所侧重,体现出明显的时代特征。在不同历史阶段和同一阶段的不同区域,任务也都不同。比如,在经济发展和财力有限的条件下,我们只能先从底线水平开始,逐步过渡到平均水平,最后再实现进阶,也即由初级到中级,再到高级。事实上,一个国家在某一时期提出的教育、文化特定目标皆追随经济社会发展水平,绝不会一成不变;同时,公众的基本诉求也会变[②]。据此,国家相应调整博物馆与中小学教育结合的标准,这也是政府需要短中期计划、中长期规划、政策甚至是立法、改革的原因。

但无论如何,最低保障和"上不封顶、下要保底"原则也需要为我们所恪守。也即,首先达到博物馆与中小学教育结合的起点/机会、过程、结果中的机会均衡,促使更多学生拥有博物馆学习的权利、条件。在此基础上,再追求更高层次的过程与结果的相对均衡。毕竟,任何一项文教事业的"落地"都非一日之功,有其发展性、阶段性、层次性。

目前,博物馆与中小学教育结合尚未成为我国文教领域的"底线",也就是说,还没有上升到社会成员享有的基本权利和政府提供的必要保障层次,仍属于"发展权"范畴。但正如几十年前我们也无法预知博物馆事业会像今天这样大繁荣一样,随着时代的发展和政府能量的提升,我国不妨加大引导和扶持优质社会教育资源供给,以契合正向的学校教育需求。在此情境下,博物馆与中小学教育结合终将成为教育和文化平等、公平的应然诉求,而制度则作为强有力的保障。

---

① 柳欣源:《义务教育公共服务均等化制度设计》,第 70 页。
② 同上书,第 70—71 页。

◀第五章▶

我国博物馆与中小学教育结合的顶层设计

系统研究我国教育界的顶层设计,包括规划、政策等,可以发现,很多都伴随全国教育工作会议而生。尤其是迄今为止的9次全国教育大会让我们触摸到了70多年来中国教育改革发展的脉搏:1949年、1958年、1971年、1978年、1985年、1994年、1999年、2010年、2018年。比如,1999年6月,第三次全国教育工作会议发布了《中共中央国务院关于深化教育改革,全面推进素质教育的决定》,而实施素质教育正是当时的伟大创新实践。又如,2010年7月,新世纪的首次全国教育工作会议颁布了《国家中长期教育改革和发展规划纲要(2010—2020年)》。它是21世纪我国第一个中长期教育规划纲要,提出了"优先发展、育人为本、改革创新、促进公平、提高质量"20字方针,以及"两个基本、一个进入"的战略目标,即基本实现教育现代化和基本形成学习型社会,进入人力资源强国行列[①]。

此外,2018年9月的全国教育大会具有里程碑意义。习近平总书记作了重要讲话,并第一次提出教育为"国之大计、党之大计";且站在党和国家事业发展的战略高度强调解决好"培养什么人、怎样培养人、为谁培养人"这个根本问题,以培养德智体美劳全面发展的社会主义建设者和接班人。2019年,中央落实该会议精神的行动马不停蹄,印发了《中国教育现代化2035》《加快推进教育现代化实施方案(2018—2022年)》,并连续印发了义务教育、高中教育等基础教育重要文件;各地也都推出了教育改革方案[②]。这些顶层设计都与我国博物馆与中小学教育结合事业相关。

事实上,"顶层设计"是党的十七届五中全会和"十二五"规划中反复提

[①][②] 赵秀红:《教育70年 与共和国同向而行》,《中国教育报》2019年9月4日,第4版。

及的重要概念,也是各领域、各战线改革时进行整体谋划的指导思想[1]。正如《国家中长期教育改革和发展规划纲要(2010—2020年)》早就明确的,"中央政府统一领导和管理国家教育事业,制定发展规划、方针政策和基本标准"。

我国博物馆与中小学教育结合事业的顶层设计,位于"制度设计"这座金字塔的顶端,它从战略角度进行整体功能定位,明确主要矛盾和前进方向。具体则通过规划、政策、立法三大路径,层层递进。也即,"规划"用以确立事业的短、中、长期目标及指导思想等,引领未来发展,也是制定相关"政策"的依据;而"政策"对"规划"进行落地,涉及一系列具体规制,同时也可导向新"规划"的制定;最终,则通过"立法",确立博物馆作为我国中小学教育体系有机组成部分的法律地位,明确其内涵及要求等。事实上,我国文教治理理应从依据政策为主转变为法律、政策、规划并重,从单一的行政手段转变为法律、行政、经济等多重手段结合。

当然,无论我国博物馆与中小学教育结合事业的规划、政策、立法如何演进,它们都与我党的文化和旅游(文物)、教育方针契合,因为后者是最高层级的、长期的,具有时间延续性。同时,顶层设计也存在空间限定性,也即要针对当前实际,与时俱进谋发展,所以才有了"素质教育""创新人才培养模式""培养什么人、怎样培养人、为谁培养人"等各阶段制度供给和聚焦。事实上,发展博物馆与中小学教育结合事业,亦是新时期全面贯彻党的文教方针的伟大创新实践。此外,在几十年的文教改革中,我国已深刻体会到角色定位和扮演的重要性,也即要把各级各地政府变成运筹帷幄的"总设计师",专注于价值导向和制度设计。其中,价值导向是治理的"命门",同时围绕导向做好制度设计是关键。

第一节 以规划引领

习近平总书记强调:"规划科学是最大的效益,规划失误是最大的浪费,规划折腾是最大的忌讳。"[2]我国自1952年颁布并实施了第一个"五年规划"

---

[1] 高德毅:《舞动成长的翅膀:上海市中小学课外活动实施指南》,第1页。
[2] 习近平:《立足优势 深化改革 勇于开拓在建设首善之区上不断取得新成绩》,人民网,2014年2月27日。

以来,已先后拥有13份国民经济和社会发展规划纲要,并形成了中共中央提出规划建议、国务院制定并颁布规划的编制机制,还构建了从总体战略规划到具体专项规划、从中央宏观规划到地方区域规划相结合的完整体系①。鉴于此,位于顶层设计中的规划毫无疑问是中国特色治理体系的重要工具,以规划引领经济社会发展也是我党治国理政的重要方式,以实现全面领导、宏观调控、战略治理。

其中,文化和旅游(文物)、教育战略规划是党和国家在文教领域资源配置、社会利益关系调整、发展目标确定的重要政策工具。所以,规划与政策之间,彼此独立又交融,并享有一致的方针指引,甚至规划被认为在政策体系中具有重要地位。此外,规划与立法也休戚相关。正如我国十二届全国人大常委会将公共文化服务保障法列入当届的五年立法规划,之后,全国人大教科文卫委员会按照全国人大常委会的立法规划,牵头和组织起草公共文化服务保障法。同时,与行政法规、规章相比,规划纲要为改革实践活动提供了必要空间,从而避免了单纯执行的弊端②。

2020年是我国"十三五"规划的收官年,包括《国家"十三五"时期文化发展改革规划纲要》等,也是编制"十四五"规划的关键之年。目前,教育"十四五"规划编制工作已经启动,这是贯彻落实全国教育大会最新精神和《中国教育现代化2035》的第一个五年规划③。事实上,2019年党的十九届四中全会通过的《中共中央关于坚持和完善中国特色社会主义制度、推进国家治理体系和治理能力现代化若干重大问题的决定》提出的"健全以国家发展规划为战略导向""完善国家重大发展战略和中长期经济社会发展规划制度"等,都对我们做好新一轮文化和旅游(文物)、教育规划的编制和实施工作具有重大指导意义。

此外,从博物馆事业发达国家的经验看,它们无不高度重视相关规划,以提纲挈领,聚沙成塔。比如,日本对校外教育实行三级行政管理,而在中央级文部科学省内设置的"生涯学习/终身学习政策局",即负责全国的社会

---

① 杜彬恒、陈时见:《我国教育战略规划的基本特征和价值理念——基于我国五个纲领性教育文献的政策分析》,《河北师范大学学报》2020年第3期,第21页。
② "'教育规划纲要'为下级政府和教育行政部门进行教育改革探索提供了空间。同时,各级政府和有关职能部门对其的贯彻落实应建立在正确认识基础上,需要避免认为'教育规划纲要'都是需要遵照执行的机械认识。"见骈茂林:《"教育规划纲要"的政策属性与效力分析》,《国家教育行政学院学报》2013年第3期,第18页。
③ 刘昌亚:《发挥规划战略导向作用 加快推进教育现代化》,《中国教育报》2019年11月28日,第1版。

教育调查指导、监督咨询和政策规划。目前,我国尚未形成校外教育专项规划,当然部分省市已迈开了先行先试步伐,如上海市出台有一系列校外教育、文教结合的中长期规划、行动计划。同时,我国博物馆与中小学教育结合事业的规划性文本也缺位,如上文的"四大问题"之"十大原因"所述,这会导致相关工作缺乏系统优化布局等。

总之,在校外教育大发展及我国博物馆事业大繁荣的当下,我们首先要在顶层设计中践行对博物馆与中小学教育结合工作的科学规划,包括实事求是地确定目标、任务、实施步骤等,并聚焦整体设计、明确内容、优化载体、强化保障,以作为引领和战略导向,这是政府应该做也必须做的事。当然,除了规划,我们还需通过一系列政策,甚至是以立法为纲,保障专项规划的实施权威。

一、总体规划下的专项规划与子规划

根据《国务院关于加强国民经济和社会发展规划编制工作的若干意见》(国发〔2005〕33号),"建立三级三类规划管理体系"是时代发展所需。并且,随着校外教育、博物馆与中小学结合事业公共治理结构的形成和完善,相关专项规划、子规划、规划性文本也将成为必要的顶层设计工具,在调节政府、博物馆、中小学、社会的关系方面发挥重要作用。

当然,不少人存在误解性认知,认为规划不具有法律法规的国家强制性,多属于一种倡导或指引。的确,文化和旅游(文物)、教育规划本身并不具有类似法律法规的约束力,但政府为贯彻落实而实施的行政行为具有强制性[①]。因此,规划日益成为我国各级各地政府综合运用行政、法律、经济等手段,实现中长期宏观调控目标的有力路径。

(一)三级三类规划管理体系

根据2005年《国务院关于加强国民经济和社会发展规划编制工作的若干意见》所示:"建立三级三类规划管理体系。国民经济和社会发展规划按行政层级分为国家级规划、省(区、市)级规划、市县级规划;按对象和功能类别分为总体规划、专项规划、区域规划。"其中,"专项规划由各级人民政府有

---

① 骈茂林:《"教育规划纲要"的政策属性与效力分析》,《国家教育行政学院学报》2013年第3期,第15页。

关部门组织编制","专项规划是以国民经济和社会发展特定领域为对象编制的规划,是总体规划在特定领域的细化,也是政府指导该领域发展以及审批、核准重大项目,安排政府投资和财政支出预算,制定特定领域相关政策的依据"。此外,"要高度重视规划衔接工作。规划衔接要遵循专项规划和区域规划服从本级和上级总体规划,下级政府规划服从上级政府规划,专项规划之间不得相互矛盾的原则"。

鉴于此,"教育规划纲要""国家教育事业五年规划"均属于国家级专项规划,它们呈现了中央政府对未来教育发展的战略目标、主题、指导思想、工作方针。同时,教育规划因制定主体和审批程序不同,也存在差异。比如,每五年一轮的国家教育事业规划是为配合国民经济和社会发展规划,由教育部主持制定;此外,国家不定期地对教育进行战略性、全局性部署,如1993年的《中国教育改革和发展纲要》、2010年的《国家中长期教育改革和发展规划纲要(2010—2020年)》等,通常都由国务院主持制定、由党中央和国务院共同发布。其中,"教育规划纲要"具有作为国家教育改革纲领性文件的特殊性,是领域内最高层级的宏观管理工具,对于制定下位教育政策具有战略指导作用[①]。

(二)校外教育、博物馆与中小学教育结合事业专项子规划或规划性文本的缺位

目前,在《国家中长期教育改革和发展规划纲要(2010—2020年)》的"发展任务"部分中,尚无专门的校外教育篇章。但"义务教育"篇章中的"减轻中小学生课业负担"、"高中阶段教育"篇章中的"全面提高普通高中学生综合素质",皆与校外教育相关。此外,本规划纲要虽未提及校外教育和博物馆,但三次提及了"社会教育",包括"把德育渗透于教育教学的各个环节,贯穿于学校教育、家庭教育和社会教育的各个方面"、"充分利用社会教育资源,开展各种课外及校外活动"、"统筹开发社会教育资源,积极发展社区教育"。这些都与我国博物馆与中小学教育结合事业相关。

同时,在《国家教育事业发展"十三五"规划》中并未提及校外教育和社会教育,但提及了"博物馆",包括在"全面落实立德树人根本任务"中有"提高学生文化修养。充分利用图书馆、博物馆、文化馆等各类文化资源,广泛

---

① 骈茂林:《"教育规划纲要"的政策属性与效力分析》,《国家教育行政学院学报》2013年第3期,第15—17页。

开展中华民族优秀传统文化、革命文化、社会主义先进文化教育,培育青少年学生文化认同和文化自信"。此外,在《中国教育现代化2035》的"战略任务"之"发展中国特色世界先进水平的优质教育"中,提及了"重视社会教育",但仍无专门的社会教育、校外教育战略任务。与此同时,"全国青少年学生校外活动场所建设与发展规划"目前还停留在2000—2005年的版本[①]。

在此背景下,我们呼吁尽快启动校外教育专项子规划的编制,以作为"教育规划纲要""国家教育事业五年规划"等国家级专项规划的子规划,或至少形成规划性文本。同时,我们要努力在《国家教育事业发展"十四五"规划》《国家中长期教育改革和发展规划纲要(2020—2030年)》等编制过程中,将社会教育、校外教育纳入,使其拥有位置及更多篇幅,甚至是逐步拥有专门板块。事实上,推动校内外教育的协同发展,以作为基础教育的"两翼",首先需要在规划上体现,包括把校外教育纳入基础教育规划,并给予其足够的位置。

与此同时,我们呼唤同步启动我国博物馆与中小学教育结合事业的规划性文本编制,甚至是以专项子规划的样态呈现,作为今后一段时期的发展蓝图和行动纲领。并且,我们还要将博物馆与中小学教育结合的主题和内容纳入"文物事业发展规划""文化发展改革规划纲要"等,在其中拥有更多篇幅和专门板块。比如,在《国家文物事业发展"十四五"规划》中,在"全面提升博物馆发展质量"篇章下的"提升博物馆教育质量"中,提升博物馆与中小学教育结合工作的地位,还可在"博物馆建设工程"专栏中罗列。事实上,《国家文物事业发展"十三五"规划》已对此有所涉及。

此外,若将来有校外教育专项子规划的出炉,则一定在其中预留博物馆的位置。随着博物馆与中小学教育结合事业的不断发展,希冀未来能将其逐步纳入"国家教育事业发展规划""国家中长期教育改革和发展规划纲要"等。另外,我们还需更新"全国青少年学生校外活动场所建设与发展规划",并将博物馆纳入其中。当然,若条件允许的话,我们还可借鉴上海市的经验,拟定文教结合规划等,并在其中专列博物馆与中小学教育结合工作的主题和内容。

---

① 即《2000年—2005年全国青少年学生校外活动场所建设与发展规划》。

二、我国博物馆与中小学教育结合事业专项子规划的编制主体、时间周期、框架

如何做好我国博物馆与中小学教育结合事业的顶层设计,使之真正有序运行、系统实施,而不是随心所欲、零敲碎打的一项工作？首要的是亟需"规划"引领与统筹,以发挥"设计图"和"施工图"的功能。

当下,我国中央层级的校外教育、文教结合等专项子规划缺位,全国青少年学生校外活动场所建设与发展规划也尚未更新。但2015年中国青少年宫协会已颁布了五年规划纲要,详见《中国青少年宫协会工作五年规划纲要(2015—2019)》。同时,2016年浙江省发展和改革委员会、浙江团省委下发了《浙江省未成年人校外活动场所建设与发展"十三五"规划》,这是列入省级"十三五"专项规划编制目录的专项规划,也是全国第一个针对校外教育事业发展制定的"十三五"规划[①]。此外,上海市校外教育事业中长期发展规划及三年行动计划自2009年开始发布,至今已有《上海市校外教育事业发展规划(2009—2020年)(试行)》《上海市校外教育工作三年行动计划(2009—2011年)(试行)》《上海市校外教育三年行动计划(2013—2015年)》《上海市校外教育三年行动计划(2017—2019年)》。当然,还有文教结合三年行动计划,包括《上海市文教结合工作三年行动计划(2013—2015)》《上海市文教结合工作三年行动计划(2016—2018年)》《上海市文教结合三年行动计划(2019—2021年)》。

鉴于此,我们一方面可先将博物馆与中小学教育结合工作的主题和内容纳入"文物事业发展规划",并提升其比重。另一方面,制定我国博物馆与中小学教育结合事业的专项子规划或至少是规划性文本。其中,后者这一步的迈出,至关重要,既将实质性提升博物馆在校外教育、学校教育中的地位,又将提升中小学教育、青少年教育在博物馆事业中的地位,并最终促使博物馆与中小学教育结合事业进一步发展。

(一)双重编制主体及其权威性

就专项子规划的编制主体而言,一方面需要建立协同规划机制,由平级的中央文教部门——教育部、文化和旅游部共同主导,毕竟我国博物馆与中

---

① 王振民编:《中国校外教育工作年鉴(2016—2017)》,第147页。

小学教育结合事业同时涉及教育和文旅(文物)领域,以及社会教育和学校教育。另一方面,具体编制单位可落于教育部的基础教育司、国家文物局。事实上,若有可能的话,未来还可由博物馆与中小学教育结合工作联席会议制度及其办公室(落于教育部)具体牵头,详见下文中层设计的"领导与统筹机制"。而之所以这样做,原因如下:

一方面,我国博物馆与中小学教育结合本身即是文教结合事业的彰显。其中,于中小学而言,它主要归属于校外教育板块,在教育领域的行政管理上对应教育部的基础教育司。因此,主管该司的教育部在规划编制中理应处于"前锋"位置,打好头仗,是"文"积极融合的"教"的代表;另一方面,博物馆与中小学教育结合事业尤其需要博物馆领域的主动,及其上级主管部门的引导和扶持。因此,由指导全国博物馆业务工作的国家文物局来实际操作专项子规划的编制,再合适不过。事实上,在《博物馆条例》中,已有"国家制定博物馆事业发展规划,完善博物馆体系"的规定。

值得一提的是,编制主体的选择除了业务上的契合性,还得考虑其权威性。教育部、文化和旅游部都为正部级,国家文物局为副部级(国家文物局党组书记、局长为文旅部党组成员),教育部基础教育司为正厅局级。而文教的双重主导及其权威性将确保联合主体所能发挥的整合功能,避免了单个部门和单位之间各自为政,以及各规划之间不协调的尴尬局面。同时,鉴于我国馆校合作、文教结合事业目前"教"强势于"文"的现状,因此由教育部在前面牵头,确保了博物馆与中小学教育结合中学校条线的纵向顺畅。

(二)时间周期

2019年的《中国教育现代化2035》是我国第一份以教育现代化为主题的中长期战略规划。而之所以选择2035年,是因为它是中国基本实现社会主义现代化的重要节点,面向该时间目标描绘远景蓝图,将为开启教育现代化建设新征程指明方向。同时,编制该规划也是中国积极参与全球教育治理、履行我国对联合国2030年可持续发展议程的承诺,为世界教育发展贡献中国智慧、中国经验、中国方案的实际行动。此外,《中国STEM教育2029创新行动计划》也已制定。该计划是专家学者针对中国国情提出的对未来十余年STEM教育发展的展望,对其普及具有明确的指向性。而之所以将时间节点定在2029年,是因为2049年是新中国成立百年,届时我们希望建成世界创新型国家。为了实现这一目标,人才培养需要有一定的提前度①。

根据《国务院关于加强国民经济和社会发展规划编制工作的若干意见》,"国家总体规划、省(区、市)级总体规划和区域规划的规划期一般为5年,可以展望到10年以上。市县级总体规划和各类专项规划的规划期可根据需要确定"。我国教育战略规划基本按照10年周期设定或是与经济社会发展的历史进程一致。

在此背景下,就我国博物馆与中小学教育结合事业专项子规划的时间周期而言,建议跨度为5年期中期规划或至少是3年期行动计划,以此确保决策的持续性,以及文化和旅游(文物)、教育内涵式发展的量变连续性与质变可能性。当然,5年期中期规划或3年期行动计划下,仍需配套每年的年度计划,以确保中期目标的一致性,以及年度任务的渐进性,以对5年或3年的目标、任务等进行逐年分解。

此外,我们要有把博物馆与中小学教育结合视为一份中长期事业并为之努力奋斗的定力。同时,教育改革的艰巨性也决定了文教规划的时间周期以及校内外教育本质上的中长期性,以回答"改革到底往哪里去"等重大方向性问题。因此,编制"十四五"期间我国博物馆与中小学教育结合事业专项子规划,是大力推进校外教育及博物馆教育理念、体系、制度、内容、方法、治理等向高质量发展转变的首要举措,以把握时代特征和环境,既满足短期文教需求,又保证业态可持续发展。

(三) 框架

就专项子规划的框架搭建而言,最重要的是明确目标、任务(任务书)、实施路径(时间表、路线图),比如《全力打响"上海文化"品牌加快建成国际文化大都市三年行动计划(2018—2020年)》就明确了"上海文化"品牌建设的总目标、时间表、路线图和任务书。

1. 目标导向与问题导向结合下的"目的—手段"模式

其实,我们不妨把"规划"作为一种将事业拟人化并时刻作审辨式哲学思考的工具,对象包括"我是谁?来自哪里?现在在哪里?为什么出发?要走向哪里?怎么去那里?我如何确定到了那里?"从而科学规划愿景,适时调整方向,尽快付诸行动。如上文所述,博物馆与中小学教育结合事业亟需整体构建有效模式以及具体实施的系统路径,涉及发展的未来方向、愿景使

---

① 王素:《〈2017年中国STEM教育白皮书〉解读》,《教育与教学》2017年第14期,第6页。

命、总体目标和实施路径,是基于当前现状提出的系统变革和整体创新思路。并且,它包括价值观、方法论和操作体三个层面,三者上下衔接、相互关联、形成体系①。这些都直指规划的意义和价值及其框架。

鉴于此,在我国博物馆与中小学教育结合事业专项子规划的编制中,一方面要摸清现状、基于实际,也即目标导向与问题导向相结合,据此构建定向目标、任务书,以"跳一跳,够得着";另一方面,列出切实可行的时间表、路线图,以稳、狠、准地落地 5 年期中期规划或 3 年期行动计划。事实上,规划采用的正是"目的—手段"模式来绘就未来蓝图。包括使用"工程""计划""行动""策略"等词语来标记;而法律则采用"要件—效果"程式,致力于为人们提供行为模式。

2. 框架搭建

在教育领域,《国家中长期教育改革和发展规划纲要(2010—2020 年)》作为 21 世纪我国第一份中长期教育规划纲要,其框架值得学习。它分为总体战略、发展任务、体制改革、保障措施四部分,共二十二篇章。此外,聚焦校外教育的《2000 年—2005 年全国青少年学生校外活动场所建设与发展规划》也值得参考,覆盖了总体目标、具体目标和任务、主要措施三部分。

在文物领域,《国家文物事业发展"十三五"规划》除了"前言""总体要求""完善规划保障措施""形成规划实施合力"外,直奔"任务",包括"切实加大文物保护力度""全面提升博物馆发展质量""多措并举让文物活起来""加强文物科技创新""加强文物法治建设"几大任务,并下设"文物保护工程""博物馆建设工程""文物合理利用工程""文物科技创新应用工程""文物法治建设工程""文物人才培养工程"几大专栏工程。

鉴于此,就我国博物馆与中小学教育结合事业专项子规划的框架搭建而言,一方面,无须大而全,以聚焦自身的独一无二性并使主题鲜明;另一方面,它以相关中央层级的文教规划,以及部分省市的校外教育、文教结合规划为参照,以在子规划中描绘"坐标轴",形成政府、博物馆、中小学、社会各有定位、互为支撑的新格局。其中,指导思想、基本原则、发展目标、重点任务与主要措施都是框架中的必要项,详见下文。

可以预期,此专项子规划将有望以"点"带"线"和"面"、示范引领我国博物馆与中小学教育结合事业的大踏步前进,并统筹推进校外教育及文物事

---

① 陈如平:《关于新样态学校的理性思考》,《中国教育学刊》2017 年第 3 期,第 36、38 页。

业发展,甚至影响各级各地政府的其他文教规划与政策制定。

三、我国博物馆与中小学教育结合事业专项子规划的主体内容

《全力打响"上海文化"品牌 加快建成国际文化大都市三年行动计划》包括了指导思想、发展目标、三大重点任务、主要实施途径、十二大专项行动、46项抓手工作等内容。并且,该三年行动计划明确了四层级体系。也即,在顶层目标的打响红色文化、海派文化、江南文化三大品牌任务之下,第二层级为三大品牌衍生的十二大专项行动,第三层级为支撑专项行动的46项抓手工作,第四层级为由46项抓手工作具体细化分解形成的150项重点项目[①]。

鉴于此,在我国博物馆与中小学教育结合事业专项子规划中,可考虑包括指导思想、基本原则、发展目标、重点任务、主要措施(实施途径)等几部分内容。

(一) 指导思想

指导思想是规划的首要组成部分,彰显了其价值理念、立场、政治属性,属于"魂"。因此,指导思想必须得具备科学性,以保障规划的正确方向。

我国博物馆与中小学教育结合事业跨越了文化和旅游、教育领域,且于学校而言主要属于校外教育板块。因而,各级各地政府相关文教规划的指导思想理应在此专项子规划编制中得到一定程度的纳入和综合,尤其要侧重校外教育及文教结合维度。这也印证了子规划必须以上位规划为母体,以相关平级规划为参照。

鉴于此,我国博物馆与中小学教育结合事业专项子规划的"指导思想"为:坚持立德树人,将社会主义核心价值观和中华优秀传统文化有效融入博物馆与中小学教育结合事业。按照文化和旅游(文物)、教育事业"十四五"规划部署,通过"跨界融合、资源共享"的协同模式,促进博物馆参与人才培养体制机制建设,推进素质教育,把学生培养成为具有社会责任感、创新精神、实践能力的社会主义建设者和接班人。

(二) 基本原则

1. 坚持党的领导

即树立发展博物馆与中小学教育结合事业也是德政的科学理念,发挥

---

① 邢晓芳、王彦:《"上海文化":三年行动计划提出三大品牌任务》,《文汇报》2018年4月30日,第2版。

党在文教结合中总揽全局、协调各方的领导作用,形成党委领导、政府负责、部门协同、社会参与的工作格局。

2. 坚持一体化发展

即坚持一体化推动校内外合力育人共同体建设,以综合素质评价为导向,将博物馆与中小学教育结合。

同时,文化和旅游(文物)、教育部门也强化协同,找准文化和教育的最佳结合点,推动博物馆资源"进教材、进课堂、进课外、进网络、进队伍建设、进评价体系"。

此外,注重家、校、社互联,多元主体共治。

3. 坚持公益为本

即切实保障博物馆等校外教育资源和文化设施使用的公益性,促进优质场馆资源和公共服务的普惠化,推动我国各地博物馆与中小学结合事业的均衡发展。

4. 坚持内涵提升与改革创新

即把握教育发展和青少年成长规律,构建分层递进、整体衔接的博物馆教育序列,加强校外实践体验与校内课程改革的融合。提升博物馆作为校外教育基地的品质与效能,打造增强学生综合素质、师生文化自信和艺术修养的社会教育大课堂。

同时,注重创新驱动和转型发展,加强博物馆与中小学教育结合事业的治理体系建设,着力推进关键领域和主要环节改革,提高科学决策、资源统筹、组织管理、队伍发展、效能评估等水平。

(三)发展目标

规划的科学性除了体现在指导思想上,也体现在目标的制定上,其本质是基于对现有基础和资源的把握而形成的发展愿景和理念。值得一提的是,我国博物馆与中小学教育结合工作开展至今,已不再满足于量的积累,而是希冀达求质的飞跃,同时各地存在一系列共性的体制、机制的难点和痛点。正如作战双方在相互僵持的战场环境中必须找到破局之道一样,我们的破局也得依托精准定位发展目标。按照组织生命周期论的说法,发展一般分为诞生期、爬坡期、上升期、稳定期、高原期等[①]。因此,在专项子规划中,博物馆与中小学教育结合工作也应按照发展的周期性,初步判断目前的

---

① 陈如平:《普通高中发展路径:找准定位、选择手段、搭建载体》,校长学院,2019年4月18日。

位置和状态,并根据内外部环境要求如全球竞争本质是科技竞争、人才竞争,归根结底是教育竞争的大背景等,确立目标和任务。事实上,我们正希冀通过一轮轮专项子规划的承前启后、继往开来,引领本事业中长期可持续发展,并最终打造具备中国特色、世界先进水平的博物馆与中小学教育结合体系。

一言以蔽之,我国博物馆与中小学教育结合事业的"总体目标"为:围绕"为了每一个学生的终身发展"目标,坚持校内外教育统筹协调,形成有利于博物馆与中小学教育结合的体制、机制和社会环境;将博物馆学习纳入中小学教育体系,完善中小学生参观和利用场馆的长效机制,走出一条符合我国国情的馆校合作、文教结合之路。

而我国博物馆与中小学教育结合事业专项子规划的"发展目标"为:到2025年(5年期)/2023年(3年期),博物馆教育资源数量不断扩增,博物馆与中小学教育结合质量整体提升;在校外教育中提升博物馆的地位,加大中小学生参观、利用博物馆的频次和广度、深度。

(四)重点任务与主要措施

既然蓝图已经绘就,行动的号令已经发出,那目标之后便是任务与措施了。当然,规划虽然是个"框",但并非什么都能往里装,而是每一份专项子规划皆积淀为一个台阶,成为下一份规划的起点。于我国博物馆与中小学结合事业的内涵发展而言,我们要通过一系列规划确保决策的持续性,既保证量变的连续性,又保证质变的可能性。

事实上,博物馆与中小学教育结合事业是一个中长期积累的过程,既需久久为功,有长期谋划的战略;又要只争朝夕,有近期突破的战术。除了专项子规划编制,还应有后续时间表的倒排,以根据重点任务,加快主要措施的分解和落地。就重点任务与主要措施而言,我们可构建"工程+平台+项目"体系,同时把缩小现状与目标之间的差距作为发展指标,制定阶段性任务。具体如下:

1. 博物馆增量发展与存量改革并举工程

校外教育的发展与社会教育设施的完善程度及水平(数量和质量)密切相关。设施是必不可少的物质基础,是实施校外教育的途径和手段,正如《2000年—2005年全国青少年学生校外活动场所建设与发展规划》早就明确的。此外,施行于2014—2017年的我国校外教育"蒲公英计划"中,九项措施的前二项就是"建:切实加强校外活动场所建设工作。计划建设30个示范性综合实践基地项目和3 600个乡村学校少年宫项目","配:不断改善校外教育活动装备"。

在日本,无论是政府还是民间团体及私立机构,都非常重视社会教育设施的充实和完善。特别是文部科学省,把扩充和整顿设施作为校外教育行政管理的一大要素来抓。同时,符合"设施三要素"要求(即物质条件、人员条件、职能条件)的社会教育设施遍布全国各地①。

鉴于此,在我国博物馆与中小学教育结合事业专项子规划中,首要任务是实行增量发展与存量改革并举工程,以促使主体多元、结构优化、特色鲜明、富有活力的博物馆体系日臻完善,同时其社会教育作用更加彰显。一方面,加强对国内博物馆的科学规划,包括从供给中小学教育的需求出发,新建、改建、扩建场馆,以构建结构合理、覆盖面广的实体博物馆网络。另一方面,推动博物馆由数量、规模增长的外延式发展向提升包括与中小学教育结合能力、水平在内的内涵式发展模式转变。

此外,我们还要将该专项子规划纳入校外教育基地(场馆)规划、社区建设规划,进而将博物馆等公共文化设施建设纳入本级城乡规划、精神文明建设规划。值得借鉴的是,在2016年《国务院关于进一步加强文物工作的指导意见》中,单独提及"加强文物保护规划编制实施":"要将文物行政部门作为城乡规划协调决策机制成员单位,按照'多规合一'的要求将文物保护规划相关内容纳入城乡规划。国务院文物行政部门统筹指导各级文物保护单位保护规划的编制工作。"

(1) 博物馆增量发展

截至2019年,我国有中小学(包括高中)23.7万所。其中,小学16万所、初中5.2万所、高中2.4万所②。截至2019年底,国家备案博物馆达5 535家。中小学与博物馆的量比约为42.8∶1,平均约每43所学校占有1座场馆。若参照博物馆事业发达国家的数据,我国博物馆的校均占有率偏低,生均占有率则更低。如上文所述,英国约为11.6∶1,美国约为3.8∶1,日本约为2.7∶1。因此,我们要在专项子规划中明确未来实行博物馆增量发展和存量改革的双轨制。

就增量发展而言,目前我国博物馆正以每年180—200座的速度扩增,

---

① 王晓燕:《日本校外教育发展的政策与实践》,《国家教育行政学院学报》2009年第1期,第92页。

② 《中国教育概况——2019年全国教育事业发展情况》,教育部网站,2020年8月31日。

并已基本完成《国家文物事业发展"十三五"规划》目标,即"到2020年,主体多元、结构优化、特色鲜明、富有活力的博物馆体系基本形成,全国博物馆公共文化服务人群覆盖率达到每25万人拥有1家博物馆,观众人数达到8亿人次/年"。事实上,"十三五"以来,我国平均每2天新增一家博物馆,已达到每25万人拥有一座馆。同时,截至2019年底,全国备案博物馆接待观众12.27亿人次,比上年增加1亿多①。

在专项子规划中,我们要明确在未来3—5年内,继续新建、改建、扩建博物馆,更新改造其软硬件,如服务设施和接待条件等。具体包括:推进生态博物馆、社区博物馆、工业遗产博物馆建设,形成一批具有鲜明主题和地域特色的场馆群体;加强市县博物馆建设,支持革命老区、民族地区、边疆地区、贫困地区场馆建设,推动中西部地市级博物馆、专题行业博物馆建设;支持科研院所、高等院校建设专业或产业类、体验型博物馆,引导企业、基金会等社会力量投入场馆建设;研发可复制、可推广的虚拟现实场馆;加快二里头遗址博物馆、国家自然博物馆、国家设计博物馆、国家人类学博物馆等专题馆建设,推进上海博物馆、河南博物院、湖北省博物馆、西藏博物馆等改扩建和功能提升工程等。总之,我们要在子规划中明确博物馆的增量发展,不断提升场馆的校均、生均覆盖率。

(2) 博物馆存量改革

若要创新完善我国现代博物馆体系,就得推动场馆由数量与规模增长的外延式发展向提升包括与中小学教育结合能力、水平在内的内涵式发展模式转变。因此,就存量改革而言,一方面我们需在专项子规划中鼓励北京、上海、浙江、江苏、陕西等条件成熟的地区先行先试博物馆与中小学教育结合工作。事实上,"重大项目和改革试点"正是《国家中长期教育改革和发展规划纲要(2010—2020年)》中"保障措施"部分的内容。此外,2014年国家文物局已启动了"完善博物馆青少年教育功能试点"工作,2014—2016年间不少省市都迈开了实质性步伐。

另一方面,我们要引导国家级、中央地方共建国家级博物馆②、省(直辖市、自治区)级、一级博物馆等发挥带领作用,同时推进"一馆一品"建设,打

---

① 《全国已备案博物馆达5535家》,人民网,2020年5月19日。
② 为加强我国博物馆建设,引导和支持地方重要博物馆向国际先进行列迈进,根据中宣部、财政部、文化部和国家文物局《关于全国博物馆、纪念馆免费开放的通知》(中宣发〔2008〕2号)的要求,财政部和国家文物局于2009年11月18日启动中央、地方共建国家级重点博物馆。

造品牌场馆。具体包括：加强标志国家及地方文明形象的重点博物馆建设，支持故宫博物院、中国国家博物馆等建设世界一流场馆。同时完善中央地方共建国家级博物馆工作机制；建立完善以实体博物馆为龙头和基础，流动博物馆、大篷车、虚拟现实场馆、数字博物馆为拓展和延伸，并且辐射基层中小学教育的中国特色现代博物馆体系，以发挥场馆的资源集散与服务平台作用；并实施非国有博物馆提升工程，将其纳入博物馆质量评价体系，并加强其公共服务和教育设施建设。此外，要推进国有博物馆对口帮扶非国有馆，促进将符合条件的非国有博物馆纳入政府公共文化服务采购范围等。

总之，无论是做精增量还是盘活存量，都是我国博物馆与中小学教育结合事业专项子规划的首要任务与措施，以加强场馆作为社会教育机构的建设，优化城乡布局。事实上，当前的最大瓶颈并非是博物馆总量不足，而是其文教资源尚未得到有效统整及有效供给不足。鉴于此，我们要对现有博物馆资源进行统筹规划和深度挖掘，正如全国文物普查工作一样，同时对场馆供给中小学教育的功能进行再论定和作用再发挥。此外，明确各级各地政府提供充分必要的物质保障。

2. 博物馆与中小学教育结合的公益性提升工程

在我国博物馆与中小学教育结合事业的专项子规划中，我们将一如既往地强调博物馆的非营利属性，实行公益性提升工程，这也呼应了本规划基本原则之一的"坚持公益为本"。具体说来，公益性提升工程主要从博物馆开放时间和价格两方面做出规划引导。并且，中央和国家机关各有关部门、地方各级党委和人民政府要制定具体政策（如资金、税收政策）、措施，对上述公益性予以保障。事实上，日本文部科学省专门出台了《私立博物馆充实青少年学习机会的有关标准》，就私立场馆的开放时间、对青少年参观的免票措施以及对学校教育的支援等方面都作出相关规定，以推动其积极开展青少年教育[①]。

当然，公益性提升工程其实还包括关注农村地区学校的校外教育需求，优化配置博物馆资源，同时向外来务工子女、城乡贫困家庭子女、农村留守儿童等青少年弱势群体免费开放，开展形式多样的公益活动。总之，我们要在专项子规划中明确恪守博物馆与中小学教育结合的公平普惠准则，以逐

---

① 孔利宁：《日本博物馆的青少年教育》，《科学发展观与博物馆教育学术研讨会论文集》，第218页。

步构建全覆盖、长效化机制,更重要的是,促使场馆始终把社会效益放在首位,牢固树立服务意识,提高教育效果。

(1) 增加开放时间

博物馆作为校外教育设施和公共文化服务机构,必须坚持公益性原则,包括坚持常年开放。并且,增加向青少年、儿童开放的时间,尤其是在节假日、寒暑假中,要适当延长。唯有如此,才有希望增强博物馆的接待能力,提高场所利用率,为未成年人更好地体验校外教育创造条件。这些都应在子规划中作为任务与措施进一步明确。

事实上,这与2000年《中共中央办公厅、国务院办公厅关于加强青少年学生活动场所建设和管理工作的通知》、2002年《文化部、教育部关于做好基层文化教育资源共享工作的通知》、2006年《关于进一步加强和改进未成年人校外活动场所建设和管理工作的意见》等政策中关于相关场所增加向青少年学生开放的时间、节假日的开放时间要适当延长的要求也契合。

(2) 实行门票优惠

博物馆坚守的公益性原则还包括免费向青少年、儿童开放,尤其是在节假日、寒暑假中。并且,对于非免费开放的场馆而言,也应尽量对中小学生集体参观实行免票,对其个体参观实行半票。这些都需要在子规划中作为任务与措施进一步明确,以鼓励中小学集体参观和利用场馆。

事实上,这与2000年《中共中央办公厅、国务院办公厅关于加强青少年学生活动场所建设和管理工作的通知》、2002年《文化部、教育部关于做好基层文化教育资源共享工作的通知》中对相关场所节假日免费或低收费向青少年学生开放的要求也契合。尤其是2008年《关于全国博物馆、纪念馆免费开放的通知》要求:"全国各级文化文物部门归口管理的公共博物馆、纪念馆,全国爱国主义教育示范基地全部免费开放。"当然,我国博物馆归口管理不尽相同,以文物部门为主,同时还有文化和旅游、宣传、民政、科技甚至是军委政治工作部等。因此,各级各类场馆宜抓住诸如全国爱国主义教育示范基地建设"一号工程""五三三工程"和"红色旅游"规划实施的机遇,向全社会免费开放,并提升为公众特别是未成年人教育服务的能力[①]。

此外,在《国家文物事业发展"十三五"规划》中,我们也已明确了"完善

---

① 国家文物局博物馆司调研组:《关于将博物馆纳入国民教育体系的调研报告》,《新形势下博物馆工作实践与思考》,第74页。

博物馆免费开放工作机制,将更多博物馆纳入各级财政支持的免费开放范围,促进博物馆公共文化服务标准化、均等化"的目标。同时,《全民科学素质行动计划纲要实施方案(2016—2020年)》亦引导"建立健全科技馆免费开放制度,提高科技馆公共服务质量和水平"。并且,在《国家基本公共文化服务指导标准(2015—2020年)》中,除了有"公共图书馆、文化馆(站)、公共博物馆(非文物建筑及遗址类)、公共美术馆等公共文化设施免费开放,基本服务项目健全"的要求,还有"未成年人参观文物建筑及遗址类博物馆实行门票减免,文化遗产日免费参观"的引导。

值得一提的是,2006年《关于进一步加强和改进未成年人校外活动场所建设和管理工作的意见》规定:"公益性未成年人校外活动场所的收费项目必须经当地财政和物价部门核准。"这对作为非营利性机构的博物馆而言,同样适用。

3. 博物馆与中小学教育结合的水平提升工程

我们要在博物馆与中小学教育结合事业专项子规划中明确实行场馆供给学校教育的水平提升工程,以促使场馆文化服务育人更体系化,文教结合制度更具特色化。包括推动建设一批影响大、受欢迎、辐射广的馆校合作创新项目,促使文教结合"红利"进一步释放、优势进一步凸显。

(1) 完善博物馆教育供给的结构,优化资源布局

我们要在专项子规划中明确提升博物馆的青少年教育功能及其供给中小学教育的量与质,事实上这也契合了《国家文物事业发展"十三五"规划》的导向。相关的重要任务和措施包括但不仅限于如下几点:

● 博物馆开展青少年教育需求调查、资源分析与整理。场馆重点针对中小学生、教师群体开展需求调查;在深入解析国家基础教育课程标准的基础上,研究提炼场馆资源与学校教育的结合点。

● 博物馆开展中小学教育活动、项目。包括场馆为学生讲解服务达到多少万小时/年,开展教育活动、项目多少种类和场次/年;推进博物馆研学旅行,推出一批场馆基地,打造一批精品线路,建立一套研学旅行体系。

● 博物馆与中小学课程、教材结合。包括场馆开发具有自身特色的馆本课程,并与学校教学结合,达到制作精品课程多少门;配套中小学教材教具研发,设计多少与学校课程配套的教辅材料、教师教学参考资料包、电子教程等;博物馆形成实践课程的科目指南。

- 博物馆建设教育资源库和项目库。场馆推出多少示范活动、精品项目，形成策划与实施模式；建设场馆教育示范点和品牌基地。
- 博物馆实施流动教育项目。场馆流动展览进校园与教育体验活动相结合，达到受益中小学多少所、受益师生多少万人次/年。
- 博物馆实施远程教育和网络教育。场馆开展多少线上线下相结合的教育活动、项目，包括青少年教育网络课堂（视频教学）等。
- 博物馆建立中小学生利用场馆学习的长效机制。场馆帮助多少所中小学建立了中华优秀传统文化基地等，帮助多少所中小学开展非物质文化遗产校园传习活动等。
- 博物馆一定程度地吸纳社会力量、社会资金参与场馆青少年教育项目。

（2）拓展博物馆的综合育人功能

就激活博物馆的综合育人功能而言，我们不妨在专项子规划中基于中小学维度，明确实行如下项目。一言以蔽之，不只是将博物馆纳入实践育人、活动育人范畴，还要纳入文化育人，更纳入课程育人范畴，以培养学生的综合素养，与课程、考试评价以及招生选拔环节联动。

① 学生社会实践能力提升项目

通过博物馆活动和项目，大力提升中小学生社会实践服务的内涵，包括注重青少年的兴趣与志趣，培养其实践能力、创新精神、社会责任感等。倡导学生利用博物馆开展学雷锋志愿服务、公益劳动、非遗传统工艺技艺技能创新行动、弘扬传承中华传统美德实践与养成行动，以及职业体验教育等。

此外，配合政府顶层设计，通过博物馆与中小学教育结合继续加强普通高中学生志愿服务（公益劳动）工作的水平和质量，推进高中、初中学生综合素质评价。

② 学生人文素养培育推进项目

以深化"六进"（进教材、进课堂、进课外、进网络、进队伍建设、进评价体系）为抓手，按照一体化、分学段、有序推进的原则，把纳入了博物馆的中华优秀传统文化全方位融入中小学生的思想道德教育、文化知识教育、艺术体育教育、社会实践教育等各环节。

包括充分利用博物馆资源，组织学生进行实地考察和现场教学；开展诸如"学生中华优秀传统文化主题月暨非遗进校园"等活动，基于博物馆重点建设一批中华优秀传统文化研习校外实践基地等。

③ 学生科技创新素养培育推进项目

我们致力于通过博物馆学习加强对青少年探究性学习的指导,尤其是发挥自然科学类场馆的作用。并且,基于课程教学的主渠道,助推中小学自然科学类课程建设,甚至还要弘扬创新文化,培育大众创业、万众创新教育的机制和沃土。具体包括:

在小学中开展诸如"少儿动手益智计划",试点小学"未来科技教室"等,通过博物馆探索科学创新教育新模式;推进诸如"中学生创新拓展计划"等,探索青少年科技成果孵化;建立博物馆、高校、科研院所青少年实践工作站多少个、实践点多少个;面向全国和各地中小学开展科技创新教育特色示范学校评选;办好诸如"争创明日科技之星""国际青少年科技博览会""未来工程师大赛""青少年创新峰会""少年爱迪生"等科创赛会。

④ 职业教育体验基地建设项目

依托我国各行各业的行业博物馆力量,以培养学生的劳模精神、工匠精神为重点,创建主题突出、结构合理、形式新颖、吸引青少年的职业教育系列体验,促进他们的生涯规划和未来发展。这对高中生而言,尤其需要。这一点将在下文底层设计之"博物馆对中小学教育供给的核心要义"中继续论述。

4. 创新体制机制,推进科学治理

2015年《国家文物局、教育部关于加强文教结合、完善博物馆与中小学教育结合功能的指导意见》在"加强组织领导""完善督导评价机制"的"保障措施"中,分别要求:"各地文物、教育部门要建立协调机制,研究年度规划,实施推进重点项目,建立相关的监督管理机制","将中小学生利用博物馆学习项目纳入博物馆运行评估、定级评估、免费开放绩效考评等体系,纳入学校督导范围,定期开展评估和督导工作"。这些都属于体制、机制建设的创新之举。

鉴于此,在我国博物馆与中小学教育结合事业专项子规划中,我们还应明确加强顶层设计,提升科学决策、科学实施、科学评价水平。其中,重点实施以下项目。

(1) 法治化建设推进项目与科研能力提升项目

一方面,进一步引导和扶持博物馆与相关社会机构开展理论和实践研究,尤其是校外教育、博物馆与中小学教育结合的立法研究,为中央和地方法规规章建设提供有力支撑。

另一方面,定期发布博物馆与中小学教育结合的研究项目指南,集聚社会多元专业力量,开展课题攻关;建设相关智库平台,凝聚专家队伍,发挥决策咨询、资源开发、人才储备、社会宣传等作用;定期开展科研成果的评选和推广,营造良好的科研氛围,提升全国博物馆教育工作者、中小学教师等校外师资的科研意识和能力、理论和实践研究水平。

(2)加强队伍建设,提高专业水平

《国家文物局、教育部关于加强文教结合、完善博物馆与中小学教育结合功能的指导意见》在"保障措施"之"加强师资培训"中要求:"各地文物、教育部门根据实际举办不同形式的联合培训。通过教师研习会、双师课堂、教师博物馆之友会员等多种方式,增强博物馆教辅人员与在校教师的双向互动,使博物馆教育人员熟悉学校教育,中小学教师熟悉博物馆教育项目。"

鉴于此,我们要在专项子规划中明确创新包括博物馆教育工作者在内的校外教育人才培养体制,完善校外师资的培训体系,努力打造一支思想素质好、遵循青少年身心规律、积极开展馆校合作、具有跨学科综合知识底蕴和掌握现代技术方法的队伍。其中,重点开展以下项目。

① 师资培养培训项目

利用教育综合改革的契机,探索在相关高校设置"社会教育""校外教育"的专业学位点,开展专业硕士的学位教育。注重师资队伍的专业化能力建设,加强分层分类培训,组织编写培训大纲和指导手册,明确培训目标、内容、实施方式、管理办法。

② 非教育系统名师工作室项目

遴选具有长期工作经验、突出业绩、德才兼备的非教育系统校外教育知名工作者,推出一批名师工作室,以建设教育系统内外的骨干师资共培共享机制、优质师资交流使用机制。总之,通过导师带教等举措开展师资培养实训项目。

值得一提的是,2014 年上海市青少年学生校外活动联席会议办公室曾组织了上海市非教育系统校外教育带头人工作室评审,并确定上海博物馆郭青生、上海公安博物馆汪志刚、中国科学院上海生命科学研究院殷海生、上海纺织博物馆蒋昌宁 4 家单位的主持人牵头不同板块的工作室,这即是馆校合作、文教结合事业在人力资源发展上的务实之举。

③ 校外教育教师队伍均衡化建设项目

在博物馆与中小学教育结合工作中,鼓励中心城区骨干教师到郊区农村援助工作,组织农村校外教育教师到市区交流学习,提升队伍的整体素质,促进均衡化发展。同时,增加校外教育基地专职教师配备,以及提升专职教师、教辅人员、志愿者等的态度与能力。

(3) 信息化建设项目

按照我国学生综合素质评价的方案部署,加强社会实践信息记录电子平台建设,以电子学生证和数据云平台为支撑,为学生综合素质评价、中小学校外教育工作评价、博物馆等场馆信誉等级评价提供依据。同时,加快以博物馆为主体的网上文化艺术类课程资源建设,探索"虚拟场馆""云课堂""移动课堂"等项目,为学生、学校、家长更好地运用博物馆开展校外教育提供信息化服务。

比如,上海市就有机统筹各类资源,以(易班)博雅网为依托,构建了"青少年文化地图"和"社会教育网络大课堂"等。

(4) 国际化建设项目

就国际化建设项目而言,可在北京支持故宫博物院、中国国家博物馆、首都博物馆等,在上海支持上海博物馆、上海科技馆、中华艺术宫等具有国际影响力的校外教育场所建设教育营地、开展国际交流合作,讲好中国故事,传播好中国声音。

此外,探索形成定期开展博物馆与中小学教育结合的国际研讨机制,选派优秀师资和管理人员赴国外访学,邀请国外专家到博物馆等地讲学,多维度提升我们的理论和实践水平。

四、我国博物馆与中小学教育结合事业专项子规划的编制特点

全面、系统、科学、前瞻,这些都是顶层设计中规划编制必须恪守的原则。其中,科学性是关键所在,并且任何规划都有其编制历程。作为中国第一份以教育现代化为主题的中长期战略规划——《中国教育现代化2035》,其起草工作于2016年初启动,历时两年多的专题研究、深入调研、广泛征求意见等环节,于2019年2月正式印发。

虽然在综合性教育、文化(文物)规划中已涉及相关内容,但目前我国中央层级尚无校外教育、文教结合、博物馆与中小学教育结合事业的专项子规划。同时,涌现了一些地方层级的校外教育、文教结合规划。鉴于此,我国博物馆与中小学教育结合事业专项子规划属于首创,而这对其科学、合理的

编制也提出了更高要求,应进行充分的研究,并使之具备可行性。

总之,我国博物馆与中小学教育结合事业专项子规划将基于历史经验和现实判断而确定发展愿景和方向,同时亦是历史与现实的统一。实践证明,科学的规划是办好文教事业、共同实现立德树人的根本任务、拓展校外育人载体和创新模式的重要保障。

(一)突出问题导向

《国务院关于加强国民经济和社会发展规划编制工作的若干意见》指出:"编制规划前,必须认真做好基础调查、信息搜集、课题研究以及纳入规划重大项目的论证等前期工作,及时与有关方面进行沟通协调。"

略不同于战略规划的聚焦目标导向,我们将把"问题导向与目标导向相结合",贯穿于我国博物馆与中小学教育结合事业专项子规划的编制全过程,并尤其关注问题和薄弱环节。这也是科学性的彰显,因为规划编制正是基于对当下所处方位的精准判断。具体包括:实事求是地梳理当前工作中存在的内部问题、外部挑战,以及党的十九大以来教育改革发展的经验与基础,以此作为思考谋划"十四五"期间本事业发展的出发点,详见上文第四章中的"四大问题"和"十大原因"。正如《全国大中小学教材建设规划(2019—2022年)》出台的背景正是我国教材建设整体规划不够、顶层设计不足、教材建设没有专门机构、管理职责不清、制度不完善等。

当然,编制我国博物馆与中小学教育结合专项子规划除了要聚焦领域内部问题,还须放眼外部挑战,包括研究全球经济发展、科技创新、教育改革的发展趋势等。比如,根据我国经济社会发展、人口变化、行业发展、人才需求预测等新一轮文教需求,进一步稳狠准地定位博物馆与中小学教育结合在整个校外教育、文教结合,甚至是国民经济和社会发展中的位置,明确相应的供给。而唯有清晰定位"坐标轴",方可确定相应的事业基本架构,以及博物馆增量发展与存量改革并举涉及的机构数量,中小学生参观、利用场馆学习的层次和类型等。

(二)突出前瞻引领性和改革创新性

既然是规划,就必须具备一定的前瞻性,并能预判未来一个时期的事业发展。正所谓"基于跬步,愿景千里"(Start small, but think big),这与荀子《劝学篇》中的"不积跬步,无以至千里;不积小流,无以成江海"这一数千年前的哲言高度契合。因此,这份"跳一跳、够得着"的目标的精准确定,几乎是规划未来成功与否的一半。

其实,我国博物馆与中小学教育结合的发展目标与国家教育现代化的总体目标拥有一致的内涵,那就是坚持育人为本,以改革创新为动力,以提高质量为核心。一方面,在战略性目标明确的前提下,我们要在各阶段规划和计划中将其分解,以形成 3 年、5 年、10 年等短中长期目标和相应任务。另一方面,5 年或 3 年期专项子规划还得突出前瞻引领性,以在新的历史起点上与学校教育携手推进素质教育,并在基础教育中创新人才培养模式,力争做到满足若干年后国家对各级各类人才的需求,在类型上能输送,在结构上大致匹配。

与此同时,我们还须围绕国家教育工作中的"五育"并举指导思想和"培养什么人、怎样培养人、为谁培养人"这一根本问题,以及"9 个坚持"[①]和"9 个要求"[②]等综合分析我国博物馆与中小学教育结合事业面临的新机遇,并对未来趋势作出前瞻性研判。我们不能想当然地或短期看应该怎么样,而是要对 2020 年乃至 2035 年以后整个国家和不同地区的中小学生人口变化、博物馆发展、信息技术进步甚至是对行业产业中直指人才培养的需求等进行摸底,从不同角度建模,最后再形成专项子规划,以寻找"最近发展区"。

(三)践行专业、民主、规范的过程与方法

根据《国务院关于加强国民经济和社会发展规划编制工作的若干意见》,"建立规划编制的社会参与和论证制度"包括"建立健全规划编制的公众参与制度"和"实行编制规划的专家论证制度"两方面内容。

就我国几大教育战略规划如 1993 年的《中国教育改革和发展纲要》、2010 年的《国家中长期教育改革和发展规划纲要(2010—2020 年)》、2019 年的《中国教育现代化 2035》而言,其编制始终坚持中央主导、专题调研、专家咨询、征求意见、科学编制、权威发布等基本要求,特别强调民主性。一是中央成立了专门机构,包括科教工作领导小组或文件起草工作组,提供了组织保障。同时,党和国家领导人发表系列重要讲话。二是深入开展调研。如在编制《国家中长期教育改革和发展规划纲要(2010—2020 年)》时,成立了由 500 多位学者直接参加、近 2 000 人参与的 11 个重大战略专题组,构成

---

① 坚持党对教育事业的全面领导,坚持把立德树人作为根本任务,坚持优先发展教育事业,坚持社会主义办学方向,坚持扎根中国大地办教育,坚持以人民为中心发展教育,坚持深化教育改革创新,坚持把服务中华民族伟大复兴作为教育的重要使命,坚持把教师队伍建设作为基础工作。
② 要在坚定理想信念上下功夫,要在厚植爱国主义情怀上下功夫,要在加强品德修养上下功夫,要在增长知识见识上下功夫,要在培养奋斗精神上下功夫,要在增强综合素质上下功夫,要树立健康第一的教育理念,要全面加强和改进学校美育,要在学生中弘扬劳动精神。

了囊括100多位专家的咨询队伍。三是充分征求专家学者、社会各界的意见、建议,并委托学术组织、研究机构开展专题研究。《国家中长期教育改革和发展规划纲要(2010—2020年)》在编制过程中,通过各种渠道征集意见与建议210多万条,发出信件14 000多封[①]。四是进行会议论证。在第二次、第四次全国教育大会上分别讨论了《中国教育改革和发展纲要》和《国家中长期教育改革和发展规划纲要(2010—2020年)》,新近的第九次大会又为《中国教育现代化2035》出台做了充分准备[②]。

鉴于此,在编制我国博物馆与中小学教育结合事业专项子规划时,我们也要恪守专业、民主、规范的过程与方法,具体如下:

其一,坚持含化上层规划和平级规划,实现相关规划性文本之间的衔接。也即,在本专项子规划编制前,我们充分含化最新且至今有效的《中国教育现代化2035》《加快推进教育现代化实施方案(2018—2022年)》《国家中长期教育改革和发展规划纲要(2010—2020年)》《国家教育事业发展"十三五"规划》等教育领域上层规划,以及《国家"十三五"时期文化发展改革规划纲要》《博物馆事业中长期发展规划纲要(2011—2020年)》《国家文物事业发展"十三五"规划》等文化(文物)领域上位规划。并且,以部分省市先行先试的校外教育、文教结合规划为参照,如上海市的实践。在此背景下,将其中与博物馆与中小学教育结合事业相关的内容择取、顺延。

总之,我们要建立本专项子规划与教育、文化和旅游(文物)系统内部、外部相关规划的协调机制。一方面,纵向强化上下层级的顺畅,确保各级各类文教规划总、分目标的同与异;另一方面,横向强化各规划的协同性,促使博物馆与中小学教育结合这一跨界和全新"面世"的专项子规划与教育、文化和旅游、人口、产业、国土、财政、科技等领域规划尽量兼容,以形成合力。

其二,坚持编制规划的专业化。包括充分发挥高校、科研机构、智库等作用,专门成立专家团队,对我国博物馆与中小学教育结合事业的重点与难点开展课题研究,进行咨询论证,以提供科学预测和理论支撑。同时,创新规划编制方法,充分利用大数据、云计算等信息化手段。而之所以花大力气做研究,是让我国各级各地政府在规划时心中有底,同时为日后的投入和评

[①] 翟博:《绘制人力资源强国的宏伟蓝图——〈国家中长期教育改革和发展规划纲要〉诞生记》,《中国教育报》2010年7月31日,第1版。

[②] 杜彬恒、陈时见:《我国教育战略规划的基本特征和价值理念——基于我国五个纲领性教育文献的政策分析》,《河北师范大学学报》2020年第3期,第24—25页。

价提供依据。此外,还须对如何将规划目标和任务纳入相关部门和单位的职责体系、如何将贯彻落实行动纳入法治化轨道等进行研究。其间,专家团队可酌情实地考察国际相关的规划编制案例,研究主要国家将博物馆纳入青少年教育体系的理念和实践等。

事实上,我们不妨在全面总结分析"十三五"教育、文化(文物)规划等实施情况的基础上,广泛深入开展调研,以明确"十四五"期间我国博物馆与中小学教育结合事业专项子规划的主体内容。

其三,坚持民主和规范地编制规划,尤其本规划最终惠及的是广大青少年和儿童,并涉及无数博物馆、中小学、家庭等。专家团队不妨问需于民、问计于民,广纳群言、广集众智,使规划编制过程也成为多方参与、民主决策的过程,成为统一思想、凝聚共识的过程,促使本专项子规划的"问世"更合国情、顺民意。其间,我们可召开各类座谈会,听取利益相关方、相关者意见。同时,利用好全国中小学素质教育发展中心、上海教育等全国和各地网站及微博、微信平台。

此外,坚持规范地编制规划也很重要。也即,按照依法行政、依法决策原则履行专家论证、公众参与、风险评估、合法性审查、集体决定等必经程序,综合提升我国博物馆与中小学教育结合事业专项子规划编制的科学化水平。

(四) 完善规划的实施机制

其实,实施规划的过程与编制规划同等重要,也即完善规划的落实机制很有必要。鉴于我国博物馆与中小学教育结合事业专项子规划的文教跨界性和史无前例性,我们要认真总结其上位规划的实施经验,并在编制过程中把"落实"作为一个关键问题同步谋划部署,细化明确实施的责任主体、时间表、路线图,并注重监测、监督检查等环节,改变"重编制、轻实施"的现象,提高规划的约束力。

具体说来,其一是总体规划,分区推进。在我国博物馆与中小学教育结合事业专项子规划的框架下,推动各地从实际出发编制本地区规划,形成一地一案、分区推进的生动局面。并且,部分省市还可发挥示范引领作用,为国家层面积累经验。其二是细化目标,分步推进。也即,科学设计和细化不同规划周期(如5年或3年)内不同阶段的目标和任务,有计划、有步骤地推进。其三是精准施策,统筹推进。完善我国不同地区博物馆与中小学教育结合工作的区域协同发展机制甚至是对口支援机制,以谋求东西部均衡发展等。其四是改革先行，系统推进。充分发挥基层特别是各级各类博物馆、中小学的积极主动性，鼓励探索创新。

在此，推荐《上海市公民科学素质行动计划纲要实施方案（2016—2020年）》中的"进度安排"，并作为"保障措施"的重要组成部分。2016年，上海市指导和推动各区制定"十三五"公民科学素质工作实施方案，并做动员和宣传工作。2017—2020年，市政府推进重点人群科学素质行动和重点工程建设，并且，完善工作机制，解决突出问题，及时补齐短板，推进各项目标任务的完成。2020年，上海市组织开展实施工作的督促检查和专题调研，对"十三五"时期公民科学素质行动进行全面总结和评估，并开展表彰奖励。

此外，《全力打响"上海文化"品牌　加快建成国际文化大都市三年行动计划（2018—2020年）》提出了3大品牌任务、12项专项行动、46项具体抓手、150项重点项目。为推动该三年行动计划落实，上海市进一步制定了《"上海文化"品牌建设重点项目150例工作目标及具体任务表》，并正式印发。它按照责任分工，针对每个项目的目标和举措进行了具体阐述，各项任务则由65个责任单位按照分工同步推进[1]。

值得一提的是，建立规划实施过程中的组织、协调机制至关重要，它是围绕目标是否一致以及重大问题和政策设计进行的多方协调机制[2]。事实上，从规划的实现条件看，非常有必要将其与行政、法律、经济等手段相互作用，来达求顶层设计的预期目标。

（五）建立规划落实的评估制度

根据《国务院关于加强国民经济和社会发展规划编制工作的若干意见》，"建立规划的评估调整机制"包括了"实行规划评估制度"和"适时对规划进行调整和修订"两方面内容。

规划纲要、战略规划等通常都按照10年这一周期设定，因此更须对其实施情况进行监测评估和跟踪检查。当然，对于周期略短的专项子规划的实施而言，纳入评估制度同样有益。但如何发挥参与主体的能动性，如何使不同部门、群体的利益得到协调，既是规划实施的"痛点"，又是监测评估须直面的难题。

---

[1] 《〈全力打响"上海文化"品牌　加快建成国际文化大都市三年行动计划（2018—2020年）〉有关情况》，上海市人民政府新闻办公室网站，2018年5月14日。

[2] 骈茂林：《"教育规划纲要"的政策属性与效力分析》，《国家教育行政学院学报》2013年第3期，第19页。

若要对我国博物馆与中小学教育结合事业专项子规划实施监测,则必须采取有效方法,以充分反映政府、博物馆、学校、家庭、学生、一线教育工作者、家长等的感受和判断。正因为监测评估的目的是为了促进落实规划任务和改进实施行为,因此各级各地政府都要注重建立基于监测评估结果的规划实施调整机制。事实上,我国教育规划纲要已对其评价功能运用进行了设计,将规划确定的项目、任务、指标作为评价和检验政府履职效果的重要标准,如在"实施"部分对任务分工、配套政策制定、监督检查等提出了具体要求[①]。

此外,对规划实施的检查评估还需利用专业人员力量、运用专业方法,比如不能限于行政检查,要在信息收集、效果判断方面采取科学手段。我国在依据教育规划纲要设立的教育体制改革项目检查评估上,就充分发挥了国家教育咨询委员会这一由专业人员构成的咨询组织作用[②]。

第二节 以政策细化落实与导向规划

2018年9月的全国教育大会召开以来,我国以出台政策文件为牵引,加紧推进规划。可以说,教育政策制定力度之大、质量之高前所未有。比如,2019年6月的《关于新时代推进普通高中育人方式改革的指导意见》就推进普通高中教学改革、全面提高教育质量进行了系统设计和全面部署。同年7月的《中共中央、国务院关于深化教育教学改革全面提高义务教育质量的意见》则是党中央、国务院印发的第一份聚焦义务教育阶段教学改革的重要文件[③]。

一系列教育政策紧锣密鼓的出台,充分彰显了教育"国之大计、党之大计"的重要地位,也为新时代我国博物馆与中小学教育结合事业发展指明了方向。纵览这些政策文件,它们并非单纯以量取胜,而是非常具有针对性。当然,在规划、政策、立法这些顶层设计路径中,政策往往是最多的,因为各

---

① 骈茂林:《"教育规划纲要"的政策属性与效力分析》,《国家教育行政学院学报》2013年第3期,第16页。
② 同上,第17页。
③ 《顶层设计为教育落下重要先手棋》,《中国教育报》2019年9月5日,第2版。

级各地政府需要以一系列政策来细化落实立法、规划,并导向新规划的编制。比如针对我国教材建设整体规划不够、顶层设计不足等问题,国家教材委员会制定了《全国大中小学教材建设规划(2019—2022年)》。相应地,教育部印发了《中小学教材管理办法》《职业院校教材管理办法》《普通高等学校教材管理办法》《学校选用境外教材管理办法》等一揽子政策文件。

政策体现了制度,是制度的具体化。在实践样态上,教育政策体现为教育行政主管部门贯彻落实制度而制定的一系列行政规则或规定,它们引领着个人和集体的相关行为,规范着各领域的行动[①]。通常,对于规划的落实,我们需要制定配套政策,以作为保障措施、实施方案等。一方面,各地围绕规划确定的发展目标、重点任务、主要措施等,提出本地区实施的具体方案,分阶段、分步骤组织。另一方面,各有关部门也研究制定和出台切实可行、操作性强的配套政策。此外,在不便或不能运用法律或尚无法规、规章进行调整的领域,如校外教育,我们要充分应用教育、文化和旅游(文物)政策。事实上,只有同时发挥政策的指导性、灵活性特点以及法律的规范性、稳定性优势,才能综合提高行政管理水平,推进依法治教进程[②]。这于我国博物馆与中小学教育结合事业发展而言,亦如是。

一、我国博物馆与中小学教育结合的相关政策梳理与研究

新千年前,经济合作与发展组织出版了《以知识为基础的经济》(The Knowledge-based Economy)报告,正式提出"知识经济"概念,同时还提出民族素质和创新能力越来越成为综合国力的重要标志。当时,经过改革开放后二十余年的发展,我国教育事业质量提升的呼声渐高,尤其不容回避的是观念滞后于时代发展、片面追求升学率的现象普遍存在,这对国民素质和创新能力的影响不可低估。而一些地方已开始了素质教育探索。在此背景下,1999年6月,我国改革开放后的第三次全国教育大会召开,通过了《中共中央国务院关于深化教育改革,全面推进素质教育的决定》并发出总动员令[③]。鉴于此,我国校外教育、博物馆与中小学教育结合事业的相关规划、政

---

① 柳欣源:《义务教育公共服务均等化制度设计》,第51页。
② 徐瑞:《从教育政策到教育法律:论教育管理依据的转变》,《天津市教科院学报》2002年第2期,第25页。
③ 赵秀红:《教育70年 与共和国同向而行》,《中国教育报》2019年9月4日,第4版。

策、立法,大多始于新千年后。但20世纪90年代中,已有相关政策涉及走出校园、走进博物馆等内容。

2007年5月,多位全国政协委员的联名提案《建议将博物馆纳入国民教育体系》首次正式聚焦相关主题,并尤其强调博物馆与中小学教育结合的内容。之后是2008年3月的《呼吁将公共博物馆等纳入国民教育体系》以及2017年3月的《关于将博物馆纪念馆纳入国民教育体系,助推实施中华优秀传统文化传承发展工程的建议》全国"两会"提案。其间,还有各地如上海市的《建议徐汇区率先将博物馆教育纳入中小学教学活动计划》提案等。2020年5月,则有《适时将博物馆教育纳入中小学课程教育体系》全国"两会"提案,足见代表们对博物馆与中小学教育结合主题的日渐关注,具体如下表所示。

表4 涉及我国博物馆与中小学教育结合主题的全国"两会"提案

时 间	提 案 方	名 称
2007年5月	全国政协委员联名提案	《建议将博物馆纳入国民教育体系》
2008年3月	全国人大代表李修松	《呼吁将公共博物馆等纳入国民教育体系》
2017年3月	全国人大代表沈琪芳	《关于将博物馆纪念馆纳入国民教育体系,助推实施中华优秀传统文化传承发展工程的建议》
2020年5月	全国政协委员王欢委员	《适时将博物馆教育纳入中小学课程教育体系》

但客观地说,2007年的全国"两会"提案虽在文化和教育界都引发了强烈反响,也是一次跨界合作的尝试,但后续政策乏力,仿佛星星之火未能燎原。直到2018年10月8日,中共中央办公厅、国务院办公厅印发了《关于加强文物保护利用改革的若干意见》(以下简称《意见》),并在"主要任务"中提出:"将文物保护利用常识纳入中小学教育体系,完善中小学生利用博物馆学习长效机制。"事实上,该《意见》于我国博物馆与中小学教育结合事业而言,是在顶层设计的政策维度上"质的飞跃"。与此同时,它离不开近二三十多年来一系列相关政策、立法的"量的积累",具体如下表所示。这表明我国政府发展本事业的决心是坚定的,包括教育、文化/文化和旅游、财政部门

等都进行了实质性引导和扶持,以不断夯实博物馆作为校外教育机构、公共文化服务机构的功能定位。

表5 直接标明"博物馆"、同我国博物馆与中小学教育结合相关的政策和立法梳理

时　间	政策名称	政　策　内　容
1991年8月28日颁布与实施	《中共中央宣传部、国家教委、文化部、民政部、共青团中央、国家文物局关于充分运用文物进行爱国主义和革命传统教育的通知》(中宣发文[1991]9号)	各级党的宣传部门,各级教育、民政、文化、文物部门和共青团组织,要充分发掘和发挥(文物)这一优势,依托博物馆、纪念馆和各种革命遗迹、遗址作为固定场所,有计划地运用文物开展爱国主义和革命传统教育活动 一、各级教育行政部门、共青团组织和大、中、小学校,要组织青少年学生参观博物馆、纪念馆,瞻仰革命遗址、烈士陵园和其他纪念设施,观看展示祖国灿烂文明的历史文物和反映近现代中国人民苦难、奋斗、胜利历程的革命文物,作为青少年思想政治教育的重要内容,作为大、中、小学生必须参加的教育活动,列入学校德育工作计划 各级民政、文化、文物部门要把组织接待好青少年参观、瞻仰等活动,作为必须完成的业务工作认真落实。要主动与教育部门合作,积极创造条件,把博物馆、纪念馆、烈士陵园和各种纪念设施建设成思想政治教育的课外基地 三、各博物馆、纪念馆、烈士陵园、纪念设施管理单位,要在办好基本陈列的同时,充分利用现有条件并挖掘设施潜力,有重点地举办近现代历史、中国国情和革命传统的专题文物展览,并与教育部门共同组织好参观活动。有条件的单位,还可举办一些富有特色的流动展览,深入学校,特别是乡村和偏远地区的学校巡回展出 五、各博物馆、纪念馆、烈士陵园和各种纪念设施管理单位,对青少年学生有组织的参观、瞻仰要优先安排,并为他们开展活动提供必要的人员、场地、教材等方面的支持和帮助。实行收费参观的单位,平时对在校学生要半价优惠或每周指定一天免费接待;寒暑假要集中一至两周时间,对在校学生免费开放

(续 表)

时 间	政策名称	政 策 内 容
1994年8月23日发布与实施	《中共中央关于印发〈爱国主义教育实施纲要〉的通知》（中发〔1994〕7号）	四、搞好爱国主义教育基地建设 20. 各类博物馆、纪念馆、烈士纪念建筑物、革命战争中重要战役、战斗纪念设施、文物保护单位、历史遗迹、风景胜地和展示我国两个文明建设成果的重大建设工程、城乡先进单位是进行爱国主义教育的重要场所。各级党委宣传部门要遵照当地党委和人民政府提出的要求，会同教育行政部门、共青团组织和文化、文物、民政、园林等部门确定一批教育基地。学校应将这类教育活动列入德育工作计划 21. 各级民政、文化、文物部门和各类专业博物馆、纪念馆，要继续贯彻落实1991年中央宣传部等部门联合下发的《关于充分运用文物进行爱国主义和革命传统教育的通知》，组织接待好青少年参观、瞻仰活动，提供必要的支持和帮助。确定为收费参观的教育基地，对学校组织在校生参观要免收费用 25. 各级教育行政部门、共青团组织要和教育基地建立工作联系制度，共同研究制定活动计划
1995年6月21日发布	《少年儿童校外教育机构工作规程》（教基〔1995〕14号）	第三章 活动 第十六条 博物馆、展览馆、图书馆、工人文化宫、艺术馆、文化馆（站）、体育场（馆）、科技馆、影剧院、园林、遗址、烈士陵园以及社会单位办的宫、馆、家、站等，可参照本规程规定的有关内容组织少年儿童活动
1995年8月28日	《国务院办公厅关于安排好中小学生节假日休息和活动的通知》（国办发〔1995〕46号）	根据《国务院关于修改〈国务院关于职工工作时间的规定〉的决定》（国务院令第174号），全国中小学将于1995年9月1日起实行五天学习日 二、各地区、各部门应充分利用当地图书馆、博物馆、纪念馆、科技馆、文化馆、体育场（馆）、影剧院、游乐场、公园、游览景点等活动场所，认真研究和制订具体措施，在节、假日期间优惠向中小学生开放；在影视片租、场租及相关费用等方面应给予适当的优惠。同时，要重视和发挥各地少年宫、青少年科技馆、儿童少年活动中心、少儿图书馆等少年儿童校外教育机构的育人功能，开展丰富多彩的活动，使中小学生在娱乐中受到教益

(续 表)

时间	政策名称	政策内容
1998年1月20日发布	《中共中央办公厅、国务院办公厅关于转发〈中央宣传部、国家教委、民政部、文化部、国家文物局、共青团中央关于加强革命文物工作的意见〉的通知》（中办发[1998]2号）	四、充分发挥革命文物的社会教育作用 　　要组织好各种革命文物的陈列和展览，广泛、深入、持久地向人民群众特别是广大青少年进行革命传统、爱国主义、集体主义和社会主义教育。要逐步创造条件，运用现代高科技手段和新颖的陈列表现手法，充分揭示革命文物的深刻内涵，以主题鲜明、富有思想性和现实针对性的陈列展览感染和教育观众。全国各级革命博物馆、纪念馆、陈列馆、展览馆、革命烈士陵园等单位，要在坚持办好基本陈列和原状陈列的同时，进一步办好各种内容丰富、形式多样的专题展览和流动展览 　　加强群众工作，优化服务质量，努力发挥第二课堂的作用。突出抓好面向观众特别是面向广大青少年的讲解宣传和接待服务。要根据当代青少年不同的年龄层次、心理发展规律和认知特点，进行深入浅出、循序渐进的讲解。根据实际需要，可以聘请参加过革命战争的老同志，在职或离退休的干部、教师、史学工作者和理论工作者等作为兼职或社会志愿人员参与群众教育工作；也可以广泛吸收大中专学校学生，经过短期培训，作为社会志愿人员参与组织观众和讲解宣传工作。要努力与当地教育部门、共青团组织和社会团体建立长期的工作联系，有计划地组织大中小学生瞻仰和参观学习。实行收费的单位，对中小学师生有组织的参观活动要实行免费；对普通高校师生有组织的参观活动，可根据实际情况实行免费或半价优惠
1999年6月13日发布	《中共中央国务院关于深化教育改革，全面推进素质教育的决定》（中发[1999]9号）	一、全面推进素质教育，培养适应21世纪现代化建设需要的社会主义新人 　　6.要尽快改变学校美育工作薄弱的状况，将美育融入学校教育全过程。开展丰富多彩的课外文化艺术活动，增强学生的美感体验，培养学生欣赏美和创造美的能力。地方各级人民政府和各有关部门要为学校美育工作创造条件，继续完善文化经济政策，各类文化场所（博物馆、科技馆、文化馆、纪念馆等）要向学生免费或优惠开放。农村中小学也要充分利用当地文化资源，因地制宜地开展美育活动 二、深化教育改革，为实施素质教育创造条件 　　14.调整和改革课程体系、结构、内容，建立新的基础教育课程体系，试行国家课程、地方课程和学校课程

(续　表)

时　间	政策名称	政　策　内　容
1999年7月26日颁布与实施	《科学技术部、中共中央宣传部、教育部、中国科协关于开展命名"全国青少年科技教育基地"工作的通知》(国科发政字〔1999〕309号)附件：一、全国青少年科技教育基地申报和命名暂行办法	《全国青少年科技教育基地申报和命名暂行办法》 一、"全国青少年科技教育基地"名称授予在青少年科技教育工作方面具有示范功能和较大影响的单位或机构（包括博物馆、科技文化场馆、青少年科技馆、国家重点实验室、国家工程研究中心、动植物园区、海洋馆、自然保护区、科技名人纪念场馆、自然遗产、文化保护地和其他面向青少年进行科技教育的单位）
2000年6月3日	《中共中央办公厅、国务院办公厅关于加强青少年学生活动场所建设和管理工作的通知》(中办发〔2000〕13号)	一、认真加强青少年学生校外活动场所的管理 （二）由国家和省、自治区、直辖市有关部门命名的"爱国主义教育基地""青少年科技教育基地""德育基地"等场馆、设施，要低收费或积极创造条件免费向青少年学生开放。全国各级革命博物馆、纪念馆、陈列馆、展览馆、革命烈士陵园等单位，要执行《中共中央办公厅、国务院办公厅关于转发〈中央宣传部、国家教委、民政部、文化部、国家文物局、共青团中央关于加强革命文物工作的意见〉的通知》精神，对中小学校师生有组织的参观活动实行免费。地方各级党委和人民政府，中央和国家机关各有关部门要制定具体政策、措施，对上述活动予以保障 （三）其他各类博物馆、纪念馆、科技馆、文化馆（站）、体育场（馆）、影剧院、工人文化宫（俱乐部）等公共文化设施和企事业单位、社会团体所属的文化体育设施及校外教育设施，必须坚持公益性原则，增加向青少年学生开放的时间，节假日免费或低收费向青少年学生开放。地方各级人民政府和各有关部门要在资金、税收政策等方面给予必要的支持 四、切实加强对青少年学生校外教育事业的领导 （十三）为了加强对青少年学生校外教育事业的领导，成立"全国青少年校外教育事业联席会议"，统筹协调和指导全国青少年学生校外教育事业以及青少年学生校外活动场所建设和管理工作。地方也可参照成立相应的协调机构。全国青少年学生校外教育事业由教育部牵头，中央和国家机关各有关部门、群众团体共同参与，做好青少年学生校外教育事业。全国青少年校外教育事业联席会议办公室设在教育部

(续 表)

时间	政策名称	政 策 内 容
2000年12月14日	《中共中央办公厅、国务院办公厅关于适应新形势进一步加强和改进中小学德育工作的意见》(中办发〔2000〕28号)	四、全社会共同努力,各部门通力协作,保障青少年健康成长 11. 切实加强青少年学生校外教育工作。图书馆、博物馆、科技馆、体育馆(场)、文化馆等社会公共文化体育设施以及历史文化古迹和革命纪念馆要坚持公益性原则,为中小学生开展教育活动提供必要的支持和帮助;收费参观的场馆,对中小学生有组织的参观活动要实行免费或优惠
2001年6月8日	《教育部关于印发〈基础教育课程改革纲要(试行)〉的通知》(教基〔2001〕17号)	《基础教育课程改革纲要(试行)》 五、教材开发与管理 12. 积极开发并合理利用校内外各种课程资源。学校应充分发挥图书馆、实验室、专用教室及各类教学设施和实践基地的作用;广泛利用校外的图书馆、博物馆、展览馆、科技馆、工厂、农村、部队和科研院所等各种社会资源以及丰富的自然资源 七、课程管理 16. 为保障和促进课程适应不同地区、学校、学生的要求,实行国家、地方和学校三级课程管理。学校在执行国家课程和地方课程的同时,应视当地社会、经济发展的具体情况,结合本校的传统和优势、学生的兴趣和需要,开发或选用适合本校的课程
2002年4月15日	《文化部、教育部关于做好基层文化教育资源共享工作的通知》(文社图发〔2002〕12号)	二、现有的各类文化设施要坚持为群众服务,为青少年学生服务 根据《中共中央办公厅 国务院办公厅关于加强青少年学生活动场所建设和管理工作的通知》(中办发〔2000〕13号)要求,各地博物馆、纪念馆、陈列馆、展览馆等单位要对中小学校师生有组织的参观活动实行免费,对普通高校师生有组织的参观活动实行免费或半价优惠。群众艺术馆、文化馆、文化站和图书馆、科技馆、影剧院、文化宫等群众文化设施要坚持公益性原则,面向基层,免费或低费向青少年学生开放,并增加开放时间
2002年6月29日发布,2002年6月29日起施行	《中华人民共和国科学技术普及法》(中华人民共和国主席令第七十一号)	第三章 社会责任 第十六条 科技馆(站)、图书馆、博物馆、文化馆等文化场所应当发挥科普教育的作用

(续 表)

时 间	政策名称	政 策 内 容
2003年6月18日通过,8月1日起施行	《公共文化体育设施条例》	第一章 总则 第二条 本条例所称公共文化体育设施,是指由各级人民政府举办或者社会力量举办的,向公众开放用于开展文化体育活动的公益性的图书馆、博物馆、纪念馆、美术馆、文化馆(站)、体育场(馆)、青少年宫、工人文化宫等的建筑物、场地和设备
2003年12月22日	《中共中央宣传部、文化部、国家文物局关于进一步加强博物馆宣传展示和社会服务工作的通知》(文物博发〔2003〕77号)	四、坚持以人为本,强化服务意识,把社会和观众的需求作为博物馆工作的出发点和落脚点。面对观众文化需求的不断变化和文化市场的日益丰富,博物馆要做到定位准确,树立良好形象,改进服务理念,突出自身优势,向社会提供独具特色的文化产品。把社会效益放在首位,有条件的博物馆,要对中小学生参观实行免费或优惠 其他略
2004年2月26日发布	《中共中央国务院关于进一步加强和改进未成年人思想道德建设的若干意见》(中发〔2004〕8号)	七、加强以爱国主义教育基地为重点的未成年人活动场所建设、使用和管理 (十七)充分发挥爱国主义教育基地对未成年人的教育作用。各类博物馆、纪念馆、展览馆、烈士陵园等爱国主义教育基地,要创造条件对全社会开放,对中小学生集体参观一律实行免票,对学生个人参观可实行半票。要采取聘请专业人才、招募志愿者等方式建立专兼职结合的辅导员队伍,为未成年人开展参观活动服务 十、切实加强对未成年人思想道德建设工作的领导 (二十八)要建立健全学校、家庭、社会相结合的未成年人思想道德教育体系,使学校教育、家庭教育和社会教育相互配合,相互促进。要着力建设好中小学及幼儿园教师队伍,青少年宫、博物馆、爱国主义教育基地等各类文化教育设施辅导员队伍,老干部、老战士、老专家、老教师、老模范等"五老"队伍,形成一支专兼结合、素质较高、人数众多、覆盖面广的未成年人思想道德建设工作队伍

(续　表)

时　间	政策名称	政　策　内　容
2004年3月19日发布,5月1日起执行	《文化部、国家文物局关于公共文化设施向未成年人等社会群体免费开放的通知》(义社图发〔2004〕7号)	一、从2004年5月1日起,全国文化、文物系统各级博物馆、纪念馆、美术馆要对未成年人集体参观实行免票;对学生个人参观可实行半票;家长携带未成年子女参观的,对未成年子女免票。被确定为爱国主义教育基地的各级各类公共文化设施要积极创造条件对全社会开放 二、公共文化设施在向未成年人等社会群体免费开放的同时,要坚持把社会效益放在首位,积极开展未成年人喜闻乐见的文化艺术活动,把思想道德建设内容融于其中,充分发挥对未成年人的教育引导功能。博物馆、纪念馆、美术馆要加强陈列设计,根据未成年人的心理特点和教育需求,举办学术性、专业性和知识性、趣味性、观赏性紧密结合的陈列和展览,增强吸引力和感染力 三、全国文化信息资源共享工程要根据未成年人成长进步的需求,精心制作知识性、趣味性、科学性强的文化信息资源;基层网点要完善服务环境,规范服务内容和方式,努力让健康的文化信息资源通过网络进入校园、社区、乡村、家庭,丰富广大未成年人的精神文化生活。各级博物馆、公共图书馆、纪念馆、美术馆等要积极利用互联网站,开设专门为未成年人服务的网页、专栏,提供为广大未成年人喜闻乐见的文化服务内容
2004年3月29日	《共青团中央、全国少工委关于学习贯彻〈中共中央国务院关于进一步加强和改进未成年人思想道德建设的若干意见〉的通知》(中青联发〔2004〕8号)	四、加强未成年人思想道德教育的阵地建设 (十五)要定期组织中学生团员、少先队员到各类博物馆、纪念馆、展览馆、烈士陵园等爱国主义教育基地进行集中参观
2004年3月30日	《中共中央宣传部、教育部关于印发〈中小学开展弘扬和培育民族精神教育实施纲要〉的通知》(教基〔2004〕7号)	《中小学开展弘扬和培育民族精神教育实施纲要》 15.进一步加强爱国主义教育基地和青少年学生校外活动场所建设和管理。各类博物馆、纪念馆、展览馆、烈士陵园等爱国主义教育基地,要精心组织面向中小学生的专题展览、巡回展览,创造一切条件对中小学生集体参观实行免票,对学生个人参观可实行半票或免票。爱国主义教育基地和青少年学生校外活动场所要把社会效益放在首位,牢固树立服务意识,加强制度建设,完善内部管理,提高教育效果

(续 表)

时 间	政策名称	政 策 内 容
2004年9月19日颁布	《关于公益性文化设施向未成年人免费开放的实施意见》(文办发〔2004〕33号)	一、加大公益性文化设施向未成年人免费开放力度 根据中央要求,享受国家财政支持的各级各类博物馆(院)、展览馆、美术馆、科技馆、纪念馆、烈士纪念建筑物、名人故居、公共图书馆、学校图书馆、文化馆(站)、文化宫(工人文化宫、工人俱乐部)、青少年宫、儿童活动中心等公益性文化设施要向未成年人免费或优惠开放。尚未实行免费或优惠开放的,要于2005年1月1日前,向未成年人免费或优惠开放 博物馆(院)、展览馆、美术馆、科技馆、纪念馆、烈士纪念建筑物、名人故居要对学校组织的未成年人集体参观实行免票;对未成年人个人参观实行半价或1/4票价优惠;家长携带未成年子女参观的,对未成年子女免票。有条件的纪念馆可对公众免费开放 二、免费开展丰富多彩的活动,丰富思想道德建设内容 博物馆(院)、纪念馆、烈士纪念建筑物保护单位、美术馆、展览馆、科技馆要提高展品设计和制作水平,努力发掘和展示常设展览和短期专题展览中的爱国主义和思想道德建设内涵。举办知识性、趣味性、观赏性紧密结合的陈列、展览、知识讲座等活动,不断增强陈列、展览、活动的吸引力和感染力。要注意针对未成年人的兴趣爱好,积极探索新的展示艺术和表现手法,注重高新技术和材料的合理运用。充分利用多媒体等载体和采用亲身体验、自己动手等方式,激发未成年人对科学知识的兴趣和探索、创新精神 博物馆(院)、图书馆、纪念馆、美术馆、科技馆、文化馆(站)以及文化信息资源共享工程的各级中心要积极利用互联网站,根据未成年人成长进步的需求,精心制作知识性、趣味性、科学性强的文化信息资源,制作专门为未成年人服务的网站、网页、专栏,提供为广大未成年人喜闻乐见的文化服务内容
2004年11月29日	《中国科协办公厅关于下发〈全国科普教育基地标准(2004修订)〉的通知》(科协办发普字〔2004〕80号)	《全国科普教育基地标准(2004修订)》 4 基地的工作要求 4.1 博物馆类基地[含科技馆、博物馆、动(植)物园、海洋馆、公园等]和青少年活动场所类基地每年开放天数不少于250天

(续 表)

时间	政策名称	政策内容
2005年12月22日审议通过，2006年1月1日起施行	《博物馆管理办法》（中华人民共和国文化部令第35号）	第一章 总则 第五条 博物馆应当发挥社会教育功能，传播有益于社会进步的思想道德、科学技术和文化知识 第二章 博物馆设立、年检与终止 第十五条 博物馆应当于每年3月31日前向所在地市（县）级文物行政部门报送上一年度的工作报告，接受年度检查。工作报告内容应当包括有关法律和其他规定的执行情况，藏品、展览、人员和机构的变动情况以及社会教育、安全、财务管理等情况。 第四章 展示与服务 第二十七条 博物馆应当根据办馆宗旨，结合本馆特点开展形式多样、生动活泼的社会教育和服务活动，积极参与社区文化建设。 其他略
2005年12月22日发文	《国务院关于加强文化遗产保护的通知》（国发〔2005〕42号）	三、着力解决物质文化遗产保护面临的突出问题 （五）提高馆藏文物保护和展示水平。高度重视博物馆建设。提高陈列展览质量和水平，充分发挥馆藏文物的教育作用。坚持向未成年人等特殊社会群体减、免费开放，不断提高服务质量和水平。 四、积极推进非物质文化遗产保护 （三）抢救珍贵非物质文化遗产。有条件的地方可以建立非物质文化遗产资料库、博物馆或展示中心 五、明确责任，切实加强对文化遗产保护工作的领导 （四）加大宣传力度，营造保护文化遗产的良好氛围。教育部门要将优秀文化遗产内容和文化遗产保护知识纳入教学计划，编写教材，组织参观学习活动，激发青少年热爱祖国优秀传统文化的热情

(续　表)

时　间	政策名称	政　策　内　容
2006年1月21日	《中共中央办公厅、国务院办公厅印发〈关于进一步加强和改进未成年人校外活动场所建设和管理工作的意见〉的通知》（中办发〔2006〕4号）	《关于进一步加强和改进未成年人校外活动场所建设和管理工作的意见》 三、充分发挥不同类型未成年人校外活动场所的教育服务功能 15. 各类科技馆要积极拓展为未成年人服务的功能。要切实改进展览方式，充实适合未成年人的展出内容，增强场馆的吸引力。要利用场馆资源，开展面向未成年人的科普活动，引导青少年走近科学、热爱科学。要走出馆门、走进学校、深入社区和农村，利用科普大篷车、科普小分队等各种形式，传播科技知识，支持和指导学校和基层的科普活动 四、积极促进校外活动与学校教育的有效衔接 16. 积极探索建立健全校外活动与学校教育有效衔接的工作机制。各级教育行政部门要会同共青团、妇联、科协等校外活动场所的主管部门，对校外教育资源进行调查摸底，根据不同场所的功能和特点，结合学校的课程设置，统筹安排校外活动。要把校外活动列入学校教育教学计划，逐步做到学生平均每周有半天时间参加校外活动，实现校外活动的经常化和制度化。要把学校组织学生参加校外活动以及学生参加校外活动的情况，作为对学校和学生进行综合评价的重要内容
2006年2月6日	《国务院关于印发全民科学素质行动计划纲要（2006—2010—2020年）的通知》（国发〔2006〕7号）	《全民科学素质行动计划纲要（2006—2010—2020年）》 三、主要行动 （一）未成年人科学素质行动 ——整合校外科学教育资源，建立校外科技活动场所与学校科学课程相衔接的有效机制。利用科技类博物馆、科研院所等科普教育基地和青少年科技教育基地的教育资源，为提高未成年人科学素质服务 四、基础工程 （三）大众传媒科技传播能力建设工程 ——发挥互联网等新型媒体的科技传播功能，

(续 表)

时 间	政策名称	政 策 内 容
2006年2月6日	《国务院关于印发全民科学素质行动计划纲要（2006—2010—2020年）的通知》（国发〔2006〕7号）	培育、扶持若干对网民有较强吸引力的品牌科普网站和虚拟博物馆、科技馆 （四）科普基础设施工程 ——多渠道筹集资金，在充分研究论证的前提下，新建一批科技馆、自然博物馆等科技类博物馆。各直辖市和省会城市、自治区首府至少拥有1座大中型科技馆，城区常住人口100万人以上的大城市至少拥有1座科技类博物馆，全国科技类博物馆的接待能力有显著增长 ——发展基层科普设施。增强综合性未成年人校外活动场所的科普教育功能，有条件的市（地）和县（市、区）可建设科技馆等专门科普场馆；在一些市（州、盟和县）配备科普大篷车，以"流动科技馆"的形式为城乡社区、学校特别是贫困、边远地区提供科普服务
2006年2月7日	《国务院关于印发实施〈国家中长期科学和技术发展规划纲要（2006—2020年）〉若干配套政策的通知》（国发〔2006〕6号）	实施《国家中长期科学和技术发展规划纲要（2006—2020年）》的若干配套政策 八、教育与科普 （四十七）全面推进素质教育。大力推进基础教育课程改革和教学改革，加强和改进德育、智育、体育和美育，使青少年主动地生动活泼地得到发展。大力倡导启发式教学，注重培养学生动手能力，从小养成独立思考、追求新知、敢于创新、敢于实践的习惯。切实加强科技教育。积极开发并合理利用校内外各种课程资源，发挥图书馆、实验室、专用教室及各类教学设施和实践基地的作用，广泛利用校外的展览馆、科技馆等丰富的资源，加强中小学生科技活动场所建设，拓宽中小学生知识面和锻炼实践能力
2006年6月19日颁布与实施	《中央文明办、教育部、中国科协关于开展"科技馆活动进校园"工作的通知》（科协发青字〔2006〕35号）	二、内容 "科技馆活动进校园"以喜闻乐见的形式，将未成年人对科学知识的学习、对科学方法的探索与弘扬科学精神、提高科学素质结合起来，在实施中采用"两点一线，双向互动"的方法：以科学课程作为连接学校和科技馆的主线，形成"两点一线"；在

(续 表)

时 间	政策名称	政 策 内 容
2006年6月19日颁布与实施	《中央文明办、教育部、中国科协关于开展"科技馆活动进校园"工作的通知》(科协发青字〔2006〕35号)	形式上包括科技馆活动进校园参与科学课程的教学,也包括组织学生到科技馆学习实践,延伸学校科学课程,开展综合实践活动和研究性学习,形成"双向互动"。主要内容包括: (一)发挥科技专家、科普志愿者和科学教师等科普队伍的优势,把形式多样、内容丰富的科普活动送进校园,推动学校开展研究性学习。如:趣味科学表演、科学主题的综合实践活动、科普剧表演和科学知识讲座、科技专家帮助学校培训科学教师、支持学校开发校本课程、指导青少年科技爱好者开展研究性学习等 (二)发挥科普器材和设施的优势,配合科学课程开展科学实践活动。如:科学实验送进课堂、科技馆开设科学实践课堂、流动科技馆(科普大篷车)巡回农村学校等 (三)发挥科技馆和青少年科学工作室的优势,丰富学校劳技课和科学课的内容,为劳技课和科学课提供资源服务,如:"动手做"活动资源包、发明创造活动资源包、科技实践活动资源包等 (四)发挥科技馆科普展览的优势,把科普展览送进校园。如:科学发展观和科学史展览,体现科学态度、科学精神的典型科技成果发现过程展览,新发现、新技术、新成果展览,科技知识展览,青春期心理和生理教育展览,青少年科技创新优秀作品展览等 (五)学校利用科技馆阵地和资源优势开展科学教育活动。如:组织学生到科技馆参观科普展览、参加科普活动、把部分科学课程安排在科技馆进行等 其他略
2007年5月30日	《教育部关于加强和改进中小学艺术教育活动的意见》(教体艺〔2007〕16号)	六、教育行政部门和学校要保证必要的经费投入,为开展艺术教育活动提供物质条件保证 应积极整合社会艺术教育资源,在当地政府的协调下,充分利用本地博物馆、剧院、音乐厅、园林、图书馆等文化艺术活动场所,开展学生艺术活动

(续　表)

时　间	政策名称	政　策　内　容
2007年7月26日印发	《关于开展"寻找美丽的中华"青少年社会教育活动的通知》(中青联发〔2007〕30号)	四、主要活动 3.实施中国青少年社会体验计划。在博物馆、科技馆、艺术馆、规划馆、纪念馆、植物园、自然地质公园、港口、湿地、历史遗址、大型企业等社会教育资源丰富的场所建立青少年社会体验基地,开发社会教育体验课程,形成有效的社会机制,引导青少年了解社会生活,体验社会角色,培养社会生活能力。组织青少年开展"寻找美丽的中华"自然之旅、人文之旅、红色之旅和各种专题参观、考察以及社会实践活动,引导青少年走进自然,走进社会,增长知识,开阔心胸,丰富人生,陶冶情操 4.开展全国青少年活动场所公益大行动。组织和动员全国各地青少年宫、妇女儿童活动中心、科技馆(站)、博物馆、艺术馆、青少年活动营地等青少年活动场所向外来务工子女、城乡贫困家庭子女、农村留守儿童等青少年弱势群体免费开放,开展形式多样的公益活动,提供公益服务
2008年1月22日	《教育部办公厅关于做好2008年寒假未成年人校外活动场所工作的通知》(教基厅函〔2008〕5号)	一、未成年人校外活动场所每周组织1—3次"免费开放日"活动,开放所有活动空间,提供所有活动设施,让未成年人自由选择活动项目。至少联系一个当地的科技馆、图书馆、博物馆、展览馆、体育馆等公共资源或文艺团体、专业运动队、科研院所、企事业等单位,带领未成年人开展一次体验活动
2008年1月23日	《关于全国博物馆、纪念馆免费开放的通知》(中宣发〔2008〕2号)	二、博物馆、纪念馆免费开放的实施范围和步骤 (一)实施范围 全国各级文化文物部门归口管理的公共博物馆、纪念馆,全国爱国主义教育示范基地全部免费开放。其中,文物建筑及遗址类博物馆暂不实行全部免费开放,继续对未成年人、老年人、现役军人、残疾人和低收入人群等特殊群体实行减免门票等优惠政策。博物馆、纪念馆按照市场化运作举办的特别(临时)展览,可根据实际情况确定门票价格 (二)实施步骤 2008年,中央级文化文物部门归口管理的博物馆全部向社会免费开放;各省级综合博物馆全部向社会免费开放;各级宣传和文化文物部门归口管理的列入全国爱国主义教育示范基地的博物馆、纪念馆全部向社会免费开放;浙江、福建、湖北、江西、安徽、甘肃和新疆等7省(区)文化文物系统归口管理的省、市、县级博物馆全部向社会免费开放。鼓励有条件的省(区、市)探索全面实行免费开放

(续 表)

时间	政策名称	政 策 内 容
2008年1月23日	《关于全国博物馆、纪念馆免费开放的通知》（中宣发〔2008〕2号）	2009年，除文物建筑及遗址类博物馆外，全国各级文化文物部门归口管理的公共博物馆、纪念馆，全国爱国主义教育示范基地全部向社会免费开放 鼓励暂不能完全免费开放的博物馆、纪念馆实行低票价政策，继续对未成年人、老年人、现役军人、残疾人等社会群体实行免费或优惠参观，并向社会承诺定期免费日，制定灵活多样的门票制度，如家庭套票、特定时段票等，吸引公众走进博物馆和纪念馆 其他略
2008年4月9日	《国家林业局、教育部共青团中央关于印发〈国家生态文明教育基地管理办法〉的通知》（林宣发〔2009〕84号）	《国家生态文明教育基地管理办法》 第一章 总则 第二条 国家生态文明教育基地是具备一定的生态景观或教育资源，能够促进人与自然和谐价值观的形成，教育功能特别显著，经国家林业局、教育部、共青团中央命名的场所。主要是：国家级自然保护区、国家森林公园、国际重要湿地和国家湿地公园、自然博物馆、野生动物园、树木园、植物园，或者具有一定代表意义、一定知名度和影响力的风景名胜区、重要林区、沙区、古树名木园、湿地、野生动物救护繁育单位、鸟类观测站和学校、青少年教育活动基地、文化场馆（设施）等
2012年12月13日发布	《关于加强博物馆陈列展览工作的意见》（文物博函〔2012〕2254号）	陈列展览是博物馆向社会奉献的最重要的精神文化产品，是博物馆开展社会教育和公共服务、实现社会职能的主要载体和手段 一、坚持公益属性。博物馆举办陈列展览，要始终坚持社会效益第一的原则，积极培育和践行社会主义核心价值观，普及科学知识，弘扬科学精神，清晰地诠释博物馆的教育目标、理念与思想，着眼于中华文明和整个人类文明的发展，反映人类最美好的目标理想和价值追求 五、强化教育功能。紧密结合素质教育，与教育部门特别是中、小学校完善联系机制，丰富面向或配合学校教育的陈列展览，以博物馆之长补学校教育之不足，真正使博物馆成为学校教育的"第二课堂"。常设陈列应特别清晰地标识适合未成年人认知、欣赏的重点文物、标本，充实符合青少年认知习惯的文字说明。有条件的地方，可建立专门面向未成年人的博物馆（儿童博物馆）或教育类博物馆，增加面向学生的陈列展览项目 其他略

(续 表)

时间	政策名称	政 策 内 容
现行《中华人民共和国未成年人保护法》于2012年10月26日公布,自2013年1月1日起施行	《中华人民共和国未成年人保护法》	第四章 社会保护 第三十条 爱国主义教育基地、图书馆、青少年宫、儿童活动中心应当对未成年人免费开放;博物馆、纪念馆、科技馆、展览馆、美术馆、文化馆以及影剧院、体育场馆、动物园、公园等所所,应当按照有关规定对未成年人免费或者优惠开放
2013年1月18日	《教育部关于印发〈中小学书法教育指导纲要〉的通知》(教基二〔2013〕1号)	三、实施建议与要求 (一)教学建议与要求 9.重视课内外结合。充分利用少年宫、美术馆、博物馆、名胜古迹等资源,拓展书法学习空间
2013年2月2日成文,2月18日发布	《国务院办公厅关于印发国民旅游休闲纲要(2013—2020年)的通知》(国办发〔2013〕10号)	《国民旅游休闲纲要(2013—2020年)》 二、主要任务和措施 (四)改善国民旅游休闲环境。稳步推进公共博物馆、纪念馆和爱国主义教育示范基地免费开放。落实对未成年人、高校学生、教师、老年人、现役军人、残疾人等群体实行减免门票等优惠政策。鼓励设立公众免费开放日。逐步推行中小学生研学旅行 三、组织实施 (十一)加大政策扶持力度。鼓励和支持私人博物馆、书画院、展览馆、体育健身场所、音乐室、手工技艺等民间休闲设施和业态发展
2013年6月3日发布与施行	《中央补助地方博物馆、纪念馆免费开放专项资金管理》(财教〔2013〕97号)	全文略
2014年1月21日	《关于开展"完善博物馆青少年教育功能试点"申报工作的通知》(文物博函〔2014〕73号)	二、试点原则 (一)按照"标准化、均等化"的原则,开发适宜大中城市、小城市及农村地区青少年的博物馆教育项目,保障青少年特别是农村青少年的文化鉴赏权益 (二)把博物馆资源与中小学课程教育、综合实践活动、研究性学习的实施有机结合,增强博物馆青少年教育的针对性

（续　表）

时　间	政策名称	政　策　内　容
2014年1月21日	《关于开展"完善博物馆青少年教育功能试点"申报工作的通知》（文物博函〔2014〕73号）	（三）充分发挥省级以上大馆尤其是中央地方共建国家级博物馆的资源优势和引领带动作用，有效整合区域博物馆教育资源、构建协作共享机制 （四）建立馆校合作机制，切实将博物馆青少年教育纳入中小学校日常教学体系。吸纳社会力量、社会资金参与博物馆青少年教育项目 三、试点任务 （一）博物馆青少年教育需求调查： 重点针对中小学生、教师、家长三类群体，采取问卷调查等方式，分别开展需求调查，形成《青少年博物馆教育需求调查统计分析报告》 （二）博物馆青少年教育资源分析与整理： 在深入解析国家基础教育课程标准的基础上，研究提炼博物馆资源与学校教育的有机结合点，形成《博物馆青少年教育资源分析研究报告》 （三）博物馆青少年教育课程项目开发： 按照"重参与、重过程、重体验"的教育理念，紧密结合国家课程、地方课程与校本课程的设置和课程改革目标，设计研发博物馆青少年教育课程 博物馆教育课程应涵盖分科课程和综合课程，并按照幼儿园、小学低年级、小学高年级、初中4个学段层次精心设计，构建每个学段的教学目标、教学重点、体验内容及评价标准 （四）配套教材教具研发： 设计与课程相配套的教辅材料、立体学材包、教师教学参考资料包、电子教程等，进入中小学课堂教学 （五）博物馆青少年教育网络课堂（视频教学）应用： 探索将博物馆教育课程、教材教具等前期工作成果转化利用的有效手段。如利用现有的远程教育终端系统、电视电台及其他网络视频互动系统，探索将现场教学以实时或录播的形式实现博物馆教育课程全面覆盖中小学校；还可将教学视频以光盘形式提供给远离博物馆的基层学校和学生，切实增强博物馆教育辐射力

(续 表)

时间	政策名称	政策内容
2014年1月21日	《关于开展"完善博物馆青少年教育功能试点"申报工作的通知》(文物博函〔2014〕73号)	（六）教师培训： 博物馆设立专职教育辅导专员，吸纳相关课程研发人员、专家参与教师培训，通过教师研习会、双师课堂、教师博物馆之友会员等多种方式，增强博物馆教辅人员与在校教师的双向互动，使老师学会使用博物馆教材教具，并应用于课堂教学 （七）实施教育体验活动： 建立本地区《博物馆青少年教育体验活动项目库》，积极吸引本地区中小学校参与体验活动，并根据活动实践及时调整完善，形成活动策划与实施模式。最终建立中小学生到博物馆参与教育活动的长效机制 （八）流动展览进校园与教育体验活动相结合： 按照本地区《博物馆青少年教育体验活动项目库》及相关网络教育资源，设计适合进校园的流动展览，配合网络课堂、实地体验互动活动指导等方式，增强教育体验活动的吸引力 其他略
2014年3月26日	《教育部关于印发〈完善中华优秀传统文化教育指导纲要〉的通知》(教社科〔2014〕3号)	《完善中华优秀传统文化教育指导纲要》 六、着力增强中华优秀传统文化教育的多元支撑 20.构建互为补充、相互协作的中华优秀传统文化教育格局。充分利用博物馆、纪念馆、文化馆（站）、图书馆、美术馆、音乐厅、剧院、故居旧址、名胜古迹、文化遗产、具有历史文化风貌的街区等，组织学生进行实地考察和现场教学，建立中小学生定期参观博物馆、纪念馆、遗址等公共文化机构的长效机制
2014年3月30日	《教育部关于全面深化课程改革落实立德树人根本任务的意见》(教基二〔2014〕4号)	三、着力推进关键领域和主要环节改革 （九）整合和利用优质教育教学资源。各地可通过购买服务等方式，引导学校、科研院所、社会机构等开发服务于学生的优质教育资源。地方各级教育行政部门要整合区域内各种优质教学资源，建设共享平台。加强中小学社会实践基地和高等教育、职业教育实习实训基地建设，充分发挥社会资源的育人功能。学校要探索利用科技馆、博物馆等社会公共资源进行育人的有效途径

(续 表)

时 间	政 策 名 称	政 策 内 容
2014年4月1日发布	《教育部关于培育和践行社会主义核心价值观进一步加强中小学德育工作的意见》(教基一〔2014〕4号)	二、准确把握规律性,改进中小学德育的关键载体 7. 改进实践育人。各级教育部门和中小学校要广泛开展社会实践活动,充分体现"德育在行动",要将社会主义核心价值观细化为贴近学生的具体要求,转化为实实在在的行动。要广泛利用博物馆、美术馆、科技馆等社会资源,充分发挥各类社会实践基地、青少年活动中心(宫、家、站)等校外活动场所的作用,组织学生定期开展参观体验、专题调查、研学旅行、红色旅游等活动。逐步完善中小学生开展社会实践的体制机制,把学生参加社会实践活动的情况和成效纳入中小学教育质量综合评价和学生综合素质评价
2014年6月24日	《全国青少年校外教育工作联席会议关于开展2014年"圆梦蒲公英"暑期主题活动的通知》(校外联办函〔2014〕1号)	三、活动内容 2. 开展圆梦蒲公英·乡村学生看县城活动。暑假第一周,鼓励各地面向乡村、贫困地区开展圆梦蒲公英·乡村学生看县城活动,组织贫困地区学生和乡村留守儿童走入县城、省城、京城,在城市主要自然人文景观、科技园区、博物馆、科技馆及校外活动场所等开展活动,与城市学生交流互动,共同体验现代文明生活
2015年1月14日	《中共中央办公厅、国务院办公厅印发〈关于加快构建现代公共文化服务体系的意见〉的通知》(中办发〔2015〕2号)附件:《国家基本公共文化服务指导标准(2015—2020年)》	《关于加快构建现代公共文化服务体系的意见》 二、统筹推进公共文化服务均衡发展 (六)保障特殊群体基本文化权益。将老年人、未成年人、残疾人、农民工、农村留守妇女儿童、生活困难群众作为公共文化服务的重点对象。将中小学生定期参观博物馆、美术馆、纪念馆、科技馆纳入中小学教育教学活动计划 四、加强公共文化产品与服务供给 (十三)提升公共文化服务效能。完善公共文化设施免费开放的保障机制。深入推进公共图书馆、博物馆、文化馆、纪念馆、美术馆免费开放工作,逐步将民族博物馆、行业博物馆纳入免费开放范围。推动科技馆、工人文化宫、妇女儿童活动中心以及青少年校外活动场所免费提供基本公共文化服务项目。加大对跨部门、跨行业、跨地域公共文化资源的整合力度。以行业联盟等形式,开场馆际合作,推进公共文化机构互联互通,开展文化服务"一卡通"、公共文化巡展巡讲巡演等服务,实现区域文化共建共享

(续 表)

时间	政策名称	政 策 内 容
2015年1月14日	《中共中央办公厅、国务院办公厅印发〈关于加快构建现代公共文化服务体系的意见〉的通知》(中办发〔2015〕2号)附件：《国家基本公共文化服务指导标准(2015—2020年)》	五、推进公共文化服务与科技融合发展 (十七)加快推进公共文化服务数字化建设。统筹实施全国文化信息资源共享、数字图书馆博物馆建设、直播卫星广播电视公共服务、农村数字电影放映、数字农家书屋、城乡电子阅报屏建设等项目,构建标准统一、互联互通的公共数字文化服务网络,在基层实现共建共享 六、创新公共文化管理体制和运行机制 (二十)加大公益性文化事业单位改革力度。创新运行机制,建立事业单位法人治理结构,推动公共图书馆、博物馆、文化馆、科技馆等组建理事会,吸纳有关方面代表、专业人士、各界群众参与管理,健全决策、执行和监督机制。完善年度报告和信息披露、公众监督等基本制度,加强规范管理 附件：《国家基本公共文化服务指导标准(2015—2020年)》 "基本服务项目—设施开放" 9.公共图书馆、文化馆(站)、公共博物馆(非文物建筑及遗址类)、公共美术馆等公共文化设施免费开放,基本服务项目健全 10.未成年人、老年人、现役军人、残疾人和低收入人群参观文物建筑及遗址类博物馆实行门票减免,文化遗产日免费参观 "基本服务项目—文化设施" 14.公共博物馆、公共美术馆依据国家有关标准进行规划建设
2015年2月9日发布,3月20日起施行	《博物馆条例》(中华人民共和国国务院令第659号)	第四章　博物馆社会服务 第二十九条　在国家法定节假日和学校寒暑假期间,博物馆应当开放 第三十二条　博物馆应当配备适当的专业人员,根据不同年龄段的未成年人接受能力进行讲解;学校寒暑假期间,具备条件的博物馆应当增设适合学生特点的陈列展览项目 第三十五条　国务院教育行政部门应当会同国家文物主管部门,制定利用博物馆资源开展教育教学、社会实践活动的政策措施 地方各级人民政府教育行政部门应当鼓励学校结合课程设置和教学计划,组织学生到博物馆开展学习实践活动

(续　表)

时　间	政策名称	政策内容
2015年2月9日发布，3月20日起施行	《博物馆条例》(中华人民共和国国务院令第659号)	博物馆应当对学校开展各类相关教育教学活动提供支持和帮助 其他略
2015年6月18日	《国家文物局、教育部关于加强文教结合、完善博物馆与中小学教育结合功能的指导意见》(文物博发〔2015〕9号)	二、主要任务 (三)开发教育项目。按照"重参与、重过程、重体验"的教育理念，进一步突出博物馆教育特色，紧密结合国家课程、地方课程与学校课程，设计研发丰富多彩的博物馆与中小学教育结合课程。博物馆教育课程可涵盖幼儿园、小学低年级、小学中高年级、初中、高中不同年龄段，要明确每个课程的目标、体验内容、学习方式及评价办法 (四)建设教育资源库和项目库。可结合国家颁发的学科课程标准，进一步深化博物馆教育资源分析，系统整理各地、各级各类博物馆的馆藏、展览展示、教育项目、数字化资源、研究成果，研究提炼博物馆资源与学校教育的有机结合点，鼓励开发各类博物馆教育教学资源，建设博物馆与中小学教育结合资源库和项目库。建立资源共享机制，推广示范课程 (五)加强课程教材中博物馆教育有关内容。进一步加强博物馆教育与学校教育的契合度，积极推动在中小学德育、语文、历史、艺术、体育等教学中，增加博物馆学习环节。地理、数学、物理、化学、生物等学科，应充分挖掘和利用博物馆资源，开展动手操作、科学实验等活动 (六)实施流动教育项目。为使博物馆资源相对薄弱的中小城市和农村地区中小学生能够有效利用博物馆学习，进一步提高流动展览教育项目的实施效果，各地文物部门要组织博物馆设计适合进校园、下基层的流动展览和教育项目，利用青少年之家、乡村少年宫等活动平台，精心设计开展经常性、参与面广、实践性强的博物馆展示教育活动 (七)实施远程教育和网络教育。利用现有的远程教育终端系统、电视电台及其他网络视频互动系统，进一步扩大博物馆与中小学教育结合的覆盖面，将现场教学以实时或录播的形式实现博物馆教育课程全面覆盖中小学校，将教学视频以光盘形式提供给远离博物馆的基层学校和学生，切实增强博物馆教育辐射力

(续 表)

时 间	政策名称	政 策 内 容
2015年6月18日	《国家文物局、教育部关于加强文教结合、完善博物馆与中小学教育结合功能的指导意见》（文物博发〔2015〕9号）	（八）加强博物馆教育资源统筹。各级各类博物馆要围绕青少年教育的需求，进一步加强资源统筹，设置充足的适合开展青少年教育的馆内场地，配套必要的教育设备，配备专业人员，在设计实施基本陈列、展览项目时要充分考虑青少年教育项目的需求，在进行藏品数字化、智慧博物馆建设中，要兼顾青少年教育项目实施的功能 （九）建立中小学生利用博物馆学习的长效机制。文物部门和博物馆要加强与教育部门和学校的联系，根据教学需要实施相关教育项目，配备专职辅导人员，使博物馆教育与学校教育相互补充、相互促进。未实施免费开放的遗址类博物馆，应当对中小学生集体参观博物馆实行免费。中小学校要把教育教学活动与博物馆学习有机结合，合理安排时间，并做好具体组织工作 三、保障措施 （十）加强组织领导。各地文物、教育部门要建立协调机制，定期召开工作会议，研究年度规划，实施推进重点项目，协调落实日常工作，建立相关的监督管理机制。利用"全国青少年校外教育事业联席会议"的统筹协调职能，协调重大政策和重大问题 （十一）加强师资培训。各地文物、教育部门根据实际举办不同形式的联合培训。通过教师研习会、双师课堂、教师博物馆之友会员等多种方式，增强博物馆教辅人员与在校教师的双向互动，使博物馆教育人员熟悉学校教育，中小学教师熟悉博物馆教育项目 （十二）完善督导评价机制。将中小学生利用博物馆学习项目纳入博物馆运行评估、定级评估、免费开放绩效考评等体系，纳入学校督导范围，定期开展评估和督导工作 其他略
2015年9月22日	《全国少工委关于印发〈少先队活动课程指导纲要（试行）〉的通知》（中少发〔2015〕11号）	《少先队活动课程指导纲要（试行）》 五、少先队活动课程的评价激励 1. 对少先队活动课的评价。……六要形式多样，不限定在课堂上，在操场上、校园里、街道社区、田间地头、厂矿车间、博物馆、科技馆等等都可以开展。八要评价科学，不以考试和分数为评价手段，充分发挥雏鹰奖章的评价激励作用

(续　表)

时　间	政　策　名　称	政　策　内　容
2016年3月8日发布	《国务院关于进一步加强文物工作的指导意见》(国发〔2016〕17号)	二、总体要求 (二)基本原则 　　坚持公益属性。政府在文物保护中应发挥主导作用,公平对待国有和非国有博物馆,发挥文物的公共文化服务和社会教育功能,保障人民群众基本文化权益,拓宽人民群众参与渠道,共享文物保护利用成果 (三)主要目标 　　到2020年,主体多元、结构优化、特色鲜明、富有活力的博物馆体系日臻完善,馆藏文物利用效率明显提升,文博创意产业持续发展,有条件的文物保护单位基本实现向公众开放,公共文化服务功能和社会教育作用更加彰显 六、拓展利用 (一)为培育和弘扬社会主义核心价值观服务。推动建立中小学生定期参观博物馆的长效机制,鼓励学校结合课程设置和教学计划,组织学生到博物馆开展学习实践活动 (二)为保障人民群众基本文化权益服务。完善博物馆公共文化服务功能,扩大公共文化服务覆盖面,将更多的博物馆纳入财政支持的免费开放范围。建立博物馆免费开放运行绩效评估管理体系。加强革命老区、民族地区、边疆地区、贫困地区博物馆建设,促进博物馆公共文化服务标准化、均等化。推动博物馆由数量增长向质量提升转变,完善服务标准,提升基本陈列质量,提高藏品利用效率,促进馆藏资源、展览的共享交流。实施智慧博物馆项目,推广生态博物馆、流动博物馆,有条件的地方可以建立社区博物馆 (三)为促进经济社会发展服务。发挥文物资源在促进地区经济社会发展、壮大旅游业中的重要作用,打造文物旅游品牌,培育以文物保护单位、博物馆为支撑的体验旅游、研学旅行和传统村落休闲旅游线路,设计生产较高文化品位的旅游纪念品,增加地方收入,扩大居民就业 (四)大力发展文博创意产业。深入挖掘文物资源的价值内涵和文化元素,更加注重实用性,更多体现生活气息,延伸文博衍生产品链条,进一步拓展产业发展空间,进一步调动博物馆利用馆藏资源开发创意产品的积极性,扩大引导文化消费,培育新型文化业态

(续 表)

时　间	政 策 名 称	政　策　内　容
2016年3月8日发布	《国务院关于进一步加强文物工作的指导意见》(国发〔2016〕17号)	七、完善保障 (三)重视人才培养。加大非国有博物馆管理人员、专业人员培训力度;完善文物保护专业技术人员评价制度,加强高等院校、职业学校文物保护相关学科建设和专业设置 其他略
2016年3月14日发布	《国务院办公厅关于印发全民科学素质行动计划纲要实施方案(2016—2020年)的通知》(国办发〔2016〕10号)	《全民科学素质行动计划纲要实施方案(2016—2020年)》 三、重点任务 (一)实施青少年科学素质行动 ——推进义务教育阶段的科技教育。基于学生发展核心素养框架,完善中小学科学课程体系,研究提出中小学科学学科素养,更新中小学科技教育内容,加强对探究性学习的指导。继续加大优质教育资源开发和应用力度 ——大力开展校内外结合的科技教育活动。充分发挥非正规教育的促进作用,推动建立校内与校外、正规与非正规相结合的科技教育体系。拓展校外青少年科技教育渠道,鼓励中小学校利用科技馆、青少年宫、科技博物馆、妇女儿童活动中心等各类科技场馆及科普教育基地资源,开展科技学习和实践活动。开展科技场馆、博物馆、科普大篷车进校园工作,探索科技教育校内外有效衔接的模式,推动实现科技教育活动在所有中小学全覆盖
2016年5月16日发布	《国务院办公厅转发文化部等部门关于推动文化文物单位文化创意产品开发若干意见的通知》(国办发〔2016〕36号)	一、总体要求 文化文物单位主要包括各级各类博物馆、美术馆、图书馆、文化馆、群众艺术馆、纪念馆、非物质文化遗产保护中心及其他文博单位等掌握各种形式文化资源的单位 二、主要任务 (四)提升文化创意产品开发水平。结合构建中小学生利用博物馆学习的长效机制,开发符合青少年群体特点和教育需求的文化创意产品

(续 表)

时 间	政策名称	政 策 内 容
2016年5月16日发布	《国务院办公厅转发文化部等部门关于推动文化文物单位文化创意产品开发若干意见的通知》(国办发〔2016〕36号)	三、支持政策和保障措施 (二)稳步推进试点工作。按照试点先行、逐步推进的原则,在国家级、部分省级和副省级博物馆、美术馆、图书馆中开展开办符合发展宗旨、以满足民众文化消费需求为目的的经营性企业试点,在开发模式、收入分配和激励机制等方面进行探索
2016年12月25日发布,2017年3月1日起实施	《中华人民共和国公共文化服务保障法》(中华人民共和国主席令第六十号)	第一章 总则 第十条 国家鼓励和支持公共文化服务与学校教育相结合,充分发挥公共文化服务的社会教育功能,提高青少年思想道德和科学文化素质 第十四条 本法所称公共文化设施是指用于提供公共文化服务的建筑物、场地和设备,主要包括图书馆、博物馆、文化馆(站)、美术馆、科技馆、纪念馆、体育场馆、工人文化宫、青少年宫、妇女儿童活动中心、老年人活动中心、乡镇(街道)和村(社区)基层综合性文化服务中心、农家(职工)书屋、公共阅报栏(屏)、广播电视播出传输覆盖设施、公共数字文化服务点等 第三十一条 公共文化设施开放收取费用的,应当每月定期向中小学生免费开放 第三十八条 地方各级人民政府应当加强面向在校学生的公共文化服务,支持学校开展适合在校学生特点的文化体育活动,促进德智体美教育
2016年6月28日	《教育部、民政部、科技部、财政部、人力资源社会保障部、文化部、体育总局、共青团中央、中国科协关于进一步推进社区教育发展的意见》(教职成〔2016〕4号)	二、主要任务 (二)整合社区教育资源 7.充分利用社会资源。提高图书馆、科技馆、文化馆、博物馆和体育场馆等各类公共设施面向社区居民的开放水平 (四)提高服务重点人群的能力 14.重视农村居民的教育培训。结合新农村和农村社区建设,有效推进基层综合性文化服务中心、图书馆、文化馆、博物馆、农家书屋、农村中学科技馆等资源共享,提升农村社区教育服务供给水平。重视开展农村留守儿童、老人和各类残疾人的培训服务

(续 表)

时 间	政策名称	政 策 内 容
2017年1月25日发布并实施	《中共中央办公厅、国务院办公厅印发〈关于实施中华优秀传统文化传承发展工程的意见〉的通知》（中办发〔2017〕5号）	三、重点任务 13. 加大宣传教育力度。充分发挥图书馆、文化馆、博物馆、群艺馆、美术馆等公共文化机构在传承发展中华优秀传统文化中的作用
2017年8月17日	《教育部关于印发〈中小学德育工作指南〉的通知》（教基〔2017〕8号）	《中小学德育工作指南》 五、实施途径和要求 （四）实践育人 利用历史博物馆、文物展览馆、物质和非物质文化遗产地等开展中华优秀传统文化教育 利用军事博物馆、国防设施等开展国防教育
2018年10月8日印发	《中共中央办公厅、国务院办公厅〈关于加强文物保护利用改革的若干意见〉》（中办发〔2018〕54号）	三、主要任务 （二）创新文物价值传播推广体系。将文物保护利用常识纳入中小学教育体系和干部教育体系，完善中小学生利用博物馆学习长效机制。实施中华文物全媒体传播计划，发挥政府和市场作用，广泛传播文物蕴含的文化精髓和时代价值，更好构筑中国精神、中国价值、中国力量 （九）健全社会参与机制。坚持政府主导、多元投入，调动社会力量参与文物保护利用的积极性。加大文物资源基础信息开放力度，支持文物博物馆单位逐步开放共享文物资源信息。促进文物旅游融合发展，推介文物领域研学旅行、体验旅游、休闲旅游项目和精品旅游线路
2019年6月19日发布	《国务院办公厅关于新时代推进普通高中育人方式改革的指导意见》（国办发〔2019〕29号）	二、构建全面培养体系 （五）拓宽综合实践渠道。健全社会教育资源有效开发配置的政策体系，因地制宜打造学生社会实践大课堂，建设一批稳定的学生社会实践基地。充分发挥爱国主义、优秀传统文化、军事国防等教育基地，以及高等学校、科研机构、现代企业、美丽乡村、国家公园等方面资源的重要育人作用，按规定免费或优惠向学生开放图书馆、博物馆、科技馆、文化馆、纪念馆、展览馆、运动场等公共设施

（续　表）

时　间	政策名称	政　策　内　容
2019年10月31日	《中共中央、国务院关于印发〈新时代爱国主义教育实施纲要〉的通知》（中发〔2019〕45号）	三、新时代爱国主义教育要面向全体人民、聚焦青少年 18.广泛组织开展实践活动。组织大中小学生参观纪念馆、展览馆、博物馆、烈士纪念设施，参加军事训练、冬令营夏令营、文化科技卫生"三下乡"、学雷锋志愿服务、创新创业、公益活动等，更好地了解国情民情，强化责任担当。密切与城市社区、农村、企业、部队、社会机构等的联系，丰富拓展爱国主义教育校外实践领域
2020年6月23日发布	《国务院办公厅关于印发公共文化领域中央与地方财政事权和支出责任划分改革方案的通知》（国办发〔2020〕14号）	《公共文化领域中央与地方财政事权和支出责任划分改革方案》 二、主要内容 （一）基本公共文化服务方面 1.基层公共文化设施免费或低收费开放 主要包括地方文化文物系统所属博物馆、纪念馆、公共图书馆、美术馆、文化馆（站），以及全国爱国主义教育示范基地，按照国家规定实行免费开放 上述博物馆、纪念馆、公共图书馆、美术馆、文化馆（站）、全国爱国主义教育示范基地免费开放，所需经费由中央与地方财政分档按比例分担，其中：第一档中央财政分担80%；第二档中央财政分担60%；第三档中央财政分担50%；第四档中央财政分担30%；第五档中央财政分担10%
2020年10月12日印发	《教育部、国家文物局关于利用博物馆资源开展中小学教育教学的意见》（文物博发〔2020〕30号）	一、推动博物馆教育资源开发应用 （一）丰富博物馆教育内容 （二）开发博物馆系列活动课程 （三）加强博物馆网络教育资源建设 二、拓展博物馆教育方式途径 （四）创新博物馆学习方式 （五）提升博物馆研学活动质量 （六）纳入课后服务内容 三、建立馆校合作长效机制 （七）推进馆校合作共建 （八）加强师资联合培养 （九）强化优秀项目示范引领

(续　表)

时　间	政策名称	政　策　内　容
2020年10月12日印发	《教育部、国家文物局关于利用博物馆资源开展中小学教育教学的意见》(文物博发〔2020〕30号)	四、加强博物馆教育组织保障 (十)加强组织领导 (十一)加强条件保障 (十二)加强安全管理 (十三)加强考核评价 其他略

总的说来,上述这一系列政策性文件都同我国博物馆与中小学教育结合事业直接或间接相关,这也正是政策等兼容性的体现。可以说,这些政策、立法一方面代表了以中小学为起点的教育制度供给,并将博物馆与中小学教育结合工作主要划归到校外教育板块,表明中央政府已逐渐认识到将博物馆纳入青少年教育体系的巨大潜能。另一方面,文化制度的供给主要源于博物馆的文化属性,因其管理主体是我国文化和旅游部、国家文物局,当然还有其他归口处如宣传部、民政部、科技部、军委政治工作部等。文化领域的政策较之教育领域的少一些,近年来呈逐渐增多之势。但无论是文教制度对"走出中小学"的呼唤,还是对"走进博物馆"的鼓励,都渐进肯定了"教育"作为博物馆的首要目的和功能,并从顶层设计层面引导和扶持我国博物馆与中小学教育结合事业发展。

二、我国博物馆与中小学教育结合事业专项政策的重点与要点

根据上文政策梳理所得,2014年《关于开展"完善博物馆青少年教育功能试点"申报工作的通知》、2015年《国家文物局、教育部关于加强文教结合、完善博物馆与中小学教育结合功能的指导意见》、2020年《教育部、国家文物局关于利用博物馆资源开展中小学教育教学的意见》,是近年来与博物馆与中小学结合事业最直接相关的三大政策,亦是当下和未来制定专项政策的坚实基础。

对中小学而言,馆校合作主要属于校外教育范畴。而对我国博物馆与中小学教育结合事业而言,它同时涉及社会教育和学校教育,并唯有通过学校教育方可真正实现制度化。因此,在制定专项政策时,我们不能囿于"文"

的领域和博物馆角度,而是要对学校、青少年真正关心的事务进行"撬动"。鉴于此,必须实行供给侧结构性改革,并从"教"的领域和中小学角度出发,稳狠准地找准其需求和要害所在,共同生成政策内容。也即,未来专项政策制定的内核为:将"课程"保障作为"一体",将"考试评价"与"招生选拔"作为"两翼",这亦是本研究的聚焦点之一。

当然,日后若能在中央和地方层面的校外教育、文教结合以及科学教育、传播与普及等政策中,体现我国博物馆与中小学教育结合事业的建设目标、任务和要求等,以达求彼此间最大广度和深度的呼应,将是最佳状态。

(一)三大政策基础——《关于开展"完善博物馆青少年教育功能试点"申报工作的通知》《国家文物局、教育部关于加强文教结合、完善博物馆与中小学教育结合功能的指导意见》《教育部、国家文物局关于利用博物馆资源开展中小学教育教学的意见》

2018年的《关于加强文物保护利用改革的若干意见》明确提出:"将文物保护利用常识纳入中小学教育体系,完善中小学生利用博物馆学习长效机制。"这于博物馆与中小学教育结合事业发展而言,属于"质的飞跃"。其实在此之前,我国已于2014—2015年间出台了两大政策——《关于开展"完善博物馆青少年教育功能试点"申报工作的通知》(文物博函〔2014〕73号)、《国家文物局、教育部关于加强文教结合、完善博物馆与中小学教育结合功能的指导意见》(文物博发〔2015〕9号),新近还有了《教育部、国家文物局关于利用博物馆资源开展中小学教育教学的意见》(文物博发〔2020〕30号)政策。这三项政策属于近年来与博物馆与中小学教育结合事业最相关的,且内容丰厚,并富有前瞻性地引导博物馆如何更好地开展馆校合作,继而融入青少年教育体系。可以说,它们是当下和未来我国博物馆与中小学教育结合事业专项政策制定的坚实基础。此外,2014年的政策还与国家文物局2014—2016年开展的"完善博物馆青少年教育功能试点"工作呼应。

需要指出的是,这三项政策的"文号"分别为"文物博函""文物博发""文物博发",也即由国家文物主管部门——国家文物局为主发文,虽然后两项政策由国家文物局和教育部联合发文,但牵头单位仍为文物系统。因此,这就不难想象,为何政策影响力主要是在文博界而非教育界,也自然难以引发中小学的实质性行动,即文教结合尚未真正平衡。背后原因一方面与领导和统筹机构有关,这将在中层设计的"领导与统筹机制"中详述。另一方面,若要真正融入教育系统,相关政策制定必须基于中小学的需求出发进行制度供给,并抓住与其利益直接相关,甚至是牵一发而动全身的要害所在。具体说来,是将中小学"课程"保障作为"一体",将"考试评价"与"招生选拔"作为专项政策的"两翼"。

(二)未来专项政策的内核——将中小学课程保障作为"一体",将考试评价与招生选拔作为"两翼"

对我国博物馆与中小学教育结合事业而言,它同时涉及社会教育和学校教育,并唯有通过学校教育方可真正实现制度化。因此,一大突破点在于,将博物馆学习落于中小学课表中的课程,拥有课时保障,并入驻教材等。此外,我们还要以中学生综合素质评价为导向,坚持一体化思路推动校内外育人体系建设,用好"一体两翼"格局。也即,以"课程"作为"一体",以"考试评价"与"招生选拔"作为"两翼"(部分地通过"综合素质评价"串联)。毕竟,课程贯穿于中小学的全过程,而考试与招生可谓过程之后的关键性节点、结果。这其实也是目前的国情,而政策制定唯有足够"接地气"才能落地。

此外,无论是我国各级各地的校外教育,还是文教结合事业,总体上都是教育部门的建设和管理优势大于文化和旅游(文物)部门。因此,在制定博物馆与中小学教育结合事业专项政策中,即便我们提倡博物馆积极主动地融入青少年教育体系,也必须发挥教育部门的主导作用,建议由其牵头,夯实文教协作机制。当然,还可根据需要,纳入宣传、民政、科技等行政部门,以形成更大的合力,毕竟我国博物馆的归口管理部门不只是文物、文化和旅游相关机构。事实上,唯有各级各地教育部门和单位牵头,才能对中小学构成实质性影响力,在纵向条线上也较为顺畅。

总的说来,在我国博物馆与中小学教育结合事业发展中,教育部、国家文物局应起联合主导作用,并由前者牵头,协同文旅、宣传、民政、科技等部门,联合出台专项政策。具体说来,上述部门和单位可联合印发"关于博物馆与中小学教育结合的实施意见",并将教育部作为发文的首要单位,且用其"文号"。该实施意见中,除了继承上述三大政策中的主干内容外,更重要的是,我们要将中小学、教育部门和单位日常应用的"课程"以及最关心的"考试评价"与"招生选拔"纳入,这才是质的飞跃。也即,覆盖教、考、招三方面,并通过最终的"考""招",倒逼日常的"教"。

这相当于实行了供给侧结构性改革,并通过关键要素引领基础教育发展。毕竟评价事关教育发展方向,有什么样的评价"指挥棒",就有什么样的办学导向。正如2020年《深化新时代教育评价改革总体方案》所示,它在

"重点任务"中专列了"改进美育评价。把中小学生学习音乐、美术、书法等艺术类课程以及参与学校组织的艺术实践活动情况纳入学业要求。探索将艺术类科目纳入中考改革试点。推动高校将公共艺术课程与艺术实践纳入人才培养方案,实行学分制管理,学生修满规定学分方能毕业"。这相当于通过教育评价改革,将课程、考试评价、招生选拔进行了一体化联动,值得我们在制定专项政策过程中借鉴。

1. 将课程保障作为政策"一体"

课程是落实我国教育政策方针、理念、理论的重要载体,是国家意志的体现。在中小学,课程是学校教育的核心因素,是学生成长成才的保障。清华大学附属小学在其学校行动纲领中指出:"课程是学校最重要的产品,是一切工作最终的物化体现,是师生能力与水平最有力的证物,是学校的核心竞争力。"[①]此外,美国课程论专家菲利普·泰勒指出:"课程是教育事业的核心,是教育运行的手段。"[②]

对我国博物馆与中小学教育结合而言,其发展的突破点在于,将博物馆学习落实于学校课表中的课程,拥有课时保障,也即发挥课程教学的主渠道作用。建议由我国各级各地教育部门和单位牵头并主导,推动博物馆学习不只是"进课外",更可"进课堂""进教材",并最终促使课程设置、教学内容与考试评价、招生选拔制度接轨。目前,我国中小学课程主要有语文、数学、英语、历史、自然、政治、物理、化学、音乐、美术、体育、科技等,不同阶段的课程名称不尽相同。但其实大部分都可找到与博物馆资源的结合点,可促使场馆成为学校课程的重要实践方式。

值得一提的是,近年来上海市构建了以"进教材""进课堂""进课外""进网络""进队伍建设""进评价体系"为主要内容的"六进"长效机制,以推动社会主义核心价值观和中华优秀传统文化融入学校教育的全过程。同样地,借鉴2017年教育部的《中小学德育工作指南》,我们不只是要在专项政策中明确将博物馆纳入"实践育人""活动育人"范畴,还要纳入"文化育人",更要纳入"课程育人"范畴。唯有如此,才能真正通过"课程"的"一体"格局,实质性地加快我国博物馆与中小学教育结合。

事实上,已有专家学者指出,走进博物馆理应成为不同学段的必修课,

---

① 陈如平:《学校课程体系建设之"一二三"》,《基础教育论坛》2016年第29期,第3页。
② 徐锐:《独家|陈如平:以人的培养为出发点,未来教育的价值离不开三大要素》,中国教育智库网,2018年12月18日。

包括大学教育。比如,将之纳入文博考古、文史哲、艺术等相关专业的必修课中,甚至是思想政治等公共课。其实,未来若能将大中小幼学段都打通,并将博物馆学习延伸拓展至全民教育、终身教育,那么博物馆便可充分发挥助力我国构建学习型社会的作用。下文将主要围绕课程分类与课时保障、课程标准、教材、教研体系等内容展开讨论。

(1) 课程分类与课时保障

课程通常指学校学生所应学习的学科总和及其进程与安排,是对教育目标、教学内容、活动方式的规划和设计,是教学计划、大纲等实施过程的总和。

国内外对课程有不同的分类标准。目前,在我国常见的分类有:国家课程、地方课程、学校课程;必修课程、选修课程;学科/学术课程、活动/实践课程;分科课程、综合课程。此外,在上海市等地还有基础型课程、拓展型课程、研究型课程之分。当然,还有显性课程、隐形课程,核心课程、外围课程之分等。因此,我们表达时宜谨慎,有时呈现的课程并非并列关系,而只是按照不同的维度进行分类,并置于同一时空中,导致你中有我,我中有你。事实上,课程领域划分必须有明确的逻辑依据。

当然,同样的课程主题,若按照不同的分类标准,可被置于不同的类别中。也即,具体到一门课程,它同时具备上述多种样态。例如,语文就兼具国家课程、学科课程、基础性课程、必修课程、显性课程等多重属性;主题教育活动则是地方课程、拓展性课程、活动课程等属性的集合体。

① 常见的课程分类

● 国家课程、地方课程、学校/校本课程——按照开发主体分类

根据开发主体,有国家、地方、学校/校本课程之分。国家课程亦称国家统一课程,它自上而下由中央政府负责编制、实施、评价。校本课程由学校全体、部分或个别教师编制、实施、评价。地方课程则介于国家课程与校本课程之间,由国家授权,地方根据自身发展需要而开发。

事实上,早在1999年,《中共中央国务院关于深化教育改革,全面推进素质教育的决定》已正式提出:"调整和改革课程体系、结构、内容,建立新的基础教育课程体系,试行国家课程、地方课程和学校课程。"也即,三级课程、三级管理。在国家层级,制定国家基础教育课程、审议省级上报的课程推广方案、评估全国范围的课程质量;在地方层级,开发地方课程、指导学校校本课程的开发;在学校层级,开发校本课程、选用教科书。当时,该顶层设计的背景是,此前我国一直采用国家统一课程设置,中小学基本沿用一份教学计

划、一套教学大纲和教材,缺乏灵活性和多样性。但自20世纪八九十年代起,课程改革的步伐已加快。之后,在《国家中长期教育改革和发展规划纲要(2010—2020年)》中,也鼓励"开展高中办学模式多样化试验,开发特色课程"。

从国际上看,国家课程的体现形式不尽相同。在澳大利亚、美国等实施教育地方分权的国家,国家课程由各州政府负责编制、实施、评价。通常,学校教师在编制和评价方面没有或几乎没有发言权、自主权,但他们是实施者。并且,学生需要参加国家统一考试。而校本课程则是比较笼统和宽泛的概念,并不局限于本校教师编制,还有其他学校教师或校际合作编制的,甚至由某些地区教师合作编制。同时,校本课程的编制、实施、评价呈"三位一体"态势,形成统一的三阶段,通常由同一批教师负责承担。事实上,中央集权国家通常比较强调课程的统一性,较多推广国家课程,而地方分权国家比较强调课程的多样性,较多推广地方、校本课程。但越来越多的政府认识到,虽然国家课程与地方、校本课程不同,但它们是相辅相成、互为补充的。在推广国家课程的同时,应允许一定比例的地方、校本课程,而推行后两者的学校,也不宜贬低或排斥国家课程。

国际经验给了我们参考,同时也从一个侧面印证了我国实行中央、地方、学校/校本三级课程和三级管理的合理性。虽然开发主体各不同,但基础教育课程体系建设实际上是国家、地方、学校三级权力主体共同完成的。不少省市如上海等即实行以国家课程为引导、地方课程为主体、校本课程为辅助性特色的课程体系。这体现在上海基础型课程主要使用沪教版教材,而语文、历史、道德与法治使用国家统编三科[①]教材,此外不少学校还开发有校本教材。

目前,与博物馆有关的课程多见于学校课程,并作为中小学文教特色的彰显,有时还与合作场馆的馆本课程相辉映,比如上海市一些中小学就开设了文博类校本课程。但渐进融入国家、地方课程,是我国博物馆与中小学教育结合的努力方向。

● 必修课程、选修课程——按照实施要求分类

根据课程计划对课程实施的要求分类,有必修与选修课程之分。其中,必修课程是指由国家或学校规定,学生必须学习的。选修课程是指一个教

---

① "2019年9月,我国统编三科(语文、历史、道德与法治)教材已实现义务教育一至九年级全覆盖,且高中统编三科新教材也开始在部分省市起始年级试用,其他省份则将陆续全面推开。"见汪瑞林:《推进立德树人的生动实践——2019年基础教育课程与教学改革观察》,《中国教育报》2019年12月25日,第9版。

育系统或机构法定的、学生可按照一定规则自由选择学习的。事实上,作为课程改革中课程结构的重要一环——必修课程与选修课程相结合,实行学分化管理,已在我国中小学越来越普遍地推行。

上一分类中的学校/校本课程多见于本分类中的选修课程,包括在上学日课后时段由学校开发、开设。一般不纳入课表,不强制学生参与,对其参与量、过程与结果的质也不做实质性要求,同时不影响学生未来的毕业等。比如,对上海外国语大学第一实验学校的学生而言,他们2018—2019学年第二学期的选修课有美国文学、博物馆、急救、历史的衣橱、人民自由与权利、日文等供选择。其中,在实践类选修课——"博物馆奇妙之旅"中,学校通过"我们上什么""课程授课方式""我们的教师"等介绍来吸引学生修读。

目前,与博物馆有关的课程多见于选修课程。即便是作为必修的"综合实践活动课程"纳入了博物馆主题和内容,该课程也未必排入中小学的学期内课表,因为它主要在寒暑假、春秋游时进行。因此,融入被排入课表的必修课程,是我国博物馆与中小学教育结合的努力方向。

● 学科/学术课程、活动/实践课程——按照内容属性分类

根据课程内容的固有属性,有学科/学术课程、活动/实践课程之分。其中,学术课程按照不同的学科划分门类并按照知识的逻辑体系加以设计。它是使用范围最广泛的课程类型,且有主科和副科之分,语文、数学、英语、历史、自然、政治、物理、化学、音乐、美术、体育、科技等都属此列。从整体上看,学科课程是基础,也即显性课程,占课程结构和体系的一大部分[①]。

而活动课程亦称实践课程,它以青少年、儿童从事某种活动的兴趣和动机为中心而组织。作为课程改革中课程结构的重要一环——在学科课程基础上,丰富完善活动课程和综合课程,已在我国中小学越来越普遍地践行。

值得一提的是,美国教育家杜威特别强调以活动为取向的课程,注重课程与社会生活的联系,强调学生在学习中的主动性。他认为,"生活的内容就是教育的内容","课程的最大流弊是与学生生活不相沟通,学科科目相互联系的中心点不是科学,而是儿童本身的社会活动"。目前,与博物馆有关的课程,多见于活动/实践课程,但渐进融入学科/学术课程,是我国博物馆与中小学教育结合的努力方向。

● 分科课程、综合课程——根据内容的组织方式分类

根据课程内容的组织方式,有分科课程、综合课程之分。其中,分科课

[①] 《中国教科研究院陈如平:基础教育的改革方向》,校长派,2017年6月27日。

程相当于上述分类中的学科/学术课程。它是根据学校教育目标、教学规律、各年龄阶段学生发展水平,分别从各门学科中选择部分内容,彼此独立安排教学顺序、时限和期限。其主导价值在于使学生获得逻辑严密和条理清晰的知识,但容易带来科目过多、分科过细的问题。而综合课程实质上是采用整合办法,使教育系统中分化了的各要素及其成分之间形成有机联系的形态。

事实上,"课程的综合化"①正是对 2001 年《基础教育课程改革纲要(试行)》的呼应,毕竟我国基础教育偏重分科教学的现状不利于学生综合运用所学知识解决问题,也不利于他们多元智力的发展。当时,该试行纲要明确指出:"改变课程结构过于强调学科本位、科目过多和缺乏整合的现状","设置综合课程,以适应不同地区和学生发展的需求,体现课程结构的均衡性、综合性和选择性","加强课程内容与学生生活以及现代社会和科技发展的联系,关注学生的学习兴趣和经验"。同时,2014 年《关于开展"完善博物馆青少年教育功能试点"申报工作的通知》也提及"博物馆教育课程应涵盖分科课程和综合课程"。此外,在《全民科学素质行动计划纲要实施方案(2016—2020 年)》中也有"增强中学数学、物理、化学、生物等学科教学的横向配合"的"综合性"要求。

值得一提的是,被誉为"中国基础教育研究第一人"的陈如平研究员尤其强调"学生是完整的人"。也即,人的完整性既是依据又是目标,需要我们在课程中一方面将科学教育和人文教育有机整合,另一方面通过健康教育和审美教育来唤醒人的整体性②。目前,我国已在课程结构改革中设置了"综合实践活动课"为必修课,这是将博物馆纳入课程的捷径之一。同时,渐进融入分科课程,也是博物馆与中小学教育结合的努力方向。

- 基础型课程、拓展型课程、研究/探究型课程——按照任务、功能分类

根据课程任务和功能,有基础型、拓展型、研究/探究型课程之分。同时,它们亦可搭配上述几种课程分类使用。在上海,这是"一期课改"的三个板块课程结构进阶到"二期课改"的三类课程(基础型课程、拓展型课程、研究型课程)结构的结果,其中尤以拓展型、研究型课程为创新点。事实上,"二期课改"就课程结构而言,最重要的突破是建立了课程的功能维度,具体如下两图所示。

---

① "课程综合化,就是强调各个学科领域之间的联系和一致性,避免过早地过分地强调各个领域的区别和界限,从而防止各个领域之间彼此孤立、相互重复或脱节的隔离状态的一种课程设计思想和原则。"见《教育部对十三届全国人大一次会议第 3638 号建议的答复》(教建议〔2018〕第 30 号)。
② 陈如平:《关于新样态学校的理性思考》,《中国教育学刊》2017 年第 3 期,第 37 页。

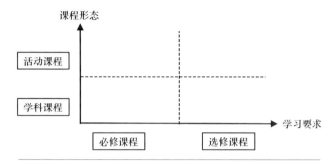

图 4　上海市"一期课改"提出的二维课程结构示意图
资料来源：沈建民、谢利民：《试论研究型课程生命活力的焕发——兼论研究型课程与基础型课程、拓展型课程的关系》，《课程·教材·教法》2001 年第 10 期，第 3 页。

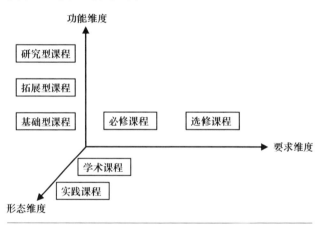

图 5　上海市"二期课改"提出的三维课程结构示意图
资料来源：沈建民、谢利民：《试论研究型课程生命活力的焕发——兼论研究型课程与基础型课程、拓展型课程的关系》，《课程·教材·教法》2001 年第 10 期，第 3 页。

其实，目前国内实行基础型、拓展型、研究型课程的并不止上海市，但上海在此领域已积累了二十多年经验，又有作为第一批高考综合改革试点省市的身份，其中课程创新发挥了很大作用。具体说来，上海市"二期课改"的拓展型课程几乎涵盖了"一期课改"中选修和活动板块的所有内容。除专题教育为学校自主组织、学生统一修习外，其余内容或多或少都给予青少年自主选修的权利，事实上"选修"即是拓展型课程的首要特征，它也是三类课程中发展学生个性特长的主要课程。此外，研究型课程属于创设，其设立是基于原选修和活动板块中研究性学习、小课题研究等要求。但在"一期课改"

的三个板块体系中,相关能力培养的要求尚未得到"课程"层面的切实保障。为此,在"二期课改"中,单列一类予以保障①。这两类课程中既有必修和选修课,又有国家和校本课程,如下图所示。

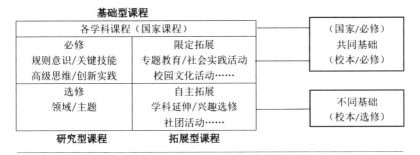

图6　上海市中小学"二期课改"中"三类课程"的功能结构
资料来源:上海市教育委员会编:《砥砺奋进二十年:中小学拓展型、研究型课程实践与探索》,上海科技教育出版社2019年版,第5页。

具体说来,在上海市目前的三类课程体系中,基础型课程是国家课程,对学校而言重心是国家课程的校本化实施。而拓展型课程是典型的学校课程,国家没有统一的课程标准和教材,从编制到实施均以中小学为主。同时,学校也需自主开发研究型课程的具体研究课题、过程等,因此它也属于校本课程范畴②。附录四呈现了上海市小学、初中、高中2019学年度课程计划,读者可一目了然地了解各学段、三类课程的区别。

目前,与博物馆有关的课程,多见于研究/探究型课程,有时也见于拓展型课程,未来基础型课程则是博物馆与中小学教育结合的努力方向。

② 课时

任何课程的实施,都需要课时保障。因此,博物馆若要真正与中小学教育结合,得融入排入课表的课程,拥有课时保证,同时馆校双方处理好学生博物馆学习的课时与学分计算等事宜。此外,不同学科、不同学段安排博物馆等社会大课堂的课时需要细化要求,不能"一刀切",当然个性化中仍然存在一些共性的东西。

比如,2014年《北京市中小学培育和践行社会主义核心价值观实施意见》要求:"加强实践体验活动载体和平台建设,实施'一十百千工程'。学校各学科平均应有不低于10%的课时在社会大课堂辅导完成。"这其中包括

---

① 上海市教育委员会编:《砥砺奋进二十年:中小学拓展型、研究型课程实践与探索》,第5页。
② 同上书,第17页。

了"分别走进一次国家博物馆、首都博物馆、抗日战争纪念馆"。市教委表示,针对每周至少半天的课时保证问题,正在研制的各学科教学改进意见中,将对不同学科、不同学段如何安排社会大课堂课时进行细化要求。并且,北京初中学业评价方式也相应做出了重大调整。以化学和物理为例,两门学科的中考笔试分值权重考虑降到总成绩的70%,而学生初中三年参与实验探究实践活动的考核情况则按30%[①]折算计入,从初一到初三每年各占10%,以分散两门学科的中考压力,减轻学生过重的课业负担[②]。

又如,从2009年上海市中小学全面普及"二期课改"开始,市教委每学年颁布的课程计划文件,都为拓展型、研究型课程划定了刚性课时数,为学校编制课程计划以及各级教育行政部门对学校的监管提供了课时指标,并在其中越来越多地纳入了博物馆,具体如下表所示。

表6 上海市中小学2017学年度课时安排

年级	基础型课程(课时)	研究型课程(课时)	拓展型课程			周总课时(课时)
			自主拓展(课时)	专题教育(课时)	社会实践(课时)	
1	25	1	5	1	1—2	32
2	26	1	4	1		32
3	27	1	4	1		33
4—5	28	1	4	1	2	34
6—7	26	2	5	1	2	34
8—9	27	2	4	1	2	34
10	27	2	8	1	2	38
11	27	2	8	1	2	38
12	14	2	21	1	2	38

资料来源:上海市教育委员会编:《砥砺奋进二十年:中小学拓展型、研究型课程实践与探索》,上海科技教育出版社2019年版,第17页。

③ 将博物馆纳入课程体系

● 博物馆融入不同课程类型的现状与努力方向

根据2015年《国家文物局 教育部关于加强文教结合、完善博物馆青

[①] 不过,这一"三七开"的版本尚需慎重征求意见,因中考涉及学生利益。
[②] 黄颖:《北京中小学每周至少半天校外博物馆等处上课》,《新京报》2014年8月30日,第A7版。

少年教育功能的指导意见》,"主要任务"之首便是"开发教育项目"。也即紧密结合国家课程、地方课程与学校课程,设计研发丰富多彩的博物馆与中小学教育结合课程。博物馆教育课程可涵盖幼儿园、小学低年级、小学中高年级、初中、高中不同年龄段,要明确每个课程的目标、体验内容、学习方式及评价办法"。

目前,按照不同分类标准及其产生的课程,已有一些纳入了博物馆学习,并呈上升趋势,包括直接的文博类校本课程、选修课程,间接的、必修课中的综合实践活动课程,以及研究型课程、拓展型课程等综合课程。笔者在下表中将其做了梳理。通过该表,我们可对博物馆在融入课程方面的"虚"与"实"一览无余,并了解:为何有越来越多的课程纳入了场馆,但博物馆学习于中小学而言仍然是"锦上添花",而非"雪中送炭"。其中,融入被排入课表的课程,是一大关键。也即,无论在哪种分类体系下,博物馆的努力方向其实是一致的——根据课程的权威程度,促使自身不断向上,以融入更普遍、更权威的课程,包括地方课程和国家课程、必修课程、学科/学术课程、单科课程、基础型课程等,这些是博物馆与中小学教育真正结合必须"攻掠"的"城寨"。比如,高中阶段的语文、历史、物理、生物、地理、艺术、美术等课程都是可努力的对象,它们已在课程标准中明确提及博物馆,详见表7。

表7 博物馆融入不同课程类型的现状与努力方向

课程分类标准	课程类型(权威程度自上而下递减)	已纳入博物馆(√的多少代表程度)	博物馆未来努力方向(√的多少代表程度)	说明
按照开发主体分类	国家课程		√	
	地方课程		√	
	学校/校本课程	√	√√	
按照实施要求分类	必修课程	√	√	博物馆虽被纳入了"综合实践活动课程",但该必修课通常不排入课表,因为主要在寒暑假、春秋游时进行
	选修课程	√	√√	

（续　表）

课程分类标准	课程类型（权威程度自上而下递减）	已纳入博物馆（√的多少代表程度）	博物馆未来努力方向（√的多少代表程度）	说　明
按照内容属性分类	学科/学术课程		√	
	活动/实践课程	√	√√	
按照内容的组织方式分类	分科课程		√	
	综合课程	√	√√	
按照任务分类	基础型课程		√	
	拓展型课程	√	√√	
	研究型课程	√	√√	

值得一提的是，根据2006年《中央文明办、教育部、中国科协关于开展"科技馆活动进校园"工作的通知》，"科技馆活动进校园"在实施中采用"两点一线，双向互动"方法，值得借鉴。也即，以科学课程作为连接学校和科技馆的主线，形成"两点一线"；在形式上则包括科技馆活动进校园参与科学课程的教学，也包括组织学生到科技馆学习实践，延伸学校科学课程，开展综合实践活动和研究性学习，形成"双向互动"。而根据教育部教育发展研究中心副主任陈如平介绍的我国中小学课程改革新动向，"学习空间场馆化""特色课程博物馆化"等都在其列。也即，将学校与博物馆深度融合，在教学中增加博物馆课程，突破学校固有的边界与环境，让教育无边界等[①]。

当然，我国博物馆与中小学教育结合以"课程"为"一体"，必须坚持一步一个脚印，并且择取合适的课程融入以及合适的结合点才是关键。在具体操作上，可由馆校合作开发，并以现在如火如荼的校本课程、馆本课程为实施基础。当然，当博物馆学习被纳入更权威、普遍、排入课表的课程，必须由文教部门和单位双重主导才行，同时博物馆供给更为相关的教育资源。事实上，2020年《教育部　国家文物局关于利用博物馆资源开展中小学教育教学的意见》中已有"中小学语文、历史、地理、思想政治、美术、科学、物理、化学、生物等学科教学和综合实践活动，要有机融入博物馆教育内容。博物

---

① 《京津冀"博物馆进校园示范项目"启动暨首届"京津冀馆校教育论坛"的总结汇报》（内部资料），第9—10页。

馆系列活动课程应涵盖小学、初中、高中不同学段"的要求。

● 大课程观下的课程体系意识

正如陈如平研究员所言,我们不仅需有"课程意识",而且要有"课程体系意识"。前者主要指课程是什么,后者则要求系统、整体、完整地看待所有学校课程及其安排。其中,三大关键点是:站在整体育人的高度来设计课程体系,恪守课程建设的逻辑起点是促进学生的全面发展;搭建科学合理、充满活力的课程结构;努力追寻课程体系建设的价值和意义①。而"教育内容课程化"和"课程结构体系化"皆是实施路径。也即,围绕育人目标,把学生应该学的、必须学的知识、技能及学习素质课程化。同时,形成结构化的课程图谱,用该图谱来反映学校课程体系设计的总体思路②。

的确,将博物馆纳入中小学课程应避免形式主义,包括片面追求课程数量、规模,而忽略系统思考和整体设计,造成课程建设碎片化、分散化、割裂化,或是仅融入一门课程并陷入孤岛的状态等。这种"只见树木,不见森林"的课程观,从系统论角度看,必将削弱博物馆与中小学教育结合的整体功能。毕竟,系统具有组成部分也即各要素在孤立状态中所没有的新功能,也即古希腊人哲学家、科学家和教育家亚里士多德所说的"整体大于部分之和"③。

事实上,从广义上看,凡是有助于学生学习、生活、交往乃至成长的各方面教育内容,均可被纳入课程的范围。语数外理化生史地政音体美需学习,国旗下的讲话和班级团队活动、社会实践等也不可或缺,正所谓"一事一物皆教育,时时处处有课程"。但我们要将这些内容系统化,并用课程载体的形式呈现。当然,随着文教背景变化、馆校资源环境变化,课程结构也得相应调整。所以,我们应逐步培育一种"未来课程"的意识,并形成博物馆与中小学教育结合的课程体系理念。

(2)课程标准

课程标准是规定某一学科的课程性质、课程目标、内容目标、实施建议的教学指导性文件。与教学大纲相比,前者在课程的基本理念、目标、实施建议等方面论述得更详细、明确,特别是提出了面向全体学生的学习基本要求。正如上海市在"一期课改"中,首次尝试编制学科课程标准,并从课程定

---

① 陈如平:《学校课程体系建设之"一二三"》,《基础教育论坛》2016年第29期,第3页。
② 徐锐:《独家|陈如平:以人的培养为出发点,未来教育的价值离不开三大要素》,中国教育智库网,2018年12月18日。
③ 沈建民、谢利民:《试论研究型课程生命活力的焕发——兼论研究型课程与基础型课程、拓展型课程的关系》,《课程·教材·教法》2001年第10期,第1页。

位、目标、内容与要求、实施等方面整体规划,以强化在规定时间内通过有效教学(教学内容与方式)达成有限目标(学习结果)的观念,实现课程的育人价值(课程定位)①。

在我国博物馆与中小学教育结合事业中,我们理应进一步发挥课程、课堂的主渠道作用。更重要的是,不仅基于学生核心素养,而且加大对学科素养的聚焦。具体包括:以促进学生全面、个性化、终身成长作为课程目标及教学改革目标;基于学生发展核心素养框架,研究提出中小学学科素养,完善课程体系,加大优质教育资源开发和应用力度;在课程标准修订中强化中华优秀传统文化、博物馆、文物保护利用常识等内容,并将其纳入课程实施和教材使用的督导范围,定期开展评估和督导工作等。值得一提的是,无论是将博物馆学习融入哪类课程,课程标准都是我们首先需要研究的对象。而 2014 年《关于开展"完善博物馆青少年教育功能试点"申报工作的通知》也已提及"在深入解析国家基础教育课程标准的基础上,研究提炼博物馆资源与学校教育的有机结合点"。

下表是笔者梳理的《普通高中课程方案和语文等学科课程标准(2017年版)》中直接涉及博物馆的内容。

表8 《普通高中课程方案和语文等学科课程标准
(2017年版)》中直接涉及博物馆的内容

科目	章节		教育教学指导
语文	第三章 课程内容	学习任务群2:当代文化参与	利用家庭资源以及学校图书馆、校史馆、档案馆等,研究社会生活中的文化现象;利用图书馆、博物馆、纪念馆、文化馆、美术馆、音乐厅、影剧院、名人故居、革命遗址、名胜古迹,以及其他文化遗产等,通过实地考察,深化对某一文化现象的认识
		学习任务群15:中国革命传统作品专题研讨	在教学过程中,教师要充分利用地方课程资源,将本任务群的专题学习与综合实践活动有机结合起来。有条件的地方和学校,要通过组织学生参观爱国主义教育基地、革命博物馆,访问革命前辈、英雄模范人物等活动,深化学生对中国革命历程的切身体验

---

① 上海市教育委员会编:《砥砺奋进二十年:中小学拓展型、研究型课程实践与探索》,丛书代序,第2页。

(续 表)

科目	章 节		教 育 教 学 指 导
语文	第六章 实施建议	课程资源的利用与开发	应当争取社会各方面的支持,与社区、图书馆、博物馆、文化馆、科技馆、爱国主义教育基地等建立稳定的联系,给学生创设语文实践的环境,开展多种形式的语文学习活动
历史	第四章 课程内容	选择性必修课程之"模块3 文化交流与传播 3.6 文化的传承与保护"	了解历史上学校教育、留学、书刊出版、翻译事业以及图书馆、博物馆在文化传承与传播中的作用
	第六章 实施建议	地方和学校实施本课程的建议	校外课程资源的利用。校外的社会资源是校内课程资源的必要补充,既包括物质资源,如历史遗迹、遗址、博物馆、纪念馆、展览馆、档案馆、爱国主义教育基地等,又包括人力资源,如社会各方面的人员
物理	第六章 实施建议	教材编写建议	充分利用社会资源为课程标准的落实、学生物理学科核心素养的达成作出贡献。教材编写中,应关注不同地区、不同民族的自然与人文环境,充分利用科技馆、博物馆以及科普图书、科普视频等资源
		地方和学校实施本课程的建议	要积极探索利用与开发来自电视与电影、科技馆、博物馆、公共图书馆、高等院校、科研院所、工厂、农村等的物理资源,以拓宽学生的科技视野,培养学生主动发现问题、研究问题的意识与能力,逐步建立将校外资源转化为课程资源的有效机制。 要组织学生参观科技馆、博物馆,并积极与博物馆和科技馆合作,让学生带着问题与任务参观,既拓展知识,又探索问题
生物	第四章 课程内容	选修课程之"海洋生物学模块"	应充分利用水族馆、博物馆和水产品市场,组织好学生的探究性学习。
	第六章 实施建议	地方和学校实施本课程的建议	积极利用社会上的生物学课程资源。社会上的生物学课程资源极其丰富。例如,本地区的博物馆、科技馆、医院、园林绿化部门、相关企业、大专院校以及科研部门等,都可为学生学习生物学提供资源

(续 表)

科目	章节		教育教学指导
地理	第六章 实施建议	地方和学校实施本课程的建议	建立各种校外地理实践基地。通过挂牌、共建、共同开发等措施进行实践基地的建设。校外实践基地包括地理野外实习基地、公共图书馆、气象台、天文馆、地质馆、海洋馆、科技馆、展览馆、少年宫、博物馆、植物园、动物园、主题公园以及有关政府部门、科研单位、大专院校、工厂、农村等
艺术	第三章 课程结构	必修课程之"2 艺术与文化 2-9 走进博物馆"	略
美术	第四章 课程内容	必修课程之"美术鉴赏模块"	如有条件,可组织学生去美术馆、博物馆接触美术作品原作,增强学习活动的情境感,积累观看美术作品的经验
		选择性必修课程之"工艺模块"	积极探索多种教学途径,组织丰富多彩的教学活动,如开展课堂讨论、组织辩论会、举办工艺讲座、调查地方工艺、参观历史和民俗博物馆、考察历史遗址和遗迹、采访民间艺人等,以内外结合的课堂教学与综合活动构建有效的手工艺教学体系
		选修课程之"美术史论基础模块"	通过讲授、指导学生阅读相关资料,以观看视频、参观美术馆(博物馆)和当地的文化历史遗迹、组织讨论等方式,帮助学生了解中外美术发展的基本脉络,形成知识框架,进而学会分辨不同的风格流派,了解美术史上重要的艺术家及其代表作
	第六章 实施建议	地方和学校实施本课程的建议	学校应提供支持和方便,帮助教师开发和利用各种公共文化设施(如美术馆、博物馆、图书馆、青少年宫、文化广场、社区或乡村文化站等)、地方的自然资源和社会文化资源(如有特色的自然景观,乡土美术材料,历史、政治、文化和经济等领域的事件,与美术有关联的文化景观、文化遗产和遗迹,民间传统美术,优秀的艺术家、非物质文化遗产传承人、民间艺人及其工作室或作坊等)等重要美术课程资源

鉴于此,博物馆必须系统审视其针对中小学教育供给的"相关性"(这将在底层设计"博物馆对学校的供给机制"中详述),并将其与国家、省市、地方三级学术标准包括课程方案、课程计划、课程标准、教材、教学设计等制度性依据匹配。未来,我们希冀博物馆被进一步纳入各级各地课程标准,毕竟后直接导向了"考试评价"这一"翼"。目前,与博物馆有关的 STEM 教育已进入国家课程标准,包括 2017 年教育部印发的《义务教育小学科学课程标准》,并将其列为重要内容之一。

(3)教材

"课程即教材"的观点自古有之,且国内外皆有。这是一种以学科为中心的教育目的观的体现,强调了教材的关键性,其代表人物是捷克教育家 J. A. 夸美纽斯(J. A. Comenius)。事实上,传统课程将重点置于向学生传递知识这一基点,而知识的传递正以教材为依据,知识的载体便是教材。也即,教材取向以知识体系为基点。虽然课程就是知识的观点早已得到更新,但对教材重要性的强调似乎在今天也不过时,因为这是中小学教师在具体教授时的基础性依据,且考试大纲①正基于教材而生成,并与"考试评价"这一"翼"直接关联。

在 2015 年《国家文物局、教育部关于加强文教结合、完善博物馆青少年教育功能的指导意见》中,"加强课程教材中博物馆教育有关内容"已在"主要任务"之列:"进一步加强博物馆教育与学校教育的契合度,积极推动在中小学德育、语文、历史、艺术、体育等教学中,增加博物馆学习环节。地理、数学、物理、化学、生物等学科,应充分挖掘和利用博物馆资源,开展动手操作、科学实验等活动。"此外,在《全民科学素质行动计划纲要实施方案(2016—2020 年)》中,我国已明确"修订小学科学课程标准实验教材。增强中学数学、物理、化学、生物等学科教学的横向配合","修订普通高中数学、物理、化学、生物、地理、信息技术、通用技术课程标准实验教材,鼓励普通高中探索开展科学创新与技术实践的跨学科探究活动"。

鉴于此,在我国博物馆与中小学教育结合的课程保障中,我们不只是要推进中华优秀传统文化、博物馆、文物保护利用常识等"进课外""进课堂",还要"进教材"。也即,一方面,在课程方案(如《普通高中课程方案》)、课程

---

① 但根据《教育部关于加强初中学业水平考试命题工作的意见》(教基〔2019〕15 号),"取消初中学业水平考试大纲"。

标准(如《普通高中课程方案和语文等学科课程标准(2017年版)》)中增加场馆学习内容,从而将组织中小学生到博物馆参观和利用列入学校课程计划、教学设计等,以实现常态化、制度化。

另一方面,我们要利用好教材这一载体,将博物馆内容融入教材,尽可能覆盖中小学语文、历史、艺术、地理、数学、物理、化学、生物等主科和副科。当然,这需要诸如《全国大中小学教材建设规划(2019—2022年)》《中小学教材管理办法》等的同步引导与扶持。

值得一提的是,作为课程改革中课程管理的重要一环——实行统一性与多样化相结合的教材管理制度,是我国中小学教材建设与改革的目标。但它不是以多样化取代统一性,而是不同教材从本学科性质、特点出发,实现多样化;同时,它不等于地方化和数量化。2019年9月,我国统编三科(语文、历史、道德与法治)教材已实现了义务教育一至九年级全覆盖,且高中统编三科新教材也开始在部分省市起始年级试用,其他省份则将陆续全面推开。事实上,教材建设是国家事权,统编三科教材亦是实施"铸魂工程"、落实立德树人根本任务的基本依托[1]。而中小学教材统编、统审、统用工作的与时俱进,也给了我国博物馆与中小学教育结合事业在更大层面上发展的新契机。

(4)教研体系

教研体系是教育品质的重要保障。现代化的教研团队、高度专业化的教师队伍,共同构成了基础教育变革强有力的支持系统。香港大学教授程介明曾将上海国际学生评价项目(Programme for International Student Assessment,PISA)[2]测试取得世界第一的成绩归功于四个方面:一是课堂教学的质量;二是学生课内外全时间的学习;三是中国的教研制度;四是上海持续深入的课程改革。四个方面中,三个都与教研紧密相关[3]。

事实上,在我国博物馆与中小学教育结合事业发展中,我们也要达求与

---

[1] 汪瑞林:《推进立德树人的生动实践——2019年基础教育课程与教学改革观察》,《中国教育报》2019年12月25日,第9版。

[2] 国际学生评价项目是经济合作与发展组织举办的大型国际性教育成果比较、监控项目,以纸笔测验的形式测量处于义务教育阶段末期15岁学生的阅读能力、数学能力和科学能力,从而了解他们是否具备未来生活所需的知识和技能。项目主要评价阅读素养、数学素养及科学素养,具体涉及学生必须掌握的内容、必须实施的学习过程以及知识与能力应用的情况等。国际学生评价项目首次举行于2000年。

[3] 余慧娟、赖配根、李帆、朱哲、金志明、董少校:《上海教育密码》,《人民教育》2016年第8期,第14页。

教研员的良好合作,因为他们负责课程及其标准、教材等的落地。同时,在教研室"研究、指导、服务"基本职能的定位基础上,我们还要逐步将其建设成课程教材研究中心、教学研究中心、课程德育中心、质量监测中心、数据研究中心、资源建设中心等。也即,逐渐使教研机构拥有作为"智库"的底气,而各层级教研员[①]的角色也由个人权威转变为"合作共同体"中的重要成员[②]。

在上海市"二期课改"中,三类课程的体系结构以及其中的拓展型、研究型课程(以下简称"两类课程"),是创新之举。但对学校而言,承担课程开发的职责不仅是全新使命,而且传统的学科教研体制难以直接移植。因此,尽快搭建"两类课程"的市、区、校三级教研体系,是先行保障。为此,上海市教研室与各区教研室协同,联手构建了一支教研员队伍。在职能分工上,市教研室教研人员主要承担顶层设计(参与编制《拓展型课程指导纲要》《研究型课程指南》等纲领性文件)、教研重心、推进策略、条件保障等宏观研究;各区教研员主要负责区域的推进策略、学校层面的建设与实施、学校与教师典型经验提炼与辐射等中位研究。在此基础上打造的各校"两类课程"教研团队,是迄今国内唯一的专职校本课程教研团队[③],可以说构建起了一个立体的教研体系。

此外,上海市教育委员会基于课程改革深化、学校内涵发展、校长与教师专业成长的集体需求,于2009年在全国率先提出了"提升学校课程领导力",以打响课改攻坚战。2010年,上海市教委颁布了《上海市提升中小学(幼儿园)课程领导力三年行动计划(2010—2012年)》,并正式启动第一轮"上海市提升中小学(幼儿园)课程领导力行动研究项目"。该项目依托四个学段的5所项目学校和1个整体试验区展开,聚焦课程计划、学科建设、课程评价、课程管理四个方面。经过四年探索,市教委明晰了课程领导力内涵,构建了提升框架,明确了"可视化"行动路径,建立了共同体运行机制,提炼了一批课程校本化实施经验。2015年4月,以2014年《教育部关于全面深化课程改革落实立德树人根本任务的意见》为指引,在上海教育综合改革的背景下,全市启动了第二轮"上海市提升中小学(幼儿园)课程领导力行动研究项目",遴选了58所项目学校和1个整体试验区。第二轮项目突破了

---

① 除了教育主管部门和单位,中小学中也有教研员。
② 余慧娟、赖配根、李帆、朱哲、金志明、董少校:《上海教育密码》,《人民教育》2016年第8期,第14页。
③ 上海市教育委员会编:《砥砺奋进二十年:中小学拓展型、研究型课程实践与探索》,第8页。

课程领导力的评价难点,探索基于证据的课程计划完善方案,推进德育、美育、体育等关键领域课程体系建设①。

一流的教育需要一流的课程和课程领导力来匹配,需要相应的教研体系来支撑。《教育部关于加强和改进新时代基础教育教研工作的意见》(教基〔2019〕中 14 号)明确了要完善教研方式,并突出"三个注重":一是注重全面育人研究,坚持"五育"并举,强化学科整体育人功能,深入开展内容、策略、方法、机制研究;二是注重关键环节研究,加强对课程、教学、作业和考试评价等重要环节研究;三是注重创新教研方式。此外,该意见还提出了教研员专业标准,包括所有学科建立专职教研员,并定期到中小学任教的制度等②。这些于我国博物馆与中小学教育结合中相关教研体系的构建,都是极有助益的引导。

2. 将考试评价与招生选拔作为政策"两翼"

考试招生制度是国家基本教育制度。改革开放 40 多年来,我国考试招生制度不断改进完善,为学生成长、国家选才、社会公平做出了历史性贡献,尤其是高考制度。与此同时,当前的经济社会发展也对培养高素质人才提出了更多要求,民众对接受优质、公平、多样化教育提出了更高期盼。这其实与校外教育、博物馆与中小学教育结合事业拥有同样的发展内涵。鉴于此,现行高考制度在评价标准、选拔方式等方面存在的不足,包括"一考定终身"使学生负担过重,区域、城乡入学机会存在差距,导向唯分数论影响学生全面发展、中小学择校现象突出等③,亟需深化教育综合改革来破解。上海、浙江是首批全国高考改革试点的两个地区,上海即从考试评价和招生选拔两方面着手。正如《上海市实施〈中华人民共和国义务教育法〉办法》(2009 年修订)在"素质教育"篇章中所明确的:"市教育行政部门应当按照国家要求推进教育教学内容、课程设置、考试、招生和评价制度等改革,促进实施素质教育。"

事实上,考试评价与招生选拔这两端恰恰可以作为我国博物馆与中小学教育结合事业专项政策制定的关键性"两翼"。同时,"两翼"虽独立,但彼此关联,且通过综合素质评价作为桥梁,具体则覆盖了博物馆对社会实践、兴趣特长、艺术素养、身心健康、学业水平、思想品德五方面评价内容的融

---

① 上海市教育委员会教学研究室编:《课程领导:学校持续发展的引擎》,上海科技教育出版社 2019 年版,序,第 1 页。
② 教育部基础教育司:《以提高质量为中心,深化基础教育改革》,教育部网站,2019 年 11 月 29 日。
③ 国务院:《关于深化考试招生制度改革的实施意见(国发〔2014〕35 号)》,2014 年 9 月 3 日。

入,并最终由考试评价递进到招生选拔阶段。

值得一提的是,我国深化教育评价改革,正致力于从根本上解决教育评价的"指挥棒"问题,包括以考试招生制度作为突破口,推进素质教育和创新人才培养,并有了21世纪以来第一个关于推进普通高中教育改革的重要文件——2019年的《国务院办公厅关于新时代推进普通高中育人方式改革的指导意见》。而2020年的《深化新时代教育评价改革总体方案》则在"重点任务"中明确:"深化考试招生制度改革。稳步推进中高考改革,构建引导学生德智体美劳全面发展的考试内容体系,改变相对固化的试题形式,增强试题开放性,减少死记硬背和'机械刷题'现象。加快完善初、高中学生综合素质档案建设和使用办法,逐步转变简单以考试成绩为唯一标准的招生模式。"这些都与我国博物馆与中小学教育结合事业发展相关。

(1)考试评价

目前,我国在中高考制度设计、命题科学性等方面的探索还在继续,并把评价体系作为教育价值引领最有力的"杠杆",以促使大中小学教育观念的更新和从"育分"到"育人"的整体转型。

① 博物馆入升学考试题

将博物馆主题和内容融入考试甚至是一定程度地纳入升学考试命题,自然是考试评价这一"翼"力量的彰显,毕竟作为"指挥棒"的高考和中考具有非同一般的意义。每年的高考、中考题目都是全社会关注的热门内容,频频登上各大媒体主页并霸占热搜榜。

在全国范围内,拔得博物馆上中考题"头筹"的属湖南省博物馆。2007年,该馆举办《国家宝藏》大型专题展览时,长沙市教育局专门下发文件,倡导全市中小学生参观,并与省博联合举办有奖征文大赛和对全市小学生免费赠票10万张等活动。同年,长沙市中考文综试卷出现了一道10分的"宣传家乡"题型,画有一尊四羊方尊,题意是"正在湖南省博物馆举行的'国家宝藏'展览中,为什么博物馆要为这件文物设专用展台",要求学生完成一个解说词提纲撰写[①]。

湖南长沙的案例虽属偶然,但亦是博物馆与中小学教育结合的必然结果。据统计,2015年至2017年北京中考中出现的科技馆展品一共有10件,

---

① 国家文物局博物馆司调研组:《关于将博物馆纳入国民教育体系的调研报告》,《新形势下博物馆工作实践与思考》,第70—71页。

平均每年约三件展品在考题中"亮相",数理化试卷中也随处可见博物馆(包括科技馆)、传统文化等内容。事实上,自从2014年《北京市初中科学类学科教学改进意见》发布,并且要求"鼓励和引导学生走出课堂,将科学类学科不低于10%的课时用于开放性科学实践活动","加强与社会教育机构的合作,市、区县两级共同推动整合利用博物馆、科技馆等社会资源"以来,博物馆(包括科技馆)在北京中考中的"存在感"大为提升。此外,根据《教育部对十三届全国人大一次会议第3638号建议的答复》(教建议〔2018〕第30号),我国将"进一步增加中华优秀传统文化在中考、高考升学考试中的比重",其中也涉及博物馆、文物保护利用常识等。

值得一提的是,2020年5月5日《中国文物报》"展览专刊"刊登的《博物馆直播大热的冷思考》一文入选了同年度江苏高考语文试卷(文科),此文还是材料概括分析题的唯一素材。该题就博物馆的窄播与广播含义、优秀直播需要的条件以及博物馆直播的意义进行提问,分值15分。而这并非《中国文物报》的文章第一次入选高考试卷。在2017年北京高考语文试卷"非连续性文本阅读"中,材料一和材料三分别选用了《中国文物报》2011年4月6日"博物馆周刊"上的《博物馆:探求文物回归大众路》一文,与其他几篇央媒文章共同组成了文物保护与利用的话题,分值24分①。

② 中高考命题的变化

事实上,作为高考综合改革的重要组成部分,我国高考命题正在悄然发生变化。2019年,许多师生都反映试题变化较大,有些不适应,而这正是命题改革带来的正常现象。今后,命题还将依据"以学定考"原则,更加突出立德树人的培养目标,聚焦学生发展核心素养和各学科核心素养,注重考查学生的综合素质及应用所学知识解决实际问题的能力。这一点从《关于加强初中学业水平考试命题工作的意见》(教基〔2019〕15号)中亦可见端倪:"取消初中学业水平考试大纲,严格依据义务教育课程标准科学命题,试题命制既考查基础知识、基本技能,还注重考查思维过程、创新意识和分析问题、解决问题的能力;应当合理设置试题结构,减少机械性、记忆性试题比例,提高探究性、开放性、综合性试题比例,积极探索跨学科命题,提升试题情境设计水平。"②这些与上文提及的"中小学课程改革新动向"也休戚相关。

---

① 崔波、卢阳:《〈中国文物报〉文章再次入选高考试卷》,国家文物局网站,2020年7月14日。
② 汪瑞林:《推进立德树人的生动实践——2019年基础教育课程与教学改革观察》,《中国教育报》2019年12月25日,第9版。

2020年初，教育部考试中心发布了《中国高考评价体系》和《中国高考评价体系说明》。具体说来，高考评价体系的创新主要体现在三方面：一是在教育功能上，实现了由单纯的考试评价向立德树人重要载体和素质教育关键环节的转变。二是在评价理念上，实现了由传统的"知识立意""能力立意"评价向"价值引领、素养导向、能力为重、知识为基"综合评价的转变。三是在评价模式上，实现了高考从主要基于"考查内容"的一维评价模式向"考查内容、考查要求、考查载体"三位一体模式的转变，并将素质教育目标、评价维度与考查内容、要求对接。而这些都是新时期我国在考试评价维度上质的飞跃，并同博物馆与中小学教育结合事业相关。事实上，作为一个开放、动态的体系，高考评价体系将根据党和国家对高考内容改革的要求以及高等教育、基础教育新的发展特点而与时俱进[①]，同时倒逼中考改革并敦促大中小幼素质教育的一体化完善。

值得一提的是，高考命题人主要由三个群体组成：大学教授、高中教师、学科教学研究者（教研员）。三者的比例依次递减，大学教授所占比例最大，一般任学科命题组组长。而命题人以大学教授为主的原因是，高考为高校选拔人才，而高校对学生知识、能力、素质的要求，需要贯彻到高考中。同时，高考试卷的命题精神，又引导着高中教学。事实上，不只是高考题主要由大学教师出，高考试卷评分细则也由大学教师为主制定。由此可见，考试评价与招生选拔不仅在"事"上紧密联动，连"人"也是，具体则通过命题、审题、阅卷、综合素质评价、招生录取等环节一并串联。

（2）招生选拔

近年来，我国已在一系列文教政策中提及学生"综合素质评价"。一方面它覆盖了思想品德、学业水平、身心健康、兴趣特长/艺术素养、社会实践维度，并越来越多地纳入了博物馆。事实上，综合素质评价是推进素质教育的一项重要制度，以转变人才培养模式，促进评价方式改革，包括转变以考试成绩为唯一标准来评价学生的做法；另一方面它有效串联了考试评价与招生选拔这"两翼"，并在时下的综合评价招生中彰显效应，为高校招生录取提供了重要参考。

① 综合素质评价

综合素质评价是我国21世纪基础教育改革尤其是新课程改革语境下

---

① 丁雅诵：《〈中国高考评价体系〉发布》，《人民日报》2020年1月8日，第12版。

中考、高考改革的重要内容[①],它以素质教育为目标,按照其组成内容进行评价。我国综合素质评价从提出到实施经历了一个过程。其中,中央聚焦综合素质评价最重要的三大政策为:2014 年的《国务院关于深化考试招生制度改革的实施意见》《教育部关于加强和改进普通高中学生综合素质评价的意见》以及 2016 年《教育部关于进一步推进高中阶段学校考试招生制度改革的指导意见》。但其实,更早一步述及它的政策性文件是 2004 年《国家基础教育课程改革实验区 2004 年初中毕业考试与普通高中招生制度改革的指导意见》[②]、2014 年《教育部关于培育和践行社会主义核心价值观进一步加强中小学德育工作的意见》,新近的则有《教育部关于加强和改进中小学实验教学的意见》(教基〔2019〕16 号)、《教育部关于在部分高校开展基础学科招生改革试点工作的意见》(教学〔2020〕1 号)。此外,还有其他红头文件先后述及"改革考试评价和招生选拔制度""综合评价""素质教育的评价机制""教材评价制度""课程评价制度""发展性评价体系/制度"等,如《国务院关于基础教育改革与发展的决定》(国发〔2001〕21 号)、2001 年《基础教育课程改革纲要(试行)》、《教育部关于积极推进中小学评价与考试制度改革的通知》(教基〔2002〕26 号)、《教育部关于进发〈普通高中课程方案(实验)〉和语文等十五个学科标准(实验)的通知》(教基〔2003〕6 号)。

当然之所以在我国博物馆与中小学教育结合事业中强调"综合素质评价",是因为它串联了考试评价与招生选拔这"两翼",并且是招生选拔的一大突破。此外,博物馆作为社会教育的大课堂,也有责任对青少年的综合素质做出合理评价。包括未来将博物馆纳入评价委员会中,参与具体的组织和监督。同时,这也倒逼场馆更好地发挥教育的功能定位,以提升中小学生的综合素质。

如上文所述,国务院、教育部自 2014 年起密集出台了一系列政策,要求各地建立综合素质评价制度,并注重考查中学生思想品德、学业水平、身心健康、兴趣特长/艺术素养、社会实践几方面的发展情况与个性特长。自 2017 年起,基于学生成长过程的客观记录、作为毕业和升学重要参考的综合素质评价信息,首先在高水平大学的自主招生等环节中使用。而博物馆也在此背景下,成为学生素质评价的记录内容,并进入了"社会实践"等不只

---

① 杨九诠:《综合素质评价的困境与出路》,《华东师范大学学报》2013 年第 2 期,第 36 页。
② 全称为:《教育部办公厅关于印发〈国家基础教育课程改革实验区 2004 年初中毕业考试与普通高中招生制度改革的指导意见〉的通知》(教基厅〔2004〕2 号)。

一个板块。比如,根据2017年《北京市普通高中学生综合素质评价实施办法(试行)》,它列出了五方面记录重点,包括思想品德、学业成就、身心健康、艺术素养、社会实践。其中,"社会实践"包括学生参加技术课程实习,游学,到社会大课堂实践基地、博物馆、科技馆等社会场所开展实践活动的内容、次数、持续时间及收获等。此外,在"思想品德"板块,学生参与"一十百千工程"①、公益活动与志愿服务的内容、次数、持续时间及收获等都在列②。其中,"一十百千工程"即与博物馆直接相关,包括走进一次国家博物馆、首都博物馆和抗日战争纪念馆。

值得一提的是,紧跟中央步伐,上海市于2015年启动了综合素质评价,并历时3年形成了每位学生一份的《上海市普通高中学生综合素质纪实报告》,且率先在高校自主招生、综合评价录取改革试点等招录环节中参考使用。而"两依据一参考"——即依据统一高考成绩、依据高中学业水平考试成绩、参考高中学生综合素质评价信息的考试招生模式基本形成,意味着上海高考综合改革试点的成功落地。事实上,上海正希冀将高考评价制度改革作为切入口,"撬动"高中生培养方案,再自上而下过渡到中考评价制度,并顺势影响初中生培养,从而贯穿到小学阶段,形成小学、初中、高中一体化的人才培育模式创新。这在《上海市教育改革和发展"十三五"规划》中已提及:"改革中等学校招生考试制度。逐步将学生学业水平考试成绩和综合素质评价作为高中阶段学校招生录取的重要依据。"

可以说,综合素质评价是对《国务院关于深化考试招生制度改革的实施意见》等的具体践行,不仅在高校招考和人才选拔方面意义重大,而且在推动高中教育与高等教育衔接以及人才培养方面也作用巨大。一方面,促使中学注重对学生参观和利用博物馆等社会实践的引导,继而助推青少年做好生涯规划、培育终身学习的能力;另一方面,素质更综合、全面的生源也会推动高校通识教育发展,高校人才培养理念甚至是办学特色都将更新与拓

---

① "北京市实施'一十百千工程',即要求:每个学生在中小学学习期间至少参加一次天安门广场升旗仪式,分别走进一次国家博物馆、首都博物馆、抗日战争纪念馆;至少参加十次集体组织的社会公益活动,观看百部优秀影视作品、阅读百本优秀图书,学习了解百位中外英雄人物、先进人物的典型事迹和优秀品格;市、区县教育主管部门和有关单位要共同完善社会大课堂建设机制,通过政府购买服务等方式在图书馆、博物馆等千余个具备相应社会资源的单位培养和聘用千名课外辅导教师。"见《北京市人民政府办公厅关于印发〈北京市中小学培育和践行社会主义核心价值观实施意见〉的通知》。

② 刘冕:《北京新高考将实行"3+3"!综合素质评价将影响上大学》,上观新闻,2017年7月7日。

宽。可以想象，当鲜活且珍贵的综合素质评价信息记录呈现在高校考官面前时，后者自然重视这些大数据，因为它仿佛考生高中三年的"成长博物馆"。此外，综合素质评价也降低了高考裸分在高考统招录取中的比例，部分改变了"一考定终身"的弊端，这让考生和家长有了更实在的获得感。当然，我们对综合素质评价的认知和使用经历了一个过程，包括现在也在不断演进中。

② 综合评价招生

与综合素质评价直接相关的"大招"是综合评价招生（以下简称综评），它是高考改革推动兴起的新的招生模式。该类招生最大的特点是，基于考生的高考成绩、高校综合测试成绩、高中学业水平测试成绩，通过一定比例计算形成综合总分，最后按照综合总分择优录取。目前，综合评价招生的典型模式有两种：全国范围招生，包括清华大学领军计划、北京大学博雅计划、上海纽约大学均面向全国，而北京外国语大学、中国科学院大学、南方科技大学则面向全国大多数省份进行；针对单个省份招生，包括上海市综合评价录取改革试点、浙江省三位一体综合评价招生，以及江苏省、山东省、广东省综合评价招生。

随着高考改革的深入，综合评价改革试点逐步展开，综合评价招生也从2015年开始壮大，招生人数不断上升。而综评的特点包括：考查方式以面试为主、招生对象覆盖范围广、注重综合成绩、录取优惠模式多元化。具体如下：

● 考查方式以面试为主。综评注重考查考生的综合素质，覆盖了专业素养、情商、仪表风度、口才、反应敏捷程度、心理素质、道德品质、价值观念等方面，并主要体现在面试考核上。

● 招生对象覆盖范围广。综评是高考招生制度改革的重要组成部分，考查方向涉及综合成绩、综合素质、学科特长、社会实践等多维度。而高校招生条件一般要求考生具备某个或某几方面内容即可。也即，对大部分高校而言，综合成绩优秀者均可报名，但山东高校要求学生有社区服务和实践活动经历，江苏高校则要求考生学业水平测试成绩达到一定要求或具备某种奖项。

● 注重综合成绩。相比过往自主招生对竞赛要求等级高，综评更侧重考生的综合成绩，只要高中阶段综合成绩优秀均可报名，且初审通过率远高于自主招生。

● 录取优惠模式多元化。综评优惠模式分为两种,也即直接降分录取、根据综合成绩择优录取。其中,直接降分录取主要为清华大学领军计划、北京大学博雅计划。因此,根据综合成绩择优录取是主流,即把考生的高考成绩、高校综合测试成绩、高中学业水平测试成绩三者按照一定比例折算成总分,择优录取[①]。

值得一提的是,2017 年 6 月 29 日下午,上海 9 所高校的综合评价录取改革试点校测面试顺利结束。该年度是各高校首次将完整版的《上海市普通高中学生综合素质纪实报告》引入。比如,根据《复旦大学 2019 年综合评价录取改革试点招生简章》,该校依据高考成绩,按院校专业组招生计划数的 1.5 倍确定入围面试考生名单(末位同分全投),公布入围面试分数线。并且,其综评面试采取专家与考生多轮、一对一面试模式进行,同时专家根据《复旦大学普通高中学生综合素质评价信息使用办法(上海)》规定,将综合素质评价信息作为重要参考材料使用[②]。面试成绩满分折算为 300 分,计算公式为"面试成绩=∑[(31−每位专家排名)×2]"[③]。其中,高校要求高中生提交的申请材料包括社会实践经历、思想道德素质、体育艺术素养和相关证明材料,面试中则重点考查学生的品德修养、研究能力和社会活动能力等,包含了博物馆实践。事实上,社会实践已是上海市中学生的必修课,主动参与、融入社会、志愿服务逐渐内化为其内心需要,同时个人生涯发展规划也更加明晰了[④]。

鉴于此,高考成绩、面试成绩、高中学业水平合格性考试成绩合成的综合总分,计算公式为"综合总分=高考成绩×600÷660+面试成绩+高中学业水平合格性考试成绩"。高校按其高低将考生排序,而同分情况下则按如下成绩排序:面试成绩、高考成绩总分、高考语文成绩、高考数学成绩、高考外语成绩、高中学业水平合格性考试成绩。足见综评面试的地位之高。当

[①] 《什么是综合评价招生?综合评价招生有哪些特点?》,强基计划拔尖人才培养,2019 年 7 月 16 日。

[②] 面试的具体细节包括:专家在考虑性别、专业等因素基础上每天随机分组,每组包含文、理、医各领域共 5 名专家;考生按高考平均成绩组间无差异原则,每 10 人随机分组;专家组与考生组临场抽签配对;每轮面试时间 15 分钟,共计 75 分钟;面试结束后每位专家独立评判打分,对每位考生排序,然后合计其面试成绩。如一组实际面试考生不足 10 人,按线性映射折算。

[③] 上海市人民政府办公厅:《快讯!复旦发布上海综合评价录取招生简章,这些专业可报考!》,上海发布,2019 年 4 月 17 日。

[④] 余慧娟、赖配根、李帆、朱哲、金志明、董少校:《上海教育密码》,《人民教育》2016 年第 8 期,第 16 页。

然,未被录取的考生仍可正常参加后续各批次志愿填报和录取,这给予了学生多重选择和保障。同时,不少"985""211"高校都沿袭复旦大学这样的综考比例,将面试成绩满分折算为 300 分(占 30％),区别在于各高校放出多少名额在综评的入围面试人数及其最终录取比例上。

2020 年上海市综合评价录取招生的高校有复旦大学、上海交通大学、同济大学、华东师范大学、华东理工大学、东华大学、上海财经大学、上海外国语大学、上海大学、上海中医药大学和浙江大学等 11 所本科院校以及香港中文大学(深圳)。值得一提的是,复旦大学本年度将综评面试成绩修改为满分 150 分,计算公式为"面试成绩=$\sum$(31.5－每位专家排名×1.5)"。也即,综合成绩由高考成绩(占 85％)、面试成绩(占 15％)组成,计算公式为"综合成绩=高考成绩÷660×850+面试成绩",差额的 150 分回归至高考成绩。但这并非复旦大学一家的作为,如同 2017—2019 年的 300 分规则一样,都依据教育部、上海市教育委员会等精神而调整。这背后折射的应该是对 2014—2017 年首轮高考改革试点以及 2017—2019 年首轮综评改革试点后,如何将上海等省市的经验向全国更"稳"、更"平衡"推广复制的考量。

③ 取代自主招生考试的"强基计划"

我国"基础学科招生改革试点",也称"强基计划",是教育部新开展的工作,旨在选拔培养有志于服务国家重大战略需求且综合素质优秀或基础学科拔尖的学生。这源起于 2020 年 1 月《教育部关于在部分高校①开展基础学科招生改革试点工作的意见》,同时自 2020 年起原自主招生方式不再使用。

事实上,实施"强基计划"的背景是,2003 年教育部开展高校自主招生改革以来,在探索综合评价学生、破解招生唯分数论等方面取得了成效,包括录取学生入校后在学业成绩、科技创新、学术论文、升学深造等总体表现突出。但自主招生也面临一些新挑战,包括招生学科过于宽泛、重点不集中、招生与培养衔接不够、个别高校考核评价不够科学规范、个别考生提供不真实的学科特长材料等。鉴于此,教育部在调研和总结自主招生和上海

---

① 试点高校包括:北京大学、中国人民大学、清华大学、北京航空航天大学、北京理工大学、中国农业大学、北京师范大学、中央民族大学、南开大学、天津大学、大连理工大学、吉林大学、哈尔滨工业大学、复旦大学、同济大学、上海交通大学、华东师范大学、南京大学、东南大学、浙江大学、中国科学技术大学、厦门大学、山东大学、中国海洋大学、武汉大学、华中科技大学、中南大学、中山大学、华南理工大学、四川大学、重庆大学、电子科技大学、西安交通大学、西北工业大学、兰州大学、国防科技大学。

等地高考综合改革试点经验基础上,希冀通过"强基计划"聚焦国家重大战略需求,探索多维度考核评价模式,逐步建立起基础学科拔尖创新人才的选拔培养机制。

"强基计划"和原自主招生的区别和进步之处如下表所示,主要体现在五方面。更重要的是,实施该计划的总体考虑是着力实现学生成长、国家选才、社会公平的有机统一,这与上文第二章所述的"教育的终极目的与真正价值"完全吻合,它其实也是博物馆与中小学教育结合的价值与理念基石。具体说来,"强基计划"中蕴含的有机统一包括:一是在改革定位上,与服务国家重大战略需求相结合,选拔一批有志向、有兴趣、有天赋的青年学生进行专门培养。二是在制度设计上,与促进教育公平相结合。以高考成绩作为入围依据,切实保障考试招生机会公平、程序公开、结果公正。三是在评价模式上,与推进教育评价改革相结合。坚持育人为本,探索在招生中对学生进行全面、综合评价,引导中学重视培养青少年的综合素质。四是在改革协同上,与推进高等教育相关改革相结合。加强统筹协调,与基础学科拔尖学生培养、加强科技创新等相衔接,形成改革合力。

表9 "强基计划"和原自主招生的区别和进步之处

不同之处	"强 基 计 划"	原自主招生
选拔定位	选拔"有志于服务国家重大战略需求且综合素质优秀或基础学科拔尖的学生"	选拔"具有学科特长和创新潜质的学生"
招生专业	突出基础学科的支撑引领作用,重点在数学、物理、化学、生物及历史、哲学、古文字学等相关专业	未限定范围
入围校考的依据	依据是高考成绩,有关高校可制定"针对极少数在相关学科领域具有突出才能和表现的考生"破格入围考核的条件和办法,并提前向社会公布	依据主要是考生的申请材料
录取方式	将考生高考成绩(不低于85%)、高校综合考核结果及综合素质评价情况折算成综合成绩,从高到低顺序录取	降分录取方式,最低可降至一本线
培养模式	录取学生将实行小班化、导师制,并探索本硕博衔接的培养模式,畅通其成长发展通道,实现招生与培养的良性互动	相关高校对自主招生录取的学生在培养方式上未作特殊安排

值得一提的是,"强基计划"与综合评价招生相通,它们都要求高校将考生的高考成绩、高校综合考核结果及综合素质评价情况折合成综合成绩,并按由高到低的顺序录取。这其中也覆盖了高中生在博物馆中的社会实践及其研究型学习成果等。并且,"强基计划"主要选拔有志于服务国家重大战略需求且基础学科拔尖的学生,重点在数学、物理、化学、生物及历史、哲学、古文字学等相关专业。这亦可敦促我国自然科学类博物馆、历史文化类博物馆进一步发挥作用,同时推动大中小幼 STEM 教育的一体化发展。

第三节　以立法促规划、政策的法治化

在制度设计中,立法是最权威的一种顶层设计,因此法律法规相较于规划、政策而言,数量最少、要求最高。立法将一系列规划、政策法治化,同时规划、政策为立法提供了依据和契机,它们都不可或缺,须多管齐下。在当前背景下,提高我国博物馆与中小学教育结合事业的法治化水平,构建相应的法律法规规章体系,是推进治理体系和治理能力现代化的有力举措。

值得一提的是,我国"十二五""十三五"文化(文物)和教育规划以及各级各地文教政策均对校外教育、文教结合等提出了要求,其中也涉及博物馆与中小学教育的结合。然而从目前的工作实施情况看,规划、政策仍亟待加大力度,因此必须在立法层面进行规制。事实上,所有问题看似庞杂、凌乱,但最核心的依旧是缺乏长效的法律保障。也即,事业呼唤立法解决根本性难题。同时,民有所呼,立法得有所应。而依法治理正是任何领域走向现代化的显著标志。

目前,我国的文化立法与其他领域相比,存在总量偏少、层次偏低等问题。当然,2015 年《博物馆条例》的出台,改变了博物馆事业仅依靠《中华人民共和国文物保护法》等的现状,完善了文博法律法规体系。而 2016 年《中华人民共和国公共文化服务保障法》的出台,也弥补了我国文化立法的短板,对推进公共文化服务的法治化、规范化具有重要意义。与此同时,在教育领域,我国尚无校外教育立法。因此,不妨将各地校外教育的"工作章程""组织章程""暂行条例"等汇总、修改和充实,建立《义务教育法》之外相对独立的《社会(校外)教育法》,以明确校外教育的管理体制、功能定位、机构任

务、专业人员的职责与考核、与学校教育的合作模式等①。目前,上海市已在探索校外教育的地方性立法。

总之,就我国博物馆与中小学教育结合事业发展而言,我们至今缺乏专项规划、政策、法律、法规、规章或至少是规范性法律文件,同时也缺乏《校外教育法》等的保障。当然,国家大、人口多、区域发展不均衡等现实,使得立法更显复杂和困难,更何况它本身即是一个中长期过程。但我们相信,博物馆与中小学教育结合事业是制度设计与实践操作的有机统一,随着自身的完善,终将被载入国家法律、法规、规章,以法的精神确保其施行。正如上文"我国博物馆与中小学教育结合的制度属性与特征"所述,该事业是可操作、可实现的目标和愿景,那么在立法上也是一样。只是,我们需要脚踏实地,并且各方齐心携手,以开拓创新。

一、立法基础

通常,法的制定、修改和废止也即立、改、废是为了调整社会实践中的重要关系。这类关系往往具有三个共同特点,共同构筑了立法基础。第一,涉及足够人口数量的主体,以反映和彰显人民的意志。第二,关系中有着必须要解决的问题,如立法缺位将引起不必要的社会资源内耗等。正如《中华人民共和国立法法》②第六条规定的:"立法应当从实际出发,适应经济社会发展和全面深化改革的要求,科学合理地规定公民、法人和其他组织的权利与义务、国家机关的权力与责任。法律规范应当明确、具体,具有针对性和可执行性。"第三,前期调研和理论研究充分,立法基础工作扎实。正如《中华人民共和国立法法》第四条、第十六条分别规定的:"立法应当依照法定的权限和程序,从国家整体利益出发,维护社会主义法制的统一和尊严","专门委员会和常务委员会工作机构进行立法调研,可以邀请有关的全国人民代表大会代表参加"。鉴于此,如果一种社会关系具备以上三个特点,那么应

---

① 王晓燕:《日本校外教育发展的政策与实践》,《国家教育行政学院学报》2009年第1期,第95页。
② 《中华人民共和国立法法》于2000年3月15日第九届全国人民代表大会第三次会议通过,并根据2015年3月15日第十二届全国人民代表大会第三次会议《关于修改〈中华人民共和国立法法〉的决定》修正。

当考虑在此领域设置法律、法规、规章①。对于我国校外教育、博物馆与中小学教育结合事业发展而言,综合考虑相关人口数量、地域面积、经济社会发展情况以及立法能力等因素,可以确定存在立法需求。

就第一个问题而言,我国校外教育、博物馆与中小学教育结合事业涉及的学生体量庞大,早已具备立法的人口数量基础。截至2019年底,根据教育部的数据,全国共有义务教育阶段学校21.38万所,在校生1.54亿。其中,普通小学16万所,在校生10 561.2万;初中学校5.2万所,在校生4 827.1万;高中学校2.4万所,在校生3 994.9万②。也就是说,全国中小学共计23.7万所,涉及在校生近1.94亿。此外,受独生子女政策影响,大部分城市学生都是家中唯一的孩子。因此,立法涉及的实际人口还需一定程度地加上两代家长和三代家庭成员,这将导向直接和间接权利义务主体超过我国总人口的半壁江山。

无独有偶,上海市目前正在进行校外教育的地方性立法。截至2019年底,全市适龄中小学生接近143.67万。同样受独生子女政策影响,立法涉及的直接人口还需加上家长和相关家庭成员,也即直接和间接权利义务主体若以同年度上海常住人口约2 418万为背景,约占全市人口的1/3。因此,无论是中央还是地方政府,针对如此庞大的中小学生及相关家庭人口,校外教育、博物馆与中小学结合事业已具备立法的对象数量之必要条件。

就第二个问题而言,除了详见上文我国博物馆与中小学教育结合的"四大问题"与"十大原因"之外,再以2016年《中华人民共和国公共文化服务保障法》为例。该法的出台,作用是多方面的。其一,构筑起了法律制度体系框架,包括我国公共文化服务标准制度、服务设施免费或优惠开放制度、服务公示制度、公众参与的服务设施使用效能考核评价制度、服务资金使用监督和公告制度等。其二,对公共文化服务及其设施等基本概念做了明确法律界定。并且,法律的界定打破了行政隶属界限。其三,对丰富公共文化服务供给和提高服务效能做出了明确规定,有助于推进供给的制度化。包括通过法律把完善服务体系、提高服务效能作为政府的保障责任写入总则等。其四,针对一些长期困扰基层的设施建设问题,将行之有效的政策规定和实践中的成功经验上升为法律。比如,明确了新建、改建、扩建居民住宅区要

---

① 部分参考上海市青少年学生校外活动联席会议办公室、上海政法学院教育政策与法制研究中心:《2019上海市校外教育发展论坛材料汇编》,2019年11月26日,第3页。
② 《中国教育概况——2019年全国教育事业发展情况》,教育部网站,2020年8月31日。

按照有关规定配套建设公共文化设施,将居民住宅小区配套建设公共文化服务设施法律化。这些即是对第二个问题的最佳回应。

就第三个问题而言,目前上海已具备了良好的立法研究基础,相信全国更可以。毕竟,立法位居制度设计的塔尖,需要从实践中获取足够的素材、信息,确保理论研究依据充分,并且相关成果已针对重点难点问题做了制度性尝试如出台了规划、政策,甚至形成了法律草案等。就上海市校外教育立法而言,受上海市教育委员会、上海市青少年学生校外活动联席会议办公室委托,华东政法大学等单位已联合开展了多轮调研、座谈会、论证会,立法研究基础扎实[①]。

事实上,我国校外教育经过实践检验,制定法律法规的条件已然成熟,亟需单独立法。而且,地方法规或规章的层级局限于当地,无法实现全国的普适性,而校外教育是基本文教需求,制定该法的必要性、可行性毋庸置疑。与此同时,博物馆与中小学教育结合也是全国性事业,仅靠地方立法很难解决面上的体制机制等根本性问题。当然,我们需要先就该事业主要制度规范的可行性、法律出台时机、法律实施的社会效果、可能出现的问题等进行到位的研究。

当下,我们正处于立法的"黄金时代",也即文教法治化进程的加速时期。一方面,教育部印发了《依法治教实施纲要(2016—2020年)》等纲领性文件,全面指导全国教育法治化工作;另一方面,20世纪80年代《中华人民共和国学位条例》施行后,我国相继制定了《中华人民共和国义务教育法》《中华人民共和国教师法》《中华人民共和国教育法》《中华人民共和国职业教育法》《中华人民共和国高等教育法》,以及新千年后的《中华人民共和国民办教育促进法》等,构建了具有中国特色社会主义的教育法治体系。这些都为我国校外教育、博物馆与中小学教育结合事业的专项立法奠定了制度环境基础。与之接近的是,在2016年《国务院关于进一步加强文物工作的指导意见》中,我国也明确了"文物保护的配套法规体系尚需完善"的现状以及"加快推进文物保护法、水下文物保护管理条例等法律法规修订工作。省级人民政府和具有立法权的市级人民政府要推动文物保护地方性法规规章制定修订工作,健全法治保障体系"的要求。

---

① 上海市青少年学生校外活动联席会议办公室、上海政法学院教育政策与法制研究中心:《2019上海市校外教育发展论坛材料汇编》,第6页。

二、我国博物馆与中小学教育结合事业专项立法的原则

无论是我国各级各地的校外教育,还是博物馆与中小学教育结合事业的专项立法,都须恪守多项原则,包括依法创制、内化政策和规划、"强攻"与"迂回"战术双管齐下。具体如下。

(一)依法创制,平衡法的稳定性与适时应变性

1. 依法创制

依法治国方略的确立和实施,为我国文教法治化发展提供了强大观念基础和舆论支持。首要的便是,我们必须依据相关领域的上位法来展开立法,如《中华人民共和国立法法》《中华人民共和国教育法》《中华人民共和国义务教育法》《中华人民共和国公共文化服务保障法》《中华人民共和国科学技术普及法》《中华人民共和国文物保护法》《博物馆条例》《公共文化体育设施条例》等。通过依法创制,可明确我国各级各地校外教育、博物馆与中小学教育结合事业专项立法的权限、程序、相关要求等。

值得一提的是,教育部已连续多年把学前教育立法列入工作要点。其中,地方省市也有了相关探索。此外,许多国家的国际立法与实施经验,也可供学习。同样地,在校外教育领域,正在进行中的上海市校外教育立法也属于地方性创制。此外,2011年出台的《上海市终身教育促进条例》,已率先在全国确定了经营性培训机构的合法地位等。当然,第一个"吃螃蟹"的总是最困难的,但也是最富改革和创新精神的。同时,必须恪守"依法创制"准则。

2. 平衡法的稳定性与适时应变性

法的特点之一就是稳定。也即,一经制定,不能朝令夕改。这也是为何我们强调依法创制,包括在立法进程中,首先要经过深入的前期调研,掌握大量的背景资料。在此基础上,对立法的必要性、可行性、条文等进行充分的分析研究。相关草案也要广泛经过专家论证和群众讨论,以体现立法的社会主义民主性。

比如,于2015年2月9日发布并自同年3月20日起施行的我国博物馆行业首部全国性法规——《博物馆条例》。其实早在2008年2月29日,国务院法制办就在其官方网站上,将文化部报送国务院审议的《博物馆条例(征求意见稿)》及其说明全文公布,以便进一步研究、修改后报请国务院常

务会议审议。这是为了增强立法透明度和提高质量的必要之举,同时也足见国家立法的漫长进程①。

而与法的稳定性相对的,是适时应变性。因此,对于在工作中尚不成熟、未经足够范围试验的做法和设想,不宜仓促入法。此外,立法还需留有一定的调整空间,以科学预见社会关系在今后若干年内的变化趋势。其实,适时应变性也是为了确保法律法规在一定时期的稳定性。当然,稳定不代表一成不变。并且,法的稳定性是相对的,在整个体系中,法的层次越高,就越稳定②。

(二) 内化政策、规划,聚焦问题导向和改革实招

良性的文教管理理应从主要依据政策转变为主要依据法律,管理手段也应从单一的行政手段转变为法律、经济、行政等多种手段的结合③。在我国进行校外教育、博物馆与中小学教育结合事业的专项立法时,及时内化相关政策、规划,并聚焦问题导向和改革实招,实为必须。当然,2015年版的《中华人民共和国立法法》等也须得到充分含化,以"规范立法活动,提高立法质量,发挥立法的引领和推动作用"。

值得一提的是,我国博物馆与中小学教育结合事业的专项立法尚不属于综合性、全局性、基础性的,而是专业性较强。因此,不妨参考《中华人民共和国立法法》第五十三条:"专业性较强的法律草案,可以吸收相关领域的专家参与起草工作,或者委托有关专家、教学科研单位、社会组织起草。"

1. 平衡好立法与政策、规划的关系

一系列相关尤其是最新的文教政策、规划等顶层设计,必须在我国博物馆与中小学教育结合事业的专项立法进程中被及时和充分含化,如2016年《国务院关于进一步加强文物工作的指导意见》、2018年《关于加强文物保护利用改革的若干意见》、2020年《关于全面加强新时代大中小学劳动教育的意见》《中国教育现代化2035》等。同时,应平衡好法律法规与政策、规划之间的关系。

(1) 法律法规与政策

根据《中华人民共和国立法法》,"立法应当依照法定的权限和程序"。

---

① 《〈博物馆条例(征求意见稿)〉征求意见》,中国新闻网,2008年2月29日。
② 忻福良:《教育立法要处理好的几个关系》,《高等教育研究》1991年第4期,第84页。
③ 徐瑞:《从教育政策到教育法律:论教育管理依据的转变》,《天津市教科院学报》2002年第2期,第24页。

因此,法律、法规、规章与政策相比,更具稳定性以及综合性、全局性、基础性;同时,它们以党和国家的大政方针为基本立法依据,将行之有效的政策规定和实践中的成功经验上升为法律。因此,不少立法都以政策为先导,通过贯彻政策,总结经验,最后才上升为法律。此外,我国各级人民政府及其职能部门作为行政机关,负有执行法律的职权和职责。这让法律比起政策,更具强制性。

如上文的政策梳理部分所示,目前我国已有不少文教政策涉及博物馆与中小学教育结合,尤其是 2014 年《关于开展"完善博物馆青少年教育功能试点"申报工作的通知》、2015 年《国家文物局、教育部关于加强文教结合、完善博物馆与中小学教育结合功能的指导意见》、2020 年《教育部、国家文物局关于利用博物馆资源开展中小学教育教学的意见》等。既然政策是法律的基础,而法律是政策的定型化、法制化,那么我们有必要将对事业发展有重大影响的、经过实践检验证明是正确的,并且较长时期内稳定的政策,依照法定权限和程序,提升为国家意志[①]。毕竟,法律与政策相比具有更胜一筹的权威性、稳定性、强制性特点。

(2) 法律法规与规划

虽然政策、规划都具有约束力,但不同于法律法规所具有的强制性效力。也即,它们虽然都是国家管理工具,指导思想一致,但其规范构造、调整对象、作用时限等存在差异,继而影响到效力[②]。尤其目前"重规划、轻执行"仍然是我国一些地方或部门陷入的工作误区,时不时"规划起来轰轰烈烈、实施起来无声无息"。事实上,我国早在《"十一五"规划纲要草案》中即指出:"本规划确定的约束性指标,具有法律效力,要纳入各地区、各部门经济社会发展综合评价和绩效考核。"当年的政府工作报告也强调,要"建立健全行政问责制,提高政府执行力和公信力"。而以往的规划和报告中还未出现过"法律效力""执行力"等措辞,这表明国家愈发注重规划的严肃性,把规划的执行力提到了一个前所未有的高度。

在这样的背景下,法律法规与规划的关系也更紧密了。而推进文教规划尤其是规划纲要的法制化,正是我们的目标。其根本作用在于,通过以职

---

① 徐瑞:《从教育政策到教育法律:论教育管理依据的转变》,《天津市教科院学报》2002 年第 2 期,第 25 页。
② 骈茂林:《"教育规划纲要"的政策属性与效力分析》,《国家教育行政学院学报》2013 年第 3 期,第 18 页。

责为基础、以协调各方关系为功能的基本制度和规范,对各级政府的规划实施行为形成持续稳定的约束力。从长远看,规划纲要实施法治化还可突破仅依靠领导重视等外力推动,以及干部任期制的不利影响。此外,教育规划纲要中提出的政策,在符合条件的情况下,亦可通过立法形式实现法律化,或通过特定的审查程序实现教育政策的合法化①。

此外,立法与规划的相关性还能从《中华人民共和国立法法》第五十二条、第六十六条中见到:"全国人民代表大会常务委员会通过立法规划、年度立法计划等形式,加强对立法工作的统筹安排。编制立法规划和年度立法计划,应当认真研究代表议案和建议,广泛征集意见,科学论证评估,根据经济社会发展和民主法治建设的需要,确定立法项目,提高立法的及时性、针对性和系统性"、"国务院年度立法计划中的法律项目应当与全国人民代表大会常务委员会的立法规划和年度立法计划相衔接。国务院有关部门认为需要制定行政法规的,应当向国务院报请立项"。因此,若要加快我国校外教育、博物馆与中小学教育事业的专项立法,必须尽快被排入立法规划、计划,正如教育部已连续多年把学前教育立法列入了工作要点。

2. 平衡好立法与改革的关系

经过改革开放近40年的建设,我国文教发展水平明显提升,服务经济社会能力显著提高,国际影响力稳步增强,人力资源强国建设加快推进,为提高全民族素质和全面建成小康社会作出了重要贡献。这也充分证明了改革开放是推进文教事业蓬勃发展的强大动力。

目前,我国恰逢全面深化教育领域综合改革的"黄金时代",不仅要有法律法规保驾护航,而且需加紧立法,使之跟上改革"蹄疾而步稳"的节奏,及时将进程中的优质结果规范化。此外,立法还应给改革留有空间,有些尚未成熟的不宜规定得太死。同时,我们也允许改革对原有法律法规有的一定冲破,但它应当依照法定的权限和程序进行法的制定、修改和废止。

一言以蔽之,在当前我国各级各地的文教改革中,要注意从以下三方面发挥立法对改革的保障和促进作用:

● 当某种文教行政管理关系随着事业发展,呈现出不适应性,从而产生阻碍时,我们需要及时通过立法改变原来的关系;

---

① 骈茂林:《"教育规划纲要"的政策属性与效力分析》,《国家教育行政学院学报》2013年第3期,第18、20页。

- 当出现某些有利于文教发展且成熟的改革经验时,我们应当及时用立法形式将改革成果巩固,以期获得一体遵行的效力;
- 根据文教发展的客观趋势,我们可用立法来建立新的社会关系。也即,法律法规不是在新的社会关系出现之后才制定,而是新关系因立法而诞生,这可称之为法的超前性。试观日本、美国等国的教育改革,往往是先制定法令,以法指导改革,并成为建立未来社会关系的先导,这亦是其教育改革取得成功的经验之一[①]。

3. 平衡好国家与地方立法的关系

通常,仅有国家层面的立法是不够的,还必须有地方立法与之配套。事实上,我们需要把加强地方立法列为我国文教法制建设的一大战略重点,原因如下:

一方面,国家立法难度大、速度慢。毕竟我国疆域辽阔,地区间经济、科技、文旅、教育发展不平衡,而这种地域差异是社会主义初级阶段的基本现实,且地区间文教发展的不平衡将长期存在。因此,要制定一部适用于全国、各省市都能一体遵行的教育、文化和旅游法律法规规章着实不易,同时建章立制也不可能太具体、太"呆板"。

另一方面,国家层面的教育法律法规在数量上不可能过多,只能从全国宏观调控的角度出发,制定少量最具综合性、全局性、基础性的,以起到"纲"的作用,但不能替代数量更多、针对性更强、内容更具体的地方性法规规章。事实上,《中华人民共和国立法法》第七十二条和第八十二条分别指出:"省、自治区、直辖市的人民代表大会及其常务委员会根据本行政区域的具体情况和实际需要,在不同宪法、法律、行政法规相抵触的前提下,可以制定地方性法规","省、自治区、直辖市和设区的市、自治州的人民政府,可以根据法律、行政法规和本省、自治区、直辖市的地方性法规,制定规章"。

总的说来,国家与地方教育立法之间相当于普遍性与特殊性的关系。国家层面的法律法规规章具有综合性、全局性、基础性,适用于全国;地方的则根据本行政区域的具体情况和实际需要而制定,因而呈现较强的具体性、可操作性,同时只在本地区内有效,并服从于国家层级的立法。正如《中华人民共和国立法法》第七十三条所示:"除本法第八条规定的事项外,其他事项国家尚未制定法律或者行政法规的,省、自治区、直辖市和设区的市、自治

---

① 忻福良:《教育立法要处理好的几个关系》,《高等教育研究》1991年第4期,第82页。

州根据本地方的具体情况和实际需要,可以先制定地方性法规。在国家制定的法律或者行政法规生效后,地方性法规同法律或者行政法规相抵触的规定无效,制定机关应当及时予以修改或者废止。"可谓道出了国家和地方立法之间的层级关系与平衡之道。

(三)"强攻"与"迂回"战术双管齐下

我国法律体系框架主要分为三层:第一层为法律,由全国人大通过。第二层为行政法规,分为国务院行政法规和地方性法规。由国务院通过的是国务院行政法规,由地方人大常委会通过的是地方性法规。第三层为规章,分为国务院部门规章和地方政府规章。由国务院组成部门以部长令形式发布的是国务院部门规章,由地方政府以政府令形式发布的是地方政府规章。

对应《中华人民共和国立法法》,我国法律体系的层级为:"宪法具有最高的法律效力,一切法律、行政法规、地方性法规、自治条例和单行条例、规章都不得同宪法相抵触","法律的效力高于行政法规、地方性法规、规章。行政法规的效力高于地方性法规、规章","地方性法规的效力高于本级和下级地方政府规章。省、自治区的人民政府制定的规章的效力高于本行政区域内的设区的市、自治州的人民政府制定的规章","部门规章之间、部门规章与地方政府规章之间具有同等效力,在各自的权限范围内施行"。

对我国博物馆与中小学教育结合事业的专项立法而言,一方面,在教育领域,各级各地政府都无校外教育法;另一方面,《博物馆条例》作为博物馆行业首部全国性法规,属于第二层的国务院行政法规级别。因此,目前直接导向博物馆与中小学教育结合的专项立法难度大,我们只能分步实施,也即"强攻"与"迂回"战术双管齐下,以向目标不断靠拢。但无论如何,迈出坚实的第一步至关重要。

1. "强攻"战术

所谓的"强攻"战术,自然指向我国博物馆与中小学教育结合事业的直接、专项立法,但目前难度大。同时,即便未来有可能,也只能从国家法律体系框架第三层的"规章"切入,或至少形成规范性文件(可通俗理解为由行政机关发布的对某一领域范围内具有普遍约束力的准立法行为),后者详见《国务院办公厅关于加强行政规范性文件制定和监督管理工作的通知》(国办发〔2018〕37号)。就前者而言,根据《中华人民共和国立法法》第八十条、第八十一条、第八十四条所示:"国务院各部、委员会和具有行政管理职能的直属机构,可以根据法律和国务院的行政法规、决定、命令,在本部门的权限范围内,制定规章。部门规章规定的事项应当属于执行法律或者国务院的行政法规、决定、命令的事项","涉及两个以上国务院部门职权范围的事项,应当提请国务院制定行政法规或者由国务院有关部门联合制定规章","部门规章应当经部务会议或者委员会会议决定"。

鉴于此,我们可由教育部、文化和旅游部(国家文物局)联合制定博物馆与中小学教育结合规章或相关规范性文件。事实上,这正呼应了作为国务院行政法规的《博物馆条例》,详见其"博物馆社会服务"篇章的第三十五条:"国务院教育行政部门应当会同国家文物主管部门,制定利用博物馆资源开展教育教学、社会实践活动的政策措施。地方各级人民政府教育行政部门应当鼓励学校结合课程设置和教学计划,组织学生到博物馆开展学习实践活动。博物馆应当对学校开展各类相关教育教学活动提供支持和帮助。"

值得一提的是,根据《中华人民共和国立法法》第十五条:"一个代表团或者三十名以上的代表联名,可以向全国人民代表大会提出法律案,由主席团决定是否列入会议议程,或者先交有关的专门委员会审议、提出是否列入会议议程的意见,再决定是否列入会议议程。专门委员会审议的时候,可以邀请提案人列席会议,发表意见。"而从2007年的全国政协委员联名提案《建议将博物馆纳入国民教育体系》到2020年的《适时将博物馆教育纳入中小学课程教育体系》提案,足见全国"两会"代表们对博物馆与中小学教育结合、将博物馆纳入青少年教育体系等主题的日渐关注。同时,这也是本事业专项立法发起的又一路径。

眼下,速度更快的应该是校外教育立法,因为各地已有先行先试者,如上海正筹备《上海市校外教育促进和保障条例》(暂定名)的出台。当然,我们必须在校外教育立法中明确博物馆的校外教育功能及其与中小学教育结合的定位。

2. "迂回"战术

所谓的"迂回"战术,指向对现有文教法律法规进行修订,并覆盖了文化和旅游(文物)领域、教育领域,且以后者的修改为主。

(1)文化和旅游(文物)领域法律法规的修订

比如,在《博物馆条例》的未来修订中,建议进一步彰显博物馆的校外教育和社会教育功能,包括直接添加和强调"博物馆与中小学教育结合"内容,正如2018年《关于加强文物保护利用改革的若干意见》所表达的:"将文物保护利用常识纳入中小学教育体系,完善中小学生利用博物馆学习长效机制。"目前,在《博物馆条例》的"博物馆社会服务"篇章中,已有专门条目述及馆校合作、文教结合。具体包括:"第三十二条　博物馆应当配备适当的专业人员,根据不同年龄段的未成年人接受能力进行讲解;学校寒暑假期间,具备条件的博物馆应当增设适合学生特点的陈列展览项目。""第三十三条　博物馆未实行免费开放的,应当对未成年人、成年学生、教师等实行免费或者其他优惠。""第三十五条　国务院教育行政部门应当会同国家文物主管部门,制定利用博物馆资源开展教育教学、社会实践活动的政策措施。地方各级人民政府教育行政部门应当鼓励学校结合课程设置和教学计划,组织学生到博物馆开展学习实践活动。博物馆应当对学校开展各类相关教育教学活动提供支持和帮助。"

事实上,基于"文"与博物馆的维度,2015年施行至今的《博物馆条例》已对博物馆与中小学教育结合进行了比较到位的规定,未来只需进一步强化即可。而我们真正要填补空白的,是从"教"与中小学的维度明确博物馆的校外教育功能定位,并提升其地位。这不仅因为教育早已是博物馆的首要目的和功能,它们比起传统的校外教育机构还拥有实物资源等排他性优势,而且我国博物馆事业新千年后大发展、大繁荣,目前已实现了九成场馆免费开放,这些于中小学教育而言都是福音。

(2) 教育领域法律法规的修订

其一,我们需要在《中华人民共和国义务教育法》中,在现有"教育教学"篇章下的"开展与学生年龄相适应的社会实践活动,形成学校、家庭、社会相互配合的思想道德教育体系""学校应当保证学生的课外活动时间,组织开展文化娱乐等课外活动。社会公共文化体育设施应当为学校开展课外活动提供便利"等条款中,将博物馆学习/教育直接纳入。事实上,上海已在《上海市实施〈中华人民共和国义务教育法〉办法》(2009年修订)中明确:"爱国主义教育基地、图书馆、青少年宫、儿童活动中心应当对学生免费开放。博物馆、科技馆、纪念馆等场所,应当按照有关规定对学生免费或者优惠开放,为学校开展素质教育提供支持。"当然,不止于减免费开放,未来还得进一步引导和扶持博物馆与中小学教育结合,包括体现在课程中,体现在考试评价、招生选拔等方面。

其二,在我国依法治教的根本大法——《中华人民共和国教育法》的"教育与社会"篇章中,已有第五十一条:"图书馆、博物馆、科技馆、文化馆、美术馆、体育馆(场)等社会公共文化体育设施,以及历史文化古迹和革命纪念馆(地),应当对教师、学生实行优待,为受教育者接受教育提供便利。"同样地,我们可以再进一步,将之与"学校及其他教育机构"篇章进行一定的串联,促使社会教育与学校教育结合在立法层面有质的飞跃。这样,便可顺势在《中华人民共和国义务教育法》等教育领域法律法规中,促使社会教育与学校教育有更多联动空间,也赋予博物馆与中小学教育结合更多的制度性依据。

其三,根据我国《教育督导条例》第十一条:"教育督导机构对下列事项实施教育督导:(一)学校实施素质教育的情况,教育教学水平、教育教学管理等教育教学工作情况;(二)校长队伍建设情况,教师资格、职务、聘任等管理制度建设和执行情况,招生、学籍等管理情况和教育质量,学校的安全、卫生制度建设和执行情况,校舍的安全情况,教学和生活设施、设备的配备和使用等教育条件的保障情况,教育投入的管理和使用情况;(三)义务教育普及水平和均衡发展情况,各级各类教育的规划布局、协调发展等情况;(四)法律、法规、规章和国家教育政策规定的其他事项。"鉴于此,我们希望未来修订时,在上述教育督导事项中纳入校外教育内容,可单列,也可融入(一)和(三),因为它与学校实施素质教育、各级各类教育的协调发展等均休戚相关,从而可惠及博物馆与中小学教育结合事业发展。

当然,根据《中华人民共和国立法法》第四十三条、第五十四条:"对多部法律中涉及同类事项的个别条款进行修改,一并提出法律案的,经委员长会议决定,可以合并表决,也可以分别表决","提出法律案,应当同时提出法律草案文本及其说明,并提供必要的参阅资料。修改法律的,还应当提交修改前后的对照文本。法律草案的说明应当包括制定或者修改法律的必要性、可行性和主要内容,以及起草过程中对重大分歧意见的协调处理情况"。这些都需要我们在未来的修改过程中践行。

三、我国博物馆与中小学教育结合事业专项立法的重点与要点

如上文的立法基础、立法原则所述,无论是我国校外教育还是博物馆与中小学教育结合事业的专项立法,都应从实际出发,本着适应经济社会发展和全面深化文教改革的要求,科学合理地规定政府、博物馆、中小学、家庭、社区等国家机关的权利与责任,以及公民、法人和其他组织的权利与义务。

以下将具体呈现我国博物馆与中小学教育结合事业专项立法的重点与要点。

(一) 确定我国博物馆与中小学教育结合事业的边界——主要属于校外教育,并提升博物馆的地位

在我国博物馆与中小学教育结合事业发展中,校外教育及博物馆的地位是涉及顶层设计的战略问题。因此,立法首选得明确事业边界,解决国家基础教育体系中校外教育、博物馆与中小学教育结合所处的地位问题,否则将影响其公益性、普惠性以及政府保障责任的明确。

1. 明确博物馆的校外教育功能,以及博物馆与中小学教育结合事业的边界

在我国,博物馆是社会教育机构,也是校外教育场所,但在不少统计中尚未被纳入校外教育单位,而是计入未成年人社会实践基地等。这使得中小学在利用校外教育机构时,时常将博物馆排除在外,或是从不将其作为优先选项。这与1995年《少年儿童校外教育机构工作规程》的最初定调有关,它将博物馆排除在了少年儿童校外教育机构之外[①],同时建议其参照本规程组织少年儿童活动[②]。当然,在2014年开启的教育部校外教育计划——"蒲公英行动计划"中,已明确要启动《少年儿童校外教育机构工作规程》修订工作;同时,明确要"充分挖掘图书馆、体育馆、美术室、实验室、操场等校内资源,整合青少年宫、科技馆、博物馆、美术馆等校外资源,做好中小学生课后服务工作"。目前,受教育部基础教育一司委托,中国教育学会少年儿童校外教育分会已形成了《少年儿童校外教育机构工作规程》[修订版(2016年修订)]之征求意见稿[③]。可惜,在旧版中还有的博物馆,现已完全没了踪影。希望借此修订和征求意见机会,能真正将博物馆纳入校外教育机构,并在规程中明确。

另外,我国2015年召开的全国校外教育事业暨示范性综合实践基地建设推进会议及其形成的文件中,将"建好管好校外场所"和"全力统筹社会资

---

① "第二条 本规程所称少年儿童校外教育机构是指少年宫、少年之家(站)、儿童少年活动中心、农村儿童文化园、儿童乐园、少年儿童图书馆(室)、少年科技馆、少年儿童艺术馆、少年儿童业余艺校、少年儿童野外营地、少年儿童劳动基地,以少年儿童为主要服务对象的青少年宫、青少年活动中心、青少年科技中心(馆、站)、妇女儿童活动中心中少年儿童活动部分等。"

② "第十六条 博物馆、展览馆、图书馆、工人文化宫、艺术馆、文化馆(站)、体育场(馆)、科技馆、影剧院、园林、遗址、烈士陵园以及社会单位办的宫、馆、家、站等,可参照本规程规定的有关内容组织少年儿童活动。"

③ 王振民编:《中国校外教育工作年鉴(2016—2017)》,第257—259页。

源"并置,后者包括博物馆、美术馆等①。也即,博物馆被笼统地归入社会资源,而非校外场所。并且,校外(活动)场所主要指代教育系统所属场馆,而我国大部分博物馆属于文物、文化和旅游系统。

此外,根据《课外校外教育学》一书,"中国的校外教育机构可分为综合性与专门性两类"②。综合性的如儿童活动中心、少年宫、少年之家、儿童活动站、少先队的夏令营等;专门性的专门为开展某项活动而设立,如儿童图书馆、儿童阅览室、儿童影剧院、少年科技站、儿童铁路、少年农科站、少年业余体育学校、少年儿童广播站等③。可惜,无论哪类,都无博物馆的位置。相比照的是,日本校外教育的执行机构也是既有综合性的社会公共机构,又有专门针对青少年和儿童的专业性校外教育机构。前者如博物馆、图书馆、文化馆、美术馆、天文馆等,后者包括少年自然之家、青少年馆、青少年之家、青年馆、青少年中心、儿童馆以及青少年研究中心等。但它们都依据《社会教育法》而设置,既多种多样又相互融合协作④。

的确,比起专门性的校外教育机构,博物馆更偏向综合性的社会公共机构。但这不影响我们在确保内涵一致的前提下,在立法、政策、规划中将未成年人校外(教育活动)场所、校外教育设施/单位、青少年学生活动场所等的外延放宽,并纳入以教育作为首要目的和功能的博物馆。比如,在"上海市校外教育三年行动计划"中,已明确将博物馆纳入了校外教育场所。而如此这般将博物馆与青少年宫等并列并共同置于校外资源范畴下的逻辑,更契合当下校外教育机构形成合力的大背景,也更有利于博物馆与中小学教育结合事业发展。同时,在一系列教育主管部门和单位的事业统计、工作年报中,博物馆亦可被纳入,并更正规地进入中小学的视野。

与此同时,建议我国在立法层面厘清博物馆与中小学教育结合事业的归属。一方面,博物馆教育当仁不让地属于包含了校外教育的社会教育领域。但对中小学而言,以场馆为策划与实施主体的馆校合作活动属于校外教育范畴,并与校内、课内教育相对。另一方面,博物馆教育并不止于融入校外教育,也应纳入以课堂教学为主体的校内教育。但所有事业发展都需

---

① 《坚持创新、协调、绿色、开放、共享 推动校外教育事业再上新台阶——全国校外教育事业暨示范性综合实践基地建设推进会议召开》,教育部网站,2015 年 11 月 13 日。
② 张印成:《课外校外教育学》,北京师范大学出版社 1997 年版,第 20 页。
③ 《中国大百科全书·教育卷》,中国大百科全书出版社 1985 年版,第 414 页。
④ 王晓燕:《日本校外教育发展的政策与实践》,《国家教育行政学院学报》2009 年第 1 期,第 91 页。

一个牵头部门和单位，同时要有板块归属。因此，应从立法层级明确博物馆的校外教育功能，统一博物馆与中小学教育结合事业的边界，致力于确立后者作为素质教育有机组成部分的法律地位，从而使博物馆作为校外教育机构的地位坚不可摧。

2. 明确校外教育、社会教育的定位，并提升其地位

无论是对现有文教法律法规的修改，还是未来制定规章或规范性文件，我们不只是要明确博物馆的校外教育功能，统一我国博物馆与中小学教育结合事业的边界，还要明确校外教育、社会教育的定位，大力提升其地位。具体如下：

其一，以法律、法规、规章的形式明确规定校外教育的性质、地位，将其作为基础教育、素质教育体系的重要组成部分。如上文所述，在协同视域下，校内外教育构成了基础教育的"一体两翼"。其中，素质教育为"一体"，校内外教育为"两翼"。而且，校外教育还是一项重要的社会公益事业，对创新人才培养模式、促进国民素质整体提高、社会公平均等具有基础性、全局性、先导性作用。

其二，既然校外教育是一个非常重要的行业，那么作为其执行机构——无论是青少年宫、青少年科技站、青少年活动中心、少年之家、妇女儿童活动中心，还是博物馆等，都应具备一定的资质，否则不能从事。因此，在未来的校外教育立法中，必须明确校外教育机构的准入制度，且其资质由国家机关认定。同时，除了与设立有关的登记和备案，还包括建设和管理标准等。事实上，在《2000年—2005年全国青少年学生校外活动场所建设与发展规划》中，已提及"制定《全国青少年学生校外活动场所管理规程》"，可惜至今未出台。相较之下，博物馆领域已由《博物馆条例》这一国务院行政法规明确了博物馆的设立、变更与终止。同时，无论是国有还是非国有博物馆，都有各自明晰的登记和备案流程、条件等。

其三，既然校外教育属于社会教育，我们也可通过立法来提升社会教育在整个教育系统中的地位。也即将博物馆教育所属的社会教育提高到与学校教育、家庭教育相当的高度，这样也同步提升了校外教育的地位。在此可以参考日本的做法。1947年，该国颁布了被称为宪法姐妹篇的《教育基本法》，并将教育的概念界定为学校教育、家庭教育、社会教育三者的总和；同年，制定了《学校教育法》；1949年，国家颁布了《社会教育法》，作为校外教育管理的总法，并把青少年和儿童的校外教育明确归属于社会教育。这促

使校外教育发展首先获得了法律保障,确认了其在整个教育体系中与学校教育并列发展的地位;此外,该国又相继于1950年颁布了《图书馆法》,于1951年颁布了《博物馆法》,三者统称"社会教育三法"①。此后,新法令法规不断对"社会教育三法"加以充实。可以说,日本从一开始就建章立制,通过最高层级的立法,明确了博物馆在校外教育、社会教育中的地位,以及校外教育、社会教育在整个教育体系中的地位。

(二) 采用广义博物馆概念

按照国际博物馆协会(以下简称国际博协)2007年对博物馆的定义(最近一版),博物馆是一个为社会及其发展服务的、向公众开放的非营利性常设机构,为教育、研究、欣赏的目的征集、保护、研究、传播并展出人类及人类环境的物质及非物质遗产。同时,该版定义将那些"除被指定为'博物馆'的机构外,同样具有博物馆资格的机构"也一并纳入了,如植物园、动物园、水族馆、科学中心、天文馆等。事实上,1989年国际博协在海牙第15届大会上已将博物馆的定义修改成"为社会及其发展服务的非营利的常设机构。它为研究、教育、娱乐的目的而把人类与环境的见证物收藏、研究、传播、展示",从而将天文馆、科学中心和非营利的动物园、植物园、水族馆等也一并纳入,这些机构在美国也统称为非正规科学教育机构。而美国博物馆协会此前已于1975年修改准则,将科学中心接纳为博物馆大家庭的成员②。2015年日本有5 690座博物馆,包括综合博物馆450座、科学博物馆449座、历史博物馆3 302座、美术馆1 064座、野外博物馆109座、动物园94座、植物园117座、动植物园21座、水族馆84座③。除直接冠以博物馆之名的设施外,许多同类设施如科学馆、动物园、水族馆、乡土资料馆等都属于广义上的博物馆。并且,博物馆与公民馆、图书馆并列为该国最主要的社会教育设施④。

自2015年3月20日起,我国博物馆行业首部全国性法规《博物馆条例》正式施行。本条例所称的博物馆,是指以教育、研究和欣赏为目的,收藏、保护并向公众展示人类活动和自然环境的见证物,经登记管理机关依法

---

① 赵丽丽:《回归素质教育的本原——日本小学生校外教育探究》,《基础教育参考》2006年第3期,第18—21页。
② 钱雪元:《美国的科技博物馆和科学教育》,《科普研究》2007年第4期,第21页。
③ [日]半田昌之著,邵晨卉译:《日本博物馆的现状与课题》,《东南文化》2017年第3期,第113页。
④ 王晓燕:《日本校外教育发展的政策与实践》,《国家教育行政学院学报》2009年第1期,第93页。

登记的非营利组织。与此同时,并不包括以普及科学技术为目的的科普场馆等。因此,截至 2019 年底,我国备案的 5 535 座博物馆其实并未纳入一系列非营利的科普场馆如科学中心、天文馆等,而植物园、动物园、水族馆等就更不在列了。此外,我国大部分文教立法、政策、规划,如自 2017 年 3 月 1 日起施行的《中华人民共和国公共文化服务保障法》,都将博物馆与美术馆、科技馆、纪念馆并列,而非将后者纳入前者。在此背景下,那些"除被指定为'博物馆'外,同样具有博物馆资格的机构"几乎都被排除在外了,而我国实际扮演博物馆角色的场馆其实早已不止 5 535 这一总数。

鉴于此,我们不妨逐步与国际接轨,在博物馆与中小学教育结合事业中,将博物馆的边界适当放宽,采纳广义概念,当然它们需要符合准入条件,这样也为中小学生的选择创造了新条件。同时,对于同样具有博物馆资格、符合准入的机构,即便其称谓不完全相同,亦可在我国馆校合作、文教结合事业中扮演一定的角色。对于这一点,各级各地政府需要通过立法来界定和明确,并推动更多博物馆资源充分为中小学所用。事实上,全社会能够提供校外教育资源的主体,都有责任为青少年、儿童提供更多便利。

(三) 明确文化和旅游(文物)、教育系统,以及博物馆、中小学的权责利

在我国博物馆与中小学教育结合事业的专项立法中,若要解决相关体制、机制问题,需先明确文化和旅游(文物)、教育系统,以及博物馆、中小学的权责利。包括规定各级各地政府的主导责任,覆盖了人财物等保障,这也呼应了下文中层设计之首的"领导与统筹机制"。而平衡好了行政主管部门和单位的权责利,也就对作为事业基底的博物馆与中小学的平衡有了引导。同时,我们还要通过立法来扶持形成政府、社会、市场三方共同推动的关系,因为任何一方力量都难以单独承担这份中长期事业的巨大责任。

值得一提的是,我国不少省市的校外教育、文教结合工作负责办公室都落脚在各级各地教育部门和单位,主要资金也来源于此。这当然有其合理性,但同时也不难解释为何馆校合作将更多聚焦点投放在学校上,同时掌握主动权的也是中小学,而非博物馆,也即上文所述的我国博物馆与中小学教育结合四大问题之一的"教"强势于"文"。而这些都直指专项立法中对事业的功能定位以及明确各主体的权利、责任、义务,包括:如何厘清和平衡博物馆与中小学教育结合同我国校外教育以及部分省市文教结合事业之间的关系?对于期待扮演更大角色,即全方位融入中小学教育的博物馆而言,其功能定位又该如何?我国各级各地政府究竟立于怎样一种角度,是偏"教"、

偏"文",还是文教平衡?是否应该让教育部门牵头、文教单位双重主导?我们希冀博物馆、中小学各自扮演何种角色?

当然,在博物馆与中小学教育结合事业的发展中,我们的初衷是助推博物馆及其主要代表的文化和旅游(文物)系统扮演更大角色。因此,在立法中,宜赋予其更大的积极主动性,并提升博物馆在校外教育、社会教育中的权重,促使学校在选择校外教育场所时能想到博物馆并优先选择,而且有更多理由参观和利用场馆。这也将促使文教结合事业中,文化和旅游系统地位的提升。

此外,我们还不妨在立法中鼓励政府实行"权力清单"和"负面清单"管理模式,以进一步厘清权责利。鉴于博物馆与中小学结合可作为推动我国校外教育、文教结合现代化的创新型事业,于各级各地政府而言,不妨抓大放小、"掌舵而非划桨",包括探索"负面清单"管理改革。这主要借鉴自贸区经验中的"非经禁止即可为",以促使政府下放更大的自主权,"放管服"①结合。当然,我们需要明确"两步走"策略,包括在教育部、文化和旅游部、国家文物局的领导下,先编制"权力清单",在此基础上逐渐形成"负面清单",且两者一同实行。

(四)明确博物馆有责任与中小学教育结合

在许多发达国家,将博物馆纳入国民教育体系已成为普遍行为,并积累了不少经验。包括政府首先制定法规,明确博物馆纳入国民教育体系的内涵及要求,即主要指为青少年教育服务,重点纳入基础教育体系,并通过制定有效的政策措施,切实融入中小学教学计划②。可见,博物馆与中小学教育结合是将博物馆纳入国民教育体系的重中之重。

我国博物馆行业首部全国性法规《博物馆条例》于2015年正式施行,它肯定并延续了国际博物馆协会2007年对博物馆定义的最大修改——将"教育"作为场馆的首要目的和功能。此外,在"博物馆社会服务"篇章中,已有第三十二条、第三十三条、第三十五条与博物馆与中小学教育结合休戚相关,既引导博物馆积极主动地融入中小学,又引导教育领域与文化领域结合,促使学校参观和利用场馆。

---

① "放管服"就是简政放权、放管服结合、优化服务的简称。"放"即简政放权,降低准入门槛。"管"即创新监管,促进公平竞争。"服"即高效服务,营造便利环境。2015年5月12日,国务院召开全国推进简政放权放管服结合职能转变工作电视电话会议,首次提出了"放管服"改革的概念。

② 国家文物局博物馆司调研组:《关于将博物馆纳入国民教育体系的调研报告》,《新形势下博物馆工作实践与思考》,文物出版社2010年版,第64页。

目前,在国家层级的《博物馆条例》之下,我国各地出台地方性法规、规章的鲜少。因此,呼唤更多省市根据上位法,并结合本地实际,进行立法跟进,包括明确博物馆与中小学教育结合的责任。值得一提的是,2017 年 9 月 12 日,广州市人大常委会颁布了《广州市博物馆规定》,并于同年 12 月 1 日起正式实施。这是全国第一部地方性博物馆专项法规,属于地方性法规层级,它有两大亮点:加强管理,对博物馆提出规范化要求①;权责清晰,理清政府有关部门的义务。包括除了对文物行政主管部门为博物馆提供指导和服务做出规定以外,还对教育部门鼓励学校利用博物馆资源开展教学活动、对旅游部门指导旅行社和博物馆开展合作等提出具体要求,并引导地名、交通等有关部门将博物馆纳入城市标识系统,使得相关部门在实际工作中互相配合并有所遵循。

此外,2020 年 8 月 5 日,山西省人大常委批准通过了《太原市博物馆促进条例》。太原市成为广州市之后全国第二家出台博物馆条例的城市,该条例也属于地方性法规层级,同时既是规范又是激励。比如,明确了很多"帮扶"措施,包括场馆建设过程中的补贴,展陈过程中的资源共享机制、智能化成果的利用,非国有博物馆建设中的土地使用、税收等优惠政策,并对人流量大的场馆给予补贴等。可以说,立法及相关举措是为了盘活太原市更多的文化资源。毕竟太原是一座具有 5 000 年文明史和 2 500 多年建城史的国家历史文化名城,但目前博物馆数量只有 33 座,与广州 58 座、南京 52 座、苏州 42 座相比,差距较大。鉴于此,《太原市博物馆促进条例》的问世,是致力于对"结合南方城市博物馆建设经验以及太原情况,建立加强文物保护利用的太原模式"这一设想的实施,更是法治化的强有力探索②。

值得一提的是,继《中华人民共和国公共文化服务保障法》之后,《上海市公共文化服务保障与促进条例》已由上海市人大常委会于 2020 年 10 月 27 日通过,并自 2021 年 1 月 1 日起施行。该条例将博物馆明确界定为公共文化设施,并"鼓励和支持博物馆、美术馆等,通过设施免费、优惠开放或者提供公益场次、公益票等方式,向公众提供公共文化服务"。其中,聚焦博物馆与中小学教育结合的条目有:"各级人民政府应当加强面向在校学生的公共文化服务,组织推动优秀传统文化、高雅艺术进校园。鼓励学校利用公共文化设施

---

① 《广州市博物馆规定》对该市博物馆的陈列展览(第三十五条)、社会教育(第四十条)等各方面提出要求,并规定文物行政主管部门应当定期对博物馆进行评估(第四十七条)。
② 《博物馆有了"靠山"! 又一城市出台博物馆建设条例》,弘博网,2020 年 8 月 7 日。

开展德育、美育、智育、体育等教育教学活动;定期组织学生参观博物馆、美术馆等展馆,观摩爱国主义教育电影、经典艺术作品。公共文化设施管理单位应当为学校开展课外活动提供展览参观、项目导赏、场馆设施使用等便利服务。"

总之,我们要在博物馆与中小学教育结合事业专项立法中,进一步明确博物馆的文教机构属性,确立其作为校外教育、素质教育体系有机组成部分的法律地位;强调博物馆服务中小学教育的责任,且不只是纳入实践育人、活动育人范畴,还要纳入文化育人、课程育人范畴;此外,教育、文化和旅游(文物)行政主管部门应当支持学校积极利用博物馆开展教育教学活动,将场馆学习纳入课程方案、课程计划、课程标准、教材、教学设计等。

(五)贯彻投入

美国、英国、日本、法国等国的教育发展史,实际上就是一部立法史。对于中央、地方各级政府谁是主体、谁的责任、何种责任、多大比例等教育投入问题,它们普遍采用立法方式明确,既在价值上关注平等和发展,又在范围上覆盖监督及问责,具有强制性。而对我国博物馆与中小学教育结合事业的投入进行立法规制,将直接带来两种良性结果:规范的经费来源,保证投入稳定可靠;关于投入的规定在内容上明确,操作性强[1]。

根据《中华人民共和国公共文化服务保障法》,"国务院和地方各级人民政府应当根据公共文化服务的事权和支出责任,将公共文化服务经费纳入本级预算,安排公共文化服务所需资金"。鉴于此,将博物馆与中小学教育结合投入的政府行为和社会行动纳入法治轨道,实为必要。目前,年度经费投入能否足额到位,在立法缺位的情况下,似乎难有刚性保障,有时甚至得靠领导重视等来实现。本研究以为,需要加快诸如教育投入法、财政转移支付法等的立法研究论证,以促使跨领域事业经费的可持续投入在法律层面得到明确。其中也包括盘活社会资金,通过教育投入法确立税收、金融、土地优惠等鼓励政策,增强民间资本的积极性,毕竟我们实行的是以政府投入为主的多元经费筹措机制,详见下文中层设计中的"财政保障与经费投入机制"。事实上,这也呼应了《中华人民共和国立法法》中对"税种的设立、税率的确定和税收征收管理等税收基本制度"等事项"只能制定法律"的规定。

此外,我们还要在立法中明确各级政府的投入在本级教育、文化和旅游(文物)财政经费中的占比和年增长率,包括中央政府的教育财政投入增长

---

[1] 柳欣源:《义务教育公共服务均等化制度设计》,第177页。

理应快于总财政收入增长,使得教育优先发展战略得到真正落实等。当然,科学地划分各级政府的事权与财权,也是立法中的必要项,以明确各级各地政府在实施博物馆与中小学教育结合事业中的责任,杜绝中央与地方、地方各级政府之间靠重视吃饭、讨价还价、模糊投入等尴尬局面①。事实上,2020年《国务院办公厅关于印发公共文化领域中央与地方财政事权和支出责任划分改革方案的通知》已对此有了政策规定。

(六) 健全评估

博物馆与中小学教育结合事业的评估是关乎工作质量的重要环节,理应在未来通过立法明确。当前,我国对公共服务绩效评估尚未形成专门的法律法规,但在《中华人民共和国公共文化服务保障法》中已要求:"各级人民政府应当建立有公众参与的公共文化设施使用效能考核评价制度,公共文化设施管理单位应当根据评价结果改进工作,提高服务质量。"相较之下,不少发达国家已有专门的绩效评估立法,比如美国的《政府绩效与结果法案》(Government Performance and Results Act)、日本的《政府政策评估法案》(Government Policy Evaluations Act)、英国的《地方政府法案》(Local Government Act)、荷兰的《市政管理法案》(Municipalities Act)等,都将绩效评估作为政府的法定职责②。

就我国博物馆与中小学教育结合事业的"考核评价机制"而言,详见下文的中层设计。目前,由于法制建设的不足,我国文教评估存在随意性现象,结果的反馈、激励机制皆缺失,使得不少评估流于形式、虎头蛇尾。对此,当务之急是以立法明确评估的必要性。若有条件的话,通过如下一系列条款,将整项评估工作带上正轨。

第一,确保绩效评估的权威性,并完善考核机制和问责制度。绩效评估是博物馆与中小学教育结合及相关制度设计实施效果的重要反映,国家理应通过立法来确立评估的地位,使其作为事业发展的基本环节,同时将结果与各地文教部门和单位的绩效考核挂钩。此外,各级政府还可定期向同级人民代表大会或其常务委员会报告工作情况③。总之,通过"大棒"政策,提高政府的评估意愿,避免流于形式和无谓劳动的出现。

第二,对评估的各方面作出详细规定。一个完整的评估过程理应包括

---

① 柳欣源:《义务教育公共服务均等化制度设计》,第178页。
② 同上书,第208页。
③ 同上书,第209页。

评估前指标体系的设计、标准和内容的确定、主体的选择;评估中工具的使用、数据的收集、整理、加工、存储及过程的监督;评估后数据的可持续运用和反馈、相应的奖惩和激励等①。

第三,强调公众参与的重要性。让作为利益相关方的学生、教师、家长等参与评估,一方面能增强评估的客观性和全面性,另一方面也有利于提高民众对政府的信任感和认同感,尤其是在当前倡导服务型政府的背景下,这将引导大家建立良好的政策预期,提高政府公信力。事实上,在《中华人民共和国公共文化服务保障法》中,已有"各级人民政府应当建立有公众参与的公共文化设施使用效能考核评价制度,公共文化设施管理单位应当根据评价结果改进工作,提高服务质量"的规定。当然,我们也得正视公众评价的弊端,如经验不足、主观认识偏差等②。

第四,规范第三方评估的认证程序。第三方评估是官方评估的有力补充,但其科学性很大程度上取决于评估机构和专家团队的专业化程度。因此,我们理应在立法中规范评估机构的准入程序,对承接业务的单位进行资格认定。同时,对机构工作人员和专家团队的选拔、培训、考核过程加以约束③。

值得一提的是,教育督导是根据我国教育方针、政策、法规和制度对教育行政部门和各级各类学校进行的监督、检查、评估、指导和帮助,教育督导与教育决策、教育执行共同构成了教育行政管理的基本内容。而根据我国《教育督导条例》第十一条,"教育督导机构对下列事项实施教育督导:学校实施素质教育的情况,教育教学水平、教育教学管理等教育教学工作情况;义务教育普及水平和均衡发展情况,各级各类教育的规划布局、协调发展等情况"。鉴于此,我们希望未来在教育督导事项中直接纳入校外教育,或是在现有事项中纳入相关内容,从而促使博物馆与中小学教育结合的考核评价机制在教育行政管理层面的"落地"。

案例

上海市校外教育的地方性立法探索④

上海市校外教育协会在上海市教育委员会、上海社会科学院的鼎力支

---

①② 柳欣源:《义务教育公共服务均等化制度设计》,第209页。
③ 同上书,第209—210页。
④ 上海市青少年学生校外活动联席会议办公室、上海政法学院教育政策与法制研究中心:《2019上海市校外教育发展论坛材料汇编》,第9—11页。

持下,自2013年7月始,聚集了上海市精神文明建设委员会办公室、上海市教育基建管理中心、上海市教育评估院、上海市科技艺术教育中心、上海社会科学院、上海市教育发展基金会等单位的112位专家学者,共同承担《青少年校外教育基础理论与实践创新研究》的历史重任。各方人士以问题为导向,以上海市中小学校外教育为研究对象,跨界融合,形成了大校外合作研究新机制。

此外,为贯彻落实《上海市教育综合改革方案(2014—2020年)》《上海市教育改革和发展"十三五"规划》,并推进校外教育的法制化建设,上海市教育委员会委托上海政法学院教育政策与法治研究中心制定相关条例。2017年7月5—6日,上海市青少年学生校外活动联席会议办公室在上海开放大学召开了上海校外教育立法工作调研座谈会。公立校外教育机构、民营非营利校外教育机构、社会教育机构、相关教育管理部门代表齐聚一堂,从教育体制内外不同领域出发,提出全市校外教育立法亟待破解的难点和重点问题。

此后,由上海市校外联办牵头上海政法学院,就相关立法工作进行推进,包括召开座谈会、实地调研等。调研工作由时任上海政法学院党委副书记吴强同志领导,他带队到上海市各博物馆(如上海博物馆)、少年宫、艺术中心等校外教育场所调研,并组织召开公办校外教育机构、民办非营利校外教育机构、民办营利校外教育机构、校外教育相关职能部门的4场座谈会。

调研发现,公办、民办校外教育机构在定位、各级政府部门的支持举措、教育工作者的地位与晋升机制、活动涉及的费用与保险、教育资源均衡与共享等方面,均有迫切的立法需求,基层群众的呼声很高。经过资料汇总,2017年7月17日,《上海市校外教育促进和保障条例》(暂定名)初稿形成。之后,上海政法学院教育政策与法治研究中心共召开相关研讨会4次,修改条例4次。

上海市校外教育地方性立法的探索始于2013年7月,并延续至今。可喜的是,目前已进入收官阶段,并计划于2020年提请列入人大议程。

第六章

我国博物馆与中小学教育结合的中层设计

无论教育还是其他领域的改革,但凡改革,都有个"阿喀琉斯之踵":改革动力层层递减。那么,如何让改革的思想一级级渗透,直至最基层的细胞?也即,顶层的立法、政策、规划如何转化为我国文教领域的实践?这就直指中层设计的必要性和重要性:对上,为顶层决策服务,推进文件精神、指导思想等落地、落实;对下,沉入基层,下移重心,应对决策的"接地气"问题。一言以蔽之,中层设计如同政府层面的保障措施而存在。值得一提的是,20世纪80年代末的《建立分层次的调控机制 加强宏观、中观、微观的综合管理》一文虽聚焦我国经济综合管理,但特别强调担负承上启下协调任务的"中观管理"——除了协调部门和地区经济活动外,还具有协调国家和企业之间关系的职能[①]。

在我国博物馆与中小学教育结合事业中,相较于顶层和底层设计,中层设计其实更亟待加强。毕竟,各级各地政府在校外教育、文教结合领域不同程度地存在缺位、错位、越位现象,而下一阶段尤其要破解缺位、错位问题,转变政府职能,坚持"放管服"相结合。一方面,把该管的事项切实管住、管好,加强事中、事后监管,提升博物馆与中小学教育结合的治理能力,以管理到位;另一方面,简政放权、优化服务,把该放的权力坚决下放,构建政府、博物馆、学校、社会之间的新型关系。

博物馆与中小学教育结合事业之中层设计涉及的部门、单位比顶层设计多,并覆盖了领导与统筹机制、财政保障与经费投入机制、考核评价机制、激励机制、校外教育师资培养培训机制、宣传推广与信息公开机制、决策咨询与合作研究机制、区域协同发展与先行示范机制、安全责任与问责机制。

---

① 曹运通:《建立分层次的调控机制 加强宏观、中观、微观的综合管理》,《山西财经学院学报》1989年第3期,第89页。

这些具体抓手是将思想转化为现实的操作路径,既保障了该事业专项规划、政策、立法的落地,又为博物馆与学校的具体合作做了制度铺垫。

第一节 领导与统筹机制

所谓"统筹",就是总揽全局、通盘谋划、协调运作。它首先直指领导机构和组织架构,因为这是落实一切工作的原点。目前,就我国文教结合、校外教育工作发展而言,仍然存在教育、文化和旅游(文物)系统各自为政且教育部门明显强势的情况,以及教育系统内相关职能部门合作意识不强、分工不明确的问题,如德育处室或校外联办"单兵突进"等。因此,在博物馆与中小学教育结合事业的中层设计中,我们一方面要突破文教管理体制中的条块化僵局,健全跨部门统筹协调机制;另一方面需夯实领导机构,包括教育、文化和旅游(文物)系统的双重领导,并以教育为牵头部门。

事实上,《国家中长期教育改革和发展规划纲要(2010—2020年)》早已提出"健全统筹有力、权责明确的教育管理体制",包括:"明确各级政府责任,形成权责明确、统筹协调的教育管理体制。中央政府统一领导和管理国家教育事业,制定发展规划、方针政策和基本标准。整体部署教育改革试验,统筹区域协同发展。"同时,《中华人民共和国公共文化服务保障法》规定:"国务院建立公共文化服务综合协调机制,指导、协调、推动全国公共文化服务工作。国务院文化主管部门承担综合协调具体职责","国务院文化主管部门、新闻出版广电主管部门依照本法和国务院规定的职责负责全国的公共文化服务工作;国务院其他有关部门在各自职责范围内负责相关公共文化服务工作"。

我国博物馆与中小学教育结合工作发展至今,之所以尚存在一系列体制、机制问题,一方面是历史演进的必然,即以波浪式前进、螺旋式上升;另一方面,这也部分源于主导、牵头部门的缺位、错位。值得一提的是,无论是在我国校外教育,还是文教结合事业中,总体上都是教育部门的建设和管理优势大于文化和旅游(文物)部门。此外,博物馆学习之于中小学属于校外教育范畴,但对博物馆与中小学教育结合事业而言,它同时涉及社会教育和学校教育,并唯有通过学校教育方可实现制度化。鉴于此,在领导与统筹方面,必须发挥教育和文旅(文物)部门的双重主导作用,夯实文教协作机制,同时建议由教育口牵头。当然，还可根据需要纳入宣传、民政、科技等行政部门形成合力，毕竟我国博物馆的归口管理方不只是文物、文旅部门，但以之为主体。事实上，唯有各级各地教育部门和单位牵头，对中小学才构成实质性影响力，纵向条线上也顺畅，同时还可借机夯实青少年校外教育事业联席会议制度。

一、由教育部门牵头和双重主导

如上文顶层设计的专项政策中所述，虽然《关于开展"完善博物馆青少年教育功能试点"申报工作的通知》《国家文物局、教育部关于加强文教结合、完善博物馆与中小学教育结合功能的指导意见》是近年来我国最聚焦博物馆与中小学教育结合的中央政策性文件，但正如2014—2016年国家文物局开展的"完善博物馆青少年教育功能试点"工作一样，其影响力主要在文物/文博界，而不是在教育界，并未引发中小学的实质性行动跟进，也即文教结合尚未真正平衡。这与国家文物局单独发文以及以国家文物局为先、联合教育部发文有关，但更直指领导与统筹机制事宜。也即，我们需要以教育部门作为牵头和主导部门，来双重领导与统筹我国博物馆与中小学教育结合事业。

（一）发挥教育部基础教育司的作用

我国博物馆与中小学教育结合事业同时涉及社会教育和学校教育，并唯有通过学校教育方可真正实现制度化。其中，突破点在于，将博物馆学习渐进地融入中小学春秋季课表中的课程，拥有课时保障，并入驻国家级和地方教材等。当然，还需要与考试评价、招生选拔"联动"。正如上文顶层设计中专项政策部分所述，我们必须用好"一体两翼"格局——以课程作为"一体"，以考试评价与招生选拔作为"两翼"。而这些在领导与统筹机制上，都直指教育部下的基础教育司。

具体说来，基础教育司承担着我国基础教育的宏观管理工作，包括拟订推进义务教育均衡发展政策，拟订普通高中教育的发展政策；会同有关方面拟订义务教育办学标准，规范义务教育学校办学行为；拟订基础教育的基本教学文件，推进教学改革；指导中小学校的德育、校外教育和安全教育等。并且，它下设德育处、义务教育处、普通高中教育处、校外教育与培训监管处等。

博物馆学习于中小学而言,属于校外教育板块,也即在基础教育司内对应"指导中小学校德育、校外教育和安全教育"的校外教育与培训监管处。但2020年夏季之前,校外教育一直为德育与校外教育处所管理,事实上我国各地教育部门和单位大部分仍在沿袭由德育处室牵头校外教育管理的惯例。值得一提的是,教育部新近的机构设置调整,从业务上更适合校外教育发展。此外,我国博物馆与中小学教育结合即便属于校外教育范畴,也不止于此,而是必须与德育处、义务教育处、普通高中教育处加大联动力度,并且以德育为先。也即,博物馆学习于中小学而言,绝对可以不止于实践育人、活动育人、还能够文化育人、课程育人,这就直指连接义务教育、普通高中教育业务的必要性。当然,所有业务的管理皆需一个归口和牵头部门,即便工作还涉及其他单位。

(二) 提升"青少年校外教育事业联席会议"的统筹协调和指导职能

2000年6月《中共中央办公厅、国务院办公厅关于加强青少年学生活动场所建设和管理工作的通知》要求:"为了加强对青少年学生校外教育事业的领导,成立'全国青少年校外教育事业联席会议',统筹协调和指导全国青少年学生校外教育事业以及青少年学生校外活动场所建设和管理工作。地方也可参照成立相应的协调机构。全国青少年学生校外教育事业由教育部牵头,中央和国家机关各有关部门、群众团体共同参与。全国青少年校外教育事业联席会议办公室设在教育部。"同年10月,由30个中央和国家机关有关部门、群众团体共同参与组建的"全国青少年校外教育事业联席会议"在北京成立。时任联席会议主席、教育部部长陈至立同志发表讲话。

鉴于全国青少年校外教育事业联席会议在我国校外教育领域被界定的职能是"统筹协调和指导",同时并不在司局机构设置之列,也即它建立的是一种议事制度,而非权力机关,因此职能有限。这也可以解释为何自成立以来,该联席会议召开全体成员会议的次数有限,在教育部网站上仅查询到2000年10月8日的第一次成立会议、2002年2月1日的第二次会议以及2006年4月7日的学习贯彻《中共中央办公厅、国务院办公厅关于进一步加强和改进未成年人校外活动场所建设和管理工作的意见》座谈会,另外就是"全国校外教育事业暨示范性综合实践基地建设推进会议"等了。虽然在教育部的校外教育计划——"蒲公英行动计划"中提及"视情召开'全国青少年校外教育事业联席会议'",但其实并未形成制度化的会议机制。

因此,建议教育部在牵头我国博物馆与中小学教育结合事业的同时,也进一步提升全国青少年校外教育事业联席会议的统筹协调和指导职能。正如《2000年—2005年全国青少年学生校外活动场所建设与发展规划》早就强调的,要"建立健全青少年校外教育事业联席会议制度或协调机制"。此外,"蒲公英行动计划"中,"管"为九大措施之一,并具体指:"努力健全校外教育治理体系。视情召开'全国青少年校外教育事业联席会议',对当前校外教育发展形势进行总结分析,明确下一步工作目标,按照部门职责落实任务分工,规范联席会议办公室运作;指导各地建立健全青少年校外教育事业联席会议制度。"

在此背景下,我们宜夯实青少年校外教育事业联席会议制度。也即,通过以全国青少年校外教育事业联席会议办公室为起点的中央和省/自治区/直辖市两级联席会议制度,形成自上而下的统筹协调和指导条线,这也是规范化议事制度的实质,并落实到各级各地的校外联办公室。具体如下:其一,我们要确认是否各级各地都构建了相关制度。对于还未成立的,要敦促和指导建立,并健全组织机构。其二,须定期召开全国青少年校外教育事业联席会议,最好还能有年度大会。此外,还可视情召开全国青少年学生校外活动场所建设工作总结表彰会等。其三,宜充分调动地方上的积极主动性,让诸如上海市青少年学生校外活动联席会议办公室等示范引领者先"富"起来,并最终先"富"带后"富"。同时,中央给予地方实质性引导和扶持,鼓励具备条件的先行先试。

目前,规范化的议事制度已经建立,但如何进一步理顺工作职能和管理体制、实行议决事项落实机制,是下阶段工作重点。而青少年校外教育事业联席会议统筹协调和指导职能的提升、校外教育领导与统筹机制的完善,最终也将惠及我国博物馆与中小学教育结合事业的发展。

二、纳入文化和旅游(文物)系统的领导机构——国家文物局,以文教双重主导

我国博物馆与中小学教育结合同时涉及文化和旅游(文物)、教育领域,并属于文教结合事业的集大成者。鉴于此,建议在中央层级构建教育、文旅(文物)部门的共建共享机制,以组建高层次、综合性、协调性的双重主导机构。同时,将国家文物局(副部级单位,局长是文化和旅游部党组成员)作为文旅领域的代表机构。这是促使我国博物馆与中小学教育结合事业管理制

度化和规范化的关键一步。

具体说来,国家文物局的主要领导与管理职责包括:拟订博物馆事业发展规划,拟订博物馆管理的标准和办法;负责推动完善博物馆公共服务体系建设,拟订博物馆公共资源共享规划并推动实施,指导全国博物馆的业务工作,协调博物馆间的交流与协作;负责博物馆有关审核、审批事务及相关资质资格认定的管理工作;拟订文物和博物馆有关人才队伍建设规划;编制博物馆科技、信息化、标准化的规划并推动落实;管理、指导博物馆外事工作。值得一提的是,国家文物局在指导全国博物馆业务方面,已形成了清晰的条线,纵向对接各省、自治区、直辖市文物局(文化厅)及新疆生产建设兵团文物局等。

事实上,将国家文物局纳入我国博物馆与中小学教育结合事业的双重领导与统筹机构,还有一大原因是,文教结合、校外教育的资金来源主要是教育领域,很难对事业主角之一的博物馆产生行政管理上的压力。当然,比起全国中小学基本都由教育部以及各省、自治区、直辖市教育厅(教委)统一管理相比,博物馆的行政主管情况要复杂一些,并不止归口于文旅、文物部门。但这不妨碍国家文物局求同存异谋发展,在此基础上引导和扶持,如出台博物馆与中小学教育结合导则等;通过试点机制,让一部分馆先"富"起来,同时先"富"带后"富"。事实上,国家文物局博物馆与社会文物司已甄选了陕西、重庆、京津冀率先作为项目试点区域,包括陕西开展传统文化进校园、重庆市打造红岩班、京津冀地区推动协同发展并提升区域文化软实力,以逐步建立一套博物馆与中小学教育结合的标准规范和实践指南[①]。

值得一提的是,2015年国家文物局已协同教育部出台了《关于加强文教结合、完善博物馆与中小学教育结合功能的指导意见》,并在"保障措施"中明确"加强组织领导",同时呼应了全国校外联制度。具体包括:"各地文物、教育部门要建立协调机制,定期召开工作会议,研究年度规划,实施推进重点项目,建立相关的监督管理机制。利用'全国青少年校外教育事业联席会议'的统筹协调职能,协调重大政策和重大问题。"此外,我们还要同步提升文化和旅游部、国家文物局在全国青少年校外教育事业联席会议中的地位。

---

① 《京津冀"博物馆进校园示范项目"启动暨首届"京津冀馆校教育论坛"的总结汇报》(内部资料),第2、7页。

总之,就我国博物馆与中小学教育结合事业的中层设计而言,首先得夯实教育、文化和旅游(文物)领域的双重主导,以理顺组织体制,完善运行机制。一方面,由教育部牵头,尤其是其基础教育司要发挥务实作用,同时提升青少年校外教育事业联席会议的统筹协调和指导职能;另一方面,须纳入文旅领域的代表机构和文物领域领导机构——国家文物局,并行使相应的权责利,以达求文教真正平衡。

三、构建博物馆与中小学教育结合工作联席会议制度

我国博物馆与中小学教育结合意味着社会教育与学校教育的融合,以及文化和旅游、教育系统的联动。因此,它绝对是一项共同事业。也即,推进文教主体之间的平等、合作、互利关系很重要,没有凌驾于他人之上的特殊群体,每一方既是付出者也是获益者;同时,这也绝非文化和旅游、教育部门的独有工作,相关职能单位都责无旁贷。

就夯实教育、文化和旅游(文物)系统的双重领导而言,若有条件的话,不妨基于全国青少年校外教育事业联席会议制度及其形成的中央和地方条线经验,成立博物馆与中小学教育结合工作联席会议制度,并且办公室设在教育部,以呼应同样设在教育部的全国青少年校外教育事业联席会议办公室。事实上,2016年《国务院关于进一步加强文物工作的指导意见》在"加强部门协调"中要求:"发挥全国文物安全工作部际联席会议作用。"同时,2018年《关于加强文物保护利用改革的若干意见》也在"主要任务"中提及"建立文物安全长效机制。发挥全国文物安全工作部际联席会议制度作用"。

在此基础上,我们还可借鉴上海市教育综合改革领导小组经验,成立博物馆与中小学教育结合工作领导小组,甚至是将其纳入中央全面深化改革领导小组中的"文化体制"改革板块。如此这般的顶层打通和高端配置,既解决了我国博物馆归属部门、经费来源相对复杂的问题[1],又打破了文教部门和单位单兵作战,或是相关管理制度"两张皮"的僵局,最终则将构建联席会议成员单位、领导小组下辖单位之间真正的联动机制。

---

[1] 根据《博物馆条例》,"国家文物主管部门负责全国博物馆监督管理工作。国务院其他有关部门在各自职责范围内负责有关的博物馆管理工作"。

(一)构建博物馆与中小学教育结合工作联席会议制度,办公室落地教育部

2000年10月,由30个中央和国家机关有关部门、群众团体参与组建的全国青少年校外教育事业联席会议在北京成立。联席会议成员单位包括教育部、中央文明办、财政部、共青团中央、全国妇联、中国科协等。此外,在教育部为推动我国校外教育而启动的"蒲公英行动计划"中,作为九大措施之一的"协"即指代"横向的、中央层级的校外教育组织体制"。

我国博物馆与中小学教育结合是文教结合事业的集大成者,因此一方面要达求中央层级、教育部和国家文物局的双重领导,并由教育部牵头,继而纵向撬动校外联办、中小学,同时国家文物局引导和扶持博物馆积极主动地对中小学进行教育供给;另一方面,我们可借鉴全国青少年校外教育事业联席会议制度,并由教育部和国家文物局双重主导且由教育部牵头,同时协调文化和旅游、宣传、民政、科技、军委政治工作部等,联合成立博物馆与中小学教育结合工作联席会议制度,办公室落在教育部,具体如图8所示。事实上,该办公室正可以与同落在教育部的全国青少年校外教育事业联席会议办公室相互扶持。

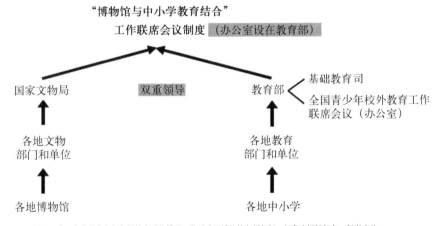

图8 "博物馆与中小学教育结合"工作联席会议制度示意图

当然,我国博物馆与中小学教育结合工作联席会议制度并不能止步于建立,更重要的是如何健全和完善,也即发挥统筹协调和指导作用。同时,

制度的核心要义也不在于成员单位的多寡,而在于其是否有代表性,以及进行共同事业的态度和能力。此外,联席会议需要定期会议,以上传下达、沟通交流,扮演好起承转合的枢纽作用,并且,成员单位要将会议精神转化为后续行动等。

总之,在发展我国博物馆与中小学教育结合事业时,不仅要纳入教育部、国家文物局的双重领导,而且建议成立横向的工作联席会议制度,并渐进通过该议事制度的纵向条线,强化教育部、国家文物局对各级各地文教部门和单位的引导与扶持,且"直抵"基层博物馆、中小学。

(二)建议成立博物馆与中小学教育结合工作领导小组

对于上海市教育综合改革而言,一大难处即在于跨部门关系的处理。形成合力,说起来容易,做起来难。因此,上海从体制机制上突破,聚焦系统设计、多方参与,毕竟教育改革不只是教育部门的责任,需要各职能部门的协同。在此背景下,上海市成立了教育综合改革领导小组,由市委分管副书记和副市长担任双组长,市委、市政府分管副秘书长、市教卫工作党委书记、市教委主任担任副组长,成员则由32个委办局负责人组成,与教育相关的部门都在其中。该平台根据议题需要,召集相关部门,建立例会制度,涉及全体的开全体会,涉及专题的开专题会,一事一议,并形成议决事项落实机制[1]。教育的综合性难题都能置于该平台会上解决,且会议纪要等同于市政府印发文件,相关部门都要执行[2]。此外,根据《全力打响"上海文化"品牌 加快建成国际文化大都市三年行动计划(2018—2020年)》及其《"上海文化"品牌建设重点项目150例工作目标及具体任务表》,上海尤其强调"全市协同",包括发挥好"上海文化"品牌建设领导小组的作用,建立跨部门协同、市区联动机制[3]。

鉴于此,我们建议在构建博物馆与中小学教育结合工作联席会议制度的基础上,借鉴上海市教育综合改革领导小组的经验,成立博物馆与中小学教育结合工作领导小组,甚至是将其纳入中央全面深化改革领导小组中"文化体制改革"专项小组的改革主题和内容。正如习近平总书记所言,全面深化改革是一个复杂的系统工程,单靠某一个或几个部门往往力不从心,这就

---

[1] 余慧娟、赖配根、李帆、朱哲、董少校:《上海教育密码》,《人民教育》2016年第8期,第9页。
[2] 《〈中国教育报〉:上海教改启示录》,"全面深化上海教育综合改革"网站,2016年10月10日。
[3] 《〈全力打响"上海文化"品牌 加快建成国际文化大都市三年行动计划(2018—2020年)〉有关情况》,上海市人民政府新闻办公室网站,2018年5月14日。

需要建立更高层面的领导机制。事实上,2018年7月6日,习总书记主持召开中央全面深化改革委员会第三次会议,审议通过了《关于加强文物保护利用改革的若干意见》,它在"主要任务"中提出:"将文物保护利用常识纳入中小学教育体系,完善中小学生利用博物馆学习长效机制。"这意味着文物工作已被纳入中央全面深化改革的整体战略部署。

值得一提的是,2013年12月,中共中央政治局决定成立中央全面深化改革领导小组(以下简称中央深改组),负责改革总体设计、统筹协调、整体推进、督促落实。并且,它是1978年中国改革开放以来设立的最高级别的改革领导机构,直接隶属于中共中央,由习近平总书记任组长。中央深改组下设经济体制和生态文明体制改革、民主法制领域改革、文化体制改革、社会体制改革、党的建设制度改革、纪律检查体制改革6个专项小组。此外,专项小组和中央改革办联合运转,建立各省、自治区、直辖市全面深化改革领导小组、有关部委的改革责任机制,并同领导小组形成联系机制。

因此,若具备条件成立的话,博物馆与中小学教育结合工作领导小组将超越教育部、文化和旅游部、国家文物局的层级,因此协调面更宽,也更具权威性,可冲破各种利益关系。正如上文所述,我国博物馆归属部门、经费来源较复杂,虽以文物部门管理为主,但还涉及文化和旅游、宣传、民政、科技、军委政治工作部等。此外,若以中央全面深化改革为大背景,教育部、文化和旅游部、国家文物局等本身也都是改革对象,而成立一个利益超脱的对象牵头博物馆与中小学教育结合事业,将更"蹄疾而步稳"地推动文教改革走向深入。一言以蔽之,若能在中央成立博物馆与中小学教育结合工作领导小组甚至是将该事业纳入中央深改组中"文化体制改革"专项小组的改革主题和内容,那么地方政府也将建立相应的统筹协调机构,以自上而下贯通。

第二节 财政保障与经费投入机制

在庞大的教育治理体系中,上海市在教育综合改革中,总结出了政府最应该做也最重要的三件事:规划、投入、评价。也即以规划引领、资源配置、科学评价作为改革重点。其中,规划是导向,投入、评价是杠杆。上海市政府抓投入,实际上就是在抓以投入为核心的资源配置。同时,既建立基于规划的市级统筹机制,又以规划为引领,高效配置资源,科学实施绩效评价。

客观地讲,近年来我国中央和地方对教育的投入非常大,被誉为教育发展的"黄金时期"。但也时不时听到基层抱怨,钱进来了没法花,比如无法用在人头费上。对我国博物馆与中小学教育结合事业发展而言,投入是根本、核心,是"阿基米德点"(Archimedean Point)。同时,改革资源配置方式更是关键之举。毕竟,它是一项长期的公益文教事业,既涉及场馆建设经费,又涉及管理经费(包括针对中小学的项目开发、队伍培训、评估激励、宣传推广等),此外还有博物馆作为公益性文化设施的减免费开放经费,因此需要源源不断的资金投入,宜实行以政府投入为主的多元经费筹措机制,也即财政保障与经费投入机制。而这正是支撑国家长远发展的基础性、战略性投资,是文教结合事业的物质基础,亦是公共财政的重要职能。

一、健全以专项资金为主的财政投入机制,确保事业的公益性

根据投入主体的不同,全球博物馆与中小学教育结合的财政保障与经费投入有集中模式、相对集中模式、分散模式等。但其实并无完美的模式,而只有规范的模式。并且,每种模式都有其运行条件、历史基础、优势特点,同时也有弊端。因此,最重要的是各投入主体包括中央与地方政府的行为是否规范,如何规范,以及采取何种措施保障经费来源稳定可靠等。

值得参考的是,为了实现 2020 年"基本普及学前教育"的战略目标,国家出台了一系列政策举措,投入力度很大。特别是具有里程碑性质的,也是落实《国家中长期教育改革和发展规划纲要(2010—2020 年)》的第一项政策——《国务院关于当前发展学前教育的若干意见》(国发〔2010〕41 号),不仅提出加大投入,而且首次明确提出"五有"的财政投入体制。包括:预算有科目,对学前教育的投入纳入各级政府的财政预算;增量有倾斜,新增的教育经费向学前教育倾斜;投入有比例,并且该比例在未来三年内明显提高;拨款有标准,有幼儿园的生均经费标准,特别是生均财政拨款标准;资助有制度,对于贫困地区、贫困人群接受学前教育有资助制度[①]。

目前,校外教育是我国基础教育的关键领域,也是薄弱环节,这也影响了博物馆与中小学教育结合事业的发展。因此,一方面亟需通过立法、政

[①] 常晶、纪秀君、徐君:《为中国学前教育发展而立法》,《中国教育报》2017 年 3 月 15 日,第 4 版。

策、规划的顶层设计对该事业的财政保障与经费投入机制予以坚实保障,既坚持公益性原则,又坚持建设和管理并重。另一方面,要完善博物馆与中小学教育结合的投入支撑体制。包括保证财政投入持续稳定增长,依法落实各级政府支出责任;多渠道筹措经费,支持和规范社会力量兴办社会教育;完善国家、社会和受教育者合理分担非义务教育培养成本;优化经费使用结构,建立健全经费监管体系,全面提高经费使用效益等。

(一)以专项资金为主的中央财政投入持续稳定增长

根据2003年《全国青少年学生校外活动场所建设及维护资金管理办法》所示:"本办法所称资金包括中央集中的用于青少年学生校外活动场所建设及维护的彩票公益金、中央返还各地用于青少年学生校外活动场所建设及维护的彩票公益金、项目所在地的配套资金,以及项目建成后的运营及维护资金。"因此,我国校外教育实行的是以政府投入为主的专项资金模式,这也是对"坚持公益为本"基本原则的贯彻,以促进优质资源和公共服务的普惠化。所谓"专项资金"①,是国家或有关部门或上级部门下拨行政事业单位、具有专门指定用途或特殊用途的资金。它有三个特点:一是来源于财政或上级单位;二是用于特定事项;三是需要单独核算。其首要优势在于,确保了投入的排他性和稳定性。

在此背景下,博物馆与中小学教育结合也应实行以政府投入为主的专项资金模式。一方面,它是"功在当代、利在千秋"的公益事业,尤其博物馆本身还是非营利机构和校外教育场所,并且我国博物馆以国有馆为主体。其中,大部分都属于事业单位中的"公益服务类",尤以"公益一类"②居多,也即由财政全额拨款提供基本工资待遇和其他后勤保障。另一方面,截至2019年底,全国备案博物馆达5 535家,其中免费开放的有4 929家,占总数的89%③。同时,博物馆对未成年人减免费开放制度早已基本建立。截至2019年,自2008年《关于全国博物馆、纪念馆免费开放的通知》后,中央财政的免费开放专项补助资金从2008年的12亿元增长到2011年后的每年30亿元,成为中央财政在博物馆领域最大的一笔专项资金④。当然,这也得

---

① 在当前各种制度和规定中,专项资金有着不同的名称,如专项支出、项目支出、专款等,并且在包括的具体内容上也有一定的差别。但从总体看,其含义基本一致。
② 公益类可细分公益一类、公益二类、公益三类等。"公益一类"是事业单位的主体,主要职责是代替政府向社会提供科教文卫等公益服务,国家保证经费,不再从事经营活动。
③ 曾诗阳:《全国免费开放博物馆达4929家》,《经济日报》2020年5月19日,第3版。
④ 段勇:《中国博物馆免费开放的喜与忧》,《博物院》2017年第1期,第33页。

益于《中华人民共和国公共文化服务保障法》等的规定,"免费或者优惠开放的公共文化设施,按照国家规定享受补助"。

鉴于此,我国博物馆与中小学教育结合事业宜同校外教育一样,应建立以政府投入为主的多元经费筹措机制,同时在各级各地财政投入中以专项资金为主,作为可持续发展的保障。尤其是在事业仍处于初级发展阶段的当下,在博物馆与学校的合作动机不完全自发时,尤其必要。同时,这也契合了我国决算审计制度。

(二) 加强省/自治区/直辖市级财政统筹

正如我国校外教育事业一样,博物馆与中小学教育结合也有相当的属地性,必须落实属地管理要求和地方各级政府主体责任。因此,就财政保障与经费投入机制而言,除了中央层级,省/自治区/直辖市、区县各级各地政府的专项配套同样属于必须,以健全成本分担机制。事实上,《2000年—2005年全国青少年学生校外活动场所建设与发展规划》的总体目标之一便是:"各级人民政府要将面向青少年学生的活动场所和公共文化、体育设施建设纳入国民经济和社会发展规划",并要求地方自建。同时,根据2004年《关于进一步加强和改进未成年人思想道德建设的若干意见》,"属于公益性文化事业的未成年人校外活动场所建设和管理所需资金,地方各级人民政府要予以保证"。此外,根据2006年《关于进一步加强和改进未成年人校外活动场所建设和管理工作的意见》,"各级政府要把未成年人校外活动场所运转、维护和开展公益性活动的经费纳入同级财政预算,切实予以保障"。

无论是我国校外教育、还是博物馆与中小学教育结合事业,其投入都涉及中央和地方政府的不同责任主体。在初级发展阶段,为加快全国面上的发展,缩小地区差异,上移投入重心是一种必然选择。但到了中后期,适时做大省级统筹,也不失为可持续发展之道。事实上,在《博物馆条例》中,已有"国有博物馆的正常运行经费列入本级财政预算"、"国家鼓励博物馆向公众免费开放。县级以上人民政府应当对向公众免费开放的博物馆给予必要的经费支持"等规定。

值得一提的是,就全国博物馆、纪念馆免费开放而言,中央财政的专项补助资金从2008年的12亿元增长到2011年后的每年30亿元,成为其在博物馆领域的最大一笔专项资金[①]。而已经建立的博物馆对未成年人减免

---

① 段勇:《中国博物馆免费开放的喜与忧》,《博物院》2017年第1期,第33页。

费开放制度,与我国博物馆与中小学教育结合休戚相关。但根据2020年6月《国务院办公厅关于印发公共文化领域中央与地方财政事权和支出责任划分改革方案的通知》:"将基层公共文化设施按照国家规定实行免费或低收费开放,确认为中央与地方共同财政事权,由中央与地方共同承担支出责任。"也即,"地方文旅和文物系统所属博物馆、纪念馆、公共图书馆、美术馆、文化馆(站),以及全国爱国主义教育示范基地,按照国家规定实行免费开放。所需经费由中央与地方财政分档按比例分担"。这正是我国优化中央和地方政府间文教事权和财权划分、健全公共文化服务财政保障的彰显。

事实上,在《中华人民共和国公共文化服务保障法》中,已有"国务院和地方各级人民政府应当根据公共文化服务的事权和支出责任,将公共文化服务经费纳入本级预算,安排公共文化服务所需资金"的规定。同时,在《关于加强文物保护利用改革的若干意见》中,也有"推动文物保护领域中央与地方财政事权和支出责任划分改革,落实各级政府支出责任"的要求。此外,在《国家中长期教育改革和发展规划纲要(2010—2020年)》的"管理体制改革"篇章中,早已述及"加强省级政府教育统筹",包括"进一步加大省级政府对区域内各级各类教育的统筹。支持和督促市(地)、县级政府履行职责,发展管理好当地各类教育"。这其中也应包括统筹校外教育、文教结合工作。目前,我们主要依靠中央和省级财政投入博物馆与中小学结合事业,市县财政投入普遍不足。所以,一方面未来要以省为主,由其统筹辖区内管理;另一方面强化省级政府的财政责任不等于由其"包干",各层级都应将经费纳入财政预算,加大市县投入。

(三)专项彩票公益金、财政转移支付、政府购买服务

根据新近的《国务院办公厅关于印发公共文化领域中央与地方财政事权和支出责任划分改革方案的通知》,"中央财政根据基本公共文化服务工作任务量、补助标准、绩效情况、财力状况等统筹确定对地方转移支付资金","中央财政加大对困难地区的均衡性转移支付力度,地方财政要统筹安排上级转移支付和自有财力,促进基本公共文化服务标准化、均等化","中央和地方通过政府购买服务等形式,支持社会力量参与公共文化服务"。这其中也包括同博物馆与中小学教育结合事业有关的场馆免费或低收费开放等基本公共文化服务供给、文化遗产保护传承、文化交流等内容,并关乎转移支付、政府购买服务等财政保障与经费投入方式。

此外,根据财政部《彩票公益金管理办法》(财综〔2012〕15号),"彩票公

益金是按照规定比例从彩票发行销售收入中提取的,专项用于社会福利、体育等社会公益事业的资金","彩票公益金纳入政府性基金预算管理,专款专用,结余结转下年继续使用"。目前,国家掌握和返还省级财政、专项用于青少年学生校外活动场所建设的彩票公益金,正是建设和维护我国青少年学生校外活动场所的主力资金。

1. 专项彩票公益金

来自社会的公益性资金分为以国家为中介和发起人的公益金以及个人、社会自主筹集的公益金两种[①]。此处聚焦的是以国家为中介和发起人的公益金筹集,比如由财政部会同民政部和国家体育总局[②]负责筹集的专项彩票公益金,包括福利彩票公益金、体育彩票公益金和其他彩票公益金,其中福利彩票公益金是我国用于青少年学生校外活动场所建设和维护的主力资金。比如,2008 年《中央专项彩票公益金支持青少年学生校外活动场所建设管理办法》指出:"本办法所称中央专项彩票公益金支持青少年学生校外活动场所建设,是指按照国务院要求,由财政部和教育部在 2008 年至 2010 年共同实施的青少年学生校外活动场所新建、运转补助、设备更新和人员培训等项目。"并且,中央专项彩票公益金按照专款专用原则使用。

近年来,中央财政利用专项彩票公益金支持校外活动场所建设、公益性活动补助、师资培训等项目,形成了国家、省、市、区县、乡镇街道五级校外活动场所网络,缩小了区域、城乡之间校外教育发展的差距[③]。而《2000 年—2005 年全国青少年学生校外活动场所建设与发展规划》的"总体目标"之一是:"最大限度地发挥国家掌握的和返还省级财政的专项用于青少年学生校外活动场所建设的彩票公益金建设和维护青少年学生校外活动场所的作用。"此外,该规划的"主要措施"之首便是:"2000 年—2005 年期间,由财政部会同民政部和国家体育总局负责筹集专项用于青少年学生校外活动场所建设和维护的彩票公益金。2000 年和 2001 年各筹集 6 亿元人民币,2002 年—2005 年每年筹集 7 亿元,6 年总计 40 亿元。其中,国家用于扶持中、西

---

① 吴鲁平、彭冲:《中国青少年校外教育政策研究——一种文本内容分析》,《中国青年研究》2010 年第 12 期,第 34 页。
② 我国相关法规有明确规定,财政部和地方各级财政部门是公益金管理的行政职能部门,负责对全国公益金的管理和监督检查。国家体育总局和民政部是本部门公益金的行政职能部门,会同财政部门负责安排本部门的彩票公益金的管理、分配、使用和监督检查。
③ 《坚持创新、协调、绿色、开放、共享 推动校外教育事业再上新台阶——全国校外教育事业暨示范性综合实践基地建设推进会议召开》,教育部网站,2015 年 11 月 13 日。

部地区青少年学生校外活动场所建设和东部部分地区青少年学生活动场所建设的彩票公益金累计20亿元;返还地方专项用于青少年学生校外活动场所建设的彩票公益金累计20亿元。"

目前开展得如火如荼的全国中小学生研学实践,正是教育部根据"十三五"期间中央专项彩票公益金支持未成年人校外教育的项目之一,并要求各省级教育行政部门"根据当地实际,初步核定博物馆等在内的基(营)地接待学生单位成本,落实减免优惠政策,鼓励基(营)地免费接待贫困地区、贫困家庭学生和建档立卡学生,确保研学实践教育活动的公益性"①。

在此,我们建议扩大专项彩票公益金的惠及范围,将博物馆纳入相关校外教育项目之列,继而在未来逐渐纳入我国青少年学生校外活动场所的建设和维护范畴。当然,这需要由全国青少年校外教育事业联席会议办公室、财政部等共同修订国家筹集专项彩票公益金的管理和使用制度。并且,各地将返还公益金的使用情况按时通报全国校外联办和财政部综合司,同时择时通报国家文物局,一如上文所述的文教领域的双重领导与统筹。

2. 财政转移支付

就我国博物馆与中小学教育结合事业的资源配置而言,财政转移支付绝对是一项有力杠杆,可缓解相关投入总量不足和区域发展不均等问题。所谓财政转移支付,是以各级政府之间存在的财政能力差异为基础、以实现各地公共服务水平均等化为主旨而实行的一种财政资金转移或平衡制度。它主要有两大类别:一般性转移支付和专项转移支付。

目前,我们有中央对地方的教育转移支付,但尚无校外教育这一类别。所谓教育转移支付,即是教育资源补偿制度。对经济欠发达地区的学校、弱势群体等进行合理的资源补偿,这契合了美国哈佛大学教授约翰·罗尔斯(John Bordley Rawls)《正义论》(*A Theory of Justice*)中的"财政差异补偿原则"②。当然,由于财政转移支付制度在我国还未成熟,因此仍然存在一些问题,比如适度规模难以确定、结构不尽合理、带有旧体制特征等。这些其实也是我国博物馆与中小学教育结合事业需要直面的共性问题,以找寻改善路径。具体如下:

第一,专项转移支付的随意性大,地方政府获得的资金规模常常取决于

---

① 《教育部办公厅关于开展"全国中小学生研学实践教育基(营)地"推荐工作的通知》(教基厅函〔2018〕45号)。
② 柳欣源:《义务教育公共服务均等化制度设计》,第156页。

地方与中央的议价能力。目前,我国中央与地方的财权划分已十分明确,但事权划分仍是模糊的。对省市县分别有哪些财权、应对哪些事情负责,界定还不够明确,各级政府之间"扯皮"较多①。好在新近出台了《国务院办公厅关于印发公共文化领域中央与地方财政事权和支出责任划分改革方案的通知》,这对当下和未来促进包括博物馆免费开放等基本公共文化服务在内的标准化、均等化皆有助益。

第二,专项转移支付"撒芝麻盐"。所谓"撒芝麻盐",是指中央专项转移支付随着规模越来越大、范围越来越广,产生了职能泛化,很多资金倾向于平均分配,反而阻碍了事业发展本身②。事实上,校外教育领域已认识到了平均主义的弊端。2003年《全国青少年学生校外活动场所建设及维护资金管理办法》提出:"中央返还各省(自治区、直辖市)用于青少年学生校外活动场所建设及维护的彩票公益金,由各省(自治区、直辖市)财政部门与同级青少年校外教育事业联席会议办公室根据本地实际情况统筹安排使用,不得按省(自治区、直辖市)以下地区平均分配或按销量比例分配。"此外,2008年《中央专项彩票公益金支持青少年学生校外活动场所建设管理办法》指出:"中央专项彩票公益金重点分配给中西部地区和新疆生产建设兵团。"

第三,很多专项转移支付固化,形成了既有利益格局,并且均衡性转移支付③的实施有悖于公平性目标。一方面,这源于不少项目设立时就缺乏事权依据,缺乏规划、政策、法律依据。有些专项转移支付确立后,每年都实施补助,却未根据现实需求进行动态调整④。外加各级各地政府在了解民情民意方面信息不对称,难以精准确保各项支出比例的协调等。

另一方面,均衡性转移支付的主要目标是公平,在实现公平后兼顾效率。但在实际操作中,获得资金的多寡更多地依靠地方与中央政府,包括下级与上级地方政府的协商争取能力,很多人均资金较弱地区获得的相对少,而人均财力能力较强的却获得更多⑤。事实上,在我国校外教育政策中已明确"坚持向中、西部地区倾斜的原则",并提及转移支付。2000年《关于加强青少年学生活动场所建设和管理工作的通知》规定:"'十五'期间,国家将对缺乏青少年学生校外活动场所的地区,特别是中、西部贫困地区给予资金支

---

①②④ 柳欣源:《义务教育公共服务均等化制度设计》,第180页。
③ 均衡性转移支付是同一级政府存在少量或没有财政赤字的情况下,上级政府把从富裕地区集中的一部分收入转移到贫困地区的补助。其主要目的是消除各地方政府间存在的税收能力与其基本需求开支的横向不均衡,力求保证各地区间社会公共服务水平的基本一致性。
⑤ 柳欣源:《义务教育公共服务均等化制度设计》,第181页。

持。"2006年《关于进一步加强和改进未成年人校外活动场所建设和管理工作的意见》规定:"中央财政通过逐步加大转移支付力度,对中、西部地区和贫困地区未成年人校外活动场所的运转和维护予以支持。"

但无论如何,任何制度都在其使用过程中日臻完善。不可否认,财政转移支付对于我国博物馆与中小学教育结合事业当下的初级阶段发展,尤其是各地均衡发展而言绝对是有力杠杆。事实上,在《中华人民共和国公共文化服务保障法》中已有"国务院和省、自治区、直辖市人民政府应当增加投入,通过转移支付等方式,重点扶助革命老区、民族地区、边疆地区、贫困地区开展公共文化服务。国家鼓励和支持经济发达地区对革命老区、民族地区、边疆地区、贫困地区的公共文化服务提供援助"的规定。

具体说来,在我国博物馆与中小学结合事业中,对于财政转移支付这杆"秤",我们也要更科学地应用。包括:其一,呼唤加强对低于校外教育、文教结合公共服务标准地区的专项转移支付,通过补助制度予以重点支持。其二,完善分配方式,做到公开透明。包括根据指标衡量地方政府财力供给能力、支出需求以及政府努力等因素,通过公式计算各地应获得的转移支付规模,将中央政府的角色从决策者变成管理者。其三,希望通过转移支付,总体增加对博物馆与中小学教育结合事业的财政保障与经费投入。毕竟,资源少就只能保障低层次均衡,且利益主体之间的冲突会加大,而资源多则可将增加的部分用于补偿弱势群体,同时不损害优势群体利益,主体之间的矛盾也会减少[①]。

3. 政府购买服务

所谓政府购买服务,是指通过发挥市场机制作用,把政府直接提供的一部分公共服务事项以及履职所需的事项,按照一定的方式和程序,交由具备条件的社会力量和事业单位承担,并由政府根据合同约定向其支付费用。时下,政府购买服务被作为有力杠杆,在文教领域越来越多地应用,这其实也是国家支持公民、法人和其他组织参与提供公共文化服务的措施。比如,2014年《北京市中小学培育和践行社会主义核心价值观实施意见》规定:"市、区县教育主管部门和有关单位要共同完善社会大课堂建设机制,通过政府购买服务等方式在图书馆、博物馆等千余个具备相应社会资源的单位培养和聘用千名课外辅导教师。"当然,践行政府购买服务需要培育专业文

[①] 柳欣源:《义务教育公共服务均等化制度设计》,第155、182页。

教服务机构以及恪守政府采购的相关规定,具体如下。

(1)培育专业文教服务机构

《国家中长期教育改革和发展规划纲要(2010—2020年)》早在"转变政府教育管理职能"中提及:"培育专业教育服务机构。完善教育中介组织的准入、资助、监管和行业自律制度。"可见,培育专业文教服务机构与政府购买服务直接相关。比如,浦东新区是上海市最早进行教育"管办评"分离试验的区,它通过建立学区性质的教育管理机构、鼓励发展教育专业服务组织、尝试政府委托管理和购买服务,率先建立了政府、学校、社会共同治理的新型关系[①]。事实上,在探索现代教育治理体系的改革过程中,上海市早已采取部分放权、采购服务的方式,解放了政府的某部分职能,促使其更聚焦顶层设计,同时发展了专业服务的民间组织、事业单位、专业机构等。

鉴于此,在我国博物馆与中小学教育结合事业中,建议由各级各地政府的文化和旅游(文物)、教育主管部门和单位主导,对馆校合作所需的文教产品与服务进行部分采购。而该模式的优势在于:其一,各级各地政府原本就具有天然的文教投入合法性,由其来牵头,可以打通屏障,降低成本。毕竟,学校和博物馆并不是互相隶属的关系,谁都没有无偿利用对方资源的权利,也没有被无偿利用的义务。若要实现双方的公益性合作,最好由第三方出面加以促成,尤其是对双方皆有管辖权的文教行政管理部门和单位。而在馆、校不付出或很少付出额外成本的情况下,它们也将有更大空间延伸拓展合作。其二,这也应和了我国公共文化服务的标准化、均等化方向,以在此基础上求同存异谋发展。当然,正如《中华人民共和国公共文化服务保障法》所规定的,"国务院和省、自治区、直辖市人民政府制定政府购买公共文化服务的指导性意见和目录。国务院有关部门和县级以上地方人民政府应当根据指导性意见和目录,结合实际情况,确定购买的具体项目和内容,及时向社会公布"。其三,这将有助于培育专业文教服务机构,并且发挥行业协会、专业学会、基金会等各类社会组织在公共文教治理中的作用。而我们最终要构建的,是政府采购真正优质的文教成果的机制。

(2)恪守政府采购的相关规定

根据2003年《国家扶持青少年学生校外活动场所建设项目设备采购管

---

① 《〈人民教育〉杂志:上海基础教育改革试点的几点启示》,"全面深化上海教育综合改革"网站,2016年7月26日。

理办法》,"国家扶持建设的青少年学生校外活动场所设备采购依法纳入政府采购管理范畴,按照《中华人民共和国政府采购法》以及政府采购制度的有关规定,采用公开招标等方式进行","全国青少年校外教育事业联席会议办公室负责组建'国家扶持青少年学生校外活动场所建设项目设备采购管理工作领导小组',组长由联席会议办公室主任担任,成员由联席会议办公室副主任、财政部综合司指定负责人组成。领导小组负责审核和批准采购计划、招标方案、专家人选、招标文件、评标报告、合同原则等","全国青少年校外教育事业联席会议办公室项目部负责按有关规定制定《国家扶持青少年学生校外活动场所建设项目设备集中采购目录》"。

事实上,随着我国博物馆与中小学教育结合事业的发展,将会有越来越多的增长点涌现,比如这些年迅速风靡的研学旅行,就亟待加大政府购买服务和政府采购模式,并依法依规进行。以上海市临港区域为例,它发挥港城集团的开发主体优势,探索打造以营地(东方绿舟)为枢纽、带动基地(上海中国航海博物馆)、联动区域(临港地区)的研学实践新模式,同时凸显海洋特色,运营系列化课程等。因此,对于港城集团这样的开发企业而言,它们自然希冀政府适时以购买服务、采购的方式给予适当补贴,以弥补初期的大额投入成本[①]。值得一提的是,在《上海市文教结合事业三年行动计划(2016—2018年)》中,一项重要的"组织保障与工作推进"便是"健全经费投入机制",包括:"创新文教结合经费使用管理机制,探索政府购买服务和政府采购等方式推进实施文教结合项目。强化市文教结合事业协调小组机制在项目遴选和经费安排的审核职责,提升项目实施质量与实效。"

总的说来,时代已经不同。在当下我国博物馆与中小学教育结合中,政府、博物馆、学校、家庭、社区等在内的所有利益相关方都应秉持更开放和包容的心态,择时引入市场机制,允许竞争甚至是"与狼共舞"。而政府购买服务和采购模式,除了扶持公益性文教事业,更是在合法合规的前提下引导最合适的人做最合适的事情,以容纳、盘活、利用更多元的资源,并促其交融。值得一提的是,十八届三中全会提出,要使市场在资源配置中起决定性作用,这恰恰蕴含着对过去政府职能定位的深刻思考和全新思路。也即,事无巨细、事必躬亲的全能政府,必须转变为以基本公共服务提供为主要职能的

---

① 上海市青少年学生校外活动联席会议办公室、上海政法学院教育政策与法制研究中心:《2019上海市校外教育发展论坛材料汇编》,2019年11月26日,第25页。

新型现代政府。同时,在基本保障之外,能交给市场的交给市场,能交给社会的交给社会①。事实上,我国各级各地政府若不进行制度设计,不把政府、市场、社会三者关系重新梳理,无论是文教结合还是校外教育事业,都将难以真正现代化。

(四)建立生均校外教育成本核算机制,试点博物馆综合预算管理

《国家中长期教育改革和发展规划纲要(2010—2020年)》在"保障经费投入"中提及"完善非义务教育培养成本分担机制,根据经济发展状况、培养成本和群众承受能力,调整学费标准。"同时,《中国教育现代化2035》也在"完善教育现代化投入支撑体制"中提出:"完善国家、社会和受教育者合理分担非义务教育培养成本的机制。"

事实上,博物馆与中小学教育结合无论是发生在馆内还是校内,无论是课内还是课外,都覆盖了义务教育与非义务教育培养成本。此外,虽然场馆提供的文教服务以公益性为主,但"公益"不代表"免费",因此相应成本的产生在所难免,并且需要合法、合规、合理的消化机制作为配套。鉴于此,就我国博物馆与中小学教育结合事业的财政保障与经费投入机制而言,不能只依赖各级各地政府在顶层和中层的引导与扶持,同样还需位于底层的广大博物馆与中小学一定的投入。也即,馆校层级也应构建成本分担机制,并将成本纳入双方的经常性费用也就是日常费用中。具体如下:

一方面,就政府对中小学的整体财政拨款而言,理应在未来就校外教育板块做出单独和强化规定,以加大对学校参观和利用校外教育机构如博物馆的鼓励。拨款前,参考经常性费用的操作惯例,建立生均校外教育培养成本核算机制。当然,理论上这需要根据不同中小学实际和各地域实际,并基于生均公用经费拨款标准(主要是其中的业务费)、综合定额标准体系等来科学地核定,以此决定政府对学校的校外教育拨款水平,并置于对中小学的整体财政拨款中。总之,要综合考量我国各地经济发展水平、办学条件、学费收入、家庭经济承受能力等因素,合理制定校外教育培养成本分担办法。比如,学前教育也是我国基础教育的薄弱环节,因此2010年《国务院关于当前发展学前教育的若干意见》做了高位谋划,不仅提出加大投入,还首次明确提出"五有"的财政投入体制,包括"拨款有标准,有幼儿园的生均经费标

---

① 余慧娟、赖配根、李帆、朱哲、金志明、董少校:《上海教育密码》,《人民教育》2016年第8期,第9页。

准,特别是生均财政拨款标准",值得借鉴。

另一方面,博物馆在与中小学教育结合的进程中,人、财、物资源投入中以人员及其智力投入为关键。目前,这一工作主要由馆方教育部负责,针对访谈中不少受访人提及的政府文教口的校外教育项目资金无法弥补部门员工的额外工作量(这其实和没有设专人专岗也有关系,否则就主要是基本工作量了)或无法发放人头费以及项目资金进入博物馆账户而部门无法方便使用等情况,必须在下一步做出改革。鉴于此,建议选择个别国有博物馆先行试点,按照"部门预算(主要是教育部)、核定收支、财政补贴、统筹安排"原则,在教育部内试点推行综合预算管理模式,以"下沉"馆方的校外教育、文教结合等专项经费统筹权,同时在更大面上给予做出主要贡献的机构和部门相应的自主权。

事实上,不只是博物馆,中小学同样需要结合实际,编制更为合理的业务费、劳务费预算等,以在合法、合理的边界下,调整开支范围,赋予直接费用①更灵活的使用空间。因此,开展校外教育经费管理改革试点,实为馆校双方的共同需求。而一旦突破原有的掣肘,我们将"撬动"基层对共同事业的投入,并有望打造一批"高峰""高原"机构和项目(诸如高校的"高峰""高原"学科建设)。其实,我国已有博物馆教育项目示范案例评选,并逐步形成了优秀案例库。而试点博物馆综合预算管理尤其是其教育部门的管理,将促使馆方在融入青少年教育体系中,逐步建立以师资配备、生均拨款、教学设施设备等资源要素为核心的标准体系和办教条件标准的动态调整机制。

二、实行多元经费筹措机制,优化投入结构

目前,在2016年《国务院关于进一步加强文物工作的指导意见》中,已有"利用公益性基金等平台,采取社会募集等方式筹措资金","大力推广政府和社会资本合作(PPP)模式,拓宽社会资金进入文物保护利用的渠道"的要求。

鉴于此,在我国博物馆与中小学教育结合事业中,虽然各级各地政府作为投入主体的责任不能被削弱,更不能被取代,但我们仍需优化经费投入结

---

① 直接费用是间接费用的对称,指为某一特定产品所消耗、能够根据原始凭证直接计入该产品成本的费用。直接费用和间接费用是按生产费用计入产品成本的方法不同而划分的。一种费用是否属于直接费用,取决于该费用能否直接计入产品生产成本。

构,实行以政府投入为主的多元经费筹措机制。事实上,这也是政府职能和管理方式转变管放结合的体现。也即,更好地处理和社会的关系,在落实自身领导与统筹职能的同时,发挥市场的积极作用。当然,就引导社会力量投入博物馆与中小学教育结合而言,它同校外教育、文教结合工作一样,关键是政府完善相应的财政、税收、金融、土地等优惠政策。

(一)鼓励社会资本依法投入,拓宽资金来源渠道

我们呼唤社会资源的多元投入,包括通过兴办实体、资助项目、赞助活动、提供设施、捐赠产品等方式,这也为我国博物馆与中小学教育结合的部分社会化发展提供了可能。事实上,在《中华人民共和国公共文化服务保障法》中,已有"国家鼓励和支持公民、法人和其他组织兴建、捐建或者与政府部门合作建设公共文化设施,鼓励公民、法人和其他组织依法参与公共文化设施的运营和管理"等条目。

而博物馆正属于典型的公共文化服务机构。近年来,我国非国有博物馆大发展,这与社会资金的多元投入直接相关。截至2019年底,全国登记注册的博物馆达到5 535家,其中非国有博物馆1 710家①,占比30.9%;2018年底,非国有博物馆的总量为1 595家,占比29.8%;2016年底,为1 297家和26.6%;2015年,为1 110家和23.7%;2008年,为319家和10.7%,增幅超过了国有博物馆②。值得一提的是,《博物馆条例》作为博物馆行业首部全国性法规,明文规定,"国家公平对待国有和非国有博物馆","国家鼓励企业、事业单位、社会团体和公民等社会力量依法设立博物馆","国家鼓励设立公益性基金为博物馆提供经费,鼓励博物馆多渠道筹措资金促进自身发展"。此外,《国家文物事业发展"十三五"规划》在"博物馆建设工程"中也罗列了"非国有博物馆发展质量提升工程"。这些都足见我国非国有博物馆的迅猛发展和地位提升,同时也是社会资金多元投入的良性结果。

(二)财政、税收、金融、土地等优惠政策的跟进

就引导社会力量投入博物馆与中小学教育结合事业而言,它同校外教育、文教结合工作一样,关键是我国政府应完善相应的财政、税收、金融、土地等优惠政策。目前仅在立法、政策、规划中提及,但具体数字尚未明确。

---

① 《国家文物局:全国博物馆达5 535家,非国有占比约三成》,《北京商报》2020年5月18日。
② 李无言:《我国非国有博物馆发展对策研究》,复旦大学学位论文,2020年,第54页。

比如，在立法中，《中华人民共和国公共文化服务保障法》规定："公民、法人和其他组织通过公益性社会团体或者县级以上人民政府及其部门，捐赠财产用于公共文化服务的，依法享受税收优惠。国家鼓励通过捐赠等方式设立公共文化服务基金，专门用于公共文化服务。"

与此同时，在政策中，2004年《关于进一步加强和改进未成年人思想道德建设的若干意见》提出："国家有关部门和地方各级人民政府要制定优惠政策，吸纳社会资金，鼓励、支持社会力量兴办未成年人活动场所。"2006年《关于进一步加强和改进未成年人校外活动场所建设和管理工作的意见》也提出："进一步拓宽渠道，鼓励支持社会力量兴办公益性未成年人校外活动场所；鼓励社会各界通过捐赠、资助等方式，支持未成年人校外活动场所建设，开展公益性活动。"

此外，在规划中，《国民旅游休闲纲要（2013—2020年）》在"加大政策扶持力度"中提及："鼓励和支持私人博物馆、书画院、展览馆、体育健身场所、音乐室、手工技艺等民间休闲设施和业态发展。落实国家关于中小企业、小微企业的扶持政策。"

但这些顶层设计都只是引导性条款，还不够具体化，也没有实施细则等配套扶持，因此社会力量在实际操作时仍然缺乏参照和依据。未来，我们各级各地的相关财政、税收、金融、土地优惠政策需要进一步量化：税务部门对兴办博物馆等公益性活动场所的单位暂免征企业所得税，以多少比例为限；支持社会力量对博物馆等的捐赠，企业捐助的费用可在其缴纳所得税时按现行税法规定给予优惠，以多少比例为限；个人公益性捐赠经有关部门认定后，支出在所得税税前扣除，以多少比例为限；鼓励经营性文化设施、旅游景区（点）等提供优惠或免费的公益性文化服务，对符合条件的民营博物馆等怎样加大扶持力度；引导社会力量投资兴办博物馆、美术馆等文化创意产业基础设施，鼓励各级政府给予怎样的用地等政策支持。总之，我们要促使社会力量投入我国公共文化服务事业有章可循，并使投入与产出形成良性循环。同时，不只是政策、规划，还需有立法的刚性保障，因为根据《中华人民共和国立法法》，对"税种的设立、税率的确定和税收征收管理等税收基本制度"等事项"只能制定法律"。

总的说来，在我国博物馆与中小学教育结合事业中，各级各地政府、博物馆、学校等，都要为各类社会捐赠创造良好环境，同时坚持捐赠的公益性。此外，政府还应搭建共建共享平台，方便行业企业、社会组织等汇聚资源、沟通供需、交流合作。一言以蔽之,我们要逐步完善多元社会力量参与机制,并通过政府采购、允许公办和民办文教机构相互委托管理和购买服务等方式,最终形成政府推动、社会参与的良好局面,优化经费投入结构。

三、健全投入的监管、调整机制

所谓监管,既包括监督,又包括管理。就我国博物馆与中小学教育结合事业的财政保障与经费投入机制而言,我们最终要达求的是充分放权和有效监管并举的过程与结果。也即,它是以提高支出效益为目标的综合监督评估机制,关注点从过去的注重立项管理逐步转向过程管理,从分配管理转向绩效管理,改变"大锅饭"或是"撒芝麻盐",以最终实施基于绩效评价的公共财政拨款体制。事实上,我国已在《中华人民共和国公共文化服务保障法》中规定:"县级以上人民政府应当建立健全公共文化服务资金使用的监督和统计公告制度,加强绩效考评,确保资金用于公共文化服务。审计机关应当依法加强对公共文化服务资金的审计监督。"

就如何健全投入的监管、调整机制而言,首先得明确我国各级各地文教部门和单位在博物馆与中小学教育结合相关项目遴选以及经费安排上的审核职责,并完善经费评估制度,强化重大项目建设和经费使用全过程审计,确保使用规范、安全、合理、高效。其中,最重要的是坚持专款专用原则。

事实上,校外教育政策已做了明确,可作为参考。2003年《全国青少年学生校外活动场所建设及维护资金管理办法》规定:"项目所在地财政部门应对项目资金设立专账进行管理和核算,保证资金专项用于青少年学生校外活动场所建设及维护","各项目实施过程中,省级青少年校外教育事业联席会议办公室和财政部门应对本辖区所有项目进行定期或不定期的检查和抽查,全国青少年校外教育事业联席会议办公室将会同财政部及联席会议其他成员单位对各地方的项目实施情况进行抽查。"而同年的《国家扶持青少年学生校外活动场所建设项目设备采购管理办法》则规定:"成立'全国青少年学生校外活动场所设备配置工作监察小组',组长由联席会议办公室副主任担任,成员由教育部基础司、财务司、规划司、体卫艺司、纪检组、监察局和财政部综合司、国库司有关处室负责同志组成。监察小组根据领导小组做出的有关决定,负责对设备购置工作的全过程实施监察、指导。"

当然,资金管理并非各级各地文教部门和单位的强项,因此建立博物馆与中小学教育结合事业的拨款咨询机制,也即由政府和第三方专业机构评估相结合执行监管,是可行的方向。同时,把博物馆、中小学的相关财务管理和经费使用监督评估情况,作为各级各地政府实施拨款方式改革的基本前提,以及调整投入的重要依据。而在财政投入领域的监管,正是为了提升项目实施质量与经费使用效益,同时形成向重点领域倾斜的调整机制,发挥投入的导向作用。

第三节 考核评价机制

在纷繁复杂的教育治理体系中,于上海市政府而言,最重要的三件事是:规划、投入、评价。其中,规划是导向,投入和评价是杠杆[①]。上一节已详述了"投入",这一节自然是"评价"。而评价的目的正在于,加强评估督导与决策、执行之间的统筹协调。事实上,在教育部为推动我国校外教育而启动的"蒲公英行动计划"中,九项措施之一的"督"即指代"认真落实校外教育督导评估。制定《校外活动场所公益性评估标准》,作为对场所公益性服务考核评价的依据"。

无论是考核评价、还是绩效管理抑或是其他称谓,都是政府管理中行之有效的工具,系统性强。正如著名行政学者戴维·罗森布鲁姆(D. Rosenbloom)所言:"如果你不能评估某项活动,就无法管理它,换言之,你评估什么你就能得到什么——这是千真万确的。"[②]就我国博物馆与中小学教育结合事业的评估而言,这是关乎其质量的重要环节,但绩效评估是路径,而非终点。一方面,它旨在提升博物馆教育供给的量与质、效果与效率等;另一方面,它直指规划、政策等,是对资源配置实施质量和效益等的保障,也作为对财政资金合理有效使用的监督。

当然,恰如其分的考核评价机制需要系统设计、逐步实施,以日臻完善,包括确立评估主体,建立有效的评估手段等,其最终目的是为国家文教决策提供依据,以评促改,以评促建,评建结合,真正助推我国博物馆与中小学教育

---

① 余慧娟、赖配根、李帆、朱哲、金志明、董少校:《上海教育密码》,《人民教育》2016年第8期,第11页。

② D. H. Rosenbloom, The Context of Management Reforms, *The Public Manager*, 1995, 03: 39.

结合事业,同时最终通过青少年和儿童的全面、个性化、终身发展来体现绩效。

一、公共组织绩效管理与教育督导背景下的考核评价机制

在我国,教育评估或教育评价是一门从 21 世纪初发展起来的新兴教育科学,是当代教育科学的三大研究领域之一。所谓教育评估,是依据一定的目标,利用现代化统计和测量手段,对对象进行价值判断的过程。评价的内容是广泛的,主要有对教育行政部门管理水平的综合评价、对教学工作的评价、对学生学习态度与质量的评价。教育评估有一套完整的理论体系和检测方法,并有导向、激励、鉴定等功能。

我国的教育评估,包括旗下的教育督导,自有其发展进程,并与国际上的公共组织绩效管理等存在相关性,并且,它们都作为博物馆与中小学教育结合事业的评估指标体系构建的前提和基础而存在,以下展开论述。

(一) 公共组织绩效管理下的考核评价机制及其价值标准

公共组织绩效管理是在全球化现象和政府财政压力增加的背景下,公共组织主动吸纳企业绩效管理的经验和做法,以引入市场竞争机制、强调顾客导向、提高公共服务质量的过程。事实上,20 世纪 70 年代末 80 年代初,西方新公共管理运动的开启便是对公共部门改革面临危机的现实回应,并掀起了一场声势浩大的行政改革浪潮。而公共绩效正是粘合理论与实践、价值与工具的基本界点[①]。

对我国博物馆与中小学教育结合事业而言,也需一定程度地采撷公共组织绩效管理的理论与实践,并含化一系列价值标准。事实上,如上文"博物馆与中小学教育结合的制度属性与特征"所述,价值属性和工具属性构成了制度的基本属性,适用于所有领域的制度设计。

1. 经济

经济指标一般指组织投入到项目中的资源量。它关心的是收入,以及如何使投入以最经济的途径使用。经济指标要求以尽可能低的投入或成本提供与维持既定数量和质量的公共产品与服务[②]。

教育是一种社会实践活动,其结果旨在满足一定的政治、经济、文化发

---

① 李国正等编:《公共管理学》,第 444—445、447 页。
② 同上书,第 454—455 页。

展需要,因而也就构成了教育的政治价值、经济价值、文化价值,这些价值的总和就是教育的社会价值,教育评估即是对某些教育活动的社会价值做出科学判断。就我国校外教育、博物馆与中小学教育结合事业发展而言,投入成本通常部分可知,最明显的如人财物中的"财"的指标。比如,由财政部会同民政部和国家体育总局负责筹集专项用于青少年学生校外活动场所建设和维护的彩票公益金:2000 年和 2001 年各筹集 6 亿元人民币,2002—2005 年每年筹集 7 亿元,6 年总计 40 亿元。又如,截至 2019 年,中央财政对博物馆免费开放专项补助资金从 2008 年的 12 亿元增长到 2011 年后的每年 30 亿元①。此外,就"人"和"物"的投入成本而言,尚未形成如"财"那般的计算和公开惯例。但在未来,我们理应更多地运用数据、事实来呈现一系列经济指标,以有助于做出评价。

2. 效率

效率可简单地理解为投入与产出的比例关系,它关心的是手段,而这种手段常常以货币形式体现。效率有两种:生产效率指生产或提供服务的平均成本;配置效率指组织提供的产品或服务是否能够满足不同偏好②。

对我国博物馆与中小学教育结合而言,施行绩效管理的一个重要前提是,绩效必须以量化的形式呈现。这对公共文教部门和单位、博物馆、中小学等来说并不容易,因为它们不直接从事生产活动,而是以提供无形公共服务为主。由于该服务具有排他性特征,这就使得其缺乏比较、竞争的成本效益数据以及足够的来自市场的反馈信息。加之公共文教机构通常都具有非营利性特点,生产和传播的产品或服务也鲜少进入市场交易体系,这样反映其机会成本③的货币价格就难以形成,因此要对其准确测量也就有了技术上的难度④。

事实上,如上种种皆反映了一个问题,也即我国博物馆对中小学的教育产品与服务供给体系尚待成熟,同时馆校合作也还未形成文教产品与服务自由买卖的市场。当然,文教效应难以量化的另一大原因在于,它们通常都

---

① 段勇:《中国博物馆免费开放的喜与忧》,《博物院》2017 年第 1 期,第 33 页。
② 李国正等编:《公共管理学》,第 454—455 页。
③ 机会成本是指企业为从事某项经营活动而放弃另一项活动的机会,或利用一定资源获得某种收入时所放弃的另一种收入。另一项经营活动应取得的收益或另一种收入即为正在从事的活动的机会成本。通过对机会成本的分析,要求企业在经营中正确选择项目,其依据是实际收益必须大于机会成本,从而使有限的资源得到最佳配置。
④ 李国正等编:《公共管理学》,第 447 页。

在中长期后发挥作用,正如在博物馆中存在着延迟学习(delayed learning)①一样。事实上,若对观众的博物馆学习效率进行评估,也存在着延迟效应问题,当然延迟并不代表不存在,反而预示着更为可持续发展的长久影响力。

3. 效能

效能指公共服务符合政策目标的程度,通常是将实际成果与原定预期进行比较,主要包括两方面内容:一是政府制定的目标和采用的手段是否体现国家意志,是否代表广大人民的利益;二是政府实现目标的能力,即目标完成的程度和速度②。

就"政府制定的目标和采用的手段是否体现国家意志,是否代表广大人民的利益"这一重效能指标而言,上文所述的"我国博物馆与中小学教育结合的制度属性与特征"之首即为"属于国家意志,具有公共性"。此外,考核评价"公共文教服务符合政策目标的程度"亦是可行的路径,毕竟有规划、政策等顶层设计在先。

4. 公平

公平作为衡量绩效的标准,关心的主要是接受服务的团体或个人是否享受到了公平待遇、弱势群体是否得到了更多社会照顾。但公平的价值标准在市场机制中相对难以界定,在现实中也较难测量③。

我国各地文教发展差异大,这是不争的事实。因此,中央在文教政策顶层设计时,一直强调标准化和均等化目标,这即是对公平的强调。尤其是在《中华人民共和国公共文化服务保障法》中明确:"国家鼓励和支持经济发达地区对革命老区、民族地区、边疆地区、贫困地区的公共文化服务提供援助。"此外,政府转移支付制度也主要是为了各项事业的均衡发展而进行的收入再分配,带有福利支出性质。

在校外教育领域,《2000年—2005年全国青少年学生校外活动场所建设与发展规划》的"具体目标和任务"之首便是"国家重点扶持中、西部地区青少年学生校外活动场所建设"。此外,在教育部的校外教育计划——"蒲公英行动计划"中,九大措施之一的"训"即包括"利用'中央专项彩票公益金支持未成年人校外活动保障和能力提升项目'开展县级校外活动场所教师

---

① "鉴于此,追踪观众学习到什么有时是困难的。因为许多人可能还没认识到自己学习了什么,直到几天、几周、几月甚至几年后,当一个情形促使他们详尽回忆其博物馆之行。"见 A. Johnson et al., *The Museum Educator's Manual*, Lanham, MA: Altamira Press, 2009, p.13.

②③ 李国正等编:《公共管理学》,第454—455页。

培训工作;开展东西部地区、城市与农村校外教师'手拉手'活动"。这些都契合了公共组织绩效管理的价值标准——公平。对我国博物馆与中小学教育结合事业而言,同样面临均衡发展的难题,应凸显公平性,包括渐进地从起点公平到过程公平,再到结果公平,详见文尾的"我国博物馆与中小学教育结合:制度设计之愿景构想"。

5. 民主

民主作为衡量绩效的标准,主要关心的是公民参与程度有多高,政府是否接受了民主监督,使公民意志和利益及时体现在行政过程中。公民参与意味着他们以社会主人和服务对象的角色对政府提出要求,监督相关部门负责开支、行动、承诺,协助机构界定重要问题议程,提出解决方案,判断目标是否达成等[①]。毕竟,参与权是现代法治社会、公民社会中每位成员的基本权力。同时,我国在《中华人民共和国公共文化服务保障法》中已规定:"各级人民政府应当加强对公共文化服务工作的监督检查,建立反映公众文化需求的征询反馈制度和有公众参与的公共文化服务考核评价制度,并将考核评价结果作为确定补贴或者奖励的依据。"

事实上,这在上文"我国博物馆与中小学教育结合事业专项立法的重点要点"之"健全评估"中已有所述及。而本事业发展中,民主价值标准的渐进落地意味着:一方面,相关信息公开亟待提升。毕竟,在任何国家、任何领域,政府往往是信息的垄断者,而在信息传递渠道受限的情况下,公众意愿也常常不能及时、准确、顺畅地表达。因此,信息公开机制(详见下文的"信息公开与宣传推广机制")的实行,正是为了践行民主和社会参与。另一方面,"偏重考核、忽视反馈"的局面同样亟待扭转。近年来,我国许多地方政府都开展了市民评议以检测文教满意度等,但对评估结果的反馈却甚少。上级行政部门也鲜少根据结果与被评估对象沟通,并缺少相关原因分析。事实上,绩效反馈环节的缺失也体现在考核评价与奖惩制度的脱钩上,卓越完成的没有相应激励,未能达标的也不受影响,使得绩效管理逐渐丧失最基本的功能。

值得一提的是,民主这一价值标准的真正落地,须最终惠及博物馆与中小学教育结合的最主要利益相关方——中小学生。也即,我们要加大重视青少年、儿童的权利保护意识,毕竟参与是所有人理应享有的权利。部分教师尚未认识到这一点,或虽认识到,但在实践中未能充分保障。其实,学生

---

① 李国正等编:《公共管理学》,第 454—455 页。

不仅应该获得校外教育的参与权,还需要有选择权、评价权等,以确保人人能参与、人人可参与、人人真参与。如果囿于人数、场地限制,可让学生分期分批,或是采取自愿报名形式,既保障机会均等,又提高参与的自主性[①]。

(二) 教育督导

我国早在《国家中长期教育改革和发展规划纲要(2010—2020年)》中,就要求"建立和完善国家教育基本标准。整合国家教育质量监测评估机构及资源,完善监测评估体系,定期发布监测评估报告。加强教育监督检查,完善教育问责机制"。同时,新近的《深化新时代教育评价改革总体方案》也专门提及"加强专业化建设。构建政府、学校、社会等多元参与的评价体系,建立健全教育督导部门统一负责的教育评估监测机制,发挥专业机构和社会组织作用"。这些都与教育督导制度不谋而合。

所谓教育督导,是根据我国的教育方针、政策、法规和制度对教育行政部门和各级各类学校进行监督、检查、评估、指导和帮助。教育督导与教育决策、教育执行共同构成了教育行政管理的基本内容。此外,教育督导机构是一个职能部门,拥有监督、指导、评估、反馈四大职能。就其评估职能而言,教育督导评估乃是教育评价系统中的重要组成部分。督导人员要善于与有关部门协作、配合,建立系统的教育评估制度。

我国2012年9月9日发布、同年10月1日实施的《教育督导条例》第十一条规定:"教育督导机构对下列事项实施教育督导:(一)学校实施素质教育的情况,教育教学水平、教育教学管理等教育教学工作情况;(二)校长队伍建设情况,教师资格、职务、聘任等管理制度建设和执行情况,招生、学籍等管理情况和教育质量,学校的安全、卫生制度建设和执行情况,校舍的安全情况,教学和生活设施、设备的配备和使用等教育条件的保障情况,教育投入的管理和使用情况;(三)义务教育普及水平和均衡发展情况,各级各类教育的规划布局、协调发展等情况;(四)法律、法规、规章和国家教育政策规定的其他事项。"

鉴于此,针对我国博物馆与中小学教育结合事业发展,我们希望在上述教育督导事项中明确纳入校外教育,或是在现有事项如"学校实施素质教育的情况""各级各类教育的规划布局、协调发展等情况"中添加相关内容。如此,便能在综合督导、专项督导中提升校外教育的地位,并将惠及馆校合作、

---

① 高德毅:《舞动成长的翅膀:上海市中小学课外活动实施指南》,第54页。

文教结合工作。此外,《教育督导条例》第十六条指出:"教育督导机构可以根据需要联合有关部门实施专项督导或者综合督导,也可以聘请相关专业人员参加专项督导或者综合督导活动。"因此,我们还可在督导过程中聘请校外教育、博物馆教育的专业人员参加。

值得一提的是,根据《教育部对十三届全国人大一次会议第3638号建议的答复》,教育部拟"将中华优秀传统文化教育纳入课程实施和教材使用的督导范围,定期开展评估和督导工作"。事实上,近年来教育部、文化和旅游部等已在积极搭建中华优秀传统文化的宣传教育载体,包括充分利用博物馆、纪念馆、美术馆等,推进大中小学生研学实践教育,组织学生实地考察和现场教学。无独有偶,近年来上海市也构建了包括以"进评价体系"为主要内容的"六进"机制,以推动社会主义核心价值观和中华优秀传统文化融入学校教育全过程。这些都将惠及我国博物馆与中小学结合考核评价机制的推行。

二、考核评价的主体、客体

目前,我国校外教育机构、校外活动场所的考核评价机制及其评估指标体系至今缺位,但在规划、政策中已有所提及,它理应是相关计划、方案的策划实施基础,也是持续修正和改良的关键。鉴于此,就我国博物馆与中小学教育结合事业的考核评价机制而言,建议将之同领导与统筹机制同步,以形成教育、文化和旅游(文物)双重主导的评估主体,同时下级对上级负责。

值得一提的是,2016年《国务院关于进一步加强文物工作的指导意见》中已有"地方人民政府要切实履行文物保护主体责任,作为地方领导班子和领导干部综合考核评价的重要参考"的"落实政府责任"的要求。此外,2018年《关于加强文物保护利用改革的若干意见》的"实施保障"之首便是"各地区要将文物工作纳入地方党政领导班子和领导干部政绩考核综合评价体系,切实增强各级领导干部文物保护利用的意识"内容。这是在"加强组织领导"上为考核评价机制的落地见效保驾护航。

(一)校外教育考核评价的缺憾

在我国校外教育领域,2006年《关于进一步加强和改进未成年人校外活动场所建设和管理的意见》比照2000年《关于加强青少年学生活动场所建设和管理工作的通知》的一大进步在于,对考核评价提出了明确要求,包括:"制定《未成年人校外活动场所公益性评估标准》,从服务对象、活动内容、时间安排、服务质量、经费使用等方面设置相应指标,定期进行考核、评估,并将考评结果作为财政支持的依据","未成年人校外活动场所主管部门要按照职能分工,根据不同类型校外活动场所的实际,制定行业管理标准,建立评估指标体系"。事实上,在教育部2014年至2017年实施的"蒲公英行动计划"中再次提及"制定《校外活动场所公益性评估标准》"。并且,在校外教育的单项活动和项目上,政府也在引导强化督查评价。比如,2016年《教育部等11部门关于推进中小学生研学旅行的意见》要求:"各地要建立健全中小学生参加研学旅行的评价机制,把中小学组织学生参加研学旅行的情况和成效作为学校综合考评体系的重要内容。学校要在充分尊重个性差异、鼓励多元发展的前提下,对学生参加研学旅行的情况和成效进行科学评价,并将评价结果逐步纳入学生学分管理体系和学生综合素质评价体系。"

可以说,我国校外教育考核评价机制及其评估指标体系至今缺位,但在规划、政策中已有所提及。这一方面与校外教育"多点开花"的条块分割管理模式有关,覆盖了团委、妇联、科技、文化等系统,亟待管理上的"统";另一方面,这与校外教育立法的缺位也有关,由此导致实施考核评价机制的强制性不足。未来,我们还需考虑如何将现有的校外教育评估,同博物馆与中小学教育结合事业的考核评价机制打通,这将在下文继续论述。

(二)博物馆与中小学教育结合事业的考核评价主体、客体

就我国博物馆与中小学教育结合事业的考核评价机制而言,建议将之同"领导与统筹机制"同步,以形成教育、文化和旅游(文物)双重主导的评估主体,同时下级对上级负责。当然,若是我们能够成立博物馆与中小学教育结合工作联席会议制度,那么由该办公室具体操办评估事宜是最合适不过的。在其尚未成立的时段内,具体可由各级各地的文教部门和单位作为主体施行,同时这需要教育部、国家文物局自上而下授权,因为考核评价主体通常都是客体的业务指导单位或是资质认定单位,如此才顺理成章。未来,建议进一步通过立法、政策、规划的顶层设计赋予本事业的领导与统筹主体以考核评价主体的权责利。值得一提的是,在《博物馆条例》中已有"博物馆行业组织可以根据博物馆的教育、服务及藏品保护、研究和展示水平,对博物馆进行评估。具体办法由国家文物主管部门会同其他有关部门制定"的明确规定。

与此同时,评估客体主要是博物馆、中小学,并以前者为主,毕竟博物馆与中小学教育结合工作以场馆的积极主动融入为前提,在此基础上完善中小学生利用博物馆学习的长效机制。

在我国博物馆与中小学教育结合事业的考核评价进程中,我们也可纳入各级各地的校外联及其办公室,这样亦将带动校外教育的考核评价。目前,上海市教委与上海市校外联在原先制订实施的未成年人社会实践基地(场馆)试点评估方案基础上,又拓展了爱国主义教育基地、科普教育基地、农村社会实践基地、校外教育机构、社区未成年人活动场所等评估指标,以促进各类教育基地(场馆)提供更加科学、优质的服务,形成资源共享、人才共育的馆校合力[①],这其中也覆盖了不少博物馆。

总之,在任何事业发展中,评估主体都不在于多,而在于其身份的合法、合规、合理与权威性,以给予客体被评估的理由,并将结果与激励机制等联通。同时,由于我国博物馆、中小学归属不同的上级主管部门和单位,因此文教领域的双重考核评价最为可行,这本身也是对博物馆与中小学教育结合双重领导与统筹的配套。当然,鉴于对利益相关性的规避以及专业性的提升等考量,政府文教部门和单位的评估有时会部分地援引第三方力量,由其具体执行,为政府提供资源配置和问责依据。当然,评价标准仍然是根据政府导向确定的。

三、评估指标体系框架构建及其特点

评估指标体系是将各个相关指标系统组合,从而为制度设计者提供有效、全面的信息,以正确考核评价当前发展状况或改进决策的一种机制。该体系是我国博物馆与中小学教育结合事业考核评价机制的基础和前提,承载着整项评估的现实目标和具体要求,因此必须科学构建。同时,每一次评估,我们都得从内部竞争力和外部影响力等不同维度来获知过程和结果,并不断完善指标体系。

就我国博物馆与中小学结合事业的评估指标体系构建而言,它幸运地拥有了"博物馆评估指标体系"与"爱国主义教育基地综合评估指标"作为基础,尤其是前者,历经多轮修改,见证了博物馆对教育尤其是青少年教育、馆校合作的日益重视。同时,后者从宣传口出发制定的综合评估指标,覆盖了博物馆等爱国主义教育基地,既契合了场馆重要的德育职能,又多了一重不同领域的考核评价视角。

---

① 徐倩:《校内校外,共绘育人版图》,《上海教育》2015年11月A刊,第25页。

（一）作为基础的博物馆评估指标体系与爱国主义教育基地综合评估指标

1. 博物馆定级评估指标体系

我国现行的博物馆定级评估体系始于2008年,从综合管理与基础设施、藏品管理与科学研究、影响力与社会服务三大层面,对博物馆质量水平和工作绩效进行综合评价,确定等级。该体系的分值总和为1 000分(加分项除外),一、二、三级博物馆享有同样的评分细则计分表,区别在于对总分的要求不同。十多年来,国家文物主管部门国家文物局以及博物馆行业组织中国博物馆协会先后组织开展了三轮定级评估工作,累计评出国家一级博物馆130家、二级博物馆286家、三级博物馆439家,合计855家,占全国博物馆总数的16%,由此建立了具有较强公信力、影响力的博物馆质量评价体系。此外,2020年7月16日,中国博物馆协会官网已发布了《关于开展第四批全国博物馆定级评估工作的通知》,目前相关工作正在开展中。实践证明,建立博物馆分级评价管理制度,开展定级评估工作,是引导博物馆明确职责定位和发展方向的重要方法,起到了良好的标杆和表率作用,更是推动博物馆治理体系和治理能力走向现代化的重要基石[①]。

值得一提的是,为落实中办、国办2018年《关于加强文物保护利用改革的若干意见》的要求,国家文物局根据《博物馆条例》的规定,于2019年组织开展了《博物馆定级评估办法》《博物馆定级评估标准》及评分细则的修订工作,并于同年12月发布。此次修订旨在充分发挥定级评估的"方向盘"和"导航仪"作用,带动广大博物馆提升以展示教育、开放服务为核心的发展质量[②]。

在此背景下,最新版的《博物馆定级评估标准》强化了一、二、三级博物馆对青少年和儿童以及中小学的服务要求。其中,对一级博物馆的要求包括:馆内设有专门的未成年人教育服务区;经常与教育部门以及其他单位联系或建立共建单位,开展有针对性的教育活动,积极推动博物馆进校园、进课堂、进教材;有针对未成年观众群体的讲解服务;基本陈列在特定时间段定期免费开放,或向教师、未成年人等免费开放;每年免费接待青少年观众人数占观众总人数的30%以上。

此外,在《博物馆定级评估评分细则计分表》(2019年12月版)中,有专门的"社会教育"板块,具体评定项目、检查评定方法与说明详见表10;在"基本陈

[①②] 《推动博物馆高质量发展　更好满足人民美好生活需要——国家文物局博物馆与社会文物司(科技司)有关负责人解读新版〈博物馆定级评估办法〉等文件》,国家文物局网站,2020年1月20日。

列"板块中,有"内容研究设计中引入中小学教育工作者参与其中"的导向;在"讲解导览服务"板块中有"专家导览、馆长导赏特色服务"的导向,并述及"博物馆通过定期组织高级职称以上专家、馆领导亲自示范科学、规范的高水平陈列展览专业导览活动,吸引广大观众尤其是青少年观众积极参与,丰富文物背后故事的讲述方式、拓展传播水平"。同时,还有两大加分项同博物馆与中小学教育结合直接相关:"吸纳教育界人士进入决策机构,具体为吸纳博物馆所在地中小学教师加入理事会(董事会)";"博物馆素材'进校园',博物馆展览、藏品等素材被写入'校本课程'、'乡土教材'等当地中小学通行教材、考试试卷中"。

表10 我国博物馆定级评估评分细则计分表之"社会教育"
"基本陈列""讲解导览服务""一般加分项"评定项目

序号	评定项目	检查评定方法与说明	大项分值栏	分项分值栏	次分项分值栏	小项分值栏	次小项分值栏	自评计分栏	评定计分栏
3.2.7	社会教育				50				
3.2.7.1	社会教育机构	附件3032:社会教育机构及人员、场所情况				8			
	有专门的教育机构,有专门的未成年人教育活动场所,教育人员配置合理,满足教育工作需求					8			
	有专门的教育机构,有专门的未成年人教育活动场所,教育人员配置基本合理,基本满足教育工作需求					6			
	有专门的教育机构,教育人员配置基本合理,基本满足教育工作需求					4			
	有教育机构,有专门从事教育工作的人员,基本满足教育工作需求					2			

(续 表)

序号	评定项目	检查评定方法与说明	大项分值栏	分项分值栏	次分项分值栏	小项分值栏	次小项分值栏	自评计分栏	评定计分栏
3.2.7.2	社会教育工作策划	附件3033：近三年社会教育工作计划及实施方案				10			
	有针对不同社会群体观众的社会教育工作方案						4		
	与教育管理部门沟通助教						3		
	与相关单位进行教育共建						3		
3.2.7.3	参与、构建博物馆间协作交流机制，服务所在地城乡人民文化生活	附件3034：近三年积极参与、构建博物馆间协作交流机制，主动融入所在地城乡人民社会文化生活相关情况（以表格形式逐项说明）				15			
	积极参与各类博物馆行业组织、区域博物馆联盟、馆际交流平台，并发挥一定的引领作用						3		
	与主题相近、藏品相关的博物馆之间加强在藏品、展览、教育、人才资源方面的交流与合作						3		
	有较为健全的联展、巡展、互换展览等长效协同发展机制，为有需要的中小博物馆提供对口帮扶						3		

(续　表)

序　号	评定项目	检查评定方法与说明	大项分值栏	分项分值栏	次分项分值栏	小项分值栏	次小项分值栏	自评计分栏	评定计分栏
	每年进入所在地校园、社区、乡村、企业厂矿、社会福利机构、其他公共文化场所举办3个(含)以上巡展						3		
	每年在其他城市举办2个(含)以上巡展						3		
3.2.7.4	讲座、论坛或社会教育活动	附件3035：近三年讲座、论坛或社会教育活动举办情况(以表格形式逐项说明)				12			
	每年举办讲座、论坛或社会教育活动70场次(含)以上					12			
	每年举办讲座、论坛或社会教育活动30场次(含)以上					8			
	每年举办讲座、论坛或社会教育活动10场次(含)以上					4			
	每年举办讲座、论坛或社会教育活动5场次(含)以上					1			
3.2.7.5	教育基地、国防基地、科研基地等称号	附件3036：主管部门批准文件或证书、牌匾				5			
	国家级					5			
	省级					3			
	地(市)级					2			
	县级					1			

(续 表)

序号	评定项目	检查评定方法与说明	大项分值栏	分项分值栏	次分项分值栏	小项分值栏	次小项分值栏	自评计分栏	评定计分栏
3.2.7.5.X	专属加分项：行业博物馆、非国有博物馆获得教育基地、国防基地、科研基地等称号	本项为行业博物馆、非国有博物馆专属加分项,满分3分。行业博物馆、非国有博物馆获得教育基地、国防基地、科研基地等称号的,国家级、省级、地(市)级和县级的可予加1—3分				3			
	获得国家级或省级教育基地、国防基地、科研基地等称号					3			
	获得地(市)级教育基地、国防基地、科研基地等称号					2			
	获得县级教育基地、国防基地、科研基地等称号					1			
3.2.7.6	一般加分项：博物馆结合中华传统节日文化、重要纪念日开展专题活动	本项为一般加分项,满分10分。附件3037：博物馆结合春节、元宵、清明、端午、中秋、重阳等重要传统节日,文化和自然遗产日、国际博物馆日以及烈士纪念日、国庆节、中国人民抗日战争胜利纪念日等国家重大纪念日,精心设计、深入开展形式多样、健康向上的专题活动,结合馆藏和展览优势,带领观众体验节日习俗、传承革命传统、展现中国精神、增进文化自信的情况说明				10			

(续 表)

序 号	评定项目	检查评定方法与说明	大项分值栏	分项分值栏	次分项分值栏	小项分值栏	次小项分值栏	自评计分栏	评定计分栏
3.2.2	基本陈列	附件3017：基本陈列概况			80				
3.2.2.1	内容设计	附件3018：基本陈列大纲				25			
	陈列主题鲜明，体现本馆收藏和文化特色，符合博物馆使命定位						5		
	陈列内容研究深入，学术性、思想性强						10		
	展品组织得当						5		
	内容研究设计中引入中小学教育工作者参与其中						5		
3.2.8	讲解导览服务	附件3038：讲解服务制度及实施情况说明			32				
3.2.8.7	专家导览、馆长导赏特色服务	附件3041：博物馆通过定期组织高级职称以上专家、馆领导亲自示范科学、规范的高水平陈列展览专业导览活动，吸引广大观众尤其是青少年观众积极参与，丰富文物背后故事的讲述方式、拓展传播水平。其中，专家定期导览每年不少于30次，馆长定期导赏每年不少于10次				10			

(续　表)

序　号	评定项目	检查评定方法与说明	大项分值栏	分项分值栏	次分项分值栏	小项分值栏	次小项分值栏	自评计分栏	评定计分栏
1.1.1.3.1	一般加分项：吸纳教育界人士进入决策机构	本项为一般加分项,满分4分。附件1006：吸纳博物馆所在地中小学教师加入理事会（董事会）的情况说明				4			
3.1.7	一般加分项：博物馆素材"进校园"：博物馆展览、藏品等素材被写入"校本课程""乡土教材"等当地中小学通行教材、考试试卷中	本项为一般加分项,满分3分。附件3011：写入博物馆展览、藏品等素材的"校本课程""乡土教材"等当地中小学通行教材、考试试卷				3			

资料来源：《国家文物局关于发布施行〈博物馆定级评估办法〉(2019年12月)等文件的决定》(文物博发〔2020〕2号)。

2. 博物馆运行评估指标体系

一级博物馆运行评估是国家文物局依法对全国最优秀的场馆进行监督管理的重要依据,也是中国博物馆协会规范场馆管理、提升其质量、引导行业自律的重要手段。一级馆运行评估指标既要符合《博物馆条例》的要求,又要符合一级馆的发展现状,由此确定了当下指标体系设计的总体思路。此外,就我国博物馆的运行评估指标体系而言,核心是一级博物馆的,二、三级博物馆与非国有博物馆的都以其为母标准。

目前,2017年12月版的"国家一级博物馆运行评估指标体系"(共计100分)中,在"社会教育"板块(18分)中单列了"学校教育服务"(3分)。此外,在"观众数量"板块(10分)中单列了"未成年观众"(4分),如下表所示。这些都是在考核评价方面重视博物馆青少年教育、馆校合作的明证。

表 11 国家一级博物馆运行评估指标体系及其
"学校教育服务""未成年观众"指标

一级指标	二级指标	三级指标
内部管理(20)	组织管理(10)	法人治理结构(5)
		制度规范(5)
	藏品管理(10)	藏品搜集(2)
		藏品档案(5)
		藏品安全(3)
服务产出(60)	科学研究(16)	科研产出(14)
		科研服务(2)
	陈列展览(20)	基本陈列(5)
		临时展览(15)
	社会教育(18)	教育活动(15)
		学校教育服务(3)
	文化传播(6)	对外文化交流(3)
		文物资源开放(3)
社会反馈(20)	观众数量(10)	参观人数(6)
		未成年观众(4)
	公众评价(10)	观众满意度(5)
		社会关注度(5)
学校教育服务 3	1. 为学校利用博物馆资源开展教育教学活动提供支持和帮助的次数。(1) 2. 接纳在校学生的社会实践人次。(1) 3. 在本馆官方网站公开接纳在校学生社会实践活动的具体方式。(1)	
未成年观众 4	1. 未成年观众数(需在本馆官方网站公开)。(3) 2. 有组织集体参观的未成年观众数占比。(1)	

资料来源:《国家文物局关于发布〈国家一级博物馆运行评估指标〉的通知》(文物博发〔2017〕13号)。

3. 爱国主义教育基地综合评估指标

爱国主义教育基地建设是我国提高全民族整体素质的基础性工程,尤其在引导广大青少年和儿童树立正确的理想、信念、人生观、价值观方面发挥了不可替代的作用。1994年8月,中宣部颁布了《爱国主义教育实施纲要》。1996年11月,国家教委、民政部、文化部、国家文物局、共青团中央、解放军总政治部决定命名百个爱国主义教育基地并向全国中小学生推荐。1997年7月,中宣部发布了首批百个爱国主义教育示范基地,希望以此影响和带动全国爱国主义教育基地建设。2001年6月,第二批百个爱国主义教育示范基地发布。2005年11月,第三批66个全国爱国主义教育示范基地发布。2009年5月,第四批87个全国爱国主义教育示范基地发布。2017年,中宣部新命名了41个全国爱国主义教育示范基地,至此基地总数达到428个[1]。2019年9月,在新中国成立70周年之际,中宣部又新命名了39个全国爱国主义教育示范基地,至此基地总数达到473个,基本覆盖了从中国共产党成立到解放战争胜利各个历史时期的重大历史事件、重要人物和重要革命纪念地。

此外,自1994年至2019年,上海整合博物馆、纪念馆资源,以市政府名义先后命名了七批上海市爱国主义教育基地。目前,全市共有市级基地148个,其中全国爱国主义教育基地13个[2]。同时,还有遍布城乡的区级基地近两百个,基本形成了涵盖各个历史时期、实体与网上场馆相结合的爱国主义教育基地体系。

就考核评估而言,2009年上海市委宣传部制定了以宣传展示、开放服务为重点的《上海市爱国主义教育基地综合评估指标》。2010年12月,宣传部据此会同有关部门开展了基地中期评估,对44家市级基地进行了现场或集中评估,约占全市基地总数的70%[3]。此外,2011年市委宣传部以庆祝建党90周年为契机,出台了《关于加强上海市爱国主义教育基地建设管理的意见》,并举行了第二届上海市爱国主义教育基地讲解员大赛、百万青少年巡访爱国主义教育基地等活动。同时,"上海市爱国主义教育基地网"于同一时期进行了全新改版和正式开放,新版《上海市爱国主义教育基地地图

---

[1] 《中宣部新命名41个全国爱国主义教育示范基地(名单)》,新华网,2017年3月29日。
[2] 《沪上13个全国爱国主义教育基地盘点,你去过几个?》,上海发布,2017年12月4日。
[3] "评估结果为优秀10家、良好20家、合格14家。评估显示,2010年各教育基地抓住上海世博会重大契机,开展了一系列各具特色的主题活动,教育展示功能得到进一步提升,特别是针对青少年学生特点创新活动形式,并形成了一批品牌活动。"见《上海市爱国主义教育基地中期评估总结会举行》,上海市爱国主义教育基地网站。

册(2010版)》也出版发行①。

目前,我国有越来越多的博物馆被纳入爱国主义教育基地。因此,爱国主义教育基地综合评估指标对博物馆与中小学教育结合事业的评估指标体系构建具有重要的借鉴意义,如"上海市爱国主义教育基地综合评估指标(2017版试行)",详见表12。其中,"场馆建设"中的"展览主题鲜明、内容丰富、形式多样,能激发青少年参观兴趣,创新展示传播手段,并适时调整更新展示内容",以及"基本服务"中的"针对不同年龄段青少年、党员干部、普通游客等群体设计不同讲解内容,因人施讲,提供人性化服务"与"开发学生寒暑假活动项目,形成菜单,积极组织实施"等,都与博物馆与中小学教育结合休戚相关。此外,未能真正实行免费开放的全国爱国主义教育基地,未能对青少年实施免费、优惠开放的市级爱国主义教育基地,发生违规建设或对社会造成负面影响的基地,都将被"一票否决"。从2017年起,市委宣传部会同市教委、团市委等对全市基地进行分类评估考核,并发布结果。在表彰先进单位的同时,也对评估不合格或出现"一票否决"的基地,责成限期整改,情节严重或整改不力的则被取消称号②。

值得一提的是,2009年上海市委宣传部会同市校外联办,对部分全市爱国主义教育基地的青少年工作开展了星级评估,具体则委托上海市教育评估院组织实施。这是全市爱国主义教育基地首次针对青少年教育的专题性和系统性等级评估。一方面,市委宣传部和市校外联召开多次会议商议评估指标体系、研制方案和程序、修订评估手册、汇总实施情况等,并多次派代表亲临现场指导;另一方面,市教育评估院设计了实施方案、操作手册,以及相关配套工具。两个专家组得以组建,共集结了专家22位,于2009年9月17日至10月23日对全市首次自愿申报的17个爱国主义教育基地进行现场评估,其中还有8个全国爱国主义教育示范基地。所有基地都以此次青少年工作星级评估为契机,实施自评自查,系统梳理相关管理组织、工作机制、项目研发、活动创新等内容。现场评估期间,专家组采用资料调阅、数据抽查、访谈座谈、实地考察等形式收集信息,形成综合评估意见。各基地普遍反映本次评估作为提升青少年教育质量的重要手段,促进了机构的即知即改③。

---

① 《上海市爱国主义教育基地中期评估总结会举行》,上海市爱国主义教育基地网站。
② 蒋竹云:《新指标评估爱国主义教育基地》,《文汇报》2017年4月19日,第3版。
③ 严芳:《上海市爱国主义教育基地青少年工作星级评估启动》,上海教育评估院网站,2010年1月7日。

表 12　上海市爱国主义教育基地综合评估指标（2017 版试行）

一级指标	二级指标	测　评　点	权重分值-分值	权重分值-小计	评估方式
A 资源保护利用（6%）	A1 科学规划	1. 根据中央文件精神，结合基地自身特点，制定本基地爱国主义教育工作中长期发展规划，目标明确，重点突出，保障有力	1	6	材料审核 座谈交流 实地考察 个别访谈
		2. 围绕当年度重点工作，制定年度爱国主义教育基地工作方案，做到年初有计划，阶段有重点，年终有总结	1		
	A2 合理保护	3. 以"布局三千米，拓展新渠道，服务全社会"为基本方向，制定三千米文化服务圈建设推进总体实施方案	1		
		4. 贯彻文物保护法，编制文物保护规划，对重要遗址遗迹等不可移动文物定期维修、维护	1		
	A3 充分利用	5. 对文物资源进行有计划的开发、利用，梳理文物资源目录，逐步建立文化资源数据库	1		
	A4 加强研究	6. 经常性开展文物史料调查利征集，做好整理、鉴定和建档工作	1		
B 基本陈列水平（9%）	B1 主题鲜明	7. 坚持唯物史观，基本陈列展示主题突出，导向鲜明，精神内涵丰富	1	9	材料审核 实地考察
	B2 内容丰富	8. 展示内容丰富，设计科学，编排合理，逻辑清晰，教育功能得到有效发挥	1		
		9. 在保持基本陈列相对稳定的同时，定期研究，及时补充体现时代精神的展陈内容	1		

(续表)

一级指标	二级指标	测 评 点	权重分值 分值	权重分值 小计	评估方式
B 基本陈列 水平(9%)	B2 内容丰富	10. 每五年进行一次局部改陈布展，每十年进行一次全面改陈布展，陈列改版程序合法合规，布展大纲和版式稿经相关部门审定	1	9	材料审核 实地考察
		11. 展示形式与展陈内容相得益彰，展示艺术与思想内涵有机统一	1		
		12. 综合运用实物、照片、模型、景观、影像等多种形式，声、光、电等现代科技手段，形式生动，有时代感，吸引力强	1		
		13. 有完善的导览服务，导览设施使用便捷，可提供多语种、多形式的导览服务，提升观众参观体验	1		
	B3 形式多样	14. 重视网站建设，门户网站内容丰富，信息全面，设计精美，及时更新	1		
	B4 数字场馆	15. 建设网上场馆，利用互联网手段对基地资源进行充分展示	1		
C 主题教育 活动(4%)	C1 参观学习	16. 有计划地组织大中小学生、党员干部、各界群众、部队官兵、特殊人群参观学习，基地参观人数每年有所提升	1	4	材料审核 座谈交流 实地考察 问卷调查
	C2 纪念活动	17. 重大主题纪念活动形式多样，结合教育基地资源，适时推出专题展览、临时展览和流动展览	1		
	C3 打造品牌	18. 围绕重大形势任务，重大主题，结合基地资源特色，结合上海特点的品牌活动项目，采用喜闻乐见的形式，开发具有时代特点、上海特点的品牌活动项目	1		
		19. 基地品牌活动项目得到社会各界的广泛认可，具有一定的社会影响力，发挥示范、辐射作用	1		

第六章 我国博物馆与中小学教育结合的中层设计

（续 表）

一级指标	二级指标	测 评 点	权重分值 分值	权重分值 小计	评估方式
D 公共文化 服务（7%）	D1 基本服务	20. 针对不同年龄段青少年、党员干部、普通游客等群体设计不同版本的讲解内容，做到因人施讲，提供个性化服务	1	7	材料审核 实地考察 座谈交流 个别访谈 问卷调查
		21. 基地组织举办的各类活动突出公益性，免费或优惠对外开放，关注弱势群体的文化需求	1		
	D2 三千米文化 服务圈	22. 签订三千米文化服务圈公约，首批单位不少于10家，共建共享文化资源，服务内容不断丰富，服务对象动态增长，覆盖范围有所扩大	1		
		23. 向三千米文化服务圈内服务对象输送专题展览、讲座宣讲、实践课程，主题活动等各类文化服务每年不少于12场（次），形成常态	1		
		24. 基地之间开展协同联动，整合各方资源，联建服务圈，合作推出服务项目，拓展和延伸三千米文化服务圈功能	1		
	D3 核心价值观	25. 梳理整合教育基地文化资源，在陈展内容、主题活动、文化产品中具象化呈现"24个字"社会主义核心价值观	1		
	D4 新媒体利用	26. 积极运用以互联网为依托的新媒体平台开展宣教工作，通过网站、微博、微信等定期发布信息，与受众互动，粉丝量保持增长	1		
E 内部管理 机制（14%）	E1 制度完善	27. 有一套完整的教育基地日常管理制度，包括开放接待、文明参观、投诉处理、安全保卫、环境保洁、设备管理、奖惩考核、应急预案等	1	14	材料审核 座谈交流 问卷调查 实地考察 个别访谈
		28. 完善岗位责任制，明确职责任务，工作标准和服务规范	1		
		29. 完善财务管理制度，规范资金使用，严格资产管理，提高资金资产使用效率	1		

（续表）

一级指标	二级指标	测评点	权重分值 分值	权重分值 小计	评估方式
E 内部管理机制（14%）	E2 队伍建设	30. 有专门的接待人员和宣教讲解人员队伍，人数配置合理，服务规范，具有专业素养	1	14	材料审核 座谈交流 问卷调查 实地考察 个别访谈
		31. 完善教育培训和表彰激励机制，对宣教讲解员每季度组织一次集中业务培训，每年度组织一次业务考核	1		
		32. 经常性组织宣教讲解员参加各类培训和比赛，提升业务水平	1		
		33. 建立、壮大宣教志愿者队伍，加强培训、考核和管理	1		
	E3 服务提供	34. 设有服务中心或咨询服务台，提供接待咨询、参观引导、预约讲解、便民服务等	1		
		35. 为学生开展"进馆有益"等社会实践、校外活动提供指导、服务	1		
	E4 环境美化	36. 基地功能布局合理，环境整洁优美，参观秩序井然	1		
		37. 周边环境与基地整体环境氛围相协调，道路通畅，无违章建筑	1		
	E5 长效机制	38. 上级主管部门履职尽责，决策科学，建立爱国主义教育工作效果评估和考核领导有力，加强业务指导	1		
		39. 以多种方式定期征询观众意见，调动基地工作人员的主动性、创造性，推动基地持续健康发展。	1		
		40. 上级主管部门对基地建设经费投入到位，保障宣教活动和人员培训经费正常使用，确保各项工作持续开展	1		

(续 表)

一级指标	二级指标	测 评 点	权重分值 分值	权重分值 小计	评估方式
F1 分类特色指标 (革命遗址、 遗迹类场馆)	F1-1 红色资源保护、研究与利用	1) 切实保护设施、遗址、遗迹特有的历史环境风貌,最大限度保持历史真实性、风貌完整性和文化延续性 2) 对重要革命文物尤其是革命文物设置藏品档案,建立健全文物保护和安全管理制度,确保文物安全 3) 深入挖掘文物史料的思想内涵和时代价值,不断推出高水平的研究成果	15	60	材料审核 座谈交流 问卷调查 实地考察 个别访谈
	F1-2 打造红色文化活动高地	4) 充分挖掘利用基地的红色文化资源,发挥红色文化资源引导社会、教育人民的重要作用 5) 以红色教育为主题,发挥好基地红色文化资源的作用,通过讲好"党的诞生地"等红色故事、生动传播爱国精神、弘扬革命传统	15		
	F1-3 培育红色文化传播品牌	6) 在展示中重点突出"党的诞生地"等红色主题,着力打造红色文化展示品牌 7) 积极研发红色文化产品和文化服务,推出图书、影视剧、歌曲、话剧、情景剧等文艺作品,打造"红色经典"	15		
	F1-4 发挥红色旅游教育功能	8) 创新文物资源开发利用模式,大力推动文化创意产业发展、研制开发具有基地特色、富有文化内涵、广受教育效果的优质文化产品 9) 加强基地横向联系,推出"红色之旅专线游""颂袖寻访线路""红色旧址遗址定向赛"等红色文化深度探访体验线路	15		

(续 表)

一级指标	二级指标	测 评 点	权重分值 分值	权重分值 小计	评估方式
F2 分类特色指标 (伟大名人 故居类场馆)	F2-1 重要历史人物纪念活动	1) 深入挖掘文物史料的思想内涵和时代价值,不断推出高水平的研究成果 2) 重大主题纪念活动形式多样,通过故事汇、座谈会、报告会、座谈会、文艺演出等多种形式增强吸引力、感染力,提升教育效果	30	60	材料审核 座谈交流 问卷调查 实地考察 个别访谈
	F2-2 对历史事件、历史人物等的论述与评价	3) 研究论述工作扎实深入,借助研究成果提升宣传效果,做到见人、见物、见精神 4) 严把政治观、史实观,展示陈列准确、完整、权威,对历史事件、历史人物、敏感问题的评价符合中央精神	30		
F3 分类特色指标 (艺术博物馆 类场馆)	F3-1 优秀传统文化传承与弘扬	1) 切实保护设施、遗址、遗迹特有的历史环境风貌,最大限度保持历史真实性、风貌完整性和文化延续性 2) 围绕重大历史事件和重要历史人物和中华民族传统节庆活动、中华民族重要节点,组织开展有庄严感和教育意义的纪念庆典仪式 3) 重大主题纪念活动形式多样,通过故事汇、座谈会、报告会、座谈会、文艺演出等多种形式增强吸引力、感染力,提升教育效果 4) 以展览、讲座、演出等方式,深入学校、社区、企业等基层单位,生动传播核心价值观和中华民族优秀文化	20	60	材料审核 座谈交流 问卷调查 实地考察 个别访谈

第六章 我国博物馆与中小学教育结合的中层设计 321

(续 表)

一级指标	二级指标	测 评 点	权重分值 分值	权重分值 小计	评估方式
F3 分类特色指标 (艺术博物馆类场馆)	F3-2 基本公共服务	5) 公示宣教讲解员信息,提供预约讲解和定时讲解,讲解服务热情、规范、专业 6) 建设网上场馆,利用互联网手段对基地资源进行全景式、立体式、延伸式展示 7) 数字场馆展示平台多样化,使用触摸屏、网站、手机客户端等多种传播方式,提升互动性,参与度和影响力 8) 与时俱进,不断创新新媒体传播方式,通过微展览、微故事、微课堂、微访谈、微视频等方式开展宣传展示交流活动	20	60	材料审核 座谈交流 问卷调查 实地考察 个别访谈
	F3-3 定向分众化服务	9) 整合基地资源,开发有内涵、有温度、有品质的多样化市民修身服务产品,形成服务菜单,积极宣传推广,组织实施 10) 加强与相关部门和社会组织协调合作,利用地铁、公园等人流集中地区,加强宣传展示,开展主题活动,优化文化资源利用,扩大教育基地影响力 11) 周边环境与基地整体环境氛围相协调,道路通畅,无违章建筑	20		
F4 分类特色指标 (烈士陵园类场馆)	F4-1 烈士纪念日等节点活动开展情况	1) 围绕烈士纪念日、国家公祭、重大历史事件清明等重要节点,组织开展有庄严感和教育意义的纪念仪式 2) 重大主题纪念活动形式多样,通过故事汇、朗诵会、报告会、座谈会、文艺演出等多种形式增强吸引力、感染力,提升教育效果	30	60	
	F4-2 仪式教育开展情况	3) 根据参观对象,结合基地自身特点,开展编织祭扫、升国旗仪式、成人仪式、入党入队仪式等主题教育活动 4) 提升宣教水平,整合基地资源,形成专题课程,能够针对不同群体开展现场教学	30		

(续表)

一级指标	二级指标	测评点	权重分值 分值	权重分值 小计	评估方式
F5 分类特色指标 (行业博物馆 类场馆)	F5-1 陈列展示主题突出，导向鲜明	1) 基本陈列展示主题突出，导向鲜明，精神内涵丰富，展陈内容符合时代要求和先进的价值导向，尽可能体现中华文化特色、上海特色、行业特色	15	60	材料审核 座谈交流 问卷调查 实地考察 个别访谈
	F5-2 挖掘利用近现代工商文化资源	2) 保护近代工商文化这一历史遗产，研究并总结近现代工商文化的历史地位和历史贡献，挖掘和提炼工商文化的精神内涵及其在社会经济发展中的重要作用	15		
	F5-3 行业创新文化建设展示	3) 在保持基本陈列相对稳定的同时，创新理念、定期研究、及时补充体现时代精神、行业特征的陈展内容，促进企业文化建设工作	15		
	F5-4 彰显社会责任和价值追求	4) 以展览、讲座、演出、讲故事等方式，深入学校、社区、企业等基层单位，生动传播核心价值观，彰显社会责任和价值追求	15		
G 限期整改项目	G1 无惠开放	全国爱国主义教育基地未能真正实行免费开放，市级爱国主义教育基地未能对青少年实施免费、优惠开放	一票否决		材料审核 实地考察
	G2 违规建设	未批先建、边报边建，擅自扩大范围，拆旧建新，项目搭车，建设过程中铺张浪费	一票否决		
	G3 负面影响	基地保护不力，使用不当，管理不善，作用没有充分发挥，造成负面社会影响	一票否决		

第六章 我国博物馆与中小学教育结合的中层设计

（二）构建二元的博物馆与中小学教育结合事业评估指标体系框架

2015年《国家文物局、教育部关于加强文教结合、完善博物馆青少年教育功能的指导意见》专列了"完善督导评价机制"，即"将中小学生利用博物馆学习项目纳入博物馆运行评估、定级评估、免费开放绩效考评等体系，纳入学校督导范围，定期开展评估和督导工作"。同时，2016年《国务院关于进一步加强文物工作的指导意见》也明确了"建立博物馆免费开放运行绩效评估管理体系。推动博物馆由数量增长向质量提升转变，完善服务标准，提升基本陈列质量，提高藏品利用效率，促进馆藏资源、展览的共享交流"的要求。此外，2020年《教育部、国家文物局关于利用博物馆资源开展中小学教育教学的意见》也有"加强考核评价"的要求，包括："各地教育部门要加强对利用博物馆资源开展中小学教育教学工作的目标考核和效果评价。各地文物部门要将其纳入博物馆定级评估、运行评估、免费开放绩效考评等博物馆质量评价体系。"

鉴于此，在践行我国博物馆与中小学教育结合事业的考核评价机制时，一方面，要借鉴现有相对成熟的全国博物馆定级和运行评估指标体系，以及纳入了博物馆的爱国主义教育基地综合评估指标，它们分属文化和旅游（文物）、宣传系统，提供了多重视野。同时，还可借鉴前者三年一轮的评估频次。另一方面，要建立二元的、聚焦博物馆与中小学教育结合主题的评估指标体系。随着它的日渐成熟，未来还有机会被纳入博物馆定级评估、运行评估、免费开放绩效考评等，并与其他评估指标体系更多联动，以彼此参照指标、参数等。

当然，相关指标需要专业化构建，以既有量化又有质化指标。量化指标主要以成本和效益，也即投入和产出来计算；质化指标更多地把馆校合作中的个体发展、集体提升、满意度等作为衡量点。事实上，只有把切合实际的评估标准作为比对，才能评价某项制度设计及其实施效果，否则制度激励和约束都将无法体现[①]。

值得一提的是，我国各地博物馆与中小学教育结合事业发展迥异，更何况它本身尚处于初级发展阶段，因此在此先提供评估指标体系框架，暂不对指标分值进行规定。我们的中期目标是，通过考核探索分层分类的评价机制，并建章立制，甚至是深化内部改革，包括敦促博物馆全方位进教材、进课堂、进课外、进网络、进队伍建设、进评价体系。

---

① 柳欣源：《义务教育公共服务均等化制度设计》，第205页。

1. 作为维度之一的将博物馆纳入中小学教育评估指标

在构建维度之一的将博物馆纳入中小学教育评估指标时,我们既须界定标准,因为标准是推动考核评价的保证;又要将一级指标分解成多个二级指标,甚至是到三级,也即分级呈现评估内容。为此,我们将在国内外经验基础上,结合中国实际,建立评估体系,包括从博物馆的服务对象、活动内容、时间安排、服务质量、经费使用等方面设置指标,定期进行考核评价。这样既可为博物馆与中小学教育结合的业务"导航",帮助我们共抵"目的地",又可将结果作为财政支持的依据。事实上,我们希望评估结果能为未来政府决策提供精准依据。

博物馆与中小学教育结合评估指标是整个我国博物馆与中小学教育结合事业评估指标体系的核心部分,以评估博物馆供给中小学教育的态度和能力,以及相关体制、机制建设。它主要覆盖了三大参数:目标、资源、效果与效率。这与上文公共组织绩效管理中的经济、效率、效能等价值标准契合,并且也是对斯蒂芬·威尔(Stephen Weil)于2005年为博物馆界设计的成功/失败模型(Success/Failure Matrix)的一定借鉴。

① 目标

阐明"目标"对许多博物馆来说是第二天性,毕竟评估是在预先设计好目标基础上的行为,并以后者为参照,以在实操过程中"跳一跳,够得着"(也即目标太高或太低都不好)。而与目标预设直接对应的正是规划。也即,在当初博物馆与中小学教育结合的规划阶段,界定什么是"成功"很重要,如此才能知晓之后是否达到了目标。

博物馆与中小学教育结合事业具有公益性的本质属性,加上博物馆本身即是非营利机构。因此,无论是国有还是非国有馆,是否坚持公益性,是评估指标中的首要目标。在此,可一并比照博物馆的使命/宗旨、愿景、价值观,以及相应的规划和年度计划。比如,根据上文顶层设计中的专项子规划可知,我国博物馆与中小学教育结合事业的中期目标为:到2025年(5年期)/2023年(3年期),博物馆教育资源数量不断扩增,博物馆与中小学教育结合质量整体提升;在校外教育中提升博物馆的地位,加大中小学生参观、利用博物馆的频次和广度、深度。

具体说来,在将博物馆纳入中小学教育这一维度的评估中,我们以公益性作为首要目标。那么对于被列全国爱国主义教育基地而未能实行免费开放的博物馆,对于未能对青少年实施免费或优惠开放的博物馆,都必须在评估后限期整改。总之,对违背公益性原则的要限期整改;逾期不改的则不再享受相关优惠政策。此外,对于博物馆在与中小学合作时是否公平,包括起点公平、过程公平、结果公平都需得到考量,因为这些次显性因素,也是决定其未来发展的重要标准。甚至,博物馆的使命/宗旨、愿景、价值观等,也可在评估中得到覆盖,以考量机构是否有所更新这些立身之本,或至少通过与中小学教育的结合来恪守它们,同时践行"教育"这一首要目的和功能。正如吉姆·柯林斯(Jim Collins)在《从优秀到卓越(社会机构版)》(*Good to Great and The Social Sectors*)一书中所言,社会领域机构发展的关键问题不是"每一美元投资资本赚了多少钱?"而是"如何实现了使命,并产生不同凡响的影响力?"[①]

② 资源

相对于"目标",确定博物馆融入中小学教育所需的"资源"以实现预期目的,要难得多,因为它涉及人财物资源、硬性和软性资源等,并覆盖了短中长期投入。鉴于此,如下这些指标都需得到考量,但不仅限于它们。同时,精准的预算是决定是否投放资源的第一步。

- 有/无社会教育部门,有/无专门从事馆校合作的人员及人数。
- 馆内有/无专门的未成年人教育区和配套设备设施。
- 有多少数量的员工、志愿者投入中小学教育项目。
- 有/无开展青少年教育需求调查、资源分析与整理。
- 在策划与实施中小学教育活动时,所使用的资源数量、种类占全馆教育资源的比重。
- 每年投入多少经费用于中小学课程教学,针对各学科量身定制项目和活动的情况。
- 有/无吸纳社会力量、社会资金参与博物馆青少年教育项目。

事实上,根据2015年《国家文物局、教育部关于加强文教结合、完善博物馆青少年教育功能的指导意见》,"加强博物馆教育资源统筹"在"主要任务"之列:"各级各类博物馆要围绕青少年教育的需求,进一步加强资源统筹,设置充足的适合开展青少年教育的馆内场地,配套必要的教育设备,配备专业人员,在设计实施基本陈列、展览项目时要充分考虑青少年教育项目

---

① K. Fortney and B. Sheppard eds., *An Alliance of Spirit: Museum and School Partnerships*, Arlington, VA: American Association of Museums Press, 1988, p.84.

的需求,在进行藏品数字化、智慧博物馆建设中,要兼顾青少年教育项目实施的功能。"而这些都可以作为参数,在评估指标体系框架中体现。

此外,我们还需考量博物馆财政经费中教育经费的使用情况,并将其中青少年教育、中小学教育经费的使用评价结果,作为未来政府安排中央和地方统筹的校外教育经费、调整博物馆专项和经常性费用额度、决定政府重大校外教育改革和博物馆发展项目投入方向的依据。

③ 效果与效率

博物馆与中小学教育结合的效果(有效性)取决于它是否实现了预期目标。基于广义视角,但凡成功影响了青少年认知、兴趣、态度、行为或技能等都可被视为博物馆学习的有效性。当然,"效率"(高效)同样重要。当用于实施活动和项目的资源保持在预算内,达到预期结果并实现与参与人数相关的目标时,就预示了效率[①]。也即,效果与效率参数与上述两参数——目标与资源直接相关,具体指标如下:

● 博物馆过去一年/三年(以下同)的未成年观众人次。

● 博物馆陈列展览有/无向未成年人、教师等减免费开放,减免费中小学师生占观众总人次的百分比。

● 博物馆有/无针对未成年观众的讲解服务,为中小学师生讲解多少万小时/年。

● 博物馆有/无面向未成年观众的特色教育活动,类型、场次;有/无在法定节假日和寒暑假开展特色教育活动;有/无开展博物馆研学旅行,单独/合作;博物馆有/无开展"互联网+教育"项目,线上活动的类型、场次。

● 博物馆接纳中小学生的课外社会实践、志愿者服务人次。

● 博物馆供给的中小学教师服务种类,使用服务的教师人次。

● 博物馆进中小学校园的数量,场次,受益师生多少万人次;有/无流动博物馆建设。

● 博物馆有/无开发馆本课程,数量;有/无形成博物馆课程的科目指南;有/无编著博物馆教材,类型、数量;有/无配套中小学教材教具研发;博物馆展览、藏品等有/无被写入校本课程、乡土教材等当地中小学通行教材、考试试卷。

---

① K. Fortney and B. Sheppard (eds.), *An Alliance of Spirit: Museum and School Partnerships*, p.84.

- 有/无博物馆教育示范/精品项目(与馆校合作有关);有/无构建优秀校外教育项目库;是/否为博物馆青少年教育示范点/品牌基地。
- 是/否建立了馆校中长期合作机制,比如博物馆帮助多少所中小学建立了中华优秀传统文化基地等;有无吸纳教育界人士进入决策机构,包括吸纳博物馆所在地中小学教师加入理事会。
- 博物馆有/无与教育部门以及其他单位共建;是/否省级(含)以上爱国主义教育、科普教育基地等;是/否为青少年实践工作站、实践点等;是/否社会实践基地联盟等的成员单位等。

2. 作为维度之二的"中小学生利用博物馆学习"评估指标

我国博物馆与中小学教育结合,不只是对博物馆提出制度化要求,它同样意味着完善中小学生利用场馆学习的长效机制,因此建立针对中小学的评估指标以构成另一重维度,也是构建共同事业考核评价机制的有机组成部分。并且,我们要将评价结果作为对制定中小学校外教育规划、增减生均校外教育经费定额、开展骨干教师教学激励计划及提供其他支持的依据,同时这也是考核学校内涵建设水平的依据。事实上,各级各地教育行政部门还可把学校参观和利用博物馆的情况作为每年年终检查的一项,并将此纳入学校、校长考核指标。同时,既可开展常规督导,又可专项督导,还可纳入区域未成年人思想道德建设的综合督政范畴,与文明单位创建、精神文明建设评估等联系。

如同前一重维度一样,中小学生利用博物馆学习评估指标也覆盖了三大参数:目标、资源、效果与效率。但鉴于博物馆与中小学教育结合事业以场馆的积极主动为先,因此本维度的评估指标要相对少些。

① 目标

根据上文顶层设计中的子规划可知,我国博物馆与中小学教育结合事业的中期目标为:到2025年(5年期)/2023年(3年期),博物馆教育资源数量不断扩增,博物馆与中小学教育结合质量整体提升;在校外教育中提升博物馆的地位,加大中小学生参观、利用博物馆的频次和广度、深度。这其中,也包含了学校方的发展目标。

值得一提的是,在2020年《深化新时代教育评价改革总体方案》中,"改进中小学校评价"包括:"义务教育学校重点评价促进学生全面发展、保障学生平等权益、引领教师专业发展、提升教育教学水平、营造和谐育人环境、建设现代学校制度以及学业负担、社会满意度等情况。国家制定普通高中办学质量评价标准,突出实施学生综合素质评价、开展学生发展指导、优化教学资源配置、有序推进选课走班等内容。"这其中也包含了中小学对博物馆资源的利用等。

② 资源

资源涉及校方的人财物、硬性和软性等资源,并覆盖了短中长期投入。如下这些指标首先需要得到考量,但并不仅限于它们,各校存在差异。同时,精准的预算是决定是否投放资源的第一步。

● 学校有/无专门从事馆校合作的人员,人数;有多少教师投入馆校合作。
● 校内有/无专门的文博专区,如多功能教室、甚至是迷你博物馆等。
● 学校一年/三年为校外教育投入多少经费,其中博物馆教育的所占比重。
● 学校在参与甚至是策划与实施博物馆教育活动和项目时所使用的资源数量、种类,占全校教育资源的比重。
● 有/无吸纳社会力量,开展博物馆校外教育项目。

此外,我们还需将中小学财政经费中博物馆校外教育经费的使用情况及评价结果,作为安排中央和地方统筹的校外教育经费、调整专项和经常性费用额度、决定重大校外教育改革发展项目投入方向的依据。

③ 效果与效率

一方面,我们要把学校组织学生参观博物馆及师生的参与情况,作为对学校进行考核评价的重要内容;另一方面,我们要评估中小学是否将博物馆学习纳入课程方案、课程计划、课程标准、教材、教学设计等,并做到学生平均每周有半天时间参加博物馆等社会实践,以逐步实现校外活动的经常化和制度化。具体如下:

● 学生有/无前往博物馆进行社会实践,人次、时长;有/无前往博物馆担任志愿者,人次、时长;有/无利用博物馆开展社会实践能力提升项目、人文素养培育推进项目、科技创新素养培育推进项目、职业教育体验项目等,类型、场次;学校有/无组织学生参与博物馆研学旅行,场次、人次、成效等,促使博物馆"进课外"。
● 学校有/无利用博物馆开展实地考察和现场教学,课程类型、场次;有无利用博物馆资源开展校内教学,课程类型、场次,促使博物馆"进课堂"。
● 学校有/无与博物馆合作开发校本课程,类型、数量;有/无与博物馆

第六章 我国博物馆与中小学教育结合的中层设计 329

合作编著教材、教参、练习册，类型及数量，促使博物馆"进教材"。

● 学校有/无在其官方网络平台上纳入博物馆活动和项目，促使博物馆"进网络"。

● 学校教师有/无使用博物馆供给的服务如培训等，类型、场次、使用人次，促使博物馆"进队伍建设"。

● 学校有/无邀请博物馆展览或专家等进校园，类型、场次、受益人次。

● 学校有/无试点中小学"未来科技教室"；有/无基于博物馆建设中华优秀传统文化研习校外实践基地、科技创新教育特色示范学校等。

● 学校有/无与博物馆以及文化和旅游（文物）部门共建等。

事实上，我们要把中小学与博物馆的合作情况作为对学校综合考评体系的内容。学校也要对学生参加博物馆社会实践、担任志愿者等情况和成效进行科学评价，并将结果逐步纳入学生学分管理和综合素质评价体系。

3. 评估结果与博物馆"信誉等级制度"联动，为中小学提供遴选依据

既然我国已形成相对成熟的博物馆定级评估体系，那么我们同样可以把博物馆与中小学教育结合的评估结果与场馆的信誉等级制度联动，并辐射至其他指数、排行榜等。一方面，可据此建立博物馆青少年教育的专项评价管理制度，并为场馆定级评估、运行评估等提供支持，引导博物馆明确社会教育的功能定位和发展方向；另一方面，还可为各级各地中小学遴选校外活动机构及中长期合作的博物馆提供依据。而通过评估并拥有青少年教育类信誉等级的博物馆，将在服务中小学方面起到标杆和表率作用，并最终实现先"富"带后"富"。这与上海市爱国主义教育基地的青少年工作星级评估有异曲同工之妙。

当然，在实行我国博物馆与中小学教育结合事业的考核评价机制及相应的场馆信誉等级制度时，首先要对各等级的外延与内涵框定边界，并进行信息公开。但可以预期的是，当各个点、线上的评估体系日渐完善，并在更大层面上联动时，我们将逐步建立起文教领域的信用管理制度，未来还可按信用评级进行分类管理。

（三）评估指标的构建特点与发展方向

既然评估指标体系是我国博物馆与中小学教育结合事业考核评价机制的基础和前提，那么在建立该体系时，指标（也即标准、维度）选取的适切性、全面性、动态性则是必要特点。

所谓指标的"适切性",即指标设定要精准把握国家顶层设计对我国校外教育、文教结合事业的要求,并结合各地实际,再根据科学论证、专家咨询等,剔除无效、无意义或重叠指标,最终选取真实反映发展水平的有效指标。我国博物馆与中小学教育结合事业的评估指标体系,横向上从馆校的共同校外教育投入、师资水平、场馆学习条件等方面着手,也即对应"资源";纵向上则以校外教育起点(入博物馆的机会)、教育过程(博物馆资源配置)、教育结果(博物馆学习质量均衡、各取所需等)为主线构建,也即对应"效果与效率";同时,亦可从事业整体发展的角度,探索建立中小学生各年级博物馆学习情况全过程纵向评价,以及场馆教育导向的德智体美劳全要素横向评价。此外,根据不同的评估目标和地区特点而有所侧重,也即对应"目标"。在指标选取时,要避免为了可操作性而使指标过于单一化,或者未经科学论证而设置[1]。

指标的"全面性",并非指代选取指标时面面俱到、越多越好,而是在保证适切性的同时注重其全面性,同时保证权重的清晰划分。繁冗复杂、过于细致的指标会导致体系横向庞大,更好的办法则是选取最具针对性和代表性的。这些指标的性质可以比较全面,比如包含我国博物馆与中小学教育结合的长期、中期、短期指标,硬指标和软指标,静态和动态指标,结果和过程指标等。只有预设合适的指标权重,其运用才能更准确,整项评估也更具客观性[2]。

指标的"动态性",并非指代指标一成不变,而是评价不同地区的发展时理应囊括当地特征。博物馆与中小学教育结合的过程性、发展性,也决定了评价指标体系的动态性。虽然它得具备稳定性,但同时也需要富有前瞻性,因此指标的选取应根据当地进步水平进行及时调整。在评估初期,我国博物馆与中小学教育结合更多的是关注起点和准入,其中博物馆参观频次等是必备指标;随着馆校合作的深入,关注焦点从"有博物馆参观"变成了"参观和利用好博物馆",过程和结果更受关注,双方结合的资源和质量也成为相对发达地区的探讨对象和方向。此外,随着服务型政府理念和公众权利意识的增强,师生满意度等指标也进入评估视野。这些变化使得有些指标已不再适应现有发展,应去除或减少其权重分值,并适当增加更具时代或地

---

[1][2] 柳欣源:《义务教育公共服务均等化制度设计》,第204页。

区特色的指标,以提升评估的针对性和精准度①。

当然,除了构建精准、科学的指标体系,我们还须同步设立我国博物馆与中小学教育结合事业的评估办法,它是制度效果或效益的量尺。如国家文物局最新版《博物馆定级评估办法》(2019年12月)即包括了《博物馆定级评估办法》《博物馆定级评估标准》《评分细则计分表》。

总之,在我国博物馆与中小学教育结合事业的评估指标体系构建中,我们要注重单一指标和多指标的结合、定性和定量指标的结合、自我和外部评估的结合,也即采用多元评估方式。当然,这并不意味着在一次评估中就将所有方法都用尽,而是指在不同阶段可以有不同的战略战术组合。同时,本指标体系的应用,以政府文教部门和单位对博物馆、中小学的外部评估为主。目前,暂未设置指标之间的权重,可由评估主体酌情商定。并且,该指标体系仅为框架,亦可视情况增减项目,以促使评估与时俱进。

四、践行规范、多元、信息化的考核评价

就规范、多元、信息化的考核评价机制而言,其内涵与外延十分丰富,在此主要通过评估过程的规范性、评估过程的多元性、以信息化助推考核评价展开论述。值得一提的是,我国博物馆与中小学结合事业的考核评价主要不在于评比、排序,而是通过过程和结果促使政府、博物馆、学校认清现状,寻找不足和背后的原因,为改革提供可靠的实证依据。因此,我们理应看重这份"雷达图",将其作为事业发展的年度"体检报告",并对报告进行充分解读。

(一)评估过程的规范性

在我国博物馆与中小学教育结合事业的考核评价机制中,评估过程的规范性至关重要,覆盖了评估主体中人员的选拔培训和工作规范、评估程序的布置监督、评估结果的反馈管理等,具体包括:评估主体各司其职,并有平等获得信息、表达意见的权利,其反馈信息也需公平、公正、及时地传递到文教部门;评估完成后,定期向社会更新进度并作出必要的解释,促使评估数据的收集、整理、加工、存储、反馈、运用等都公开化和透明化,同时加强公众参与,以起到监督作用。此外,我们还要提升信息化水平,确保数据的时

---

① 柳欣源:《义务教育公共服务均等化制度设计》,第204—205页。

效性和准确性,为后续的制度设计、执行、改进降低成本①。

值得一提的是,合格完整的评估过程也包括得到数据后对其的整理分析和应用,及时将结果反馈给文教部门甚至是公众,以及对评估目标进行长期动态测定,采取激励机制等。唯有如此,才能以评促建。其中,"及时的反馈发布"和"目标的动态测定"是两大关键。一方面,我国行政部门和单位往往更关注评估过程而忽略结果的应用,有时甚至为评而评,绩效评估沦为争先评优、排名甚至是形式主义工具,无法起到真正的激励作用。因此,须同步构建评估的反馈环节,并将结果及时真实地反馈给教育、文化和旅游(文物)部门,且向大众发布②。

另一方面,我国博物馆与中小学教育结合事业具有阶段性和发展性,在一个阶段内,也许只能实现某方面目标,因此政府须及时更新政策,以提出高一级的下阶段目标,即"目标的动态测定"。而之所以强调及时的反馈发布,是因为结果不仅可以为文教政策调整提供理论依据,而且能够用于评估指标体系自身的修订。总之,当评估与监管、动态调整相结合时,当前阶段与相应目标的差距,以及当下评估结果对后续阶段的影响,都将进一步发挥作用③。事实上,我们还应在评估中加大沟通,以便于在考核方与被考核方之间达成共识,为制定下一周期的计划和目标做准备。而这又将中层设计中的考核评价机制、激励机制与顶层设计中的规划进行了联动,以逐步构建"善循环"。

(二) 评估过程的多元性

评估过程的多元性主要指多元评估主体参与和多元评估方式选择。事实上,多元评价方式能弥补单一方法的不足,与多元主体参与协同应用,将有望形成"360度"全面评估。评估中亦可根据需要,对不同评估主体或方式设置相应权重④。鉴于我国博物馆与中小学教育结合事业的评估指标体系框架及多元评估方式已在上文有所论述,在此仅就多元评估主体参与展开探讨。

博物馆与中小学教育结合事业的考核评价主体同其领导与统筹主体一致,也即各级各地的文教部门和单位,在顶层为教育部、国家文物局。当然,

---

① 柳欣源:《义务教育公共服务均等化制度设计》,第205页。
② 同上书,第207页。
③ 同上书,第207—208页。
④ 同上书,第206—207页。

最理想的情况是尽快成立相应的联席会议制度,并由其办公室操办。因此,就多元评估主体参与而言,除教育、文旅(文物)系统的外部评估之外,系统之外的专家、第三方评估机构、社会公众均可被酌情纳入。

客观说来,文教两大系统的内部人员可相对直接地接触制度设计,他们在评估中往往具有大局观,更侧重制度的普适性、包容性、规范性;专家通常是政府寻找的各领域权威,他们更关注政策制定和执行的深刻性、系统性、逻辑性、全面性,且学术成就使得其在某方面的权威性要大于其他评估主体。当然,专家评估仍属于同行评议;相对而言,具有专业资质的第三方评估机构更客观、中立,可协助政府进行监管;社会公众则是制度实施的最直接利益相关方,他们侧重细节和结果,尤其关注与自身相关问题的落实情况,并且结果重于过程。当下,我国社会参与文教治理并不充分,而校外教育正关乎千万个家庭,因此亟待形成全社会监管的氛围,包括家长、行业企业代表等,以构建多元主体参与评估的机制。

目前,越来越多的地区正采取政府和第三方专业机构评估相结合的方式,并发挥后者的督政作用,同时这也是政府购买服务和采购的形式之一。未来可由文教部门和单位委托专业机构对博物馆与中小学教育结合的专项子规划、政策实施等进行跟踪监测,建立中期评估和年度监测制度,并对各阶段目标达成、项目建设情况等实行评估与验收。值得一提的是,上海市教育领域的一大创举——"管办评"分离,即指政府宏观管理、学校自主办学、专业机构评估。其实行的一大背景是:学校办学往往听命于政府,教育督导机构绝大多数隶属于教育行政部门,也即政府既是管理主体,又是办学主体,还是评价主体,相当于既当裁判员,又当运动员,还是解说员。因此,全市力求通过培育第三方机构等导向性手段,形成系统立体的第三方评价。同时政府在购买服务方面也做出同步尝试,目前已培育专业教育评估机构24家[①]。

总的说来,各评估主体都具有不同的利益诉求或一定的倾向性,得出的结论也不尽相同。并且,多方参与必然消耗更多人、财、物,但却是评估发展的必然趋势。毕竟,一定程度地纳入多元评估主体,定将提高评估的客观性、真实性、科学性、可信度。鉴于此,我国也应逐步助推博物馆与中小学教

[①] 《〈中国教育报〉:上海教改启示录》,"全面深化上海教育综合改革"网站,2016年10月10日。

育结合事业的考核评价从单一性向多元化维度演进,在政府文教部门和单位作为评估主体的前提下,按需逐渐增加参与方。

(三)以信息化助推考核评价

当下,对任何事业的考核评价都得依托信息化手段,2020年《深化新时代教育评价改革总体方案》专门述及"充分利用信息技术,提高教育评价的科学性、专业性、客观性"。近年来,国家文物局一直聚焦智慧博物馆建设,包括智慧服务、智慧管理、智慧保护。而评估的信息化、智慧化自然也在其列。

在校外教育领域,上海市学生社会实践信息记录电子平台等建设既为学生综合素质评价提供依据,又为学校遴选活动场所,更为博物馆等机构的信誉等级评价提供依据。2015年,上海市教育委员会搭建了这一集信息发布、在线报名、数据记录、公示反馈于一体的云数据平台,以贯穿于中小学生社会实践的全过程,并将其置于由上海市青少年学生校外活动联席会议办公室主办的(易班)博雅网(http://www.21boya.cn/dianping/main/index)的子平台上。外加上海市电子学生证的使用,全市越来越多经市区两级命名并赋予认证功能的博物馆(包括美术馆、科技馆)等社会实践基地,都有了"可观察、可检测、可比较"的学生实践记录。当然,具备志愿服务条件并予以认证的市、区社会实践基地和项目,必须在电子平台上发布。总之,上海市学生社会实践信息记录电子平台的考核评价功能体现在其对学生身份真实、活动过程真实、信息记录真实的强调上。包括博物馆等基地在开展现场教学、场馆体验、学生志愿者讲解、课题研究时,客观记录学生参加公益劳动、志愿服务的次数、持续时间,所形成的调查研究报告等内容。高中生志愿服务的岗位实践、结果记录、信息查询也都会在电子平台上展示,接受社会监督①。

从中长期看,我们理应加大博物馆与中小学教育结合事业考核评价机制中的信息化应用,以建立数字资源共建共享机制,包括构建专项信息化平台,以统筹馆校合作资源,并同步更新,统一管理。这样,未能跟随学校前来的同龄人也能在网上享受相应产品与服务,从而传播和扩增博物馆青少年教育的公益性。此外,在现有校外教育信息化平台如(易班)博雅网、学生社会实践信息记录电子平台下专辟"博物馆"专栏,并同步加强电子学生证建

---

① 徐倩:《校内校外,共绘育人版图》,《上海教育》2015年11月A刊,第25页。

设,也可为学生综合素质评价、学校校外教育工作评价、博物馆教育的信誉等级评价等提供依据。

当然,信息化建设在起初阶段成本较大,但从可持续发展的角度看,绝对物有所值甚至物超所值。毕竟,绩效评估本身即包括对信息的考核,如果缺乏有效信息,评估结果也不可能准确。事实上,我国各级各地政府的文化和旅游(文物)、教育信息化建设都亟待提升,尤其是构建独立的系统。目前,政府电子政务的发展已为绩效信息系统提供了有利条件,也对降低评估成本、减少人为因素、完善管理系统起了重要的技术支撑作用[1]。未来或许还可逐步将包含评估功能的博物馆与中小学教育结合等信息化平台与政府公共文化服务网络平台联通,甚至成为后者的有机组成部分,以便政府考核评价并采购相关文教服务等。

第四节 激励机制

人员的考核与激励是人才管理的双翼。适当的考核方式能产生正向激励作用,也即考核结果有助于机构开展针对性激励;同时,激励机制的科学性与有效性也需在实际工作中检验。鉴于此,考核与激励机制在事业中共生共存、相辅相成[2]。这与《中华人民共和国公共文化服务保障法》中"各级人民政府应当建立有公众参与的公共文化服务考核评价制度,并将考核评价结果作为确定补贴或者奖励的依据"相呼应。

一份可持续发展的伙伴关系的构建,通常需要合作者历经多次博弈才能成型。虽然博物馆与中小学教育结合事业的公共属性决定了各主体合作的目标不是单一的直接经济收益,但主体需要在各阶段投入人财物成本仍是不争的事实,尤其是在初期。不可否认,参与者、参与方本质上仍属于"经济人",追逐利益是个体、集体最一般也最基本的心理特征和行为规律。因此,一味地口号式的倡导是不够的,单靠情怀支撑也难以为继,这就需要我们在制度设计上进行调整,在转变观念的同时,将激励作为必要机制,以激发个体、集体的正向动机。

---

[1] 李国正等编:《公共管理学》,第457页。
[2] 邹靖雅、李刚、王斯敏:《智库建设:如何配置人、考核人、激励人——基于"中国智库索引(CTTI)"的智库人力资源调研分析》,《光明日报》2017年9月14日,第11版。

当然,激励机制唯有建立在科学的考核评价机制基础上,才能确保其有效性。可以说,激励机制正是对评估机制结果的应用。本研究的一个基本假设是相关主体是"经济人",致力于实现"帕累托最优"①。但同时,对其也存在"道德人"的假设,因此在显性激励之余,隐性激励也有其意义和价值。正因为各主体的理念和行为不是一成不变的,而是彼此参照和博弈,因此外在、内在因素都会产生正向激励,同时示范效应也很重要。

值得一提的是,文教效应往往需要历经较长周期才能显现,有时甚至无法用数字指标进行定量评估,同时不常有对象供直接比对。因此,在建立激励机制时,得将上述因素都纳入考量。此外,有奖就有惩。但对处于初级发展阶段的我国博物馆与中小学教育结合事业而言,我们仍应以激励为主。除了恪守必要的安全、非营利性/公益性等原则外,一定的试点先行甚至是试错,都是演进进程中不可或缺的。

事实上,我国已从立法角度对激励机制做了顶层设计。比如《中华人民共和国公共文化服务保障法》规定:"国家鼓励和支持公民、法人和其他组织参与公共文化服务。对在公共文化服务中作出突出贡献的公民、法人和其他组织,依法给予表彰和奖励。"同时,《博物馆条例》也规定:"对为博物馆事业作出突出贡献的组织或者个人,按照国家有关规定给予表彰、奖励。"在我国博物馆与中小学教育结合事业的激励机制中,囊括了多种办法,以尽量契合不同个体、集体的需求。因为激励的焦点正在于人所未满足的需求,这样它才更使人产生行为动机,也即不论采取哪种方式,在激励过程上是共通的,那就是从人的需求开始,直到实现目标和满足需求告终。

一、外在激励

所谓"外在激励",是指除工作本身带来的激励以外的奖赏,包括报酬增加、职务晋升等。因此,它覆盖了薪酬与奖金、保险、休假等福利在内的物质激励②,以及行政激励等。根据重要的激励理论——北美心理学家和行为科

---

① 帕累托最优,也称为帕累托效率,是指资源分配的一种理想状态,假定固有的一群人和可分配的资源,从一种分配状态到另一种状态的变化中,在没有使任何人境况变坏的前提下,使得至少一个人变得更好。帕累托最优状态就是不可能再有更多的帕累托改进的余地;换句话说,帕累托改进是达到帕累托最优的路径和方法。帕累托最优是公平与效率的"理想王国"。

② 邹靖雅、李刚、王斯敏:《智库建设:如何配置人、考核人、激励人——基于"中国智库索引(CTTI)"的智库人力资源调研分析》,《光明日报》2017年9月14日,第11版。

学家维克多·弗罗姆(Victor H. Vroom)1964年在著作《工作与激励》(Work and Motivation)中提出的"期望理论"(expectancy theory),人们之所以采取某种行为,是因为觉得行为可以有把握地达到某种结果,并且结果对其有足够的价值。该期望模式中的四个因素为:个人努力→个人成绩(绩效)→组织奖励(报酬)→个人需要。也即,激励主体需兼顾三方面关系,这也是调动客体工作积极性的三个条件,包括:努力与绩效的关系(希望通过一定的努力达到预期的目标);绩效与奖励的关系(希望取得成绩后得到奖励);奖励与满足个人需要的关系(希望获得的奖励满足自己某方面的需要)。

值得借鉴的是,2020年《深化新时代教育评价改革总体方案》专门提及"健全教师荣誉制度,发挥典型示范引领作用""完善中小学教师绩效考核办法,绩效工资分配向班主任倾斜,向教学一线和教育教学效果突出的教师倾斜""完善教师参与命题和考务工作的激励机制"。同样地,我国博物馆与中小学教育结合事业不只是要建立激励机制,以打破尚存的体制壁垒,激活每一个加入校内外育人共同体的社会细胞;更需建立多维度的激励体系,以整合外在与内在激励。但无论采用何种方式方法,都应与制度结合应用,毕竟制度是目标实现的保障。

(一) 物质激励

物质激励是常见的方式之一,它是指运用物质手段使对象得到资金、奖品等,激发其努力生产、工作的动机。该激励的出发点是关心受众的切身利益,不断满足人们日益增长的物质文化需求。近年来,我国公共文教领域正在逐步引入物质激励。其意义首先在于,在制度上承认投入的合理性,意在肯定和鼓励正向选择。在组织机构层面,我国博物馆与中小学结合事业的物质激励主要由各级各地的文教教育部门和单位主导,具体操办可通过旗下的事业单位或行业协会等。此外,馆校内部也可拨出部分经费对教育工作者、教师等进行物质激励。

就本研究的采访所得,大部分受访的博物馆教育部工作者都反映,物质激励是他们现在最期待的形式之一,包括针对部门的经费扶持和针对个体的薪酬奖励。同时,针对集体的财政扶持,宜以专项资金形式进行,并便于教育部的下一步使用。此外,鉴于社会待遇直接影响了个人的工作热情和队伍稳定,当博物馆教育工作者、中小学教师(缺乏馆校合作专员)从事了额外的校外教育任务并构成了足够的工作量时,必要的补偿和激励不可或缺,尤其是对优秀工作者而言。比如,美国马里兰历史学会(Maryland Historical Society)对学校参与馆校合作规划和项目监管的人员给予补偿,并提供参与工作坊的教师津贴等。事实上,许多场馆都在合作项目中预留了资金,用于补贴协调人、指导人、代课教师等[1]。此外,始于2006年的专门针对初中和高中生的史密森博物学院之"史密森学生旅行"(Smithsonian Student Travel),是第一个通过了五家当地最好的认证机构认证的项目。并且,教师如带领一次史密森学生旅行,即可获得职业发展学分,抵扣其工分[2]。这份务实嘉奖的确为一大激励,也是在美国有更多教师选择它的一大原因。

值得一提的是,我们还可通过馆校合作的物质激励,促使其成为撬动博物馆、中小学绩效工资制度完善的杠杆,包括改进绩效考核和激励办法,使绩效工资等充分体现实际工作量和业绩。与此同时,我们呼唤上级主管部门和单位支持扩大馆、校的收入分配自主权,以及在条件允许的情况下,适当加大外在激励力度。比如,2016年《关于推动文化文物单位文化创意产品开发的若干意见》在"支持政策和保障措施"中已提及:"文化创意产品开发取得的事业收入、经营收入和其他收入等按规定纳入本单位预算统一管理,可用于对符合规定的人员予以绩效奖励等。国有文化文物单位应积极探索文化创意产品开发收益在相关权利人间的合理分配机制","参照激励科技人员创新创业的有关政策完善引导扶持激励机制。探索将试点单位绩效工资总量核定与文化创意产品开发业绩挂钩,文化创意产品开发取得明显成效的单位可适当增加绩效工资总量,并可在绩效工资总量中对在开发设计、经营管理等方面作出重要贡献的人员按规定予以奖励"。

当然,文教事业的演进主要不能依赖物质激励路径,但其意义还在于,可以与市场化运作联动。比如,在不妨碍公益性的前提下,将必要的有偿文教产品与服务引入,促使相关个体、集体的智力劳动和成果逐步走入市场、回馈社会,也即"随行就市",同时倒逼产品与服务与时俱进,最终实现资源的优化配置。其实,物质激励也与时下的"开展知识产权处置权和收益权下放试点"等热门议题相关。对于"第一批吃螃蟹的人",博物馆、中小学是否可以在风险自控基础上,允许知识产权处置及收益分配,并确定开发人、团

---

[1] E. C. Hirzy ed., *True Needs, True Partners: Museums and Schools Transforming Education*, Washington, DC: Institute of Museum Services, 1996, p.56.
[2] 郑奕:《博物馆教育活动研究》,第378—379页。

队的奖励比例等？当然，这首先需要上级主管部门和单位的首肯。

事实上，2014年《关于开展"完善博物馆青少年教育功能试点"申报工作的通知》已在"试点任务"中提及"探索将博物馆教育课程、教材教具等前期工作成果转化利用的有效手段"。可以肯定的是，在不久的将来，完善利益分配机制、知识产权保护制度等必将成为文教领域物质激励中的常见议题。同时，博物馆需要提升品牌培育意识以及知识产权创造、运用、保护和管理能力，提供知识产权许可服务，以促进文化资源社会共享和深度发掘利用。

（二）行政激励

公共文教领域的公益性决定了物质激励应用的局限性，一方面存在财政经费限制，另一方面博物馆、中小学等机构不以营利为目的，因而所能供给和接受的物质激励也必然在一定范围内，并且难以为特殊情况亮"绿灯"。在此背景下，行政激励不可或缺，它指国家行政机构和各级组织按照一定程序给予的、具有行政权威性的奖励等。值得一提的是，日本有一整套奖励制度，日文叫"荣典制度"。它共有五种，即位阶、勋章、褒章、从军纪章、纪念章，其中最享盛名的是勋章和褒章。

在同博物馆与中小学教育结合事业相关的校外教育领域，行政激励为常用手段，既鼓励表彰先进，又助推相关个体、集体发挥专长，提高思想觉悟等。比如，由上海市委宣传部牵头的上海市爱国主义教育基地认定工作，从1994年开展至今已认定了七批；自2012年起，上海开启了每两年评选出若干个未成年人校外教育活动先进场所、示范性校外教育活动场所和先进工作者的工作[①]；2017年，市校外联办和市文明办委托市开放大学开展"首届上海市校外教育实践课程优秀成果征集与评比活动"，并组织获奖的100位教师参加了为期三天的"校外实践课程专题研修班"[②]；2012年，由全国校外联办主办、上海市校外联办承办了未成年人校外教育理论与实践研究优秀成果征集活动。

值得一提的是，在《上海市公民科学素质行动计划纲要实施方案（2016—2020年）》的"保障措施"中提及"引导、鼓励社会力量设立科普奖项，对在公民科学素质建设中做出突出贡献的集体和个人给予奖励和表彰，

---

① 徐倩：《校内校外，共绘育人版图》，《上海教育》2015年11月A刊，第25页。
② 上海市青少年学生校外活动联席会议办公室编：《"首届校外教育实践课程优秀成果征集与展示活动"获奖作品汇编》，前言。

大力宣传先进人物和典型经验"。因此,我国博物馆与中小学教育结合事业行政激励机制的"落地",一方面要将绩效考核结果与选人用人、薪酬与奖金、职业晋升等直接挂钩,这将对利益相关者产生直接的驱动力。另一方面,激励的源头不妨多元化,以重视市场的作用,创新奖励机制。

二、内在激励

内在激励是指工作带给人的激励,包括业务本身的趣味,让人有责任感、成就感,使人产生发自内心的力量等。相比之下,内在激励有更稳定、持久、强烈的效果,它包括信任、声誉、行动激励以及情感、人际、文化激励等。

我国博物馆与中小学教育结合事业的激励机制覆盖了不同对象,包括个体、集体。而他们受到激励后,自觉地从事某项业务,如获得研究成果的署名权、参与大型会议、培训进修、接受专业指导等,都属于内在激励范畴。从长远看,在工作上突破仅由工资、奖金、福利构成的传统薪酬体系,发掘更多的内在激励机会,才能创造更为持久的精神动力。比如,对于优秀的研究人员而言,能够获得尊重和认可并在政策决策中发挥影响力是最重要的激励之一。鉴于此,政府、博物馆、中小学等也应更重视为工作者创造良好的氛围,并提供更多施展其能力的机会以及对外交流、学习的平台。同时,善于利用考核评价机制,突出评价结果与员工职业生涯发展的关系,从而满足其自我价值的实现,提升其获得感与归属感[①]。

(一) 信任、声誉、行为激励

正如马斯洛需求层次理论(Maslow's Hierarchy of Needs)所论述的,人的需求由较低到较高层次排列,分成生理需求、安全需求、爱和归属感、尊重、自我实现五类。而隐性的内在激励主要激发人的较高层次需求。

信任、声誉、行为激励作为一种内在激励,彼此之间存在着推进关系,它们用鼓励、尊重、支持等方式发挥作用,并与行政激励相关。事实上,无论是政府、博物馆还是学校,在我国博物馆与中小学教育结合事业中,通过宣传推广模范个体、集体等方式,既能起到引领作用,又能促使其他利益相关者"内省"。其中,信任是对象之间实现合作的基础,不仅能够减少"摩擦力",

---

① 邹靖雅、李刚、王斯敏:《智库建设:如何配置人、考核人、激励人——基于"中国智库索引(CTTI)"的智库人力资源调研分析》,《光明日报》2017年9月14日,第11版。

而且可拓展人的"场域"。而良好的声誉则增加了承诺的可信度,同时也是一种无形资本,给其载体带来更多的潜在信任。信任与声誉在一定条件下实现良性互动,也即信任是声誉的源泉,声誉是信任产生的重要因素[①],并且两者融合最终导向朝着预期目标的积极"行为"。

近年来,我国社会智库发展迅猛,国际影响力和社会传播力不断提升。但它们相较于官方、半官方智库,仍然存在身份注册与项目、资金获取等方面的困难。也即,尚未破除的"信任""声誉"难题,使得社会智库在"行为"上受限。而我们各级各地政府不妨加大重视其在公共文教决策体系建立与社会服务中的重要作用,营造相对公平的发展环境[②],这与我国博物馆与中小学教育结合事业也相关,详见下文的"决策咨询与合作研究机制"。

(二)情感、人际、文化激励

目前,美国、英国、日本、新加坡等国的全球化智库都非常注重内在激励,包括提供成员参与重要决策和承接课题的机会,提供培训等学习与深造机会,甚至考虑其个体发展目标,以及工作与生活的平衡等。诸如海外发展研究所(Overseas Development Institute)、野村综合研究所(Nomura Research Institute)等起步较早的智库,除了上述激励手段外,还十分擅长借助机构文化来激励员工,增强其对业务的认同感和归属感[③]。

根据国外科学家的测定,一个人平常的工作能力与经过激励可能达到的水平存在50%左右的差异。这就要求管理者既抓好规范化、制度化的刚性管理,又注重柔性因素,包括感情投入和交流、人际互动关系,以充分发挥情感、人际激励的作用。而在此基础上,逐步形成的便是组织文化,它是机构在长期运行过程中提炼和培养的适合自身特点的管理方式,是群体共同认可的价值观念、行为规范、奖惩规则等的总和。因此,文化激励是利用组织文化的特有力量,激励成员向集体期望的目标行动。

事实上,情感、人际、文化激励是不同主体之间、不同阶段的互动过程,也存在着推进关系,因此这种内在激励带有强烈的相互作用性。而包含价值观、榜样、组织形象等在内的文化正是有效开展业务的"软环境"。其实,无论性质、级别、规模、类别、属地如何迥异,21世纪的博物馆理应拥有一种

---

① 洪名勇、钱龙:《信任、声誉及其内在逻辑》,《贵州大学学报》2014年第1期,第34页。
② 刘元春、宋鹭:《社会智库建设:难在哪里,如何解决》,《光明日报》2016年9月21日,第15版。
③ 邹靖雅、李刚、王斯敏:《智库建设:如何配置人、考核人、激励人——基于"中国智库索引(CTTI)"的智库人力资源调研分析》,《光明日报》2017年9月14日,第11版。

文化,以肩负社会教育责任,并基于业绩和实力"说话",嘉奖开发创新。

由于博物馆与中小学教育结合事业属于创新型工作,在我国仍处于初级发展阶段,因此良好的信任、声誉、行为激励,以及情感、人际、文化激励,将充分授予个体、集体相应的权责利,并滋养其"文教自觉"。此外,我们还应进一步联动考核评价与激励机制,增强考核中对成员创造性、科学态度、敬业精神等"软实力"的衡量。

第五节　校外教育师资培养培训机制

教育大计,教师为本。就校外教育师资的队伍建设而言,也可在我国博物馆与中小学教育结合事业的底层设计即下一章中论述,但之所以提前到中层设计,是因为加强师资建设需要在馆校合作的"点"的基础上,由各级各地政府进行"线"和"面"的规划,并形成机制。

其实,在任何事业发展中,人永远是第一位的,毕竟所有工作都需要人去践行。正如创新驱动的实质是人才驱动,人才是创新的最大资源。以我国科普事业发展为例,对中西部地区的扶持不能仅仅停留在资源的捐赠和输送上,而应该立足中长期,注重科普教育工作者和教师队伍的培育。并且,无论是培养还是培训,不仅是科学知识植入,而且需要整个科学传播理念、社会教育理念的更新换代。一言以蔽之,我们授人以鱼,更应授人以渔[1]。此外,学前教育是我国教育领域的"短板"。根据全国人大常委会委员、中国教育政策研究院副院长庞丽娟所言,学前教育的规划、投入等都相对容易,建设施也比较快,最难的还是师资队伍建设,特别是优质教师。这些年教师匮乏问题有所缓解,但离彻底解决还有一个过程[2]。

根据"十二五"的统计,全国教育系统所属校外场所有教师81 905人,比2011年增长了84%[3],但这仍远远供不应求。目前,《中华人民共和国公共文化服务保障法》已规定:"地方各级人民政府应当按照公共文化设施的功能、任务和服务人口规模,合理设置公共文化服务岗位,配备相应专业人

---

[1] 宋娴:《推动科普资源均衡发展》,《人民日报》2018年12月27日,第5版。
[2] 常晶、纪秀君、徐君:《为中国学前教育发展而立法》,《中国教育报》2017年3月15日,第4版。
[3] 唐琪:《让校外教育发挥更大育人作用——"十二五"以来全国校外教育事业综述》,《中国教育报》2017年3月21日,第1版。

员","国家支持公共文化服务理论研究,加强多层次专业人才教育和培训"。

鉴于此,校外教育师资当应需而设,并加大配套。这其中既有来自学校的,又有来自博物馆等校外教育场所的以及社区的师资,并且该队伍应专兼结合。因此,充实校外教育师资队伍、完善培育制度是我国博物馆与中小学教育结合事业发展的关键一环,也即从量和质的双重角度进行人力资源夯实。正如2018年《关于加强文物保护利用改革的若干意见》在"创新人才机制"这一"主要任务"中表达的:"制定文物博物馆事业单位人事管理指导意见,健全人才培养、使用、评价和激励机制。实施新时代文物人才建设工程,加大对文物领域领军人才、中青年骨干创新人才培养力度。出台文物保护工程从业资格管理制度。"

一、从学历学位、高校课程建设的源头上培养专职师资

无论是从量还是从质的角度来看,我国校外教育的师资配备都远远供不应求,即便这些年已大有发展。当然,根据国际经验,该队伍通常都是专职与兼职结合,在我国也是。因此,我们首先要加大培养专职校外教育师资,如博物馆教育工作者,并招募其效力于一系列未成年人社会实践基地、校外教育活动场所等,以形成专业、稳定、长效的人力资源发展态势。这包括学历学位培养、高校课程建设,并应纳入学分管理等路径。

(一)学历学位培养

学历学位的问题在博物馆与中小学教育结合事业中并不那么容易解决,因为这需要溯源至高等院校、科研院所的学科布局、专业设置等培养路径。目前,我国高等院校、科研院所有教育学学科,但无"社会教育""校外教育"等专业,更遑论专门院系了。反观美国,博物馆教育已成为一个专业化职业类别,许多大学都设有博物馆教育学位(在教育系或博物馆系等),同时大学与博物馆合作为全美博物馆等培养人才。以位于波士顿的塔夫茨大学为例,其教育学系的博物馆教育硕士项目为期两年,跨学科培养博物馆专业工作者[①]。类似的是,我国大学目前也无专门培养STEM教师的专业。STEM教育强调综合性和跨学科,而我们的教师培养往往按照分学科模式进行,缺少能将学科整合、进行综合教学的师资准备。

---

① 吴娟:《美国博物馆:与学校教育融合互动》,《中国教育报》2017年6月29日,第4版。

因此，我们不妨利用各级各地教育综合改革的契机，率先探索在相关高校设置"社会教育""校外教育"专业硕士点，开展两年制学位教育，从学历学位的源头上培养，以逐步打造足够量的"正规军"，促使毕业生在博物馆等社会教育机构发挥所长。甚至，未来我们还可考虑在教育学一级学科下设立"社会教育"（校外教育隶属于社会教育）二级学科，并在教学团队中纳入博物馆学（主要是博物馆教育）的教学科研人员。而我们的目标是：高等院校、科研院所"定向招生、定向培养、定向上岗"。可喜的是，《上海市校外教育三年行动计划（2017—2019年）》已提及："利用教育综合改革的契机，探索在相关高校设置'校外教育'专业学位点，开展校外教育专业硕士的学位教育，提升校外教育骨干队伍的业务素养。"

值得一提的是，2012年1月，时任国务委员的刘延东同志在《全民科学素质行动计划纲要（2006—2010—2020）》实施工作汇报会上做出了"要积极探索在高校开设科普相关专业和课程，培养本科或研究生阶段的科普人才"的重要指示。同年，教育部与中国科学技术协会（以下简称中国科协）联合开展推进培养科普硕士[①]试点工作，首批在清华大学、浙江大学、华中科技大学、北京航空航天大学、北京师范大学、华东师范大学6所"985"高校进行。并且，这6所高校协同中国科技馆、上海科技馆、湖北省科技馆、武汉科技馆等7家科技场馆联合开展培养高层次科普专门人才试点工作，涵盖了科普教育、科普产品创意与设计、科普传媒等方向。

其中，根据教育部、中国科协关于《推进培养高层次科普专门人才试点工作方案》的有关要求，华东师范大学（以下简称华师大）于2012年8月正式启动了与上海科技馆、上海市科学技术协会（以下简称上海科协）合作的教育硕士（科学传播教育）专业学位研究生培养工作，且该专业硕士设置在华师大的教师教育学院下。首批18名来自上海科技馆的专业人士成了第一批"吃螃蟹"的人，在职学习。2013年，华师大的招生范围还拓宽至中小学科普教员。在合作中，上海科协担任课程建设、理论研究、引进国外资源的角色，上海科技馆则为学生提供实践平台等。

此外，2016年《国务院关于进一步加强文物工作的指导意见》已要求"教育部门要在文物工作急需人才培养方面给予支持和倾斜"，"组织高等院

---

① 科普硕士培养由中国高层次科普专门人才培养指导委员会直接负责，委员会由教育部和中国科学技术协会领导。

校、科研院所以及文物大省的专业人才,实施保护项目与人才培养联动战略,加快文物保护修复、水下考古、展览策划、法律政策研究等紧缺人才培养","加强高等院校、职业学校文物保护相关学科建设和专业设置"。同时,2020年《教育部、国家文物局关于利用博物馆资源开展中小学教育教学的意见》也提及"支持高等学校发展文物与博物馆专业学位教育相关方向的人才培养,及时满足博物馆教育人才需求"。甚至在2020年《深化新时代教育评价改革总体方案》中,还有"支持有条件的高校设立教育评价、教育测量等相关学科专业,培养教育评价专门人才"的要求。这些都为我们从学历学位维度在文博领域培养校外教育师资提供了借鉴。

(二)高校课程建设,纳入学分管理

当然,若是现阶段暂无法达到"社会教育""校外教育"的专业硕士学历学位教育,我国高等院校、科研院所尤其是师范院校不妨先在教育学甚至是哲学社会科学相关学科的专业课程中直接开设社会教育、校外教育、博物馆教育等课程,并纳入学分管理。同时,也可在其他现有的相关课程中,多融入社会教育、校外教育、博物馆教育等内容。总之,通过开设特色通识课程、专业课程、邀请校内外专家学者举办专题讲座等,提升广大师范生以及其他大学生、研究生的校外教育、文教结合素养,这也是路径之一。

值得借鉴的是,2018年1月,教育部发布了包括中国语言文学、艺术学等92个本科专业类教学质量国家标准,明确了各专业类加强中华优秀传统文化教育的要求,同时鼓励有条件的高校开设传统文化必修课,加强中华优秀传统文化教育相关课程建设,并纳入学分管理。在此基础上,重点建设了一批国家级精品课程和视频公开课,并同时期首次正式推出490门"国家精品在线开放课程",开展"慕课思政"。目前,中国慕课数量已列世界第一位[①]。

此外,对于师范院校"准教师"们的毕业实习,若他们在博物馆(如教育部)的实习经历也可被计入,将有助于其提前进入校外教育状态,并有朝一日把博物馆纳入日后的中小学教学。事实上,我们需要富有前瞻性地进行这样的导向教育,不只是毕业前鼓励"准教师"们到博物馆实习,还可通过入学教育,以及在校期间组织他们到场馆参观、与教育工作者沟通交流等促使其参与馆校合作等。其实,《国家中长期教育改革和发展规划纲要(2010—

[①]《教育部对十三届全国人大一次会议第3638号建议的答复》。

2020年)》早已提及"加强教师队伍建设",包括"创新培养模式,增强实习实践环节,强化师德修养和教学能力训练,提高教师培养质量"的内容。

二、完善专兼职师资的培训体系

教师的职业发展是一个动态的过程,因为无论其态度还是能力皆需与时俱进。鉴于此,在我国博物馆与中小学教育结合事业中,一方面我们需加大系统培训力度,包括构建分层分类的培训体系,尤其是促进兼职教师的职业发展;另一方面要组建常设的师资培训专家团队。与此同时,各级各地教育部门和单位、文物局、校外联还应组织编写相关培训大纲和指导手册,明确培训目标、培训内容、实施方式和管理办法。

值得一提的是,2020年10月《教育部、国家文物局关于利用博物馆资源开展中小学教育教学的意见》要求:"各地教育、文物部门要联合开展师资培养培训,使博物馆教育人员了解学校教学内容,中小学教师了解博物馆教育资源构成。要将博物馆教育相关培训内容纳入各级各类教师培训。"同年同月的《深化新时代教育评价改革总体方案》要求:"探索建立学分银行制度,推动多种形式学习成果的认定、积累和转换,实现不同类型教育、学历与非学历教育、校内与校外教育之间互通衔接,畅通终身学习和人才成长渠道。"这些政策都为我国博物馆与中小学教育结合中完善专兼职师资的培训体系工作指明了方向,以告别"广种薄收"的时代。

(一) 对专职师资的培训

协同高效的校外教育体系的形成,需要坚实的队伍支撑和保障。就专职校外教育师资的培训而言,我们要强化职前培养和职后发展的有机衔接,推动教师终身学习和专业自主成长。

事实上,早在《2000年—2005年全国青少年学生校外活动场所建设与发展规划》中即有"加强对青少年学生校外活动场所管理人员和师资培训"的"主要措施"。而根据2008年《中央专项彩票公益金支持青少年学生校外活动场所建设管理办法》,由财政部和教育部在2008年至2010年共同实施的"人员培训项目",旨在"主要对青少年学生校外活动场所的管理人员和教师队伍进行培训",同时"人员培训项目资金,根据2001年至2010年间各地使用彩票公益金新建青少年学生校外活动场所的管理人员和骨干教师数量,以及校外教育理论课题需求情况计算分配"。此外,2014年至2017年实施的教育部"蒲公英行动计划"中,"训"是九项措施之一,指"着力提升校外教育师资水平"。同时,在"建"这一首要措施中也提及"充分利用'中央专项彩票公益金支持未成年人校外活动保障和能力提升项目',做好校外活动场所活动补助、能力提升和人员培训工作"。值得一提的是,在中央的引领下,上海市教委和市校外联聚焦推进校外场馆教育部、教育专员制度建设,制定了《上海市校外教育教师培训大纲(试行稿)》,着力提升队伍专业化水平和育人能力[①]。

在我国博物馆与中小学教育结合事业中,场馆教育工作者作为专职校外师资的重要组成部分,无论有无接受过对口的学历学位教育,都应接受在职培训。而各级各地文教部门和单位作为领导与统筹的主体,也应在完善培养培训体系上扮演主角,包括做好专门规划、授予受训者结业证书等一条龙工作。目前,国家文物局、中国博物馆协会、中国文物报社等定期举办有博物馆教育培训班、讲解员高级研讨班等。此外,各地文化和旅游(文物)局、博物馆协会、博物馆联盟等也举办有诸如上海市公共文化从业人员万人培训项目"博物馆公共服务及展教建设培训班"、中国西南博物馆联盟"博物馆与学校教育"培训班等。另外,在越来越多针对博物馆决策层、管理层的培训中,教育也已成为必不可少的课程主题和内容,如博物馆"标准化服务与管理"馆长培训班、苏州市博物馆馆长专业管理培训班等。

目前,教育部、国家文物局、全国青少年校外教育事业联席会议办公室可依托北京、上海等地现有条件成熟的高校或博物馆等,成立统一的培训中心,具体承担全国性培训任务。同时,委托有关校外教育研究机构负责培训资料的组织和编写,经中央文教部门审定后使用。2016年,北京市校外教育研究室出版了《北京市校外教师培训成果集》,该书整理了"十二五"期间北京市校外教师培训工作成果,分为理论篇、实践篇和附录三部分,填补了校外教师培训文献的空白,为实体培训提供了有价值的参考[②]。此外,2015—2016年,北京市东城区少年宫还开展了"北京市校外新教师培训状况调研报告"课题研究[③],这些都值得鼓励。

值得借鉴的是,2016年《关于推动文化文物单位文化创意产品开发的若干意见》已提及"强化人才培养和扶持":"将文化创意产品设计开发纳入

---

① 徐倩:《校内校外,共绘育人版图》,《上海教育》2015年11月A刊,第24页。
② 王振民编:《中国校外教育工作年鉴(2016—2017)》,第234页。
③ 同上书,第237页。

各类文化文物人才扶持计划支持范围。文化文物单位和文化创意产品开发经营企业要积极参与各级各类学校相关专业人才培养,探索现代学徒制、产学研结合等人才培养模式,并为学生实习提供岗位,提高人才培养的针对性和适用性。通过馆校结合、馆企合作等方式大力培养文化文物单位的文化创意产品开发、经营人才。"

(二) 对兼职师资主体——中小学教师的培训

目前,我国与一些发达国家在博物馆与中小学教育结合上的一大差异是,我们的中小学教师尚未成为博物馆教育、校外教育的主要力量。反观国外不少大中型博物馆都建有专门的教师资源中心,并配置有一系列软硬件设施设备。比如,美国克利夫兰艺术博物馆的教师资源中心向数千名注册成员提供24种不同专题的幻灯片教材;每年9月至次年6月的周二到周五还设有各种培训、进修,定期参加培训班的人亦可获得大学承认的硕士课程学分[1]。

鉴于此,针对中小学教师这一兼职校外教育师资主体,我们需要从后天角度,加大系统培训力度。因为只有当教师掌握了参观和利用博物馆的知识与技能,并能有意识地应用,场馆的文化资源才能真正转化为教育资源。更重要的是,促使他们成为与时代同步的终身学习者,让离实践最近的专业角色有权力、有能力主动而有创意地解决实际问题。当然,这类培训可来自政府、博物馆、学校等各方。事实上,政府理应完善教师培训制度,将相关经费列入预算,并部分地采用公共文教服务采购的方式进行。

1. 真正重视中小学教师

就作为兼职校外教育师资主体的中小学教师而言,其角色举足轻重。"一个教师等于一万个学生",这是国际博物馆界对教师作用的一种形象比喻。原因很多,主要如下:

第一,青少年、儿童是博物馆教育的主要对象,更是我国博物馆与中小学教育结合事业的最直接受益者。而教师则是每天直接面对、引导和扶持学生的关键人物,他们最了解学生,包括叫得出每个人的名字,对学生而言具有权威性。同时,教师也最谙通学情,知晓校内外教育的"相关性"(relevance)所在,而这些都是博物馆教育工作者未必具备的优势。此外,中小学生参观和利用博物馆面临正规教育向非正规教育的转换,而这个转换

---

[1] 段勇:《美国博物馆的公共教育与公共服务》,《中国博物馆》2004年第2期,第93页。

者(converter)角色,由教师和场馆教育工作者一起扮演再合适不过。因此,教师对校外教育的认知与态度会影响学生的学习成效,以及博物馆教育方案的推进。而教师若对参观没有清楚的目标,学生就容易对目的和功能感到困扰①。

第二,即便博物馆可以根据青少年的反应等改善展览与教育活动,却难以全面提升中小学生的场馆体验。因为他们的学习不只发生在参观时,也包括参观前与参观后阶段,而这些工作都以教师的主导为主。事实上,在博物馆参观的前、中、后三阶段,教师是唯一全程参与和引导的人,从安排时间、事前准备到带领队伍、讲解(虽然会请场馆导览员,但通常教师都要随从),再到回去后的延续活动、学生学习评估等。因此,博物馆在策划与实施教育项目时,理应在各阶段与教师合作并给予帮助,尤其是前阶段,必须提供给教师充分的课程资源以做准备,及其与馆方教育工作者研讨的机会②,以帮助其厘清主题、内容、形式,甚至是鼓励他们一同设计馆本课程等。

第三,教师具有放大效应,是青少年、儿童教育的"倍增器"。吸引一名教师,将吸引一个班级、年级甚至是整所学校走进博物馆。同时,教师还可以影响其他教师、学校领导及家长等。比如,一些学科教师在博物馆教学中寻找德教渗融点,注重对接年级、学校的德育工作,这不仅使身体力行的单科教师提高了学科德育和育德的意识与能力,而且也影响了班主任与其他学科教师。笔者一直坚持认为,影响学生之前必先影响教师,影响孩子之前必先影响家长。这就不难解释为何许多馆校合作最后其发展都会集结到教师这一灵魂人物,毕竟工作跟着人走。

2. 对中小学教师的校外教育培训

目前,我们缺的不是针对中小学教师的校外教育培训,也即不是供给不足、总量不足,而是有效供给不足,亟待从结构上调整。唯有如此,才能带来培训实效的真正提升。

值得一提的是,纽约"城市优势"项目涉及学校、家庭、博物馆各方,运作

---

① "部分证据显示,一些教师并未意识到参观博物馆的教学效果,没有将参观整合到课程中,只是让学生去博物馆看看并取得些资讯,并非视其发展成学习的机会。一些教师将参观当成娱乐活动,而非视为教学行为,进而使得博物馆参观失去吸引力和影响力,甚至导致学生对以后的参观缺乏兴趣。"见傅斌晖:《以学校教育观点探讨博物馆观众研究与馆校合作教学之关系》,《中等教育季刊》2010年第3期,第171—172页。

② 傅斌晖:《以学校教育观点探讨博物馆观众研究与馆校合作教学之关系》,《中等教育季刊》2010年第3期,第171—172页。

起来颇为复杂。为了确保顺利实施,项目的6大组成部分之一即是"博物馆对教师和校长的培训"。其中,教师培训涉及探究学习的教学方法、学科知识等,着重让教师理解科学探究的实质。其间,教师将在博物馆科学家带领下,自己完成一轮Exit课题探究,并通过该过程学习如何帮助学生形成研究问题、设计项目等。而将校长纳入培训,则是为了保持项目的可持续发展性。并且,校长可借助领导力课程,了解当前科学教育的最新研究、相关教学,以及如何从学校层面支持探究型教学,并建设学校组织文化以支持科学教育等[1]。

(1) 政府主导培训

早在1999年《中共中央国务院关于深化教育改革,全面推进素质教育的决定》中,我国就正式提出了"调整和改革课程体系、结构、内容,建立新的基础教育课程体系,试行国家课程、地方课程和学校课程"。目前,在上海市基础型课程、拓展型课程、研究型课程中,校外教育越来越成为与课堂教学有机衔接并共同实现课程目标的必要途径,并纳入了越来越多的博物馆资源。因此,校本课程、综合实践等必修课,都敦促教师扮演课程开发者、教材编订者和遴选者、活动策划者和实施者等多重角色,并利用馆校合作作为深化课程改革的生长点和切入点[2]。

2015年,上海青少年学生校外活动联席会议办公室牵头开展了首轮"上海市非教育系统校外教育带头人工作室"项目,并遴选出具有长期经验、突出业绩、德能兼备的知名工作者。它致力于通过导师带教方式开展师资培养实训,以最终建设教育系统内外骨干师资共培共享机制,以及优质师资交流使用机制。

《教育部关于大力推行中小学教师培训学分管理的指导意见》(教师〔2016〕12号)是"十三五"时期加强教师培训长效机制建设、切实提高培训针对性和实效性的重要文件。值得一提的是,上海市对中小学教师培训制度做了精细安排与分类配套。对名师,有"双名工程""中青年骨干教师团队发展计划""讲台上的名师"工作联动机制;对首次入职的教师,有全国唯一的"见习教师培训制度";对农村教师,有"农村职初骨干教师教学基本规范

---

[1] 鲍贤清、杨艳艳:《课堂、家庭与博物馆学习环境的整合——纽约"城市优势项目"分析与启示》,《全球教育展望》2013年第1期,第62—66页。
[2] 上海博物馆教育部:《上海博物馆未成年人教育的理念与实践》,《博物馆与学校教育研讨会资料》(内部资料),第39—40页。

培训""上海市农村优秀青年教师专题研修班"等。而制度的精细化正应和了教师发展需求的多样化,其最终目的是千方百计激活这一主体①。事实上,在新课程改革背景下,我们也应在校外教育领域建立和完善教师长效培训机制,加强分层分类培训和配套。

总之,政府对中小学教师的重视和投入,体现在主导研修培训、学术交流、项目资助等一系列方式上,以培养校外教育教学骨干、"双师型"教师、学术带头人等。此外,还可发挥"国培计划"等示范引领、促进改革的作用。而这些最终都将惠及我国博物馆与中小学教育结合事业发展。

案例

中国教育科学研究院与美国教育联合会合作的《美国STEM课例设计》培训工具②

2015年,美国教育联合会(American Education Federation)常务副主席麦克·乔治先生访问中国教育科学研究院,双方探讨了STEM教育未来和目前的乱象。并且,大家共同决定将美国的STEM课程与教学实例编撰成书,帮助我国教育工作者深入理解STEM教育,亦为愿意尝试的教师提供用于教学的课程,也即形成了《美国STEM课例设计》一书。

值得一提的是,STEM课程的效果取决于教师的知识储备和跨学科整合、设计能力,同时还需不断启发学生,使之具备开放的思路、沟通合作能力以及较强的动手能力。但STEM教育知易行难,需要我们在实践中不断解决问题。在本书中,每个主题都以教案的形式呈现,STEM新手教师亦可直接参考教学过程完成备课和讲授。在此过程中,每位教师都须关注以下问题:

● STEM课程主题跨越多个学科,一名教师不可能样样精通,因此优秀的STEM教师首先是一个学习者,能够快速学习,熟悉该主题领域尽可能多的知识,同时借助互联网进行资料整理和备课。所以,快速检索、收集、整理、学习未知领域的信息,是一名优秀教师的必备素养。

● 每个主题的导入是学生构建知识的基础,教师需要重视。导入内容越宽广,学生的知识构建就越有效,这些都将反映在最后的产出中。

---

① 余慧娟、赖配根、李帆、朱哲、金志明、董少校:《上海教育密码》,《人民教育》2016年第8期,第15页。
② 陈如平、李佩宁编:《美国STEM课例设计》,"写给读者的话"第5—6页。

● 每份教案中的提问都经过深思熟虑,教师要结合认知的深度等级工具(Depth of Knowledge Levels,DOK Levels)[①]来看待每一个问题,深入体会问题属于哪一个等级,然后逐步学习设计高阶问题,促进学生思维发展。

● 每个主题至少有一个任务。对于这些任务,有的教师凭想象认为难度大,学生不易完成,因此在教学实践中降低难度。通过课程实施发现,难度下降与否与学生的产出并无太大关联,因此不应随意降低任务难度。

● 每一个任务都有一句简洁的语言来描述内容,教师要带领学生逐字逐句审读。这和平时学科教学中的审题不同,不仅需思考任务条件的限定要素,而且要得出不限定要素,如此才能更好地完成任务。

● 学生对实验材料的好奇心往往是巨大的,在传统实验课上,教师不发话,学生就不能动实验器材。其实,堵不如疏,STEM教师不但要尊重学生这种好奇心,而且要利用其带领学生仔细分析每一个任务所提供材料的可能用途与用法。

● 为便于STEM教师对课程进行评价,本书每个主题都预制了评价量规。这种形成性评价方式能帮助教师对课程实施效果进行评估。在熟悉评价量规的内容后,教师可对其进行适当调整,甚至和学生一起制定评价细节和要求。

● 在STEM课程中,反思的环节至关重要。反思时要具体说明成功的原因与需改进之处。允许失败、允许犯错是课程的特色,学生得从失败中总结经验来获得未来的成功。

● 许多主题可以重复讲授,学生再次挑战会有更多收获。

● 基于东西方文化差异与本土化考量,一些主题内容在编辑时做了少许本土化改良,教师在实际授课时可做更多思考与调整。

● 本书为了面向更广泛的学校群体,在课程选择上有所取舍。同时,课程所使用的材料都是身边容易获得且较为廉价的,甚至是校园中、生活中的回收品,这也符合环保的理念。

● 本书中给出的建议年级是参考年级,学校可根据本校教师水平、学生情况酌情调整。

● 本书列举了一至六年级的50个课例,但教师对课例的学习和课堂的

---

① 该工具是诺尔曼·L.韦伯博士(Dr. Norman L. Webb)在布卢姆教育目标分类法(Bloom's taxonomy)基础上生成的。

复现并不是最终目的。希望这些课例能让教师对STEM教育有更深刻的理解,转变教学方式,促进学生的创造性学习和自身的专业发展。

(2) 以博物馆、中小学为培训主体

当然,对中小学教师的重视和投入,不能只来源于政府,博物馆、学校方面的支持也很重要,以既提升自培能力,又搭载政府层级的顺风车。具体如下:

一方面,重视教师培训是博物馆以学校教育为先的明证之一。目前,上海市已有部分场馆先行先试,如上海科技馆、上海自然博物馆(上海科技馆分馆)的"博老师研习会"项目,旨在通过教师观摩场馆、专家讲座、课程设计研讨等形式,帮助教师熟悉馆方资源,了解探究型学习的理念和实践。此外,在上海市教育委员会的支持下,上海博物馆还与上海市师资培训中心合作开设了包括"中国古代艺术概论""中国青铜艺术与文化""中国雕塑与佛教艺术"等具有博物馆特色的中小学教师培训课程。同时,上海博物馆还向中长期合作的一线教师输出务实回馈,包括提供免费的材料包、外出考察机会等。

在本研究的采访中,有博物馆教育工作者表示,学校其实可以从场馆提炼出大量的学习主题,简单的参观实属浪费优质资源。个中原因包括学校教师缺乏对博物馆资源的了解,以及场馆缺乏提升教师相关态度和能力的机制。事实上,对博物馆而言,不只是要"请学生进来",还可以"让教育工作者走出去",进入中小学指导开展各类艺术科技活动。此外,"1+N孵化"形式也值得尝试,它指场馆工作者在合作的中小学内带几位"徒弟",在开展项目的同时指导教师,为学校开展课外、校外教育做铺垫、打基础[1]。

另一方面,学校也应引导教师成为校外教育发展的一分子,增强其践行学习理论的自觉性和勇于改革教学的动力,以真正实现德教渗融。事实上,每一位教师都应将培育学生的综合素质视为天然职责。而教师队伍保障了,也就建设了一支促进学生成长的高素质引路人。比如,上海市昌邑小学现已培养了一批具有文博兴趣的教师,他们虽主攻各学科,但尝试开设了文博课程,同时被学校选派参与博物馆组织的文博骨干培训。甚至,学校还成立了由博物馆专家学者和教师组成的文博联合教研组[2]。的确,优秀校外教师的培养需要内驱力和外驱力的共同作用。并且,不同学科、不同岗位的教

---

[1] 高德毅:《舞动成长的翅膀:上海市中小学课外活动实施指南》,第135页。
[2] 赵锋:《昌邑小学:"文博教育"成为德育新载体》,《上海教育》2004年第10期,第2—3页。

师若有条件都可参与,以逐步形成配合默契、各具特色的校外项目指导团队。

总之,在对中小学教师的校外教育培训这一环节,增进培训实效为重中之重。我们宜实行按需、分层、专项培训,鼓励参与式、讨论式、情景式等形式。同时,健全面向全员、突出骨干、学用结合、协同治理的教师培训体系,以最终建立教师专业发展共同体,形成队伍建设的向心力。

(三)鼓励志愿者参与

既然国内外都在打造专兼职结合的校外教育师资队伍,以平衡量与质的双重需求,那么除了作为兼职主体的中小学教师,我们还要采取"聘任与志愿结合"的方式,招募合适的志愿者,以作为有力补充。这些志愿者可包括高校学生、社会专业人士、家长等,无论他们是在博物馆还是在中小学内服务。事实上,中小学教师也可在博物馆担任志愿者,同时场馆教育工作者亦可在学校从事校外教育志愿服务,以实现双向、直接互动。

事实上,1998年《中共中央办公厅、国务院办公厅关于转发〈中央宣传部、国家教委、民政部、文化部、国家文物局、共青团中央关于加强革命文物工作的意见〉的通知》早就明确:"根据实际需要,可以聘请参加过革命战争的老同志,在职或离退休的干部、教师、史学工作者和理论工作者等作为兼职或社会志愿人员参与群众教育工作;也可以广泛吸收大中专学校学生,经过短期培训,作为社会志愿人员参与组织观众和讲解宣传工作。"同时,2004年《中共中央、国务院关于进一步加强和改进未成年人思想道德建设的若干意见》也明确:"要着力建设好中小学及幼儿园教师队伍,青少年宫、博物馆、爱国主义教育基地等各类文化教育设施辅导员队伍,老干部、老战士、老专家、老教师、老模范等'五老'队伍,形成一支专兼结合、素质较高、人数众多、覆盖面广的未成年人思想道德建设工作队伍。"

值得一提的是,在《中华人民共和国公共文化服务保障法》中有以下具体规定:"国家倡导和鼓励公民、法人和其他组织参与文化志愿服务。公共文化设施管理单位应当建立文化志愿服务机制,组织开展文化志愿服务活动。县级以上地方人民政府有关部门应当对文化志愿活动给予必要的指导和支持,并建立管理评价、教育培训和激励保障机制。"并直指教育培训机制等。

三、完善准入与职称制度

在任何领域,我们都需要树立正确的用人导向,同时促进人岗相适,包括构建业务培训与职业资格、专业技术职务职级晋升相关联的职业发展机制,这才是多维立体的可持续发展之举。在我国博物馆与中小学教育结合事业中,也要渐进完善校外教师资格体系和准入制度,同时健全职称、岗位的考核评价制度,覆盖优秀人才增量培育机制、学术休假机制、交流期限累加等措施。

(一) 职业资格

职业资格关乎专业人才的聘用事宜。我国从 1994 年建立的职业资格制度,从性质上分为准入类[①]和水平评价类[②]两种。针对专职的校外教育师资,除了学历学位培养等源头性路径,我们还可从职业资格制度等渠道"弯道超车"。毕竟,学历学位教育从目前看来,操作难度不小,并且短时间内难以铺开,仅能从有限高校、院系的专业硕士培养入手。而准入类和水平评价类职业资格则可通过高等院校、科研院所的"资质"项目,帮助对象在原有学历学位基础上收获从事专职校外教育工作的"入场券"。同时,建议他们同时参加教师资格证考试[③],毕竟教师资格证是教育行业从业师资的许可证。

在此推荐日本的学艺员制度,它是一种国家级从业资格,由文部科学省认定。根据日本《博物馆法》规定,在博物馆(包括美术馆、天文台、科学馆、动物园、水族馆、植物园等)从事专职工作,需要持有学艺员资格,而相应的人则被称为学艺员。就如何取得学艺员资格而言,一是通过在大学或短期大学修到一定量的学分,外加校外实习;二是通过文部科学省举行的资格认定考试。目前,日本已有 296 所大学及 8 所短期大学共 304 所大学开设了学艺员课程。事实上,早在 20 世纪中期,不少大学就开启了课程,致力于学艺员培养。近 70 年来,学艺员制度作为日本博物馆从业人员,尤其是核心专业人士(大致等同于欧美国家的策展人[Curator]概念,但目前更趋向于"杂艺员")必须遵循的职业资格认定规则,对规范从业者准入起了非常重要的作用。事实上,日本已成为全世界对博物馆工作者要求最严格的国家之一,并已形成了科学、完善的学艺员培养体系。

事实上,教师代表了一个行业,不论是学校教育还是校外教育师资,都

---

① 准入类职业资格是对涉及公共安全、人身健康、人民生命财产安全等特殊职业,依据有关法律、行政法规或国务院决定设置。也即,个人拿到证书,才能进入相关行业的工作岗位。此类工作必须要持证上岗,企业也不得招募无证人员。

② 水平评价类职业资格是指社会通用性强,专业性强的职业建立的非行政许可类职业资格制度。

③ 非师范类院校毕业生也可考取教师资格证。

应建立准入机制。也即,从严格意义上讲,拥有准入类职业资格的人员才有资格加入,无论专职还是兼职。尤其对于非教育系统的校外工作者(无论是公办还是民办校外教育机构)的准入,更应逐步设置规则和方案,相关标准可按需由参考性向强制性渐进,具体需各级各地教育行政部门负责制定。同时,文化和旅游(包括文物)系统也要更新博物馆教育工作者的职务聘任和岗位标准,包括突出其与中小学合作的实践经历和技能水平,并确保拥有编制。总之,应实施并完善准入制度,以严把入口关,同时创新聘用方式。

(二) 编制与职称评定、职务职级晋升

人才培育尤其要聚焦选拔与培养两大环节。也即,伴随准入机制的,还有编制、职称评定、职务职级晋升等制度,且都缺一不可。当然,这需要和考核结果等挂钩。《"十二五"以来全国校外教育事业综述》中提及了"教师队伍不稳定"问题,具体包括:"教育系统所属校外活动场所应作为事业单位来管理,现在人员编制偏少,在编人员数量与活动场所的发展需要及服务范围不协调;对校外活动场所教师职称评定没有体现校外教育特点,教师在职称评定、专业成长等方面机会较少。"[1]

一言以蔽之,针对专兼职校外教育师资,一方面我们要探索更科学的编制管理办法,完善岗位设置标准,从高层面上解决缺员问题;另一方面则需通过职称评审、职务职级晋升制度改革,促进其职业发展。未来,我们将逐步打造覆盖培养、培训、管理的全过程制度设计,以打造一支适应时代发展、热爱校外教育和博物馆教育事业、具有较高素质和专业能力的专兼职师资队伍。

1. 编制

目前,我国博物馆从事社会教育的人员大致分为三类:专职在编人员、专职社会用工人员、社会志愿服务人员[2]。在事业大发展、大繁荣的今天,博物馆既要有教育部门(有些机构不使用该名称,但内涵接近,如南京博物院将"社会教育部"更名为"社会服务部")的设置,又要有对接馆校合作事宜的专人专岗设置,并保持人员的相对稳定性。美国博物馆基本都设立了教育部门,专注于挖掘馆方的教育功能,包括更好地与中小学合作。同时,场馆

---

[1] 唐琪:《让校外教育发挥更大育人作用——"十二五"以来全国校外教育事业综述》,《中国教育报》2017年3月21日,第1版。

[2] 黄琛:《中国博物馆教育十年思考与实践》,第5页。

教育工作者既将师生和其他受众"迎进来",又让教育资源"走出去"①。事实上,我国博物馆界普遍存在教育部人手不足的情况,更遑论独辟专门团队或人员从事馆校合作等中长期业务了。即便是教育发展首屈一指的上海博物馆也存在工作者捉襟见肘的窘境。面对每年两百多万观众以及教育部惯常预算 500 万以上的发展挑战与机遇,十几个人的人员编制显然与此不符,更限制了其国际大馆的迈进步伐。

与之形成对比的是,美国大都会艺术博物馆教育部早在新千年左右就拥有了 67 名全职员工、40 名非全职员工、30 多名义工(志愿者)的规模。而明尼阿波利斯艺术学院(Minneapolis Institute of Arts)实际上有两个教育部门,一个是教育部,专门负责面向各类学校、各级学生的活动;一个是公共项目部,主要面向成年人、家庭等②。

鉴于此,在我国博物馆与中小学教育结合事业中,我们首先建议博物馆教育部门增添编制,以定岗定编定责,并设置馆校合作专员甚至是团队,以改善师生比并增进馆员与师生之间的沟通交流。当然,这需要文物、文化和旅游部门与其他部门联动解决,如中央机构编制委员会办公室、人事部、劳动部等。事实上,《博物馆条例》已将"与其规模和功能相适应的专业技术人员"作为设立博物馆应当具备的条件之一,其中包括社会教育的专业技术人员。同时,在《中华人民共和国公共文化服务保障法》中亦有"地方各级人民政府应当按照公共文化设施的功能、任务和服务人口规模,合理设置公共文化服务岗位,配备相应专业人员"的规定,以通过"人"直接带动机构的专业化发展。

2. 职称评定与职务职级晋升

在我国博物馆与中小学教育结合事业中,我们还应建立以岗位职责为基础,以品德、能力、业绩为导向的人才评价发现机制,并落地到职称评定、职务职级晋升的务实层面,具体包括:强化人才选拔和使用中对校外教育实践能力的考察,克服用人单纯追求学历的倾向;为博物馆专职教育工作者增设职称评定选择,比如可选择教师序列,参照教师的办法予以执行。当然,这需要文物、文化和旅游部门与其他部门联手解决,如中央机构编制委员会办公室、人事部、劳动部等。

---

① 吴娟:《美国博物馆:与学校教育融合互动》,《中国教育报》2017 年 6 月 29 日,第 4 版。
② 段勇:《美国博物馆的公共教育与公共服务》,《中国博物馆》2004 年第 2 期,第 93 页。

事实上，1999年《青少年宫管理工作条例》提出："青少年宫专业人员的职称评定工作，可按照国家人事部、劳动部及中央职称改革领导小组有关文件精神执行，纳入经济、劳动、教育等专业系列职称评定范围。"此外，《少年儿童校外教育机构工作规程》修订版（2016年修订）之征求意见稿[①]也指出："校外教育机构教师的专业技术职称评定应设立校外教师职称系列。"总之，从可持续发展的角度看，建议由我国教育部负责制定校外教育师资职称评定办法。同时，建议国家文物局尽快出台博物馆教育工作者的职务聘任和岗位标准[②]，并适量调高高级职称比例，鼓励他们不仅从事实践，而且加大研究力度。

此外，针对中小学内负责或兼职校外教育工作的教师，我们也需从职称评聘、晋升制度、人事薪酬（主要是绩效工资）、业务培训、教学评价等方面强化支撑，包括实施"校外骨干教师激励计划"等；派出优秀教师参与和指导社区校外教育活动；吸纳博物馆等社会教育机构人员（也可以是非教育工作者）担任兼职教师等。总之，中小学不妨实行梯度教师交流计划，也即先在最小单元内交流，从"小生态"向"大生态"过渡，逐步扩大范围。值得借鉴的是，2019年《教育部关于加强和改进中小学实验教学的意见》已提及"各地各校要合理核定教师实验教学工作量，把教师实验教学能力、教学水平和教学实绩作为相关学科教师职称评聘、绩效奖励等的重要依据"。

四、试行"双师制"

何谓"双师制"？其实，《国家中长期教育改革和发展规划纲要（2010—2020年）》在"加强职业院校教师队伍建设"中早已提及了"'双师型'教师"，具体包括："加大职业院校教师培养培训力度。依托相关高等学校和大中型企业，共建'双师型'教师培养培训基地。完善教师定期到企业实践制度。完善相关人事制度，聘任（聘用）具有实践经验的专业技术人员和高技能人才担任专兼职教师，提高持有专业技术资格证书和职业资格证书教师比

---

① 王振民编：《中国校外教育工作年鉴（2016—2017）》，第257—259页。
② 毕竟，《博物馆条例》仅提及："国家在博物馆的设立条件、提供社会服务、规范管理、专业技术职称评定、财税扶持政策等方面，公平对待国有和非国有博物馆"，"博物馆专业技术人员按照国家有关规定评定专业技术职称"。

例。"此外,新近的《深化新时代教育评价改革总体方案》也专门提及"健全'双师型'教师认定、聘用、考核等评价标准,突出实践技能水平和专业教学能力"。

当然,在我国博物馆与中小学教育结合事业中,"双师制"的含义有两层。就浅层次而言,它指代馆校合作教学时,由场馆教育工作者完成馆内授课任务,内容和形式以帮助学生寻找、发现、探究为主,帮助其认知和感悟。同时,由学校教师完成教室内授课任务,内容和形式以总结、归纳、体验为主,帮助其梳理规则和规律。两段教学相得益彰[①]。就深层次而言,我们还可试点建立博物馆教育工作者与中小学教师的人员双向聘用机制,实现"走出去、引进来"的人才流动。事实上,在基础教育阶段就引入"导师制",属于提前植入通常在大学阶段才有的福利,这样每个体验博物馆学习的班级都拥有了两位辅导教师。

2013—2016年间,中国国家博物馆与北京市史家胡同小学建立了课程研发协作体,进行"漫步国博""博悟之旅"两大系列课程的教材编写。基于此,学校三至六年级学生均能利用国家博物馆资源进行有目的、有计划的系统学习。在授课方式上,双方创新地采用了"双师制"模式[②]。当然,配合默契的课堂背后其实需要历经多轮打磨,包括每节课前,博物馆教育工作者先给学校教师补课,对文物进行深度解读等;他们还需前往学校,与教师一起磨课,反复修改课程设计等,确保两段教学互为呼应、补充。

目前,上海钱学森图书馆与延安初级中学的合作也采用了"双师制"模式,这里的"双师"则是博物馆讲解员和初中物理教师。课程在馆内进行,参与对象由馆方以活动形式招募。此外,上海自然博物馆也通过馆校合作培养"博老师",并推广"双师制"。同时,该馆还通过"科学家面对面"等项目吸引专业人士成为研学导师,培育和壮大专家团队[③]。

事实上,未来我们还可适当放大合作的外延,以建立博物馆、中小学与其他事业单位、行业企业之间的共建机制,包括双向、多向度的任职互聘平台。因此,"双师型"教师的遴选来源并不仅限于馆和校,因为社会本身就是最大的课堂。比如,在上海雀巢饮用水有限公司Project WET水教育项目

---

① 黄琛:《中国博物馆教育十年思考与实践》,第13—14页。
② 焦以璇:《"我们在博物馆里聆听历史"——北京史家胡同小学与博物馆走向深度融合》,《中国教育报》2017年6月29日,第4版。
③ 上海市青少年学生校外活动联席会议办公室、上海政法学院教育政策与法制研究中心:《2019上海市校外教育发展论坛材料汇编》,2019年11月26日,第41页。

部门的安晓燕就是一位教育专员。基于雀巢公司2010年左右引入中国的环境教育课程——Project WET水资源教育全球项目,安晓燕配合上海市教育委员会和学校,精心为孩子们设计和组织雀巢水工厂参观活动。它自2013年始正式开放,内容包括水知识大课堂、流水线亲身体验、WET水游戏①。鉴于我国当下有越来越多的企业在建设企业馆,不少行业在建设行业馆,建议老牌国有场馆帮扶非国有的企业、行业场馆,以逐步构建教育专员、导师班子,解决前者专业指导力量不足等问题,进一步提升服务中小学的软硬件条件,正如2016年《国务院关于进一步加强文物工作的指导意见》所言,"加大非国有博物馆管理人员、专业人员培训力度"。

值得一提的是,2014年《关于开展"完善博物馆青少年教育功能试点"申报工作的通知》、2015年《国家文物局、教育部关于加强文教结合、完善博物馆与中小学教育结合功能的指导意见》分别在"试点任务"之"教师培训"和"保障措施"之"加强师资培训"中提及了"双师课堂",包括:"博物馆设立专职教育辅导专员,通过教师研习会、双师课堂、教师博物馆之友会员等多种方式,增强博物馆教辅人员与在校教师的双向互动,使老师学会使用博物馆教材教具,并应用于课堂教学","各地文物、教育部门根据实际举办不同形式的联合培训。通过教师研习会、双师课堂、教师博物馆之友会员等多种方式,增强博物馆教辅人员与在校教师的双向互动,使博物馆教育人员熟悉学校教育,中小学教师熟悉博物馆教育项目"。

案例

《上海市公民科学素质行动计划纲要实施方案(2016—2020年)》之"实施科普人才建设工程"

在《上海市公民科学素质行动计划纲要实施方案(2016—2020年)》中,"实施科普人才建设工程"是五大"重点任务"之一。也即,优化科普人才队伍结构,完善多渠道培育、专兼职结合、可持续发展的科普人才培训体系和培养模式,推动科普人才健康有序发展。具体如下。同时该重点任务在"分工"中,纳入了上海科技馆等单位。

1. 培养高层次科普人才

鼓励高等院校开设科普相关专业和课程,加强教学大纲、教材、课程和

---

① 徐倩:《校内校外,共绘育人版图》,《上海教育》2015年11月A刊,第24—25页。

师资队伍建设,深入推进高层次科普人才培养。重点培养一批高水平、具有创新能力的科技场馆专门人才,以及科普创作与设计、科普研究与产品开发、科普传媒、科普产业经营、科普活动组织策划、科普项目策划实施等方面的高端科普人才。

2. 加强科普创作人才队伍建设

充分发挥科普作家协会等科技社团作用,吸引有志于科普工作的社会各界人士参与科普文学、影视、动漫等作品的创作,组织开展科普作家培训。开展大学生科普创作培训,培养科普创作后备力量。开展科技记者与编辑培训,提升大众传媒从业者的科学素质与科技传播能力。

3. 加强科普工作者队伍培训

建立和完善培训体系,强化科普工作者培养和继续教育,开展科学诠释者、科普讲解员大赛等形式多样的培训和活动,全面提升在职科学教育、传播与普及人员的科学素质和业务水平。

4. 加强科普志愿者队伍建设

制定科普志愿服务管理办法,完善科普志愿服务工作机制和服务网络,动员和组织科技工作者、高等院校师生、大众传媒从业者等社会各界人士不断加入科普志愿者队伍,广泛开展交流、培训、经验推广等工作。建立健全应对突发事件的科普志愿者动员机制,发展应急科普志愿者队伍。

(分工:由市科委、市人力资源社会保障局、市科协牵头,市委组织部、市委宣传部、市文明办、市经济信息化委、市教委、市农委、市环保局、市文广影视局、市卫生计生委、市食品药品监管局、市新闻出版局、市旅游局、市总工会、团市委、市妇联、中科院上海分院、上海社科院、上海科技馆等单位参加)

第六节　宣传推广与信息公开机制

在2018年《关于加强文物保护利用改革的若干意见》中,第二项"主要任务"便是"创新文物价值传播推广体系",即"实施中华文物全媒体传播计划,发挥政府和市场作用,用好传统媒体和新兴媒体,广泛传播文物蕴含的文化精髓和时代价值,更好构筑中国精神、中国价值、中国力量"。这正是对我国博物馆与中小学教育结合事业应用宣传推广与信息公开机制的顶层导向,具体则需要从两方面双管齐下:

一方面，通过传统媒体如报刊、广播、电视以及网络等新兴媒体融合来进一步宣传推广，并坚持正确的舆论导向，营造校外教育的良好环境，扩大影响，争取支持。正如在教育部"蒲公英行动计划"中，"宣"是九大措施之一，也即，"选择重大节点在主流媒体开设专栏，开展'蒲公英之花'系列专题报道，介绍校外教育的新成就、新进展"。而"坚持先进技术为支撑、内容建设为根本，推动传统媒体和新兴媒体在内容、渠道、平台、经营、管理等方面的深度融合"正是中央全面深化改革领导小组第四次会议审议通过的《关于推动传统媒体和新兴媒体融合发展的指导意见》（新广发〔2015〕32号）的核心要义。另一方面，博物馆与中小学教育结合要逐步达到信息公开，通过媒体与公众对发展成就和现存问题展开监督以不断实现自我提升。事实上，在信息社会里，教育、文化和旅游（文物）行政部门本来就应该推进政务公开，这也便于媒体向社会发布政策动向、主要内容、过程落实、政策成效等，以形成连贯、系统的信息流，搭建起政府与公众之间的桥梁。

其实，在《中华人民共和国公共文化服务保障法》中已规定："各级人民政府及有关部门应当及时公开公共文化服务信息，主动接受社会监督。新闻媒体应当积极开展公共文化服务的宣传报道，并加强舆论监督。"而我们的最终目标是，通过宣传推广与信息公开机制的践行，普及适合的教育才是最好的教育、全面发展、人人皆可成才、终身学习等科学教育理念，引导全社会树立正确的成才观，并营造政府、博物馆、学校、家庭、社区共同育人的生态系统。而全社会育人氛围的形成，也意味着对我国博物馆与中小学教育结合这项创新型事业的探索多了一份宽容和支持。

一、宣传推广机制

在贯彻落实《中华人民共和国公共文化服务保障法》的过程中，文化部在宣传推广方面打了"组合拳"，包括：利用传统平面媒体、广播电视媒体，以及网络、移动终端等新兴媒体开展多方位的集中宣传和解读，让依法构建现代公共文化服务体系的理念深入人心；广泛开展宣讲和培训，推动全国文化系统深刻领会该法的精神，继续扎实推进各项重点改革任务；充分发挥各级各类公共文化机构如博物馆的作用，开展普法宣传教育活动；配合全国人大适时开展执法检查；积极推动地方开展公共文化立法工作。

事实上,在 2016 年《国务院关于进一步加强文物工作的指导意见》中已有"加大普法宣传力度"的要求,包括:"要将文物保护法的学习宣传纳入普法教育规划,纳入各级党校和行政学院教学内容。文化、新闻出版广电等部门和单位要主动做好文物保护法的宣传普及工作。落实'谁执法谁普法'的普法责任制,各级文物行政部门要将文物保护法的宣传普及作为重要工作任务常抓不懈,开展多种形式的以案释法普法教育活动。"这与 2018 年《关于加强文物保护利用改革的若干意见》中"将文物保护利用常识纳入中小学教育体系和干部教育体系"有异曲同工之妙。

此外,在《全力打响"上海文化"品牌 加快建成国际文化大都市三年行动计划(2018—2020 年)》及其《"上海文化"品牌建设重点项目 150 例工作目标及具体任务表》中也特别提及了"深化宣传推介",即:"要凝聚共识,把政策宣传、阐释解读作为'上海文化'品牌建设后续的必要工作内容,提高文化品牌的知晓度和传播力,营造全社会共同推动文化品牌建设的良好氛围,真正打响'上海文化'品牌。"同时,在《上海市公民科学素质行动计划纲要实施方案(2016—2020 年)》中也专门提及"建立科研与科普相结合的机制":"将科普工作作为上海科技创新工作的重要组成部分,开展科技创新成果的科普成效考核评价。鼓励院士等科技工作者在科研与科普工作的结合上发挥示范和带头作用,推动重大科技成果实时普及。"事实上,"研究"与"普及"正是科技创新工作的"一体两翼"。而我国各级各地政府不断加大科普力度,正是在应用宣传推广机制,以合理引导预期,增进社会共识,让科学、文化、教育等真正"飞入寻常百姓家"。

(一)在中小学中加大宣传推广博物馆

博物馆与中小学教育结合事业的发展,亟须加大对中小学宣传推广场馆的力度。不少师生甚至不知道博物馆为他们专设了展览、教育项目等,有些根本没注意到场馆的存在。事实上,在经济衰退期,博物馆更应凸显其重要性。英国 2012 年的一项调查显示,越来越多的青年人抱怨 DVD 租金太高、书本太贵。年轻人正在寻找一些无须过多开支的活动,这对博物馆而言是参与的好时机[①]。

鉴于此,博物馆要定期向中小学进行宣传推广,包括免费发放观展指南

---

① 湖南省博物馆编译:《英国:博物馆应如何吸引青少年》,湖南省博物馆网站,2012 年 4 月 6 日。

等,寒暑假、黄金周等时段前尤其适合;通过博物馆网站、微信微博平台等拉近与青少年、儿童的距离,并促使临时展览、活动等的时间表更醒目;场馆教育部不妨组织进学校的巡回宣讲,以吸引师生观展并培养其习惯;同时,争取教师、校方领导的支持。当然,最好的宣传推广"武器"乃学生自身。如果博物馆真的想吸引年轻人,最好的途径是让他们口碑相传。若青少年与同伴聊天时对某个馆大加赞赏,那势必引发更多同龄人走进它。所以,博物馆要努力让这些"活广告"充分参与,尽享乐趣,然后"推而广之"[①]。

此外,我国博物馆与中小学教育结合的关键角色之一正是学校教师,这将在底层设计的馆校合作机制中进一步论述。但许多教师在提及博物馆时,仍然只想到学生实地考察这种形式。因此,博物馆需要给予教师更多信息,并与他们沟通交流,改变其对场馆的单一认知,促使其利用甚至是开发场馆资源。值得一提的是,在一些博物馆研学旅行中,部分企业作为开发主体对如何引入学生缺乏经验和渠道,并感到即便作为国有企业也不适合到学校去直接招徕对象,那么这就更需要文教官方系统、博物馆等进行正式宣传推广了。

(二) 争取家长支持,助推家庭教育

早在《国家中长期教育改革和发展规划纲要(2010—2020年)》中,就有"充分发挥家庭教育在儿童少年成长过程中的重要作用。家长要树立正确的教育观念,掌握科学的教育方法,尊重子女的健康情趣,培养子女的良好习惯"的内容。的确,家长的支持对于我国博物馆与中小学教育结合事业发展特别重要。我们的目标是,既争取家长的支持,发挥家教、家风的作用;又促使家、校、社互联,形成家庭教育、学校教育、社会教育有机融合的综合育人体系。

时下,越来越多的家长已逐渐转变教育理念,愈发注重孩童的素质教育以及博物馆在其中的位置。他们认识到,单纯物质条件的丰厚并不能给孩子带来真正的幸福,而了解世界文明、熟悉本国文化,是现代人的必需。的确,孩子今后能否成为一个有修养、懂得美、有创造力的人,也取决于家长今日之观念和眼界。因此,一些年轻家长不仅支持馆校合作,而且经常自行带孩子前往博物馆。父母帮助孩子理解场馆体验并提炼意义,孩子则为父母提供了看世界的新方式。博物馆为这样的合作型学习创设了独一无二的社

[①] 湖南省博物馆编译:《英国:博物馆应如何吸引青少年》,湖南省博物馆网站,2012年4月6日。

会环境,事实上大部分观众都以社会群组成员的身份前往场馆。而有了父母的参加,青少年、儿童对文博的兴趣往往更浓。当然,不争的事实是,大部分家长平时都支持馆校合作,但在升学当年和前一年,基本就持反对态度,希望孩子聚焦考试和补课等。这也解释了为何我们的初中、高中学校主要组织中低年级学生参与活动,这其中也有来自家长层面的压力。

值得一提的是,2019年教育部把加强家庭教育作为当年的"奋进之笔"攻坚计划,并研究制定家长、学校指导手册,开展家庭教育主题宣传活动。同年2月,教育部基础教育司和中国教育学会组织召开了《家庭教育指导手册》编制工作启动会①。事实上,根据《"十二五"以来全国校外教育事业综述》,教育部早已决定落实《关于推进家庭教育工作的指导意见》了②。

此外,自2013年起,上海市教育委员会、上海市文化广播影视管理局(现为上海市文化和旅游局、上海市广播电视局并置)、上海市青少年学生校外活动联席会议办公室联合(易班)博雅网推出了"家庭护照"。获得该护照的中小学生可在接下来的一年内免费参观上海科技馆、上海自然博物馆、上海东方地质科普馆、幻影机器人庄园等近百家沪上知名场馆,并享受两位随行家长半价的优惠。

可以说,家庭是孩子成长的第一环境,家庭教育是每个人一生中最先接受的教育,更是一种终身教育。它既是学校教育、社会教育的基础,又是它们的补充③。而家长对博物馆的重视及相应理念、行为的改变也是越早越好。在博物馆与中小学教育结合事业中,如上文所述,还可设置"校外教育志愿者观察制度",以招募家长等共同参与校外教育监管,并形成快速反馈、及时干预的信息链。而强化家庭育人基本责任、健全完善家庭教育指导服务体系,于我国校外教育、社会教育发展都至关重要。

(三)定期总结经验,加强品牌建设

正如作为拥有400余所实验校的全国新样态学校联盟的发起者和领导者陈如平研究员所言,"新样态学校要成为会讲故事的学校,把学校中发生的点点滴滴按照故事的若干要素写出来,实现新样态学校的自我描述和表

---

① 忠建丰:《教育部组织召开〈家庭教育指导手册〉编制工作启动会》,教育部网站,2019年3月5日。
② 唐琪:《让校外教育发挥更大育人作用——"十二五"以来全国校外教育事业综述》,《中国教育报》2017年3月21日,第1版。
③ 黄琛:《中国博物馆教育十年思考与实践》,第64页。

达是'一个有故事的学校讲述着学校的故事'"①。鉴于此,定期总结博物馆与中小学教育结合事业的发展经验,加大对项目实施成效的宣传力度,扩大成果示范推广与传播应用,也是践行宣传推广机制的佳径之一,正如2020年《教育部、国家文物局关于利用博物馆资源开展中小学教育教学的意见》专门提及的:"各地教育、文物部门要共同探索利用博物馆资源开展中小学教育教学工作的有效途径和创新模式,加强经验总结,宣传推介优秀案例。"

事实上,在校外教育领域,总结、宣传成效与经验的案例不胜枚举,包括《2000年—2005年全国青少年学生校外活动场所建设与发展规划》早就有"加大对青少年学生校外活动场所建设和维护工作的宣传力度"的"主要措施"。此外,2011年底、2012年初,全国青少年校外教育事业联席会议办公室主办、上海市青少年学生校外活动联席会议办公室组织承办了未成年人校外教育理论与实践研究优秀成果的征集活动。并且,全国校外联办还拟将获奖作品结集出版。2017年,上海市校外联办和上海市精神文明建设委员会办公室委托市开放大学开展了"首届上海市校外教育实践课程优秀成果征集与评比活动"。主办方还邀请了著名教育家于漪老师作为总顾问进行整体把关,并组织获奖的100位教师参加了为期三天的"校外实践课程专题研修班"②。而上海市青少年科学创新实践工作站自2016年启动以来已成为青少年科创人才培养的重要摇篮。其中,讲好中学生的科创故事、传播教育的好声音和正能量正是新媒体时代该工作站得到青少年认可和社会支持的金科玉律之一③。

当然,除了定期总结经验,加强品牌建设也是宣传推广的重要举措。品牌是无形资产总和的浓缩。当下,虽然我国博物馆与中小学教育结合事业仍处于初级发展阶段,但博物馆业态已趋于成熟,因此强化品牌建设意识、彰显场馆校外教育的内在价值,具备了良好的基础。当然,品牌由学生、教师、家长和社会的认可度、忠诚度、美誉度等综合决定。这反过来也直指拓展宣传渠道、促进品牌增值的必要性,包括强化形象设计、展开成果推介、关注社会效应等。目前,做好博物馆作为优质校外教育资源的品牌建设,提高

---

① 陈如平:《关于新样态学校的理性思考》,《中国教育学刊》2017年第3期,第39页。
② 上海市青少年学生校外活动联席会议办公室编:《"首届校外教育实践课程优秀成果征集与展示活动"获奖作品汇编》,前言。
③ 《看现场|总结更务实,研讨更深入!这场业务培训会干货满满,引领科创实践再出发!》,上海青少年科学创新实践工作站网站,2018年12月30日。

利用效能已成为一大目标,以达到从"自然状态"到"澄明状态"再到"品牌状态"的不断进阶。

二、信息公开机制

"信息公开"是指国家行政机关和法律法规规章授权、委托的组织,在行使国家行政管理权责过程中,通过法定形式和程序,主动将政府信息向社会公众或依申请而向特定个人或组织公开的制度。事实上,《中华人民共和国政府信息公开条例》早已于 2007 年公布,并于 2019 年修订。同时,《中华人民共和国公共文化服务保障法》也要求:"县级以上地方人民政府应当将本行政区域内的公共文化设施目录及有关信息予以公布""公共文化设施管理单位应当建立健全管理制度和服务规范,建立公共文化设施资产统计报告制度和公共文化服务开展情况的年报制度""各级人民政府及有关部门应当及时公开公共文化服务信息,主动接受社会监督"。此外,《国家中长期教育改革和发展规划纲要(2010—2020 年)》在"推进依法治教"中,亦早已提及"完善教育信息公开制度,保障公众对教育的知情权、参与权和监督权"。

就我国博物馆与中小学教育结合事业而言,既然实行的是以政府投入为主的多元经费筹措机制,并坚守公益性,那么信息公开制度的落地就是促使我们把工作放在阳光下并进一步做细、做好。这既让所有利益相关者都心服口服,推动博物馆赢取社会口碑,收获良性的长远发展;又是搭建公共对话平台,提高文教管理部门服务效能的佳径。比如,人才需求定期发布制度等,与中学生综合素质评价中的职业体验都存在关联,这也倒逼博物馆等校外教育机构提供更富有针对性的活动和项目。

此外,下文即将论述的我国博物馆与中小学教育结合的相关智库运营,也对加强政府信息公开和公众参与提出了要求。毕竟,智库若要更好地服务政府科学决策,必须通过获取高质量的信息来进行研究并提出建议。因此,政府主动的信息公开和必要的公众参与就成为智库尤其是社会智库产生高质量成果的必要保障①。

(一)博物馆信息公开与年报制度

根据《中华人民共和国政府信息公开条例》《关于全面推进政务公开工

---

① 刘元春、宋鹭:《社会智库建设:难在哪里,如何解决》,《光明日报》2016 年 9 月 21 日,第 15 版。

作的意见》①以及在此背景下的《关于做好博物馆信息公开有关工作的通知》（文物博函〔2016〕28号）等顶层设计，国家文物局、各省市文物局（文化厅）正在建立和完善信息公开制度，包括将"年报"这一信息公开渠道纳入中央和地方文物行政部门综合行政管理平台建设，公开接受业内外监督。

比如，在《国家文物局办公室关于报送2019年度博物馆（纪念馆）备案信息的通知》（办博函〔2020〕56号）中，国家文物局要求各省、自治区、直辖市文物局（文化和旅游厅/局）、新疆生产建设兵团文物局做好2019年度博物馆信息统计和公开工作，包括"各博物馆应建立本馆年报制度和信息公开制度，各级文物行政部门应建立本行政区博物馆事业发展年度报告制度。下一步，国家文物局拟编制全国博物馆事业发展报告，在汇总、整理各地博物馆报送信息基础上，在政府网站发布全国博物馆信息"。

事实上，早在2005年《博物馆管理办法》中，已规定"博物馆应当于每年3月31日前向所在地市（县）级文物行政部门报送上一年度的工作报告，接受年度检查。工作报告内容应当包括藏品、展览、人员和机构的变动情况以及社会教育、安全、财务管理等情况"。之后，在《博物馆条例》中，有"省、自治区、直辖市人民政府文物主管部门应当及时公布本行政区域内已备案的博物馆名称、地址、联系方式、主要藏品等信息"的规定。此外，在2015年《关于加快构建现代公共文化服务体系的意见》中，也已提及"加大公益性文化事业单位改革力度。完善年度报告和信息披露、公众监督等基本制度，加强规范管理"。

值得一提的是，2018年末，国家文物局已委托笔者主持"博物馆年报编制导则"项目，以期对各单体博物馆年报以及各省/自治区/直辖市的整体博物馆年报进行建章立制。

1. 博物馆信息公开

税收与公民社会息息相关，公众对减免缘由享有知情权和监督权，而信息公开制度也与税收直接相关。目前，国际社会越来越关注博物馆等享受税收优惠的非营利性组织的"透明"和"责任"，对信息公开的诉求在过去20年有很大发展。事实上，根据英美等国的法律，博物馆必须报告其如何践行公益性等。同时，博物馆对其公开信息的真实性、完整性、准确性、及时

---

① 全称为：《中共中央办公厅、国务院办公厅印发〈关于全面推进政务公开工作的意见〉》（中办发〔2016〕8号）。

性负责。

我国最新版的《博物馆定级评估办法》(2019年12月版)中,已在申报环节增设了博物馆行业数据互联互通、互为印证的条款,以健全博物馆信用体系和信息公开制度。具体包括:"参评博物馆应确保数据信息真实可靠;填报的相关数据信息,应与全国第一次可移动文物普查数据库、全国博物馆信息年报系统、非国有博物馆藏品备案数据库等相关数据保持一致。"

此外,在"国家一级博物馆运行评估指标"中也已有一系列涉及信息公开的考察要点。具体包括:"在博物馆官方网站向社会公开章程(1)""在本馆官方网站上公开学术成果和科研项目(课题)的信息(2)""在本馆官方网站公开用以支持科研的公共资源共享服务信息与服务方式(1)""在本馆官方网站公开基本陈列的主题和展品说明(1)""在本馆官方网站公开已经展出和正在展出的所有临时展览主题和展品说明(2)""在本馆的官方网站公开各类教育活动的主题、适合对象、活动时间、活动地点和参加方式(2)""在本馆官方网站公开接纳在校学生社会实践活动的具体方式(1)""在本馆官方网站公开出国展览和国际学术研讨活动信息(1)""有计划地在本馆官方网站等媒体公开未展出的藏品信息,为社会利用文物资源提供便利(1)""在本馆官方网站公开年观众数量(1)""需在本馆官方网站公开未成年观众数(3)""根据第三方互联网公开数据,衡量媒体关注度(2)"。也即,与信息公开相关的考察要点,累计分值高达18分,比重逼近总分的1/5,具体如下表所示。

表13 国家一级博物馆运行评估指标考察要点中涉及"信息公开"的内容

一级指标	二级指标	三级指标	考察要点	数据来源
内部管理 20	组织管理 10	法人治理结构 5	1. 组建理事会(3) 2. 理事会依章程履行职责(2) (尚未组建理事会的,本三级指标不得分)	填报+公开信息
		制度规范 5	1. 按《博物馆条例》要求制定博物馆章程(4) 2. 在博物馆官方网站向社会公开章程(1) (尚未制定博物馆章程的,本三级指标不得分)	填报+公开信息

（续　表）

一级指标	二级指标	三级指标	考　察　要　点	数据来源
内部管理 20	藏品管理 10	藏品搜集 2	1. 根据本馆定位和特色搜集藏品数量(2) 2. 没有收集来源不明或者来源不合法的藏品 （未搜集藏品或违反第2条要求的，本三级指标不得分）	填报
		藏品档案 5	1. 建立藏品账目及档案(1) 2. 单独设置文物档案，并区分文物等级(1) 3. 建立文物信息化档案，并通过上级文物主管部门在"全国可移动文物登录平台"上登录备案(3) 4. 交换或者出借的藏品，均已建账、建档 （违反第4条要求的，本三级指标不得分）	填报＋登录中心核实
		藏品安全 3	1. 库房和展厅均有保障藏品安全的设备、设施(1) 2. 定期对保障藏品安全的设备、设施进行检查、维护，有完整的检查、维护记录(1) 3. 对珍贵文物和易损藏品设立专库或专用设备保存，并由专人负责保管(1) 4. 未发生藏品安全事故 （无任何保障藏品安全的设备和设施的，本三级指标不得分。违反藏品安全指标项下第4条要求的，本三级指标不得分）	填报
服务产出 60	科学研究 16	科研产出 14	1. 科研产出数量(6) 博物馆应重点在以下方面开展科学研究： （1）藏品研究：开展与藏品价值认知、藏品保护和藏品科学管理有关的研究工作 （2）陈列展览研究：开展与陈列展览的有关的原理和方法研究 （3）社会教育研究：开展与社会教育有关的原理和方法研究 （4）观众研究：开展与观众心理、观众行为、观众调查等方面的研究 科研产出形式包括： （5）学术成果：学术论文、学术专著(译著、编著)、科普读物、教材、研究性图录、专利等 （6）科研项目(课题)：各级政府部门资助项目(课题)、横向委托项目(课题)、自主立项项目(课题)等 2. 代表性科研成果水平(6) 3. 在本馆官方网站上公开学术成果和科研项目(课题)的信息(2)	填报＋公开信息

(续 表)

一级指标	二级指标	三级指标	考 察 要 点	数据来源
服务产出 60	科学研究 16	科研服务 2	1. 为高等学校、科研院所和专家学者进行研究提供便利,包括但不限于:提供藏品资料和研究成果,提供科研咨询,提供文物标本的鉴定服务,提供必要的科研技术设备;有条件的博物馆创造条件为馆外研究者开辟研究室;与有关科研机构和高等院校在某些项目中进行合作等(1) 2. 在本馆官方网站公开用以支持科研的公共资源共享服务信息与服务方式(1)	填报+公开信息
	陈列展览 20	基本陈列 5	1. 基本陈列能够突出本馆的定位与藏品特色(4) 2. 在本馆官方网站公开基本陈列的主题和展品说明(1)	填报+公开信息
		临时展览 15	1. 临时展览的数量。符合以下要求之一的临时展览纳入统计范围(6): (1) 主要由本馆负责策划设计,并能够反映本馆的定位与藏品特色的 (2) 配合国家或地区重大活动举办的临时性展览 (3) 有计划引进境外或其他省(市、区)博物馆临时展览 2. 代表性临时展览的水平(7) 3. 在本馆官方网站公开已经展出和正在展出的所有临时展览主题和展品说明(2)	填报+公开信息
	社会教育 18	教育活动 15	1. 策划和实施教育活动的数量(5),包括: (1) 常设教育项目 (2) 在法定节假日和寒暑假策划并实施的特色教育活动 (3) 面向不同公众需求策划并实施的其他特色教育活动 2. 代表性教育项目的水平(6) 3. 利用互联网、移动互联网等,策划并实施的"互联网+教育"项目数量(2) 4. 在本馆的官方网站公开各类教育活动的主题、适合对象、活动时间、活动地点和参加方式(2)	填报+公开信息

(续 表)

一级指标	二级指标	三级指标	考 察 要 点	数据来源
服务产出 60	社会教育 18	学校教育服务 3	1. 为学校利用博物馆资源开展教育教学活动提供支持和帮助的次数(1) 2. 接纳在校学生的社会实践人次(1) 3. 在本馆官方网站公开接纳在校学生社会实践活动的具体方式(1)	填报+公开信息
	文化传播 6	对外文化交流 3	1. 举办出国境展览数量(1) 2. 举办国际学术研讨活动数量(1) 3. 在本馆官方网站公开出国展览和国际学术研讨活动信息(1)	填报+公开信息
		文物资源开放 3	1. 本馆通过授权开发文创产品获得的经济收益(授权方式包括但不限于图像影音授权、出版品授权、合作开发授权、品牌授权等)(2) 2. 有计划地在本馆官方网站等媒体公开未展出的藏品信息,为社会利用文物资源提供便利(1)	填报+公开信息
社会反馈 20	观众数量 10	参观人数 6	1. 参观总人数(4) 2. 结构性参观人数(本地参观者,外地参观者,境外参观者)(1) 3. 在本馆官方网站公开年观众数量(1)	填报+公开信息
		未成年观众 4	1. 未成年观众数(需在本馆官方网站公开)(3) 2. 有组织集体参观的未成年观众数占比(1)	填报+公开信息
	公众评价 10	观众满意度 5	观众对博物馆的展览、环境、服务等方面做出的评价	填报+公开信息
		社会关注度 5	1. 综合官方微博粉丝、微信公众号的关注人数、本馆官网的点击量等数据,衡量公众关注度(3) 2. 根据第三方互联网公开数据,衡量媒体关注度(2)	填报+公开信息

资料来源:国家文物局关于发布《国家一级博物馆运行评估指标》的通知(文物博发〔2017〕13号)。

2. 渐兴的博物馆年报

英国、美国等国编制博物馆年报的历史悠久,比如建立于 1870 年的美国大都会艺术博物馆自创建之初即开始编制年报,如今已有 150 份左右。欧美业界通常以单体博物馆为单位出炉年报,并发布在官方网站上,有些还有详版和简版之分,便于公众查询和使用。即便是博物馆协会如美国博物馆联盟、英国博物馆协会等,本身作为非营利协会及专业会员组织,发布本单位年报[1]。

目前,在倡导信息公开的背景下,不只是作为基层单位的博物馆需要逐步实行信息公开,包括青少年教育、馆校合作等内容,并明确信息公开的范围、方式、责任、发布年报等。在此"点"的基础上,各省、自治区、直辖市文物局(文化和旅游厅/局)、新疆生产建设兵团文物局还要发布"线"上的年报。2018 年 5 月 18 日,上海市文物局率先出台了《上海市博物馆年报》,覆盖了对截至 2017 年底 125 座博物馆的全面统计,属全国首创。目前,上海市已于 2018—2020 年国际博物馆日期间公布了 2017—2019 年的三份年报,呈现了设施情况、开放服务、宣传教育、学术研究、文创产品等方面,未来还将继续。其实,上海市文物局每季度都通过《上海市博物馆(纪念馆)运营管理指标统计表》收集季度数据,并公开发布。同时,上海市文化广播影视管理局(现为上海市文化和旅游局、上海市广播电视局并置)、上海市文物局还内部编印有"上海市文化文物事业统计资料"。未来,国家文物局还将在各省、自治区、直辖市文物局(文化和旅游厅/局)、新疆生产建设兵团文物局的博物馆年报基础上,出台全国范围的"面"上的年报。

当然,文博界年报目前仍习惯于业内发布与共享,或是虽信息公开但未能定向传播给教育界,以至于不少正在进行馆校合作或寻求相关合作的中小学及其行政管理机构以及校外联办等没有及时接收到这样的宝贵信息,并加以利用。因此,未来我们要同步加大信息公开与定向传播,正如上文领导与统筹机制所言,博物馆与中小学教育结合亟需文教系统的双重领导。

其实,早在《2000 年—2005 年全国青少年学生校外活动场所建设与发展规划》中,即已有"编印联席会议简报,通报中央的有关精神和各地青少年学生校外活动建设项目的进展情况以及相关的典型事例","按年度组织编

---

[1] 郑奕、罗兰舟:《刍议英美博物馆年报发展对中国博物馆年报编制的启迪》,《国际博物馆》2019 年第 1—2 期,第 116 页。

印国家扶持建设的青少年学生校外活动场所画册"等"主要措施"。而在博物馆与中小学教育结合中,信息公开制度也不只是博物馆年报等成果。我们最终要建立的是将定期发布制度与对博物馆的考核评价机制、激励机制甚至是与信用分类分级管理机制挂钩,比如将相关信息纳入上海市公共信用信息服务平台统一管理等,以打通体制、机制边界,并达求"善循环"。

(二) 信息快速反馈机制

《上海市公民科学素质行动计划纲要实施方案(2016—2020年)》要求"科技场馆围绕公众关注的科学热点、社会热点焦点问题,建立快速反应工作机制,回应公众关切,及时解疑释惑"。同时,2015年《关于加快构建现代公共文化服务体系的意见》也要求:"建立群众文化需求反馈机制,及时准确了解和掌握群众文化需求,制定公共文化服务提供目录,开展'菜单式'、'订单式'服务。"此外,在《中华人民共和国公共文化服务保障法》中亦有"各级人民政府应当建立反映公众文化需求的征询反馈制度"的规定。

事实上,信息快速反馈机制致力于完善政府的信息交流以及民主参与制度。这相当于从体制、机制层面构建受法律保护的、有效了解政府文教状况及公众意愿的信息反馈方式,确保信息在不同层面或不同系统之间便捷顺畅地流动和获取,提高透明度。在我国博物馆与中小学教育结合事业中,信息快速反馈机制的应用意味着同步援引了社会智力支持,收获了公众关注、认同、支持,这亦是新时代的众筹众包新路径。下文即将论述的相关智库发展,其实也与有序的信息传送与上报机制直接相关,可加速智库成果转化。

值得一提的是,信息快速反馈机制中同时包含了利益表达的内容,即借此保障社会成员通过合法渠道表达利益诉求,同时为顶层制定与执行相关决策提供依据,促使利益相关者从被管理对象转变为国家和政府社会治理的参与性力量,更好地行使民主权利。

(三) 公示与听证制度

与信息公开、信息快速反馈相关的是重大行政决策的公示和听证制度,后者致力于在公共文教中纳入更广泛的利益相关者。目前,我国社会参与文教治理和评价尚不充分,因此理应扩大公众对决策的参与,培育民主、科学的氛围与文化,同时完善多方论证、风险评估、合法性审查等重大行政决策程序。

事实上,在《国家中长期教育改革和发展规划纲要(2010—2020年)》

中,早已述及"提高政府决策的科学性和管理的有效性。规范决策程序,重大教育政策出台前要公开讨论,充分听取群众意见"。同时,在2016年《国务院关于进一步加强文物工作的指导意见》中也有"制定文物公共政策应征求专家学者、社会团体、社会公众的意见,提高公众参与度"的要求。此外,在《中华人民共和国公共文化服务保障法》中亦有"公共文化设施的选址,应当征求公众意见,符合公共文化设施的功能和特点,有利于发挥其作用"的规定。当年,全国人大教科文卫委员会牵头启动了该法的立法工作,历时3年征求社会各界意见和多次修改完善后,才在十二届全国人大常委会第二十五次会议上正式表决通过。据悉,该法的社会意见公开征求方式多样,公众可将意见发送或寄送至全国人大教科文卫委员会,也可通过在中国文化传媒网、中国新闻出版网上点击留言等。

2018年上海市启用了新版《上海市普通高中学生综合素质评价实施办法》,但在2015年版《上海市普通高中学生综合素质评价实施办法(试行)》的研制过程中,上海市教育委员会曾广泛征求各方意见。一是召开系列座谈会,包括区县教育局负责人、高中校长、教育专家、高校招生负责人、高中教师、高中学生及其家长座谈会共计30余场,听取和吸纳各方建议;二是开展问卷调查,随机选择20所高中(含市实验性示范性高中、区实验性示范性高中、普通公办高中、民办高中4大类,涉及12个区县)40个高一班级的近1200名学生及家长,开展综合素质评价网络问卷调查;三是协调市政府相关委办局,专门听取意见,对该实施办法提及的学生社会实践等操作、管理达成一致意见;四是公开征求社会意见,于2015年2月15日至27日通过"上海教育"门户网站,面向全社会多次公开征求意见。最终,数易其稿,才形成了2015年的试行版实施办法①。

三、以信息化带动现代化

就我国博物馆与中小学教育结合之宣传推广与信息公开机制的落地而言,我们还必须以信息化带动现代化,包括强化互联网思维,坚持传统媒体和新兴媒体优势互补、一体发展,坚持先进技术为支撑、内容建设为根本等。

---

① 《社会各界对上海市高中学生综合素质评价十分关注,政策文件的指导思想是什么?研制的过程是怎样的?》,上海教育网站,2015年5月4日。

也即,一方面,任何信息的输出宜遵循传播规律,并利用新兴媒体发展,让中小学生在学习和娱乐的交融中感受博物馆的魅力。其中,娱乐和学习的结合很重要,能有助于青少年、儿童克服依然存在于学习前的灰色障碍,更何况青少年还是网民的主体。另一方面,我们要尽可能扩大信息覆盖面,促使每一所学校、每一个家庭都公平享有信息的知情权和使用权,有效推进现代技术在家校社互联互通中的应用。

近年来,上海市教育委员会、上海市青少年学生校外活动联席会议办公室以(易班)博雅网为依托,构建了"青少年文化地图"和"社会教育网络大课堂",探索"虚拟场馆""云课堂""移动课堂"等项目,为学校、家长更好地选择和应用博物馆资源提供信息化导引。此外,上海市学生社会实践信息记录电子平台微信版也已推出,方便学生查询参加志愿者活动的内容、次数及时长等[1]。

对上海市青少年科学创新实践工作站而言,虽然它成立才数年,却已拥有相对成熟的官方网站和微信公众号,致力于将其打造成师生经验交流成果分享、互动研讨的平台。上海市科技艺术教育中心(工作站的两大市级总站之一,另一个为上海科普教育促进中心)的朱青老师曾在2018年底工作站业务培训会上提出,"从信息化平台建设、平台数据应用、工作站动态宣传三个维度,都强调了信息公开、管理、宣传、发布的重要性",并且"要用更加生动活泼的方式,讲好工作站的每一个故事"[2]。

毋庸置疑,信息化大大助推了我国博物馆与中小学教育结合的现代化,这也是大势所趋。事实上,2018年《关于加强文物保护利用改革的若干意见》已在"主要任务"中提及"加大文物资源基础信息开放力度,支持文物博物馆单位逐步开放共享文物资源信息","发展智慧博物馆,打造博物馆网络矩阵"。因此,未来我们还有一系列工作可推进。其一,用大数据搭建服务"云平台",并囊括馆校工作者合作备课、学生学习的支撑系统,既支持前者的在线备课共享、布置和批阅作业、答疑,又支持后者的在线自主学习、完成作业、讨论协作等。其二,建立青少年的博物馆学习记录档案,通过对教与学的信息化全程记录,为科学实施学习者综合素质及学业质量评价提供有力支撑,包括配合时下的中学生综合素质评价。其三,增强信息化支撑智慧

---

[1] 上海市青少年学生校外活动联席会议办公室、上海政法学院教育政策与法制研究中心:《2019上海市校外教育发展论坛材料汇编》,2019年11月26日,第7页。
[2] 《看现场丨总结更务实,研讨更深入!这场业务培训会干货满满,引领科创实践再出发!》,上海青少年科学创新实践工作站网站,2018年12月30日。

化学习,比如开设网络课程、视频公开课、在线开放课程等,并面向社会开放①。

值得一提的是,2020年5月18日,国际博物馆日中国主会场活动开幕。此次业界首次尝试采用线上线下融合传播方式,通过5G网络对主会场系列活动全程直播与话题推送,促使公众足不出户也能"身临其境",共享博物馆发展成果。国家文物局局长刘玉珠同志介绍,本年度在抗击新冠肺炎疫情期间,全国博物馆系统推出2 000多个线上展览,总浏览量超过50亿人次。并且,我们还要改革创新,推动博物馆现代化、智慧化进程,通过交流互鉴引导场馆迈向世界舞台②。

从中长期发展看,我国公共文教部门理应建立专门的校外教育信息系统,并设立博物馆与中小学教育结合专栏。总之,我们要依托"互联网＋"平台,建立信息中心,负责收集与政府文教结合相关的政治、经济、文化等信息,并进行甄别、统计、整理、加工、传递等。具体在整合博物馆资源时,除了对资源摸底外,还收集关联性基本信息,以据此制定相应的校外教育、博物馆与中小学教育结合等计划,并统一编辑和发布。而高效运行的信息系统也即电子政务的建立,将促使我国政府文教组织趋向扁平化管理,提高运作效率和质量,包括信息的传递、沟通、反馈更迅速快捷,同时为公民参与提供便利,增强政府与公民的互动③。

案例

《上海市公民科学素质行动计划纲要实施方案(2016—2020年)》之"实施科普信息化工程"

在《上海市公民科学素质行动计划纲要实施方案(2016—2020年)》中,"科普信息化"作为五大工程之一,位居"重点任务"之列。而"实施科普信息化工程"指代"以科普信息化为核心,推动科普工作理念和服务模式等全面创新。强化'互联网＋'思维,坚持需求导向,突出科普内容建设,创新传播形式,拓宽传播渠道,提升科普信息化服务能力,推动科普信息在社区、学校、农村等落地应用,满足公众日益增长的多样性、个性化科普需求"。具体

---

① 《教育部对十三届全国人大一次会议第3638号建议的答复》。
② 赵晓霞:《全国已备案博物馆达5535家》,《人民日报》(海外版)2020年5月19日,第4版。
③ 李国正等编:《公共管理学》,第448—449页。

如下。同时该重点任务在"分工"中纳入了上海科技馆等单位。

1. 拓宽科普信息传播渠道

推动传统媒体与新媒体深度融合，推广科普内容一次创作、多次开发、全媒体呈现的融合模式，实现科普的跨媒体、跨终端传播。打造"上海科普云"一站式服务平台，推动科普资源信息集成和服务共享。建立移动端科普传播平台，强化移动端科普信息推送。围绕公众关注的科学热点、社会热点焦点问题，建立快速反应工作机制，回应公众关切，及时解疑释惑。

2. 促进科普信息化资源开发

依托高等院校、传媒机构和科技场馆等，创建一批各具特色和有国际影响力的科普内容创制基地。

3. 强化科普信息的落地应用

加大科普信息资源整合、集成和配送力度，促进科普活动线上线下结合，通过"科普中国""上海科普云"等品牌科普信息服务平台，定向、精准地将科普信息送达目标人群，实现科普精准化服务，推动科普信息在社区、学校、农村等落地应用。

（分工：由市科协、市科委、市委宣传部、市经济信息化委、市文广影视局、市新闻出版局牵头，市文明办、市教委、市财政局、市农委、市环保局、市卫生计生委、市食品药品监管局、市旅游局、市总工会、团市委、市社联、中科院上海分院、上海科学院、上海科技馆等单位参加）

第七节　决策咨询与合作研究机制

日本对校外教育实行三级行政管理。而在中央级的文部科学省设立生涯学习政策局，即是为负责全国社会教育的调查指导、监督咨询、政策规划。其中，"咨询"是重要功能之一。而配合生涯学习政策局的生涯学习审议会，是负责文部科学省校外教育政策的"调查审议与咨询"机构。同时，在都道府县层级，许多地方也设置了生涯学习审议会[1]，以配合中央的条线管理。此外，早在20世纪六七十年代，日本、美国等就开始委托一些第三方机构开

---

[1] 王晓燕：《日本校外教育发展的政策与实践》，《国家教育行政学院学报》2009年第1期，第91页。

展调研,供政府重大决策时参考。

事实上,《国家中长期教育改革和发展规划纲要(2010—2020年)》早已述及"提高政府决策的科学性和管理的有效性。成立教育咨询委员会,为教育改革和发展提供咨询论证,提高重大教育决策的科学性"①。这与我国博物馆与中小学教育结合事业之决策咨询机制的核心要义不谋而合,后者主要指建立智库、决策咨询委员会等,而非一般意义上的专家指导委员会,以真正对相关制度设计的组织实施实行咨询服务与过程管理,尤其是完善重大政策咨询,推进决策科学化和管理精准化。

此外,与决策咨询机制直接相关的是博物馆与中小学教育结合的理论和实践研究工作。但我们需要摒弃为研究而研究的窠臼,而是输出以需求为导向的研究,包括加强校外教育、文教结合宏观政策和发展战略研究,致力于解决基础教育改革中的重大问题和群众关心的热点问题。正如在教育部"蒲公英行动计划"中,"研"是九项措施之一,即:"积极开展校外教育应用研究。组建校外教育专家指导委员会,就校外教育发展的重大问题提供政策咨询、理论指导等;根据校外活动场所的不同类型和校外教育的特点,确定课题指南,开展应用性研究。培育一批校外教育理论优秀成果,推出一批校外活动场所文化育人和实践育人的优秀项目和实践活动课程资源。"

时下,智库在国家政治生活中发挥着越来越不可替代的作用,相当于"思想库"和"外脑",尤其是在经济全球化快速推进、决策环境和条件日趋复杂、政府面临前所未有的挑战的背景下。可以说,现代智库以其宽阔视野、高度专业化和对复杂问题的建构能力,成为确保政府决策质量和效能的重要支撑。而建设中国特色新型文教智库则是参与全球竞争、争夺国际话语权的需要,也是社会实现顺利转型的内在需要,以推进文教治理体系治理能力现代化。这其中就包括文教结合、校外教育、博物馆与中小学教育结合等专项智库,或是在文教综合智库下特辟专门方向。当然,相关行业协会、中介组织、研究机构等的作用也宜得到充分发挥。

---

① 在此背景下,国家教育咨询委员会于2010年11月在北京成立。这是中国教育史上首次设置的专门对国家重大教育改革发展政策进行调研、论证、评估的咨询机构。该委员会还是国务院成立的由20个部委组成的国家教育体制改革领导小组,为推动教育改革发展提供了制度保证。根据《国家教育咨询委员会章程(草案)》,委员会的主要职能包括:对重大教育政策、重大改革事项进行论证评议,提供咨询意见;开展调查研究,对解决教育改革和发展中的重大理论和现实问题提出政策建议;对国家教育体制改革试点以及重大项目实施情况进行评估,提出报告。

一、决策咨询与研究主体——智库的工作范畴

根据上海社会科学院智库研究中心发布的《2013年中国智库报告》，"智库"主要指以公共政策为研究对象、以影响政府决策为目标、以公共利益为导向、以社会责任为准则的专业研究机构。从组织形式和机构属性上看，智库既可以是具有政府背景的公共研究机构——官方智库，又可以是不具有政府背景或具有准政府背景的私营研究机构——民间/社会智库，其间还有社科院智库、高校智库等半官方智库。

事实上，无论是智库、决策咨询委员会，还是行业协会、专业学会等，其建设和管理首先依赖内部和外部的专家学者力量。诸如作为全球知名智库的美国布鲁金斯学会（Brookings Institution）拥有400名工作人员和200名不驻会的客座研究人员，还有60—70名访问学者。战略与国际研究中心（Center for Strategic and International Studies，CSIS）有专职研究人员300余人，还有建立了合作关系的网络化专家250余人。皮尤研究中心（Pew Research Center）拥有60余名研究人员和40名负责报告数字整理、图表设计等的专门人员[1]。

博物馆学本来就属于社会应用型学科，我国博物馆与中小学教育结合事业同样具有"向上生长"以及"向下扎根"的社会应用性，因此相关智库将覆盖制度设计研究。在2018年《关于加强文物保护利用改革的若干意见》中已有"建设文物领域国家智库"的要求。事实上，根据国际通行的概念，智库是政策规划与咨询组织，主要服务对象是政府与企业，以研究和产出政策、法规方案为主要成果[2]。并且，一流的智库需要具备前瞻性、战略性、长期性、综合性属性，同时指向"一流的参与度和影响力""一流的综合数据库或数据共享平台""一流的管理体制和运行机制"[3]。

近年来，我国智库发展迅猛，在国内外的排名表现突出，国际影响力和社会传播力不断提升。同时，国家的高度重视也提供了有利环境。在此背景下，就构建我国博物馆与中小学教育结合的相关智库而言，即便无法成立

---

[1] 中国国际经济交流中心赴美考察团：《美国全球知名智库发展现状与启示》，《光明日报》2016年8月10日，第16版。
[2] 房宁：《我们需要什么样的智库学者》，《光明日报》2015年12月30日，第12版。
[3] 苏杨：《一流智库的建设思路》，《中国经济时报》2012年11月16日，第10版。

专项智库,亦可在现有的教育、文化和旅游(文物、文博)等综合性智库下专设战略研究方向。事实上,复旦大学已有两个博物馆学省部级智库——上海市哲学社会科学创新研究基地"博物馆建设与管理创新研究"、上海高校人文社会科学重点研究基地"中国博物馆事业建设与管理研究基地",已运营近5年。本节主要围绕博物馆与中小学教育结合的相关智库建设和管理展开,并延伸拓展至文教结合、校外教育等专项智库的发展。智库的工作范畴包括但不限于以下几个方面。

(一)聚焦立法、政策、规划研究

政府是智库的最主要服务对象,尤其是官方智库,以研究和产出政策、法规方案为主要成果。事实上,在2016年《国务院关于进一步加强文物工作的指导意见》中已有"到2020年,文物法律法规体系基本完备,文物保护理论架构基本确立,行业标准体系和诚信体系基本形成"等主要目标。

鉴于此,我国博物馆与中小学教育结合的相关智库要加强立法、宏观决策、战略规划研究,且其成果不仅涉及社会教育(包括了校外教育)、学校教育,与家庭教育也密切相关,具体包括:贯彻落实全国教育大会和基础教育工作会议精神,促使校外教育的决策咨询和相关研究工作践行"一线规则",以服务国家决策,服务基层一线;加强我国博物馆与中小学教育结合的系统化、学理化、学科化研究论述,健全研究成果传播机制,并深入挖掘和系统阐发博物馆所蕴含的文化内涵和时代价值;聚焦"校外教育条例"等立法研究,形成相关建议报告等。

就校外教育的地方性立法探索而言,上海目前已形成了《上海市校外教育促进和保障条例》(暂定名)初稿、修改稿,并即将进入收官阶段。事实上,自2013年7月始,上海市校外教育协会就汇集了上海市精神文明建设委员会办公室、上海市教育基建管理中心、上海市教育评估院、上海市科技艺术教育中心、上海社会科学院、上海市教育发展基金会等单位的112位专家学者,共同承担《青少年校外教育基础理论与实践创新研究》的历史重任。各方人士以问题为导向,跨界融合,形成了大校外合作研究新机制[①]。而成立于2009年11月的上海市校外教育协会,由上海市教育委员会和上海市社会团体管理局指导和管理,它在协调、研究、咨询、服务方面发挥了重要

---

① 上海市青少年学生校外活动联席会议办公室、上海政法学院教育政策与法制研究中心:《2019上海市校外教育发展论坛材料汇编》,第9—10页。

功能。

无论是聚焦立法、政策还是规划的顶层设计研究,核心要义都在于,智库必须坚持问题导向、目标导向、结果导向,这也正是2019年经济工作会议上党中央提出的重要方针。也即,我们要通过输出"供需结合并匹配"的研究,而非为研究而研究,以真正"咨政""育才""启民",正如一流的智库首先指向"一流的参与度和影响力"。鉴于此,处理好智库与政府的关系非常有必要,因为智库服务于政府决策是其存在的前提,当然不同性质的智库对政府的服务内容和方式有所区别[①]。

(二)以需求、应用为导向,并规范相关研究

智库研究必须以社会需求、应用为导向,并提升咨政的竞争力和贡献率。对于我国博物馆与中小学教育结合的相关智库发展而言,其一,我们要注重研究的应用、转化等,以实现产、学、研、用融合。比如,结合国家颁发的学科课程标准,系统梳理博物馆馆藏、展览展示、教育项目、数字化资源、研究成果,研究提炼博物馆资源与学校教育的有机结合点,并出炉相关标准、导则等。值得一提的是,习近平总书记2013年、2014年在国内外演讲中多次提及"要系统梳理传统文化资源,让收藏在博物馆/禁宫里的文物、陈列在广阔大地上的遗产、书写在古籍里的文字都活起来"。这对博物馆资源的定向梳理也提出了新要求。

其二,还要输出相关成果以规范领域内研究,包括根据博物馆等校外活动场所的不同类型和特点,定期发布研究指南如"博物馆教育课题指南"等,引导开展以需求为导向的课题攻关。同时,规范一系列研究成果的发布程序、审定办法,健全其制定和审查机制,提高权威性和适应性。

其三,处理好不同时段研究目标之间的关系。我们的文教智库既要研究"短时段"问题,关注短期内的新闻事件,又要关注"中时段"和"长时段"问题,包括对未来更长时期内我国文教发展面临的总体国际环境和国内政治、经济、人口、环境、社会等因素进行研究,预判其同博物馆与中小学教育结合事业之间的关系。目前,有些智库过于看重短期舆论效应,要避免这种倾向。

其四,在研究方法上,我们还应实现从经验向科学的转型。过去的验证

[①] 中国国际经济交流中心赴美考察团:《美国全球知名智库发展现状与启示》,《光明日报》2016年8月10日,第16版。

式研究方式,容易导致结论先行。而现在智库应当多应用探究式研究,以更理性和规范化,甚至是在对数据进行大量解读和分析基础上,践行"发现—解决—验证—改进"模式。事实上,智库研究的过程也可以是一个培训的过程,以在研训一体化中,通过一个团队的专业生活去提升所有在职个体的专业水准。

未来,若条件允许,我们还可将文教结合、校外教育、博物馆与中小学教育结合研究逐步纳入哲学社会科学发展研究规划和教育发展研究规划等,以让更多个体、集体有机会申报相关项目并立项,既正向扶持,又倒逼相应的关注度与投入。值得借鉴的是,为深入开展中华优秀传统文化的研究论述,教育部以人文社会科学研究项目为抓手,设立了重大攻关项目、一般项目、后期资助项目等资助体系,申报学科中也专门设立了文化学,为教育教学提供理论基础和学理支撑。同时,还以高校人文社会科学重点研究基地为载体,实施文化传承创新研究基地建设计划[1]。

值得一提的是,"青少年校外教育基础理论与实践创新研究"系上海市教育委员会决策咨询研究课题,上海市校外教育协会于2014—2015年完成了一个总课题和九个配套课题[2]。研究内容全面涉及校外教育理论、立法、机构建设、评估标准、项目开发、中外比较以及社区教育、家庭教育等。在近两年的过程中,各课题组开展了较大规模的上海青少年参与校外教育活动现状与需求调查;实施了校外教育项目指南编制原则、资源包开发方法的研究;制定了活动规程、活动场所建设标准与评估指标。在实践研究、比较研究、实证研究基础上,形成了具有中国特色和上海特点的校外教育理论体系,填补了法制化建设研究的空白,为政府部门决策提供了参考依据[3]。

(三)建设资源库,构建优秀项目遴选机制

从中长期发展看,我们要培育一批校外教育的理论优秀成果,并推出博物馆文化育人和实践育人等的优秀项目和活动课程,逐步建设我国博物馆与中小学教育结合的资源库/项目库,并利用大数据构建决策统计支持服务系统。目前,诸如上海科普场馆"自然联盟"等都在进行青少年教育库建设。倘若有了各级各地政府层级统一的校外教育、文教结合资源库/项目库,以

---

[1] 《教育部对十三届全国人大一次会议第3638号建议的答复》。
[2] 该项目汇集了上海社会科学院、华东师范大学、华东政法大学、市教委直属单位、部分区县教育行政部门及校外教育机构等多方力量。
[3] 王振民编:《中国校外教育工作年鉴(2016—2017)》,第230—231页。

及相关的博物馆与中小学教育结合专栏,就可构建数据共享机制,因为一流的智库还指向"一流的综合数据库或数据共享平台"。在此基础上,我们可编制并完善全国、各省市社会实践基地资源图谱,鼓励博物馆等开发、推广特色活动和馆本课程,打造一批品牌项目甚至是基地,这又反过来惠及了资源库/项目库的"本源"积累。

而与资源库/项目库配套的,是构建优秀项目遴选机制,包括定期开展博物馆与中小学教育结合的科研成果评选,以为库的建设提供"源源活水"。一方面,我们要通过量的积累达求质的飞跃。毕竟,于智库发展而言,关键是透过优秀个案找寻它们背后的共性标准、导则、指南等,以引导更多馆、校以国内外优秀同类为参照,最终造就一大批达到国际水平的样本,建立资源共享机制;另一方面,逐步完善同行评议和动态调整机制,包括依据国内外可比较的质量标准、对经济社会发展的实际贡献度等,帮助建立和完善我国博物馆与中小学教育结合的绩效评估指标体系,详见上文的考核评价机制。

事实上,2014年《关于开展"完善博物馆青少年教育功能试点"申报工作的通知》已提及"建立本地区《博物馆青少年教育体验活动项目库》,并根据活动实践及时调整完善,形成活动策划与实施模式"。同时,2015年《国家文物局、教育部关于加强文教结合、完善博物馆青少年教育功能的指导意见》也在"主要任务"中专列了"建设教育资源库和项目库"。此外,2020年《教育部 国家文物局关于利用博物馆资源开展中小学教育教学的意见》还提到:"教育部、国家文物局将推动博物馆青少年优质教育资源建设,联合发布全国中小学博物馆教育资源地图,有效衔接中小学利用博物馆资源开展教育教学需求。"这些都对建设资源库、构建优秀项目遴选机制提出了新要求。

(四)加强国际交流与合作

加强我国博物馆教育、校外教育等的国际交流与合作,扩大文教结合的开放,在智库的工作范畴中具有相当的意义和价值。事实上,早在《国家中长期教育改革和发展规划纲要(2010—2020年)》中即有"坚持以开放促改革、促发展。开展多层次、宽领域的教育交流与合作,提高我国教育国际化水平。借鉴国际上先进的教育理念和教育经验,促进我国教育改革发展,提升我国教育的国际地位、影响力和竞争力"的展望。同时,2016年《关于推动文化文物单位文化创意产品开发的若干意见》也提及"借助海外中国文化中心、国际展览展示交易活动、文物进出境展览和交流等平台,促进优秀文化创意产品走出去"。此外,在《中华人民共和国公共文化服务保障法》中,也明确了"国家鼓励和支持在公共文化服务领域开展国际合作与交流"。

值得一提的是,两次国际学生评价项目(PISA)测试曾把上海市推向世界瞩目的中心,因为 2009 年和 2012 年两次成绩均震惊世界。而参加经济合作与发展组织的 PISA 测试,本身即是追踪教育前沿的行动,同时,上海的数学教材(一至六年级)还输出英国等[①]。此外,在《上海市公民科学素质行动计划纲要实施方案(2016—2020 年)》中,全市也"以科普社会化、市场化、国际化和精品化为导向"作为"总体目标"之一,并给予"国际化"独特的位置。

放眼国际智库发展,战略与国际研究中心一年筹办近 2 600 场会议,搭建了足够国际化的交流平台,经费中很大一部分用于此项工作。在布鲁金斯学会,研究人员和非研究人员各占一半,其中非研究人员中半数以上负责筹资,还有一部分负责国际交流工作[②]。

鉴于此,在我国博物馆与中小学教育结合的相关智库运营中,其一,我们要打造主题论坛,并推动本土智库与国际知名智库合作,集聚高端智慧以服务国家和地区文教战略。其二,我们不妨有选择地参与国际公认的文化、教育质量评价标准测评,为推进文教改革提供国际观察视角和参考借鉴。事实上,新近的《深化新时代教育评价改革总体方案》明确要求:"积极开展教育评价国际合作,参与联合国 2030 年可持续发展议程教育目标实施监测评估,彰显中国理念,贡献中国方案。"其三,若条件具备的话,促使博物馆与中小学教育结合的相关智库与联合国教科文组织等国际文教组织和多边组织开启合作。并且,搭建高层次国际交流与政策对话平台,甚至是推进博物馆领域的中外高级别人文交流机制建设,促进中外民心相通和文明交流互鉴。其四,积极参与全球校外教育、文教结合治理,深度参与国际博物馆教育规则、标准、评价体系的研究制定。当然,所有这些同国际上的标准互通、经验互鉴,都得立足于我们的国情和发展阶段,以契合本土特色。

2014 年 3 月 27 日,习近平总书记在联合国教科文组织总部进行演讲,其"文明因交流而多彩,文明因互鉴而丰富。文明交流互鉴,是推动人类文

---

① 上海市教育委员会编:《砥砺奋进二十年:中小学拓展型、研究型课程实践与探索》,丛书代序,第 1 页。
② 中国国际经济交流中心赴美考察团:《美国全球知名智库发展现状与启示》,《光明日报》2016 年 8 月 10 日,第 16 版。

明进步和世界和平发展的重要动力"论述为博物馆在更大的国际文教工作版图上发挥作用注入了"强心针"。此外,习总书记还在 2018 年 7 月 26 日的金砖国家领导人约翰内斯堡会晤大范围会议上发表讲话:"中方建议举行金砖博物馆、美术馆、图书馆联盟联合巡展等活动,加强文化创意产业、旅游、地方城市等领域合作。"而在 2018 年 9 月 3 日中非合作论坛北京峰会开幕式上的主旨讲话中,习总书记也表示:"支持非洲国家加入丝绸之路国际剧院、博物馆、艺术节等联盟。"事实上,无论是开展博物馆外展精品工程还是打造教育外交品牌,我们不妨依托国内相关智库与国家海外文化阵地和机构的联动,搭建多层次的机制性交流平台,甚至是与国外文物机构共建合作传播基地。而深度参与博物馆、文化遗产国际治理,正是增强中华文化国际传播力、影响力,并且提升中国话语权、展现负责任大国形象的最佳途径。

二、智库的人才管理体制

对智库管理而言,关键在于如何配置人、考核人、激励人,毕竟人力资源是核心资本,而决定人力资本效益最大化的关键则是配置结构与运用机制。事实上,智库必须实行经营管理的变革才能迈向更高层次的发展。

由于历史原因,我国在智库工作或从事研究的学者有不少由原先从事哲学社会科学教学与科研转化而来,队伍组成有同质化倾向,部分工作者更是缺乏实际经验和解决制度层级问题的能力[①]。因此,当务之急是厘清人才区别,并着力培养符合智库需求的新型学者,包括适应国家文教结合诉求、具有国际视野、通晓国际规则等。而这与智库的人才管理体制也休戚相关,理应相对灵活机动,以筑巢引凤。事实上,一流的智库同样指向"一流的管理体制和运行机制"。

总之,未来在我国博物馆与中小学教育结合等新型智库中,学者们应认真履行职责,不负历史使命,包括:深入基层调查并建言献策,当好公共文教政策的谋划者;跟踪教育改革试点项目,科学论证、总结评估,当好重大改革的推动者;宣传先进文教理念,凝聚共识,当好社会舆论的引领者。也就是说,即便是原先纯粹从事科研的学者,既然作为新型智库人,就得"华丽转

---

① 房宁:《我们需要什么样的智库学者》,《光明日报》2015 年 12 月 30 日,第 12 版。

身",以"不唯书、不唯上,只唯实",并贴近基层、贴近社会各界、贴近管理决策。

(一)新型智库学者与普通科研人员的区别

近年来,我国智库在数量上大发展,但不少尚未从普通学术机构的模式中进阶,导致出炉的成果与普通社会科学研究无大的差异。归根结底,还是人才尚未实现"转身"。而智库的考核与激励,恰恰以人为核心。因此我们首先有必要厘清新型智库学者与普通科研人员的区别,具体如下:

一方面,普通学术机构以研究基础性理论为主要内容,科研人员以研究"知识"为主,方式以文本和案头研究为主,包括对已有知识的梳理与提炼,进行深化处理、再发现、再发明等,因此大量成果属于二度创作。智库则不同,以研究"问题"为导向,目的是解决国家和社会的实践难题,因此新型学者需要采取经验性、实证性手段,从实际出发,总结经验、认识规律,找到现实困惑的解决之道[①]。也即,智库研究不同于纯学术研究,既须凸显对策性和应用性,又要注重夯实专业性基础,应处理好对策性、应用性与专业性之间的关系。

目前,越来越多的高校和社科院已开始将智库成果纳入对教学科研人员的考核评价体系。根据从"中国智库索引"(Chinese Think Tank Index,CTTI)——由南京大学中国智库研究与评价中心和光明日报智库研究与发布中心联合开发的在线智库数据库中选取的样本显示,南京师范大学中国法治现代化研究院、广西大学中国—东盟研究院等已将不同等级的决策咨询成果赋予不同的奖励分值。南京大学则在新规中将决策咨询成果纳入考核,并将决策咨询报告折合为一流或核心期刊成果[②]。这些都是高等院校、科研院所提高决策咨询成果在考核指标中地位与权重的务实之举。

另一方面,普通学术研究科研人员多以个体方式进行研究,即便局限于某一学科或单一角度也无大碍,照样可以传播知识,取得的成果也能得到学术界认可。但智库研究着眼于解决重大问题,且问题本身存在现实性、复杂性特点,故新型学者不能局限于传统学科范围,同时通常只有多专业、多学科综合配备的团队才能胜任[③]。受传统观念影响,我国智库尤其是综合性

[①③] 房宁:《我们需要什么样的智库学者》,《光明日报》2015年12月30日,第12版。
[②] 邹靖雅、李刚、王斯敏:《智库建设:如何配置人、考核人、激励人——基于"中国智库索引(CTTI)"的智库人力资源调研分析》,《光明日报》2017年9月14日,第11版。

智库的学者在面对研究选项时,倾向于将精力投入到自己熟悉的学术领域。而国外智库则定位十分明确,对高质量政策研究成果的要求不可或缺,普遍将其作为考核合格与否的必备条件。

值得一提的是,在全球知名智库中,核心研究人员往往是该国顶级学者或学术带头人,并且机构拥有完备的支撑与保障体系。比如,布鲁金斯学会对研究人员的要求极高,需达到3个标准:是所在领域的学术"领头羊"、具有前瞻性视野、在公共领域有影响力。其录用过程与哈佛大学、耶鲁大学等顶尖高校极为接近。学会现有高级研究员100名,研究人员助手100名,普通研究员20名。研究人员学术积累深厚,不少有政府工作经历甚至是国外前政要,他们深植各个领域,具有参与公共政策对话和影响政策层的能力。因此,布鲁金斯学会不断为政府提供咨询,经常参加政府听证活动,频繁在媒体上发声,通过举办会议、出版图书来传播学会观点。与之异曲同工的是,战略与国际研究中心秉持"我们的产品改变公共政策"理念,在选择课题时就设立目标,明确该项目要对政策产生哪些影响等[①]。

鉴于此,在我国博物馆与中小学教育结合的相关智库中,一方面,我们希望成员可以围绕教育、文化和旅游(文物)等专项规划,开展战略咨询,保障文教结合工作更切合国家经济社会发展重大需求、更符合自身规律,保障决策更具可行性和操作性。同时,加大对相关立法的研究,加速我国文教法制化建设。另一方面,一些官方智库的专家学者、咨询委员得更具高层次、多领域、跨部门的特点。毕竟,作为思想品的生产主体,研究人员是最核心的资产和财富,而对他们的管理、监督、激励和评价,必须体现思想品生产的要求和特点[②]。一言以蔽之,在大方向上,智库必须明确自身的角色定位,防止沿袭传统科研评价机制来考核研究员。同时,抓紧制定智库人才发展规划,制定个性化培养方案,以形成渠道和机制,包括选择好苗子到经济综合部门,驻外机构锻炼甚至是前往国外智库机构交流,并根据需要辅之以外语学习和专门的能力训练,逐步打造人才梯队[③]。

(二)灵活机动与稳定合理的智库人才管理模式

如上文所述,根据新型智库学者与普通科研人员的区别,在智库的人才管理上,我们更得确保机制灵活机动和稳定合理性的统一。

---

①②③ 中国国际经济交流中心赴美考察团:《美国全球知名智库发展现状与启示》,《光明日报》2016年8月10日,第16版。

1. 灵活机动的人才管理

其一,允许并推动智库学者以"旋转门"[①]的方式实现跨界柔性流动,继而达到影响政策的目的。所谓"旋转门"机制,指个人在公共和私人部门之间双向转换角色、穿梭交叉为所在集体谋利的机制。

而建立有中国特色的"旋转门"机制将促进人才在政府、企业、其他社会组织与智库间多向交流、良性流动。一方面,智库可借此吸纳更多高层次、有资历、熟悉文教政策制定和实施过程的人才,应用其扎实的专业知识和开阔视野、对国情的充分了解和丰富的实践经验,以生产、传播更具实效的研究成果。另一方面,政府亦可通过"旋转门"选拔优秀智库人才担任职务,以丰富政府成员的层次与组成,并提升其文教政策研究与实施能力[②]。在此背景下,与高薪相比,吸引研究人员的更重要的因素是智库的名望,以及他们和行政人员、助手都有转入政府部门和其他机构的可能性[③]。

其二,建立特聘和兼职岗位协议工资的灵活机制,以吸引政府、高校、研究机构、企业优秀人才依托智库平台开展相关研究。其中,尤其要利用现有高等院校、科研院所的优势,并提高智库研究成果的实践应用和转化推广。同时,有条件的智库还可探索挂职、建立博士后工作站等办法,引进高层次人才并建立人才流动机制。此外,相对于中小学而言,博物馆的研究和开发实力要强得多,因此智库还可从一些大型场馆挖掘人选,以多渠道联合培养新型智库人才。

值得一提的是,国外顶级智库在经费使用上最大限度地区分研究和行政费用,将经费主要用于研究项目;同时,在研究项目支出中,研究人员经费占一半以上,按照预算制直接拨付研究人员,课题收入计入工资并打入个人账户,不再进行繁杂的报销[④]。

2. 合理稳定的人员结构

人才管理的灵活机动性与合理稳定的人员结构并不矛盾,应按需扩充

[①] "旋转门"机制可以被归为两类。第一类是由产业或民间部门进入政府的"旋转门",这主要是指公司高级管理人员和商业利益集团游说者进入中央政府并担任要职。在政策制定和实施的过程中,这就可能为他们曾经代表的团体谋取特别的好处。第二类是由政府进入私人部门的"旋转门"。以前的政府官员充当游说者后,利用自己与政府的联系来为所代表的团体谋取特别的利益。

[②] 邹靖雅、李刚、王斯敏:《智库建设:如何配置人、考核人、激励人——基于"中国智库索引(CTTI)"的智库人力资源调研分析》,《光明日报》2017年9月14日,第11版。

[③④] 中国国际经济交流中心赴美考察团:《美国全球知名智库发展现状与启示》,《光明日报》2016年8月10日,第16版。

全职人员、行政和辅助人员、中级职称及以下人员,提高智库实体化运作水平。而目前存在的全职与兼职研究人员的比例、研究人员与行政和辅助人员的比例、中高级职称研究员之间及其与其他人员的比例失衡问题,与中国智库大多还是现行体制下的行政事业单位,或脱胎于行政机构或事业单位有关。因此,在研究人员出国、经费报销、职称评定、业绩考核等方面,基本上等同于一般事业单位,行政化色彩浓厚,没有体现智库作为思想品生产机构的特点①。

(1) 平衡全职与兼职研究人员的比例

我们得首先平衡全职与兼职研究人员的比例。根据从"中国智库索引"中选取的样本,在社会智库和高校智库中,兼职人员占多数,这种"小机构、大网络"或"小核心、大外围"的思路固然可取,但前提是智库必须拥有一个长期稳定的核心团队。过于依赖外部专家或兼职人员,即便拥有一套完善的考核与激励制度也无法很好地落实,有时甚至出现只挂名却没有实质性产出的情况,不利于机构的可持续发展②。

当然,这与上文提及的"建立特聘和兼职岗位协议工资的灵活机制"并不矛盾,关键是处理好全职、兼职研究人员之间的比例平衡。

(2) 平衡研究人员与行政、辅助人员的比例

我们还得平衡智库研究人员与行政、辅助人员的比例,以尽快改变研究人员研究、行政"双肩挑"现象,并为研究员配备充足的助理。所谓行政人员,是指除研究员之外的人员,负责各项管理、日常运作、传播、辅助工作。同样从"中国智库索引"中选取的样本显示,研究员的平均人数占总人数的3/4以上,而行政人员仅占少数。

与之相比,美国一些智库的人员构成呈现不同的比例,如布鲁金斯学会的研究人员和非研究人员各占一半,并为每位资深人员配备新毕业的年轻人员作为助手,助手们工作一段时间后可"旋转"到政府当公务员,之后也可选择再回到智库做研究③;传统/遗产基金会(Heritage Foundation)中研究人员仅占总人数的1/4;胡佛研究所(Hoover Institution)中常驻研究员与

---

①③ 中国国际经济交流中心赴美考察团:《美国全球知名智库发展现状与启示》,《光明日报》2016年8月10日,第16版。

② 邹靖雅、李刚、王斯敏:《智库建设:如何配置人、考核人、激励人——基于"中国智库索引(CTTI)"的智库人力资源调研分析》,《光明日报》2017年9月14日,第11版。

辅助人员的比例为1∶1①。而这正是国际顶尖智库将研究人员视为核心竞争力的彰显,并通过研究与非研究人员的合理配置、完备的研究保障支撑体系来"落地",且研究人员的工作自主性强。比如,美国智库研究人员研究任务饱满,甚至可自设题目。他们没有繁杂的行政工作,也无须参加与研究不相关的会议,参加选择的会议或讨论时,遇到与己无关的议题可随时起身退出,也不需填报各种表格,以保证充分的研究时间和精力②。

随着我国智库业务的拓展与深化,行政人员处理的事宜会越来越多样化,工作量也会随之增加。因此,目前普遍侧重研究人员而对辅助和行政人员配置不足的模式亟须优化。也即,处理好智库工作中服务与研究之间的关系,核心团队不能陷于日常性工作,否则不利于其决策咨询质量的提高,更是不必要的人力资源浪费。

(3) 平衡中高级职称研究员及其与其他人员的比例

同样从"中国智库索引"中选取的样本显示,我国智库研究员的职称结构呈倒金字塔式,也即高级职称研究员所占比例最高,80%的智库高级研究员人数超过一半;67%的智库中级研究员人数不足总数的1/4,且职称级别越低,人数越少。而这恰恰是典型的学术机构人才模式,而非智库人才结构的最佳状态。后者理应为金字塔式——塔尖为负责领导业务的少数高级研究员如"首席"等;塔身为大量负责执行任务的中层研究员,包括"协调人";塔基则配备充足的研究助理提供支持,包括"助手"+"辅助人员"。也即,形成"首席+协调人+助手+辅助人员"的队伍架构,将更有助于提升智库的运营效能③。

总之,我们要加快中国特色新型智库类型的多样化设计和发展,包括具有咨政、启民、育才影响力的文教结合、校外教育、博物馆与中小学教育结合等专项智库,或至少在综合性教育、文化和旅游(文物、文博)智库中设立博物馆与中小学教育结合的专栏,以进一步发挥高等院校、科研院所、博物馆等机构的知识溢出效应,通过产、学、研、用一体化支撑国家和地方战略发展。事实上,唯有确保智库的独立性和鲜明特色,才有机会在国际舞台上更好地维护国家文教权益,体现我国的相关主张。

---

①③ 邹靖雅、李刚、王斯敏:《智库建设:如何配置人、考核人、激励人——基于"中国智库索引(CTTI)"的智库人力资源调研分析》,《光明日报》2017年9月14日,第11版。

② 中国国际经济交流中心赴美考察团:《美国全球知名智库发展现状与启示》,《光明日报》2016年8月10日,第16版。

第八节　区域协同发展与示范引领机制

所谓"协同发展",指协调两个及以上的不同资源或个体相互协作完成某一目标,达到共同发展的双赢效果。目前,协同发展论已被许多国家和地区确定为实现可持续发展的基础。从其哲学内涵不难看出,核心正在于"和谐"二字。

实施区域协同发展是新时代我国重大战略之一。党的十八大以来,各地区、各部门围绕促进区域协同发展与正确处理政府和市场关系,在建立健全区域合作机制、区域互助机制、区际利益补偿机制等方面积极探索,并有了2018年《中共中央、国务院关于建立更加有效的区域协调发展新机制的意见》等顶层设计。其实,《国家中长期教育改革和发展规划纲要(2010—2020年)》早已明确"整体部署教育改革试验,统筹区域协同发展"以及"重大项目和改革试点"的内容。

值得一提的是,2018年《关于加强文物保护利用改革的若干意见》的"基本原则"之一是:"坚持整体推进、重点突破。全面深化文物领域各项改革,突出重点、分类施策,推出重大举措,推进重点工作,鼓励因地制宜、试点先行。"而我国博物馆与中小学教育结合正是文物领域、文教结合事业中的"重大举措""重点工作",需要试点先行,以创造性转化、创新性发展。此外,2020年《教育部、国家文物局关于利用博物馆资源开展中小学教育教学的意见》也专列了"强化优秀项目示范引领",内容包括:"教育部、国家文物局将加强对文博单位中全国中小学生研学实践教育基地的统筹管理和监督指导,宣传推广典型经验和做法。鼓励省级教育部门和文物部门加强联动,共同认定一批省级博物馆青少年教育资源单位,推介一批博物馆青少年教育精品课程。开展'博物馆青少年教育优秀案例'推介活动。"

在我国博物馆与中小学教育结合事业中,目前京津冀地区、长三角区域文教协同发展机制正在逐步构建,并将馆校合作作为一大内容和形式。而这些重点区域的文教协同发展,一方面将促使自身"基本公共服务均等化机制"等的完善,提升区域内外的文教辐射水平;另一方面还将率先成为全国示范项目,并引领其他区域如"一带一路"、长江经济带、粤港澳大湾区的软实力培育,最终为全面落实国家协同发展战略贡献各自的力量。事实上,在上文顶层设计的子规划中,已提及博物馆增量与存量双轨制发展,包括鼓励北京、上海、浙江、江苏、陕西等具备成熟条件的地区先行先试博物馆与中小学教育结合事业,并以国家级、中央地方共建国家级博物馆、省(直辖市、自治区)级、一级博物馆等为旗帜。这正如 2014 年国家文物局开启的"完善博物馆青少年教育功能试点"工作一样,通过非常规的思路、非常规的举措,导向区域协同发展与示范引领。

一、京津冀、长三角区域的文教协同发展与示范引领

京津冀地区同属京畿重地,战略地位十分重要。"京津冀协同发展"的提法始于 2014 年 2 月,但其历史则可追溯至 20 世纪 80 年代中期,并且之后率先成为中国三大国家战略之一(其他两个是"一带一路"建设和长江经济带发展)。因此,推动公共服务共建共享,加快市场一体化进程,以形成京津冀目标同向、措施一体、优势互补、互利共赢的新格局,是实现国家发展战略的需要。事实上,京津冀除了地缘相接、人缘相亲外,文化一脉、历史渊源深厚,具有文教协同发展的天然优势。国家文物局副局长关强同志曾于 2018 年 5 月"京津冀博物馆协同创新发展合作协议"签约仪式的致辞中指出,积极发挥博物馆在以首都为核心的世界级城市群、区域整体协同发展引领区、全国创新驱动经济增长新引擎、生态修复环境改善示范区建设中的文化引领、凝聚、融合作用,着力推进博物馆的区域协作,优化体系和布局等①。

与此同时,从雏形到最终成形,"长三角一体化"整整走过了近 35 个年头。2018 年 11 月,习近平总书记在首届中国国际进口博览会上宣布,支持长江三角洲区域一体化发展并将其上升为国家战略,范围包括上海市、江苏省、浙江省、安徽省全域。它同"一带一路"建设、京津冀协同发展、长江经济带发展、粤港澳大湾区建设相互配合,完善了中国改革开放的空间布局。2019 年 12 月,中共中央、国务院印发并实施了《长江三角洲区域一体化发展规划纲要》,且在"加快公共服务便利共享"篇章中纳入了"共享高品质教育医疗资源""推动文化旅游合作发展"两节内容。

事实上,无论是京津冀、长三角协同发展,还是"一带一路"、长江经济带、粤港澳大湾区建设,都需要我们在文教结合方面既"立足协同、联系要

---

① 《"京津冀博物馆协同创新发展合作协议"在京签署》,国家文物局网站,2018 年 5 月 15 日。

广",关注全国文教议题及重大战略需求;又"立足示范、质量要高",提高站位,以彰显先行先试区域作为全国文化中心和教育高地的辐射带动作用,逐步建立一套可借鉴、可依据的博物馆与中小学教育结合标准规范和实践指南等①。

(一)上海博物馆教育联盟和长三角博物馆教育联盟、上海市文教结合工作

在2019年《长江三角洲区域一体化发展规划纲要》"加快公共服务便利共享"篇章的"推动文化旅游合作发展"一节中有"共筑文化发展高地"的内容,具体包括:"加强文化政策互惠互享,推动文化资源优化配置,全面提升区域文化创造力、竞争力和影响力。共同打造江南文化等区域特色文化品牌。构建现代文化产业体系,推出一批文化精品工程,培育一批文化龙头企业。继续办好长三角国际文化产业博览会,集中展示推介长三角文化整体形象。推动美术馆、博物馆、图书馆和群众文化场馆区域联动共享,实现公共文化服务一网通、公共文化联展一站通、公共文化培训一体化。加强重点文物、古建筑、非物质文化遗产保护合作交流,联合开展考古研究和文化遗产保护。"

事实上,在2015年《关于加快构建现代公共文化服务体系的意见》中,已将"加大对跨部门、跨行业、跨地域公共文化资源的整合力度。以行业联盟等形式,开展馆际合作,推进公共文化机构互联互通,开展文化服务'一卡通'、公共文化巡展巡讲巡演等服务,实现区域文化共建共享"作为"提升公共文化服务效能"的路径之一。

鉴于此,就长江三角洲区域文教一体化发展而言,我们要充分发挥博物馆的协同、辐射、带动作用,推进三省一市(江苏省、浙江省、安徽省、上海市)的博物馆与中小学教育结合工作,事实上这也是长三角文教结合、校外教育引领全国的应有之义。

1. 上海博物馆教育联盟、长三角博物馆教育联盟

近年来,在上海市文物局、上海市教育委员会、上海青少年学生校外联席会议办公室的共同支持下,上海博物馆教育联盟、长三角博物馆教育联盟先后成立,并将场馆教育作为发展核心,硕果累累。

2017年5月18日,上海博物馆教育联盟成立,秘书处设在上海博物馆。首批成员包括全市11家场馆,如上海博物馆、上海科技馆等。2018年,联

---

① 《京津冀"博物馆进校园示范项目"启动暨首届"京津冀馆校教育论坛"的总结汇报》(内部资料),第7—8页。

盟成员单位扩容,新成员包括上海市历史博物馆、上海世博会博物馆等8家。值得一提的是,上海博物馆教育联盟旨在构建更有效的沟通协调机制,形成上海市博物馆教育的合力,集体打造兼具信息发布、活动组织、人员培训、项目评估等多功能的博物馆教育传播与管理专业平台。并且,该联盟于同年8月4日正式上线了官方微信平台——MuseumShanghai,为公众提供资讯,也为联盟成员单位教育资源的整合与宣传推广贡献力量。上海博物馆教育联盟希望,MuseumShanghai能成为一根纽带,将场馆之间、场馆与公众、社会之间进行超级"连接"。

此外,在上海博物馆教育联盟的基础上,长三角博物馆教育联盟于2018年5月19日成立。它作为跨省市馆际合作组织,旨在构建符合长三角世界级城市群定位的博物馆公共文化服务体系。事实上,江浙沪皖地缘相接、文化一脉,而该联盟将进一步推动区域内的资源、技术、人才等要素流动,打造场馆教育的"金名片"①。江苏省、浙江省、安徽省、上海市的29家博物馆(包括科技馆、纪念馆、美术馆等)签署联盟协议,上海市文物局、江苏省文物局、浙江省文物局、安徽省文物局、上海青少年学生校外联席会议办公室共同支持,秘书处同样设在上海博物馆。同年5月18日至22日,在上海世博会博物馆内还举办了"长三角博物馆教育博览会"②。博览会集结了三省一市20余家博物馆等力量,展示机构品牌教育项目,如提供给中小学的产品与服务等。

截至2018年,浙江省、江苏省、安徽省、上海市分别有博物馆305家、279家、221家、126家。同年的《长江三角洲一体化发展三年行动计划(2018—2020)》明确了任务书、时间表、路线图。在此背景下,长三角博物馆教育联盟未来将不断扩容,并促使博物馆进一步与中小学教育结合。此外,长三角文教合作还要内引外联,以发挥对内、对外的关键枢纽作用。包括对内加强与京津冀、珠三角等城市群的文教联动,对外加强与世界五大世界级城市群③的文教交流,以共建符合世界级城市群定位的一流公共文化服务体

---

① 《长三角博物馆教育联盟正式成立》,中国新闻网,2018年5月19日。
② 主办方为上海市文化广播影视管理局,上海市教育委员会,江苏、浙江、安徽省文物局,上海青少年学生校外联席会议办公室;承办方为上海博物馆、上海世博会博物馆、上海博物馆教育联盟;协办方为上海市师资培训中心、上海市学生德育发展中心。
③ 世界级城市群是指以单个超级城市为核心,由至少三个特大城市构成,形成的高度同城化、高度一体的城市群体。世界五大世界级城市群包括:美国大西洋沿岸城市群、北美五大湖城市群、日本太平洋沿岸城市群、英伦城市群、欧洲西北部城市群。

系和亚太地区教育新高地,提升长三角的外溢效应和全球竞争力[①]。

2. 上海市"文教结合"工作及"三年行动计划"

为促进上海市文化、教育事业紧密合作、深度融合和协同发展,上海市文教结合工作协调小组于2014年成立,以负责统筹谋划和协调落实全市文教结合改革工作。协调小组由市政府分管副秘书长担任召集人,成员由市委宣传部、市教卫工作党委、市教委、市人力资源社会保障局、市财政局、市文广影视局、市新闻出版局等部门负责同志组成。协调小组下设办公室,挂靠市教委,具体负责日常事务。从最初的《上海市文教结合三年行动计划(2013—2015年)》到现下的《上海市文教结合工作三年行动计划(2019—2021年)》,上海市已形成了制定三年行动计划及年度工作要点的机制,走在全国前列。

此外,2018年4月的《全力打响"上海文化"品牌 加快建成国际文化大都市三年行动计划》(以下简称《三年行动计划》)明确了四层级体系。其中,顶层目标即打响红色文化、海派文化、江南文化三大品牌任务,第二层级为三大品牌衍生的十二大专项行动,第三层级为支撑专项行动的46项抓手工作,第四层级为由46项抓手工作具体、细化、分解形成的150项重点项目[②]。其中,"文教结合提升"正是十二大专项行动之一,位于第二层级。并且,《三年行动计划》特别提及了"更加展现合作精神",包括:"在新时代背景下,(上海的)文化'码头'建设,更多取决于与世界其他城市的文化交流程度和协作水平,取决于区域经济一体化形势下的城市间合作。上海将建立起'一带一路'沿线的艺术节、电影节、美术馆、博物馆、音乐创演、非遗保护六大合作机制并设立联盟。"

鉴于此,上海于2018年6月举办了首届上海国际文化装备博览会。同时,联手江、浙、皖三省一市于同年11月举办了首届长三角国际文化产业博览会。此前,2016年2月的首届长三角非物质文化遗产博览会也于上海举行。事实上,无论是"上海市文教结合三年行动计划"还是《全力打响"上海文化"品牌 加快建成国际文化大都市三年行动计划》,其指导思想是一致的,那就是上海对标国际大都市的最高标准,虚心学习兄弟省市的好做法、好经验,加快打造一批国内外知名文化品牌,不断提升城

---

① 《打造世界级城市群 中国首要任务在治理而非建设》,中国新闻网,2018年6月15日。
② 邢晓芳、王彦:《"上海文化":三年行动计划提出三大品牌任务》,《文汇报》2018年4月30日,第2版。

市软实力①。并且,以更加合作的精神、态度与能力,践行长三角一体化发展战略。

(二)京津冀博物馆协同发展推进工作与博物馆进校园示范项目

2018年5月15日,京津冀百余家博物馆代表齐聚,共同见证"京津冀博物馆协同创新发展合作协议"签约仪式。同时,协议方一致同意建立京津冀博物馆协同发展领导联席会议。联席会议成员由三地文物局与相关处室负责人、部分在京中央部委所属博物馆与三地省级博物馆馆长等组成。联席会议旨在建立会商制度,强化议事、执行机制,定期召开博物馆协调会议。此外,联席会议下设京津冀博物馆协同发展推进工作办公室,主要负责各项活动的管理、组织、总结,协调落实日常联络等②。

2019年12月30日,京津冀博物馆协同发展推进工作办公室在国家文物局的指导下,在三省文物局、教委的支持下,举行了"京津冀博物馆进校园示范项目启动暨首届京津冀馆校教育论坛"。三地55家博物馆、43所院校、10余家媒体共计200余位嘉宾参加了启动会,且三省省馆与各地学校代表一同签署了《馆校共建战略合作意向书》。而"博物馆进校园示范项目"旨在将场馆资源与学校课程对标,包括结合国家、地方、学校课程,为京津冀馆校合作搭建资源平台、教学平台、教师平台③。

值得一提的是,京津冀博物馆协同发展推进工作办公室等从400多家博物馆和数所学校申报的项目中,遴选了12个作为示范项目。它们将参照学校教材、课时、学段等,设计教材,以最终实现成果的可视、可操作、可推广。未来,该办公室希望进一步挖掘示范项目的引领作用,并开发文创产品、研学线路,尝试中小馆录播课,探索新媒体平台等。总之,将"博物馆进校园示范项目""馆校教育论坛"打造成为京津冀馆校合作品牌,整体提升区域文教软实力④。

二、区域文教协同发展、示范引领的特点和原则

根据2018年《中共中央、国务院关于建立更加有效的区域协调发展新

---

① 邢晓芳、王彦:《"上海文化":三年行动计划提出三大品牌任务》,《文汇报》2018年4月30日,第2版。
② 文宣:《"京津冀博物馆协同创新发展合作协议"在京签署》,国家文物局网站,2018年5月15日。
③ 《京津冀"博物馆进校园示范项目"启动暨首届"京津冀馆校教育论坛"的总结汇报》(内部资料),第2、4页。
④ 同上,第11、18页。

机制的意见》,五大"基本原则"为:"坚持市场主导与政府引导相结合""坚持中央统筹与地方负责相结合""坚持区别对待与公平竞争相结合""坚持继承完善与改革创新相结合""坚持目标导向与问题导向相结合"。其中的部分原则同样适用于我国博物馆与中小学教育结合的区域协同发展与示范引领机制,并与相应的特点联动,具体如下。

(一) 两大特点

STEM 教育的实施是一个系统性工程。为此,在"中国 STEM 教育 2029 创新行动计划"中有"推广 STEM 教育的成功模式"这一"主要内容",包括:一方面借鉴国际经验,指导一些场馆、学校进行系统实验,成功后推广;另一方面总结现有 STEM 教育优秀案例,进行经验介绍和模式推广。总之,要打造若干理念先进、特色鲜明、质量领先的 STEM 教育示范基地,并最终培养一大批国家创新人才[①]。其实,示范引领与区域协同发展休戚相关,因为后者本身即是一种先行先试,并唯有让一部分先"富"起来,先"富"带后"富",最终才能实现"共同富裕"。

就我国博物馆与中小学教育结合事业的区域协同发展与示范引领机制而言,其特点鲜明,一方面如其名,体现在协同性、试点与示范性上;另一方面,体现在与之相关的稳定性、独特性与优质性上。

1. 协同性与稳定性

就协同性而言,文教竞争通常不以劣汰甚至是置对方于死地为目的,而是促使双方发挥各自特长,或继续发挥优势,或及时转轨创新,以达求共同繁荣。事实上,在我国博物馆与中小学教育结合事业中,博物馆面临的挑战不只是业内的,而更多的是业外对受众时间、精力、金钱等的竞争。因此,在馆校合作初期,博物馆更需要抱团,以形成业内协同发展的合力,并以更专业的姿态出现在中小学"校外教育机构"的清单上。

在"中国 STEM 教育 2029 创新行动计划"中,"协同原则"正是指导原则之一。也即,鼓励增强体系内合作,构建活力、包容的新 STEM 生态系统;支持市场竞争、可预测性、良好的基于实证的政策制定和监管问责机制[②]。这与下文"竞争的公平性"原则也相关。

事实上,在上文所述的智库建设和管理中,我们还应打造新型智库联盟,这亦是"协同性"特点的应用。目前,我国智库的形态较为分散、各自为

[①②] 王素:《〈2017 年中国 STEM 教育白皮书〉解读》,《教育与教学》2017 年第 14 期,第 7 页。

政,特别是官方智库与社会智库之间缺乏交流。因此建议由智库主管部门牵头,或是依托高校智库的半官方性质,发挥其联系官方和社会智库的纽带作用,以建立新型智库联盟关系,在研究、活动、人才等方面定期沟通和优势互补,提高整体决策咨询能力①。

而与协同性相关的,是稳定性特点。毕竟博物馆与中小学教育结合不应是昙花一现的短期行为,而至少是不同文教机构在一个时期内形成的特色,并将其融入共同的育人体系、教育模式、机构制度中。如此循环往复,通过一项又一项特色的积累,实现集体事业的可持续发展。比如2016年9月,上海自然博物馆、上海中国航海博物馆、上海城市规划展示馆等沪上11家科普场馆共建"自然联盟"。联盟的一系列产品和服务包括学生社会实践基地建设、教育人员培养项目、青少年校外教育项目库和资源库建设等,以构建中长期馆校合作机制②,充分彰显了其协同性与稳定性。

2. 试点、示范性与独特、优质性

就试点、示范性工作而言,文博领域的"县级博物馆展示服务提升工程""完善博物馆青少年教育功能试点"皆属此列。2005年,国家文物局启动了"县级博物馆展示服务提升工程",通过先试点后推广的模式,"十一五"期间扶持了200个县级馆发展,并带动其他基层博物馆完善展示设施、内容和服务手段,包括送展下乡,让难有机会进馆的农村青少年亲近文物和场馆③。之后,2014年国家文物局启动了"完善博物馆青少年教育功能试点"工作。2014—2016年间,不少省级文物行政部门都受国家文物局之托,组织具有良好基础的国有博物馆与本地区教育部门、中小学建立了合作关系,探索实现场馆教育资源利用最大化的有效途径和手段,并在全国推广。同时,2014年《关于开展"完善博物馆青少年教育功能试点"申报工作的通知》的"试点原则"之一便是"充分发挥省级以上大馆尤其是中央地方共建国家级博物馆的资源优势和引领带动作用,有效整合区域博物馆教育资源、构建协作共享机制"。

值得一提的是,2016年《教育部等11部门关于推进中小学生研学旅行的意见》(以下简称《意见》)历经专题调研、试点实验、广泛征求意见等多个阶段。自2012年以来,先后遴选了安徽、江苏、陕西、上海、河北、江西、重

---

① 刘元春、宋鹭:《社会智库建设:难在哪里,如何解决》,《光明日报》2016年9月21日,第15版。
② 马亚宁:《沪上11家科普场馆携手组建"自然联盟"!》,《新民晚报》2016年9月21日。
③ 国家文物局博物馆司调研组:《关于将博物馆纳入国民教育体系的调研报告》,《新形势下博物馆工作实践与思考》,第69页。

庆、新疆8个省(区、市)开展试点工作,并确定天津滨海新区、武汉市等12个地区为全国中小学生研学旅行实验区。事实上,《意见》要求各地广泛开展研学旅行实验区和示范校创建工作。教育部也将遴选确定部分地区为全国研学旅行实验区,积极宣传典型经验[①]。此外,2016年《关于推动文化文物单位文化创意产品开发的若干意见》在"支持政策和保障措施"中专列有"稳步推进试点工作"。也即,"按照试点先行、逐步推进的原则,在国家级、部分省级和副省级博物馆、美术馆、图书馆中开展开办符合发展宗旨、以满足民众文化消费需求为目的的经营性企业试点,在开发模式、收入分配和激励机制等方面进行探索。允许试点单位通过知识产权作价入股等方式投资设立企业,从事文化创意产品开发经营。参照激励科技人员创新创业的有关政策完善引导扶持激励机制"。这相当于将试点先行、逐步推进原则与考核评价机制、激励机制等都进行了联动。

而与试点、示范性相关的,还有独特、优质性。这是反映博物馆与中小学教育结合在某一区域的发展上与其他区域区别的首要特性,包括人无我有、与众不同等。同时,即便在同一个项目上,不同区域的水平、成果、质量也一定存在差异。事实上,"特色"是有层级的,从最基础的特色活动,到特色项目、优势项目,再到特色教育层级等。此外,试点、示范性外加独特、优质性,不只是个性风格的形成,还意味着一套校外教育模式的构建,一种博物馆精神和学校文化的确立。因此,我国博物馆与中小学教育结合工作的最终结果,绝不是一个点状或某一个局部特色的呈现,而是整体特色的立体表达。为此,先行先试区域更应坚持"人无我有、人有我优、人优我精、人精我妙"方针,其目的正是为了推动事业的协同发展。

(二)两大原则

其实,《中共中央、国务院关于建立更加有效的区域协调发展新机制的意见》中的"坚持区别对待与公平竞争相结合"原则,与"坚持市场主导与政府引导相结合""坚持继承完善与改革创新相结合"原则都休戚相关。也就是说,在博物馆与中小学教育结合事业中,即便我们强调区域一体化发展,但这绝不代表"一刀切",而是一方面对文教结合、校外教育等区域政策进行细化,以针对不同地区的实际制定差别化实施细则;另一方面,维护全国、地区市场的"公平竞争",防止出现制造政策洼地、地方保护主义等问题。事实上,

---

① 王振民编:《中国校外教育工作年鉴(2016—2017)》,第267页。

坚持"市场主导",即是在合作、协同之余的"改革创新",正所谓不破不立。

因此,在我国博物馆与中小学教育结合事业中,就落实区域协同发展与示范引领机制而言,两大原则需要恪守。一方面,坚持竞争的公平性原则。也即,探索文教事业与产业并举、公益与市场互补的新模式,并加强产业市场培育,推动创新成果向资源转化。同时,丰富博物馆的产品与服务,提升场馆之于中小学教育的供给能力。此外,在政府的引导下,进一步释放和发挥市场、企业等的"适者生存"作用,同时根据新情况、新要求不断改革创新,建立更科学有效的新机制。而恪守竞争的公平性,亦是在践行实事求是原则,毕竟我国地大物博,地域发展差异巨大,这与上文所述的"我国博物馆与中小学教育结合的制度属性与特征"等都有关。

另一方面,坚持多样性原则。也即,通过博物馆与中小学教育结合,助推文化和旅游(文物)、教育系统的结合,继而蔓延到其他领域的协同发展,最终达到社会的全面进步。正如在《长江三角洲区域一体化发展规划纲要》中,文旅、教育被同时置于"加快公共服务便利共享"篇章中论述,但区域协同发展并不止于文教结合,还涉及其他领域,这也呼应了博物馆与中小学教育结合中层设计中的统筹机制,需要各领域的联动。

值得一提的是,在"中国STEM教育2029创新行动计划"中,"开放原则""技术合作"皆是指导原则,这亦是"多样性原则"的体现。也即,STEM教育是全社会的共同事业,在各方同意的情况下,自愿推动知识扩散和技术转移。同时,希望通过政策对话,共享最新案例和经验,应对全球共同挑战[①]。

总的说来,在我国博物馆与中小学教育结合事业中,区域协同发展与示范引领机制皆不可或缺,同时它们具备相应的特点,亦需恪守一系列原则。让我们将理智与情感并置,为各级各地博物馆与中小学教育结合、文化和旅游(文物)与教育交融的体制机制改革提供一块富有生命力和前瞻度的实验田、研发地、试飞场,并建立可供借鉴的模式。

案例1

"指南针计划"青少年体验基地建设研究及示范项目[②]

2009年,中共中央宣传部、国家文物局、教育部、中国科学技术协会等

[①] 王素:《〈2017年中国STEM教育白皮书〉解读》,《教育与教学》2017年第14期,第6—7页。
[②] 李月:《"指南针计划"青少年基地——架起学校与博物馆之间的桥梁》,《中国文化报》2014年12月11日,第8版。

10个部委联合推出了"指南针计划"青少年体验基地建设研究及示范项目。这是一项涵盖农业、纺织、营造、文化传播等若干领域的大型系统工程,旨在培养青少年对中国传统文化遗产的传承、研习、体验。

2012年2月,上海率先试点建立了国内首个"指南针计划"专项青少年基地。此外,2014年12月3日,由国家文物局、上海市人民政府主办的国家"指南针计划"专项青少年基地建设项目现场会在沪举行。会议当天,来自上海"指南针计划"青少年基地及其项目试点学校的师生们展示了近3年来的成果。

● 让文化遗产"触手可及"

位于上海虹口区青少年活动中心的"指南针计划"青少年基地已建设了"天工开悟"中国古代创造发明和"纸的文明"两大主题场馆,以及中国古代造纸印刷、古代陶瓷、古代染织、古代青铜、古代建筑五个体验馆。每一个场馆内,青少年除了可以了解中华民族古代发明的历史、内容、影响、传承外,更重要的是,还能参与实践古代技艺创造,这是不同于传统博物馆的一个特点。比如,在古代染织体验馆,学生除了知晓中国古代织、染的工艺流程,还能亲自动手体验缫茧取丝、纺机织布、丝绸彩绘等实践带来的乐趣。

据统计,"指南针计划"青少年基地开展了各类型、多主题的活动近800场,接待海内外师生7万多人次。上海虹口区青少年活动中心主任蒋东说:"我们这个基地即将进行改扩建。基地将在原有五大体验项目基础上,新增模拟考古现场、天文观测、水利工程体验、敦煌文化体验等活动场馆,还将开辟'指南针'讲堂、多功能展示厅、报告厅、专家工作坊等硬件设施设备。"

● 课程主导、体验融合

截至2014年底,上海虹口区已有25所学校参与了"指南针计划"项目试点,占全区中小学的1/3。25所试点学校均找到了该计划与学校特色的最佳结合点。比如,上海虹口区第二中心小学、华东师大一附中实验小学分别结合学校实际和资源特色,承担了中国古代造纸印刷项目、中国古代染织项目。

据悉,为了能让学生更好地理解与实践古代伟大发明和文化遗产,国家"指南针计划"青少年基地还编撰了纸浆造纸、雕版印刷等20个模块活动课程,每门课程都配发了教材。

北京大学考古与文博学院杭侃教授在现场会上说,国家文物局系统有大量的文化遗产资源,但它们要发挥好作用,必须通过教育。其中,通过学校教育尤其是中小学教育是非常重要的方面。

● 发挥博物馆的实物教育优势

"如何通过实物开展教育,让我们感触、了解、认识历史,实际上博物馆在这方面发挥着最主要的作用。"国家文物局副局长宋新潮同志在现场会上说,"指南针计划"项目的核心任务,就是让保存在博物馆的文物、沉淀在中国广阔大地上的文化遗产,包括书写在古籍中的文字,真正活起来。希望通过该项目在整个学校教育、博物馆和文物工作之间真正架起一座桥梁,形成新的结合点。

据悉,国家文物局在推动"指南针计划"项目的同时,2014年4月还在全国启动了"完善博物馆青少年教育功能试点"工作,覆盖了北京、山西、内蒙古、吉林等15个省份,上海正在进行的"指南针计划"也被纳入了该试点。

除了上海市外,在浙江省共有9家不同类型的试点博物馆结合自身资源和青少年教育需求,研发、实践了"中国传统手工艺及民俗——吹塑纸版画""茶艺培训之名优绿茶冲泡""童画杭州名人"等10个试点项目,并推进全省各场馆青少年教育与学校教育的有效衔接,完善以"杭州市第二课堂"为基本模式的中小学生参观和利用博物馆的长效机制。

在陕西省,汉阳陵博物馆、西安碑林博物馆、西安博物院、西安半坡博物馆等6家场馆分别结合自身特色,研发、实践了"文化遗产小课堂"、书法艺术、特色游戏等课程项目。其中,汉阳陵博物馆开发的文化遗产小课堂包括"考古知识""穿汉服,学汉礼""制陶知识""传统体育竞技"4项。并且,还分为幼儿园版、小学低年级版、小学高年级版、初中版4个版本,虽然基本框架相同,但为了适合不同年龄学生的接受能力,在难易度、时间长短、文字长度、讲授方式上均有所区别。

在内蒙古,内蒙古博物院结合自身特点和资源优势,以博物馆与中小学教育结合课程项目开发、实施教育体验活动、流动展览进校园与教育体验活动相结合这3个重点方向稳步推进试点工作。2014年开展的社会教育活动多达200多次,如"欢乐大课堂"知识竞赛、博物院综合实践课等品牌活动都很受学生、教师、家长的欢迎。

案例2

科教、文教协同发展的集大成者——上海市青少年科学创新实践工作站

作为面向青少年科创人才培养的重要摇篮,"上海市青少年科学创新实践工作站"项目于2016年开启。该项目由上海市教育委员会、上海市科学技术委员会统筹协调,以"一站四点"为基点,在全市各区设点布局,架构起了上海市青少年科学创新实践工作站的"2—25①—100"三级管理体系。其中,"2"指代上海市科技艺术教育中心、上海科普教育促进中心这2个市级总站;"25"指代由17所高校、7家科研院所、1家高校附属三甲医院承担的25个实践工作站;"100"指代由52所上海市级实验性示范高中、24所区级实验性示范高中、16家青少年活动中心(少科站)、4家科普场馆、1家科普教育基地、2家重点实验室、1家社区文化活动中心组成的100个实践点。2018年12月,工作站项目又迎来了来自高校和社会场馆的五大成员:面向高中的华东师范大学地理学、同济大学物理学实践工作站,以及试点面向初中的上海科技馆、上海动物园、上海植物园实践工作站②。因此,现在的格局理应是"2—30—100"三级管理体系了。

上海市青少年科学创新实践工作站以"创新实践"为核心,并以"为科创人才培养护航续航"作为顶层设计的金科玉律。一方面,上海要建设有全球影响力的科创中心,科创人才的储备不可或缺,而保质保量的人才培养离不开教育和科技系统的协同发力。正因为有了教委和科委的双向支持,工作站项目才能充分挖掘高校、科研院所、博物馆等的优质资源。以师资为例,工作站项目组建了师德品行高、专业底蕴深、教学能力强、教育视野宽的辅导教师团队,三年累计有13名院士,近300名正副教授(研究员)、工程师走进课堂,走近学生,带教其课题研究。另一方面,工作站以"普及"和"提高"为导向,针对学生不同的年龄阶段、认知能力、知识结构特点,将高中知识与大学知识有效衔接,量身设计定制专业学术讲座等③。

国家的科学创新靠人才推动,而人才的成就需全社会承担责任。上海市青少年科学创新实践工作站贡献的不只是中学生科创实践能力培养的协同平台,也为全社会参与人才培育起到示范引领作用,体现了教育、科技、文化等系统的协同先行担当。

---

① "截至2019年1月,项目已覆盖30家由科研院所和科普场馆组成的实践工作站,100所由中学、科普场馆、社区文化活动中心等组成的实践点,凝结一批优秀师资,累计招收7 860名学生。"见《聚焦|高校、高中教育专家与学生共话"更好的教育,更好的未来"》,上海青少年科学创新实践工作站网站,2019年1月25日。
② 陈之腾:《引领青少年科创教育新格局 上海市青少年科学创新实践工作站项目三年显成效》,《上海教育》2019年第3期,第11—13页。
③ 同上,第13页。

第九节 安全责任与问责机制

之所以将安全责任与问责机制置于我国博物馆与中小学教育结合中层设计的最后,是因为安全永远都最重要也最基本的,它覆盖了博物馆等校外教育机构内的学习和生活安全,以及往返场馆的交通安全等。若安全缺失,一切都是空谈,并可能导致因噎废食的恶性循环。

在《中华人民共和国公共文化服务保障法》中有"公共文化设施管理单位应当建立健全安全管理制度,开展公共文化设施及公众活动的安全评价,依法配备安全保护设备和人员,保障公共文化设施和公众活动安全"的规定。此外,2016年《教育部等11部门关于推进中小学生研学旅行的意见》(以下简称《意见》)提出了"四个以"基本要求,其中之一便是"以预防为重、确保安全为基本前提"。同时,《意见》的四条基本原则之一是"安全性原则",也即"研学旅行要坚持安全第一,建立安全保障机制,明确安全保障责任,落实安全保障措施,确保学生安全"①。

可见,安全性永远是我国博物馆与中小学教育结合事业发展的底线。当前,不少学校出于安全等考量,对外出、远行、剧烈活动等可能带来师生人身隐患的校外活动和项目不予组织,或几乎不组织。这可以理解,但安全也不能成为制约我国中小学师生走出校门、走向社会的因素。事实上,我们可以通过到位的预防措施来规避风险,并平衡发展。

一、建立健全校外活动保险制度

从经济角度看,保险是分摊意外事故损失的一种财务安排;从法律角度看,保险则是一种合同行为,是一方同意补偿另一方损失的合同安排;从社会角度看,保险是社会经济保障制度的重要组成部分,是生产和生活的"稳定器";从风险管理角度看,保险则是风险管理的一种方法。

鉴于此,我们首先需要完善中小学师生校外活动保险制度。该保险属于强制性、公益性保险,具体可包括"学生校外活动险"(学校购买)、"场馆场

---

① 王振民编:《中国校外教育工作年鉴(2016—2017)》,第267页。

地险"(博物馆等购买)等不同险种。鉴于目前带学生集体外出参观和利用博物馆等以校方为行为和责任主体,这也成为中小学面临的普遍难题,因此建议在建立健全诸如学生校外活动险时,同步完善校方"责任综合险"或"安全综合险"等。

可喜的是,为落实《国务院办公厅关于加强中小学幼儿园安全风险防控体系建设的意见》(国办发〔2017〕35号)、《教育部等五部门关于完善安全事故处理机制 维护学校教育教学秩序的意见》(教政法〔2019〕11号)、《上海市人民政府办公厅关于全市加强中小学幼儿园安全风险防控体系建设的实施意见》(沪府办规〔2019〕2号)等文件要求,上海市教育委员会、上海市财政局决定自2020学年起实施中小学幼儿园校方责任综合险,详见《上海市教育委员会、上海市财政局关于实施中小学幼儿园校方责任综合险工作的通知》(沪教委青〔2019〕45号)。其中,位于该通知"保障范围"之首的便是"学生在校期间或参加学校组织的(含校外)各类教育教学活动中发生的依法应由学校承担责任的学生伤害事故"。此外,《教育部等五部门关于完善安全事故处理机制 维护学校教育教学秩序的意见》明确了"形成多元化的学校安全事故损害赔偿机制。学校或者学校举办者应按规定投保校方责任险,有条件的可以购买校方无过失责任险和食品安全、校外实习、体育运动伤害等领域的责任保险。要通过财政补贴、家长分担等多种渠道筹措经费,推动设立学校安全综合险,加大保障力度"。

值得参考的是,在《教育部等11部门关于推进中小学生研学旅行的意见》中,"主要任务"之一便是"建立安全责任体系":"各地要制订科学有效的中小学生研学旅行安全保障方案,探索建立行之有效的安全责任落实、事故处理、责任界定及纠纷处理机制,实施分级备案制度,做到层层落实,责任到人。教育行政部门负责督促学校落实安全责任,审核学校报送的活动方案(含保单信息)和应急预案。学校要做好行前安全教育工作,负责确认出行师生购买意外险,必须投保校方责任险,与家长签订安全责任书,与委托开展研学旅行的企业或机构签订安全责任书,明确各方安全责任。旅游部门负责审核开展研学旅行的企业或机构的准入条件和服务标准。交通部门负责督促有关运输企业检查学生出行的车、船等交通工具。公安、食品药品监管等部门加强对研学旅行涉及的住宿、餐饮等公共经营场所的安全监督,依法查处运送学生车辆的交通违法行为。保险监督管理机构负责指导保险行业提供并优化校方责任险、旅行社责任险等相关产品。"

以上种种，无疑都是顶层设计及中层机制的进步，为博物馆等校外活动的开展在责任保险上指了明路、开了良方。与此同时，我们也应综合运用立法、政策、规划，明确博物馆等同步落实强制性、公益性保险制度，以部分减免中小学的后顾之忧。毕竟，携师生走出校门、走向社会的安全责任不能全部由学校承担，需要实质性地给予学校、教师一颗"定心丸"。并且，这于博物馆等场馆而言，亦是一种自我保护和提前风险规避、责任分摊。

同样值得借鉴的是，《教育部等 11 部门关于推进中小学生研学旅行的意见》另一大"主要任务"是"健全经费筹措机制"，即"探索建立政府、学校、社会、家庭共同承担的多元化经费筹措机制。保险监督管理机构会同教育行政部门推动将研学旅行纳入校方责任险范围，鼓励保险企业开发有针对性的产品，对投保费用实施优惠措施"。此外，在 2016 年《国务院关于进一步加强文物工作的指导意见》中，也已有"大力推广政府和社会资本合作（PPP）模式，探索开发文物保护保险产品，拓宽社会资金进入文物保护利用的渠道"的规定。这些相当于对保险的公益性又做了强调。

二、夯实博物馆的软硬件安全，加大评估和问责

除了强制性、公益性校外活动保险制度的建立健全外，我们还需通过准入条件和服务标准等去夯实博物馆等校外教育机构的软硬件安全。毕竟，校外活动的内容和形式多样，博物馆项目也可能存在风险，必须始终以观众的人身安全作为第一要义。事实上，《博物馆条例》已明确将"确保观众人身安全的设施、制度及应急预案"作为设立博物馆、应当具备的必要条件。此外，我国博物馆界还有 GA27—2002《文物系统博物馆风险等级和安全防护级别的规定》等国家和行业标准、规范。

此外，无论是我国博物馆的定级评估，还是运行评估，都对观众的人身安全有最高级别的要求。在 2017 年版《国家一级博物馆运行评估指标及考察要点》中，明确说明"参评博物馆出现重大文物安全事故或游客安全事故，直接判定为不合格"。而在最新的 2019 年版《博物馆定级评估标准》中，无论是一级，还是二级、三级博物馆，都有共同的"安全保障"要求，作为博物馆等级划分条件。即便是三级博物馆，其安全保障也必须达到如下要求：

● 一、二、三级风险单位按要求落实相应的安全防范系统，一、二、三级风险部位按要求落实相应的安全防范措施。

● 有与博物馆规模相适应的专职保卫人员;保卫工作规章制度健全,措施得当,有处置一般突发事件的应急预案;保卫人员受过专业培训,工作程序规范;档案齐全,交接班制度完善、记录齐全;定期组织安全演练。

● 消防责任明确,管理制度完善;有针对一般火灾的消防应急预案;消防设施、设备按要求配备,有安全、有效的防雷装置,并定期进行检查、维修、更新;定期组织消防演练,保卫人员能够熟练、规范操作消防设备。

● 公共安全制度健全,应急预案规范;安全出口、疏散通道通畅,标志醒目,应急照明设备完好。

事实上,我们不仅需要加大对博物馆安全系数的考核评价,而且要将其对接校外教育机构的信誉等级制度。也即,对社会实践活动涉及的机构由相关文教等部门评定信誉等级,并将其安全情况作为财政投入、奖惩激励的重要依据,同时定期通报基地(项目)的社会责任报告。其实,该规则适用于所有未成年人社会实践基地(场馆)、校外教育活动场所。类似的是,2018年最新版的《上海市普通高中学生综合素质评价实施办法》中,"建立信誉等级制度"是"组织管理保障"之一,也即,"对综合素质评价涉及的高中学校校长、社会机构等主体,由相关部门评定信誉等级。信誉等级评定采用等级下调的方式,一年评定一次。下调信誉等级的高中学校校长和社会机构将受到内部通报,连续两年被下调信誉等级的学校校长和社会机构将依纪依规严肃处理。"

当然,对安全的考核评价机制不仅与信誉等级制度联动,而且需要与问责制度配套使用,包括明确问责范围、规范问责程序、加大责任追究力度等,毕竟有奖就有惩。事实上,我们理应对实施校外教育的所有机构都设置一定的准入标准、评价体系、问责制度、退出机制。当然,对处于初级发展阶段的我国博物馆与中小学教育结合事业而言,我们仍以鼓励为主,但涉及安全的问责机制必不可少。

三、达求安全性与实践性的平衡

虽然我们必须杜绝潜在的隐患,但也不能因为安全顾虑而牺牲博物馆教育功能的发挥甚至是学生校外活动的实践性特点。2014年4月19日,教育部基础教育司司长王定华在第十二届全国基础教育学校论坛上发表了《我国基础教育新形势与蒲公英行动计划》主题演讲,并引出了中国研学旅行发展状况。事实上,研学旅行的一大特点——亲身体验,即意味着学生必须要有体验,而不仅是看一看、转一转,要有动手、动脑、动口的机会。在一定情况下,应该有对抗、逃生演练,应该出点力、流点汗,乃至经风雨、见世面[①]。的确,现在我国各地都在探索研学旅行,但如何在收费、安全保障、教育模式等方面突破,既保证安全又体现效果,是一大挑战。

当然,教育部为推动我国校外教育而启动的计划——"蒲公英行动计划"中,通过"建、配、管、用、研、训、协、督、宣"九项措施,为推进中小学社会实践、修学旅行等制定规章制度,尤其是确保校外教育的安全。其中,"管"即指"努力健全校外教育治理体系。指导各地做好校外活动场所安全保障工作"。

值得一提的是,《国务院关于促进旅游业改革发展的若干意见》(国发〔2014〕31号)一方面严格明确"按照教育为本、安全第一的原则","加强对研学旅行的管理",另一方面则宽松表示"积极开展研学旅行。按照全面实施素质教育的要求,将研学旅行、夏令营、冬令营等作为青少年爱国主义和革命传统教育、国情教育的重要载体,纳入中小学生日常德育、美育、体育教育范畴。支持各地依托自然和文化遗产资源、大型公共设施、知名院校、工矿企业、科研机构,建设一批研学旅行基地,逐步完善接待体系"。此外,《国务院办公厅关于进一步促进旅游投资和消费的若干意见》(国办发〔2015〕62号)也提出"支持研学旅行发展。把研学旅行纳入学生综合素质教育范畴。建立健全研学旅行安全保障机制。旅行社和研学旅行场所应在内容设计、导游配备、安全设施与防护等方面结合青少年学生特点,寓教于游。加强国际研学旅行交流,规范和引导中小学生赴境外开展研学旅行活动"。

---

① 《解读"蒲公英行动计划"》,双滦区青少年活动中心网站,2015年10月15日。

第七章

我国博物馆与中小学教育结合的底层设计

时下,教育已不再只发生在教室,而成了知识、技能、品质等的终身学习,成了一系列正规和非正规学习的集合。在此背景下,博物馆与中小学教育结合事业应运而生、顺势而为,并且是大势所趋。其中,学校、博物馆同作为教育框架中的重要组成部分,是天生的好伙伴,并且为了共同的教育目标通力合作,共享一致的教育精神。

就"合作"而言,它指的是个人、集体之间为了达到特定目标而形成的一种相互效力、共担责任的关系。因此,馆校伙伴关系是不同教育者共同努力的结果,其目的是让孩子们进行丰富而有意义的学习,也让教师和场馆教育工作者从身心上融合。事实上,合作意味着彼此愿意一起去经历一个创造、发展、设计和实施的过程,计划一个程序来帮助学习者达到确定的清晰目标[①]。

当然,成功的馆校合作从来都不是理所当然的,即便有再好的初衷、目标,也可能导致不了了之的结果,甚至以失败告终。更何况,学校、博物馆作为正规和非正规教育的代表,在实施环境和条件、教育技巧和风格等方面都存在先天性差异。鉴于此,制度设计对于合作伙伴关系的构建是必要保障。当一系列体制机制得到应用后,将有望带来最佳结果,并最终惠及青少年、儿童。

就我国博物馆与中小学教育结合事业的底层设计而言,主要聚焦馆、校之间的直接合作机制,并包括学校对博物馆的遴选机制、博物馆对学校的供给机制、馆校投入保障机制、馆校与家长社区社会的联动机制、馆校评估机

[①] 李君、隗峰:《美国博物馆与中小学合作的发展历程及其启示》,《外国中小学教育》2012年第5期,第19页。

制。因此,该层级覆盖了一系列博物馆和中小学,事实上场馆也需要通过制度设计来系统构建其校外教育的组织管理体系,并同步导向学校利用场馆的长效机制,实现各方权利、义务的动态调整与平衡。当然,该层级还涉及家庭、社区等,毕竟馆、校本身就是社区的一分子。

  事实上,改革要落实到底层并非易事。上面说啥,底下就做啥,亦步亦趋,看似是在追随,实则丧失了改革的要义。而根据彼此的实际进行发力,求同存异谋发展,正所谓"基层首创精神"是也。那么究竟该如何让改革的思想一级级渗透,直至最基层的细胞？在我国博物馆与中小学教育结合事业中,我们必须坚持顶层设计与基层探索也即底层设计相统一。其最终目的是尊重基层首创精神,真正激活博物馆、学校这些主体的内生动力；同时,在政府的主导下,下移其管理重心,让离实践最近的专业角色拥有权责利、积极主动而有创意地解决实际问题,并及时将成功经验上升为正式、长期的制度性关系并进行广泛传播。

第一节　学校对博物馆的遴选机制

  尽管我国博物馆基本都是中小学校外教育的重要来源,但场馆并不"天生"地为学校而存在,它们更多面向全社会,虽然师生是其主要观众。因此,中小学必须经过"勘探、开采、提炼"的遴选机制,才能将博物馆资源"化为己用"[①]。当然,学校自愿选择博物馆作为校外教育机构的前提之一,是场馆资源足够丰富多彩并契合师生需求。

  选择是一种权利的表达。而遴选机制正类似于我国当下招生选拔中的"一档多投[②]",虽然给高校招生计划的安排带来了额外工作量,却赋予了学生综合权衡和选择最满意高校就读的机会,这是一个方向。对馆校合作而言,同样如此。并且,中小学需要对所有校外资源进行遴选,不只是博物馆；同时,在众多博物馆中进行遴选,以开展中长期合作。

  截至 2019 年,我国共有中小学(包括高中)23.7 万所,其中小学 16 万

[①] 徐倩:《校内校外,共绘育人版图》,《上海教育》,2015 年 11 月 A 刊,第 23 页。
[②] 一档多投投档模式是相对于"一档一投"投档模式而言,在实行平行志愿的基础上,投档过程遵循"平行检索、一档多投"的原则,由省教育考试院将合格考生投档至其所填报本批次的所有院校,各院校按事先公布的录取规则阅档。

所,初中 5.2 万所,高中 2.4 万所[①]。2019 年底,全国备案博物馆达到 5 535 家。中小学与博物馆的数量比约为 42.8∶1,也即将近 43 所中小学平均拥有 1 座馆。此外,截至 2019 年底,上海市共有小学 698 所、中学 842 所[②]。2019 年底,全市备案博物馆达到 140 座。中小学与博物馆的数量比为 11∶1,也即每 11 所中小学平均拥有 1 座馆,比率远超全国水平,并接近英国的平均水平 11.6∶1,当然仍低于美国、日本的比率。因此,我国中小学与博物馆在数量上存在距离是不争的事实,即便所有的馆都投身合作,那么每座馆至少也得"以一抵多"才有可能平衡。此外,博物馆作为校外教育场馆之一,学校为何选择它们而非其他公益性机构?严格说来,目前我国参观、利用博物馆的师生还有限,场馆尚未成为中小学的惯常选择。这除了需要博物馆输出更多适销对路的学习产品与服务外,还需要学校在选择合作对象时实施遴选机制,以在源头上把关,包括恪守如下一系列原则。

一、与学校特色整合原则

在《国家中长期教育改革和发展规划纲要(2010—2020)》中,早已明确"注重教育内涵发展,鼓励学校办出特色、办出水平"。2019 年《中国教育现代化 2035》也进一步明确普通高中发展方式,"鼓励普通高中多样化有特色发展"。事实上,早在 2001 年《教育部关于印发〈基础教育课程改革纲要(试行)〉的通知》中即有"学校在执行国家课程和地方课程的同时,应视当地社会、经济发展的具体情况,结合本校的传统和优势、学生的兴趣和需要,开发或选用适合本校的课程"的规定。

但目前,我国中小学特色发展存在着目标单一化、形式表面化、结构碎片化、项目简单化和没有形成规模效应、特色低档化等问题,甚至是千校一面的同质化倾向。而校外教育恰恰可以成为切入口和突破口,助推学校从课程建设、课堂教学,到科学管理、学校文化等方面显现风格、色彩,展示个性和优势。因此,学校要积极开发周边文教资源如博物馆等,并将其转换为本校独有的校外活动载体,设计出供学生选择的项目。它们不再是清一色的面孔,而是在各具办学特色的学校中百花齐放、百家争鸣。鉴于此,以"与

---

① 《中国教育概况——2019 年全国教育事业发展情况》,教育部网站,2020 年 8 月 31 日。
② 《2019 年上海市教育工作年报》,上海市教育委员会网站,2020 年 4 月 23 日。

学校特色整合"作为首要原则供中小学遴选合作博物馆,既让场馆活动、项目成为别具一格的面相,避免了千校一面;又可促使博物馆与中小学教育结合的过程、结果与学校文化传承、改革创新等契合。

当然,特色是有层级的。最基础的层级是特色活动,学校喜欢也容易开展丰富多彩的校内外活动;第二个层级是特色项目,学校在某一方面形成了优势项目;再高一层级则是特色教育,学校在某一领域形成了特色,如结合博物馆的科技教育、艺术教育等。值得一提的是,厦门大学潘懋元教授有过精辟论述:"特色必须是自己内生出来的,第一看历史,第二看客观环境,第三看主观条件。"①事实上,每所学校都有其特色,这些优势就是"看家资本"。对中小学而言,如何遴选合作博物馆并与学校特色整合,是一大要义,具体则包括与地域性结合、与教学改革结合、与文化甚至是精神结合。

(一)与学校的地域性结合

当下,许多中小学教师都不缺教学经验,也不缺教育理论,缺少的是课程资源开发,尤其是对地域资源的有效使用。《全日制义务教育语文课程标准》(2011年版)曾提出:"各地区都蕴藏着自然、社会、人文等多种课程资源。要有强烈的资源意识,去努力开发,积极利用。"②其实,"校本课程乡土化"已成为我国"中小学课程改革的十个新动向"之一。也即,利用本土的历史、文化、风光、民俗、政治、经济、地貌等作为课程资源,来设计开发、推进校本课程实施。这些资源触手可及、浅显易懂,呈现出灵活的乡土气息③,同时也为彰显课程特色提供了良好载体。在日本,中小学的博物馆主要有两大展示主题:反映本校沿革的校史资料展,以及介绍本地区历史文化风俗的乡土资料展④。

事实上,校外教育正是将学校同社会连接的桥梁。学校所处地域的一切硬性和软性资源包括博物馆等,都是其独特的文教优势,因此与学校的地域性结合是遴选原则之一,并覆盖了地域文化、历史传统、生源结构等。当然,这在下文的就近就便与公益性原则、馆校与社区的联动机制中也有相关论述。一言以蔽之,中小学特色发展的路径、方法和手段之一即是将学校特

---

① 陈如平:《普通高中发展路径:找准定位、选择手段、搭建载体》,校长学院,2019年4月18日。
② 杨荷泉:《以地域资源促进语文教育(文艺观察)》,《人民日报》2016年1月5日,第14版。
③ 陈如平:《中小学课程改革的10个新动向》,《中国教师报》2019年4月12日。
④ 孔利宁:《日本博物馆的青少年教育》,《科学发展观与博物馆教育学术研讨会论文集》,第219—220页。

色与区域特色融合,包括充分考虑学校所在社区、地区的文化传统和区域特点,同时也便于学校更好地发挥辐射作用。具体如下:

一方面,学校要结合自身需求,致力于周边地域文教资源的挖掘、梳理、开发。周边地理空间具有和学生生活息息相关、易于引发共鸣的特点,发掘其优势能使校外活动还原到生活空间中。但目前中小学对周边校外教育基地的资源利用率不高,是不争的事实。当然,仍有先行先试者,如闸北第一中心小学对一路之隔的上海铁路博物馆以及上海市园南中学对毗邻的黄道婆祠、墓及黄道婆纪念馆的利用,都值得学习。另一方面,校外教育本身也有弘扬历史、传承传统文化的使命,并致力于发展和创新。学校理应引导学生对文物、博物馆等进行了解、探究,培育历史、文化认同,激发爱乡情怀,甚至是使逐渐湮没于民间的乡土资源得以传承,促使传统文化获得补充和新生。

值得一提的是,上海市为促进中小学拓展型课程、研究型课程的"属地化"资源利用,在崇明区乡土课程建设成功经验的基础上,于2011年由上海市教育委员会教学研究室与当时的崇明县教育局联合成立了"上海市中小学乡土课程研究基地"。该项目对全市中小学基于乡土资源的课程建设进行了全面调研,对优秀乡土课程征集评审,并在崇明、青浦等区进行了展示研讨。该项目的实施极大地促进了中小学充分利用周边资源包括博物馆等来开发校本课程的积极性,也为拓展型与研究型课程的有效实施提供了专业支持[①]。

(二) 与学校教学改革结合

国际教育改革理论专家哈维洛克(R. G. Havelock)曾对"教育改革"作过如下定义:"教育改革就是教育现状所发生的任何有意义的转变。"当然,教育改革是一项系统工程,覆盖了各级各类教育。并且,它们各有特点,即使都以人为本,在不同阶段也有不同要求。

对基础教育改革而言,我们要对中小学的教学改革点进行深度发掘与横向串联,而馆校合作恰恰可以成为创新点。比如,博物馆协助学校进行具有校本特色的综合实践活动课程研发,并将原本一次性的点状式活动上升为中长期的线状式课程。而将博物馆校外教育纳入学校统一课程,也会倒

---

① 上海市教育委员会编:《砥砺奋进二十年:中小学拓展型、研究型课程实践与探索》,第21页。

逼馆、校彼此夯实相应的课程管理,包括中小学对原有的社会实践、少先队、社团活动等进行梳理和体系化设计,以形成常态化架构,并解决活动的零散化、碎片化问题,避免管理的随意性、盲目性倾向①。

目前,我国各地都在探索 STEM 教育的推进方式,包括江苏、深圳、成都等省市均出台了相关文件。同时,基于问题、项目、真实环境等 STEM 教育常用教学方法也在一些中小学开始实践与推广,并作为教学改革的切入点。甚至一些优秀的高中还与高校合作,落地了一批 STEM 主题实验室。事实上,课程正是培养人的过程,而教学则是实现目标的过程,是教师、学生、环境三个要素之间的相互作用。因此,深化教学改革需要从环境支持学习方式的角度突破,即营造良好的师生关系、丰富教学资源、创新教学组织形式和学习空间。而博物馆正是这样的学习环境、教学组织形式、教学资源。

因此,在博物馆与中小学教育的结合中,我们既需要从精准指导和助推学习两方面实现个性化教学,又要探索通过优化学习输入和丰富学习输出,促进学生的自我意义建构,实现深度学习。在此背景下,馆校合作一方面需与中小学的重大教学、科研项目融合,尽可能将课程理论落在可操作化的层面,包括"核心素养'校本化'";另一方面要与教育改革的热点探索、难点突破融合,甚至将馆校共同发展校内外教育作为中小学启动新一轮教学改革的起点。

(三) 与学校文化、学校精神结合

"学校文化"是指一所中小学经过长期发展、积淀而形成共识的一种价值体系,即价值观念、办学思想、群体意识、行为规范等,也是办学精神与环境氛围的集中体现。事实上,校园文化建设主要分为三部分:物质文化、精神文化、制度文化建设。而馆校合作及其机制的构建和完善,直接助推了学校的精神文化发展,也是其制度文化建设的重要组成部分,甚至还可为物质文化添砖加瓦。

比如,如果一所中小学正在开展科技教育特色示范学校的选优培育工作,那么与自然科学类博物馆的合作将为其夯实校园文化建设添砖加瓦。在软件上,博物馆可帮助开展科学启蒙教育,完善科学课程体系,加强对探究性学习的指导;在硬件上,场馆则可帮助学校创建"未来教室"、创新实验

---

① 高德毅:《舞动成长的翅膀:上海市中小学课外活动实施指南》,第 119 页。

室等。此外,自然科学类博物馆还可助推创新中高等职业学校、高等院校的科技教育形式和内容,同时促进中学和大学科技教育之间的互动衔接,探索科技创新和应用人才的培养方式,帮助建设高中拔尖创新人才培养基地等。

事实上,学校的差异化发展在当今时代已愈来愈得到承认和提倡。作为拥有400余所实验校——全国新样态学校联盟的发起者和领导者,教育部陈如平研究员一直精心于学校课程的顶层设计。他认为,新样态学校就是学理和政策层面的学校差异性的实践表达,它们是基于文化内生、面向文化内生的。所谓内生,就是靠自身发展。这要求我们不断挖掘和解码中小学的文化基因,探寻影响学校发展的关键性因素或敏感因子,而关键则在于找到独特的文化基因,向内深挖精神之源、寻文化之根[1]。

值得一提的是,这种学校的精气神,用教育术语概括即为"学校精神"。它是学校文化的最高境界,是赋予其以生命活力并反映历史传统、校园意志、特征面貌的一种精神文化形态。按层次分,学校精神处于学校文化的最上层,是后者的核心,它是在学校传统的基础上,通过师生的实践活动并经过历史的积淀、选择、凝练、发展而成的[2]。

因此,学校在遴选合作伙伴时,诸如博物馆与中小学教育结合是否有助于凸显学校特色文化、是否既传承了学校精神又阐发了当代价值等,都是重要的考量点。事实上,博物馆完全有机会成为中小学文化建设的源动力,助推学校树立起更高位的精神文明形象,更重要的是,"润物细无声"地转化为学生的情感认同和行为习惯。正如苏联教育家苏霍姆林斯基(Vasyl Sukhomlynsky)在《帕夫雷什中学》(*Bovleksh Middle School*)一书中所言:"用学生创造的周围情景,用丰富的集体精神生活的一切东西进行教育,这是教育过程中最微妙的领域之一。"

案例

上海"新优质学校"项目的启示[3]

和全国各地一样,上海也有一大批不挑生源、没有特殊资源配置、没有悠久历史文化积淀的最普通的学校,它们的发展空间在哪里?一言以蔽之,

---

[1] 陈如平:《关于新样态学校的理性思考》,《中国教育学刊》2017年第3期,第37页。
[2] 同上,第38页。
[3] 余慧娟、赖配根、李帆、朱哲、金志明、董少校:《上海教育密码》,《人民教育》2016年第8期,第13页。

在于"真正关注人的发展,关注如何让教育过程更丰富、师生关系更和谐、多样化学习需求更充分满足",以成为更优质的学校。

2011年,上海市教育委员会设立了"新优质学校"项目,以发现、提炼并推广"新优质"的DNA,提升办学品质,建设好每一所家门口的学校。该项目的特殊之处在于对学校采取"不挂牌、不命名、不表彰、不给特殊资源"原则,而这些恰恰与项目初衷契合,以摒弃功利思想,更激发校长和老师自我实现的内在驱动力。

当然,在此情况下,政府的作用体现在哪里?其实,所谓"不给特殊资源"指的是政府不给传统名校的生源、师资、资金等,但是在无形的专业资源上却给了"新优质学校"最大的支持。项目推进过程是项目组和学校一起聚焦后者的文化、管理、教与学等方面变革,并通过多次论坛、培训、研讨、头脑风暴寻找学校的"最近发展区",以明晰其自身定位和发展目标。项目建立了校内、校际和跨越角色边界的专业学习共同体,以及研究—实践共同体,校长、教师、项目组成员都是研究者,更是学习者和实践者。

项目启动以来,新优质学校的创建队伍由最初的43所扩展到截至2016年夏季的200多所,由原先的政府筛选到学校自主申报,并在区域层面得到推广与传播。这些学校凭借负担不重、学生身心健康、学业成绩也不差的稳中有进式发展,在老百姓中赢得了实实在在的口碑。事实上,上海将新优质学校集群发展和学区化、集团化办学,作为推进义务教育内涵优质均衡发展的"双引擎"。这些学校的学业质量"绿色指标"均达到全市良好水平,学生、家长、社区满意度高达90%以上。这意味着,上海老百姓的家门口将有越来越多办学特色鲜明的好学校,同时它们也表征了"充满张力的、面向未来的文教改革"。

二、学校项目优先原则

虽然博物馆的服务对象并不仅限于师生,同时场馆作为校外教育机构之一,也并非学校的唯一选择。但就我国博物馆与中小学教育结合而言,我们将首先立足激发场馆的社会责任感与积极主动性,包括在理念和行动上支持学校教育高度优先。同时,这也是中小学在遴选合作伙伴时的一大考量原则。

目前,除了一般参观外,美国所有科技博物馆都为教师、学校和地区提供教育服务。场馆认为支持学校的项目理应是高度优先的。其中,优先服务于教师和学校项目以及比较优先的机构占全部机构的95%,而85%的科学中心支持学校项目高度优先。例如,对加利福尼亚大学伯克利分校的一个科学中心——劳伦斯科学厅(Lawrence Hall of Science)而言,学校科学教育即是其优先业务。它成功开发了众多联邦、州和私人资助的项目,所开发的12门课程已被全国20%的K—12学生使用,同时一系列项目广泛应用于各州和其他国家。它有4个项目部:课程和研发部、公众项目部、学生和家庭项目部、教师和领导者项目部。另外,劳伦斯科学厅还建立了3个中心,即学校改革中心、课程创新中心和公众科学中心,来协调这4个部,使其项目的影响最大化。事实上,学校项目的优先度与博物馆大小(也即运行费用预算)无关,但与教育预算有关[①]。目前,美国博物馆每年为教育投入20亿美元经费,用于国家、地方或核心课程教学,并针对各学科量身定制活动,而大部分馆都将其教育经费的3/4用于K—12学生[②]。

一言以蔽之,"学校项目优先原则"意味着博物馆配备足够的人财物资源,以优化中小学师生的场馆参观和利用。当然,这涉及一系列细节,比如:当教师进馆后,无论其是个体前来还是带学生前来,会不会出现没有博物馆人引导、教师不知如何操作的情况?教师前来博物馆(可能不止一次)为合作做准备,在收门票的情况下,馆方可否减免其调研门票以及现场产生的教育费用?自2009年4月4日始,法国25岁以下人群及教师可免费进入国家级博物馆和历史遗迹游览[③]。此外,教师从博物馆找寻教学资源以设计课程等过程中,博物馆教育工作者能否提供扶持,并跟进课程开发,以确保馆方资源得到精准应用,也是一大问题。

在笔者调研中,有博物馆教育工作者提及,场馆针对学校举办教育活动或学校参与场馆教育项目并不等于真正意义上的馆校合作,更遑论春秋游等"一揽子买卖"。他们认为,我国博物馆与中小学教育结合是中长期事业,最终需要进阶到合作的高级形式,比如双方共同开发馆本课程、校本课程,以及设计、制作博物馆展览进校园等,并导向馆校签订正式的协议关系。值得一提的是,上海市光明中学与上海博物馆从2000年起就开始了互动,从最初组织学生参观场馆,参加"我看博物馆"征文比赛,到请教育部专家来校

---

① 钱雪元:《美国的科技博物馆和科学教育》,《科普研究》2007年第4期,第24—25页。
② 湖南省博物馆编译:《为博物馆的教育使命而喝彩》,湖南省博物馆网站,2014年3月20日。
③ 《法国25岁以下人群及教师将可免费参观博物馆》,《世界教育信息》2009年第2期。

讲授拓展型课程。随着合作的深入,发展到学校依托博物馆组织学生创设"汉字的故事"展览。经过一个半学期的努力,这个由学生主办的展览,其开幕当日还同时揭开了上海博物馆"国际博物馆日活动周"序幕。学校甚至在双休日开放展览,由学生担任讲解员等。这对场馆而言,是以学校项目为先,把学生作为主体引入,并辐射至社区;对学校而言,则是引进博物馆校外资源,对课程进行的创新型探索,促使学生进一步融入社会①。

三、就近就便与公益性原则

自1994年始,上海市整合博物馆(包括纪念馆)等资源,以市政府名义先后命名了七批上海市爱国主义教育基地。目前,全市共有市级基地148个,其中全国基地13个,同时还有区级基地近两百个。值得一提的是,市委宣传部、市教委、团市委经与各爱国主义教育基地协商,于2015年共同制定了《上海市爱国主义教育基地三公里文化服务圈公约》,约定以每个教育基地为单元、以三千米为服务半径,通过契约形式把不少于10家基层单位固化为服务对象,提供宣传文化服务。目前,"三千米文化服务圈"已覆盖了全市所有区,共纳入2 198个单位②。而该三千米服务半径即是上海市从制度设计层面对就近就便原则的应用。

此外,博物馆虽是公益性文教机构,但"公益"不代表"免费",不代表其所有产品与服务供给都必须免费。当然,博物馆如何为学校项目分摊经济成本除了会影响校方的遴选结果,同时也是衡量一个非营利性机构践行公众责任的重要指标。

(一)就近就便原则

新千年后,国际博物馆界由"物"达"人"的发展转向,意味着场馆聚焦的服务对象从受过良好教育的中产及以上阶级人群向更具代表性的民众及本地社区转移。同时,博物馆从单纯的独立专业单位向所在社区的文化中心角色转向。在日本,社区作为社会教育功能实施的主体,很早便受到政府的重视,包括文部科学省充实和完善作为基地的公民馆、图书馆、博物馆(包括

---

① 上海博物馆教育部:《上海博物馆未成年人教育的理念与实践》,《博物馆与学校教育研讨会资料》(内部资料),第28—29页。
② 《上海市爱国主义教育基地三公里文化服务圈公约》,上海市爱国主义教育基地网站。

美术馆)等①。

事实上,任何博物馆都拥有物理上的社区边界,以首先服务好周边学校、家庭等。同时,中小学对博物馆的中长期应用,除了按需外,也不妨采取"就近就便原则",以先从利用家门口的场馆开始,而非集体涌向大馆、国家级馆和省/自治区/直辖市级馆、一级博物馆等。否则,一方面会挑战这些热门馆的最大承载量,对观众体验产生负面影响;另一方面也不利于中小型的非国有博物馆、未定级博物馆等的发展,并且场馆之间的社区服务半径也有所重叠。

目前,国际上城市规划者往往会区分"社区型博物馆"(neighborhood museum)与"地标型博物馆"(landmark museum)。前者主要针对社区居民的需求,经济影响力有限,但社会使命至高无上,后者着力吸引大量游客驻足城市并作停留,因此其产品与服务输出更偏向商业化模式②。沃尔特斯艺术博物馆位于美国巴尔的摩市,其工作人员会走进周边50英里(约合80千米)内的学校,在学生到馆前提供参观前课程,为他们的实地考察及手工坊活动等做准备。该50英里即是博物馆可持续服务中小学的适宜半径。毕竟,对学校而言,在后勤方面的较低或适度参与成本以及场馆的适中地理位置,在学校是否遴选博物馆以及遴选哪座场馆时拥有至高影响力③。

前身是上海火车站的上海铁路博物馆于1909年建成,它由广场展区的老车站场景和主楼展区的序厅、"铁路建设"、"铁路运输"、"铁路天地"、"和谐铁路建设"6部分组成。闸北第一中心小学与上海首批科普教育基地——铁路博物馆仅一路之隔,因此利用馆方资源开展综合实践活动、探究性学习十分便利。该小学设计了博物馆的专题活动,包括思考表达、探究学习、动手创造三个部分的十个专题,致力于将探究型课堂搬到场馆④。同时,闸北第一中心小学还策划了一至五年级的活动方案,覆盖了内容、评价以及地点、时间、适合对象、组织形式、组织教师等具体信息。此外,上海市园南中学凭借毗邻黄道婆祠、墓及黄道婆纪念馆的地理位置优势,以"学习乌泥

---

① 郑奕:《博物馆教育活动研究》,第1—2,77页。
② G. D. Lord & N. Blankenberg, *Cities, Museums and Soft Power*, Arlington, VA: American Association of Museums Press, 2015, p.38.
③ Institution of Museum and Library Services, *True Needs True Partners: Survey of The Status of Educational Programming Between Museums and Schools*, Washington, DC: Institution of Museum and Library Services, 1998, p.6.
④ 高德毅:《舞动成长的翅膀:上海市中小学课外活动实施指南》,第166—167页。

泾(黄道婆)手工棉纺织技艺,弘扬黄道婆精神"为主要抓手,将课堂教学和实践体验相结合,既推进了学生的全面、个性化和终身发展,又提升了学校的德育课程建设①。

(二)公益性收费与成本分摊原则

与就近就便原则直接相关的,还有博物馆对中小学教育供给的成本事宜,也即涉及"公益性收费与成本分摊原则"。事实上,"公益"不代表"免费",博物馆作为公益性文化机构,不代表其所有产品与服务提供都必须免费,这也未必利于其可持续发展。其实,这亦是全球博物馆面临的共同挑战。包括如下问题:博物馆作为非营利机构,是否得通过免费或低价路径融入学校教育,即便实际成本挺高? 当设置了一定的经济门槛后,是否可以换来更高质量的服务? 博物馆是否应该选择低成本项目,以守住财务底线,并确保馆校项目长存? 如何既求中小学教育目标,又将预算控制在范围内?

毋庸置疑,决定学校项目是否收费、费用多少对博物馆而言是复杂的问题,且各国各馆情况不同。同时,这也直接影响了中小学对作为合作对象的博物馆的遴选。在国外,中小学项目是博物馆的收入源之一,因此明确其经济角色还关乎馆方的财务稳定性。贝齐·鲍尔斯(Betsy Bowers)、詹妮弗·迈克尔雷·司快尔(Jennifer Michaelree Squire)、玛丽·简·泰勒(Mary Jane Taylor)等专家根据美国馆校合作调研得出的结果是,约1/3的馆一直收取费用,约1/3总是提供免费项目,剩下的1/3则有时收费,主要取决于该项目本身或学校所要求的服务。当然,这些馆大多向教师、随行人员、学生免费开放,但导览或动手课程就需额外收费。一些馆一旦与当地政府或学校建立了合作机制,就允许市区内学校免费参观。在其他情况下,特别的资助允许博物馆免除某项产品费用或是在特定时段内提供免费服务。还有一些馆根据学校的支付能力灵活调整费用,免除符合某些经济标准的学校的入场费②。

中小学在遴选博物馆时,教师会评估一系列因素。但两大关键因素为:考察内容、生均旅程费用。教师必须衡量每个学生和陪同人员的成本、交通费用等来决定该旅程是否可行,若可行,学校还需进行相应的支付。这些成本将在学校、学生和家长、合作博物馆中分摊,也可寻求社区基金或公司赞

---

① 高德毅:《舞动成长的翅膀:上海市中小学课外活动实施指南》,第40页。
② K. Fortney and B. Sheppard eds., *An Alliance of Spirit: Museum and School Partnerships*, pp.81-82.

助方等的资助,以覆盖巴士费用、学生及随行人员的入场费等,但也有一些博物馆会将馆校合作费用纳入年度预算。同样地,根据贝齐、詹妮弗、玛丽等学者的调研发现,超过一半(55%)的博物馆提供奖助金(scholarship fund),当然大多数都要求教师通过正式的流程申请,并按照先到先得原则授予符合条件的团体。还有一些机构则聪明地在学校不符合要求的情况下,允许教师为班上无法支付的学生个体申请奖助金。这种有远见并富同理心的做法保证了困难学生不被排除在一次重要的博物馆学习机会之外[①]。

值得一提的是,博物馆提供中小学免费参观的机会,与供给一揽子免费的教育产品与服务,不是一个概念,前者即免费开放,也是中国博物馆界践行十多年并不断扩增机构范围的善举。与此同时,各个国家、地区、博物馆的情况不同,很难实行"大一统"。比如,纽约大部分博物馆都收入场费,但在该市的"城市优势"项目中,包括博物馆、动物园、植物园、水族馆在内的参与机构为教师个人、班级、家庭提供免费参观机会。当然,该项目得到了纽约市议会资助,并由美国自然历史博物馆联合市教育局及其他文化教育机构发起[②]。

但无论如何,博物馆都必须知道,学生实地考察最终的财务负担往往落在教师身上,并且他们经常牵头努力筹资等。此外,场馆教育工作者还有必要帮助馆方领导理解,针对学校的项目即便收费,也很少能成为盈利点,或许最佳状态便是覆盖成本。在美国,公共项目和家庭项目尤其是夏令营和生日派对等,其盈利常常用来补贴学校项目[③]。近年来,中国国家博物馆输出了一系列共性产品之外的个性服务,并适当收费。当然,这与该馆属于公益二类的事业单位[④]直接相关。此外,它秉承的理念是:

其一,非营利性不代表博物馆不可以有经营性服务供给,只是经营的目的不在于创造高利润,而在于收回一定的成本,再投入到产业链中,以更好

[①] K. Fortney and B. Sheppard eds., *An Alliance of Spirit: Museum and School Partnerships*, p.82.

[②] 鲍贤清、杨艳艳:《课堂、家庭与博物馆学习环境的整合——纽约"城市优势项目"分析与启示》,《全球教育展望》2013年第1期,第62—66页。

[③] K. Fortney and B. Sheppard eds., *An Alliance of Spirit: Museum and School Partnerships*, p.82-84.

[④] 属于公益二类的事业单位根据国家确定的公益目标,自主开展相关业务活动,并依法取得服务收入,其服务价格执行政府定价或政府指导价。在完成规定任务的基础上,可依法开展相关的经营活动。服务收入和经营收入属于政府非税收入的按规定纳入财政管理,实行"收支两条线"。公益事业发展所需经费由财政根据不同情况予以相应补助。

地服务公众。如果提供完全免费的中小学服务,则很难服务更多师生,毕竟即便是国有博物馆、大馆,其中央和地方财政经费划拨也有限。其二,政府资金主要解决必须办的事,若想办得更好、更有品质,就需要社会力量的参与。同时,博物馆的活动定价主要基于成本核算,一般只是社会同类机构的1/3到1/2,场地、设施设备、专业人员的成本等都未计入,所以价格有足够的吸引力。比如,该馆课程在定价上恪守"基础价格"原则,只包含基本的材料和开发成本,远低于其他校外教育机构的同类课程价格。其三,正因为国家博物馆的活动和项目有品质,师生观众才愿意付费购买。该馆从2011年开馆就推出的讲解、活动皆是按收费设计的,但每天仍有一些公益场次来保证低收入群体享受到服务。与此同时,定制服务一定是收费的,这在馆方看来,属于增值服务[①]。

四、安全保障原则

在校外教育领域,安全性始终是底线,包括一直强调各地教育部门和校外活动场所立足"教育性"、突出"实践性"、渗透"趣味性"、体现"服务性"、确保"安全性",为广大学生全面发展、健康成长创造丰富多彩的活动载体[②]。在美国史密森博物学院的教育活动和项目清单中,"史密森学生旅行"是一项特许服务,始于2006年,专门针对初中和高中学生。在美国,有更多教师和家长选择它的原因之一正在于其安全性。而史密森博物学院拥有40多年的学生旅行经历和经验,无疑是最好的安全保障证明。

鉴于此,无论博物馆校外活动多有意义和价值,师生的出行安全和便利始终是首要考量,这也是目前不少学校不愿意或不便于让学生走出校门的原因之一。因此,在我国博物馆与中小学教育结合的中层设计中,已有专门的"安全责任与问责机制"论述。但在具体的馆校合作中,"安全保障原则"仍需重申和强调,包括:学校、博物馆高度重视学生参加社会实践的安全性,明确责任,落实措施,做好安全预案;学校开展必要的安全教育,增强学生的安全防范意识和能力;博物馆切实保证活动场地、设施、器材的安全性,配备安全保护人员,设置必要的安全警示标志,防止意外事故发生;此外,各利

---

① 黄琛:《中国博物馆教育十年思考与实践》,第133、136、137页。
② 唐琪:《让校外教育发挥更大育人作用——"十二五"以来全国校外教育事业综述》,《中国教育报》2017年3月21日,第1版。

益相关方要集体为中小学生的博物馆校外实践购买"学生校外活动险"(学校承担)、"场馆场地险"(博物馆承担)等,或是在学校的"责任综合险"或"安全综合险"中覆盖,这个已在上文述及,并需要政府从面上做强制性和准入性安排。

值得一提的是,2020年《教育部、国家文物局关于利用博物馆资源开展中小学教育教学的意见》专列了"加强安全管理"要求,也即:"各地中小学、博物馆等要强化博物馆教育安全管理制度,加强对各类活动的组织管理和安全保障,研究制定安全预案,明确管理职责和岗位要求。要开展师生行前安全教育,定期组织应急疏散演练,提高师生安全意识和应急避险能力。博物馆要针对中小学生实际,开展教育人员安全培训,加强场馆内设施设备的安全检查,确保活动安全有序开展。"

第二节　博物馆对学校的供给机制

遴选机制为中小学选择最合适的合作博物馆提供了"杠杆",与此同时也为博物馆优化"生源"创造了条件。对场馆而言,与学校的伙伴关系强化了其社会参与,也标志着博物馆对我国教育改革的贡献,以培育智慧而文明的青少年、儿童。

当前,在我国博物馆与中小学教育结合事业中,首先需要提升博物馆的态度与能力,包括将学校项目视为优先,真正满足师生的需求进而提升教师的教学科研质量并有利于青少年的未来成长,甚至是与教育改革、社会发展等契合。毕竟,学校、家长往往"用脚投票",博物馆面临的竞争从来都不只是业内的,更遑论它们尚未成为校外教育机构的优先选择。在其他机构纷纷前来竞争受众的时间、精力、金钱并抢夺优秀"生源"时,对我国博物馆与中小学教育结合的倒逼效应也将日益凸显。因此,博物馆对学校教育的供给至关重要,并涉及一系列原则的应用。

一、博物馆与中小学"供给—需求关系"的发展背景[①]

当下,博物馆与中小学之间与日俱增的"供给方—需求方"关系,有时也

---

① B. King, New Relationships with the Formal Education Sector, Lord, B. ed., *The Manual of Museum Learning*, Plymouth: Rowman & Littlefield Publishers, 2007, pp.78-81.

用"市场化"(marketization)一词来表达。事实上,市场规则正史无前例地被应用于正规与非正规教育的结合中,无论是在国内还是国外。其背后存在着几大关键性发展趋势,具体如下:

其一,它与正规学习领域使用的教学法有关,这可能也是最重要的因素。由于更大范围的政治文化变化,中小学教学方法在近几十年里愈发正规化①。尤其是在美国,自 20 世纪 70 年代以来,学生成绩和学校表现明显下降,引发了各方忧虑。而这与始于 60 年代的教学风格非正规化有关(尽管未必是直接诱因)。于是,北美许多政客和教育改革者的解决方案是,回归所谓的写作、阅读、算术("3Rs":writing, reading, arithmetic)和标准化考试,并催生了公立学校中更为偏狭、基于激励的教学法。

毫无疑问,学校内的正规化趋势包括教育标准和教育哲学等给博物馆—学校关系带来了挑战,尤其是对实地考察产生了直接影响。例如,一些博物馆工作人员称,许多教师视场馆参观为"华而不实的装饰",对标准化考试没什么用。仅仅是开启和保持与学校、学区的联系就困难重重,特别是博物馆被教师视为对提高成绩几乎没有帮助。这些信息很重要,因为教师的意见仍然是决定性的。美国博物馆与图书馆服务署 2002 年的一份调研报告显示,"回应者持续报告称,教师首要影响了学校是否决定使用博物馆教育资源"②。因此,场馆视教师为关键性目标市场,必须小心培育和争取,以保持现有的学校团体参观水平。

其二,博物馆—学校关系市场化的另一个因素源于过去几十年中场馆数量的急剧增长,并伴随许多辖区中校区预算的长期短缺,后者直接导致学校参与博物馆项目的频次下降。而可选择的博物馆过多则引发了场馆之间对学校观众的竞争,同时当校区预算问题也加入这场混战时,其结果就形成了买方市场。在此情况下,教育正规化的影响被放大,导向了那些已意识到尽其所能提供与课程相关产出的博物馆与尚未做到的场馆之间愈发扩增的差距。

其三,由于博物馆学的发展,外加财政原因,场馆自身也变得更具市场化导向了。随着博物馆从对藏品保管和记录归档的注重,转向对公共服务

---

① Board of Education, *Science Standards of Learning for Virginia Public Schools*, Richmond: Commonwealth of Virginia, 1995.
② L. McNeil, Creating New Inequalities: Contradictions of Reform, *Phi Delta Kappan*, 2000, 81(10): 734.

和准入性的关注,它们越来越重视观众研究和评估等,以确保展览和教育活动紧扣市场期望。在财务方面,长时间的财政削减催生了证明公共资金运营合理性的渐增需求,并迫使博物馆不得不清晰自证存在的理由和价值,包括到场人数等。鉴于此,在使命聚焦之外,博物馆也拥有了关注市场的强烈动机。也即,市场化是超越了博物馆—学校关系的一种现象,同时它深刻影响了该关系。

在此背景下,正如企业必须不断创新以保持竞争力一样,博物馆也得在各方面回应市场化,具体如下:

第一,对学校项目的更高支出。博物馆正在将更多内部资源应用于学校项目开发,至少部分是为了维持在学校市场中的预期份额。根据美国博物馆与图书馆服务署 2002 年的调研报告,2000—2001 年美国博物馆花费在学校项目上的年运营预算比 1995 年增长了 4 倍[①]。尽管它紧跟 20 世纪六七十年代起渐增的博物馆公共教育大潮流,但这短时间内的剧增也相当惊人。

第二,与课程关联的(curriculum—linked)项目扩增。尽管博物馆教育活动的开发长期以来都参照了学校课程,但市场化的一个显著结果是场馆不得不重新审视其所有项目,以促使产出与课程清晰相关。这样也便于教师向校长说明博物馆参观的合理性,同时显示其能直接提升学生的标准化考试等。此外,由于吸引学校团体难度上升,普通的展厅游是断然不够的,越来越多的机构开始输出旨在提升学生成绩与课程关联的项目。这回应了教师必须"为应试而教"的现实。无论如何,几乎所有的博物馆教育工作者都将项目与课程关联视为必须,不管是出于与市场还是与使命相关的理由。

第三,供给教师培训。基于博物馆的教师培训是一个开发多年的服务领域,它确保教师对博物馆及其如何助力学校产生足够的认知,同时可将最佳化利用场馆资源。教师培训项目扮演了正规与非正规教学法中的桥梁角色,为教师所需的自主规划和导引参观提供了工具,并给予其掌控感[②]。就这一点而言,培训正是博物馆试图成为教师资源和服务提供方的组成部分。

---

① M. G. Brooks and J. G. Brooks, *The Courage to be Constructivist*, *Educational Leadership*, 1999, 57(3): 20.
② M. Phillips, *Museum-Schools: Hybrid Spaces for Accessing Learning*, San Francisco: Center for Informal Learning and Schools, 2006.

第四,博物馆成为中小学的合作伙伴。认识到一次性的实地考察难以满足学校在课程方面的要求,一些博物馆已尝试将自身定位为教师全年可用的资源。也即,成为学校的长期合作伙伴。这一举措的挑战在于,促使教师从传统的学年末参观之旅转换到一种更持久的关系中。

总之,无论我们对馆校关系的"市场化"呈何种态度,证据表明,博物馆供给正规教育的质量因之提高①。事实上,馆校关系正在发生结构性变化,包括有了博物馆学校等全新形式。

二、博物馆对中小学教育供给的核心要义:相关性原则与供需对接机制

博物馆和学校了解彼此的真正需求,是实现关系可持续发展的根基。同时,博物馆根据中小学需求供给契合的产品与服务,此谓"相关性原则"的应用。在字典中,"相关性"被界定为:与手头的事务相关;富有实用性,尤其是社会适用性。这就不难解释,在国际博物馆界,如果场馆产品与服务不相关,它们就很难得到资金支持或是没有人参与。

在2014年《关于开展"完善博物馆青少年教育功能试点"申报工作的通知》中,"试点任务"之首便是"博物馆青少年教育需求调查",即"重点针对中小学生、教师、家长三类群体,采取问卷调查等方式,分别开展需求调查,形成《青少年博物馆教育需求调查统计分析报告》"。事实上,我国供给侧结构性改革的核心就是制度创新与制度供给。而制度供给是对需求的回应,对供给的研究必须置于"需求—供给"模式中进行。鉴于此,相关性原则与供需对接机制理应成为博物馆对中小学教育供给的核心要义。

(一)与课程相关

目前,我国许多中小学对于博物馆而言,犹如"最熟悉的陌生人"。所谓熟悉,是指学生是场馆的一大目标观众和实际观众;所谓陌生,则指现有学生利用场馆的模式往往局限于参观,同时馆方对学情并不足够了解,也未充分研究。因此,我们的馆校合作以"博物馆单方面策划设计—学校选用馆方资源"为主,学校更多扮演了消费者角色。当然,美国馆校合作也是在20世

---

① S. Takahisa and R. Chaluisan,New York City Museum School,*Proceedings*,*Museum School Symposium:Beginning the Conversation*,St. Paul:Science Museum of Minnesota,1995,p.24.

纪 80 年代中后期才发生实质性变化的。两者不再仅仅是资源的提供者和接受者关系,而是开始彼此分享、交流、设计、寻找最佳途径来将场馆作为课程资源①。目前,我们的博物馆在输出方面,主要问题不是总量供给不足,而是有效供给不足。鉴于此,我国博物馆若要真正与中小学教育结合,在馆、校层面都必须实行供需对接机制,并首先达到与课程的相关性。

1. 成熟的理念与实践

根据 1996 年的美国全国性馆校合作调研——"馆校间教育项目状况调研"(Survey of the Status of Educational Programming between Museums and Schools),博物馆大量使用学校课程标准来形成其某一主题的教育项目,其中数学领域占 92%,科学占 87%,艺术占 76%,历史则是 72%。并且,博物馆通过一系列活动来高度关联学校课程。其中,关联度最高的形式包括:在职培训、可租借工具箱、带有观前课程的博物馆参观、带有观前和观后课程的博物馆参观,总共覆盖了这些场馆 97% 的活动,甚至更高②。因此,当博物馆资源的目标和预期结果反映了中小学学术标准(国立、州立、地方)时,它们更可能在教室内被使用。与课程标准、学生学习方式、教师兴趣相关,将驱动博物馆资源被优先考虑③。

可以比较的是,新千年前,美国博物馆只需向中小学邮寄一份宣传册就能很快接到回应电话,但现在学校只有被邀请纳入项目开发,他们才会留意相关活动。因此,博物馆从一开始就纳入教师和学校行政管理者将引发其更大的资源使用兴趣。行政管理者往往更关注结果,想知道学生会从中做什么且这是在教室内无法实行的,然后项目又如何提升学生的考试成绩等。因此,纽瓦克博物馆(Newark Museum)现在不只为教师,还为行政管理者保留有开放日/接待日(open house)活动。该馆真正投入了时间来培育与中小学校长、管理者之间的关系,以共同应对文教挑战④。

有趣的是,英国利兹市博物馆和美术馆现已不怎么使用教师焦点组方式来询问校方需求了。如今,场馆正致力于与更少的校方工作人员构建更

---

① 李君、隗峰:《美国博物馆与中小学合作的发展历程及其启示》,《外国中小学教育》2012 年第 5 期,第 21 页。
② Institution of Museum and Library Services, *True Needs True Partners: Survey of The Status of Educational Programming Between Museums and Schools*, p.7.
③ K. Fortney and B. Sheppard eds., *An Alliance of Spirit: Museum and School Partnerships*, p.10.
④ Ibid., p.37.

深入的联动,而下一步则是与合作学校建立正式的协议关系①。在英国,诸如 2015 年博物馆实践研讨会"出类拔萃:创建成功的学校课程"等都剖析了哪些问题是校方正努力解决的,它们如何从外部合作者获取资源,以及如何做出决定等。与会者表示,建议博物馆从教育部门的角度审视自身,按照英国标准局(The British Standards Institution,BSI)的标准帮助学校②。

当然,相关性原则的外延与内涵十分丰富。比如,美国的馆校合作可概括为学科相关和非学科相关两种类型。就学科相关型而言,合作内容根据学校的课程标准设定。它又分为两种形式:学校根据需求向博物馆定制服务;场馆根据学校课程标准主动提供服务。就非学科相关型而言,博物馆会为学校推荐一些颇具特色的教学项目,供校方自由选择。同时,学校也会为拓宽学生视野等,选择多元主题③。

2. 我国的未来践行路径

时下,我国博物馆与中小学教育结合正如火如荼地发展,但总体尚处于初级阶段,投入与产出不成正比。其中,相关性的缺失是一大原因,并主要源起于馆方。因此,博物馆必须系统审视其文教产品与服务,并将它们与国家、省市、地方三级学术标准包括课程方案、课程计划、课程标准、教材、教学设计等匹配,因为这些都是国家、学校课程建设的制度性依据。在此基础上,促使博物馆学习与课程甚至是考试评价、招生选拔衔接,如上文顶层设计专项政策中所述的"一体两翼"。

在文博领域,2015 年《国家文物局、教育部关于加强文教结合、完善博物馆与中小学教育结合功能的指导意见》将"开发教育项目"置于"主要任务"之首:"紧密结合国家课程、地方课程与学校课程,设计研发丰富多彩的博物馆与中小学教育结合课程。博物馆教育课程可涵盖幼儿园、小学低年级、小学中高年级、初中、高中不同年龄段,要明确每个课程的目标、体验内容、学习方式及评价办法。"

在教育领域,比如根据教育部修订的《义务教育小学科学课程标准》,小学科学课从 2017 年秋季学期起被列为与语文、数学同等重要的基础型课程,起始年级前置至一年级。新课标强调"基于核心科学概念的策略,基于科学探究方法的策略,基于科学态度的策略,基于科学、技术和社会的策

---

①② 湖南省博物馆编译:《英国博协:学校想从博物馆获得什么?》,湖南省博物馆网站,2015 年 5 月 19 日。
③ 王乐:《馆校合作研究:基于国际比较的视角》,第 121 页。

略"。因此,如何因应小学科学课程标准的变化? 学校和教师作为主力军的同时,科普场馆是否也得行动起来,为保障课程实施创造条件? 上海科技馆、上海自然博物馆在上海市教育委员会的支持下,仅2016年就与全市127所中小学建立了合作,开发了不同学段的馆本课程97项,其中40项科学课程已在学校正式开课①。此外,上海自然博物馆开发的研学旅行,也将新的小学科学课程标准强调的"四大策略"融入了研学课程,让学生既学到科学知识,又理解了科技与社会的关系,并具备意识和能力去处理人与自然的关系等②。

鉴于此,我国博物馆与中小学教育结合时,在馆、校层面必须实行供需对接机制。也即,以需求为导向,应用相关性原则,包括博物馆在教育方案设计中渗透学科元素,将校外活动作为教学资源和知识应用、理解、创造的实践场所,更促使其在生活中应用③。同时,政府相关部门和单位也可依托博物馆、学校等逐步建立文教资源数据库,加强数据采集、需求分析、信息发布、动态研究,以推动资源的有效对接和充分使用。

(二) 满足教师的相关需求

即便有再好的初衷,若没有充分考虑馆校合作的实操者如中小学教师的需求,项目也可能失败。在我国博物馆与中小学教育结合中,对相关性的强调也包括馆方深入理解关键角色——教师的挑战,比如他们需要处理校外项目各项成本和付费,在学校满满当当的一天里挤出时间参与活动。教师如何确定使用哪些场馆资源? 更重要的是,博物馆是其寻求新教学理念和实践时的重要源头并居于首位吗? 馆方有没有争取到这份权益并兑现相应承诺? 博物馆的努力是否增加了教师对其的认知、使用或欣赏?④ 毫不夸张地说,许多真正的馆校合作伙伴关系都始于教师。而教师的直接需求主要体现在两方面:学术和后勤。

1. 学术需求

为了更全面地理解教师的需求,学者玛丽亚·马拉-布奇(Maria Marable-Bunch)曾于2009年夏天针对75名美国教师代表开展了研究,这

---

① 宋娴:《以科学教育推进科学普及》,《人民日报》2017年9月8日,第5版。
② 上海市青少年学生校外活动联席会议办公室、上海政法学院教育政策与法制研究中心:《2019上海市校外教育发展论坛材料汇编》,第42页。
③ 高德毅:《舞动成长的翅膀:上海市中小学课外活动实施指南》,第26页。
④ K. Fortney and B. Sheppard eds., *An Alliance of Spirit: Museum and School Partnerships*, p.9.

些教师来自各州,学段跨度从幼儿园前到 12 年级。研究围绕以下问题展开:是什么促使教师跨越教室边界来丰富课程?教师使用什么标准来确定使用哪些资源?"技术"在确定哪些资源有用时是否扮演了重要角色?教师在使用博物馆资源时面临什么挑战?教师希望博物馆对他们有哪些了解?在当下高度负责和教师审查的时代,博物馆如何为教师提供帮助?[1]

该报告显示,教师总是在找寻新理念和实践,确保通过一系列教学策略以应对学生的不同学习方式。当然,教师在找寻素材时,会使用诸多标准。其中,"熟悉度"居高位。并且,当他们被邀请与博物馆方合作开发教学资源时,更倾向于使用该产品,因为教师知道如何与课程计划相融。同时,由博物馆教育工作者主导的介绍或手动训练,将帮助教师理解如何将馆方资源纳入教学,当然他们还会自己找寻参观前素材。但有了这些信息的提前植入,教师更可能为学生规划博物馆之行。

同时,"使用资源的便利度"也被反复提及,因为教师有时在使用博物馆资源方面存在挑战,并耗时耗力等。相反,大多数中小学生都是技术"达人",如果不在教学中纳入新技术,他们会缺乏兴趣。对许多场馆而言,新技术也是性价比最高的手段之一。此外,教师强调博物馆为其构建的使用舒适度、便利度的重要性,以及馆方教育工作者知晓和理解教室氛围、风气的必要性[2]。值得一提的是,2008 年史密森博物学院针对教师的调研反映,带有课程计划并契合课堂时长(平均 50 分钟)的素材需求度最高[3]。事实上,早在 2001 年全美即已有 100 多万教师在其课堂上使用了史密森编印的教育资料,数百万学生(从学龄前儿童到高中生)从中受益。另有 35 万人参加了史密森组织的演讲、研讨、培训、学术旅行、表演和社区项目[4]。

案例

美国《有教无类法案》之于博物馆的影响[5]

2001 年通过、2002 年签署的美国《有教无类法案》被小布什政府视为教

---

[1] K. Fortney and B. Sheppard eds., *An Alliance of Spirit: Museum and School Partnerships*, p.10.
[2] Ibid., pp.10-11.
[3] Ibid., p.17.
[4] 段勇:《美国博物馆的公共教育与公共服务》,《中国博物馆》2004 年第 2 期,第 92 页。
[5] K. Fortney and B. Sheppard eds., *An Alliance of Spirit: Museum and School Partnerships*, pp.15-16.

育改革的一个里程碑,它旨在提高学生成就及改变美国学校文化,代表了联邦政府支持初等和中等教育努力的一项全方位改革。该法案制定的基础是:对结果负责;对经科学验证的有效方法的强调;为父母提供更多选择;更多的地方控制力和灵活性。而这也对博物馆与中小学教育的结合带来了挑战和机遇。

● 消极影响

《有教无类法案》非常强调考试,给21世纪的课堂带来了戏剧性改变。即便是无须参与每年考试的私立学校和在家教育(home school)模式,现在也明白孩童需要契合类似的目标以变得有竞争力。值得一提的是,2009年的美国博物馆协会年度圆桌会议(American Association of Museums' Annual Meeting Roundtable)以及2008年的中西部博物馆协会(The Midwest Museums Association)研究总结了考试之于学生实地考察博物馆的影响。包括:学校在考试前、考试中的几周至两三个月时间内,停止博物馆实地考察;每学年伊始,考试还不一定在时间表上。因此,一旦宣布考试时间,教师便不得不取消原先安排好的实地考察;一些学校仅在考试完全结束后才允许实地考察,在此之前让学生始终处于任务状态等。

此外,《有教无类法案》更强调数学和语言艺术,并削弱关注社会研究、科学、外语、艺术等。2007年教育政策中心(Center on Education Policy)的报告表明,62%的校区报告说增加了在数学和语言艺术上的时间,44%的校区报告说砍了在其他科目上的时间。其中,社会研究平均每周被砍76分钟,科学被砍75分钟,艺术和音乐被砍57分钟。史密森博物学院2007年对教师进行了调研,他们表示法案改变了自己的教授方式,以聚焦州立标准。同时,行政指令要求其契合考试,并减少在深度研究或某个主题上的探究时间。

可以想象的是,那些原本用于实地考察博物馆的经费,现在也被用来提升学生的核心科目表现。并且,"有教无类"的各项倡议其实并没有得到足够的资金支持,导致学校经费经常被重新分配至"义务和责任"(accountability)板块,而非"丰富和充实"(enrichment)板块。

● 积极应对

当然,博物馆不会坐以待毙,它们对于该法案的积极应对是:瞄准不同年级,并错开其考试时间表。比如,将三至六年级的考察集中安排在秋季或晚春,将二年级及以下的集中安排在1月和4月;将更多的数学和语言艺术纳入博物馆教育项目；搭建咨询委员会，纳入公立和私立学校、在家教育的利益相关者，明确《有教无类法案》的指令与博物馆藏品、项目之间的相关性；证明博物馆的作为和该法案所要求的技能之间的相关性，并将其以宣传推广性素材和工作坊的形式市场化；核查实地考察向学校收取的费用，寻求外界对考察和租借巴士的经济支持等。

此外，学术标准对博物馆而言是有用的向导，尤其现在中小学批准涉及外部合作方的实地考察项目时，都得基于活动在多大程度上契合标准。鉴于此，针对愈发重要的学科标准，博物馆的应对方案是：最广泛地考虑标准应用的内容领域，找到具体的、可证明的项目范例；与当地教师一起开发和测试项目，确保其契合课程；宣传推广项目与标准的相关性等。总之，博物馆直面挑战，并首先深入理解合作的关键角色——教师的学科挑战和需求。

值得一提的是，《有教无类法案》加大了对学术标准的强调，在此背景下，各州也先后开发了自己的标准，作为对由专业协会提出的国家标准的补充。地方上则通常使用国家、州立和当地标准的集成。史密森博物学院政策分析办公室一份名为"教室事实"（Classroom Realities）的报告显示，大约69%的受访教师使用专为契合州立标准而设计的历史教案，而只有7%的教师使用契合国家标准的教案，8%的使用当地或地区标准。但目前，47个州都在通力合作，以开发一套更好的国家标准来取代各州标准。有趣的是，尽管各州的学术标准不同，但各州都在向国家标准靠拢①。

2. 后勤需求

时下，全世界的馆校合作都面临新挑战，包括：学校校外、课外经费的匮乏；班级规模更大，加剧了教师对实地考察后勤及学生行为等的担忧；上学日日程更紧张，对那些与课程标准和考试不直接相关的事务，几乎没有时间应对；仍然需要在诸如《有教无类法案》等顶层设计的限制下争取创新②。比如，英国博物馆界目前就面临资金削减、资源紧张、繁重的工作负荷、课程大纲的修改等广泛挑战③。

因此，博物馆需要在与中小学教育的结合中，为教师减负，而非带来更

---

① K. Fortney and B. Sheppard eds., *An Alliance of Spirit: Museum and School Partnerships*, p.47.
② Ibid., p.18.
③ 湖南省博物馆编译：《英国博协计划与第三部门合作 创造更多社会价值》，湖南省博物馆网站，2018年8月24日。

多工作。可惜不少馆方教育工作者对教师的理解不到位,甚至存在误解,觉得实地考察中教师是在"放假",而馆方单独承担了所有重任等。包括:博物馆总希望学生带着兴奋和好奇而来,通过馆方精心编写并提前发送的参观前资料做好准备。场馆还希望教师和陪同人员按照其指示,将学生预先分成小组,并负责学生的纪律。可事实是,教师早在参观前就承担了太多后勤责任,经历了为争取行程的种种行政许可困难,追踪每份需要父母签名的许可单,落实陪护人员,租用大巴,并好不容易在从校到馆的大巴途中"幸存"。因此,尽管有好的初衷,教师可能也没有多少时间进行最基本的参观前准备,难怪期待让馆方教育工作者来当专家了![1]

的确,后勤始终是教师的一大考量,因为再好的教育体验也可能被差劲的计划和后勤工作所破坏,包括参观时长、午餐安排、教师和陪护人员的角色等。一份好的实施计划,减轻了师生的焦虑和分心,从而聚焦学习体验本身[2]。有趣的是,在美国康涅狄格州历史学会(Connecticut Historical Society)与当地八所中小学的合作中,成功的一大关键是馆方认识到教师想要选择上的自由,而非一份组织紧张的计划。因此,在博物馆活动册中包含了一系列联系并非那么紧密的活动,以供教师根据兴趣和学生需求来选择[3]。

(三)与当下社会发展以及学生未来成长相关

任何事物想要保持生命力,必须从它所处的生活中寻找生长点。校外教育的最终目的是使青少年、儿童更好地融入社会,更充分地实现自我价值、理性思考、快乐成长。而博物馆学习正可以成为学科教学与社会生活的结合点。可以说,现代博物馆的展示教育不仅贯通古今,而且折射时下社会真貌,甚至为未来提供思考与探索空间。故社会的脉动及青少年所关心的议题,常常是博物馆展教故事叙述的主题与方向,以反映社会需求、促使社会发展[4]。也即,建立与现实生活和青少年成长的关联,并瞄准未来社会、经济、技术发展中的前沿需求。

---

[1] K. Fortney and B. Sheppard eds., *An Alliance of Spirit: Museum and School Partnerships*, p.2.
[2] Ibid., p.3.
[3] E. C. Hirzy ed., *True Needs, True Partners: Museums and Schools Transforming Education*, Washington, DC: Institute of Museum Services, 1996, pp.28-29.
[4] 黄淑芳:《现代博物馆教育:理念与实务》,台湾省立博物馆1997年版,第32页。

1. 与当下社会发展相关

教育若要讲究艺术和技巧,则需施教者把握关键时机和随机事件。近年来,奥运会、世博会、重大节庆等一系列富有时代意义和价值的契机,已越来越多地被运用到我国馆校合作的品牌项目中。比如,上海市有基于中共一大会址纪念馆、龙华烈士陵园等开展的"红色一课",有基于世博园举行的"世博一课""院士一课",还有"博物馆一课""行知上海,激扬梦想""青少年民族文化培训"等系列活动①。

这些都属于博物馆之于当下社会发展的相关性教育供给,以在提供知识之余,培育青少年、儿童的核心技能与素养,并激发其情感、态度、价值观,进而影响其行为。这也是在当下中小学党团组织活动和主题教育、仪式教育、节庆教育、实践教育、社团活动中,越来越多地见到博物馆的"身影"的原因。

事实上,博物馆要有敏锐的文化嗅觉和育人意识,以将生活事件和重大变化有效转换成教育资源,从中生成活动主题。并且,与中小学德育工作联动,以潜移默化地影响青少年、儿童的思想观念、价值判断、道德情操,"润物细无声"地转化为其情感认同和行为习惯。在2017年《中小学德育工作指南》中已有了"将中华优秀传统文化教育作为重要内容,将传统节庆日等作为重要的育人载体,教育引导学生传承发展中华优秀传统文化,增强文化自觉和文化自信"的顶层设计,这于博物馆也是发挥其优势、与当下社会联动的契机。

2. 注重生涯教育,与学生未来成长相关

博物馆作为社会教育机构,既要面向未来,为中小学生的可持续发展奠基,又须立足当下,为青少年、儿童今日之成长服务。对中学生而言,他们正值个性形成、自主发展时期,在此阶段若能觉识兴趣爱好,将助推其未来发展。尤其是高中阶段,它是青少年从未成年走向成年并初步选择和规划未来方向的特殊阶段,亦是世界观、人生观、价值观形成的关键期,需经历生理、心理与社会层面的蜕变。在填报高校等志愿前,高中生其实非常有必要相对明确自己的发展方向。

目前,从我国课程改革和高考综合改革看,学生在课程、考试、招生等方面都面临了更多选择,因此也更需针对性指导。正如2019年《国务院办公

---

① 徐倩:《校内校外,共绘育人版图》,《上海教育》2015年11月A刊,第24页。

厅关于新时代推进普通高中育人方式改革的指导意见》所要求的,"要重点加强对学生理想、心理、学习、生活、生涯规划等方面指导,帮助学生树立正确理想信念、正确认识自我,更好适应高中学习生活,处理好个人兴趣特长与国家和社会需要的关系,切实提高学业规划和生涯规划能力"。事实上,《国家中长期教育改革和发展规划纲要(2010—2020年)》早就明确,"鼓励有条件的普通高中根据需要适当增加职业教育的教学内容。采取多种方式,为在校生和未升学毕业生提供职业教育"。

值得一提的是,上海市青少年科学创新实践工作站正提供了这样一个平台,让更多中学生的梦想在此启航,对高中生的志向树立产生了积极影响。崇明中学学生倪雨清被录取为复旦大学上海医学院临床八年制的医学生。当被问及为什么立志从医时,她说医学值得花费八年或更久的时间为它厚积而薄发:"'健康所系,性命相托'是我2016年在复旦大学基础医学实践工作站学到的一句话"。根据数据统计,第一批高中毕业的工作站学员就读的高校专业对口百分比为26%。目前,工作站项目仍在不断优化"课题研究—自主申报—专家评审—总站评优"的评价及评优激励机制,将这段经历纳入学生的综合素质评价体系,为大学招生选拔提供依据,也为学生规划生涯发展、设定专业学科方向提供原动力[①]。

此外,国外还有一些博物馆以座谈或短期实习的方式帮助高中生了解场馆工作及专业领域的相关工作性质。例如,加拿大英属哥比亚省的列治文艺术馆(Richmond Art Gallery)每年举办一天的专题座谈,请艺术相关领域专业工作者与社区中的青少年互动,促使双方面对面分享与讨论生涯发展议题[②]。

因此,无论是校内还是校外教育,都应注重培养学生自主学习、自强自立、适应社会的能力,尤其要帮助青少年及时做好职业规划。而博物馆完全有能力成为职业教育、生涯教育的重要指导渠道,给予他们提前体验职业的机会,并提高其在选修课程、选考科目、报考专业、未来发展方向等方面的自主选择能力,并最终促使青少年的人才培养与社会需求有效对接。

(四)关注文教战略需求,与政府教育改革相关

时下,国际博物馆界对相关性的强调也促使场馆探索:它们作为非正

---

① 陈之腾:《引领青少年科创教育新格局 上海市青少年科学创新实践工作站项目三年显成效》,《上海教育》2019年第3期,第11页。
② 刘婉珍:《与青少年做朋友~美术馆能为青少年做什么?如何做?》,《朱铭美术馆季刊》2003年第13期。

规教育机构,如何在正规教育改革中扮演角色并影响其进程和结果,以不断提升"存在感"。不得不承认,正规教育领域的行政管理者对博物馆价值的理解尚不足够。但若场馆不在中央和地方的教育改革中被提及,就更不容易在教室内被使用。最终,我们期待博物馆被视为一个教育中心,而非附属,这也正是我国博物馆与中小学教育结合事业发展的缘由之一。

那么博物馆如何在正规教育领域发出更强音呢?一方面,馆方要一如既往地对这个熟悉却永远在变化的群体——中小学师生加深了解。另一方面,馆方得谙通当下正规教育的关注点,包括中央和地方政府的文教战略需求、教育教学改革等。具体说来,博物馆不妨多走访学校,以便更理解教师的工作。与正规教育工作者构建和维系联系,倾听并理解其顾虑和挑战;在每个层面如规划、实施、评估博物馆教育项目时,都纳入教师和学校行政管理者;追随技术进步,与学校一起尝试新技术;通过出席教育工作者的职业年会,了解课程及其标准、考试时间表的动态,并知晓教育改革的最新动向[①]。

其实,要真正实现我国博物馆与中小学教育结合,博物馆必须在正规教育领域切实培育支持者,包括与文教政策制定者同桌而坐,使自己作为有价值资源的能见度提高;明确表达博物馆在学生核心素养及 21 世纪技能培育中的独特位置,而非站在一边,等待认可。一言以蔽之,博物馆必须找到一种方式,被中央和地方政府、文教部门和单位提上议事日程。博物馆若更多参与国家以及京津冀、长三角等层面的战略决策,或许还能引发场馆教育的下一轮革命。

事实上,美国"博物馆学校"的存在与发展,正是教育教学改革的成果之一,以将正规和非正规学习的最佳方面融合并进行制度创新。同时,以旧金山探索馆为标志的科学中心的兴起及普及,为当代科学教育的改革准备了丰富思想和实践经验。物理学家、教育家弗兰克·奥本海默(Frank Oppenheimer)正是通过创建旧金山探索馆实践其科学教育理想的。而克利夫兰艺术博物馆的第一任馆长威廉·马舒森·米尼肯(William Mathewson Milliken)亦是著名的教育改革家,他奠定了该馆重视公共教育的传统。该馆是全美(很可能也是全世界)第一家允许参观者在展厅内临摹艺术品的馆,至今其教育在美国博物馆界仍十分突出[②]。此外,进入 21 世

[①] K. Fortney and B. Sheppard eds., *An Alliance of Spirit: Museum and School Partnerships*, pp.20-21.

[②] 段勇:《美国博物馆的公共教育与公共服务》,《中国博物馆》2004 年第 2 期,第 92 页。

纪,日本明确制定了科学技术创造立国和文化立国两大战略。为了适应这一需要,教育改革被视为国家最重要的课题,努力寻求纳入博物馆的社会教育、学校教育、家庭教育的共同发展正是改革的方向之一。

因此,无论是国内还是国外,无论是当下还是未来,我们都要跨越传统教育与博物馆教育的严格分割线,来自正规和非正规教育领域的工作者不妨早日开启对话,并开展务实合作。值得一提的是,中国工程院首批院士、东南大学原校长韦钰教授已于2002年在东南大学创建了我国第一个学习科学研究中心,并在全国幼儿园和小学开始"做中学"的科学教育改革试点①。

三、博物馆对中小学教育供给的原则

2019年,我国博物馆举办教育活动近33.46万场②,同时学生是活动的主要对象。目前,博物馆界对中小学教育的投入已成常态化,但同时活动和项目同质化、碎片化问题也很严重。因为同质化,所以缺乏个性;因为碎片化,所以形不成合力,学生的学习成效自然不佳。因此,我国博物馆与中小学教育如何更好地结合,同样直指底层设计中博物馆对学校教育供给的一系列原则,以最终形成场馆服务、流动服务、数字服务相结合的博物馆公共文化服务网络。

(一) 分众化原则

青少年、儿童是大部分博物馆的目标观众,中小学师生也在场馆的实际观众中占据主体位置。但他们都是庞大的群体,因此不能"一刀切",而是必须采取分众化原则应对。所谓"分众化",也即博物馆通过对受众的全面了解和分析,从多种层面将对象做出细致划分,同时对馆方资源进行合理调配与建设,以配合各种学习项目,加强教育的广度和深度。时下,一些欧美博物馆的教育部已根据服务对象和工作性质进行项目分工,从而中小学师生不再是一个模糊的概念,而是由许多个性鲜明的个体组成的复杂群体。

总的说来,博物馆与中小学教育结合要通过分层分类来恪守分众化原则。一是针对不同年龄层次学生的活动需有所差异,这就是"分层";二是针

---

① 钱雪元:《美国的科技博物馆和科学教育》,《科普研究》2007年第4期,第28页。
② 朱筱、陆华东:《2019年我国博物馆接待观众12.27亿人次》,新华网,2020年5月18日。

对不同兴趣、特长学生的项目得有所差异,这就是"分类"。事实上,教育者宜把每一位学习者当作"例外"去看待,在认识和行动层面完全向其敞开。

1. 根据年龄分层

在《上海市公民科学素质行动计划纲要实施方案(2016—2020年)》中,作为"重点任务"之首的"实施青少年科学素质行动"率先明确了"着力推进各年龄段青少年科技教育":"鼓励校内外机构开展学龄前科学启蒙教育,完善中小学科学课程体系,加强对探究性学习的指导。创新中、高等职业学校、高等院校的科技教育形式和内容,发挥课程教学主渠道作用,建设并利用好科学素质类视频公开课。促进中学和大学科技教育之间的互动衔接,探索科技创新和应用人才的培养方式,加强普通高中拔尖创新人才培养基地建设。"

在我国博物馆对中小学的教育供给中,我们要分众化地纵向把握青少年、儿童的成长规律,依据其各阶段身心发展特点、认知需求等构建分层递进、整体衔接的序列。在馆校合作之初,博物馆就必须细化学段、年级,也即什么学段、年级适合什么教育主题、内容、形式,并且如何在现有条件下最佳化实现。在2014年《关于开展"完善博物馆青少年教育功能试点"申报工作的通知》中已有"博物馆青少年教育课程项目开发",包括"按照幼儿园、小学低年级、小学高年级、初中4个学段层次精心设计,构建每个学段的教学目标、教学重点、体验内容及评价标准"。

值得一提的是,2014年《国务院关于促进旅游业改革发展的若干意见》明确提及"建立小学阶段以乡土乡情研学为主、初中阶段以县情市情研学为主、高中阶段以省情国情研学为主的研学旅行体系"。同时,2016年《教育部等11部门关于推进中小学生研学旅行的意见》在"主要任务"之首的"纳入中小学教育教学计划"中也提及这一分众化要求。

(1) 小学阶段

在小学阶段,博物馆要聚焦生动、有趣、丰富的情感体验,包括活动设计尊重、顺应、唤醒小学生爱玩好动的天性,以丰富多彩的游戏、运动项目培养他们的运动兴趣和能力;开展与其生活密切相关的活动,并将习得的知识应用于生活、学会观察和思考、遵守规则和团结合作等①。

其中,"注重实践体验"是小学阶段博物馆与中小学教育结合的要义。

---

① 高德毅:《舞动成长的翅膀:上海市中小学课外活动实施指南》,第35—36页。

鉴于儿童善于形象思维,模仿力强,因此"体验"理应是最重要的学习方式,以在过程中开掘、提升他们的潜能,实现认知、情感、态度的和谐发展。在小学低年级,自然科学类博物馆不妨开展亲近大自然的活动,让学生逐渐养成爱护大自然的意识,知道和遵守最基础的道德规范;在中高年级,各类博物馆则可引导学生考察周围的社会环境,并简单分析问题等[①]。

(2) 初中阶段

在初中阶段,博物馆要聚焦拓展、践行、开阔学生视野。此时,学生的注意力、意志品质有了较大发展,当然仍缺乏自觉性,存在毅力、坚韧性不足的特点。场馆不妨针对初中生开设一些挑战体力、耐力的活动,让他们经历考验并最终达成目标,培养合作和团队精神、责任感,锻炼意志力和心理素质。同时,鉴于初中生抽象思维开始增强,博物馆还可鼓励他们选择与学力水平、个性特点相适应的课题开展探究,以体会知识的获得过程,学会与人交流等[②]。

其中,"开展公民教育实践"是初中阶段博物馆与中小学教育结合的要义,尤其是一些历史文化类博物馆。随着年龄和阅历的增长,初中生已开始思考一些社会问题,包括个人与国家、与他人的关系。博物馆不妨尝试以"模拟法庭""少年代表选举""模拟提案""模拟听证""社会调查"等为载体,将公民知识教育与课外活动结合,提升青少年对自己、对社区、对社会的责任,逐步懂得实现自身价值与服务社会是统一的。当然,随着心智的成熟,初中生的独立意识开始变强,因此馆校双方皆要发挥青少年的主观能动性,将主动权、选择权交付他们,包括:尊重学生对活动内容确定的意见,策划、方案制定也可在教师指导下由他们完成。甚至还可鼓励青少年自主参观和利用博物馆,无论是以小队为单位还是个人独立进行。当然,博物馆、学校需要制定活动手册等,以明确方向,提供流程,为学生提供有效指导[③]。

(3) 高中阶段

在高中阶段,博物馆要聚焦研究、实践、促进综合发展。这时,学生已具有较强的综合能力和抽象思维能力,喜欢探究事物本质,敢于大胆发表见解,但由于思维的不成熟,又容易产生片面性、主观性等倾向。博物馆一方面需对青少年以往所学知识加以融会贯通,形成跨学科、跨领域活动;另一

---

① 高德毅:《舞动成长的翅膀:上海市中小学课外活动实施指南》,第37页。
② 同上书,第36页。
③ 同上书,第39—40页。

方面要将多种方法糅合运用,解决以综合形态呈现的问题,促使学生多角度、多层面思考问题能力的形成。博物馆不妨开展探究性学习,鼓励学生"做中学",培养其自主发现、分析、解决问题;同时,分层分类实施社会实践和社区服务,如在高一年级侧重"体验",高二侧重"探究",高三侧重"见习",促使他们增强适应现代生活的能力①。

其中,开展生涯教育活动、促进学生社会化是高中阶段博物馆与中小学教育结合的要义。本阶段是青少年世界观、人生观、价值观形成的关键阶段,他们不得不应对繁重的学业、文理分科、高考专业选择等一系列现实性人生选题,而这对大部分人而言是第一次生涯考验,充满了困惑与迷惘。因此,博物馆若能帮助学生了解社会对人才的要求和标准、职业种类和紧缺人才等,同时行业类博物馆若能提供角色扮演和职业体验等活动,将增加高中生的职业认知水平,提高抉择能力,以对未来有初步规划,增强社会适应能力等②。

2. 根据兴趣、特长等分类

《国家中长期教育改革和发展规划纲要(2010—2020年)》在"创新人才培养模式"中提出:"注重因材施教。关注学生不同特点和个性差异,发展每一个学生的优势潜能。推进分层教学、走班制、学分制、导师制等教学管理制度改革。改进优异学生培养方式,给予支持和指导。"

在我国博物馆对中小学的教育供给中,分众化并不止于将对象从年龄上细分,还有"横向"上的、根据接受意趣和能力等进行差异化教学。其实,这也是对学习者主体地位的尊重,同时坚持兴趣是学习的先导的体现。虽然学校教育的整体设计建构在学生不同学段、年龄的特点上,但中小学往往不具备足够条件来应对同一年级、同一班级学生的个体差异,主要针对的还是中等水平学生,因此更多的是"求同"而非"存异"。但博物馆可以为对象的多元化学习提供良好情境,以弥补、改变甚至是颠覆校内的学生排序,并鼓励"百家争鸣、百花齐放"。比如在上海青少年科学创新实践工作站主导的馆校合作中,中国科学院上海技术物理研究所电子科学与技术实践工作站始终尊重学生兴趣,为其量身定制课题,如流浪猫智能化安置与监测设施、基于机器视觉的素描辅助技术等,助力青少年实现科创梦③。

---

① 高德毅:《舞动成长的翅膀:上海市中小学课外活动实施指南》,第36页。
② 同上书,第42页。
③ 《看现场│总结更务实,研讨更深入!这场业务培训会干货满满,引领科创实践再出发!》,上海青少年科学创新实践工作站网站,2018年12月30日。

值得一提的是,根据国际知名的"多元智能理论"[1],每个人都拥有不同的智能优势组合。并且,一般人其实远未能将潜能充分发挥。而校外、课外活动正是开发、释放中小学生潜能的重要途径。同时,大部分观众以社会群组成员的身份前往博物馆。因此,我们理应在馆校合作中促进学生的同伴学习和社会性发展,并考虑:同一主题能分解成不同层次以供不同年级学生开展不同活动吗?哪种同伴分组更适合,同质还是异质?同质分组的优势是让志趣接近的在一起,这样他们有共同话题;异质分组的优势则在于经验互补、激发多元思考甚至是创新思维等。如何让每个学生都有相应的情境体验?不妨让他们多尝试一些角色扮演,以增强同理心,提升合作意愿等[2]。

鉴于此,博物馆在与中小学教育结合中,我们需要找到发挥每个青少年、儿童智能优势的切入点,以因势利导、因材施教,发动他们积极参与,展示才华,甚至是与场馆共同开发项目。而主体之间的差异性本身就是宝贵的资源。目前,我国有越来越多的场馆开始为学生量身定制具有层次性的、个性化活动方案,以实现校内外教育的精准对接。比如,上海博物馆等都曾以知识的系统性传输作为教育评价的唯一尺度,但现在这些业界领头羊已将激发对象的兴趣置于首位,将被动的教育转变为主动的学习。无独有偶,欧美博物馆界认为,博物馆与观众不再是施教者与受教者的关系,而是一种平等互动的关系。因此,英国博物馆正朝着激发观众兴趣、引导其学习的角色转换。这从维多利亚与艾尔伯特博物馆的教育部更名为学习部、大英博物馆教育部的部分人员改称为学习人员中即可见端倪[3]。事实上,上海市在中小学课改进入内涵式发展的现阶段,学校也在大力研究如何面向全体学生并关注每一位学生的发展,而这恰恰是正规与非正规教育的一致努力方向。

(二) 一体化原则

一体化是教学原则之一,要求循序、系统、连贯地进行,这也是经过长期

---

[1] 多元智能理论由美国著名发展心理学家、哈佛大学教授霍华德·加德纳(Gardner)博士在1983年的《心智的架构》(*Frames Of Mind*)这本书里提出。他认为,人类的智能是多元化而非单一的,主要是由语言智能、数学逻辑智能、空间智能、身体运动智能、音乐智能、人际智能、自我认知智能、自然认知智能八项组成。

[2] 高德毅:《舞动成长的翅膀:上海市中小学课外活动实施指南》,第66—67页。

[3] 湖南省博物馆编译:《"一段世界史"获"艺术基金奖" 大英博物馆登"年度博物馆"宝座》,湖南省博物馆网站,2011年6月21日。

教学实践反复证明的原则。《学记》指出:"杂施而不孙,则坏乱而不修。"也即,如果教学杂乱无章,就会陷入混乱,得不到成效。朱熹说:"读书之法,循序而渐进,熟读而精思","未得乎前,则不敢求乎后;未通乎此,则不敢志乎彼"。鉴于此,一体化以及与之相关的"三阶段"理念与实践,正是在这样的背景下发展。事实上,这也是笔者《博物馆教育活动研究》一书的核心内容。

1."三阶段"理念与实践

若以观众的实地参观作为分水岭,博物馆教育活动可相对地划分为参观前、参观中、参观后三个阶段。虽然学生实地考察是大部分学校利用博物馆的最主要形式,也是馆校合作的最主要产品与服务,但我国博物馆与中小学教育结合并不只发生在师生的馆内参观阶段。事实上,参观前、参观后阶段都大有作为,因为参观前阶段是前提和基础,而参观后阶段则是补充和延伸。对场馆而言,观众参观前、中、后三阶段的教育活动理应一体化、系统化策划与实施,这样才是完整和一以贯之的,才能力求教育成效的最大化。

比如,在参观前阶段,博物馆可以为学校提供教学素材,开展教师培训,开展参观前课堂展示等。馆方不妨率先走进中小学,开展与课程相关的介绍活动。又如,在参观后阶段,博物馆还能继续与学校联动,包括:开展到校服务、驻校服务、外借教具、开发远程教育、发展中长期合作项目、提供教师职业发展机会等。其中,驻校服务是另一种形式的到校服务,由博物馆指派专业人员,配合课程需求,为师生提供服务。它与到校服务的不同之处在于,投入程度较深、时间较长,包括由博物馆人员进驻课堂,指导学生设计、制作展示,以及完成展示制作之前的必要准备,如协助学生进行研究、组织信息、决定学习方向、评估学习成效等,以建立与社区分享学习成果的环境[①]。

目前,我国大部分博物馆都普遍重视中间阶段,这毋庸置疑,但仅仅做好参观阶段的工作还不够。因此,博物馆与中小学教育结合的一体化落地,其实有两层深意。一方面,从三阶段的角度,从广度上策划与实施活动。并且,各阶段缺一不可,同时循序渐进、富有针对性地开展。另一方面,参观博物馆仍是最基本和普遍的教育活动,因此参观阶段为最主要阶段。博物馆理应立足展览主题、内容、形式,从深度上开展一系列延伸和拓展型教育项

---

① 钱雪元:《美国的科技博物馆和科学教育》,《科普研究》2007年第4期,第26页。

目,充分把握并有效利用师生在馆内的逗留时间,为其呈现精彩、难忘并有意义的博物馆之旅。其实,美国史密森博物学院很早就提供有一系列针对教师和家长的建议或推荐,并且这些引导按照观众参观的前、中、后三阶段逐次推进,稳中求变。

2. 划分阶段,有的放矢地实施

博物馆针对中小学的教育活动,从策划到实施,必然经历一个过程。该过程具有阶段性,如同一个运作系统。并且,这些阶段并非单独存在,它们之间也没有截然的分界,其结合部分还有可能交叉推进,如图9所示。

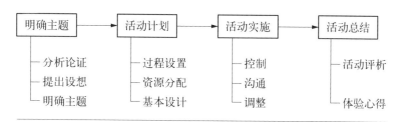

图9　(馆校合作中博物馆)教育活动开展的四个阶段
资料来源:高德毅:《舞动成长的翅膀:上海市中小学课外活动实施指南》,第77页。

(1) 第一阶段:策划活动主题①

博物馆在策划过程中需要考虑多方面因素:主题的确定如何与馆校双方的整体教育目标结合;方案制定如何有利于项目的组织实施;活动开展的同时如何保证学校教学正常进行等。主题策划具有相当的灵活性,没有固定模式可套用,但不妨依据如下的系统性、针对性、自主性、教育性原则。

所谓系统性原则,自然是根据系统论,根据学生年龄特点由浅入深地进行博物馆学习。其中,各项活动都有其明确、独立的目标,同时不游离于整体大目标,并符合教育规律。

所谓针对性原则,是指博物馆对青少年、儿童关注的新事物如时尚话题、网络游戏等有一定的了解,并适时将学生身边发生的新闻、重大时事等即时性事件作为活动素材或引子。总之,场馆在策划时要避免主题过于空洞或不明确、内容单调、形式老套。比如,在选择展览和教育主题时,除了思想性,"流行文化中有什么"也不妨得到考量。也即,关于该主题,流行文化怎么说? 电影、博客、电视、网站、新闻、书籍、学校课程、常见的误解等

---

① 高德毅:《舞动成长的翅膀:上海市中小学课外活动实施指南》,第77—79页。

都能帮助馆方洞悉什么是该主题可能吸引小观众的,什么切入点是最有效的①。

所谓自主性原则,是指馆校工作者在整个活动中始终扮演指导者、助推者(facilitator)角色,让学生成为真正的实施者。目前,不少活动虽然都是学生在参与,但他们只是在馆校要求下参加而已。馆校双方不妨让青少年共同参与活动方案拟定、讨论并选择最优秀的来落实。

所谓教育性原则,是指项目和活动的最终目的还是导向教育,包括解决学生的一些实际问题,使他们真正有所助益等。目前,不乏一些过程精彩但意义和价值甚微的活动。因此,博物馆在策划之初就应明确具体的教育目标,促使项目实施为目标服务。当然,我们也要防止目标过于外露,使得活动沦为说教等。

(2) 第二阶段:制定活动计划②

计划是活动成败的基础。在本阶段,馆校双方应致力于解决三个问题:确定活动过程,分配任务,确保活动顺利落地。

第一,活动过程囊括了时间、内容、操作方式的安排等,它是整个计划的主体部分。在此得避免几个问题:

● 层次单一。这会使得活动的参与面受限,学生的积极性受影响。另外,过程设置过于笼统、过于粗线条、范围过宽也会使得受众无所适从,活动自然平面化。

● 抑制创造力。如果过程设置过于繁琐,每个环节都作了详细说明,那么活动就成了预设的程序性操作。因此,博物馆教育项目必须给学生留白,保持其独立性和探索性。

● 时间估计过于乐观。先前的经验即便再丰富,也无法完全预判每一次活动的过程和结果。而最好的解决办法则是让参与的学生一起制定计划,让他们心中有数,并把握节奏。

第二,任务分配关乎每位学生的角色扮演。在分配前,馆校双方要向青少年、儿童说明项目目标,避免他们太过专注于自己的任务而对整个活动的意义和价值缺乏认识。在分配时,要考虑学生的个性与特长,使之得到一份适合的任务。此外,机构还要计划好进度,确定相应的时间节点等。

---

① 郑奕:《相关性 共鸣度 同理心——博物馆企及观众的关键所在》,《东南文化》2018年第1期,第117页。
② 高德毅:《舞动成长的翅膀:上海市中小学课外活动实施指南》,第79—80页。

第三,一份完整的计划还应考虑如何保障活动的顺利实施。这就需要对任务进行统一管理,甚至是组建一个统筹中心。当然,中心成员可由馆校人员、师生共同组成。另外,馆校管理层、决策层对合作的支持,也是最有力的后援,无论是哪方教育工作者皆要善于获取这种支持,如通过聘请活动顾问等方式。

(3) 第三阶段:活动中的指导[1]

与前期相比,本阶段属于探索与操作相结合,同时亦是一个充满变化的过程。不管前期工作如何细致全面,博物馆教育活动都没有绝对的预期性。同时,若是完全按部就班,也就生硬有余、乐趣不足了。因此,馆校工作者在活动指导中既要保持预测能力,又要有快速反应能力,同时也让学生认识到这一点,并提示他们如何应对。

此外,我们还要在进程中聚焦问题与质疑的应用。也即,从问题出发,形成若干活动和项目专题,培养青少年对问题的敏感性以及对研究的热情。事实上,馆校双方都要恰当贯彻"设疑—质疑—解疑"原则。而问题与质疑正是博物馆研究型学习的起点,亦是其基本表征。

值得一提的是,目前不少学校往往在小学和中学的起始年级就让学生前往博物馆搞研究。这在许多儿童与青少年缺乏研究意识、能力和方法以及背景知识的情况下,只能使多数人充当"配角"甚至是"群众演员"[2]。当然,不少学生现在进行的所谓探究式学习,都足不出户,仅在电脑上搜集一些资料,并简单整理,就进行成果汇总与展示了。如果他们从小养成这种"书斋式"研究习惯,必然不利于长久发展。这也需要馆校工作者扮演好指导者、助推者角色,毕竟探究的目的是希望学生在发现、解决问题的过程中学会科学的方法、技能、思维方式,进而培养科学精神、素养。总之,活动的实施阶段在互动中逐步演进,亦在不断的沟通和调整中前行。

(4) 第四阶段:活动后的反馈[3]

活动的结束并不意味着博物馆与中小学教育结合的终结。事实上,按照发达国家的理念和实践,博物馆教育活动是一个系统,覆盖了参观前、参观中、参观后三个阶段。而小观众体验完活动、离开场馆,只是馆内活动的暂

---

[1] 高德毅:《舞动成长的翅膀:上海市中小学课外活动实施指南》,第80—81页。
[2] 沈建民、谢利民:《试论研究型课程生命活力的焕发——兼论研究型课程与基础型课程、拓展型课程的关系》,《课程·教材·教法》2001年第10期,第4页。
[3] 高德毅:《舞动成长的翅膀:上海市中小学课外活动实施指南》,第81页。

告一段落。从某种程度上说,它意味着又一阶段的教育项目的开始。并且,参观后阶段的重要性还在于,其教育成效将影响到观众新一轮的博物馆之行[①]。

在本阶段,馆校双方对于活动的评估和反馈很重要,包括与学生一起分析评价,以为下一次进步预留空间。另外,场馆教育工作者、学校教师自身也要进行小结和反思,这是项目系统运作中的一个必要环节。具体的评估将在下文的"馆校评估机制"中展开详细论述。

(三)"衍生化"原则

之所以呼吁博物馆实行衍生化教育项目管理,正是为了应对当下的碎片化问题。也即,活动虽然多,但是"东一榔头、西一锤子",缺乏聚焦和串联。事实上,我们需要针对中小学的多元化诉求,打组合拳,以围绕某个主题,开发一系列衍生化教育活动和项目。

在中国博物馆界,上海博物馆的教育起步早,并且十几年前即已形成了相对成熟的体系。它主要分为面向学生、面向教师的两大板块,并针对同一主题、内容,采取多种形式。其中,前者共有12个项目,可归纳为"参观导览""体验活动和文化活动""思考与探究"三个层面,三者层层递进;后者则由"教学辅助资料和教材"和"课程与活动"下的5个项目组成(详见图10)。上海博物馆的教育理念是,无论中小学生以何种方式参观和利用博物馆,无论其年龄阶段、认知能力、知识结构有多悬殊,都促使其受益于场馆。

在美国,明尼苏达州拜伦地区的公立学校和明尼阿波利斯艺术学院合作构建了一个艺术博物馆教育框架。它以学生课程和教师职业发展项目为主,也即以教学和培训为核心,同时衍生出艺术家进驻项目、社区项目、每年一度的春季艺术节。又如,北卡罗来纳州夏洛特市的敏特艺术博物馆(Mint Museum of Art)秉承"将艺术作为历史探索之窗"的原则,开创了"解读和研究大社会"的跨学科项目,将社区合作、教育、技术创新应用融合。整个项目包括:由博物馆导览员和拉丁美洲志愿者牵头的校园活动,一个由五部分组成的教师培训,一组供教师使用的幻灯片,专供参观前于教室内使用的精密电脑软件"Dig It!",艺术、社会学、外语课程教案,2小时的博物馆互动之旅,打印版家庭游指南(以使用哥伦布发现美洲大陆前的藏品),还有重返博物馆体验的家庭通行证[②],可谓将产品与服务的衍生化做到了极致。

[①] 郑奕:《博物馆教育活动研究》,第308页。
[②] E. C. Hirzy ed., *True Needs, True Partners: Museums and Schools Transforming Education*, p.34.

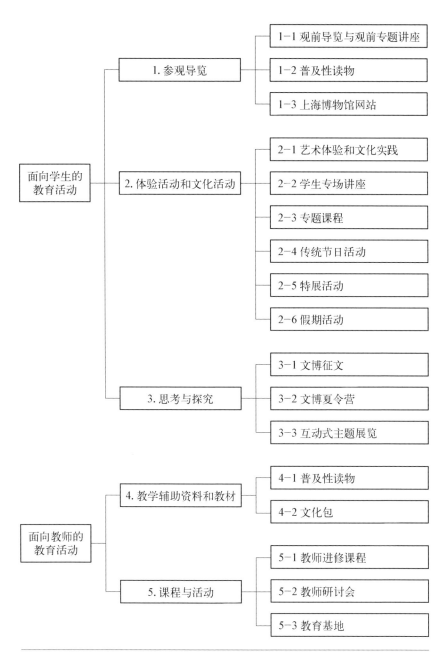

图 10　上海博物馆的未成年人教育活动和项目示意图
资料来源：上海博物馆教育部：《上海博物馆未成年人教育的理念与实践》，《博物馆与学校教育研讨会资料》(内部资料)，第 6 页。

(四)"做减法"原则

虽然博物馆欢迎所有青少年、儿童,学校也尽可能促使其所有学生都享受到场馆福利,但就目前我国博物馆与中小学教育结合而言,仍存在对象一定受限的现象。背后原因包括场馆供给的展教内容不适切,以应试教育为主的正规教育导向(聚焦考试评价和招生选拔),抑或是原本就存在学段、学龄的"黄金期"事实等。

此外,即便我们越来越强调博物馆拥有丰厚的学习资源,但在一次实地考察中就将一切都尽收眼底是不可能的。教师往往期待一次满满当当的博物馆之旅,将学生从一个展厅带至另外一个,殊不知这几乎剥夺了他们近距离观察等机会。因此,实地参观被戏谑为"博物馆游行",这是对本该充分体验一两个主题的机会的误用①。

鉴于此,在博物馆教育活动的策划与实施中,有必要根据需求应用"做减法"原则,也即去繁化简,毕竟教育的过程常常比结果更重要。

1. 相对聚焦性

根据宋娴 2014 年针对上海市科技教育特色示范学校与博物馆合作的调研所得,小学主要组织高年级学生参与场馆活动,中低年级较少。初中、高中则主要组织中低年级学生参加,高年级较少②。此外,根据美国 1996 年的全国性"馆校间教育项目状况调研"所得,3—6 年级学生是博物馆服务最集中的对象,尤其是 4 年级学生③。

鉴于此,馆校合作虽面向所有中小学生,希望囊括尽可能多的人,但就达到最佳学习效果而言,一定程度地择取目标受众以实现中长期合作,也不失为一项选择,此谓"相对聚焦性"准则。尤其当双方经历了一定的合作之后,可共同回顾、总结该班级/年级学生的变化,形成经验框架,并将该模式逐步辐射至更多师生。

2005 年,上海宋庆龄故居纪念馆在全市 13 所中学(包括周边的南洋模范中学、市二中学、市三女中、华东模范中学等)创办了第一批"宋庆龄班",并延续该传统至今。"宋庆龄班"由各校推荐和故居遴选产生,并由馆方统

---

① K. Fortney and B. Sheppard eds., *An Alliance of Spirit: Museum and School Partnerships*, p.3.
② 宋娴:《博物馆与学校的合作机制研究》,第 71—72 页。
③ Institution of Museum and Library Services, *True Needs True Partners: Survey of The Status of Educational Programming Between Museums and Schools*, Washington, DC: Institution of Museum and Library Services, 1998, p.5.

一授牌"宋庆龄班——上海宋庆龄故居纪念馆、××学校创办"。鉴于该班是馆校合作的集大成者,因此博物馆在投入上不遗余力。同时,大部分学校都选择高一年级的某班[①]连续合作一年,个别延续至两年。这即是相对聚焦性准则的应用。一方面,"宋庆龄班"及其所在学校已将上海宋庆龄故居纪念馆作为爱国主义教育、精神文明教育的绝佳场所,在这里举行成人仪式、环保公益活动、主题情景剧展演,寒暑假时安排学生担任讲解员等。另一方面,故居也将"宋庆龄班"作为其品牌宣教项目,推出了《"宋庆龄班"主题教育活动实施方案》。其中,每一届班级的基本活动流程都得以规范,包括每年设计8—10次活动,如"班旗"交接、主题宣讲、主题班会、总结表彰等[②]。此外,馆校双方其实皆愿意追踪该班学生一两年来的综合变化,甚至是活动结束后的中长期改变。因为有参与学生在高中毕业进入大学后仍主动回到故居担当志愿者,这背后正是兴趣与好感的支撑,并对自我收获的感恩与回馈,而这些都是博物馆与中小学教育结合的核心要义。

当然,除了深入合作对象的选择外,在博物馆对中小学的教育供给中,也存在相对聚焦性准则的应用。这就是为何场馆工作者倡导师生带着主题、问题、目标等利用场馆,以有所聚焦,而非走马观花式的参观。也有访谈者提及,这几乎属于博物馆优质教育资源的浪费。毫无疑问,相对于一次性参观和活动,中长期合作项目产生的影响力更为深远。在美国犹他自然历史博物馆(Utah Museum of Natural History)和格兰戴尔中学的合作中,名为"年轻人教年轻人"的项目是亮点。18名七八年级学生在学习科学和自然历史知识后受训,并将其所学传授给60名6—12岁孩童。博物馆希望这18名青少年在整个学年中充分投入学习、传授、团队作业。当然,这些中学生拥有30小时的培训时间以使用馆方延伸项目工具箱及200小时的充电时间,内容覆盖了团队建设工作坊、静修、博物馆实地考察等。他们还学习如何给小学生等担任导师[③]。

2."做减法"

不少中小学生都反映,他们宁愿同家庭而非学校前来博物馆,因为前者更可能给予其自我发现的时间。青少年不喜欢被过度催促和口头教

[①] 根据馆方规划,各校"宋庆龄班"可以是自然班,也可以是组合班,由校方决定;但最好是校内先进班级或优秀班级,同时该班学生历史、外语、音乐或演讲等综合素养较好。
[②] 徐倩:《校内校外,共绘育人版图》,《上海教育》2015年11月A刊,第22页。
[③] E. C. Hirzy ed., *True Needs, True Partners: Museums and Schools Transforming Education*, p.44.

育。相反,他们希望有一些在展品展项中选择的机会,来构建自我学习。研究证实,中小学生通过在馆内与他人互动来践行社交/社会性学习(social learning)。当拥有博物馆体验的话语权时,包括规划行程、选择研究主题、以小组形式工作,青少年会怀有更大的热情。目标、选择、所有权,这些对年长一点的学生尤其受用[①]。因此,博物馆要自省并提醒学校,以给予中小学生一定的自我探索空间,因为"做减法"有时也是在"做加法","踩刹车"正是为了下一次更好地"踩油门"。

值得参考的是,英国文化创意产业顾问玛•狄克逊(Mar Dixon)集多年经验,对博物馆提出了如下建议:

● 举办非正式的随到随加入活动。青少年乐于和朋友一起做点研究或参与某个项目,但他们不希望被要求每周都必须参加;

● 别用批判的眼光打量。如果他们带着自己的男女朋友前来,你的斜视会让人不舒服。他们是青少年,不再是8岁孩子了。

● 扔掉笔记本。年轻人理解考试评估的必要性,但也希望政府和学校能让他们松口气。即使只用眼睛看,他们也能学到东西[②]。

无独有偶,伦敦博物馆为改变英国年轻人不热衷场馆的现状而成立了青年组织——"汇聚点"青年会。该团体由16—21岁年轻人构成,他们已广泛参与到场馆的宣传、策划、演说、摄影等工作中。该组织提出了如下建议:

● 别把我们放在"笼子"里。在很多人眼里,年轻人好像有自己的标签,比如垮掉的一代、无趣的一代,在博物馆看来或许也如此。但场馆应该贴标签的是展览和展品,而不是观众。我们想学习,只是并非通过你们预期的方式,所以在策划活动时不要想当然地觉得应该怎样,而是在策划前就走出场馆,认真地与我们交流,聆听我们的想法。

● 摆脱条条框框。博物馆理应站在"知识就是力量"这一高度来策划项目,因为活动的终极目标其实是终身学习而非学校教育,是贴近我们的兴趣并富有创造性。比如,在策划"古罗马时期的伦敦展"时,我们将侧重点定为那一时期的青年人,并以此为基准与博物馆工作人员和其他艺术工作者合作,最终打造出全新视角的展览[③]。

---

① K. Fortney and B. Sheppard ed., *An Alliance of Spirit: Museum and School Partnerships*, p.3.

②③ 湖南省博物馆编译:《英国:博物馆应如何吸引青少年》,湖南省博物馆网站,2012年4月6日。

总之,博物馆完全拥有能量为青少年、儿童打造让人想学习的情境,但首要目标还是创设一段愉悦的体验。一次积极的博物馆之行是让中小学生还想再回来,它永远不以牺牲其快乐为代价,纯粹为了多学习一些事实等。近几年在美国克利夫兰的一项研究也对此有所证实。它覆盖了当地大学区的16座博物馆及其28所合作学校,这些馆每年有600多场次的幼儿园至八年级师生参访。虽然教师提及学生实地考察的诸多目标,但他们仍将"情感目标"(affective goal)置于"与学习相关的目标"(learning-related goal)略高的位置。教师承认,需要将博物馆参观和利用与课程标准等结合,但同时也明白一次成功的实地考察的关键,是给予学生兴奋和令人满足的体验,并值得回忆。一旦学生的兴趣被激发,教师觉得这比起聚焦事实和概念等,是更大的成功[1]。

值得一提的是,许多人的第一次博物馆之行,都源于中小学远足。而我们之所以希冀重视馆校合作、投入我国博物馆与中小学教育结合事业,是因为博物馆一直拥有改变人生体验的潜能[2],包括开启一种个体关联的可能性。这样的瞬间我们无法排练,但博物馆却能提供情境,促使其发生。因此,当馆校在规划合作时,为来访师生一定程度地"留白"很重要,包括在项目设计上宜设置大方向,这样青少年就可根据实际情况选择小课题。同时,也让同龄孩童、接近的一代之间尽享经验碰撞、丰富阅历的机会。总之,确保有一些珍贵的、非结构化的时光,让学生闲逛,并探索个人兴趣。并且,"做减法"的方式亦可促进减负目标的实现。我们的目标始终是,将博物馆体验与素质教育融合,让学生拥有更多的自由选择空间,以达求场馆学习"大爱无形、育人无声"的中长期影响力。

(五)"做加法"原则

博物馆的最大公共文教资源——展览,往往按照主题而不是单一学科来呈现,综合了多方面内容。并且,实物展品拥有无限潜能,与学校课程相关。鉴于此,我们不妨适当延伸拓展博物馆的主题、内容,将其一定程度上打通,并置于更广泛的背景下。同时,馆方也在帮助师生探索,如何将校内所学相融,然后学科间彼此支持。其中的相关性或许可以回答学生一直以

---

[1] K. Fortney and B. Sheppard eds., *An Alliance of Spirit: Museum and School Partnerships*, pp.2-3.

[2] Ibid., p.101.

来的困惑:为什么我需要学这些?① 研究显示,跨学科教授将提供一个情境给学生,让他们看到学习是如何传播至另外一个学科并"落地"的,且他们往往能学得更好。

此外,博物馆不能因为来访对象是中小学生,就过度将展教活动简单化。事实上,在馆校合作中,馆方应尽可能鼓励青少年发问、思考、对话,而非生硬设计或强加体验在其身上。也即,需要予以提示,邀请他们开启个体关联性体验,并授权工具,构建意义②。这正是博物馆教育超越活动和项目本身的价值所在。因此,无论是跨学科融合还是在活动基础上的延伸、拓展与拔高,都是博物馆对"做加法"原则的践行。

1. 跨学科融合

如上文所述,美国《有教无类法案》出台后,中小学不得不进一步聚焦提升学生数学、语言艺术的考试成绩。这意味着更少的教授艺术、历史和其他非核心课程的时间,以及更少的博物馆实地考察时间,尤其当馆方活动和项目并不涉及数学、语言艺术时。因此,博物馆必须做出改变,其中就包括跨学科准则的应用。

目前,我国不少中小学都开启了校本课程开发,但往往局限于某个学科点,尚未做到学科之间的联动,这与参与教师的数量有限及习惯等有关。其实,缺乏课程整合也即课程学科化倾向过于突出的问题在我国普遍存在。而 2001 年《基础教育课程改革纲要(试行)》早就提出要"改变课程结构过于强调学科本位、科目过多和缺乏整合的现状"。在此背景下,若有博物馆的跨学科设计助推,将有助于打破中小学学科壁垒,同时也利于馆方自身馆本课程的开发。

美国学者柯林斯(Collins)、布朗(Brown)、纽曼(Newman)认为,20 世纪美国学校教育退步的一大结果是,学生的知识、技能与其应用的外部世界脱钩,与现实世界环境相对。而博物馆恰恰能填补这样的现实世界,师生可在此论证、分析,将其所学在跨学科之间联动,并与情境融合③。鉴于此,在匹兹堡市迈克丽瑞小学与卡内基艺术博物馆(Carnegie Museum of Art)、卡内基自然历史博物馆(Carnegie Museum of Natural History)的合作中,教

---

① K. Fortney and B. Sheppard eds., *An Alliance of Spirit: Museum and School Partnerships*, p.46.
② Ibid., pp.54-55.
③ Ibid., p.47.

师给长期的跨学科活动安排了机动时间。这样的结构促使学生深入学习一门学科,而该方法与博物馆文化中的基本研究和开发流程正相契合①。

此外,根据霍华德·加德纳(Howard Gardner)的"多元智能理论",人们以不同方式学习,如果想要获得深度了解,势必超越单一学科范围,采取跨领域路径。因此,在我国博物馆与中小学教育结合中,我们不妨打开思维,跳开单一学科的边界。比如,围绕某一主题或核心知识,把语文、数学、音乐、艺术、表演等学科进行整合与贯通,使之形成体系,从而达到开发学生多元智能的目的。当然,这需要双方一线工作者的合作,而且不止于校方的某一学科教师。并且,多元智能理论还强调在实施课程时,尽可能开发课程资源,包括其他公益性文化机构和企事业单位等都可积极介入。

当然,跨学科不仅仅是多学科,前者在融合中存在特定的内涵、规则、要求。正如美国国家科学院(National Academy of Sciences,NAS)所指出的,不是仅仅把两门学科粘在一起创造一个新产品,而是思想和方法的整合、综合,那才是真正的跨学科。例如,STEM教育作为跨学科教育的有效形态,其重要性已为世界各国所认知。但STEM并不是把几个学科粘在一起就行了,其核心思想是——"工程意识"。

目前,中国国家博物馆已就跨学科融合做了尝试。该馆面向以班级为单位的学校群体,开发了社会大课堂系列课程,包括与北京教育科学研究院基础教育教学研究中心携手开发的"绘本形式博物馆课程",与史家胡同小学共同开发的"博悟"课程。其中,后者实现了与国家课程的深度关联,并打破了学科壁垒,以有意识地培养学生对知识的综合运用能力,以体现"历史与艺术并重""认知与规则同步"的核心理念。据悉,"博悟"课程涵盖了语文、数学、科学、美术、音乐等小学阶段的12门学科,覆盖学科率为92.3%②。事实上,越来越多的馆校已在合作中由不同学科的教师和场馆教育工作者组成联合教研组,围绕某一特定主题进行集体备课、听课和课后研究。在跨学科融合中,馆校之间、校内外工作者之间都不再那么泾渭分明,而是在对话和切磋中提升彼此。此外,中小学也在参观和利用博物馆的进程中,越来越熟练地应用学科整合方式来培养学生的综合能力。正如上海市尚文中学

---

① E. C. Hirzy ed., *True Needs, True Partners: Museums and Schools Transforming Education*, p.20.
② 焦以璇:《"我们在博物馆里聆听历史"——北京史家胡同小学与博物馆走向深度融合》,《中国教育报》2017年6月29日,第4版。

在开发上海博物馆的青铜器资源时,就由多门学科教师联手制定了如下表所示的学习计划。

表14　尚文中学基于上海博物馆青铜器资源制定的多学科学习计划

课程与教材内容	基地资源	学习活动目标
美术教材: 《泥与火的艺术》	上海博物馆 青铜器馆	知道青铜器的用途和造型,认识青铜器的纹饰种类。体验用多种艺术手法进行纹饰创作的乐趣,感受中华民族深厚的文化底蕴,增强民族自豪感
历史教材: 《周文化的瑰宝》	上海博物馆 青铜器馆	知道青铜器的材质构成以及铸造技术的发展过程,感受古代工艺技术的精湛
语文教材: 《艺术长廊》	上海博物馆 青铜器馆	认识中华灿烂的古代文化,增强民族自豪感
音乐教材: 《醇美的古韵》	上海博物馆 青铜器馆	欣赏古代青铜编钟音乐,结合已有的历史和文学知识,感受和体验作品中蕴含的情感
拓展教材: 《书法与印章的制作感受》	上海博物馆 青铜器馆	初步了解鸟虫篆书法的发展过程,并能以青铜纹饰与象形字等形式特点创造印章字体

资料来源:高德毅:《舞动成长的翅膀:上海市中小学课外活动实施指南》,第101页。

2. 在活动基础上延伸、拓展与拔高

在美国匹兹堡市的卡内基艺术博物馆、卡内基自然历史博物馆与迈克丽瑞小学的合作中,各方都致力于将博物馆资源与课程融合。如果说学生学习河流时前往自然历史博物馆观察河流生态系统是应用了相关性原则,那么前往艺术博物馆欣赏艺术家关于河流的代表性作品,就是一定的延伸和拓展了。

事实上,对博物馆与中小学教育结合而言,不能止步于活动和项目本身,而是要更进一步,以延伸、拓展和拔高,并帮助实现学生终身发展潜力的开发和人性的完善。虽然课程是馆校合作的核心产品与服务,但不妨让我们站得更高,看得更远。也即,让课程走出学科、书本的狭小范围,向自然、社会、人性回归,这样才能真正让学生认识人与人、人与社会、人与自然的关系,实现知识、技能、情感态度价值观、行为的高度统一。

比如，日本国立科学博物馆长期面向全国中小学生及教师举办名为"博物馆高手"的科技小论文征文活动，每年的优秀论文可获得由2001年诺贝尔化学奖得主野依良治博士资助的"野依科学奖"，这极大激发了青少年参与博物馆教育、学习科学的积极性。在这些活动的基础上，该馆成立了吸纳小学生和初中生为会员的"科博探险俱乐部"，以建立学生和博物馆的长期固定联系[①]。

又如，2011年大英博物馆与英国广播公司合作的"一段世界史"项目将"艺术基金奖"桂冠收入囊中。它以BBC4台播出的"100件藏品中的世界历史"系列广播节目为核心，另外包括"互动式数字博物馆"、面向青少年和儿童的"'遗产'系列项目"、"BBC'一段世界史'综合网站平台"等涉及广播、电视、网络多种媒体形式的扩展项目。大英博物馆精心挑选了100件藏品讲故事，并在此基础上延伸、拓展节目内容和形式，同时进一步拔高主题，以集中体现馆方希望传达的"透物见史"理念。对公众而言，"透物见史"提示了一种关注生活和历史的方式，而这一理念的传播有助于中小学生形成自己的历史观。因此，大英博物馆发起的这一项目在博物馆社会服务、学校教育、公众历史文化教育等方面都产生了深远影响，不仅时间跨度长达5年，而且在空间覆盖上促使国内550家博物馆和文化遗产部门先后加入[②]。

毫无疑问，相对于一次性活动，中长期项目产生的影响力更为深远。比如，英国泰特美术馆（Tate Modern and Tate Britain）、曼彻斯特博物馆（The Manchester Museum）都设有青年人委员会等。又如，伍尔弗汉普顿美术馆（Wolverhampton Art Gallery）面向14—25岁青年人组建了艺术论坛，几乎所有的论坛工作都由他们打理。围绕正在举办的展览，这些会员有权决定探讨的主题、媒体、参与的项目等。他们可参与策展人、艺术家的工作，却没有必须要做什么的压力。任何时候您来博物馆，一定会在展厅看到这些年轻人，馆方甚至还为他们专设了休息区域。但您无须担心他们会滥用"特权"，因为他们用责任心表达了对这个团队的尊重，而团队的成功也为其带来了荣耀。此类组织的最大意义在于，通过中长期合作吸引青少年走进博物馆，而年轻人又会带来更多朋友。久而久之，这群曾经被遗忘的群体就将

---

① 孔利宁：《日本博物馆的青少年教育》，《科学发展观与博物馆教育学术研讨会论文集》，第222页。
② 湖南省博物馆编译：《"一段世界史"获"艺术基金奖"大英博物馆登"年度博物馆"宝座》，湖南省博物馆网站，2011年6月21日。

主动探索这片天地,而不再觉得自己不够聪明、欣赏不了、不够格了[①]。

当然,还有一些博物馆组织有中学生代表会议等,其功能异曲同工。比如,美国印第安纳波利斯艺术博物馆(Indianapolis Museum of Art)于1973年就开始运作"高中理事会"(The High School Council)。社区中的每所中学皆可推荐学生代表加入,并于隔周周二傍晚5时15分至9时,在馆内与工作人员进行固定的晚餐会。学生代表除了对馆方提出建议,还负责将机构讯息传播给同校师生。这些代表会议旨在直接建立博物馆与学生的联动机制,而非仅限于机构对机构。近年来,美国沃克艺术中心(Walker Art Center)青少年艺术委员会(Teen Arts Council)的代表也扮演了意见表达与讯息传播的角色,他们更与馆员合作,策划设计各类活动等[②]。

四、博物馆对中小学教育供给的内容与形式

时下,不同类型的博物馆针对中小学都有推出教育活动,尽管这些项目主题各异、出发点不同、受众数量不同、经费来源不同……但优秀的博物馆教育供给往往有共通之处,同时包含了一系列内容和形式,如同形成了"菜单",供学校遴选。其实,选择也是一种权利的表达。当然,前提之一是活动和项目足够丰富多彩。

在此,仅探讨目前国内外馆校合作的常见形式,同时根据《中华人民共和国公共文化服务保障法》中"形成场馆服务、流动服务和数字服务相结合的公共文化设施网络"的规定,将之主要分为场馆服务、流动服务、数字服务三类,以期为我国博物馆与中小学教育结合提供参考和借鉴。但随着时代发展,日后必有新实践不断涌现。事实上,2014年《关于开展"完善博物馆青少年教育功能试点"申报工作的通知》已提及"建立本地区《博物馆青少年教育体验活动项目库》,并根据活动实践及时调整完善,形成活动策划与实施模式。

(一)场馆服务

1. 实地参观

参观博物馆是最基本和普遍的教育活动,而学生团体一直是团体观

[①②] 刘婉珍:《与青少年做朋友~美术馆能为青少年做什么?如何做?》,《朱铭美术馆季刊》2003年第13期。

众中最主要的一群。学生实地考察是大部分中小学利用博物馆的最主要形式,也是馆校合作的最主要产品与服务。但学生外出纯游玩的时代已经一去不复返了,尽管他们理应享受欢乐。现状是,学生有组织的校外活动越来越需要采取主题式或与课程相关。因此,博物馆若想让教师和学校管理层将场馆实地参观纳入教学计划,除了声明自己的独特教育价值外,还必须强调与课程等的相关性[①],这在上文的相关性原则中已有所论述。

在实地参观中,博物馆一方面需在展示设计上兼顾青少年的生理和心理特点,拉近与他们的距离,以便更有效地传达信息;另一方面要针对小观众的年龄、兴趣、知识结构等个体差异和不同需求举办不同类型的教育活动。此外,优秀的教育工作者往往会根据展览内容、环境、团体的年龄、人数、参观时长等因素选择最佳导览模式。

此外,以动手操作为特色的"工作坊/手工坊"(workshop)也是博物馆参观体验中常见且重要的形式。在这一环节,学生可将刚刚从展厅学到的知识或技能付诸实践,如自创绘画、建筑设计、制作手工艺品等。青少年还可将作品带回家做纪念或直接留在馆内供他人欣赏。工作坊之外,博物馆亦可为学生设计讲故事、朗诵、做游戏等环节。总之,只需有心和用心,馆方能为学校团体提供的学习机会是无穷尽的[②]。在美国,博物馆中的教学延伸项目是馆校有效合作最初的模型,而场馆教育功能的成熟也正是从这种项目开始的[③]。

值得一提的是,博物馆的工作坊、实验室等教育空间和项目,其实可进一步应用以配合我国的实验教学。根据2019年《教育部关于加强和改进中小学实验教学的意见》,"创新实验教学方式"要求"积极推动学生开展研究型、任务型、项目化、问题式、合作式学习。广泛利用校外资源积极开展科学实验活动"。而自然科学类博物馆等正属于这样的校外资源,比如上海玻璃博物馆就有"表演 & 工作坊"及"玻玻璃璃实验室"等固定项目,深受欢迎。事实上,科学表演作为一项将科学与艺术相融合的新型科普教育活动,时下在我国博物馆中正被越来越多地应用。

---

①② 湖南省博物馆编译:《博物馆能为学校群体做些什么?》,湖南省博物馆网站,2013年10月22日。

③ 李君、隗峰:《美国博物馆与中小学合作的发展历程及其启示》,《外国中小学教育》2012年第5期,第21页。

2. 馆本课程与校本课程

馆本课程、校本课程属于馆校合作的高级别形式和阶段。法国博物馆对学生的教育活动分为两种：一是为3—7岁儿童开设博物馆入门教育班，培养对场馆的兴趣和感情；二是为7—18岁中学生开设实物教育班，学生在馆内除了参观展览外，还利用幻灯、录像等视听设备学习历史、文学、自然科学等课程[①]。对中小学而言，把课内学科知识置于校外基地、将校外场馆体验引入课堂、基于社会实践开发校本课程，是我国不少学校已取得的校外教育资源拓展、育人内涵挖掘的成效。

比如，上海市虹桥中学近年来以"自然笔记"特色课程而广为人知。学校从利用周边场馆资源入手，包括上海动物园、刘海粟美术馆、长宁民俗文化中心等，先后针对不同学段开发了"自然笔记""社会笔记""海上经典笔记"的笔记系列校本课程。在每周1—2课时、每月一个半天的社会实践日，学生在教师引领下，携带任务单走出教室和学校，走进自然和社会，用文字、图表、照片、音像等记录其观察与思考，并在课程结束后展示。值得一提的是，虹桥中学还以"自然笔记"为"支点"，"撬动"了整个学校的课程改革。如今，校方已从更高站位提炼了"自然·优化"课程群。在校长陈红波看来，特色课程最终要与国家课程融合，只有融合在基础学科中，才能真正让每一个学生受益[②]。

事实上，我国博物馆理应逐步将部分活动向课程转型，并形成特色课程体系。而从活动到课程的转变，也是博物馆与中小学教育结合进阶的标志之一。目前，这样的优秀案例已越来越多。比如，中国国家博物馆配合中小学教材，编辑了《中国历史》《社会发展史》等教学幻灯片，以及《历史教学挂图》等参考资料。内蒙古博物馆为小学教学大纲所规定的学生综合实践课设置了一整套教学方案，开设了化石形成与野外包装、环境保护、石器打制、青铜器铸造、陶瓷制作、蒙古包搭建、奶制品制作等课程。赣州市博物馆则参与教育局主编的《赣南历史》乡土教材编写。株洲市博物馆与株洲市景炎中学合作编写地方史校本课程，将参观文物古迹和博物馆纳入课时等[③]。

[①] 国家文物局博物馆司调研组：《关于将博物馆纳入国民教育体系的调研报告》，《新形势下博物馆工作实践与思考》，第66页。

[②] 徐倩：《校内校外，共绘育人版图》，《上海教育》2015年11月A刊，第23—24页。

[③] 国家文物局博物馆司调研组：《关于将博物馆纳入国民教育体系的调研报告》，《新形势下博物馆工作实践与思考》，第71页。

案例

中国国家博物馆的特色课程体系[①]

中国国家博物馆(以下简称国家博物馆或国博)围绕"历史与艺术的体验"这一主题,面向以班级为单位的学校群体,开发了社会大课堂系列课程。基于中小学教学大纲和需求,以及博物馆的展陈基础,馆校教育人员共同探讨课程内容和授课形式。该系列课程有机融合了语文、历史、地理、天文、生物、科学、音乐、舞蹈、美术、书法、体育、劳技、品德等学科。一言以蔽之,国家博物馆的特色课程体系搭建经历了从量变到质变的进程。其中,重要节点如下:

2012年6月,国家博物馆针对家庭型青少年群体编写了《博物馆教育体验项目案例分析》。全书共收录54份教育活动案例,合计50万字。

为协助北京市教委落实2014年9月的《北京市中小学培育和践行社会主义核心价值观实施意见》,国家博物馆联合北京教育科学研究院基础教育教学研究中心,共同开发了"绘本形式博物馆课程"。2015年3月和2016年7月,《认知——国家博物馆课程学习绘本》(36个主题教育单元)和《复兴之路——国家博物馆课程学习绘本》(36个主题教育单元)先后出版。前者一年内3次加印,印量超过4万册。

2013年9月,国家博物馆与北京史家胡同小学签署协议,共同开发《漫步国博——史家课程》。2015年7月,两者合作的《中华传统文化——博物馆综合实践课程》(包括8册学生用书和4册指导用书)出版。整套课程专为小学三至六年级学生的综合实践课程而设,内容包括"说文解字""美食美器""服饰礼仪""音乐辞戏"4大主题,共计32组教学单元,136课时内容。

2016年9月新学期伊始,国家博物馆携手史家教育集团和新蕾出版社,编写了《写给孩子的传统文化——博悟之旅》系列丛书,共计15册。这是史家教育集团依托国家博物馆优质课程资源,旨在对学生进行"规则""尊重""责任""生命""创造"5大主题的中华传统文化养成教育,并调动全日制小学阶段的全学科知识。

2016年教师节前夕,国家博物馆与北京市第四中学联合启动了《中华传统文化养成教育——中学全学科博物馆综合实践课程》开发。该课程也属于校本课程,内容贯穿全日制初中和高中阶段的全过程。此次合作是继

[①] 黄琛:《中国博物馆教育十年思考与实践》,第29—30页。

国家博物馆与史家胡同小学开发小学课程之后,博物馆面对中学生在教学方面的新探索,使其成为一个完整链条。

值得一提的是,中国国家博物馆开发的系列课程注重内容的独创性,并源于对国博丰富藏品的深度挖掘和全新阐释。课程在内容上相互关联、补充,构成学生知识体系的完整链条,并形成了培养学生核心素养的"稚趣""认识""博悟""养成"4大系列。具体如下:

第一类是稚趣课,针对3—8岁年龄段,主要以绘本为载体。在教学方式上,博物馆引入了戏剧教学,通过体验让孩子感受场馆带给他们的快乐,而不在于掌握多少知识和技能的提高。博物馆致力于让儿童愿意在父母陪伴下多次进入场馆,这才是第一位的。

第二类是认识课,针对6—10岁、小学一到五年级的孩子。对他们而言,认知是什么?就是通过博物馆教育工作者的引导,充分调动感官去发现他们能够捕捉到的信息。有些知识对成年人而言可能一目了然,但是对孩子而言,若没有引导,可能就捕捉不到,或是不能完整地捕捉。

第三类是博悟课,针对小学高年级到初中二年级。博悟就是通过"博"的过程来"悟",没有感悟,没有感受到展品背后的信息,那么这堂课就白来了。

第四类是养成课,针对初中以后到高中、大学年龄段的青少年,类似于通过课题指南,给孩子提供学习方向。包括在博物馆教育工作者和学校教师的共同引导下,完成一个主题的研究,最后提交一份作品、报告、实验等。

3. 志愿者与实习生项目

志愿者项目以个人的自觉参与为前提,以地域社会服务为主要内容。这种活动有助于培养学生的同情心及为他人服务与奉献的精神,有利于促进整个社会风气的改善、推进福利事业的发展[①]。在我校外教育的"蒲公英计划"中有"大力推进社会资源协同配合。组织百万志愿者开展各类校外服务活动"的内容。此外,根据2015年《关于做好上海市普通高中学生社会实践(志愿服务)组织记录操作办法》,全市有"高中阶段学生参加社会实践活动的时间不少于90天,其中志愿者活动不少于60学时"的制度设计。同时,还有针对初中生、小学生的相应社会实践活动、志愿服务要求。因此,不少学生会前往博物馆担任志愿者,如小小讲解员等。

---

① 王晓燕:《日本校外教育发展的政策与实践》,《国家教育行政学院学报》2009年第1期,第93—94页。

事实上,博物馆为学生志愿者担任和志愿组织的养成提供了重要平台,其现实意义与精神价值是多重的。一方面,青少年值此机会能更好地融入场馆的文化环境,对展品展示形成更深刻的认知,其收获远胜过单纯参观中的讲解聆听;另一方面,这也缓解了博物馆在人力上的不足,同时为场馆的活动设计等提供宝贵的第一手反馈甚至是创意。而在更高的意义上,青少年通过参与博物馆志愿服务,在人生早期养成为公共文教事业奉献能量的习惯,亦能提升博物馆教育的公益含量和智慧格调,是真正的一举多得[①]。

比如,在上海自然博物馆的"青少年科学诠释者"项目中,最后一个环节就是鼓励初中、高中学生进行展示交流分享,担任寒暑假讲解志愿者。此外,2003年以来,嘉定区博物馆与该区普通小学(上海市嘉定区普通小学)联手创办了"疁城小小少年讲解队"。它以"讲疁城先人功绩,传嘉定灿烂文化"为宗旨,引导学生知疁城历史,扬先人风格,爱家乡嘉定,并鼓励他们把嘉定孔庙、法华塔作为第二课堂,作为施展才华、锻炼才干的德育实践基地[②]。

当然,除了参与志愿者项目,中小学生还可担任实习生,区别主要在于有无酬劳。但无论哪种方式,博物馆方都可针对青少年进行导览训练等,而这些导览员将成为场馆亲子活动与学校活动的重要人力资源。比如,美国旧金山探索馆自1969年起即每年公开招募当地高中生60名加入"解说员项目"(The Explainer Program)。入选学生在接受两天8小时的训练课程以了解场馆与工作性质后,按照值班时间在展览现场为观众尤其是小学生解说科学及艺术性展示。这些青少年解说员以每小时计算工资(1974年时为每小时2.25美金),每周利用课余时间工作20小时。值得一提的是,探索馆对青少年的遴选标准并不在于其科学或艺术成绩与天分,而在于与展览互动、清楚说明互动情形、具有学习能力并持续学习。当地高中生都有机会接受面谈,正式担任解说工作后亦持续接受每星期1.5小时的在职训练。类似的方案也被其他博物馆参考实施,如美国印第安纳波利斯儿童博物馆(The Children's Museum of Indianapolis)亦聘用青少年担任兼职展教现场服务人员[③]。

---

① 黄琛:《中国博物馆教育十年思考与实践》,第13页。
② 高德毅:《舞动成长的翅膀:上海市中小学课外活动实施指南》,第54—55页。
③ 刘婉珍:《与青少年做朋友~美术馆能为青少年做什么?如何做?》,《朱铭美术馆季刊》2003年第13期。

4. 研学旅行

不出去，眼前就是世界；走出去，世界就在眼前。我国古时候就有"读万卷书，行万里路"的思想。近代教育家陶行知先生也提及，旅行为增长知识、扩大眼界的教育法。

在教育部为推动我国校外教育而启动的"蒲公英行动计划"中已提及"进一步扩大研学旅行试点，召开中小学生研学旅行试点工作研讨会"。其实，经过前期试点，研学旅行将是我国今后校外教育的重要内容，是贯彻我国重大文教方针政策的举措，同时也是博物馆进一步与中小学教育结合的契机。

"研学旅行"又叫修学旅行，是学生集体参加的有组织、有计划、有目的的校外参观体验实践活动。并且，研学旅行有"两不算、两才算"特点。其一，校外排列课后的一些兴趣小组、俱乐部活动、棋艺比赛、校园文化等，不符合修学旅行范畴。其二，有意组织，也即有目的、有意识地作用于学生身心变化的教育活动。如果周末三三两两出去转一圈，那不叫修学旅行。其三，集体活动，也即以年级、班乃至学校为单位进行集体活动。学生在教师或辅导员带领下一起动手，共同体验、相互研讨，这才是修学旅行。如果孩子跟着家长到异地转一圈，那只是旅游而已。其四，亲身体验。学生必须有体验，而不仅仅是看一看、转一转，要动手、动脑、动口。在一定情况下，应该还有对抗、逃生演练的机会，出点力、流点汗，乃至经风雨、见世面[①]。

2016年《教育部等11部门关于推进中小学生研学旅行的意见》"主要任务"之首便是"纳入中小学教育教学计划"："各地教育行政部门要加强对中小学开展研学旅行的指导和帮助。各中小学要结合当地实际，把研学旅行纳入学校教育教学计划，与综合实践活动课程统筹考虑，促进研学旅行和学校课程有机融合，要精心设计研学旅行活动课程，做到立意高远、目的明确、活动生动、学习有效，避免'只旅不学'或'只学不旅'现象。"之后，也对"基地"[②]"营地"[③]有了清晰界定，同时要求它们"开发一批育人效果突出的

---

① 《解读"蒲公英行动计划"》，双滦区青少年活动中心，2015年10月15日。
② 基地主要指各地各行业现有的，适合中小学生前往开展研究性学习和实践活动的优质资源单位。该单位须结合自身资源特点，已开发或正在开发不同学段（小学、初中、高中）的与学校教育内容衔接的研学实践课程。
③ 营地主要指具有承担一定规模中小学生研学实践教育的活动组织、课程和线路研发、集中接待、协调服务等功能，能够为广大中小学生开展研学实践活动提供集中食宿和交通等服务的单位。

研学实践活动课程,打造一批具有影响力的研学实践精品线路;建立一套管理规范、责任清晰、筹资多元、保障安全的研学实践工作机制,构建以营地为枢纽,基地为站点的研学实践教育网络"①。

事实上,博物馆研学旅行已逐渐成为一种新型文化业态。之前在《国民旅游休闲纲要(2013—2020年)》中,我国即提出要"稳步推进公共博物馆、纪念馆和爱国主义教育示范基地免费开放。逐步推行中小学生研学旅行"。同时,2014年《教育部关于培育和践行社会主义核心价值观进一步加强中小学德育工作的意见》特别提出:"要广泛利用博物馆、美术馆、科技馆等社会资源,充分发挥各类社会实践基地、青少年活动中心(宫、家、站)等校外活动场所的作用,组织学生定期开展参观体验、专题调查、研学旅行、红色旅游等活动。"同年,《国务院关于促进旅游业改革发展的若干意见》提出要"积极开展研学旅行,加强对研学旅行的管理"。2015年《国务院办公厅关于进一步促进旅游投资和消费的若干意见》则提出要"支持研学旅行发展。把研学旅行纳入学生综合素质教育范畴"。

在2016年《国务院关于进一步加强文物工作的指导意见》中,有"发挥文物资源在促进地区经济社会发展、壮大旅游业中的重要作用,打造文物旅游品牌,培育以文物保护单位、博物馆为支撑的体验旅游、研学旅行和传统村落休闲旅游线路,设计生产较高文化品位的旅游纪念品,增加地方收入"的引导性意见。同年《关于推动文化文物单位文化创意产品开发的若干意见》提出:"促进文化创意产品开发的跨界融合。支持文化资源与创意设计、旅游等相关产业跨界融合,提升文化旅游产品和服务的设计水平,开发具有地域特色、民族风情、文化品位的旅游商品和纪念品。"此后,2018年《关于加强文物保护利用改革的若干意见》还提出:"促进文物旅游融合发展,推介文物领域研学旅行、体验旅游、休闲旅游项目和精品旅游线路。"

值得一提的是,为推动文化事业、文化产业和旅游业融合发展,我国已将文化部、国家旅游局的职责整合,并于2018年3月设立了文化和旅游部,同时不再保留文化部、国家旅游局。在此背景下,研学旅行大发展、大繁荣,并带动了博物馆在其中发挥作用。目前,我国各级各地政府正在引导和扶持研学旅行,并希冀在收费、安全保障、教育模式等方面突破,既体现活动的

---

① 详见《教育部办公厅关于开展"全国中小学生研学实践教育基(营)地"推荐工作的通知》(教基厅函〔2018〕45号)、《教育部办公厅关于发布2018年全国中小学生研学实践教育基地、营地名单的通知》(教基厅函〔2018〕84号)。

公益性,又保证安全和效果。更重要的是,探索从活动到机制建设的发展。新近的《教育部、国家文物局关于利用博物馆资源开展中小学教育教学的意见》已专列了"提升博物馆研学活动质量"的要求:"各地教育部门要会同文物部门加强对博物馆研学活动的统筹管理和监督指导,开发一批立德启智、特色鲜明的博物馆研学精品线路和课程,构建博物馆研学资源网络,发挥实践育人作用。博物馆研学活动要注重分龄设计。"

5. 课后项目

美国中小学的放学时间通常为下午3点,这距离家长下班"接管"孩童至少还有3小时。博物馆能否为学生安全且有收获地渡过这段课后时间做贡献?很多馆都进行了卓有成效的课后项目尝试,有些选择向家长收取一定费用,有些则完全依靠政府、企业或个人资助,免费提供。根据美国博物馆界的经验,依靠此类项目创收不切实际,因为其开发、执行、管理都需要投入相当的人、财、物资源[①]。

位于美国新泽西州的纽瓦克博物馆在此方面树立了典范。该馆通过向政府筹资和向家长收取少量费用,为一公立校区的3所小学创办了"3—6点黄金时间"课后项目。此项目将馆方资源与学校课程大纲结合,并设有展厅导览、健康户外娱乐、社区服务等活动,每天约有200名学生参加。新泽西州特批该项目为"学生课后托管项目",并为此专门另聘了21名工作人员。此外,教师和家长也可从职业发展、特别活动等延伸项目中受益。该项目对博物馆教育使命的实现意义非凡,尽管馆方人员非常辛苦,但喜人的评估结果鼓舞他们继续前行。具体说来,项目除了为学生提供安全的课外活动场所外,对他们的阅读和其他课程也有促进作用。同时,家长和其他公众也都很喜欢与博物馆的这种联动[②]。

值得一提的是,2020年《教育部、国家文物局关于利用博物馆资源开展中小学教育教学的意见》已专列了"纳入课后服务内容",但其侧重点在中小学,包括"各地教育部门和中小学要将博物馆青少年教育纳入课后服务内容,鼓励小学在下午3点半课后时间开设校内博物馆系列课程,利用博物馆资源开展专题教育活动"。此外,不只是博物馆在行动,其他校外教育机构也都在积极尝试课后项目。2015年5月始,四川省宜宾市翠屏区在主城区

[①②] 湖南省博物馆编译:《博物馆能为学校群体做些什么?》,湖南省博物馆网站,2013年10月22日。

中山街小学、人民路小学、江北实验小学3所小学试点推行"四点钟学校",提供课后委托管理服务。"四点钟学校"采取联席会议方式统筹管理,以区青少年宫作为办学主体,试点学校具体负责组织实施。其中,管理人员、辅导员、后勤服务人员以青少年宫、学校教师为主,并从退休老教师、大学生志愿者等群体中选聘专长人员参与,主要指导学生完成课业,开设道德实践、才艺培训、科普教育、文体娱乐等课程,确保学生学有所获、思有所悟、行有所乐①。

(二)流动服务

1. 到校服务

活力充沛的博物馆是不会坐等观众上门的,它们可以带着服务到学校去。在参观前、后阶段,博物馆教育工作者不妨主动走进学校课堂,如展示和讲解藏品模型或图片、特殊装扮后以某历史人物的身份表演或讲演、介绍借给学校使用的"博物馆百宝箱"等。内容可独立于当下的展览,也可作为场馆体验的一部分②。日本许多博物馆都为学校、青少年活动中心等举办上门讲座、小型巡回展览,并提供免费借用博物馆资料、标本的服务。

以位于美国巴尔的摩市的沃尔特斯艺术博物馆为例,它是参观前课堂展示的优秀践行者。该馆会走进周边50英里(约合80千米)范围内的学校,为学生实地参观及参加手工坊等做充分准备。据该项目负责人介绍,"'走进课堂'活动会让学生到达博物馆后感觉更舒服,特别是当课堂展示和馆内导览为同一人时。另外,如果学生在参观前就已通过复制品或图片对展品有所了解,他们会在已有知识的基础上,更愉悦、轻松地吸收和掌握新信息"。

上海博物馆于2012年3月启动了"设计中国"项目。其中,"成为设计师"活动以设计师为主导,以在校生为参与者,分为"设计课堂""设计地带""设计场"三部分。设计师凭借"设计课堂"走进校园,为学生讲述设计的渊源、设计的本质,与学生交流为何需要设计、需要怎样的设计等话题;"设计地带"环节由设计师带领学生走进设计工作室、创意园区,去探一探最鲜活的城市脉搏,激活设计灵感和细胞;"设计场"则是一个以"设计中国"为题的校园流动展,学生本身即是展览设计者。并且,优秀设计作品还将有机会完

---

① 王振民编:《中国校外教育工作年鉴(2016—2017)》,第269页。
② 湖南省博物馆编译:《博物馆能为学校群体做些什么?》,湖南省博物馆网站,2013年10月22日。

成从创意到产品诞生的整个生命历程①。

值得一提的是,受安全、经费等因素限制,我国不少学校目前仍不愿意或不便于让学生走进博物馆。在这样的背景下,博物馆进校园等到校服务应运而生。并且,越来越多的场馆都在提供"菜单"式送教服务,既满足了中小学需求,又规避了馆内场地有限、设施不足、接待量小等问题②。而我们最终要构建的,是政府主导、社会参与、高效管理的博物馆与中小学教育结合资源配送服务体系。目前,我国大力推行的"非遗进校园"项目即属此列,虽然它并不仅限于博物馆范畴。同时,在校外教育的"蒲公英计划"中也提及"大力推进社会资源协同配合。组织十万科普专家进校园开展各类校外服务活动"。

2. 可租借工具箱与流动教育项目

所有博物馆都希冀为尽可能多的中小学服务,但问题是,学校并不总能前来。即便是在经济繁荣期,若单程乘车超过一个小时,中小学也不大可能安排。为了解决这一问题,场馆逐渐应用了可租借工具箱与流动教育项目。

(1) 可租借工具箱等

"盒子里的博物馆"概念已践行多年,形式也从最初的"神奇的橡皮桶"发展到了今天馆校联合设计的风格各异的容器。比如,英国诺丁汉市博物馆和美术馆管理局的"资源箱"就为学校和非现场教学提供帮助。随着当地修学旅行出现衰退势头,该举措有助于缓解这一现象带来的不良影响③。

当然,此类工具箱也存在缺陷。比如使用的中小学可能永远不会前来实地参观;租借工具箱的学校往往距离遥远,博物馆还需运输,并进行工具箱的介绍、演示、后期维修等,都需耗费大量时间、精力,甚至是金钱。但觉得物有所值的机构仍不少,美国巴尔的摩市的沃尔特斯艺术博物馆会走进周边 50 英里(约合 80 千米)范围内的学校提供观前课程,同时为 50 英里外的学校提供可租借工具箱。虽然后者同样费时费力,但馆方认为这类资源非常有价值,特别是对那些鲜有机会实地考察的学生而言。并且,当工具箱包含了供学生直接使用的素材,并瞄准某一学科时,师生更容易在教室或场

---

① 《上海博物馆从设计角度探究中华文明》,《东方早报》2012 年 3 月 12 日。
② 上海市青少年学生校外活动联席会议办公室、上海政法学院教育政策与法制研究中心:《2019 上海市校外教育发展论坛材料汇编》,第 16 页。
③ 湖南省博物馆编译:《英国博协:学校想从博物馆获得什么?》,湖南省博物馆网站,2015 年 5 月 19 日。

馆内使用它①。此外,克利夫兰艺术博物馆常年提供"学校之旅"项目,每年为65 000余名学生服务。为此,博物馆特地从馆藏中选择了18 000件一般重复品专供对外使用,目前已设计了18个教育专题,可根据需要将藏品灵活搭配并放置于专门制作的皮箱内,带往学校开展活动。幼儿园和小学1—2年级儿童只能接触复制品,高年级学生则可直接触摸艺术品(有的需戴手套)。据了解,该项目开展至今只发生过一起艺术品受损事件②。

除了可租借工具箱等,还有不少博物馆为学校教学提供教具教材和特别辅导。比如,意大利《文化遗产法》规定,博物馆有义务为学校提供有偿借用的图片、幻灯片标本和模型等教学参考材料。位于纽约的美国自然历史博物馆为3—9年级学生编制了两套《我们居住的世界》讲座教材③。日本国立科学博物馆为学校理科教学和科学俱乐部活动以及其他青少年社会教育机构的教育普及活动免费出借化石、矿石及陨石标本。国立民族学博物馆(Japan National Museum of Ethnology)则推出了"小小移动博物馆",为学校等教育机构免费出借域外民族服饰等民族学研究资料④。

事实上,在2014年《关于开展"完善博物馆青少年教育功能试点"申报工作的通知》中,"试点任务"之一便是"配套教材教具研发",也即"设计与课程相配套的教辅材料、立体学材包、教师教学参考资料包、电子教程等,进入中小学课堂教学"。

(2)流动教育项目

在博物馆事业发达国家,博物馆赴中小学举办展览、提供流动教育项目等属于常态。有些馆还设立了流动展览车,如法国罗丹博物馆(Rodin Museum)、印度比拉工业技术博物馆(Birla Industrial & Technological Museum),都采用将展品置于汽车内开到各地展出的方法,受到了偏远地区学生和公众的欢迎。澳大利亚南威尔士博物馆还建有一列"火车上的博物馆",用7年时间跑遍了面积约80万平方千米的新南威尔士铁路沿线村镇⑤,收获了许多青少年、儿童"粉丝"。

---

① 湖南省博物馆编译:《博物馆能为学校群体做些什么?》,湖南省博物馆网站,2013年10月22日。
② 段勇:《美国博物馆的公共教育与公共服务》,《中国博物馆》2004年第2期,第92页。
③⑤ 国家文物局博物馆司调研组:《关于将博物馆纳入国民教育体系的调研报告》,《新形势下博物馆工作实践与思考》,第66页。
④ 孔利宁:《日本博物馆的青少年教育》,《科学发展观与博物馆教育学术研讨会论文集》,第223页。

事实上,《关于开展"完善博物馆青少年教育功能试点"申报工作的通知》已提及"流动展览进校园与教育体验活动相结合",包括"设计适合进校园的流动展览,配合网络课堂、实地体验互动活动指导等方式,增强教育体验活动的吸引力"。同时,2015年《国家文物局、教育部关于加强文教结合、完善博物馆青少年教育功能的指导意见》在"主要任务"中也单列了"实施流动教育项目",也即"为使博物馆资源相对薄弱的中小城市和农村地区中小学生能够有效利用博物馆学习,进一步提高流动展览教育项目的实施效果,组织博物馆设计适合进校园、下基层的流动展览和教育项目"。此外,2020年《教育部、国家文物局关于利用博物馆资源开展中小学教育教学的意见》也有意思接近的要求。

(三) 数字服务

数字服务、远程教育的诞生,是为了让地理上分隔两地的师生能够相互可听可视,其核心是技术。正因为硬件设施设备耗资高,这类项目在开发伊始很少有博物馆问津并有能力负担。但一经尝试,场馆便发现了它的惊人优势——无须长途跋涉,教育工作者即可将演示内容传递给各地成千上万的学生及其他受众。在国外,该技术为小型、地理偏远及冬天必须关闭的博物馆提高服务人数开辟了全新方式[①]。即便是无此忧虑,双向可视远程教育也为克利夫兰艺术博物馆等在2001年向俄亥俄州75个社区的7 000名学生和教师输出了300课时的教学节目,同时还为纽约州、新泽西州、宾夕法尼亚州、密歇根州、威斯星州、得克萨斯州、华盛顿州、马里兰州和伊利诺伊州的39个社区提供过服务[②]。

数字服务、网络远程教育依托信息技术的进步不断壮大,有着自身的特点和规律。一是时空的开放性。只要有网络的地方就可上网学习,居家学习、旅行学习、"空中"学习、"云"学习都能变为现实。二是对象的广泛性。网络远程教育将学习者范围扩展到学校以外更广泛的人群,因此在受益人数上优势显著。三是学习的个性化。学习者原则上可自主选择学习进度、内容和方式等。四是学习支持服务的多功能化。网络远程教育利用信息技术的优势,集课程资源、在线学习、过程评价、学习管理等多种功能于一身,

---

[①] 湖南省博物馆编译:《博物馆能为学校群体做些什么?》,湖南省博物馆网站,2013年10月22日。

[②] 段勇:《美国博物馆的公共教育与公共服务》,《中国博物馆》2004年第2期,第93页。

这是其区别于传统教育的关键之一①。此外,网络远程教育还有使用便捷、相对成本低等优势。最初,博物馆只能用一个终端设备进行某展览的现场导览,但随着无线技术的成熟及设备便携性的提高,场馆仅需使用网络摄像头、麦克风、网络会议软件,即可对教室内师生进行远程展示②。

其实,在《关于将博物馆纳入国民教育体系的调研报告》中早已提及"实施'数字博物馆计划',通过远程教育网络,使博物馆文化辐射广大城镇、农村和边远地区"③。2009年,中国国家博物馆先后与中国联通、中国电信、中国移动三大电信运营商建立了合作关系,构建为观众提供文化增值服务的"数字国博"展示平台。2011年7月,国家博物馆导览App(中文版)上线,同年11月英文版上线④。值得一提的是,此次新冠疫情期间,全国许多场馆都推出了在线产品与服务,闭馆不闭客,这于博物馆的远程学习与网络教育发展而言,是挑战,也是机遇。

在《关于开展"完善博物馆青少年教育功能试点"申报工作的通知》中,"试点任务"之一便是"博物馆青少年教育网络课堂(视频教学)应用",包括:"探索将博物馆教育课程、教材教具等前期工作成果转化利用的有效手段。如利用现有的远程教育终端系统、电视电台及其他网络视频互动系统,探索将现场教学以实时或录播的形式实现博物馆教育课程全面覆盖中小学校;还可将教学视频以光盘形式提供给远离博物馆的基层学校和学生,切实增强博物馆教育辐射力。"同时,《国家文物局、教育部关于加强文教结合、完善博物馆青少年教育功能的指导意见》也在"主要任务"中单列了"实施远程教育和网络教育"。此外,新近的《教育部、国家文物局关于利用博物馆资源开展中小学教育教学的意见》还提及:"各地教育和文物部门要利用现代信息技术建立本区域网上博物馆资源平台和博物馆青少年教育资源库,促进与中小学网络教育资源对接,扩大博物馆教育资源的覆盖面。"

可以充分肯定的是,数字服务、网络远程教育历经几十年的发展,近年来已呈现爆发式增长,未来也绝对可期,包括在博物馆与中小学教育的结合

---

① 陈如平:《网络远程教育"无时不在、无处不在"》,《人民日报》2020年6月23日,第18版。
② 湖南省博物馆编译:《博物馆能为学校群体做些什么?》,湖南省博物馆网站,2013年10月22日。
③ 国家文物局博物馆司调研组:《关于将博物馆纳入国民教育体系的调研报告》,《新形势下博物馆工作实践与思考》,第74页。
④ 黄琛:《中国博物馆教育十年思考与实践》,第29页。

中进一步应用。事实上,随着大数据、5G、人工智能、区块链等技术的融合应用,教育的形态必将发生变革。以信息技术为支撑的参与式教学和混合式学习等方式将逐步普及。课程的供给方式和形态也将发生变化,学校和课堂不再是学生获取知识的唯一渠道。最终,教育不再局限于学校、教室模式,学习会随时随地发生,整个社会终将成为一个学习型社会。有专家预测,未来我国网络远程教育占教育整体比例有望超过 20%。当然,其根本还是教育,只是形式变了。这是我们办好网络远程教育的逻辑起点,也是发展相关产业的价值导向[①]。

当然,在博物馆与中小学教育结合的数字服务、网络远程教育中,仍需着力解决一些软硬件问题。其一是要加快基础设施建设。网络传输速度慢、传输质量不稳定、边远贫困地区宽带网建设滞后,暴露出数字鸿沟依然阻碍着发展。其二是大力开发网络教育资源为"重中之重"。资源特别是优质资源稀缺,将无法满足终身学习需求。其三是努力提升教师的信息技术素养。网络远程教育要求信息技术与教学内容、教学需求、教师能力相匹配,其成败的关键在于能否培养出一批理解和适应甚至是参与创造网络文化的优秀教师。其四是优化管理模式。未来,无论博物馆、中小学还是网络远程教育市场从业者,都需要整合教学资源、办学经验、教育品牌、招生渠道、教学技术、办学资金等,以不断增强运营和创新能力[②]。

总之,我国博物馆在供给中小学教育资源时,除了上述的场馆服务、流动服务、数字服务外,还可与一些具备一定规模、有固定运行模式、且有稳定资金来源的文教组织合作,如科学竞赛、全国历史日竞赛等。我们可部分采纳其成熟的运作模式,并利用其知名度来开展馆校合作,从而扩大博物馆资源的受众范围。

第三节　馆校投入保障机制

艾伯塔·塞博尔特(Alberta Sebolt)早在 1980 年的《合作的进程:博物馆与学校》一文中就曾说道:"合作意味着彼此愿意一起去经历一个创造、发展、设计、实施的过程,所有合作都意味着花时间相互学习,计划一个程序来

[①②] 陈如平:《网络远程教育"无时不在、无处不在"》,《人民日报》2020 年 6 月 23 日,第 18 版。

帮助学习者达到确定的清晰目标。"①

在合作中,投入与产出永远是两大命题,也覆盖了我国博物馆与中小学教育结合事业的各个层级,包括位于底层的广大馆、校。就产出而言,博物馆与中小学教育结合的产出并非单纯经济意义上的,而是包括政治、文旅、教育意义等在内的广义收益,并且双方产出还呈现不同样态。此外,馆校基于个体理性的收益并不一定与双方或是社会整体收益重合。

就投入而言,其面临的最大挑战是公共资源的短缺,这与国有文教机构经费来源的单一性和有限性直接相关。一方面,我国校外教育事业以政府投入为主,尚未形成社会力量充分参与的多元经费筹措机制;另一方面,国有博物馆与公立学校基本都属于政府全额拨款事业单位,因此拨款受限于各级各地的财政预算。同时,国有博物馆大多属于公益一类,也即不能或不宜由市场配置资源产生收入。而即便有法律允许的收入,也需全额上缴财政,此谓"收支两条线"传统。此外,馆校还必须承担合作之外的常规任务,这些目前占据财政预算的主体。因此,若没有校外教育、馆校合作的专项资金及足够经费,纯粹依靠双方从经常性费用中挪腾,博物馆与中小学教育结合事业自然受限。通常,来自政府的外部资金对于启动合作很重要,但之后该项目必须成为馆校双方机构预算中不可或缺的一部分,无论是以专项还是以经常性费用的形式。

鉴于此,投入机制是博物馆与中小学教育结合的基础性问题,并且必须将投入与产出一并考量。事实上,无论是博物馆、中小学的单体投入,还是共同投入,其客观存在性和复杂性都敦促我们直面考核评价机制、激励机制等,这也是防止搭便车、抑制投机、提升伙伴关系可持续发展的关键。此外,任何时候我们都提倡"共同"投入和产出,因为这是对我国博物馆与中小学教育结合事业的彼此承诺,也是"合作"的真谛——为了达到特定目标,相互效力、共担责任。

一、双方的共同投入

博物馆与学校是馆校合作的主体,双方的伙伴关系直接决定着合作过

---

① 李君、隗峰:《美国博物馆与中小学合作的发展历程及其启示》,《外国中小学教育》2012年第5期,第19页。

程与结果。不断投入并挖掘对方场域内的资源和价值,在放大自身利益的同时寻求共赢成果,是馆校在博弈下理应达成的渐进均衡。但任何关系的发展都不是一蹴而就的,不可避免地涉及共同投入与各自投入事宜。

值得一提的是,《真正的需求,真正的合作伙伴:博物馆和学校改变教育》一书列出了馆校合作的十大条件,包括:事先得到馆校领导的承诺,事先建立馆校员工之间的直接联系;了解学校对课程的需要,以及州及地方的教育改革标准;创设伙伴关系的共享愿景,并明晰彼此的期望和要达到的目标;认识到并适应馆校之间的不同组织文化和结构;通过仔细的规划进程设立现实的、具体的目标,将评估和持续不断的规划纳入伙伴关系;配备足够的人力和财力资源,明晰不同方的角色和责任;提升对话和开放式交流;为教师提供可用的真正福利;鼓励弹性发展、创造性和试验;寻找家长和社区的参与[1]。

(一)求同存异谋发展

为学校免除费用有时也可能给博物馆带来麻烦,比如校方最后一刻取消行程或是没有如约出现,这将直接导致馆方的损失,包括仍需支付兼职人员的预期工时费等。同时,当校方没有为其预留的项目前来,还存在机会成本问题,因为博物馆本可以将这个时段提供给另一个学校团体,或是将教室、展厅空间用于其他可能产生收益的用途。当然,已有一些场馆成功应对了这一挑战,其策略是向教师收取象征性的可退还费用,或是在学校信用卡上暂时冻结一定数额[2]。

事实上,诚实守信,尊重并适应不同组织机构的时间表、文化,构建倾听与对话机制,增进理解等,都是博物馆和中小学求同存异谋合作的要义。正如美国博物馆界一直强调的,对话不止于交谈或是信息分享。对话的目标在于询问、提出想法、发现共享的愿景和意义,为真正的问题解决和团队作业铺路[3]。可以说,馆校的深入合作不仅需要彼此有互利共赢的强烈动机,同时还得不同的教育工作者有坚韧的信心和勇气进行身体力行的长期探索和交流,以不断在实践中发现问题、解决问题,最终达成共同的目标。

---

[1] Hirzy, E. C. ed., *True Needs, True Partners: Museums and Schools Transforming Education*. Washington, DC: Institute of Museum Services, 1996. pp.50-59.

[2] K. Fortney and B. Sheppard eds., *An Alliance of Spirit: Museum and School Partnerships*, p.82.

[3] E. C. Hirzy ed., *True Needs, True Partners: Museums and Schools Transforming Education*, p.57.

1. 尊重并适应不同的时间表、组织机构文化等

博物馆和学校存在天然的异质性,小到时间表,大到组织机构文化和价值观等,这些因素都会影响到合作。比如,在校生的课业负担和升学压力客观存在,当博物馆项目与之产生矛盾时,教师、家长自然会放弃校外课外活动,因而场馆必须尽可能错开校方重要的教学时间或与之整合,比如利用放学后、春秋游、"三学"(学工、学农、学军)、双休日、节假日、寒暑假等时间段。此外,馆方通常提前规划(为了一项战略提前3—5年规划),而校方习惯于在相对短的时间框架内行事;馆方在时间安排上更灵活机动,而校方不得不受限于课表和教师工作时间;博物馆教育工作者可以将合作置于优先地位,而教师必须聚焦学生的正规教育,只能渐进地将场馆项目融入满满当当的日程表[1]。

因此,就我国博物馆与中小学教育结合而言,一方面,学校要尊重并理解博物馆的价值观。而一旦清楚馆方的实践惯例,教师就能明确与己对应的部分,并进一步构建目标和预期都清晰的合作关系。通常博物馆的价值观包括但不限于以下几方面:场馆是师生的延伸拓展课堂;实物和展览可被用来教授核心学科;场馆活动富有体验性,并基于项目开展;场馆体验纳入基于询问等方法;教学方法基于研究,并代表了最佳实践;场馆课程认可基于标准的学习;教师职业发展以及与学校的合作是场馆的优先选项[2]。

另一方面,博物馆也须尽早了解学校的组织架构、行事规则等,尤其是一些大型中小学。当开发合作项目时,以下这些要素需要馆方铭记:在一个学生能力参差的教室内,成功的教学意味着什么?教师每天面对的挑战是什么?校园生活如何?馆方教育工作者甚至还需了解学校和社区的基础信息,包括量性和质性的,如人口统计资料、教师背景、行政组织、学生学术表现、学校使命和愿景、学生的社会经济变量、教师或学校的教学哲学和风格、教师每天面对的教室内的复杂情况等[3]。

事实上,馆校合作理应根据学校需求和博物馆优势来形成。毕竟没有哪两个校区、学区是一模一样的,因此场馆构建基于校方、区域的差异化联动,很有必要。同时,双方恪守合作承诺、诚实守信,更为重要。

---

[1][3] Hirzy, E. C. ed., *True Needs, True Partners: Museums and Schools Transforming Education*, p.54.

[2] K. Fortney and B. Sheppard eds., *An Alliance of Spirit: Museum and School Partnerships*, pp.5-6.

2. 构建倾听与对话机制,增进理解

比起能力,态度时常更重要,尤其是在合作中。对于馆方教育工作者而言,与校方教师开启对话机制很关键,并且理应更多地去倾听,而非诉说,更多地去询问,而非解释。甚至是邀请教师参与合作的早期规划,改变他们之于场馆的刻板印象,以创设平等、响应、参与的氛围。同时,尊重、信任、对话等都是合作的基石。著名学者贝弗利·谢帕德(Beverly Sheppard)认为,学校应该向博物馆陈述清楚自己的期望,而后者同样要向前者表明自己的需求①。比如,在美国康涅狄格州历史学会与当地八所中小学的合作中,核心即是"对话"——以小组会面形式进行诉说和倾听、非正式对话等。博物馆摒弃了让教师应和其理念的方式,而是邀请他们充分呈现自我诉求②。

对大部分教师而言,当提及博物馆,他们首先想到并且仅仅想到学生实地考察或是馆方工作者前来教室等形式。很少有人真正思考博物馆与中小学教育结合的更大潜力,及其之于学生的中长期影响力。比如,课程作为馆校合作的高级产品与服务形式,双方理应共同关注课程需求,确定内容、实施路径,并在动态绩效评估中不断完善。这一进程中,若能建立课程团队,亦将形成中长期的倾听与对话机制,并激发每位成员从各自学科层面分析和思考问题,分享课程资源和活动情况③。因此,馆方需要通过开启对话机制以逐步改变校方可能存在的长期误解,包括构建咨询团队或是开展针对教师、行政管理者的开放日/接待日活动等。倾听教师的需求是起点,当博物馆不知从哪里开始时,问一下教师总不会错,并将事半功倍。

所有事业的发展都得益于人的合作、智力的合作。在我国博物馆与中小学教育结合中,创设让各利益相关方多进行"头脑风暴"的环境,并构建沟通交流的氛围,是第一步。而诸如灵活机动、尊重、思想开明、平等都是基础性原则。并且,从一开始,我们就要在搭建联系、发展信任,并界定沟通交流程序等事宜上投入时间。就理解力增进而言,馆校既要理解彼此的行业和从业者,又要考虑伙伴的独特环境,以及各自的优劣势。正如上文在相关性原则中的论述,若馆方教育工作者无法对校方教师必须处理的问题产生共鸣,也就无法导向真正的合作,包括教师面对标准化测试的压力、课堂纪律、

---

① B. Sheppard ed., *Building Museum & School Partnership*, Washington, DC: American Association of Museums, 1993.
② E. C. Hirzy ed., *True Needs, True Partners: Museums and Schools Transforming Education*, p.28.
③ 高德毅:《舞动成长的翅膀:上海市中小学课外活动实施指南》,第 130 页。

动机不明的学生、对抗的父母,以及资源缺乏的环境等①。

(二) 共同构建愿景、规划

在博物馆与中小学教育结合中,首先需要谈一谈各方的预期,并将这些想法转换成一份愿景,该愿景是所有参与者希望的合作模样。先想一想博物馆、学校、家庭以及社区的需求、预期,再创设愿景;并且,将其传播给所有合作方,因为这将是一份共同的愿景②。

除了创设共享的愿景外,制定清晰的规划同样重要,包括基于合作目标,制定行动计划,罗列具体步骤等。其实,规划与评估相辅相成。一方面,馆校合作需通过规划来制定现实的、具体的大目标;另一方面,规划提供了合作框架,并为评估定向。也即,博物馆和中小学要将合作规划、计划作为持续评估的基础,且不要犹豫基于阶段性评估结果而调整预期。同时,双方的目标和优势也应被纳入规划进程,并导向现实、具体的目标③。

事实上,我们不能吝啬在规划上投入时间,甚至要预留足够多的时间、精力,来制定一系列可度量的目标,包括大目标和小目标,以促使其未来现实性"落地",并将各方优势发挥到极致。因此,在设计活动和项目时,或是评估前,首先应阐明这些目标。进程中,还要朝着大、小目标定期评估。毕竟,所有努力都必须与目标契合,而我们采取的是有目标的行动。如伦敦博物馆在其2013—2018年的五年战略规划中制定了五大目标,包括:"吸引更多民众;变得更有知名度;延伸思维;吸引每位学龄孩童;自力更生。"这些目标指引其一切工作的开展。其中,博物馆"吸引每位伦敦学龄孩童"的目标,也与伦敦市法团(City of London Corporation, COL)和大伦敦政府的教育优先项一致。又如,上海科技馆集群非常重视规划,制定了包括十几个子规划在内的"十三五"规划,为其三馆一体(已建成的上海科技馆、上海自然博物馆,和即将建成的上海天文馆)的求同存异谋发展奠定了制度基础。目前,它正在着手"十四五"规划的起草。同时,该集群还结合年度计划的制定,把五年中期规划确定的各项目标、任务分解,其中就包括馆校合作等。

在规划中,除了明确各级目标外,我们还要清晰定位各方角色和职责,

---

① K. Fortney and B. Sheppard eds., *An Alliance of Spirit: Museum and School Partnerships*, pp.5-6.
② E. C. Hirzy ed., *True Needs, True Partners: Museums and Schools Transforming Education*, p.53.
③ Ibid., pp.54-55.

以取长补短,优势互补。比如,有些职责明显更适合校方和教师,包括由其协调时间表、安排交通、开展学生评估等;有些则更适合馆方及其教育工作者。总之,我们要促使每一方都将其独特资源引入,有时这还会导向新的可能①。此外,我们还需知道谁决定合作。众所周知,教师在学校方面具有不容小觑的影响力,常常可以决定是否参与博物馆项目;在场馆内部,馆长往往决定是否提供学校项目;虽然馆校多人共同开发校外教育内容,但馆方教育工作者时常拥有最主要的责任,启动并维系项目②。如果可以,应考虑一份书面合同或协议,概述各方角色、职责(包括财务上的)以及预期等。

事实上,就博物馆、中小学下一年或几年的合作职责、各项任务的重要性等级和授权水平、绩效衡量、上级部门的指导、可能遇到的障碍及解决方法等进行探讨并达成共识的过程,正是整个管理体系中最重要的环节。许多人都存在误解,觉得绩效管理中最关键的在于绩效考核,殊不知制定计划的过程与结果在意义和价值上丝毫不逊色。规划、计划的作用在于帮助博物馆和学校找准路线,认清目标,并具有前瞻性和统领性,这与上文顶层设计中我国博物馆与中小学教育结合事业的专项子规划制定具有一致性。

值得一提的是,科学的馆校合作要求目的明确、逻辑清楚、结构合理、形式适切,它是基于用心准备、精心设计、科学编排、悉心论证之上的系统规划。作为一类特殊的教学活动,博物馆与中小学教育结合需要保证系统的每个环节都运转流畅,协调各方需求、利益、行为,所以它对科学性有很高要求,这又与西方社会提倡的科学精神相一致。在此逻辑下,馆校一开始就宜用科学标准规范己方行为,远离偶然的一次性活动,拒斥随意性和无的放矢,并对教学目的提出更明确的要求。同时,合作也不再是走马观花式的视觉浏览,以及草率、仓促、线性的教学过程。也即,在规划、计划等指导下,馆校慎重选择以主题为单元的内容,编排与中小学生年龄适切的活动形式,考核与学科关联的学习产出等③。

(三)寻求双方的上层支持

如果说成熟的馆校合作需要一线工作者越早越好地直接参与,那么对于高层的投入和承诺,也是越早越好。其实,博物馆在构建项目的大小目标

---

① E. C. Hirzy ed., *True Needs, True Partners: Museums and Schools Transforming Education*, pp.56-57.
② Institution of Museum and Library Services, *True Needs, True Partners: Survey of the Status of Educational Programming Between Museums and Schools*, 1998, p.6.
③ 王乐:《馆校合作研究:基于国际比较的视角》,第 136 页。

之前,就应该培育与待合作学校教师、行政管理者之间的关系了。

无论是馆方教育工作者还是校方教师,都一致强调了馆校顶层扶持和引导的重要性,包括决策层、管理层。事实上,在规划阶段就要同时纳入一线工作者和行政管理者。并且,随着联动的深入,管理层和决策层的纳入将成为必须,尤其是在关键性节点。找到合作项目与这些行政官所关心事务之间的相关性是明智之举,比如美国奥克兰联合校区的员工就曾指出,若是行政官理解了博物馆藏品和教育活动有助于学校教育版图的构建甚至是教育改革,他们将很愿意合作[1]。

虽说馆校互动可以是轻松愉悦和非正式的,但正式机制的构建仍然是必要的,其中高层的介入是一大标志。双方管理层、决策层对合作责任的承诺及投入是博物馆与中小学教育结合的一大关键。美国芝加哥儿童博物馆曾与哈蒂根学校、儿童成功发展中心(Center for Successful Child Development)合作。在该市的罗伯特·泰勒之家——美国最大也最穷的公共住宅区,芝加哥儿童博物馆致力于排除那些阻止低收入家庭寻求和获取更丰富教育机会的障碍。而在项目影响力广为传播之前,需要花上几年时间来构建信任和坚持参与,这得益于该馆管理层和理事会对支持社区以及社区内学校、家庭教育的共同承诺[2]。

寻求馆校双方的上层支持,将助推自上而下的博物馆与中小学教育结合制度设计及其"落地"。以馆长为例,他们至关重要的影响力包括:制定场馆发展理念及政策以便将馆校合作融入机构使命,在长远规划中纳入合作目标,设计机构的组织架构以强调合作的重要性,重视评估和过程,在机构各层面强调员工培训等[3]。具体如下:

● 理念和政策。馆长的工作理念和重点可通过不同方式传递给员工——预算和人员配置决策、会议和培训课程、明文规定和以身垂范等。重要的是,馆长把来访中小学置于足够高的地位。

● 组织架构。关于管理和组织架构的决策反映了机构事务的轻重缓急。将中小学教育这项业务机构化或为之设置专人专岗可确保在争夺关注度、资金、时间方面,其所代表的师生观众的意见得到聆听。

---

[1] E. C. Hirzy ed., *True Needs, True Partners: Museums and Schools Transforming Education*, p.50.
[2] Ibid., p.27.
[3] 美国博物馆协会:《博物馆观众服务手册》,外文出版社2013年版,第10页。

- 过程和评估。不仅仅是学校师生,场馆员工也需要学习,重视学习并为此提供方便的工作环境将促使员工不断参与评估和改进工作方法。而馆长的职责正是为创造这种环境营造氛围、搭建框架。推陈出新、关注结果但更关注过程的氛围有利于培养组织机构文化,这种文化鼓励自我评估和观众评价,并更敏锐地捕捉师生需求。

- 长远规划。博物馆不能止于吸引更多师生这一目标层级,关键是明确机构针对现有观众的服务是否完善。因此,要通过改进展览、教育活动和观众服务的质量提高回访率。并且,改进评估和观众调查以加大对师生的了解。

- 员工培训。对于那些不从事馆校合作的员工,也需要给予培训,比如电话接线员、秘书、保安等。并且,让所有人参与博物馆与中小学教育结合的相关探讨是另一种层次的培训。在美国布鲁克林儿童博物馆(Brooklyn Children's Museum),保安就接受了培训,内容涉及新展览、社区青少年服务理念等。随着社区青少年项目的成熟,以及馆方得到了一笔"活力青年领导奖"资助,保安参与了更多讨论和培训。但若当初没有这样的安排,很可能形成这样的局面:他们与观众打交道时只是站在保安的角度,与馆方项目意图相距甚远。这再一次说明,馆长应尽可能创造条件,使员工培训内容和对象无所不包①。

与此同时,想要达求馆校合作的创新,不只是馆长,校长的教育思想也需要得到升华,包括培养创新意识和精神。众所周知,国内外多数企业的成败得失很大程度上都取决于"一把手",对博物馆、中小学而言其实也一样。同时,校长具有创新精神后,还须将博物馆与中小学教育结合作为校方的核心任务,建立主事的机构;帮助教职员工克服排斥、恐惧的心理障碍,引导大家积极创新;学校与教育领域的专家多合作,研究馆校合作事宜等②。

(四)给予时间

我国博物馆与中小学教育的结合并非一蹴而就的过程,它是一项中长期事业,因此对其的投入也存在发展性。正如上文"我国博物馆与中小学教育结合的制度属性与特征"中所述的"发展性"。毕竟,合作需要经历时间、进程等才能形成效应。目前存在一个不争的事实,即不少馆校互动是基于临时需求产生的,比如应对各级各地政府的红头文件或追随国际业界潮流

---

① 美国博物馆协会:《博物馆观众服务手册》,第10页。
② 《中国教科研究院陈如平:基础教育的改革方向》,校长派,2017年6月27日。

等。如此这般的突发性成本往往很高,同时缺乏前期研究和规划的投入也不利于后续发展。

而与"投入的发展性"直接关联的是"产出的滞后性",事实上文教领域收益的一大特点便在于滞后性,毕竟教育指向人的发展,而人的发展必然是一个漫长的过程,正所谓"十年树木,百年树人"。此外,从馆校合作的其他产出看,机构公共文教服务态度和能力的提升、双方教育工作者的职业发展等,也都无法立竿见影。正如美国学者约翰·福克、林恩·德肯在其创设的学习情境模型(Contextual Model of Learning)中所论述的:"确切地说,从博物馆中获得的知识和经验是不完整的,它需要启用'上下文'才完整。通常这些启用的'上下文'在馆外发生,并在博物馆参观的多周后、多月后、多年后才发生。这些接下来的、在馆外的强化性事件和经历,与馆内活动一样,对博物馆学习至关重要。"

鉴于此,在馆校合作中,双方均需投入足够的时间,并充分考虑投入的发展性和产出的滞后性的事实,以从可持续发展角度对除去直接成本之外的其他成本进行分摊,如用于教育设施设备的更新改造、聘请外部专家学者进行业务咨询和人员培训等。毕竟,没有一项伙伴关系的达成可以不依托时间和耐心,这不仅指用于策划实施活动和项目的时间,而且指中长期的承诺与投入。

(五) 允许改变,培育试验性、创新型文化

在馆校合作中,我们允许必要的改变以及由此产生的成本,因为这也是投入机制的一部分。这一过程中,若是发现目标和预期有所偏差,千万不要犹豫改变路径。也即,馆校需要彼此具有持续的意愿去发展、试验和评价,甚至在必要的时候舍弃制定好的计划。毕竟,校外、课外活动由于其时间和空间的开放性、延展性,整个过程不可能完全按照预设来驾驭,有时甚至会发生学生兴趣转变、研究方向偏离等状况。同时,我们对这些问题也不能一概否定,要重视并引导学生分析原因,把解决问题作为对其培养和锻炼的机会[①]。

美国切斯特县历史学会曾开启了一个新项目,致力于将资源使用人群拓展至中学教师。一开始,合作团队审视了一系列博物馆素材模板,来决定哪些最适合中学生,在教室内使用。但在两次需求评估及多次会议后,项目

---

① 高德毅:《舞动成长的翅膀:上海市中小学课外活动实施指南》,第42—43页。

调转了方向。也即,大家认为没有一份模板是最佳的,相反,教师对于抓住博物馆环境作为教育资源的实质更感兴趣。在他们看来,有效合作的关键在于促使自己更多地接触馆方文化、应用实物教学方法论以及手动操作教学素材等。这一方向上的改变还导向了教师资源中心的出炉。并且,该中心不是一个静态教学素材库,而是动态的,它邀请教师参与学习和开发场馆教育素材,同时探索网上教学的可能性[①]。

在我国博物馆与中小学教育结合中,各利益相关方拥有改变的意愿很重要,也即灵活机动性不可或缺。因为当一方或各方都深陷熟悉的工作模式或是受官僚主义的影响时,对话、愿景及真正的合作会变得遥不可及。正如博物馆的方式方法并非唯一的或最佳的,各方观点都有其价值,皆需被纳入考量。馆方教育工作者需要及时让教师知道,这只是一个选项,而非必须,要给予对方选择是否参与的权利等。在美国康涅狄格州历史学会与当地八所中小学的合作中,成功的一大关键是馆方认识到教师想要选择上的自由,而非一份组织紧张的计划。因此,作为有形合作成果的历史学会活动册包含了一系列联系并非那么紧密的活动,供教师根据自己的兴趣和学生需求选择[②]。

此外,试验性氛围的营造也将导向创新型结果。当双方一线工作者都拥有适当的自由和空间来测试、评论、修正甚至调转方向时,这绝对有利于合作的演进。当然,"改变"本身也需要实践。因为无论听起来多么美好,总有来自行政管理者、教师、家长对校外教育、博物馆教育的排斥,甚至不少教师都感觉自己在教室内教学更方便等。这些都可以理解,毕竟我们在尝试的博物馆学习与正规教育不同,并且比传统教学复杂,也更需团队合作和相应制度、文化的支撑。

值得一提的是,试验性、创新型文化的培育与标准化管理并不矛盾。北京汽车博物馆自2013年起于业界率先创建了服务标准化,已制定标准化管理体系企业标准178份,编制岗位工作手册263份。标准覆盖率达到100%,实施率达到95%[③],同时还出版有"北京汽车博物馆标准系列丛书"。这无疑为该馆服务中小学提供了路线图。此外,在上海青少年科学创新实

---

① E. C. Hirzy ed., *True Needs, True Partners: Museums and Schools Transforming Education*, pp.22-23.
② Ibid., pp.28-29.
③ 北京汽车博物馆编:《通用基础标准体系》,天津大学出版社2017年版,前言。

践工作站中,复旦大学基础医学实践工作站构建有标准化管理模块,覆盖了学员手册、活动通知、签到管理、安全教育、日常管理、学习评价、推优答辩等。事实上,该站正是通过标准化的"管",带动学生的"学",帮助学生培养良好的科研习惯[①],而这些都逐步成为工作站的试验性、创新型文化。

总的说来,馆校双方联手打造合作的环境很重要。教师不妨将博物馆视为学习实验室。比如,美国"博物馆磁石项目"的内容之一即是"影响学校环境的改变",包括部分模仿博物馆展厅[②]。同时,在场馆内部,我们也须保持信息畅通、培训及时、期望明确、奖惩分明,这不仅仅是为了员工的利益,更是为了广大师生的最大利益。而这种文化的驱动力,源自博物馆对观众和机构使命的投入与忠诚度。事实上,上文所述的中层设计中的示范引领机制,正是在更高层级上对试验性和创新型文化的培育。

二、各方投入

上海市普通高中学生志愿服务(公益劳动)管理工作与我国博物馆与中小学教育结合直接相关,并且前者的"完善投入保障制度"包含了市区、学校、基地多方,很好地诠释了什么是多方共同与各自投入,具体如下:"市、区县要确保志愿服务工作管理专项经费,主要用于教育培训、认证服务、评估激励、宣传推广;学校要设立专项经费确保志愿服务组织实施、技能培训、学生保险、物质保障等,教师指导高中生志愿服务的工作量应当纳入学校绩效工资考核;基地要确保学生志愿服务工作基本运行经费,包括培训宣传、服务指南、相关交流及表彰激励。经费使用和管理要公开透明,专款专用,提高使用效益。"[③]

英国的馆校合作不少都由博物馆主导,从活动设计到交通安排均由场馆提供,并为教师量身定制师资培训。这与英国政府一直秉承开放的教育理念、给予场馆充分的信任有关[④]。但这主要是个案,就馆校合作而言,来自

---

① 《总结更务实,研讨更深入!这场业务培训会干货满满,引领科创实践再出发!》,上海青少年科学创新实践工作站网站,2018年12月30日。
② K. Fortney and B. Sheppard eds., *An Alliance of Spirit: Museum and School Partnerships*, p.6.
③ 《上海市教育委员会 上海市精神文明建设委员会办公室 共青团上海市委员会 上海市青少年学生校外活动联席会议办公室关于加强上海市普通高中学生志愿服务(公益劳动)管理工作的实施意见(试行)》(沪教委德〔2016〕2号)。
④ 王乐:《馆校合作研究:基于国际比较的视角》,第115—116页。

博物馆和学校方的投入既有共性的,又有个性的。

(一)博物馆方的投入

2015年《国家文物局、教育部关于加强文教结合、完善博物馆青少年教育功能的指导意见》提出:"各级各类博物馆要围绕青少年教育的需求,进一步加强资源统筹,设置充足的适合开展青少年教育的馆内场地,配套必要的教育设备,配备专业人员。"同时,在2020年《教育部、国家文物局关于利用博物馆资源开展中小学教育教学的意见》中也有接近的"加强条件保障"要求。

鉴于此,在我国博物馆与中小学教育结合事业中,博物馆理应首先加大投入,包括人、财、物资源,具体则覆盖了工作人员、设施设备与技术、场地、展览与教育活动和项目等,在此仅就主要内容展开论述。

1. 专设馆校合作协调人/联络人

在博物馆事业发达国家,博物馆普遍将服务青少年、儿童作为场馆教育的基本内容,因此基本都设置了以服务中小学为主要职责的部门和人员,提供讲解和相关活动。在美国,不论大小博物馆都设有公众教育部或教育服务部[1]。其实欧美博物馆早在20世纪六七十年代就开始纷纷成立教育部门,开展较缜密、有计划的教育活动[2]。事实上,《关于将博物馆纳入国民教育体系的调研报告》早就提及"加强博物馆青少年服务部门建设,培养专家型讲解员队伍,提高对青少年服务的质量"[3]。而首要的便是有专门的教育/社教(可有不同称谓,但内涵一致)部门。

目前,我国大中型博物馆也基本设立了教育部门,名为"教育部""宣传教育部""社会教育部""科学普及部"等,即便是小型馆也有专门的教育工作者。同时,在上海市未成年人社会实践活动基地(场馆)中也专门设立有未成年人教育的指导部门[4]。此外,越来越多的国内外博物馆开始设有(通常置于教育部门)"馆校合作协调人/联络人",也即《关于开展"完善博物馆青少年教育功能试点"申报工作的通知》《国家文物局、教育部关于加强文教结合、完善博物馆青少年教育功能的指导意见》中所称的"专职(教育)辅导人员"。他们能专业地为教师处理时间安排、计划等事宜提供帮助,并与学校

---

[1] 国家文物局博物馆司调研组:《关于将博物馆纳入国民教育体系的调研报告》,《新形势下博物馆工作实践与思考》,第65—66页。
[2] 王启祥:《博物馆教育的演进与研究》,《科技博物》2000年第4期,第7页。
[3] 国家文物局博物馆司调研组:《关于将博物馆纳入国民教育体系的调研报告》,《新形势下博物馆工作实践与思考》,第74页。
[4] 高德毅:《舞动成长的翅膀:上海市中小学课外活动实施指南》,绪论,第1页。

构建正式合作。比如,在美国卡内基艺术博物馆、卡内基自然历史博物馆与迈克丽瑞小学的合作中,两座博物馆均使用了一位馆校协调人(museum-school coordinator)。他们每周在学校工作 15 小时以上,基于教师需求创设项目,并与馆方工作者一起输出合适的活动。反过来,迈克丽瑞小学员工也建议使用基于问询的教学方法,来强化博物馆活动,应对师生的不同学习风格。该学习哲学和方式方法的互换,同时丰富了馆校从业人员的职业发展①。

此外,不少博物馆还成立有教师顾问团队,并纳入尽可能多的教师,而非一两名代表。馆方致力于在教师间传播展教信息,并向他们解释资源如何契合课程、如何在教室内实施等。此外,教师顾问团队还帮助博物馆馆务委员会确定机构的中长期发展规划,包括校外教育规划,并监督实施、审议年度预决算报告等②。

鉴于中小学之于我国博物馆的愈发重要性,从中长期发展看,建议馆方尽早编制教育部及相关馆校合作专员专岗的配置标准和办法。具体说来,根据各馆属性及分类维度(如举办主体、主题类型、行政隶属、规模、是否定级博物馆、是否免费开放等),以及馆校合作维度(未成年观众年度总量、是否与教育部门及其他单位共建、是否为爱国主义教育或科普教育基地等),来确定相应的师(馆方教育工作者)生比,科学设置岗位结构和比例,并建立动态调整机制。

2. 应用新科技

时下,传统媒体和新兴媒体的交互使用为博物馆与中小学教育结合带来了巨大可能。当美国新英格兰水族馆(New England Aquarium)与当地学校开展合作时,因为马萨诸塞州教育电视台公司的加入而有了质的突破。该公司专长于互动卫星电视播送,由政府扶持,并通过电信科学技术强化非营利机构等的教育输出。毕竟不少学校都存在经济或地理障碍,不能前往新英格兰水族馆实地考察,但使用电视这一熟悉的媒介,促使大量中小学生得以使用该馆资源③。

此外,大多数中小学生都是技术小达人,还是网民主体。如果不在教学

---

① E. C. Hirzy ed., *True Needs, True Partners: Museums and Schools Transforming Education*, pp.20-21.
② Ibid., p.34.
③ Ibid., pp.38-39.

中纳入新技术,他们会缺乏兴趣。对许多博物馆而言,新技术可能是性价比最高的手段之一。美国奥尔巴尼历史和艺术学院(Albany Institute of History and Art)的教育部负责人说,过去两年因为校区预算限制,学校和教师项目出席人数每年下降10%。但该馆通过技术传输项目,包括在线课程和视频会议,每年稳步增长了7%—10%的参与人数①。

位于美国阿肯色州的水晶桥美国艺术博物馆(Crystal Bridge Museum of American Art)于2015年举办了第二届远程教育峰会②,主题为"艺术博物馆与教育创新"。该峰会邀请了艺术博物馆教育家、技术和媒体专家、K-12教育改革者、教育企业家共同探讨诸如艺术博物馆如何确保所有学生都有机会获得高品质、有意义、个性化的艺术教育,艺术博物馆如何在全美学生及其他人群的艺术教育中起到更直接和核心的作用等议题。而与多学科团队一起工作,艺术博物馆将有机会反思其K-12教育服务的传统模式,并借助在线学习,重新设想场馆和K-12教育体系的关系③。

3. 特辟专门的展教空间

日本许多博物馆都开辟了面向青少年的专门学习场所,作为展览的延伸和补充。滋贺县立琵琶湖博物馆面向儿童的"发现室"内设18组互动性展示装置,诸如"摇身变作小龙虾""钓丝描绘廊""透过鱼眼看世界"等,使孩子们通过亲身体验感知大自然的奇妙。神户市立博物馆的"交流体验学习室"分为"观看角""触摸角""思考角"三个单元,孩子们可通过观看历史资料片、触摸文物复制品、参加益智游戏获得生动的体验。大阪历史博物馆(Osaka Museum of History)内的"难波考古研究所"模拟了考古发掘现场,青少年可通过亲身实践获得对考古学的初步感性认知④。

目前,我国也有不少博物馆开辟了专门的学生展区和动手室等,如中国科技馆的"儿童乐园"、河北省博物馆的"儿童艺术天地"、河南博物院的"历

---

① K. Fortney and B. Sheppard ed., *An Alliance of Spirit: Museum and School Partnerships*, p.17.
② "水晶桥博物馆于2013年举办了首届远程教育峰会,当时的会议聚集了艺术博物馆、高等教育和K-12教育领域的专家,共同探讨在线教育的发展状态,这是美国博物馆与在线教育的重要节点。"见湖南省博物馆编:《美国博物馆将召开远程教育峰会》,湖南省博物馆官网,2015年9月14日。
③ 湖南省博物馆编:《美国博物馆将召开远程教育峰会》湖南省博物馆官网,2015年9月14日。
④ 孔利宁:《日本博物馆的青少年教育》,《科学发展观与博物馆教育学术研讨会论文集》,第221—222页。

史教室"等①。在美国,博物馆不论规模大小,通常都为中小学生设立了教室、实验室等,开办专供青少年、儿童参观的展厅甚至是独立的儿童博物馆。当然,将教育活动部分移至展厅开展,也不失为缓解一些中小型场馆缺乏独立教育空间的难题,同时将展示和教育功能嫁接以实现展教结合的捷径。

值得一提的是,美国大都会博物馆为支持馆校合作,特地将其宝贵的展厅空间部分腾出,举办年度公立学校艺术展。第十一届年度"纽约公立学校艺术展"于2013年6月11日至8月25日举办,并精选了83位少年儿童的78幅作品。他们来自纽约五个区,包括学龄前儿童到12年级学生(高三)。该展览的举办也是大都会艺术博物馆对师生在艺术方面成就的一种嘉奖②。此外,每年6月的科学博览会是纽约"城市优势"项目的高潮部分,同时美国自然历史博物馆辟出场地展示全市的Exit项目成果。博览会形式类似我国的工业博览会,每个项目学校都有自己的展位,参与的班级则选派两个研究项目作为代表前来交流。学生需自己制作展板,把研究问题、实验设计、实验方法、数据、结论清晰地贴在海报板上。科学博览会不只是向教育管理部门、博物馆、学校汇报,也向公众开放。这对学生而言绝对是一次难得的经历③。

4. 发挥研究优势

在我国博物馆与中小学教育结合中,相对于学校而言,博物馆的研究实力更强,也拥有更多的研究人员。事实上,在《博物馆条例》中,已有"博物馆应当发挥藏品优势,开展相关专业领域的理论及应用研究,提高业务水平,促进专业人才的成长","博物馆应当为高等学校、科研机构和专家学者等开展科学研究工作提供支持和帮助"的规定。同时,在《中华人民共和国公共文化服务保障法》中,也有"国家支持公共文化服务理论研究,加强多层次专业人才教育和培训"的规定。

鉴于此,博物馆教育工作者在为青少年策划与实施教育活动时不但要"知其然",更应"知其所以然",也即在理论思维的基础上落实教育目标,提升教育质量。换句话说,不仅掌握技术层面的方式、方法,而且注重以目的

---

① 国家文物局博物馆司调研组:《关于将博物馆纳入国民教育体系的调研报告》,《新形势下博物馆工作实践与思考》,第69页。
② 湖南省博物馆编译:《大都会博物馆举办年度"公立学校艺术展"》,湖南省博物馆官网,2013年7月4日。
③ 鲍贤清、杨艳艳:《课堂、家庭与博物馆学习环境的整合——纽约"城市优势项目"分析与启示》,《全球教育展望》2013年第1期,第66页。

与理论为思维基础的博物馆学(museology)研究。而唯有在理论基础与哲学思维的架构下省思,才能走得长远、走得好,否则将难以超越现有的工作①,这也是促使博物馆教育进一步专业化的关键所在。因此,我们理应鼓励馆方应用建构主义理论等开展业务,以提升现有的展教结合、馆校合作水平。毕竟博物馆教育以"基于实物的学习"为核心,而与之联动的,正是建构主义理论。该理论促进了"做中学",并鼓励学习者自我构建知识,以成为独立的、带有批判式思维的人。而馆方教育工作者、校方教师则在此过程中扮演"助推者"角色,允许开放式结果的产生。美国"博物馆磁石项目"邀请助推者理解建构主义教学法,并将其应用在教室以及场馆内基于实物的活动中②。

事实上,大部分馆校合作哲学都发轫于建构主义理论。也即,学习不是知识由外到内的简单转移和传递,而是学习者主动建构经验的过程,即通过新经验与原有知识的反复、双向作用,来充实、丰富和改造自己的经验。它强调学习者的内部生成,而主动性是内部生成的核心动力。并且,"以学习者为中心,主动学习""合作学习、社会化学习""情境化学习"是建构主义学习的三大特点③。而"差异化学习"(differentiated learning)、"意义构建"(meaning making)等都是该理论中的常用语。正如英国博物馆界巨擘艾琳·胡珀-格林希尔在《博物馆与教育:目的、方法及成效》(*Museums and Education: Purpose, Pedagogy, Performance*)一书所引用的:"体验学习是将体验创造与转化为知识、技能、观念、价值、情感、信仰与感知的过程。正是这个过程使个体变成了他们自己。"④

值得一提的是,STEM 教育正是建构主义理论的产物。该理论认为,"情境""协作""会话""意义建构"是学习环境的四大要素或四大属性。这与 STEM 教育理念吻合,并和美国的 4C 核心素养("4Cs" of Common Core)⑤紧密联系。因此,在 STEM 课程中,学生获得知识的多少取决于他们在头

---

① 刘婉珍:《与青少年做朋友~美术馆能为青少年做什么?如何做?》,《朱铭美术馆季刊》2003 年第 13 期。
② K. Fortney and B. Sheppard eds., *An Alliance of Spirit: Museum and School Partnerships*, pp.4-5.
③ 钱雪元:《美国的科技博物馆和科学教育》,《科普研究》2007 年第 4 期,第 23 页。
④ 艾琳·胡珀-格林希尔著,蒋臻颖译:《博物馆与教育——目的、方法及成效》,上海科技教育出版社 2016 年版,第 32 页。
⑤ 包括沟通交流(communication)、合作协作(collaboration)、批判性思维与问题解决能力(critical thinking & problem solving)、创造创新(creativity)。

脑中建构相关知识的能力，而不取决于记忆和背诵内容的能力。这与传统以教师讲授为主的教学形式大相径庭，所以无论在博物馆还是中小学，都不能把STEM课程当成我国传统的科学课或劳技课来教①。

当然，除了建构主义理论，博物馆之所以要应用多领域的经典理论（详见上文第三章中"第三部门机构的研究"）并开展基于实践的研究，是因为理论证实了场馆教育的意义和价值。现在，随意性的场馆旅行已越来越少，师生前来都带有一定的目标、目的。同时，出资方也想确认其投入将产生最高可能的回报。而经过实地测试以及同行审查的理论，展示了成功的博物馆教育实践能在不同学科、环境、文化中被重复，并经历时间考验②。

鉴于此，博物馆教育工作者必须为理论研究和应用留出时间。很多时候他们急于开发项目，即便很成功，但除非仔细思量成功背后的理论，否则不足以直接开发未来的项目。事实上，博物馆人需要思索：哪些学习理论为我们的日常实践提供支撑？在规划项目、制定活动计划时，如何使用它们？而解答的方法之一则是根据一系列互补性理论进行项目评估等。此外，馆方教育工作者不只是应用，还需亲自为当下的理论界发展做出贡献，包括与师生一同开展应用型研究③，发表文章、出版图书、相互交流等。当然，博物馆还可依托高等院校、科研院所等力量开展合作，以充分释放各主体的人才高地、研究高地等优势。

案例

华东师范大学中外博物馆教育研究中心助推馆校合作研究

上海市静安区现有开放、在建、计划中的博物馆共60多家，文化底蕴丰厚。在静安区文物史料馆的总策划下，由华东师范大学中外博物馆教育研究中心与来自中小学9大学科的15名教师组成团队，为静安区16家博物馆编撰了26份馆校合作教案。基于学科课程标准与展品特征，教师们在教学设计中融入了博物馆资源，并通过准备课、现场课、评价课三个环节探索博物馆的学科价值，促使其成为文化中枢。作为这一文教结合成果，于2020年4月出版的《可阅读的城市学园——上海市静安区博物馆教育案例

---

① 陈如平、李佩宁编：《美国STEM课例设计》，"写给读者的话"第4页。
② K. Fortney and B. Sheppard eds., *An Alliance of Spirit: Museum and School Partnerships*, Arlington, VA: American Association of Museums Press, 1988, p.23.
③ Ibid., p.28.

集》呈现了博物馆教育中的学科想象,促使场馆教育进一步融入中小学学科教学①。

此外,2020年5月出版的《博物馆学科探究之旅》也由华东师范大学中外博物馆教育研究中心与5所中学的6名学科教师合作编成。它致力于为博物馆教育提供基于初中学科的资料,具体则依据课程标准、馆藏基础提炼了博物馆与学校教育的有机结合点。并且,它尝试了两种类型设计,包括"一馆多学科"和"一学科多馆"任务单。一方面,"一馆多学科"选择了上海世博会博物馆为对象,以致敬上海世博会举办10周年,并迎接2021年迪拜世博会的到来。语文、英语、道德与法治、历史、科学5名学科教师围绕场馆资源,从各自视角出发进行教育设计,促使学生跨学科感受世博会及其场馆的魅力。其中,语文、道德与法治、历史学科对标的是全国统编教材,因此也可为全国教师提供可参考的教学资源范本。另一方面,"海派文化"是《全力打响"上海文化"品牌 加快建成国际文化大都市三年行动计划(2018—2020年)》中的"红色文化""海派文化""江南文化"三大文化资源之一。鉴于此,"一学科多馆"由美术学科教师围绕海派绘画主题,将上海吴昌硕纪念馆、刘海粟美术馆、张乐平故居、上海电影博物馆、中华艺术宫五大场馆串联,便于学生了解近代海派艺术的发展历程及其表现形式。此外,教师还提供了"超级链接",延伸和拓展学生对海派文化的理解与认知②。

(二) 中小学方的投入

在2015年《国家文物局、教育部关于加强文教结合、完善博物馆青少年教育功能的指导意见》中,"建立中小学生利用博物馆学习的长效机制"位列"主要任务"中:"中小学校要把教育教学活动与博物馆学习有机结合,合理安排时间,并做好具体组织工作。"同时,2016年《国务院关于进一步加强文物工作的指导意见》亦有"推动建立中小学生定期参观博物馆的长效机制,鼓励学校结合课程设置和教学计划,组织学生到博物馆开展学习实践活动"的要求。

中小学在馆校合作中的投入主要涉及人和财。其中,校方赋予教师带学生外出考察的权、责、利,十分关键。此外,校方通常要承担诸如师生交

---

①② 庄瑜编:《上海市静安区文物史料馆总策划:可阅读的城市学园——上海市静安区博物馆教育案例集》,华东师范大学出版社2020年版,前言。

通、学生校外活动险或学校责任综合险/安全综合险、教具购买或设计制作、课程开发等费用。有条件的中小学还辟有展教空间,甚至是搭建校内博物馆。在此仅就重点内容展开论述。

1. 赋予教师相应的权、责、利

首先,保障教师带学生外出考察所享有的权利需要为校方所明确。与之相关的,还有教师的弹性工作时间(涉及换课)、工作量、绩效等处理,因为实际操作馆校合作的教师往往还从事其他常规性教学、科研或行政工作,这就使得校方的协调极为重要。具体说来,中小学需要赋予教师一定的空间和自由,包括相应减少常规工作量或将校外工作量计入培训量,算作增量;协调几门课程的集体调换,以挪腾学生往返与考察博物馆的时间等。当然,博物馆教育工作者也需认识到学校日程表的复杂性,以及提前规划的重要性。

在美国明尼苏达州的拜伦地区,一些位于乡村社区和以农业为主的社区学生几乎不参观两小时车程外的明尼阿波利斯市博物馆等。但中小学行政管理者、教师和社区强有力地支持该地区公立学校与明尼阿波利斯艺术学院合作。学校系统全心投入,为所有学生提供巴士,同时补贴教师薪金,用于参加会议或研讨等①。

当前,我国尚未制度化地将中小学教师承担的馆校合作工作纳入其绩效考核,同时即便他们收获了来自博物馆界的教学奖项,在职称职级评定时也没多大帮助,因而一定程度上影响了其积极主动性。此外,教师需要时间和精力来投入校外教育,但这些最好是在其常规工作时空内,而非必须在周末或是在家里。

对此,我们有必要从制度设计上进行调整(这在中层设计的校外教育师资培养培训机制、激励机制、考核评价机制中均有所述及),包括将教师参与校外教育纳入工作量统计范畴,并考虑实施学生综合素质评价后工作量的增加,同时将其指导高中生社会实践(志愿服务)的工作量纳入绩效考核,完善绩效工资管理办法;在职称职级评定中,把教师承担的社会实践课程及其成果作为参考指标之一;在规划馆校合作经费时,单列弥补教师投入的额外时间或是找人替代其预算等。当然,中小学的上级主管部门也要直面实施学生综合素质评价等工作后学校管理成本的提高,并指导完善收入分配办

---

① E. C. Hirzy ed., *True Needs, True Partners: Museums and Schools Transforming Education*, pp.18-19.

法等,这些都将共同构成校方对馆校合作的投入保障。

2. 校外教师团队建设

无论何种形式的校外教育,其开展最终仍需在学校层面"落地"。对中小学而言,如何充分发挥教师在其中的指导作用,而不仅仅是依赖合作方博物馆,并最终打造属于自己的精干团队,需要校方引导每一位教师的自觉性、调动其积极性,让校外、课外活动真正成为凝聚全体师生活力和智慧的大舞台,而不只是一部分教师的"专利"。

其实,中小学最清楚教师的素质状况,因此要依据本校实际,从中长期发展的角度,重视融管理型、指导型、实际操作型于一体的校外教师团队建设,并将其列入校本培训计划。具体包括:其一,校外活动的策划与实施绝不仅仅是班主任以及德育处的事,而应得到所有学科教师以及教务处的参与和指导,比如年级组集体备课以确定项目方案等。其二,校外教师团队建设由学校层面牵头,并允许相关教师自由组合,先形成若干个基于项目的指导小组。之后,中小学再应用以点带线、带面的方式,通过不断排摸,选择那些有兴趣、有经历和经验的教师,组建一支指导校外活动的骨干队伍。其三,该团队以任务驱动作为推动馆校合作的基本方式,并以课程建设为核心。同时,调研学生需求也是常规任务之一。其四,学校最终要建设一支以教师为主包括家长及社会各类专业人士的多元化校外教育师资指导队伍,包括创造条件聘请博物馆工作者担任校外辅导员等[1]。

3. 开辟校内展教空间

日本文部科学省下属主管文化事业的文化厅于1996年颁布并于1999年修改补充的《21世纪美术馆与博物馆振兴方策——简称"博物馆规划"》鼓励学校利用其空闲教室安置简易的展示设备,举办适合学生的小型展览。目前,由于长期以来人口出生率的不断下降,学龄儿童数量的相对减少,根据文部省的有关指示,日本许多中小学都将空闲教室建设成为学校博物馆[2]。

事实上,无论国内外,我们都鼓励有条件的学校先行先试,践行馆校合作,并助推校园文化建设。目前,上海市已有不少重视文博教育且有条件在硬件、软件上下功夫的中小学迈出了实质性步伐,将博物馆体验搬进了校园。比如,静安区育才中学是大型现代化寄宿制高中,它于2001年决定开

---

[1] 高德毅:《舞动成长的翅膀:上海市中小学课外活动实施指南》,第83—84页。
[2] 孔利宁:《日本博物馆的青少年教育》,《科学发展观与博物馆教育学术研讨会论文集》,第219—220页。

辟近150平方米的场馆"育才文博园",并于2002年正式揭牌。该文博园是全校师生开展文博教育的专门基地,并具备两大功能:主题展览和活动探究。又如,2000年,浦东新区昌邑小学与上海博物馆签约,成为该馆第一个教育基地。近二十年来,学校不仅引进文博资源,而且以文博教育作为学校特色品牌创建的"抓手"。其中,学校在文博环境设计和资源重组方面投入不小,包括建文博墙,辟"书海作舟"廊,印具有文博特色的学生簿本,创设学校文博教育网站,营建文博活动室等。当然,这还只是硬件方面,昌邑小学文博教育的软件建设以课程开发和教材编写为主线索,同时结合学生社团及各种专题活动①,也富有特色。

值得一提的是,我国中小学课程改革的10个新动向之一便是"学习空间场馆化"。也即,将学校中的任一角落、任一环境学习化,毕竟原先单一的教室、孤立的功能室等已无法将学习的功能最大化。比如,北京朝阳第二实验小学就提出了"五馆课程",用五个大连廊来开设博物馆、艺术馆、科技馆、图书馆、体育馆课程,同时按照课程计划逐步落实②。此外,"特色课程博物馆化"也是10个新动向之一。比如,北京市十一学校把校史馆升格为博物馆,将研究、典藏、陈列、展出等各要素结合,发挥综合育人、实践育人效果。又如,成都万春小学建立了剪纸博物馆,将各方面教育资源有机结合③。总之,将博物馆元素充分融入中小学公共空间、设施、艺术的规划设计,丰富了校园文化内涵,优化了人文环境。

案例1

北京首个非遗教育孵化基地落户首都师大附中④

2018年7月5日,海淀区文化馆与首都师范大学附属中学签署了《北京市海淀区文化馆、首都师范大学附属中学关于促进非物质文化遗产与学校教育相结合的战略合作框架协议》。这是双方就海淀区非物质文化遗产工作与学校非遗教育教学以及文创产品孵化相结合而联手打造的新平台。

当日,北京市首个非遗教育孵化基地——海淀区非物质文化遗产教育孵

---

① 上海博物馆教育部:《上海博物馆未成年人教育的理念与实践》,《博物馆与学校教育研讨会资料》(内部资料),第16—17页。
②③ 《课改|陈如平:中小学课程改革的10个新动向》,《中国教师报》2019年4月12日。
④ 《北京首个非遗教育孵化基地落户首都师大附中》,首都师范大学附属中学网站,2018年7月9日。

化基地、海淀区非物质文化遗产传承项目基地落户首师大附中的授牌仪式,在该中学的青牛创客空间举行。双方约定,今后将通过文教联手,共同搭建非遗孵化平台,以便充分发挥社会教育功能,提高青少年人文、科技、艺术素养。

据海淀区文化馆张胜超书记介绍,打造非遗教育孵化基地,一方面是要创设良好的校园文化环境,在中小学生中传播和传承中华优秀传统文化,坚定其文化自信和民族自豪感;另一方面也是依托首都师大附中百年名校的深厚文化积淀,以及学校特色创客教育专业场馆——青牛创客空间的资源,开展全区乃至全市、全国中小学生文创产品的创意设计比赛,并将优秀非遗元素作品进行产品转化。此外,基地将深挖非遗资源,帮助传承人开发和创作符合现代大众喜好的文创产品,扩大海淀区非遗的影响力,推动文化产业经济发展及品牌确立。

作为全国中学校园内的首座非遗教育博物馆,它位于首都师大附中的综合楼地下一层,三个楼道和楼梯间皆为展陈区域,主要展示我国的世界级非遗项目、国家级非遗项目和北京市非遗传承大师的作品等,同时还将学校师生多年来的非遗课程、教育活动、作品集中展示,分为"多彩非遗""魅力非遗""点亮非遗"三个版块。博物馆的三间非遗特色教室——烙画教室、扎染教室、书法教室是亮点,它们是复合型活动空间,用以开展非遗进校园、大师

图 11　非遗项目之京剧盔头体验

资料来源:《北京首个非遗教育孵化基地落户首都师大附中》,首都师范大学附属中学网站,2018 年 7 月 9 日。

工作坊、对外展示课、教师培训讲座、小型非遗沙龙等。

总之,海淀区非物质文化遗产孵化基地、非遗教育博物馆将继续提供科技创新、非遗特色平台,助力师生筑梦启航,并零距离感受中华优秀传统文化的博大精深及其薪火传承的工匠精神。

案例2

西安市"曲江第二小学儿童博物馆"的生存与发展之道

拥有超过一百多家博物馆的西安是名副其实的"博物馆之城",而在小学校园里建成的"曲江二小博物馆",在陕西省尚属首家。继在全省率先开设常态化博物馆趣味课堂后,曲江二小于2016年10月12日正式开放了校园博物馆。这座博物馆包含了讲述西安故事的城市历史馆,展示与体验相结合的非遗文化馆,增强社会意识的税法馆,未来感十足的VR(Virtual Reality,虚拟现实)体验馆与数十个班级主题展览馆①。

事实上,曲江二小从2015年建校之初就探索性开设了常态化博物馆课程,将丰富有趣的场馆知识带进课堂。通过一年多的实践,学校的博物馆课程收到了来自学生与家长的积极反馈,也激发了不少孩子走进博物馆主动学习的兴趣。此外,曲江二小还启动了"班级博物馆"计划,以年级为单位,组织各班周期性开办不同主题的"班级博物馆"。三年级的"塔"遍天下,二年级的"汉字演变",一年级的"扇"于思考、"碗"美世界、有口皆"杯"、"笔"下生花、"信"天游……这些身边的常见物品都被作为探究主题,孩子们通过看一看、画一画、做一做完成自主探究过程,成果还会以"巡展"形式在各班之间交流分享②。

可以说,开设系统化博物馆课程、建设校园博物馆,是曲江二小实施素质教育、智慧教育的创新举措,目的是把学校变成有趣的"博物馆",让博物馆成为提升素质的"学校"。校园博物馆开放当日的"博物馆课程探索与实践论坛"上,曲江二小还与咸阳博物院、曲江艺术博物馆、明宫遗址博物馆、西安唐皇城墙含光门遗址博物馆等11家场馆举行了共建博物馆课程教育基地的授牌仪式。今后,曲江二小将有计划地开展分层次、分主题、定制化的博物馆进校园与博物馆探究研学课程,通过"引进来"再"走出去",让博物馆真正变成"第二课堂"③。

---

①②③ 刘晓庆:《曲江二小建成校园"儿童博物馆"》,《西安晚报》2016年10月17日。

自 2017 年底以来,陕西省、西安市文物局加大了对曲江二小博物馆的支持和指导力度。2018 年 2 月 1 日上午,该校举行了"博物致知——2018 年教育教学年会"。并且,陕西省文物局授予曲江二小儿童博物馆"陕西省博物馆教育联盟会员单位"称号。同时,确认该馆备案设立并加入陕西省博物馆的序列①。

值得一提的是,2020 年 9 月 25 日,国家文物局博物馆与社会文物司金瑞国副司长一行还参观调研了曲江二小的博物馆教育成果,并对学校的办学理念、博物馆课程融合给予了高度肯定。金瑞国副司长提出:"希望博物馆课程可以融入学校常规课程教学中,让传统文化扎根在孩子的血脉中。"②

图 12　小馆员们在儿童博物馆内进行专业讲解
资料来源:《曲江二小儿童博物馆成立省、市文物局共同揭牌》,陕西之声,2018 年 2 月 8 日。

第四节　馆校与家长、社区、社会的联动机制

在当今社会,教育、文化无论对个体还是集体而言,都是必不可少的生

---

①② 《众筹聚力　博物致智——国家文物局一行参观曲江二小博物馆教育成果》,西安市曲江第二小学微信公众平台,2020 年 9 月 26 日。

存与发展条件。因此,在我国博物馆与中小学教育结合中,理应充分调动家庭、社区等各方力量的多元参与。事实上,我们要让该事业真正成为学校、家庭、社会合力育人的必要渠道,而不再是博物馆单枪匹马、教育工作者一厢情愿的"跛足"活动。重要的是,社会教育本身就具有很强的延展性,因此博物馆、中小学不妨将合作的文教成果辐射至周边社区,以达求最终的"美美与共、天下大同"。

"共同体"概念最早由德国社会学家斐迪南·腾尼斯在其著作《共同体与社会》中提出,用来表示一种在情感之上、紧密联系的共同生活方式。在此基础上衍生出的"实践共同体"概念,则由人类学家让·莱芙与教育学家爱丁纳·温格提出,随后他们论证并拓展了实践共同体理论的适用范围,并提出该理论模型的三大要素——相互卷入、合作事业、共享智库[1]。这其实同馆校与家长、社区、社会的联动机制内涵一致,也即家、校、社是培育青少年、儿童的"实践共同体"。

一、馆校与家长的联动

美国纽约市开展的"城市优势"项目通过连接家庭、学校、博物馆,促进中学科学探究教学。其中,该项目将家庭视为重要的组成要素,希望家长更多参与。具体体现在:其一,项目机构设计有专门的家庭指导手册,向父母介绍该项目、各机构的开放时间和亮点,并给出如何在家庭指导学生科学学习的建议。它居然设计有9种语言版本,以兼顾纽约的"大熔炉"式生源特点。其二,为提高家庭参与的积极性,项目组设立了"家庭科学星期日"和"家庭科学之夜"活动。其三,启用"家长协调人"作为连接学校和家庭的桥梁。"城市优势"项目对家长协调人进行培训,告诉他们如何协助教师安排和实施班级参观,如何组织家长参与家庭访问活动等[2]。

以之为镜,一方面,良性的家校互动不仅促使家长监督和提升学校教育效能,补充和扩展校方资源,还能增进家长的育儿素养;另一方面,博物馆与家长之间的良性互动,也有助于家长理解、支持中小学的博物馆校外教育。

---

[1] 周立奇、胡盼盼:《校外教育优质发展的三个支点》,《光明日报》2019年12月10日,第14版。
[2] 鲍贤清、杨艳艳:《课堂、家庭与博物馆学习环境的整合——纽约"城市优势项目"分析与启示》,《全球教育展望》2013年第1期,第65页。

场馆不妨将父母看作是共同的学习者,并加大沟通交流,提供更多帮助,以逐步构建信任感。事实上,博物馆完全可以成为亲子教育的上佳选择。比如,上海市昌邑小学就经常分年级组织学生和家长到上海博物馆参与亲子活动。格致初级中学也通过家长学校宣传、组织博物馆亲子项目。目前,华东师范大学中外博物馆教育研究中心还与上海钱学森图书馆合作,进行了"家长学校"的尝试,致力于为家长优化博物馆家庭游提供引导。

总之,我们要从"人"身上做文章,并通过各种平台构建馆校与家长的立体联动机制,使家长拥有知情权、参与权、监督权、管理权。事实上,2020年《深化新时代教育评价改革总体方案》中已有"落实中小学教师家访制度,将家校联系情况纳入教师考核"的"重点任务"。同时,宜根据家长意愿、馆校需求等,有的放矢、循序渐进地引导家长扮演不同角色,导向不同层次的联动。

(一) 主动出击,吸引家长参与

学校的上课日有限,但学习的机会不是。事实上,师生、家长都在找寻更多选择。因此,馆校等任何一方都不妨走出去,探索并尝试。本阶段,将以学校为主,寻找家长参与博物馆教育的切入点。也即馆校要主动出击,引导家长参与,并通过前、中、后三阶段逐次推进。

1. 活动前:做好前期调研,校方协同家长选定活动主题

应用博物馆教育活动策划与实施的前、中、后"三阶段"(详见上文"博物馆对中小学教育供给的原则"之"一体化"原则)理论,馆校双方理应在活动前就做好调查与分析,学校还要协同家长选定活动主题。

本阶段,我们将以学校为主,积极寻找家长参与博物馆教育的切入点。同时,在拟定活动主题时,坚持两大原则:既立足于学生、家长的兴趣爱好,又立足于为家长解决实际教育难题的基本立场。教师可通过问卷调查、家访、家委会、家校联络册、网络平台等途径了解大家的需求、参与意愿和目的,以及家长目前面临的教育难题、迫切希望得到的指导等,在此基础上综合确立活动主题①。

2. 活动中:校方建立项目组,引导家长参与活动全过程

无论是博物馆还是中小学,都需铭记家长并非专业的教育工作者,不能过分苛求他们。同时,学校宜构建内部项目组,以指导和推进家长参与

---

① 高德毅:《舞动成长的翅膀:上海市中小学课外活动实施指南》,第143—144页。

校外、课外活动的全过程。当然,也可聘请外部专家学者共同组成指导团队。

我们鼓励家长参与博物馆与中小学教育结合项目,主要目的不在于体验活动本身,而在于创设一个家长、学校、场馆合作共享、互利共赢的开放环境。

3. 活动后:构建沟通交流平台,辅助家长延伸拓展体验

根据纽约"城市优势"项目的经验,培训家长正确使用博物馆资源是非常有必要的。这不仅关乎短期的科学学习,更将影响学生对博物馆的认知及未来对科学的兴趣。鉴于此,为了确保家长参与校外活动不是一时的"兴之所至",也为了促使博物馆教育项目的延伸,场馆教育工作者和中小学教师理应搭建沟通交流平台,辅助家长进一步拓展活动,并于日后自行带孩子前往场馆体验等。

比如,无论是中小学还是博物馆,都可通过建立网上学校、论坛、博客,以及 QQ 群、微信群等方式,加强与家长的互动。在应用现代信息技术资源时,我们要逐步推进,并尽可能扩大覆盖面,让每一个家庭、每一位家长都能参与,公平享有信息的知情权和使用权。

(二) 积极挖掘,活用家长资源

家长自带的丰厚资源有时远远超出馆校双方的想象。而积极挖掘并活用其资源,是构建家校社合力育人的可持续发展之举,并有助于打造属于本社群的精品特色项目及核心团队。就西方中小学建立家长教育资源库、家长志愿者协会等惯常做法,我们也不妨部分地借鉴,或是通过教师家访、家长委员会(简称家委会)、家长会、家长沙龙等形式,以充分了解、挖掘家长的资源情况,并促使其信息化[①]。

目前,越来越多的中小学开始建有家委会,上海市浦东新区不少学校还专门设立了家长委员会办公室,定期与家长协商馆校合作等事宜。事实上,《国家中长期教育改革和发展规划纲要(2010—2020 年)》中早已有"完善中小学学校管理制度。建立中小学家长委员会。引导社区和有关专业人士参与学校管理和监督"的导向,其中就包括使博物馆专业人士参与学校事务的可能性,这将直接助推我国博物馆与中小学教育结合事业的发展。

与此同时,虽然家长资源丰富,横贯诸多领域,但我们最好能集中优势

---

① 高德毅:《舞动成长的翅膀:上海市中小学课外活动实施指南》,第 147—148 页。

资源,打造品牌项目。教师可协同家长一起对资源进行梳理和统整,并依托地域、学校、班级特色,以有的放矢地确立活动主题、内容、形式。同时,通过构建系列化、主题化活动,打造一批特色项目,以发挥家长资源的持久效应[1]。

(三) 构建长效机制,促进家校、家馆的分层合作

良好的制度建设和机制保障是维系家校社可持续互动的基础,可分为不同的层级。比如,日本国立科学博物馆针对家庭观众举办"亲子都市与建筑讲座""爸爸妈妈的科学实验讲座"等活动,建立家庭和博物馆的互动联系[2]。事实上,我们要通过制度保障,让家长不仅仅停留在校外教育参观者、志愿者的层面上,而是作为参与者、组织者、管理者、监督者,正式加入中小学与博物馆教育结合事业。

当家长扮演了不同角色,馆校与家长的联动也就呈现出不同的层级。其一是家长作为支持者,这是他们参与的传统模式,主动权大多掌握在学校、校外教育机构如博物馆一方。中小学通过家长会、家长学校、家校书面联系等方式征得家长同意进而实施校外活动。其二是家长作为参与者,并自愿提供无偿服务,包括作为辅助人员指导学生的博物馆活动等。其三则是家长作为决策参与者,包括参与决策形成、执行、监督在内的校外教育管理全过程。在这一层面,家长更多地以学生、馆校的整体发展为基点行使权、责、利,而不仅仅是顾虑自己子女的成长[3]。

与此同时,学校可通过家委会、志愿者招募等方式,组建一个家长参与校外教育的核心团队。事实上,博物馆也可通过会员家庭、志愿者招募等途径,组建核心团队。这样不仅可以一定程度上减轻场馆教育工作者、中小学教师的负担,而且由部分家长带动其他家长,将起到联动效应,并在进程中自然而然地发展出"忠实拥趸"。

在美国洛杉矶统一学区,西部遗迹博物馆(Autry Museum of the American West)与华盛顿山小学的合作曾获得美国博物馆服务署的"博物馆领导力行动计划"经费支持。而该项目的成功正在于家长的参与。起初,家长的繁忙时间表是馆方面临的挑战。但当家长认识到博物馆对于通过合

---

[1] 高德毅:《舞动成长的翅膀:上海市中小学课外活动实施指南》,第143—144页。
[2] 孔利宁:《日本博物馆的青少年教育》,《科学发展观与博物馆教育学术研讨会论文集》,第222页。
[3] 高德毅:《舞动成长的翅膀:上海市中小学课外活动实施指南》,第151—152页。

作来丰富孩子的教育是严肃和认真的,他们也开始有了诚意和兴趣。后来,馆方还开始发展核心家长群,这部分人甚至想继续参与下一个合作项目。事实上,不只是家长,来自社区的教师、策展人、长者、专业人士等一旦意识到馆校对他们感兴趣,都愿意分享自身所长①。

无独有偶,在美国芝加哥儿童博物馆与哈蒂根学校、成功儿童发展中心的合作中,家长成为合作伙伴是核心要义。在芝加哥市的罗伯特·泰勒之家——美国最大也最穷的公共住宅区内,从事日常工作、维持基本生活对父母而言已是巨大挑战。于是,"泰勒行动"项目于1992年应运而生。芝加哥儿童博物馆致力于通过该项目激励父母和孩童共同的社交、情感、智能发展。一年后,评估结果显示,项目还需要父母更多的参与。于是,博物馆和学校构建了"家长网络"。当越来越多的人被激励,他们也成为社区中其他家长的榜样。而当父母对学习感觉兴奋,也会影响到孩子。最后,家长与博物馆、学校和孩子的关系一起得到了强化②。

二、馆校与社区、社会的联动

《博物馆条例》规定:"博物馆应当开展形式多样、生动活泼的社会教育和服务活动,参与社区文化建设和对外文化交流与合作。"与此同时,在2016年《关于推动文化文物单位文化创意产品开发的若干意见》中,专门提及"发挥各类市场主体作用。鼓励众创、众包、众扶、众筹,以文化创意设计企业为主体,为社会力量广泛参与研发、生产、经营等活动提供便利条件。鼓励和引导社会资本投入文化创意产品开发,努力形成多渠道投入机制"。这份文化部、国家发展改革委、财政部、国家文物局的联合发文,对馆企合作等跨界融合进行了实质性引导,也为博物馆进一步与社区、社会联动提供了强有力的扶持。

事实上,国际博物馆界于20世纪80年代发起"新博物馆学"(包括生态博物馆学、社区博物馆学以及其他形式的博物馆学)运动以来,使得场馆愈发重视教育作用、尊重文化的多样性、关注社区,为社会及其发展服务。这极大地扩展了博物馆与社区、社会的联系,而且它们之间的桥梁已不仅仅是

---

① E. C. Hirzy ed., *True Needs, True Partners: Museums and Schools Transforming Education*, pp.16-17.
② Ibid., p.27.

教育,而是扩大到了服务①。

(一) 作为整体的学习生态系统,需要市场的力量

学习体验理应被视为一个生态系统。鉴于此,学校、博物馆、社区等共同构成了学习者的体验环境,同时它们都负有教育的责任。生态系统的视角让我们不再把中小学师生及家庭观众的体验视为分散的碎片,而是相互联结的整体,因此其每一次体验都受之前的影响并对之后的产生作用。重要的是,学习生态系统中各要素需要得到有效整合,这首先包括不同的文教机构意识到彼此的存在。此外,生态系统的比喻强调,某个环节的缺失可能会对青少年、儿童的成长带来负面影响,包括文化体验不足等。在此背景下,学校不能孤军奋战,而是必须与博物馆、社区、社会紧密联动②。并且,博物馆的发展也依托其向学校、社区、社会辐射的能力。这份共同的合作伙伴关系不再是像过去那样纯粹向外延伸拓展,而是真正邀请、欢迎各主体的加入和参与。事实上,2014年美国博物馆联盟发布了《构建教育的未来:博物馆与学习生态系统》白皮书,以探讨博物馆如何与学校合作开创教育的新未来这一重要议题。

正如时下科普资源开发的主体已不再限于自然科学类博物馆一样,一批像果壳网、美丽科学等优质科普企业已经涌现。而要让科普产品与服务开发进入良性循环,我们既需要建设教育共同体,让高校、科研院所、企业主动参与,又要探索科普公益性与市场化有机结合的长效机制③。而在"中国STEM教育2029创新行动计划"中,主要内容之一即是"打造一体化STEM教育创新生态系统"。毕竟,STEM教育不是单一机构所能完成的事业,必须建立政府、场馆、科研机构、高新企业、社区与学校融合的教育生态系统,以在全社会形成合力,具体包括:倡议博物馆、科技馆、青少年宫、数字媒介等社会机构积极开放空间,成为STEM教育非正式学习的组成部分;各种社会力量创新协作,建立基于地区特色的STEM实践社区;媒体加强STEM教育的宣传报道,推动全社会重视的育人环境等④。

此外,在《全力打响"上海文化"品牌 加快建成国际文化大都市三年行

---

① 李瑶:《中国早期博物馆教育思想的特点及其影响》,《文教资料》2008年12月号下旬刊,第82页。
② 湖南省博物馆编译:《英国伦敦国王学院试验博物馆小学》,湖南省博物馆网站,2017年2月23日。
③ 宋娴:《推动科普资源均衡发展》,《人民日报》2018年12月27日,第5版。
④ 王素:《〈2017年中国STEM教育白皮书〉解读》,《教育与教学》2017年第14期,第7页。

动计划（2018—2020年）》中特别提及了"集聚龙头企业"，因为"企业是最重要的文化市场主体，是文化品牌建设不可或缺的核心要素。上海将加快推动'文创50条'政策落地，集聚和培育一批符合产业发展方向、主业突出、市场竞争力强的龙头文化企业"。

（二）纳入社会人士的博物馆法人治理结构建设

近年来，我国博物馆界如火如荼开展的法人治理结构建设，即提倡博物馆建立理事会等决策机构，它由博物馆举办者或其代表、馆长、职工代表、社会人士组成。其中，社会人士是必要的组成部分。

值得一提的是，《博物馆条例》在立法层面明确了"博物馆应当完善法人治理结构，建立健全有关组织管理制度"，并且将"组织管理制度，包括理事会或者其他形式决策机构的产生办法、人员构成、任期、议事规则等"作为设立博物馆时应当制定的"章程"的必要事项。之后，《中华人民共和国公共文化服务保障法》也提出："国家推动公共图书馆、博物馆、文化馆等公共文化设施管理单位根据其功能定位建立健全法人治理结构，吸收有关方面代表、专业人士和公众参与管理。"

其实，在此之前，2015年《关于加快构建现代公共文化服务体系的意见》已在政策层面明确"加大公益性文化事业单位改革力度。创新运行机制，建立事业单位法人治理结构，推动公共图书馆、博物馆、文化馆、科技馆等组建理事会，吸纳有关方面代表、专业人士、各界群众参与管理，健全决策、执行和监督机制"。之后，2018年《关于加强文物保护利用改革的若干意见》也提出："激发博物馆创新活力。分类推进博物馆法人治理结构建设，赋予博物馆更大办馆自主权。"而这些都是我国在制度设计上推动博物馆与社区、社会联动，以在决策和管理中逐步纳入民众，进一步实现众包、众筹的务实路径。

（三）馆校与社区、社会的联动

作为一个百年老工业区，上海市杨浦区内的工业遗存资源丰富。而杨浦区少年宫在调研中发现：20世纪六七十年代，杨浦纺织业虽有过辉煌历史，但在转型后产生了很多下岗职工，因此有些孩子轻视自己的家庭。带着这个略沉重的话题，杨浦区少年宫主任朱茹洁带领其团队，设计出"探索杨浦'百年工业'的奥秘——中小学场馆探究活动课程"。课程邀请了近10家百年老厂携手，组织学生参观纺织业旧址、寻访当年劳模；又和区政府及市规划办对接，邀请相关人员"说一说"杨浦的国际时尚中心如何从百年老厂华丽转型;还组织学生走进上海纺织博物馆,了解上海近代纺织工业的发展史,更认识了纺织先贤、实业家等。随着参与学校越来越多,课程也牵动了更多杨浦家庭的心。一年后少年宫又进行了第二次调研,朱茹洁欣喜地发现,学生不仅对家庭、亲人有了改观,更为杨浦的纺织业感到骄傲,甚至许多孩子立志将来报考以纺织专业闻名的东华大学[①]。

总之,在我国博物馆与中小学教育结合事业中,场馆、学校与社区、社会联动机制的构建很关键。事实上,《全民科学素质行动计划纲要(2006—2010—2020年)》早就明确了"发挥社区教育在未成年人校外教育中的作用"。正如一句非洲谚语所言:一个孩子的养成需要依靠整个村子(It takes a village to raise a child)。现在国际上一些潜在的资助方特别倾向于支持强有力的社区联动项目,甚至博物馆需要同学校、社区合作,才能申请一定种类的资金扶持。当然,博物馆在与中小学教育的结合中,还需处理好与其他校外联成员单位、学生社区实践指导站、中华优秀传统文化研习暨非遗进校园优秀传习基地等的关系,以共同成长。

第五节　馆校评估机制

无论是博物馆还是学校,都属于公益性文教机构,这份公共属性决定了双方不能仅仅对自身负责,对其行为的评估也不能局限在组织机构内部。在上文我国博物馆与中小学教育结合的中层设计中,已专门论述了考核评价机制,并以政府相关文教部门和单位为评估主体。在底层设计中,我们将再次应用评估机制,而此处的评估主体则为博物馆和中小学自身。事实上,对馆校合作的评估,正是我国博物馆与中小学教育结合事业评估体系的一部分,包括证明其地域影响力等。此外,对馆校合作进程和结果的评估,亦可成为对社区等评估的基础。当然,评估是路径,而非终点,最终的事业发展都将通过青少年、儿童的成长来体现。

从理想角度讲,评估不仅应该成为我国博物馆与中小学教育结合的实践之一,而且应成为一种思维方式,以评价这一导向性环节,引导全社会重视非正规教育之于青少年、儿童乃至全社会的短期、中期与长期影响力,包

[①] 徐倩:《校内校外,共绘育人版图》,《上海教育》2015年11月A刊,第24页。

括由作为合作方的场馆和学校直接共同开展。最佳状态则是,评估的过程和结果为馆校双方甚至是更多利益相关方所用,比如进行制度设计的政府等。

一、评估主体

对馆校合作的评估是我国博物馆与中小学教育结合事业评估体系的一部分。并且,前者的评估主体与位于底层的具体合作方——博物馆、中小学重合。由它们来实际操作评估的优势在于:馆校作为践行者,在信息获取、数据积累、亲身体验等方面拥有天然条件。我们可要求一线策划与实施人员在项目之初就计划好评估,并随着工作推进不断梳理,继而填写年度小结,形成最终报告,并分享评估结果等。

目前这一层级的评估,国内外仍以博物馆开展为主,但有越来越多的中小学正在加入这一行列,并择时纳入专业的第三方评估。

(一)通常以馆方评估为主

馆校合作的评估主体虽覆盖了双方,但通常以馆方为主。一方面,馆方的研究实力更强,并拥有研究部门和专业人员,国际上也以馆方主持评估居多;另一方面,我们提倡在博物馆与中小学教育结合事业中的博物馆积极主动"输出"。当然,评估结果不妨分享给各利益相关方,并提交博物馆、学校的上级主管部门和单位,以作为政府顶层和中层设计的基础性依据,甚至还可进行信息公开。

时下,若博物馆只提供活动,却没有评估项目成效及中小学生的学习体验,那便如同没有尽到教育的基本责任。并且,工作者首先需要具备意愿去检视教育结果,从中寻找不足并努力改善。更何况对优质教育结果的策划设计,从来都不是一蹴而就的。学者凯思琳·麦克林(Kathleen McLean)在《为民众规划博物馆展览》(*Planning for People in Museum Exhibitions*)一书中将"评估"定义为:仔细评价和研究,以确定对象的可行性和有效性。在博物馆实践中,评估就是系统收集、论述关于展览与公众节目效果的信息,以为决策之用。同时,它导向更有效、质量更好的产品与服务[1]。

---

[1] A. Johnson et al., *The Museum Educator's Manual*, Lanham, MA: Altamira Press, 2009, p.117.

美国史密森博物学院很早就开始要求旗下博物馆定期系统地审视并评估所有教育项目,无论是现在进行中的还是被提议的。并且,运用"现有资源最有效地服务目标观众"这一标准,来确定哪些项目可能被削减、增添或是修改。事实上,出资方也越来越希望博物馆加大对评估的投入。从这一角度看,评估机制与决策机制密不可分,因为前者可使后者更为科学、合理、有效。此外,美国"博物馆磁石项目"的一大特色是:拥有与之捆绑的评估,包括让中小学教师接受基本的评估方法、评估的开发、数据管理等训练,这也是馆校合作的新面向。

值得一提的是,"发现剧场"作为史密森会员组织(Smithsonian Associates)的一大王牌项目,定期开展评估。具体分为教师评估及家庭评估两种,两份评估表都可在官网上下载。其中,在教师评估方面,主办方还设有教师咨询委员会。它由华盛顿特区大都会区的教师和教育工作者构成,他们每年会面两次,秋季和春季学期各一次,以讨论剧场的剧目、上演时节以及其他艺术教育机会等。委员会扮演了开放式论坛角色,探讨哪些剧目受欢迎、收效最佳或是最不富教育性,将来可能启动的计划等。同时,委员会也想了解师生需要什么,如何使他们前来剧场的旅途更便捷,活动更有趣、更富教育性。委员会中的教师被要求每年至少参加一次会议,并且可能的话在特殊项目中担当志愿者。反过来,教师也将为学生争取到30张赠票,供他们选择观看每学年的某一部剧目。委员会成员教师平时还会收到剧场信息更新,以及获取其他剧目赠票的优先权[1]。

总之,为了评估博物馆学习对正规教育的贡献,我们首先鼓励馆方严密追踪、有效记录和管理其之于中小学的产品与服务供给,因此博物馆对数据处理的态度和能力很重要。当馆方致力于构建其在社区、社会的价值时,它们必然需要以量化的方式记录影响力,包括审视其收集的数据及使用的方法,并将收集信息视为一种习惯,以逐步构建体系;最好还有后续研究,以对比数据等[2]。

(二) 逐渐增加的中小学生以及第三方评估

相较于博物馆,中小学虽然在馆校合作评估中并非评估主体,但这只是过往惯例,现在学校可以更多参与甚至是主持考核评价工作。值得一提

---

[1] 郑奕:《博物馆教育活动研究》,第364—366页。
[2] Institution of Museum and Library Services, *True Needs True Partners: Survey of the Status of Educational Programming Between Museums and Schools*, 1998, p.8.

是,学生既然是博物馆校外、课外活动的直接参与者,自然也是评价主体之一,并代表了校方。鉴于此,越来越多的中小学在开展馆校合作的过程和结果评估中,纳入了学生自主评价,赋予了青少年、儿童评价权。

比如,上海市延安初级中学在课程实践中发现,评估有助于其及时调整工作,以确保既定教学目标的实现。它通过掌握学生的过程性表现,帮助他们改进思维和方法。因此,校方认为需要从新的角度进行馆校合作评估,包括关注学生学到了什么、如何学习、还有什么可进一步提升等。正如学校在一年的历史校本课程实施后,不再是简单地出张试卷考核学生,而是将其分成小组,从立意、选题、分工、资料利用和分析、探究态度等方面,以学生自评、互评和师评等不同形式进行综合评价。学生觉得这样的评估导向为他们今后的历史学习指明了方向[①]。

当然,因为博物馆、中小学的内部评估尚处于初级发展阶段,因此部分地援引社会第三方,不失为一条好的途径。事实上,评价主体的多元化正是现代教育评价的重要特征。在专业文教评估机构尚未发育完全的当下,高等院校、科研院所等是理想的合作伙伴。与此同时,越来越多的大型博物馆采取内部、外部评估相结合的方式,以援引外力搭配独立自主,在过程中不断提升自我评估意识和"打磨"相应能力。

二、"结果层级"(Outcomes Hierarchy)框架下的馆校合作评估

在我国博物馆与中小学教育结合事业中层设计的考核评价机制中,评估主体为政府文教部门和单位,主要指向该事业发展本身、以"面"和"线"为评估维度,同时更强调硬性指标等。与此不同,在底层设计中,馆校在评估维度上更聚焦"点"和"线",同时软硬指标结合使用。此外,评估客体(对象)除了博物馆针对学校的教育活动和项目本身外,更重要的是,还指向学生的中长期发展,毕竟他们是我国博物馆与中小学教育结合事业的最直接受益主体,也是终极评判者。当然,无论是哪个层级的评估,其实都彼此关联,因为没有"点"的积累,就谈不上"线"和"面"的飞跃。

当前,国际业界评估博物馆教育时,产出(output)、结果(outcome)、影

---

① 上海博物馆教育部:《上海博物馆未成年人教育的理念与实践》,《博物馆与学校教育研讨会资料》(内部资料),第41页。

响力(impact)被置于不同的层级,并且"结果"还分为即刻的、短期的、长期的,层层递进。毋庸置疑,开展切实有效的评估面临着挑战,一方面是成本,也即评估所涉及的人、财、物资源;另一方面则是对结果、影响力进行评估的难度。以往馆校合作评估主要基于一些产出标准/计量,例如中小学师生到馆人数、博物馆网站访问人次、学校活动和项目投入和产出情况,有些机构还将师生观众满意度等也计入。但现在产出已愈来愈不足以支撑整个评估框架了,因此还需关注结果、影响力。而这恰恰是博物馆学习之于青少年、儿童乃至所有受众的中长期影响力,以及博物馆教育的核心要义所在。

(一)"结果层级"框架

如图13所呈现的金字塔造型,以博物馆学习中的各项潜在结果及其关系的垂直呈现为特征,并将结果置于更大的评估框架中。本层级图共有四级,从最底层的"观众数据与信息"到上面三层的"产出""结果""影响力"。其中,"产出""结果""影响力"作为观众体验的预期结果,呈现递进关系,并从量化逐渐过渡到质化,当然相应的评估难度也在递增。金字塔的右侧栏是与各层级相关的变量,左侧栏则是广义的问题,帮助聚焦对每个层级的思考、规划、评估。总之,我们的评价朝着以人为本、关注过程、关注发展的方向迈进,并融合了评价主体互动化、评价内容多元化、评价过程动态化等。

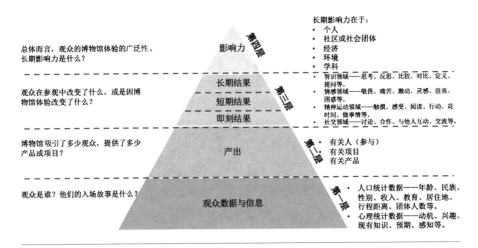

图13 博物馆教育之结果层级图

资料来源:M. Wells, B. Butler and J. Koke, *Interpretative Planning for Museums: Integrating Visitor Perspectives in Decision Making*, Walnut Creek, CA: Left Coast Press, 2013, p.55.

1. 层级一：观众数据与信息

中小学的观众数据与信息作为最底部的层级，涉及人口统计和心理统计两方面数据。人口统计指的是人群的统计学特征，例如师生年龄、性别、受教育程度、家庭住址邮编、族群、参观团体规模、来馆的物理距离等。博物馆通常使用问卷采集数据。心理统计是对师生性格、价值观、态度、兴趣、动机、观点、生活方式等的研究。心理统计信息可通过问卷、访谈获得，也可使用焦点小组、概念地图等来建立师生或某一群组观众的心理统计档案。人口统计和心理统计都可清单化，并作为前端评估的一部分，对规划、计划制定皆有影响。这些数据尤其有益于理解和探讨师生观众的"入口叙事/入场故事"（entrance narrative）[1]。

此外，人口统计和心理统计信息都能使用一手和二手数据来收集。一手数据可直接从师生观众处采集，通过随机抽样的调研、访谈、访客记录或会员邮件等。然而该方式可能耗钱耗时，从二手来源获取数据往往更高效。二手来源提供了那些与目标观众如中小学师生相似群组的数据，但目前对这类信息的开发不足。人口普查报告、旅游业报告、博物馆之友团体报告、社区兴趣团体数据、教育机构报告、娱乐休闲报告等都是有价值的来源。即便其中并无目标观众的数据，但类似的、可供比较的报告或数据库都是有用的，更何况我们理应咨询并覆盖多渠道数据来源[2]。

2. 层级二：产出

产出是结果层级中的第二层，代表结果的类型之一。产出指博物馆教育最初的有形和量化结果，尤其是那些能以工作量来度量的对象。如：

- 参与某博物馆教育项目的师生人数；
- 开发和实施某博物馆教育项目的生均成本；
- 某一时段内得到资助、供给或完成的博物馆教育项目和活动总量；
- 某一时空内生产、传播的出版物或有形产品数量[3]。

产出位于层级图中的较低层，因为它是一种传统度量结果和成功的方式，而且最容易通过计算师生人数、项目数、参与情况、学生在场馆中的课时数等来明确。但即便产出的价值有限，它仍然很重要，因为呈现了博物馆对

---

[1] M. Wells, B. Butler and J. Koke, *Interpretative Planning for Museums: Integrating Visitor Perspectives in Decision Making*, p.54.

[2] Ibid., p.54、56.

[3] Ibid., pp.56-57.

特定目标人群——师生的惠及情况,并协助描述馆方将如何完成预期目标等①。

比如,虽然上海自然博物馆新馆于2015年第二季度才开放,但已累计与16个区的189所学校签约,覆盖了全市各区。同时,教师与学生项目也分别获得了市教委、团市委的认可,其中"博老师研习会"被纳入师资培训课程,"青少年科学诠释者"被纳入"雏鹰杯"红领巾科创达人挑战赛。截至2019年底,该馆已累计培养学校科技教师436名、青少年科学诠释者681名,开发了校本课程235门、馆本课程74门②。此外,馆方还开通了馆校合作专属网站和NEWSLETTER沟通交流平台(以馆方运营为主),并定期召开项目总结会。这些都属于该馆的馆校合作产出。

3. 层级三:结果

如果产出是对完成工作量的计算,那么结果就是对工作效果的度量:师生观众参与活动之中和之后获得的收益。结果可按时间分为即刻的、短期的、长期的三个阶段,最下层离师生观众的实际体验最近,上面两层则在时间上逐渐疏离③。

此外,对于所有的结果类别(即刻、短期、长期的)而言,都涉及社会心理学领域(如上图的右侧栏所示),并包括:

● 认知的(智识的),即师生观众思考什么、问询什么、比较什么;

● 情感的(情绪的),即师生观众如何感觉受启发、兴奋、沮丧、敬畏,以及享受的程度;

● 精神运动的(行为或身体的),即师生观众触摸什么、感受什么、阅读什么、花时间做什么,以及活动和技能;

● 社交的(人际的),即师生观众在群组中讨论什么、分享什么④。

当然,一些结果如态度、自我效能或兴趣的改变,涉及多个领域。但由于对社会心理学变量的研究超出了本书的聚焦范围,因此目前仅罗列以上最主要的四种类型,以理顺关于预期结果的思考。事实上,对于结果的度量,并无统一的模式,但同时思考"时间"序列和"学习"领域是有益的。最

---

①③ M. Wells, B. Butler and J. Koke, *Interpretative Planning for Museums: Integrating Visitor Perspectives in Decision Making*, p.57.

② 上海自然博物馆:《2020上海自然博物馆"自然博物馆学校"创建方案》(内部资料),2020年5月15日。

④ M. Wells, B. Butler and J. Koke, *Interpretative Planning for Museums: Integrating Visitor Perspectives in Decision Making*, p.58.

终,结果也将是个性化的、可度量的①。

此外,在博物馆对中小学的教育供给中,就结果而言,我们需纠正仅注重中小学生知识习得的偏见,因为对其技能尤其是核心素养的培育更重要。当然,在此基础上的情感、态度、价值观的养成,则属于更为必要的结果诉求,继而影响其行为的改变。简言之,即收获思想感悟,增强情感认同,实现知行转化。整个过程可谓层层推进、一以贯之,让青少年、儿童这一过程中亲自参与、收获新知,升华情感,并影响日后行为。而该递进式脉络理应贯穿于评估的全过程。

(1) 即刻结果(immediate outcomes)

"即刻结果"是当师生观众实际参与博物馆活动或接触展品时,实时体验中的预期互动。"参与"(Engagement)这个词被用来与即刻结果挂钩,并且这些实时互动可以是社交的、智识的、情绪的或身体的②。

(2) 短期结果(short-term outcomes)

"短期结果"是师生观众参与展品、项目或活动后短时间内,如从离开展品至数天后的预期变化或转变。这些结果可以包含认知、兴趣、知识、态度、享受、技能、个人或社交行为的改变③。

(3) 长期结果(long-term outcomes)

"长期结果"是师生观众参与展品、项目或活动后一段时间,如数周或数月后的预期变化或转变。包括在实物接触中可能产生的新的认知、兴趣、知识、态度、享受、技能、个人或社交行为所引发的生活状况的改变。当然,随着时间流逝,这类结果产生的因果关系或许也难以度量④。

值得一提的是,文教领域的结果、影响力难以量化的一大原因在于,它通常在中长期内发挥作用,正如在博物馆中存在着延迟学习一样。同样的,若对学生的博物馆参观和利用成效进行评估,也存在着延迟效应或滞后性问题,但延迟并不代表不存在,反而预示着更为可持续发展的长久影响力。毕竟教育最终指向人的发展,而人的发展必然是一个长期过程。

4. 层级四:影响力

目前,博物馆越来越重视定义和证明其公共价值。同时,它们对评估教

---

① M. Wells, B. Butler and J. Koke, *Interpretative Planning for Museums: Integrating Visitor Perspectives in Decision Making*, pp.58-59.

②③④ Ibid., pp.57-58.

育活动和项目的社会贡献、影响力也感到了压力。学者马塞拉(Marcella)和同事罗斯·卢米斯(Ross Loomis)创设了一个"观众机会系统"(Visitor Opportunity System),涉及五类非正规教育的影响力:心理的、精神的(如文化水平的提高、个人发展和成长)、生理的(如压力的减轻)、社会的(如家庭团结、族群认同)、经济的(如生产力的提高或当地经济稳定)、环境的(如提升对实物的掌管、关心或保护)。这些影响力构成了结果层级的顶层,并且它们是结果的"集大成"者①。

当然,影响力在各种结果中是最难度量的。在大多数情况下,由于时空上的挑战,因果关系很难追踪。当然,测量这一层级的影响力并不是不可能,可惜没有多少先例可循,相关指引也很少。此外在纵向研究或重复测量设计上也鲜少有资金、专业技能、机构提供支持。好在现在不少学术部门已有兴趣和技能来设计并研究长期影响力,或进行回顾研究以关注综合影响力②。

但无论如何,馆校合作已有了相当大的过程性和结果性产出,并直接体现在最大的受益方——学生身上,包括一些青少年的才华得以展现,促使教师对他们重新认知等。有趣的是,在博物馆这一非正规学习情境下,展示特长的未必是传统意义上的优等生,反而那些非传统型学习者收获更大。在西方国家,学生实地考察(博物馆)被视为大家孩童时代最普遍的经历,并具有持续影响力。约翰·福克和林恩·德肯在《博物馆教育》(Journal of Museum Education)期刊中撰文《回忆博物馆体验》(Recalling the Museum Experience),并引用了一系列与博物馆回忆相关的研究结果。其中一项研究采访了128位个体,包括学生和成年人,96%的人都能回忆起随校前往博物馆的经历,有两人还能非常清晰和具体地复述这些独特记忆,其中包含了旅行内容、环境和社会互动③。

(二) 包含评估的博物馆"观众研究"演进

按照国际业界的惯例,开展包含评估的观众研究是践行博物馆教育职责的基础性工作。也即,评估主要属于观众研究领域,后者指以系统方式检视观众与场馆展示教育的互动,包括活动是否有效、是否符合标准、是否达

---

① M. Wells, B. Butler and J. Koke, *Interpretative Planning for Museums: Integrating Visitor Perspectives in Decision Making*, p.59.
② Ibid., pp.59-60.
③ K. Fortney and B. Sheppard ed., *An Alliance of Spirit: Museum and School Partnerships*, pp.1-2.

到目的等。事实上,一个好的评估方案理应具备如下特点:清楚了解观众体验,以提供正确而有用的信息;以人为本进行评价;博物馆经验本身具有多元性特征,因此评估必须能分析多重变量间的内在关系;了解博物馆作为学习环境的显著特性,并以之来引导评价。此外,以学校团体为对象的观众研究是推动馆校合作的第一步,更何况观众群的结构本身也预示了场馆不能忽视学校[①]。

随着博物馆教育的发展,包含了评估的观众研究议题在不同时期有不同偏向,学者肯·伊里斯(Ken Yellis)于1990年进行了概略性描述。20世纪初,受科学管理运动的影响,最初观众研究的焦点在于场馆对观众生理现象进行了解,如探讨参观疲劳及其他引起不愉快经历的原因。但由于研究方法的不成熟,大约在20年代受到质疑[②]。

之后至40年代,心理因素在学习过程中扮演的重要角色受到了注意。对于观众的特性及认知功能的研究成果应用在了展示配置、加强视觉效果上,以增进观众学习效果。不过这方面研究仍缺乏系统性方法[③]。

50年代开始,观众在参观前后的心理状态受到注意,博物馆教育工作者关注民众态度的转变甚至超过了对其认知学习的促进。一些研究者尝试评估不同展示技术对观众情感的影响。之后,另一些学者对博物馆参观的社交功能产生了兴趣,探讨议题包括观众之间、观众与展品之间的互动关系。同时,观众需求与期望也受到了关注[④]。

70年代,研究焦点在观众的人口统计变量上,如年龄、社会经济地位、教育背景、职业等与博物馆参观的关系。研究发现,博物馆观众多是教育程度及社会经济地位较高,也较积极从事文化与社区活动的对象[⑤]。

80年代,一些研究者开始从社会大众视角,以成本效益维度探讨博物馆参访率与大众投入时间、金钱等的关系。而更受瞩目的议题则是民众选择休闲活动的因素与博物馆参观之间的关系。研究发现,休闲活动是否有人际互动、是否让人觉得有价值、环境是否让人觉得自在、是否提供新经验、是否有学习的机会以及是否有参与的机会,是影响大众选择休闲活动的最

[①] 傅斌晖:《以学校教育观点探讨博物馆观众研究与馆校合作教学之关系》,《中等教育季刊》2010年第3期,第164—166页。
[②] 王启祥:《博物馆教育的演进与研究》,《科技博物》2000年第4期,第9页。
[③] 同上书,第9—10页。
[④⑤] 同上书,第10页。

主要因素①。

1984年,美国博物馆协会之新世纪博物馆委员会在《新世纪的博物馆》报告中建议各馆将观众在博物馆中如何学习列为最优先研究的议题②。

之后,肯·伊里斯、艾琳·胡珀-格林希尔在90年代先后提出,不同的教育学科对博物馆教育实践具有不同的启迪作用。除了教育心理学可应用在展示设计、环境设计、教育活动上外,教育社会学则可引导博物馆重视应用团体社交,教育哲学亦可引导场馆省思自身的教育目的为何、应提供什么教育内容、对观众心灵的发展又扮演什么功能等。这些不同教育学科的理论可带来重要参考,可惜一直很少有这方面的探究③。

值得一提的是,观众研究议题在不同时期的不同偏向,正与上文"结果层级"中覆盖的"观众数据与信息""产出""结果""影响力"评估内容对应,这也间接证实了评估作为广义观众研究的重要一环的事实。与此同时,评估代表了博物馆对其教育承诺的实践,它奠基在教育的精神与原则上。

案例

上海自然博物馆的馆校合作评估

在上海自然博物馆的馆校合作框架中,馆方共设计了围绕教师的馆本探究课程、校本课程、博老师研习会,以及围绕学生的青少年科学诠释者、学校定制、实习研究员六大项目。并且,就馆方的顶层设计而言,它还整体构建了"3+2"教育体系。其中,"3"代表展览教育、线上教育、拓展教育;"2"代表观众研究、人才培育。而在观众研究中,包含了学习效果评估。事实上,按照国际博物馆界的理念和实践,对于对象的认识和活动的评鉴,都属于观众研究的核心议题和功能。而馆校之间的了解,以及相关活动和学习成效的评估,是双方合作整体思考的基础和关键④。

具体说来,上海自然博物馆针对其不同的馆校合作项目,有不同的目标指向和相应的评估内容。比如:

● "馆本课程"项目,指代馆方基于展览、围绕展品和标本进行主题式、分层化、模块化、探究型课程建设。馆方的评估点在于,课程是否覆盖了"基

---

①②③ 王启祥:《博物馆教育的演进与研究》,《科技博物》2000年第4期,第10页。
④ 傅斌晖:《以学校教育观点探讨博物馆观众研究与馆校合作教学之关系》,《中等教育季刊》2010年第3期,第164—165页。

图 14　上海自然博物馆的馆校合作六大项目
资料来源：刘楠：《研学背景下的博物馆科学教育的新理念、新策略——以上海自然博物馆为例》（演讲），2018年11月。

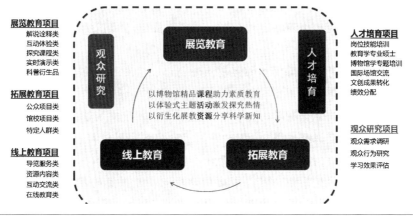

图 15　上海自然博物馆构建的"3+2"五位一体教育体系
资料来源：刘楠：《研学背景下的博物馆科学教育的新理念、新策略——以上海自然博物馆为例》（演讲），2018年11月。

于展览的科学内容""学校教师使用策略""学生探究活动""馆内教育资源包"等内容。并且，课程需要达到"根据学龄特点、找到迷思概念、有效利用展览、促进认知提升"的标准。

此外，馆方的考量点还在于，完成了几个学段的多少门馆本课程开发等。目前，小学与初中学段的馆本课程体系已经健全。同时，还拟开发3套馆本课程，并出版发行相关教材。

● "博老师研习会"项目，指馆方让教师熟悉场馆，提高其利用馆方资源开展教学的能力,并建立教师与场馆、教师与教师之间的长期沟通交流平台。博物馆的评估点对应项目的实施步骤,包括:其一,让教师领略场馆风采,并学习基于青少年需求的讲解;其二,探索精品馆藏,体验 STEM、探究性教育活动开发工作坊;其三,召开馆校科学教育专家对话会;其四,举办基于博物馆的课程设计研讨;其五,助推教师设计一份参观方案。

此外,馆方的考量点还在于:有多少人次参与了该项目,有多少教师毕业等。截至 2018 年 11 月,该馆已培育了 281 名博老师,并将"博老师研习会"项目纳入了市教委的师资培训体系,供中小学教师选修,覆盖了 5 个半天的 20 课时。

● "校本课程开发"项目,是以中小学一线教师为主体、基于学校需求和博物馆特色开发的课程,它们形式不限,长短不限。馆方的评估点对应项目的实施步骤,包括:其一,确定选题与课程模板;其二,方案设计、研讨;其三,实施与优化;其四,课程的完善、定稿;其五,应用推广。

在本项目中,馆方致力于让教师变被动为主动,同时给予其准员工待遇,包括畅通进出上海自然博物馆、上海科技馆,以通过采撷场馆资源补充学校资源的不足,为学生创设真实的学习情境。

此外,上海自然博物馆的考量点还包括:开发了多少门校本课程,并有多少正式开课了;是否贯通了小学、初中、高中各学段;涉及多少学科,如自然、科学、地理、生命科学、历史、信息技术等;是否覆盖了基础型课程、拓展型课程、研究型课程。截至 2018 年 11 月,馆方已累计接待入馆师生 250 批次,开发了 97 门校本课程,正式开课率约为 30%。

● "学校定制服务"项目:馆方的评估点在于项目的不同内容和层级,包括配合校方春秋游,馆方主动联系并提供教育活动菜单;针对 10—20 人一组的小班化、有目的的参观;通过"双师制"共同商议形成参观方案;配合上海市电子学生证(馆方称之为"一卡通")并记录学生参与情况。

目前,上海自然博物馆的学校定制服务有"自然移动课堂""绿螺欢乐多""小小博物家""探索者联盟"等形式。其中,"自然移动课堂"共计输出 373 场活动,服务 16 133 人次;"绿螺欢乐多"有 35 所学校参与;"小小博物家"有 12 所学校参与;"探索者联盟"则有 6 所学校参与。这些也都是评估的考量点。

● "青少年科学诠释者"项目:面向初中生,致力于学生能力的提升,如对科学概念的认知、资料搜集能力、表达能力、社会责任感等。馆方的评估点对应项目的实施步骤,包括:其一,青少年领略场馆风采,了解活动旨趣;其二,探索精品馆藏,体验教育活动;其三,学习诠释技巧;其四,寻找诠释主题,试讲/布展/实验(2016年时初中生担任讲解员,2017年为策展人,2018年为实验师);其五,展示、交流、分享,担任寒暑假志愿者。

本项目共计5次活动20课时,自2016年以来共有380名学生参加,最终有313人成为合格的"青少年科学诠释者"。因此,馆方的考量点还在于:学员是否达到了合格标准,并有多少进行了暑期展示。值得一提的是,本项目荣获第四届科普场馆科学教育项目展评一等奖(2018年,两年一评),并已被纳入上海市初中生综合素质评价体系。

● "实习研究员"项目:面向初、高中生,促使其初步具备独立进行科学研究的能力,培养其对科学事业的认同感。馆方的评估点包括:青少年进行展品研发、教育项目开发、标本保存与修复、自然科学研究、独立微课题研究。

并且,馆方的考量点还在于:从多少报名者中遴选了多少候选人,多少学生在导师的指导下完成了课题,形成了多少创新实践优秀项目,并产生了多少优秀实习研究员等。

三、评估方法

根据国际通行的评估惯例,主要有如下几种评估方法:前端性/前置性评估(front-end evaluation)、进程性/形成性评估(formative evaluation)、总结性/终结性评估(summative evaluation)。同时,各评估方法应用于不同阶段,正对应了前、中、后三个阶段,并可同时由博物馆方和学校方使用。当然,如上文所述,目前以馆方的使用居多。

比如,纽约"城市优势"项目由内部和外部人员共同对运作和完成情况进行评估,这就属于进程性评估与总结性评估双管齐下。每年,所有的参与教师、校长、家长协调员都会收到问卷,对项目实施过程和效果给予反馈。学生的学习效果也将通过纽约教育局提供的学业成绩数据和学生的Exit课题作品呈现[1]。

值得一提的是,2020年《深化新时代教育评价改革总体方案》在"主要原则"中已专门述及"坚持科学有效,改进结果评价,强化过程评价,探索增值评价,健全综合评价"。同时,"重要任务"中也有"创新德智体美劳过程性

---

[1] 鲍贤清、杨艳艳:《课堂、家庭与博物馆学习环境的整合——纽约"城市优势项目"分析与启示》,《全球教育展望》2013年第1期,第66页。

评价办法""加强过程性评价,将参与劳动教育课程学习和实践情况纳入学生综合素质档案"等。这为我国馆校合作评估也指引了方向,包括既评估最终结果,也考核努力程度及进步发展等。事实上,作为评估过程和结果见证物的博物馆学习档案袋的应用,很有意义和价值,哪怕只是数字化的。也即,对中长期合作的馆校而言,我们致力于关注孩子进入场馆学习后的渐进变化,并及时记录和评估。该档案袋也可为文教主管部门和单位未来评价博物馆与中小学教育结合提供有用的信息。同时,有心的家长亦可为孩子建立家庭博物馆学习档案袋,并且越早启动越好。你们会惊讶于其成长,而只有真实比较才能发现阶段性变化。

(一)前端性/前置性评估

前端性评估是在项目规划过程中,用来测试某个想法或原型的。比如,在一开始的馆校合作项目规划和设计阶段,前端性评估可帮助明确项目的大小目标、该项目是否符合相关性原则,以契合师生需求等。前端性评估开启了合作方之间以及受众代表之间的对话,并将对话机制贯穿于项目的整个生命周期。

在前端性评估中,需要厘清的问题有:对所有合作方而言,大目标和小目标分别是什么?学校成员的背景如何?中小学的态度如何?师生已知的是什么?想知道或需要知道什么?什么是他们正寻求的?如何吸引学校团体?何时实施教育内容?馆方人员如何准备?

以上海自然博物馆研学旅行的前端性评估为例,馆方首先从大处着眼来制定内容策略,比如思考中国学生在科学素养上的真正薄弱环节是什么。2015年的PISA测试,中国学生(北京、上海、江苏、广东)在科学素养上排名第十,新加坡学生排名第一。而在协作式问题解决能力测评上,中国低水平学生占比为28.2%,高水平学生占比为7.4%,排名第二十六位。可见,相较于科学素养,中国学生的团队协作能力更显薄弱,亟待提升。当然,博物馆也不放弃"小处",比如探索如何激发学生在馆内的学习兴趣。很多展览或活动都引发了青少年的好奇心,但仅有好奇心就可以带来科学理解吗?馆方开展的"观众对人类起源概念的认知水平"调研结果表明,只有6%的观众理解准确,94%都是错的。[1]

---

[1] 上海市青少年学生校外活动联席会议办公室、上海政法学院教育政策与法制研究中心:《2019上海市校外教育发展论坛材料汇编》,第42页。

值得一提的是,校外、课外活动尤其关注个体差异,其根本目的在于帮助学生发现、认识、成就自我。因此,博物馆教育活动和项目设计是否需要凸显差异性以及在多大程度上凸显,不妨在前端性评估中得到需求端的明确,以实现精准供给。

(二)进程性/形成性评估

进程性评估应用于项目的开发阶段,用来测试博物馆的教育理念、展示的实体模型、项目工具、活动等,也即在进程中对阶段性结果进行评估,以帮助馆方及时调整,并修正未来的指令。形成性评估常常会邀请师生等利益相关者参与,证明中小学生学习到了什么。当然,博物馆必须有意愿及时做出改变,以提升项目设计,并促使场馆的教与学都更富目标性和意义。事实上,评估是联系场馆教育工作者、中小学教师与学生的重要环节。进程中的即时评价或一定意义上的延时评价,都是教学过程中师生互动、共同发展的彰显。

就上海自然博物馆的研学旅行而言,其实施的关键点之一是如何把评价结合在学习过程中。馆方认为,不宜让学生在研究性学习之后再去答考卷,因此直接将评价整合到课程中,包括由场馆科学教师在与学生互动时进行评判,了解他们前一阶段的学习情况,同时为下一步活动提供基础,以便更有针对性、有目的地引导[①]。

在形成性评估中,需要厘清的问题有:目前的项目效果如何?如何提升?有没有遗漏什么?事实上,无论是对博物馆还是中小学而言,强化过程性管理,重视对过程的评价和在过程中的评价,都有助于克服校外、课外活动的随意性,做到多元评价和综合评价相结合,以增强规范性。正如上海于全国最早提出的"绿色指标"评价体系,除了看结果,还看过程、看代价,这即是评估的效益意识在起作用。

(三)总结性/终结性评估

总结性评估应用于项目的结束阶段。在理想状态下,合作方除了内部使用该评估结果,还通过其向行政管理方、资助方等报告,以决定是否开发下一阶段项目,或是设计其他项目等。通常,总结性评估收集所有产出,也是对结果以及影响力的综合评估,并直指未来的合作前景,例如是否

---

① 上海市青少年学生校外活动联席会议办公室、上海政法学院教育政策与法制研究中心:《2019上海市校外教育发展论坛材料汇编》,第43—44页。

对合作进行调整或终止,是否继续资助或提高资助额度等。总结性评估促使我们收集广泛的证据来总结该项目的优缺点,以供未来决策、执行时参考。

在总结性评估中,需要厘清的问题有:达成了什么?本项目的结果是什么?有没有学到什么经验教训?对未来项目而言,什么需要保留,什么需要改变?

事实上,我们尤其要在博物馆与中小学教育结合的总结中,省思学生的自主发展能力提升等。毕竟文教机构始终得将学生的全面、个性化、终身发展视为终极目的。比如,他们的行为是否有积极变化?馆校双方最好都能就学生的行为变化予以反馈,同时采取评价和激励等,支持其进一步将行为稳定,直至形成一种习惯。又如,学生的行动能力是否得到了提高?这是一种更高的要求,以在"行动中学会行动"[①]。

当然,对馆校合作的"组织性""发展性"评估也很重要,有助于夯实该文教结合工作从策划到实施的全过程管理,并总结经验、提炼模式,进而助推后续的优化。此外,不只是结果,开发、演进过程也需得到及时记录和评估。毕竟,任何合作都有其发展性,更何况我国博物馆与中小学教育结合本身就是一项中长期事业。而对组织性、发展性的评估也包含了对可持续发展的考量。时长固然是评判合作成功与否的一大标准,但关系的性质更重要,包括结构、质量、目标深度、归属感、能力开发、分享的动力等[②]。

案例

英国设计博物馆(The Design Museum)的简版教师调研

英国伦敦设计博物馆自1989年成立以来,因其收藏、研究并展示卓越的现当代设计作品而赢得了广泛赞誉,2007年该博物馆被《泰晤士报》评为年度五佳博物馆之第二位。实物工作坊是设计博物馆教育输出的重要组成部分,以下调研围绕其展开。调研只有八个问题,至多耽误您两分钟完成。

1. 您教授的学科是:

---

① 高德毅:《舞动成长的翅膀:上海市中小学课外活动实施指南》,第70—73页。
② K. Fortney and B. Sheppard eds., *An Alliance of Spirit: Museum and School Partnerships*, p.70.

2. 您觉得设计博物馆适合您的学科领域吗?

是/否

如果选否,请具体说明。

3. 您之前带班参观过设计博物馆吗?

请说明是/否的理由。

4. 您最近带班参观的博物馆是:

5. 您带班参观该博物馆的理由是:
   - 我们定期参观该馆;
   - 其工作坊/演出/活动与课程契合;
   - 其地理位置于我们学校方便;
   - 展馆与课程内容契合;
   - 该馆与我教授的学科非常接近;
   - 其他原因(请具体说明)。

6. 请问是什么鼓励您预约参观设计博物馆?
   - 可预约工作坊与学科相关,与课程内容相关联;
   - 有引导观前课程的资源;
   - 有引导观后课程的资源;
   - 提供了参观时的资源;
   - 其他(请具体说明)。

7. 您觉得已预约的本馆工作坊的重要性在于:
   - 与我教授的课程相关;
   - 包含了动手操作的成分;
   - 提供了教室内没有的道具或实物;
   - 教授了课程之外的主题领域,同时与学科相关;
   - 提供了与我教授学科相关的、富有洞见的人性化故事;
   - 提供了接触与博物馆相关的行业人士的机会;
   - 与某公认的认证体系相关;
   - 其他(请具体说明)。

8. 在教授的学科中,有没有重点课程领域是您正在找寻的,促使您未来可能前来设计博物馆参观?

设计博物馆正在扩大其工作坊的受众范围,以容纳基于STEM的内容。请问您对此有何评论和洞见?

此外,您希望被馆方联系,以成为潜在的焦点小组成员,导引未来的工作坊内容吗?

图 16　英国设计博物馆之实物工作坊
资料来源:"Teacher Survey",The Design Museum.

综上所述,评估是一项重要的管理任务,并对下一次的决策很有价值。因此,评估理应集聚对所有利益相关方都有用的信息,以便大家了解馆校合作的产出、结果、影响力,且及时改进、不断优化。最终,当开发、设计与评估穿插于整个项目周期以及馆校合作框架内,项目的相关性便能作为结果得到保障,正如下图的"善循环"——"项目开发和评估反馈循环"所示[①]。

目前,对馆校合作的评估已获得了越来越多博物馆的重视和投入,但如何达到长期、科学、有效的评估,实为一大挑战。此外,如何跳出本馆边界、与其他机构分享进程和结果,同时采撷他馆的评估成果,也已成为当下的业界诉求。伦敦博物馆团体(London Museums Group)、英国观众协会、国家博物馆馆长委员会(National Museum Directors Council)已于 2012 年底联合发起了"分享评估"活动,号召英国博物馆界通过博客形式分享各馆评估、观众调查及相关研究项目经验和结论,共同探讨博物馆评估的价值与挑战[②]。从长远看,评估对于博物馆向政府及捐赠方等提供相关证据以获得其

[①] K. Fortney and B. Sheppard eds., *An Alliance of Spirit*: *Museum and School Partnerships*, p.79.
[②] 湖南省博物馆编译:《英国博物馆界发起"分享评估"活动》,湖南省博物馆网站,2013 年 1 月 6 日。

图 17　项目开发和评估反馈循环

资料来源：K. Fortney and B. Sheppard eds., *An Alliance of Spirit: Museum and School Partnerships*, p.79.

对教育板块的支持,非常有用。现在,越来越多的项目投资方(包括政府机构)都要求博物馆呈现受资助活动的结果,以证明资助对各馆及其社区的重要贡献。

第八章

我国博物馆与中小学教育结合：制度设计之理论框架

无论是从理论还是实践的角度，我国博物馆与中小学教育结合的制度设计都是非常重要的议题。它的现实意义毋庸置疑：一方面，国际上将博物馆纳入国民教育体系已成为普遍行为，同时世界文教体系正在经历深刻变革，一些旧的制度需要改革，新的制度正在成型。可以预见，这些正在建设中的文教制度将成为影响21世纪国际秩序和全球治理的关键。另一方面，中国已成为世界第二大经济体，且近年来我国博物馆事业大发展，一跃成为场馆总量世界领先且大部分都免费开放的国家，这在全球屈指可数。因此，中国已然成为国际文教体系变革的核心成员，不仅我们与全球业界的关系发生了变化，世界文教制度对我国的影响也越来越直接。鉴于此，积极主动地参与新一轮制度改革与创新，有利于在更大范围内维护我国的文教利益并提升话语权，发出中国声音，讲好中国故事。

在此背景下，无论是理论还是实践研究方面，"我国博物馆与中小学教育结合：制度设计研究"的学理意义不言自明。目前，我国多馆校合作层级的研究，缺乏纳入政府以及全社会的、由"点"到"线"再到"面"的研究。也即，真正的制度设计研究缺位。此外，馆校合作、文教结合等跨界联动的实践难点与"痛点"也呼唤不同领域研究的融合。事实上，进入21世纪以来，我国开始聚焦制度生产、维持、变迁、扩散等研究，但在文教领域，相关制度研究仍相对滞后。同时，从当前的研究情形看，制度设计正处于制度研究的前沿。未来，诸如制度环境、类型、绩效、合法性、制度间联系、规范扩散等各种研究还将不断发展。

总的说来，我国博物馆与中小学教育结合的制度设计研究及其理论框架搭建，主要通过两条路径展开：一方面，梳理上文所述的"顶层设计""中层设计""底层设计",并作宏观、中观、微观上的纵横排列组合;另一方面,采撷我国政治学、经济学以及国际制度设计中的理论精华,为本研究所用。在此基础上,综合搭建基于国情并融合国际相关理念与实践的我国博物馆与中小学教育结合的制度设计之理论框架,以为各级各地文教部门和单位的决策者、管理者提供依据和参考。

第一节 制度变迁:博物馆与中小学教育结合之制度设计的时代演进

制度通过建立一个稳定结构来减少不确定性,然而其稳定性是相对的,它总是处于演化中。随着社会政治、经济制度的变化,必然呼唤教育、文化制度的变迁。并且,它虽然是一个复杂的过程,但也遵循一定的客观规律。认知和把握这一规律,有利于掌握其变迁轨迹,为推进我国博物馆与中小学教育结合的制度设计提供理论依据和历史参照。

一、制度变迁的发生机制

所谓"制度变迁",简言之就是制度的替代、转换、创新过程。它是一种制度向另一种的转变,这种转变包括旧制度的废除和新制度的创立,以及对原有制度的修正和完善。事实上,由低级向高级发展是制度变迁的规律[①]。

对制度变迁进行系统的理论研究始于 20 世纪 60 年代。它是新制度经济学派的主要研究内容,代表人物之一是美国著名经济学家、政治学家道格拉斯·C.诺思(Douglass C.North),他也是 1993 年诺贝尔经济学奖得主。诺思认为,制度是一个社会的博弈规则,是一些人为设计的、形塑人与人互动关系的约束,保障了人在政治、社会或经济领域里交换的激励。鉴于制度变迁决定了人类历史中的社会方式,因而是理解历史变迁的关键[②]。并且,制度变迁的主体包括个人、组织、政府三个层次[③]。事实上,我国博物馆与中

[①] 柳欣源:《义务教育公共服务均等化制度设计》,第 72—73 页。
[②] 道格拉斯·C.诺思著,杭行译:《制度、制度变迁与经济绩效》,格致出版社、上海三联书店、上海人民出版社 2014 年版,第 3 页。
[③] 柳欣源:《义务教育公共服务均等化制度设计》,第 73 页。

小学教育结合的制度设计同样包含了政府、组织机构、个人三个不同层次。

诺思的制度变迁理论的一项重要内容是路径依赖(path-dependence)①。其含义是指人类社会中的技术演进或制度变迁均类似于物理学中的惯性,即一旦进入某一路径(无论是好是坏),就可能对这种路径产生依赖。个体、集体做了某种选择后,好比走上了一条不归路,惯性的力量会使这一选择不断自我强化,并让你(们)轻易走不出去。路径依赖通常有两种结果:进入良性循环轨道,加速优化;陷入恶性循环,甚至被"锁定"在一种无效率状态中,因此制度变迁需要付出更大代价。诺思认为,制度变迁路径受正式规则与非正式约束两方面影响,实施机制、方式及行为规范不同,人的观念、意识形态和信仰差异等,都可能将制度变迁引入不同路径。"路径依赖意味着不去追溯制度的渐进性演化过程,我们就无法理解今日的选择。"②它强调了原有制度对制度变迁存在抑制或促进作用,提醒我们进行制度变革创新时,一方面要回顾制度的渐进演化过程,另一方面得对新制度的选择和实施慎重考虑,因为它会产生长远的路径影响③。

鉴于此,在探索我国博物馆与中小学教育结合的制度设计前,笔者首先对博物馆与中小学教育结合的历史、现状以及对策和路径选择(详见第四章)进行了研究,尤其是现状中的四大问题及背后的十大原因,由此才导向发展对策,也即呼唤"协同"转向的路径选择——我国博物馆与中小学教育结合的制度设计。

二、制度变迁的基本方式

制度变迁方式是影响制度变迁效果的重要因素,它指制度创新主体为实现一定目标所采用的制度变迁形式、速度、突破口、实践路径等的综合④。通常,有强制性与诱致性变迁、渐进式与激进式变迁、主动式与被动式变迁、局部性与整体性变迁几大类。

(一)强制性变迁与诱致性变迁

根据变迁主体,制度变迁可分为强制性与诱致性变迁,这一观点的主要

---

① 第一个使"路径依赖"理论声名远播的是道格拉斯·诺思,由于用"路径依赖"理论成功地论述了经济制度的演进,道格拉斯·诺思于1993年获得诺贝尔经济学奖。
② 道格拉斯·C.诺思,杭行译:《制度、制度变迁与经济绩效》,第118页。
③ 柳欣源:《义务教育公共服务均等化制度设计》,第73—74页。
④ 同上书,第74页。

提出者是我国学者林毅夫。其中,诱致性变迁是以微观行动者尤其是经济行动者自发倡导、组织、实行的,是由于其在原有制度安排下无法得到发展机会而引起的。强制性变迁则由政府以法律、法规等形式来推行。诱致性变迁以企业或个人为主体,是一种渐进的、不断分摊改革成本的演进过程,变迁的程序是自下而上。而强制性制度变迁的主体则是国家,程序是自上而下[①]。

这正契合了我国博物馆与中小学教育结合事业的制度设计。位于顶层的是主导方——政府及其供给的立法、政策、规划,位于中层的是政府为落实顶层设计而输出的一系列运行机制,位于底层的则是主体——博物馆、学校及其形成的合作机制。而本事业的真正"落地"不仅需要依托自上而下的强制性制度变迁,而且需要自下而上的诱致性变迁,虽然在初级发展阶段以前者为主,但是两者同时发力无疑将促使业态快速步入正轨,并实现可持续发展。当然,相关制度的正式确立,最终仍须依靠国家通过法律、政策、规划的顶层设计来完成,政府始终是正式制度的主要供给者。

值得一提的是,对于已走过二十多年历程并从一开始就纳入了博物馆的上海市中小学拓展型课程与研究型课程而言,它们作为全国校本课程的集大成者,离不开一些关键性政策等物化成果的引导与扶持。其中,既有自上而下的要求,也有自下而上的创新。我们若想知道上海市各区保障下两门课程的"众生相",就要"俯视"各校的规划、科目(主题);而想知道一门科目(主题)之所以能"生根滋长",就必须"仰望"各市、区的规定。总之,校本课程既立足学校,培养与发展学生的个性,又遵从于办学理念、管理要求,还必须严格遵守国家的课程政策与育人宗旨[②]。这些都是强制性与诱致性变迁结合应用的结果。

时下,在我国各领域的行政管理中,我们已在逐步减少带有计划经济体制烙印的强制性、指令性以及直接管理、微观介入,以发挥非强制性、间接管理、宏观调控等的优势。并且,政府职能转变也要求中央在规划、政策实施中充分尊重地方政府、各类文旅(文物)和教育机构的主体地位与改革创新精神,充分发挥部分基层、区域的先行先试和示范引领作用,并坚持循序渐进推进改革的指导思想,将强制性与诱致性变迁结合应用。

---

① 柳欣源:《义务教育公共服务均等化制度设计》,第74页。
② 上海市教育委员会编:《砥砺奋进二十年:中小学拓展型、研究型课程实践与探索》,前言第2页。

（二）渐进式变迁与激进式变迁

根据变迁速度，制度变迁可分为渐进式与激进式变迁。其中，渐进式变迁是指变迁过程相对平稳，新旧制度之间的交接轨迹平滑，不易引起大的社会震荡。激进式变迁是指在短时间内迅速废除或破坏旧制度，制定和实施新制度。渐进式变迁具有局部、缓慢的特点，而激进式变迁则表现出全局、突变的特点[①]。

整体而言，文教制度的变迁偏向渐进式变迁，相对折中和平缓。同时，博物馆与中小学教育结合事业的制度设计也不例外，且不适宜采用激进式变迁。鉴于此，我们理应避免缺乏事前规划和研究等的红头文件的出台。尤其是对涉及中小学生考试评价与招生选拔等关键性事宜的改革，更需实行试点示范等，以稳步推进，收放有度。

事实上，上海市中小学在实施综合评价招生（详见上文顶层设计中"未来专项政策的内核——将中小学课程保障作为'一体'，将考试评价与招生选拔作为'两翼'"）进程中，也实行了渐进式变迁，并且它同博物馆与中小学教育结合事业的制度设计直接相关。具体说来，上海作为首批高考改革试点省份（2014年启动）于2017年迎来了第一批毕业生，并于6月29日顺利结束了综合评价录取校测面试。该年度是上海9所高校首次将《上海市普通高中学生综合素质纪实报告》引入综合评价录取改革试点，也即"两依据一参考"（依据统一高考成绩和高中学业水平考试成绩，参考高中学生综合素质评价信息）中的"一参考"。此后，2017—2019年，上海考生均以高考成绩、面试成绩与高中学业水平合格性考试成绩合成作为录取依据的综合总分，其中综评面试成绩满分折算为300分。但2020年该成绩被下调至150分，差额的150分回归至高考成绩。这背后折射的恰似渐进式变迁中的必要环节，也即是对2014—2017年首轮高考改革试点以及2017—2019年首轮综评改革试点后，将上海等省市的宝贵经验向全国更稳、更平衡地推广的运筹帷幄之举。

（三）主动式变迁与被动式变迁

根据主体对变迁的态度，制度变迁可分为主动式与被动式变迁。其中，主动式变迁是指利益集团发现由于制度不完善而存在潜在获利机会时，对现有制度进行主动变迁或创新。当某些主体发动并实施了制度变迁，制度

---

① 柳欣源：《义务教育公共服务均等化制度设计》，第74页。

结构变化进而导致原来的利益结构改变,对原本缺乏变迁动力的主体而言,其利益受到变革的影响与冲击而受损,因而不得不被牵着进行制度变迁,这就是被动式变迁①。

整体而言,文教制度的变迁受社会政治、经济制度等影响,因此属于相对的被动式变迁,并位于经济基础之上的上层建筑范畴。同时,在我国博物馆与中小学教育结合的制度设计中,虽然也有一些地方政府走在前列示范引领,甚至是实行了区域协同发展,但中央政府属于相对主动的变迁方,此外,博物馆和学校相较于各级各地政府而言,属于相对的被动变迁方,但也有一些馆校已迈开先行先试步伐,积累了宝贵经验。

(四)局部性变迁与整体性变迁

根据变迁范围,制度变迁可分为局部性与整体性变迁。其中,局部性变迁指对制度的结构或要素进行部分调整和改造。某个方面或某个层次的制度变革、一个国家某个地区的制度变迁等都属于局部性变迁。整体性变迁指在特定社会范围内,各种制度间相互配合、协调一致的全方位变迁②。

整体而言,文教制度的变迁在我国属于局部性变迁,有其主要的领域归属。其中,博物馆与中小学教育结合事业的制度设计也不例外,并主要指向文化和旅游(文物)、教育领域的协同发展。当然,任何领域的制度变迁,都会对其他领域产生影响。

三、制度变迁的阶段周期

国内学者程虹等人提出了制度变迁的阶段周期理论,他们认为制度变迁是一个由制度僵滞、创新、均衡三阶段构成的变化周期③。具体说来,起始阶段由独占型利益集团主导,但当制度收益不断递减直至无法维持时,打破制度僵滞的契机出现;制度变迁过程中最为重要的是制度创新阶段,创新型利益集团以独创性经济活动来寻求新的获利机会。在这一阶段,创新型利益集团虽积极争取国家赋予其合法性,但其创新的规则尚未上升为社会基础制度,收益不能为各集团所分享。因而,新旧两种制度处于暂时性胶着状态。这一状态最终以创新型利益集团所获收益的不断增加而逐渐打破,至

---

① 柳欣源:《义务教育公共服务均等化制度设计》,第74—75页。
② 同上书,第75页。
③ 程虹、窦梅:《制度变迁阶段的周期理论》,《武汉大学学报》1999年第1期。

此制度变迁进入新的演进阶段;第三阶段则是制度均衡阶段,由分享型利益集团主导,是制度变迁的完成阶段。新旧交替是一个制度变迁周期完成的标志。而新制度的确立取决于新利益集团是否愿意贡献一部分收益与其他集团分享,以达到博弈的均衡和最优化,从而使各利益集团认可[①]。

鉴于此,制度变迁是各利益集团间不断博弈的过程,是制度从非均衡到均衡的演变过程,涉及多方面利益的调整和再分配,可能会阻碍既得利益集团的权益,此外路径依赖所产生的惯性也可能使行为个体依赖原有制度而抵制变迁[②]。因此,教育、文化制度变迁不会那么一帆风顺,事实上文教结合、馆校合作从来都是一个渐进演化的过程。它们不是对原有制度的完全否定,而是在原有基础上的创新和发展,正如上文所述的上海市综合评价录取改革试点,有进亦有退,以日臻完善。

此外,教育、文化皆是"滋养"人的特殊社会实践,具有周期长、影响范围广等特点。因此,博物馆与中小学教育结合的制度变迁也必然是一个渐进的演化过程,不宜采用激进式变迁。根据制度变迁的周期理论,制度在上一周期完成后,又进入下一周期,因此文教制度的变迁始终是一个动态过程,遵循一定的周期规律,既不可能一蹴而就,又不会一劳永逸。而笔者之所以在下文尝试搭建我国博物馆与中小学教育结合的制度设计之动态型理论框架,原因也在于此。

第二节 我国博物馆与中小学教育结合的广义制度环境

制度作为一个系统,不是孤立存在的,而是处于一定的环境中。而制度环境由该制度之外的制度、该制度可支配的资源、该制度所处的文化圈等综合构成,也即主要包括制度环境、资源环境、文化环境三方面。不同的制度环境直接影响了人的意识和行为,影响了制度设计和执行。通常,一项新制度能否发挥应有的效力,能否在较短时间内就为广大社会成员所接受,关键在于该制度与其环境的适切性[③]。

---

① 柳欣源:《义务教育公共服务均等化制度设计》,第75页。
② 同上书,第76页。
③ 同上书,第169页。

正如政策的可行性和有效性依赖于其所嵌入的政治、经济、社会背景一样,这些因素也提供了机遇和挑战并存的制度环境。因此,我国博物馆与中小学教育结合的制度设计也不能忽视其所处的环境,而唯有对背景进行有效利用和平衡,才能促使制度"稳狠准"地发挥效力。

一、制度环境

制度环境指的并不是某一项制度,而是该制度之外与其相关的所有制度的总和。一个社会的总制度,由若干项相互联系和影响的子制度构成[①]。比如,博物馆与中小学教育结合的制度设计,就是我国文化和旅游(文物)、教育制度中的子制度之一。从纵向上看,这一制度之外还存在着若干个与其关联的上位制度、下位制度;从横向上看,也存在许多与之平行的、看似没有联系的具体制度,但实际上彼此影响和制约。

鉴于此,在构建我国博物馆与中小学教育结合的制度时,要有大视野、大格局,既接受上位制度环境的约束,又平衡好各相关制度之间的作用。这在上文顶层设计中已有所论述,在此梳理如下:

一方面,上位制度对我国博物馆与中小学教育结合的制度设计具有制约功能。比如,中国教育领域的根本大法——《中华人民共和国教育法》、弥补我国文化立法短板的《中华人民共和国公共文化服务保障法》、中国博物馆行业首部全国性法规《博物馆条例》等制度都框定了边界,文教结合、馆校合作的制度设计必须在此框架内推行。当然,目前我国尚无校外教育或社会教育立法这样的上位法。

另一方面,平行制度对我国博物馆与中小学教育结合的制度设计也具有重要影响。事实上,每一项制度都有其规范的领域,因此在构建新制度时,得考虑与平行制度的兼容性和一致性,避免政出多头和各自为政、互不相关,甚至彼此矛盾的尴尬处境。鉴于此,制度设计前的研究,包括可行性研究等,尤其重要。这也是为何笔者在顶层设计的专项政策一节中详细梳理了20世纪90年代至今同我国博物馆与中小学教育结合相关的政策和法律法规。此外,在不影响我国博物馆与中小学教育结合的目标达成的前提下,我们要尽量促成权限分明、互相支持的新旧制度环境。当然,当现

[①] 柳欣源:《义务教育公共服务均等化制度设计》,第169—170页。

行同级制度与新制度设计违背并对后者运行产生阻碍时,可以考虑进行改革。

值得一提的是,在上海市委、市政府印发的《全力打响"上海文化"品牌加快建成国际文化大都市三年行动计划(2018—2020年)》中特别提及了"更加凸显制度创新",也即:"近年来,'制度创新'堪称全面深化改革激荡之声最响亮的音符。上海详细对标了纽约、伦敦、巴黎等先进城市成功经验和做法,充分研究了北京、广东、浙江等地先进政策,虚心求教了全市科技、金融、商贸等领域,目的就是要吸纳国内外跨领域有用措施'为我所用'。"而这正是自上而下引导与扶持文教结合的制度环境。

总之,相关外部制度是我国博物馆与中小学教育结合事业制度设计的"硬"环境,我们必须予以审慎对待,合理平衡,以上下齐心画出最大的"同心圆",让文旅(文物)、教育事业能够充分发挥创新作用。

二、资源环境

我国博物馆与中小学教育结合作为一项创新型文教事业,是国家使用公共权力和资源为全体适龄学生提供的文化和旅游(文物)、教育服务。因此,国家可支配的公共资源也是相应制度设计的重要环境。目前,对教育资源的理解有广义和狭义之分。广义的教育资源既包括教育活动中的人力、物力、财力投入,又包括过程中形成的制度、观念资源等;狭义的教育资源单指投入的人力、物力、财力。本研究暂取狭义角度,以不与上文的制度环境产生重叠[①]。

近年来,我国博物馆事业大发展、大繁荣,场馆数量跻身世界领先行列,且绝大部分都免费开放。但由于人口众多,加上各地发展不均,博物馆还远远不能满足所有青少年、儿童的校外教育诉求。因此,亟需依靠合理的制度安排进行资源供给,以充分利用资源环境。具体如下:

一方面,采用"一主多元"的供给模式。所谓"一主多元",就是在我国博物馆与中小学教育结合的资源配置上,采取以政府供给为主导、社会广泛参与这一模式,详见中层设计中的财政保障与经费投入机制。其基本理念是,对于公共文教服务而言,政府理应承担资源供给的主要责任。当然,仅仅依

---

① 柳欣源:《义务教育公共服务均等化制度设计》,第171页。

靠政府力量不现实,有必要将适度的权责利转移给社会团体、机构,从而引入竞争与合作机制,以形成互补格局,进而提升供给质量、效益、效能。这也部分呼应了中层设计中的区域协同发展与示范引领机制。

另一方面,兼顾公平与效率、长期与差序。任何一个国家的博物馆与中小学教育结合事业,都经历了漫长的发展过程,正所谓"罗马城非朝夕建成",伟业也非一日之功。这意味着,如果我们急于向其他国家看齐,但博物馆等文教资源的量、质跟不上,就容易后续乏力。因此,必须对可支配的博物馆资源及其与中小学的真正结合进行中长期规划,以在不同阶段根据不同需求进行相应供给。同时,在全国范围内也不能"一刀切"或为了尽快取得成功而不顾未来,必须兼顾公平与效率、长期与差序。

总之,资源是我国博物馆与中小学教育结合的基础,尤其是场馆资源,未来线下、线上资源共享亦是一大目标。目前,我们的资源环境是博物馆总量尚可,但人均不足且远未达到可持续为中小学服务、真正与中小学教育结合的程度。因此,必须由政府主导、社会参与,兼顾公平与效率、长期与差序,促使有限的博物馆资源实现增量与存量并举发展的优化配置。

三、文化环境

新制度经济学派的代表人物道格拉斯·C·诺思认为,制度变迁路径受正式规则与非正式约束两方面影响,因此实施机制、实施方式、行为规范不同,人的观念、意识形态、信仰差异,都可能将制度变迁引入不同的路径[①]。正所谓"文化为制度之母",制度构建离不开文化的滋养。脱离了文化这一软环境,单纯强调制度环境、资源环境,也容易造成制度研究的简单化和机械化[②]。具体说来,文化环境的作用如下:

其一,文化传统直接影响了我国博物馆与中小学教育结合的制度设计。正如历史上长期存在、现在仍大行其道的"学而优则仕""望子成龙"和"望女成凤"等观念,以及育人过程中过于重视知识传授、重视考试、追求升学率等行为,使得家家户户都希望子女聚焦学校教育,一切均以"考试评价"与"招生选拔"为过程和结果。因此,博物馆与中小学教育结合需要直面和调整这

---

① 柳欣源:《义务教育公共服务均等化制度设计》,第73页。
② 同上书,第172页。

种传统观念,以素质教育和新的人才观引领,并实行配套的考试、招生制度改革,进而促进馆校合作、文教结合,以最终促使每一个学生的全面、个性化、终身发展。

的确,观念是行动的先导。一切制度的提出与确定都离不开理念引领。可以说,理念是制度的灵魂与精神所在。没有理念的牵制,制度设计将无法驶向目的地①。根据《国际制度设计:理论模式与案例分析》一书,观念不仅影响行为体的行为,还建构其身份和利益②。集体、个体作为社会人都具有价值观念,这些观念可直接界定行为体的利益,或在其追求利益过程中发挥作用。事实上,行为体不仅设计制度,而且被制度和观念所设计。也即,观念结构塑造了行为体所设计的制度的特征③。

其二,新文化传播方式影响了我国博物馆与中小学教育结合的制度设计。随着信息技术发展,借助互联网的文化传播形式提供了新的契机和条件,包括打破时间、地域、人员限制,满足更多中小学参观和利用博物馆的诉求(详见上文底层设计之"博物馆对中小学教育供给的内容与形式")。更重要的是,博物馆部分地通过网络进行教育输出,可让青少年、儿童根据自身情况进行自由选择。这在一定程度上解决了班级人数多、场馆教育工作者时间精力有限、部分场馆空间不足等难题。

当然,要让所有个体和群体都接受新理念、新文化传播方式或同样的观念,必将经历一个过程。毕竟包括传统、习俗、生活方式、行为规范、价值观念等在内的文化,以意识的形态而存在,它对人类行为的引导具有全面、彻底、自愿的特点,同时对行为的改变也是缓慢的、模糊的。

总之,制度由人构建,而文化作为一种非正式制度,通过影响主体的思维方式、思想观念来影响制度构建的目标、服务对象等,进而影响其功能的实现④。事实上,行为管理有两大基本手段:一是通过文化(如思想意识、道德规范、行为习俗等)的引导,二是通过制度的制约⑤。因此,若要改变集体、个体的行为以提高公平和效率,必须从文化培养与制度改进两方面入手。鉴于此,我国博物馆与中小学教育结合的制度设计也须综合考量其与文化的有机关联,毕竟理念先行。同时,我们还要夯实为该事业努力奋斗的"定

---

① 柳欣源:《义务教育公共服务均等化制度设计》,第153页。
② [美]亚历山大·温特著,秦亚青译:《国际政治的社会理论》,上海人民出版社2000年版。
③ 朱杰进:《国际制度设计:理论模式与案例分析》,序言,第Ⅴ页。
④ 柳欣源:《义务教育公共服务均等化制度设计》,第173页。
⑤ 孙绍荣:《制度设计中的博弈与机制》,中国经济出版社2014年版,前言。

力",并将其作为大文化的一部分。唯有如此,制度及其设计的中长期优质结果才能逐渐显现。

第三节 我国博物馆与中小学教育结合:制度设计之理论框架

我国博物馆与中小学教育结合事业是一项中长期系统工程,需要扎实积累、久久为功。它至少横跨文化和旅游(文物)、教育领域,并涉及社会教育、学校教育等板块。同时,若要达到数量规模与内涵发展的平衡,则涉及整个思维方式的变革。因此,必须依托强有力的制度作为保障,并对应包括顶层、中层、底层三大层级在内的制度设计。

本节一方面从经济学分级管理控制系统的角度入手,凸显中观管理的必要性以及亟待加强的中层设计,另一方面则综合上文第五、六、七章的详尽论述,最终提炼出我国博物馆与中小学教育结合的制度设计之理论框架。而理论的最大价值正在于与实践联动、助推实践,并形成理论提升与再实践的良性循环。

一、经济学分级管理控制系统的启示

众所周知,我国国民经济是一个大循环系统,包括了国家宏观控制系统、部门和地区的中观协调传导系统、企业微循环系统,三个层次有机结合。但多年来,我们也存在"宏观放权、中观揽权、微观没权"现象,"两头热、中间冷";或是简单地用"宏观—微观"模式来设计改革方案,或是在"管住"和"放开"之间兜圈子,导致一些正确的决策无法贯彻到底。究其根本,宏观改革决策如何变为微观行动,取决于中观层次的改革过程[①]。而这正是我们的软肋,包括欠缺了相应的中间层次研究,即中观经济研究。

文教制度的变迁本来就受社会政治、经济制度等影响。同时,与其他领域相比,在我国博物馆与中小学教育结合的制度设计中,中观层次以及中层

---

① 曹运通:《建立分层次的调控机制 加强宏观、中观、微观的综合管理》,《山西财经学院学报》1989年第3期,第89页。

设计的重要性毋庸置疑。并且,比起顶层设计和底层设计,它更亟需我们在理论与实践上的双重重视和投入。

(一) 加大对中观管理/中层设计的重视和投入

在经济学领域,所谓的中观经济是相对于宏观和微观经济而言的。它是宏观与微观的结合,对上是局部,对下又是总体。而相应的中观管理则担负着承上启下的协调任务,除了协调部门和地区经济活动,还具有协调国家和企业之间关系的职能。

我国博物馆与中小学教育结合的制度设计如同一个正金字塔造型,拥有顶层、中层、底层三个层级的设计。并且,位于中间的中层设计,对上为最高行政决策服务;对下则沉入基层,下移重心,应对决策的"接地气"问题。鉴于此,笔者加大了对中层设计的研究力度,以呼唤理念与实践上对此层级的重视和投入,并践行"一竿子插到底"。

值得一提的是,目前在促进教育公平方面,我国也从宏观、中观、微观的不同层级来一体化推行。比如,在宏观层面,全面普及了九年制义务教育,城乡教育差距逐渐缩小;高等教育扩招;加大对中西部高校的投入,提高了其办学能力,使东西部教育进一步均衡发展;教育政策体系建构逐步完善;教育发展环境得到优化。在中观层面,优化区域优质教育资源布局并促进资源流动,学前和义务教育实现划片就近入学,进一步遏制了"择校风"蔓延。在微观层面,学校实行平行班级,破解了大班额问题等[①]。

(二) 建立分级管理控制系统,实现政府多次调控

无论教育还是其他领域的改革,但凡改革,都有个"阿喀琉斯之踵":改革动力层层递减。那么,如何让改革的思想一级级渗透,直至最基层的细胞?也即,顶层的立法、政策、规划如何转化为我国博物馆与中小学教育结合的具体实践?这就直指中层设计的必要性和重要性。也即,我们需要建立一套分级管理控制系统,以夯实博物馆与中小学教育结合的运行机制,这亦是目前最亟待加强的层级。

具体说来,我国政府要按照顶层、中层、底层的三个层级(对应经济活动的三个层次:微观、中观、宏观),自上而下实行三轮调控。其中,底层设计以博物馆、中小学为本体,实行第一轮调控,其主要内容是馆校合作的产出、

---

① 杜彬恒、陈时见:《我国教育战略规划的基本特征和价值理念——基于我国五个纲领性教育文献的政策分析》,《河北师范大学学报》2020年第3期,第26—27页。

结果、影响力,包括博物馆方的供给和中小学方的遴选,双方共同的投入和评估,与社区的联动等;中层设计以各地文教部门和单位以及区域为本体实行第二轮调控,其主要内容是利用地区财政保障与经费投入机制、考核评价机制、激励机制等九大机制,实行局部管理。并且,首要的是领导与统筹机制;顶层设计以中央文教部门和单位为本体实行第三轮调控,主要内容是规划、政策、立法的战略调控。正如上海市的教育综合改革着力从规划、投入、评价三方面加大统筹力度。其中,规划是导向,投入和评价是杠杆。也即,上海市委市政府主要从顶层和中层设计层级,加大调控力度。

而分级调控机制的建立,有利于协调国家、地区、部门和单位、社会组织机构之间的关系,避免出现"一放就乱、一管就死"以及永远无法"一竿子插到底"的僵局,实现我国博物馆与中小学教育结合的良性循环。这样的纵向、垂直格局,也有利于规避部门分割、地区分割致使国家宏观决策不能良好执行的恶循环,以真正加强文教结合、馆校合作的宏观、中观、微观综合管理。

二、融合三大层级的"我国博物馆与中小学教育结合:制度设计之理论框架"

提供公共文化服务是现代政府的基本职能。在我国博物馆与中小学教育结合事业中,政府理应发挥主导作用,包括在法律、政策、规划的顶层设计中明确各级各地人民政府是责任主体。

此外,我国博物馆与中小学教育结合是一项系统工程,正如上文第四章中"'协同'转向下的对策和路径"所述,我们呼唤的是一种全新的机构伙伴关系。因此,必须应用"一盘棋""统合"的思路,同时以强有力的制度作为保障。也即,整体建构是有效模式,具体实施则走系统路径,包括分类设计、稳步推进,增强校外教育、文教结合的系统性、整体性、协同性,并且扎根中国、融通中外、立足时代、面向未来。具体说来,本制度设计之理论框架将以三级设计的提炼和解析为主,在此之前先构建其总体思路。

(一)"三个导向""三个统一""中长期目标"的总体思路

博物馆与中小学教育结合的制度设计研究属于应用型研究,其理论框架搭建也致力于咨政、启民、育才。也即,围绕社会发展对博物馆与中小学教育结合事业提出的需求,以数量和质量并举、体制和机制创新作为制度供给,实行供给侧结构性改革。

具体说来,构建博物馆与中小学教育结合的制度设计之理论框架,总体思路包括"三个导向""三个统一"与"中长期目标"。

1. 三个导向

我国博物馆与中小学教育结合的制度设计研究属于跨学科的应用型研究。其中,战略目标导向、需求导向、问题导向,必须内化到该制度设计中,以真正破解痛点和难点问题。

(1) 战略目标导向

以收官落实《国家中长期教育规划纲要(2010—2020年)》、围绕第九次全国教育工作会议精神为战略目标导向,创新人才培养模式,大力发展校外教育、文教结合事业,以促进每一个学生的全面、个性、终身发展。

(2) 需求导向

以立德树人这一根本任务以及"培养什么人、怎样培养人、为谁培养人"这一根本问题为需求导向,通过我国博物馆与中小学教育结合事业的发展,促使社会教育、学校教育、家庭教育三位一体,并提升博物馆在校外教育中的地位。

(3) 问题导向

一方面,以我国博物馆与中小学教育结合的体制机制"瓶颈"为问题导向,从顶层、中层、底层设计三个层级入手,释放制度红利;另一方面,聚焦民众对教育、文化和旅游领域关注的问题、关心的事宜。

2. 三个统一

(1) 服务国家战略与立足各地实际相统一

按照服务国家"创新人才培养模式"的战略需求,以及世界领先、中国特色、各地特点的发展定位,形成我国各级各地博物馆与中小学教育结合及其制度设计的理念与实践,并探索可复制、可推广的示范引领经验。

(2) 推进跨领域改革与深层次突破相统一

强化中央和地方政府对文教结合的统筹,增强校内外教育的协同发展,实现博物馆与中小学教育结合这一关键性环节的突破,使之与中小学课程、考试评价、招生选拔进一步联动。

(3) 勇于探索与稳步推进相统一

既鼓励我国博物馆与中小学教育结合的体制机制创新,释放制度红利;又坚守底线思维,确保在原则和大局上不出现方向性失误,以先行先试、稳步推进。

3. 中长期目标

2018年7月,习近平总书记主持召开中央全面深化改革委员会第三次会议,审议通过了《关于加强文物保护利用改革的若干意见》,并在"主要任务"中提出:"将文物保护利用常识纳入中小学教育体系,完善中小学生利用博物馆学习长效机制。"同年10月8日,中共中央办公厅、国务院办公厅印发该文件。鉴于此,我国博物馆与中小学教育结合符合国家顶层设计,亦是将博物馆纳入青少年教育、国民教育体系的重中之重。该事业发展的中、长期目标及愿景如下:

(1) 中期目标

以当下为界,我国博物馆与中小学教育结合事业的中期目标为:到2025年(5年期)/2023年(3年期),博物馆教育资源数量不断扩增,博物馆与中小学教育结合质量整体提升;在校外教育中提升博物馆的地位,加大中小学生参观、利用博物馆的频次和广度、深度。

(2) 长期目标与愿景

我国博物馆与中小学教育结合事业的长期目标为:围绕"为了每一个学生的终身发展"的目标,坚持校内外教育统筹协调,形成有利于博物馆与中小学教育结合的体制机制和社会环境;将博物馆学习纳入中小学教育体系,完善学生参观和利用场馆的长效机制,走出一条符合我国国情的馆校合作、文教结合之路。

我国博物馆与中小学教育结合事业的愿景为:经过若干年不懈努力,我国博物馆与中小学教育结合事业发展成熟,并构建了世界领先的将博物馆纳入青少年教育和国民教育的体系,系统完备、开放有序、高效公平。

(二) 三级制度设计之理论框架

整体建构是我国博物馆与中小学结合制度设计的有效模式,同时,具体实施也应走系统路径。也即,事业发展必须符合整体性原则,并"分而治之",具体如下。

1. 整体构建

我国博物馆与中小学教育结合的制度设计之理论框架如同一个正金字塔造型(如图18所示),并自上而下覆盖了顶层、中层、底层三大层级。其中,顶层设计强化的是宏观管理,分别从规划、政策、立法角度层层递进;中层设计尤其需要我们的重视和投入,比起顶层和底层,它是问题大却并不起眼的层级。同时,中观管理将起到纵向承上启下协调、横向联动的作用,助推宏观决策等"落地"为微观行动;而底层设计则夯实微观管理,以促使馆校合作从量的积累进阶到质的飞跃。事实上,各层级都缺一不可,拥有排他性角色。也即,我们既需在顶层设计的"面"上前瞻引领,又要在中层设计的"线"上突出方略提炼,还得在底层设计的"点"上落实个性化战术。

而之所以进行这样的制度设计,是因为按照建设法治型政府和服务型政府的要求,必须界定和规范各级各地政府在我国博物馆与中小学教育结合事业中的权责利,为确保其行政权力不缺位、不错位、不越位而提供法律、政策、规划依据,也为博物馆供给中小学教育提供保障。总之,我们要明晰该制度设计的内涵与外延,以明确博物馆与中小学教育结合提升的"可视化"行动路径,建立运行共同体。

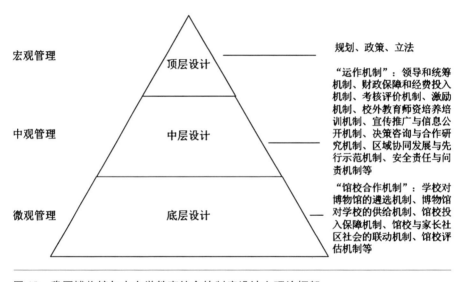

图 18　我国博物馆与中小学教育结合的制度设计之理论框架

值得一提的是,我们在应用"整体建构"的方法论时,有三项原则需要恪守:一是我国博物馆与中小学教育结合的制度设计是一个整体结构,任何要素如果离开了特定的整体或失去了整体的支持,就失去或部分失去了应有的功能;二是整体大于部分之和。整体功能由各部分功能组成,但它不是处于无序状态下部分功能的简单相加,而是在功能程度上更强,甚至会改善功能性质;三是实践的最优化。结构改变功能,"整体建构"能更好地描绘和预测我国博物馆与中小学结合的变化规律,增强和创新博物馆教育功能,从而实现更好的学校发展目标,获得最佳的文教结合成果。

2. 分而治之

(1) 顶层设计：我国博物馆与中小学教育结合的规划、政策、立法

我国博物馆与中小学教育结合事业的顶层设计位于制度设计这座金字塔的顶端，它主要从战略角度进行整体定位，明确主要矛盾和前进方向。并且，通过规划、政策、立法三大路径，层层推进。

具体则包括：确立我国博物馆与中小学教育结合事业的短、中、长期目标以及指导思想等，制定相应规划，以"规划"引领；从"政策"层面对规划进行"落地"，或通过"政策"导向进一步规划的制定；最终则是从"立法"层面确立博物馆与中小学教育结合作为我国校外教育、文教结合、将博物馆纳入青少年教育和国民教育体系有机组成部分的法律地位，明确其内涵及要求等。

(2) 中层设计：我国博物馆与中小学教育结合的一系列运作机制

在我国博物馆与中小学教育结合事业中，相较于顶层和底层设计，中层设计其实更待加强。鉴于各级各地政府不同程度地存在缺位、错位、越位现象，下一阶段尤其要转变政府职能，坚持"放管服"相结合。一方面，把该管的事项切实管住、管好，加强事中、事后监管，提升对博物馆与中小学教育结合的治理能力，以管理"到位"；另一方面，简政放权、优化服务，把该放的权力坚决放下去，并构建政府、博物馆、学校、社会之间的新型关系。

博物馆与中小学教育结合的中层设计涉及的部门、单位一般比顶层设计多，并覆盖了领导与统筹机制、财政保障与经费投入机制、考核评价机制、激励机制、校外教育师资培养培训机制、宣传推广与信息公开机制、决策咨询与合作研究机制、区域协同发展与示范引领机制、安全责任与问责机制。这些具体抓手是将思想转化为现实的实际操作路径，既保障了博物馆与中小学教育结合之规划、政策、立法的"落地"，又为博物馆与学校之间合作机制的践行进行了制度铺垫。

(3) 底层设计：馆校合作机制

我国博物馆与中小学教育结合的底层设计直指博物馆与中小学之间的具体合作机制，并包括学校对博物馆的遴选机制、博物馆对学校的供给机制、馆校投入保障机制、馆校与家长社区社会的联动机制、馆校评估机制。事实上，规划到位的博物馆与中小学教育结合的底层设计，将"催生"文教现场的"一线智慧"。

该层级覆盖了一系列博物馆与中学（包括初中和高中学校）、小学，并以博物馆的积极主动供给为先，致力于构建学校利用场馆学习的长效机制。

同时,确保双方互动的制度化,实现权利、义务的动态调整与平衡。当然,该层级还涉及家庭、社区乃至全社会,而馆校本身也是社区的一分子。

(三) 未来的理论与实践应用

随着我国博物馆事业的大繁荣,以及博物馆与中小学教育结合的大发展,相应的学术议题也愈发彰显出生命力。鉴于此,"我国博物馆与中小学教育结合:制度设计之理论框架"的理论价值主要体现在:一方面,突破过往传统的馆校合作视角,将事业的主导方——政府直接纳入研究"内核"。而一旦涉及和聚焦政府,制度设计主题就不可避免。事实上,博物馆与中小学教育结合是政府公共文教服务的重要组成部分,因此理应由政府主导。研究过程中,笔者逐一阐释了本事业的内涵及其制度实质、属性与特征等,并从制度变迁与建构视角深化理论剖析。另一方面,对我国博物馆与中小学教育结合的制度设计进行体系化研究,并搭建了包含顶层、中层、底层在内的三大层级理论框架,以探索个性问题背后的共性原因,同时从体制机制上"对症下药",为相关实践提供理念指导。并且,该框架为动态型经验框架,随着未来国内外相关理论和实践的积累,还可不断补充和优化。

当然,本理论框架同样兼具实践价值,毕竟系统理论必须与实践改进相结合才更有意义。这主要体现在以下两个方面:一方面,有助于优化我国各级各地政府文化和旅游(文物)、教育民生方面的制度改革。近年来,中央出台了一系列规划、政策甚至是立法,但任何文教治理的转变既需顶层引领,又要在基层"落地",中间纵横相接的传输机制亦不可或缺。笔者实地考察和深度研究了全国不少地方博物馆与中小学教育结合的案例,基于此提出了设计构想,以为制度提升提供决策依据。另一方面,促使社会多元主体均能从我国博物馆与中小学教育结合事业中受益,并最终惠及更多甚至是所有青少年、儿童的全面、个性化、终身发展。

简言之,我国博物馆与中小学教育结合的制度设计之理论框架,不仅旨在厘清制度本身,使其符合学理性,并契合政府以人为本、均衡发展的理念;而且希望进行系统性构思,为提升制度确立和实施的科学性贡献智力支持。为此,在方法论上笔者秉持历史主义与现实主义结合、择优而取与独立创新相统一的原则。也即,既观照历史,以历史为基础;又借鉴外来,以他山为镜;更分析现实,有针对性地进行制度构建、创新、推进[①]。总之,博物馆与中

---

① 柳欣源:《义务教育公共服务均等化制度设计》,第49页。

小学教育结合事业涉及跨领域的多元主体和多层级制度,这些都亟需系统化理论指导和可行性制度设计,以突破馆校合作的底层困境,打通政府和社会的藩篱。

第四节　我国博物馆与中小学教育结合：制度设计之愿景构想

　　制度是可设计的,所以制度设计是主体根据社会和组织发展需要,构想、创建一种新形式并使之制度化的过程。它是人类社会实践的重要组成部分,是所有制度化群体或机构赖以生存的基础。但制度设计不是随意的,同时它亦是一个动态调整的过程,以实现不断提升。本节将在我国博物馆与中小学教育结合的制度设计及其理论框架的基础上,对之进行一定的愿景构想,以供未来的优化之用,并最终形成富有时代特征、彰显中国特色、体现世界水平的体系。

　　值得一提的是,在上海市教育综合改革中,现任教育部副部长、曾任上海市副市长的翁铁慧女士把提高质量和促进公平两大任务形象地比作"双轮",而提升政府教育治理能力就像车轴,是确保双轮协同高效运转的关键。三大关键词为:一是"促进公平",不是只提供有学上的公平,而是提供人人有发展机会的公平;二是"强调科学",包括教育教学要符合学生认知的规律,教育和经济社会发展相匹配,把握学科发展的前沿等;三是"优质",构建起一个学生、学校和区域的整体质量体系概念[1]。这于我国博物馆与中小学结合而言,值得参考和借鉴。

一、全纳与公平——制度设计的基本诉求

　　时下,"通用设计"(universal design,又称全民设计、全方位设计或无障碍设计)的应用在西方博物馆界已成为一项共识。它是指设计融入了对所有使用者在所有情况下需求的考虑,以最大可能地促使人的参与[2]。毋庸置

---

[1] 余慧娟、赖配根、李帆、朱哲、金志明、董少校:《上海教育密码》,《人民教育》2016年第8期,第10、19页。

[2] 郑奕:《博物馆教育活动研究》,第267页。

疑,通用设计与"全纳教育"有异曲同工之妙。但如何将后者恰如其分地融入博物馆与中小学结合事业,博物馆如何实现让所有青少年、儿童都可参与使用,如何更好地服务特殊群体,是值得我们不断省思的问题。也即,全纳与公平理应成为我国博物馆与中小学结合制度设计的基本诉求。

1992年,美国博物馆协会致力于强化博物馆的教育功能,推出了《卓越与平等:博物馆教育与公共维度》报告,并鼓励博物馆将"教育"置于公共服务的中心。该报告标志着美国博物馆从更加传统、强调学术与艺术欣赏的模式转向了新模式:虽然仍致力于卓越的学术研究与艺术性,但更重视吸引社区公众,为更广泛的观众提供服务。这便是对"平等"部分的强调[①]。

(一) 全纳

"全纳"是"全纳教育"(inclusive education)的核心。虽然全纳教育已日渐成为一种国际教育思潮,但目前仍未就其对象达成共识。不过,值得肯定的是,它已超越了原有的特殊教育范畴,由"inclusive"发展成为"full inclusive",即不再局限于特殊儿童,而是面向所有学生,包含每一个青少年、儿童。联合国教科文组织在2006年《全纳教育指南:确保全民教育准入》(*Guidelines for Inclusion: Ensuring Access to Education for All*)报告中,将所有适龄儿童看成是全纳教育对象,主张削弱教育系统内外的各种排斥行为,并通过加强学习、文化、社区参与等途径提升教育的容纳力和包容力[②]。事实上,博物馆与中小学教育结合事业与全纳教育拥有一致的内涵,而公益性作为其本质属性,也意味着不将任何青少年、儿童排斥在外。

2015年,联合国教科文组织会议制定了《教育2030行动框架》(*Education 2030 Framework for Action*),并将全纳、公平的优质教育确定为世界各国教育发展的共同愿景[③]。为了实现这一目标,我国博物馆与中小学教育结合事业也要努力在供给上更公平、更优质。它作为我国公共文教服务的重要组成部分,是每一位青少年和儿童、公民都享有的一项权利,也是履行我国对联合国2030年可持续发展议程的承诺。

值得一提的是,培养学生的创新素养是贯穿上海市"二期课改"的一条"红线"。但其培养创新人才不是给"学霸"吃"偏饭",而是面向全体学生,因

[①] 湖南省博物馆编译:《犹他州艺术博物馆馆长论述博物馆教育》,湖南省博物馆网站,2014年9月1日。
[②] 柳欣源:《义务教育公共服务均等化制度设计》,第148—149页。
[③] 同上书,第148页。

为没有全体学生素养的提高,拔尖学生恐怕也很难冒尖。毕竟,创新人才培养不同于拔尖人才培养,其根基和土壤在全体学生和教育的全过程[①],这即是对全纳教育的落实。

鉴于此,全纳终将成为我国博物馆与中小学教育结合事业的基本诉求,相应的制度设计优化也应以"全纳"作为价值标准,以保障每一位学生享有公共教育、文化权益为目的。此外,全纳也涵盖了包容原则等,包括我们尽最大努力为弱势群体提供博物馆学习等校外教育、社会教育机会,促进教育公平。

(二) 公平、平等

在当今社会,平等、公平已成为涉及法律、政治、经济等多个领域的概念,并与全纳理念休戚相关,正如"教育公平是人生公平的起点,是社会公平的基础"所表达的那样。党的十八大报告提出:"加紧建设对保障社会公平正义具有重大作用的制度,逐步建立以权利公平、机会公平、规则公平为主要内容的社会公平保障体系,努力营造公平的社会环境,保证人民平等参与、平等发展权利。"而强调公平正义,是以人为本理念的深化和细化,是以更大力度改善民生和加强社会建设的明确信号[②],亦是政府配置资源的首要原则。

值得一提的是,上海市围绕教育综合改革构建的三大制度体系,第一就是"以遵循教育规律、回归育人本原为重点的育人制度体系",并包含"重视教育过程公平,关注弱势群体,努力使每个学生都有人生出彩的机会"等全新教育质量观。同时,我国各级各地都在减轻中小学生过重的课业负担,以维护义务教育公平正义的初衷,维护教育改革发展的成果。这些都为馆校合作、文教结合的公平、平等化指明了方向。

我国博物馆与中小学教育结合作为政府提供的公共文教服务之一,具有公益性、普惠性特征。并且,该事业发展还是一个动态演进的过程,不同阶段对公平、平等的追求也不同。具体包括:其一,起点的公平,即每一位青少年、儿童都能享有博物馆学习的权利和机会,确保人人"有博物馆可以进",这是基础和前提。其二,过程的公平,即享有平等的博物馆与中小学教育结合资源,包括软硬件等。毕竟,文教资源是必不可少的外在因素,必须达到一定程度才好,否则就会影响发展质量。所以,在实现了"有博物馆可

---

① 余慧娟、赖配根、李帆、朱哲、金志明、董少校:《上海教育密码》,《人民教育》2016年第8期,第19页。
② 汪金福、李柯勇、刘敏:《十八大报告蕴含哪些新意?》,新华网,2012年11月8日。

以进"之后,要开始追求"用好博物馆资源",以实现过程均衡。其三,结果的公平,即学生达到满足社会需求的基本标准。这时,追求的重心从过程转向结果,从资源转向质量,追求以质量为核心的优质均衡。当然,这种结果的公平不是每个学生最后都达到完全一致的水平或取得完全相同的成果,而是通过享有相对公平、平等的博物馆与中小学教育结合机会和资源,再结合个人努力,达到心理上可接受的相对满意的结果。

目前,我国博物馆与中小学教育结合尚未成为国家文教领域的"底线",也即还没上升到社会成员基本权利和政府必要保障的层次,因此仍属于发展权范畴。但正如几十年前我们也无法预知全国博物馆事业会像今天这样大发展、大繁荣一样,各级各地政府在有能力的情况下不妨采取多种形式满足这些正向文教诉求。在此背景下,博物馆与中小学教育结合事业也终将成为教育和文化公平、平等的应然诉求,并以制度作为保障,确保惠及所有学生。

二、优质、个性化、良序——制度设计的美好愿景

如果说全纳是对通用教育权益的要求,解决的是起点的机会公平,那么"优质""个性""良序"则是对文教结合量与质的更高期盼,追求的是过程公平与结果公平。它们都代表了我国博物馆与中小学教育结合制度设计的美好愿景。

(一) 优质

优质即高质量,质量是教育之本、发展之源,亦是我国教育事业发展的永恒主题。正如联合国教科文组织在 2000 年《全民教育行动纲领》(*Education for All*)中所指出的,如果不能向全民提供保证质量的教育,所谓的全民教育不过是一种"空洞的胜利"。因此,全民教育必须转向全民优质教育,这已成为世界各国特别是实施了法定年限义务教育国家的共同目标[①]。优质教育既是人类对教育的追求,又是教育发展的高级目标[②]。

事实上,以质量为核心的优质均衡也是实现教育普及和资源配置初步均衡之后我国公共文教服务供给的必然选择。从基础教育的现实看,目前

---

① 冯建军:《义务教育优质均衡发展的理论研究》,《全球教育展望》2013 年第 1 期,第 84 页。
② 柳欣源:《义务教育公共服务均等化制度设计》,第 150—151 页。

我们已完成了普及九年制义务教育的目标,保障了每一位适龄青少年、儿童接受教育的机会,基本实现了公共教育的起点公平、机会平等。同时,正力求中小学生在受教育过程中享有均衡的文化服务,包括利用博物馆等校外教育资源,继而实现结果均衡。也即,我国基础教育正处于追求质量的进程中,包括纳入更多元化的社会教育资源。在此背景下,博物馆作为优质资源和载体,对基础教育的内涵式发展、教育现代化的意义和价值毋庸置疑。鉴于此,博物馆与中小学教育结合事业也是我国基础教育起点、过程、结果均等和优质发展的重要组成部分。

《国家中长期教育改革和发展规划纲要(2010—2020年)》的将"优先发展、育人为本、改革创新、促进公平、提高质量"作为工作方针,并强调"把提高质量作为教育改革发展的核心任务"。同时,在"战略目标"中,再次提及"提供更加丰富的优质教育。教育质量整体提升,教育现代化水平明显提高。优质教育资源总量不断扩大,更好满足人民群众接受高质量教育的需求"。当下,我国已建成了全球规模最大的教育体系,成为首屈一指的教育大国,但我们尚不能自称为教育强国。为此,以一系列教育战略规划为总揽,全国召开了一系列加强教育质量的会议,出台了一系列政策与措施,从而确保在促进公平的同时提高质量,在提高质量的同时保证公平。这些都为我国博物馆与中小学教育结合事业的发展指明了方向。

(二) 个性化与多元化

现代学校制度是近代工业革命的产物。从有效地普及教育、大规模培养人才的需求出发,学校教育采用了班级上课制这种高效率的教学组织形式,并开始标准化、同步化、批量化培养人才。但作为不争事实的是,这种模式在促进人类文明发展的同时,也存在着明显的弊端。也即,既促进了人的发展,又限制了人的充分发展。

当下,在知识经济社会,教育越来越趋向于朝着个性化与多元化方向演进。一方面,由于课堂教学内容和形式的限制,学校教育很难独立破解知识不断更新带来的日益增长、升级和个性化诉求难题;另一方面,博物馆与中小学教育结合不受教材、场地等限制,具备灵活性、适时性、丰富性的特点。同时,博物馆教育以实物为基础,可对青少年和儿童进行全方位激励。具体说来,一项展教活动首先在于吸引观众的注意力,诱发其好奇心,从而激发其情感,使观众在情感上与某一主题连接;下一步就是鼓励他们参与具体的活动;接着便自然而然地通过信息的学习,给予其获得教育的机会;最后则落实到行为,使观众在实际行动中实践先前的所学和所感。整个过程可谓层层推进,一以贯之,让中小学生亲自参与,收获新知,升华情感,并影响日后的行为。

马克思主义倡导"人的自由而全面发展"思想,把它视为建构未来共产主义社会的基本原则。而"人的自由而全面发展"正包括需求、能力、个性、社会关系等。如果说 20 世纪我国中小学教育发展以保障机会均等为基本理念,那么今天进行适应个性和能力的学习已使该理念发生了历史性嬗变。知识创新对多元化教育的要求、物质富裕对精神和文化的需求,皆推动了我们的学校教育、社会教育在新理念下的变革,包括实行馆校合作、文教结合。

事实上,上海市践行了 30 多年的"两期课改"即确立了"以学生发展为本"的改革理念,将课程设计重心从"学科"迁移至"社会"和"学生",强调课程提升人的素质和塑造个性,以适应未来社会发展的需要①。并且,"两期课改"渐进地扩增其社会化课程资源利用,其中就包括了博物馆,尤其是在"二期课改"中。这些都为博物馆与中小学教育结合事业的个性化、多元化发展进行了制度铺垫。也即,如果把人作为出发点和落脚点,那么全面、多样化就是核心发展诉求,这亦考验着作为制度设计主体的政府的判断和决策能力。

(三) 良序

《正义论》是美国哈佛大学教授约翰·罗尔斯创作的政治学著作。全书共 3 篇:第 1 篇讲"理论",讨论正义的定义、历史发展、作用、内涵以及原始状态;第 2 篇是"制度",用正义的原则分析社会政治制度、经济制度和公民生活;第 3 篇是"目的",讨论了伦理和道德领域中的一些课题,其中涉及善良、自尊、美德、自律、正义感、道德感等。作者在书中提出了两大正义原则:平等自由原则;机会的公平平等原则和差别原则的混合。而"良序"正是《正义论》中尤为重要的概念,是罗尔斯社会治理理论所努力达到的美好愿景。也即,良序社会是正义原则主导的社会,以制度来制约与保护公民权利,达成社会共识②。此外,罗尔斯还认为,正义与社会合作密切联系。

事实上,我国博物馆与中小学教育结合的制度设计也应以"良序"为目标导向,虽然这在目前看来仍是"彼岸"。但美好的愿景,辅以制度设计,终

---

① 上海市教育委员会编:《砥砺奋进二十年:中小学拓展型、研究型课程实践与探索》,丛书代序第 1 页。
② 柳欣源:《义务教育公共服务均等化制度设计》,第 152 页。

将引导本事业的中长期可持续发展。毕竟,在当今社会,校外教育、社会教育无论对个人、家庭、学校,还是对全社会,都是必不可少的生存与发展条件。同时,在任何合作中,都需要各利益相关方秉持"契约精神",通过契约明确权责利等。

2020 年国际博物馆日的主题为:"致力于平等的博物馆:多元和包容。"(Museums for Equality: Diversity and Inclusion)根据国际博物馆协会的官方论述,该主题明确了博物馆的社会价值中心是为不同身世和背景的人创造有意义的体验。作为变革的推动者和被信赖的机构,博物馆从未像今天这样以建设性的姿态参与现代社会的政治、社会、文化议题,以此展示与社会的紧密联系[1]。而这正是对博物馆践行卓越与平等、以助推良序文教社会演进的真切呼唤。

---

[1] 《ICOM 正式发布 2020 年国际博物馆日主题和海报》,中国博物馆协会网站,2020 年 5 月 7 日。

结 语

当今时代,文化越来越成为引领和推动经济社会发展的重要力量,以及提升我们生活品质的关键因素。联合国教科文组织提出:"发展最终应以文化概念来定义,文化的繁荣是发展的最高目标。"①

博物馆与中小学教育结合事业的发展,既是博物馆履行首要目的和功能——教育的需求,又是搭建我国现代国民教育体系、终身教育体系的必然要求,更是提升国家文化软实力、推动中华文化走向世界的重要渠道。该事业目前尚处于初级发展阶段,且本身非常复杂,涉及全国5 000多座博物馆与20多万所中小学之间的联动,更涉及千千万万个家庭。

在接近7年的理论和实践研究中,笔者真切感受到我国校外教育、文教结合事业发展的艰巨性。一方面,教育、文化和旅游领域人人都置身其中,故都可评价,诉求也日益增长、不断升级和个性化;另一方面,文教改革周期长、见效慢,而且很多目标的完成除系统内部努力外,还必须跳出教育界看校外教育,跳出文博界看博物馆。因此,我国博物馆与中小学教育结合事业的中长期可持续发展,意味着必须构建政府、博物馆、学校、家庭、社会协同的体制机制,也即亟需"制度设计"来"保驾护航"。它主要包括三个层面:

第一,政府必须加强领导与统筹,承担主体责任,以"主导"中央和地方的博物馆与中小学教育结合事业,同时做好制度的"加减法"。"加法"指各级各地政府综合运用立法、政策、规划的顶层设计,以及包含一系列运行机制的中层设计,让文教部门和单位把更大精力投入制度谋划、聚焦大事;"减法"是不归政府管的不插手,让博物馆与学校各归其位,释放活力,并顺应市场,以最终建立政府、博物馆、学校、家庭、市场之间的新型动态平衡关系。

第二,博物馆、中小学作为事业"主体",在政府"发好球"后,需要践行怎

---

① 邢晓芳、王彦:《"上海文化":三年行动计划提出三大品牌任务》,《文汇报》2018年4月30日,第2版。

样"接好球",并主动承接发展任务。其中,尤以博物馆的积极主动供给为先。事实上,博物馆、中小学自身也要加快制度建设,以更有效地开展合作。其中,关键是抓好两件事:一是用好权力,包括优化馆、校内部的校外教育治理结构;二是配好资源,动员、调度、整合校内外各种文教资源并进行专业管理。

第三,争取社会各方的共同参与。无论是加强应用型人才培养、创新人才培养模式,还是调动资源和力量开展社会办馆、办学等,都离不开市场的大力支持。同时,教育、文化和旅游(文物)对人的塑造作用,不仅使个体受益,而且使全社会获益,因此必须打好家庭、学校、社会的"组合拳"。

鉴于此,如何借力当下全国教育综合改革的东风,促使我国博物馆与中小学教育结合事业除了有量的积累,更有质的飞跃? 在此背景下,对于更科学、合理、有效的制度设计的呼唤十分迫切。毕竟,这是自上而下、牵一发动全身式的"提纲挈领",也是求同存异、化繁为简的"捷径"。在当前中国特色社会主义教育自信不断增强、中华优秀传统文化蜚声中外、我国教育综合改革已取得阶段性成果、博物馆发展速度全球领先的大环境下,以中小学素质教育需求为导向,进行博物馆文教资源的供给侧结构性改革,是重中之重。此外,从社会发展进程看,所有制度建设都经历一个从粗制、简单到逐步完善,从存在、对立、矛盾到逐步和谐的过程,因此绝非一日之功,势必需要历届政府努力并举全国之力方能最终完成。

十八届三中全会提出了国家治理体系和治理能力现代化的目标,而治理现代化的直接主体就是政府。也即,各级各地政府作为顶层设计和体制机制的发源地,既是改革者,又是改革对象。事实上,所有制度设计都关乎当政者的决心、勇气、谋略。同时,所有过程和结果无不记录着博物馆与中小学教育结合事业作为我国改革开放历程和现代化建设的一部分,"痛并快乐"地经历着一切新生事物所必须走过的艰难,以及砥砺奋进后的登高望远。2018年是改革开放40周年,习近平总书记在博鳌亚洲论坛上提出了"中国改革开放再出发"的新时代使命,这亦是在对我国文教结合、校外教育等现实性命题提出的新要求。其实,博物馆与中小学教育结合事业是一场只有起点而没有终点的文教远征。只有循着时代的轨迹,站在立德树人的高度,才能使之永远具备旺盛的生命力。

作为国家的"金色名片",期待让收藏在博物馆里的文物、陈列在广阔大地上的遗产、书写在古籍里的文字都活起来。同时,期待博物馆成为我国社会教育、校外教育的新代言人，与中小学真正结合，以共同解决教育、文化和旅游（文物）界面临的共同挑战；更期待越来越多的博物馆在教育综合改革这一历史性征程中，按照习近平总书记"蹄疾而步稳"的要求，进一步助推全民教育和终身教育构建并最终实现学习型社会；当然，还要期待通过我国博物馆与中小学教育结合事业发展，我们将更积极主动地参与全球文教治理，为世界教育、文化发展贡献"中国智慧""中国经验""中国方案"，在共筑"中国梦"的同时，为践行"人类命运共同体"这一伟大的价值观做出贡献，对历史负责、对人民负责、对未来负责。

附　录

一、针对博物馆教育工作者的问卷与访谈[①]

博物馆教育工作者信息表

<u>背景信息</u>
- 职位(请二选一)：博物馆工作人员；志愿者/讲解员
- 负责的博物馆项目为：
- 在本馆工作的时长为：＿＿月(如果是第一年)；＿＿年(如果是第二年及以上)
- 有无中小学执教经历：是/否
- 曾经/当下执教的年级是：
- 在学校任教了多少年？ 0　1　2　3　4　5　6年及以上

博物馆教育工作者访谈安排

<u>目标</u>
- 对本馆而言，学生博物馆实地考察的目标是什么？
  - 在决定博物馆实地考察的目标时，影响因素是什么(如对本馆使命的支持，对藏品、展览的利用，服务社区等)？
  - 谁参与制定了博物馆实地考察的目标？
  - 如果中小学教师参与了目标制定，其参与情况如何？
- 对学校×年级的博物馆实地考察而言，您预期的结果是什么？
  - 这些结果与教师携带×年级学生前来本馆的理由相比，有无差别？
  - 这些结果与教师对博物馆实地考察的预期相比，有无差别？

<u>准备</u>
  - 为了给学校孩童提供博物馆实地考察，您做了哪些准备？

[①] 部分参考 A. Bhatia, *Museum and School Partnership for Learning on Field Trips*, Fort Collins, Co: Colorado State University, 2009. pp.229-233。

- 谁参与了博物馆实地考察的准备？
- 在实地考察前，您期待与教师进行哪些交流，希望他们有何参与？
- 在帮助师生准备本馆的实地考察进程中，您的贡献是什么？

实施

- 您希望孩童从博物馆实地考察的介绍中获得什么？
  - 您如何评估孩童对你在实地考察中所涵盖信息的了解程度？
  - 您如何在覆盖课程内容、开展活动、与孩童在展览中互动这三者之间平衡？
  - 您如何调整教学，以适应不同学校不同年级学生群组的需求？
  - 有没有一个例子说明您在实地考察中，如何根据学生的需要调整了课程？
- 在博物馆实地考察中，您对孩童的预期是什么？
  - 参与主题讨论
  - 参与活动
  - 聚精会神地听讲
  - 与同学、本馆工作人员、教师/陪护人员、博物馆实物之间互动
  - 填写博物馆提供的工作表
- 教师/陪护人员在博物馆实地考察中扮演什么角色？
  - 在您看来，当开启博物馆实地参观后，谁负责管理孩童？
  - 在博物馆实地考察中，教师如何协助你们进行介绍？
- 根据孩童的年龄和年级水平，覆盖每个展览的课程和活动的平均时长是多久？
  - 在____分钟内，您完成了所有工作？
  - 您认为分配____分钟给博物馆实地考察的介绍是合适的？
  - 在内容、活动、与学生互动这三者中，您觉得哪一项最重要？为什么？

评估

- 在您看来，对于一名普通的×年级学生而言，能从本馆实地考察中学习到什么？您如何评估学生的收获/结果？
  - 哪个展览让孩童最有参与感？为什么？
  - 哪项活动让孩童最有参与感？为什么？
  - 您如何评估在博物馆实地考察中，学生需求是否得到了满足？

- ■ 您如何评估在博物馆实地考察中,教师预期是否得到了满足?
- ■ 在博物馆实地考察结束后,您从教师方得到了哪些反馈?
- ■ 您如何应对教师的反馈?谁负责采取行动(跟进)反馈?
- 你们是否为学校教师提供博物馆实地考察后的活动?
  - ■ 哪些博物馆实地考察后的班级活动有助于评估场馆参观的学习情况?
  - ■ 您认为谁该负责提供博物馆实地考察后的活动?教师还是本馆工作人员?为什么?

局限性

- 博物馆在提供学校实地考察方面的局限性是什么?
  - ■ 哪些局限性来自博物馆方(如博物馆理事会、行政管理层、后勤等)?
  - ■ 哪些限制来自外部(如学区、学校行政管理层、教师、学生、家长、后勤等)?
  - ■ 可以采取哪些行动解决这些局限性?
  - ■ 所有局限性都能得到解决吗?哪些通常会得到解决?
- 您如何与教师/学校沟通博物馆实地考察在规划与进展过程中的局限性?
  - ■ 学校/学区如何帮助解决这些局限性?

最佳实践

- 您认为理想中的博物馆实地考察是什么样的?
  - ■ 对×年级师生而言,本馆的实地考察是一种独特体验吗?
  - ■ 博物馆方可以采取哪些行动,改进学生在实地考察中的学习?
  - ■ 学校可以采取哪些行动,改进学生在本馆实地考察中的学习?
  - ■ 为了与本地小学和教师建立一种理想的伙伴关系,您想改变什么?
- 你认为学校孩童实地考察本馆的前景如何?
  - ■ 当设计/提供博物馆项目给其他年龄群组(如小学高年级学生、青少年、青年)时,您的考量如何?
  - ■ 当设计/提供关联其他学科领域的博物馆项目(如英语、艺术、科学)时,您的考量如何?
  - ■ 当为学校提供延伸和拓展型博物馆项目时,您的考量如何?
  - ■ 当为职前和在职教师提供博物馆项目和资源培训时,您的考量如何?

二、针对中小学教师的问卷①

中小学教师的一般信息

1. 您执教多久了？＿＿＿年
2. 您在本学段执教多久了？＿＿＿年
3. 通常您每年会带班级进行多少次博物馆实地考察（包括考察博物馆之外的其他场所；请圈出相应的数字）？　0　1　2　3　4　5　6 或更多

您本人的博物馆实地考察体验

4. 您能否回想得起自己中小学阶段的某次博物馆之旅？
   a. 是（前往问题 5）　b. 否（前往问题 6）　c. 想不起来了（前往问题 6）
5. 如果是，博物馆之旅给您留下的回忆是什么？（列举您能想起的事物）

地方历史博物馆之旅

6. 当您为自己或学生考量地方历史博物馆实地考察时，进入脑海的词语是什么？（使用<u>一个词语</u>）
7. 当您带学生参观地方历史博物馆时，您期待他们获得什么体验？（使用<u>一个词语</u>）
8. 在您执教本学段的这些年里，您带学生去地方历史博物馆考察过几次？（圈出一个选项）

   0　1　2　3　4　5　6 或更多

   如果您在问题 8 中选择了"0"（<u>从未带学生去过地方历史博物馆</u>），请至最后一页完成简短的非参观者问卷。如果您选择了其他答案，请继续回答问题 9。

规划地方历史博物馆的实地考察

9. A) 以下哪些最佳描述了您带本学段学生前往地方历史博物馆实地考察的<u>理由</u>？（选出所有适合的选项）

---

① 部分参考 A. Bhatia，*Museum and School Partnership for Learning on Field Trips*，pp.236-243。

a. 关联课程 □　　　　b. 体验历史古迹 □　　c. 终身学习收获 □

d. 体验全新环境 □　　e. 为惯常的上学日带来改变 □

f. 乐趣 □　　　　　　g. 激励性体验 □　　　h. 其他____

B) 从 9. A)中罗列的要素中，选择最重要的两项原因(1 代表最重要，2 次之)：

10. 您期待学生从地方历史博物馆实地考察中获得下列哪些结果？（选出所有适合的选项）

a. 概念性知识收获 □　　　　　　b. 一次积极的体验 □

c. 一次影响深远的体验 □　　　　d. 乐趣 □

e. 学习与娱乐的结合 □　　　　　f. 激励性体验 □

g. 构建记忆 □　　　　　　　　　h. 没有特别的结果 □

i. 其他____

11. 博物馆工作人员如何帮助您规划本馆的实地考察？

12. 和博物馆工作人员沟通时，您表达的实地考察目的是？（请阐述）

13. 哪些因素影响您决定规划地方历史博物馆的实地考察？（选出所有适合的选项）

a. 与课程关联 □　　　　　　　　b. 达到标准的需求 □

c. 家长支持 □　　　　　　　　　d. 家长许可 □

e. 行政考量 □　　　　　　　　　f. 孩童安全 □

g. 家长作为陪护人员提供帮助 □　h. 旅程时长 □

i. 对博物馆项目的熟悉度 □

j. 我个人在利用实地考察/社区资源方面的受训情况 □

k. 其他（请阐述）____

博物馆实地考察前的准备

14. 您利用以下哪些参观前的课堂活动来为本学段学生的地方历史博物馆实地考察做准备？（选出所有适合的选项）

a. 课堂讨论 □　　　　　　　　　b. 课堂作业（写作或绘画）□

c. 幻灯片/影片 □　　　　　　　 d. 没有参观前活动 □

e. 其他，描述____

15. 博物馆工作人员在您选择参观前活动方面有何贡献？

16. 在您看来，在地方历史博物馆的实地考察中，对于每个环节，谁负主要责任？（每行选择一个）

实地考察的各个环节	我或其他教师	学校行政管理层	博物馆员工
a. 参观博物馆的决定	☐	☐	☐
b. 参观日期和时间	☐	☐	☐
c. 与课程的适配性	☐	☐	☐
d. 学校许可	☐	☐	☐
e. 家长许可	☐	☐	☐
f. 选择交通	☐	☐	☐
g. 参观前的课堂活动	☐	☐	☐
h. 参观日程	☐	☐	☐
i. 参观后的课堂活动	☐	☐	☐
j. 参观评估	☐	☐	☐
k. 其他（详细说明）			

在博物馆内

17. 在最近的一次实地考察中，您的学生在地方历史博物馆中花费了多长时间（以小时计，圈出适合的选项）？

    在地方历史博物馆，我们花费了 1　2　3　4　其他＿＿＿小时

18. 在您看来，在地方历史博物馆内，谁对孩童的实地考察负责？（选出所有适合的选项）

    a. 您自己 ☐　　　　　　　　b. 您和其他教师 ☐

    c. 您和陪护的家长 ☐　　　　d. 您和博物馆工作人员 ☐

    e. 博物馆工作人员 ☐　　　　f. 孩童自己 ☐

    g. 其他，详细说明＿＿＿

19. 在地方历史博物馆实地考察时，您鼓励学生进行怎样的互动？（选出所有适合的选项）

    a. 同学/同辈 ☐　　　　　　b. 博物馆工作人员 ☐

    c. 教师 ☐　　　　　　　　d. 陪护人员 ☐

    e. 博物馆实物 ☐　　　　　f. 不鼓励互动 ☐

20. 在地方历史博物馆实地考察时，您的学生进行什么活动？（选出所有适合的选项）

    a. 填写从学校带来的学习单 ☐　　b. 填写博物馆提供的学习单 ☐

    c. 与同学讨论 ☐　　　　　　　　d. 与教师讨论 ☐

e. 向博物馆工作人员提问 □　　　　f. 不进行任何活动 □

g. 其他____

21. 在最近一次的地方历史博物馆实地考察中,您的学生对以下哪个展览和哪项活动最感兴趣？(选出一个展览和一项活动)

    学生们最感兴趣的是：

22. 您认为学生对一场展览和一项活动感兴趣的原因是什么？(请阐述)

博物馆实地考察后

23. 对于最近一次的地方历史博物馆实地考察,以下哪些选项显示了其<u>成功</u>？(选出所有适合的选项)

    a. 概念性知识的获得 □　　　　b. 一次积极的体验 □

    c. 乐趣 □　　　　　　　　　　d. 寓教于乐 □

    e. 增强了学习动机 □　　　　　f. 增强了对信息的好奇心 □

    g. 与博物馆工作人员互动 □　　h. 学习本地历史 □

    i. 欣赏历史古迹 □　　　　　　j. 其他____

24. 您运用以下何种方法来评估学生在地方历史博物馆实地考察的学习情况？(选出所有适合的选项)

    a. 课堂讨论 □　　　　　　　　b. 绘画活动 □

    c. 写作活动 □　　　　　　　　d. 课堂表演 □

    e. 小组活动(短剧、课题) □　　f. 博物馆开发的活动 □

    g. 没有任何活动或努力 □　　　h. 其他

25. 您认为在地方历史博物馆实地考察中,对学生学习帮助最大的是什么？(请阐述)

26. 在带领本学段学生实地考察地方历史博物馆过程中,您遇到的主要挑战是什么？(选出所有适合的选项)

    时间分配 □　　　　同意书 □　　　　　　课程关联性 □

    行政支持 □　　　　参观前活动 □　　　　参观后活动 □

    资金 □　　　　　　交通 □　　　　　　　缺少家长志愿者 □

    学习评估 □　　　　其他,阐述____

博物馆实地考察的反馈

27. 博物馆工作人员是否向您提供了用于博物馆实地考察后评估的反馈表

格?(选择一项)

是　　否

28. 博物馆实地考察后,您对博物馆工作人员就提升学生学习成效有何改进建议?(请描述)
29. 您是如何将改进建议传递给博物馆工作人员的?(圈出合适的选项)

写信　　电子邮件　　电话　　其他____

30. 作为对您改进建议的应对,博物馆工作人员采取了什么行动?(请描述)
31. 请分享有助于提升地方历史博物馆教育项目(无论是针对学生还是教师的)的想法。

针对非参观者的简短问卷

如果您从来没有带本学段学生参观过地方历史博物馆,我们希望了解您在提升历史课程时使用的方法。请仔细阅读如下问题并尽可能回答。

1. 在历史课程中,您使用何种教学方法来达到本地历史(学习)标准?
2. 为促进学生的学习,您通过何种课堂活动来丰富历史课程?
3. 除了地方历史博物馆之外,您带本学段学生实地考察过哪些历史古迹和学习场所,以作为对历史课程的提升?
4. 您不在学校实地考察中选择地方历史博物馆的理由是什么?

三、美国博物馆学校名录(按所在州的首字母顺序排列)[①]

1. 亚利桑那州(Arizona)
   - 弗拉格斯塔夫艺术与领导力学院(Flagstaff Arts and Leadership Academy),弗拉格斯塔夫(Flagstaff)

   服务年级:9—12年级

   建立时间:1996年

   合作博物馆:北亚利桑那博物馆(Museum of Northern Arizona)

2. 加利福尼亚州(California)
   - 帕萨迪纳博物馆科学磁石学校(Arroyo Seco Museum Science Magnet

---

① K. Fortney and B. Sheppard, eds., *An Alliance of Spirit: Museum and School Partnerships*, Arlington, VA: American Association of Museums Press, 1988, pp.95-100.

School),洛杉矶(Los Angeles)

服务年级:幼儿园—8年级

建立时间:1972年,但于90年代才成为博物馆科学磁石学校

合作博物馆:儿童空间博物馆(Kidspace)、洛杉矶郡艺术博物馆(Los Angeles County Museum of Art)、德克尔公园奥杜邦中心(Audubon Center at Debs Park)、西部遗迹博物馆(Autry Museum of the American West)、洛杉矶郡自然历史博物馆(Natural History Museum of Los Angeles County)

- 科学中心学校(Science Center School),加州科学中心(California Science Center),洛杉矶

服务年级:幼儿园—5年级

建立时间:2004年

合作博物馆:加州科学中心

- 博物馆学校(The Museum School),圣地亚哥(San Diego)

服务年级:幼儿园—6年级

建立时间:1998年

合作博物馆:最初由圣地亚哥儿童博物馆(San Diego Children's Museum)特许建立和运营至2007年。现在合作伙伴包括:圣地亚哥航空航天博物馆(San Diego Aerospace Museum)、摄影艺术博物馆(Museum of Photographic Arts)、圣地亚哥自然历史博物馆(San Diego Museum of Natural History)、人类博物馆(Museum of Man)、圣地亚哥动物园(San Diego Zoo)。

- 动物园磁石中心(Zoo Magnet Center),洛杉矶

服务年级:9—12年级

建立时间:1981年

合作博物馆:洛杉矶动物园和植物园(Los Angeles Zoo and Botanic Gardens)、西部遗迹博物馆、洛杉矶自然历史博物馆(Natural History Museum of Los Angeles)

3. 华盛顿哥伦比亚特区(District of Columbia)

- 罗伯特·布伦特博物馆磁石初级学校(Robert Brent Museum Magnet Elementary School)

服务年级:幼儿园—5年级

建立时间:1996年

合作博物馆：史密森博物学院（Smithsonian Institution）旗下博物馆集群
- 斯图尔特—霍布森中学（Stuart-Hobson Middle School）

服务年级：5—8年级

建立时间：1996年

合作博物馆：史密森博物学院旗下博物馆集群

4. 佛罗里达州（Florida）
    - 迈阿密斯普林斯中学（Miami Springs Middle School），迈阿密斯普林斯（Miami Springs）

    服务年级：6—8年级

    建立时间：不明

    合作博物馆：迈阿密科学博物馆（Miami Science Museum）
    - 谢南多中学博物馆磁石学校（Shenandoah Middle School Museums Magnet），迈阿密

    服务年级：6—8年级

    建立时间：2005年

    合作博物馆：戴德遗产信托计划、南佛罗里达历史博物馆（Historical Museum of Southern Florida）、迈阿密大学洛尔艺术博物馆（Lowe Art Museum-University of Miami）、迈阿密艺术博物馆（Miami Art Museum）、佛罗里达国际大学沃尔夫森（博物馆）（The Wolfsonian-FIU/Florida International University）
    - 南方初级博物馆磁石学校（Southside Elementary Museum Magnet School），迈阿密

    服务年级：幼儿园前—3年级

    建立时间：转型为博物馆磁石学校的时间不明

    合作博物馆：迈阿密艺术博物馆、南佛罗里达历史博物馆、洛尔艺术博物馆、迈阿密科学博物馆、戴德遗产信托计划、维兹卡亚花园博物馆（Vizcaya Museum and Gardens）、沃尔夫森博物馆（The Wolfsonian Museum）

5. 伊利诺伊州（Illinois）
    - 塔尔科特美术和博物馆学院（Talcott Fine Arts and Museum Academy），芝加哥（Chicago）

    服务年级：幼儿园前—8年级

    建立时间：2005年

合作博物馆：芝加哥艺术博物馆（Art Institute Chicago）、菲尔德博物馆（Field Museum）、墨西哥美术作品展览馆（Mexican Fine Arts Center Museum）、芝加哥儿童博物馆（Chicago Children's Museum）

6. 马萨诸塞州（Massachusetts）
- 埃利亚斯·布鲁金斯探索学习博物馆磁石学校（Elias Brookings Expeditionary Learning Museum Magnet School），斯普林菲尔德（Springfield）

   服务年级：幼儿园—8 年级

   建立时间：转型为博物馆磁石学校的时间不明

   合作博物馆：斯普林菲尔德博物馆群——米歇尔和唐纳德·达穆尔美术博物馆（Michele & Donald D'Amour Museum of Fine Arts）、乔治·沃尔特·文森特·史密斯艺术博物馆（George Walter Vincent Smith Art Museum）、斯普林菲尔德科学博物馆（Springfield Science Museum）、康涅狄格河谷历史博物馆（The Connecticut Valley Historical Museum）

- 菲茨堡博物馆学校（Fitchburg Museum School），菲茨堡（Fitchburg）

   服务年级：5—8 年级

   建立时间：1995 年

   合作博物馆：菲茨堡艺术博物馆（Fitchburg Art Museum）

7. 密歇根州（Michigan）
- 亨利·福特学院（Henry Ford Academy），迪尔伯恩（Dearborn）

   服务年级：9—12 年级

   建立时间：1997 年

   合作博物馆：亨利·福特博物馆（The Henry Ford Museum）

8. 明尼苏达州（Minnesota）
- 博物馆磁石学校（Museum Magnet School），圣保罗（St. Paul）

   服务年级：幼儿园前—6 年级

   合作博物馆：最初与明尼苏达州科学博物馆（Science Museum of Minnesota）合作，现已拓展至其他博物馆

- 环境研究学校/"动物园学校"（School for Environmental Studies/"Zoo School"），苹果谷市（Apple Valley）

   服务年级：10—12 年级

   建立时间：1994 年

合作博物馆：明尼苏达州动物园(The Minnesota Zoo)

9. 纽约州(New York)

- 查尔斯·德鲁科学磁石学校(Dr. Charles R. Drew Science Magnet School)，布法罗(Buffalo)

服务年级：幼儿园前—1年级

建立时间：1980年左右

合作博物馆：布法罗科学博物馆(Buffalo Museum of Science)、布法罗动物园(Buffalo Zoo)

- 罗切斯特博物馆与科学中心之吉纳西社区特许学校(Genesee Community Charter School at the Rochester Museum & Science Center)，罗切斯特(Rochester)

服务年级：幼儿园—6年级

建立时间：2001年

合作博物馆：罗切斯特博物馆与科学中心(The Rochester Museum & Science Center)

- 博物馆学校25(Museum School 25)，杨克斯(Yonkers)

服务年级：幼儿园前—5年级

建立时间：不明

合作博物馆：哈德逊河博物馆(The Hudson River Museum)及其他场馆

- 纽约市博物馆学校(The New York City Museum School)，纽约市(New York City)

服务年级：7—12年级

建立时间：1995

合作博物馆：美国自然历史博物馆(American Museum of Natural History)、布鲁克林艺术博物馆(Brooklyn Museum of Art)、南街海港博物馆(South Street Seaport Museum)、曼哈顿儿童博物馆(The Children's Museum of Manhattan)

10. 北卡罗来纳州(North Carolina)

- 布鲁克斯博物馆磁石初级学校(Brooks Museums Magnet Elementary School)，罗利(Raleigh)

服务年级：幼儿园—5年级

建立时间：2002年

合作博物馆：北卡罗来纳州科学博物馆（North Carolina Museum of Science）、北卡罗来纳州艺术博物馆（North Carolina of Art）、北卡罗来纳州历史博物馆（North Carolina of History）、马波斯（儿童）博物馆（Marbles Museum）、达勒姆生命与科学博物馆（The Durham Museum of Life and Science）

- 摩尔广场博物馆磁石中学（Moore Square Museum Magnet Middle School），罗利

服务年级：6—8年级

建立时间：2002年

合作博物馆：非裔美国人文化机构群（African American Cultural Complex）、艺术空间（Artspace）、当代艺术博物馆（Contemporary Art Museum）、约珥·莱恩故居（Joel Lane House）、北卡罗来纳州国会大厦、北卡罗来纳州立法大楼、北卡罗来纳州艺术博物馆、北卡罗来纳州历史博物馆、北卡罗来纳州自然科学博物馆（North Carolina Museum of Natural Science）、普柏故居（The Pope House）、罗利市博物馆（The Raleigh City Museum）

11. 田纳西州（Tennessee）

- 诺玛公园博物馆磁石学校（Normal Park Museum Magnet School），查塔努加（Chattanooga）

服务年级：幼儿园—8年级

建立时间：2002年

合作博物馆：创意探索博物馆（Creative Discovery Museum）、亨特美国艺术博物馆（Hunter Museum of American Art）、查塔努加非裔美国人博物馆（Chattanooga African-American Museum）、查塔努加地区历史博物馆（Chattanooga Regional History Museum）、查塔努加自然中心（Chattanooga Nature Center）、田纳西州水族馆（Tennessee Aquarium）、查塔努加动物园（The Chattanooga Zoo）

12. 得克萨斯州（Texas）

- 沃斯堡博物馆学校（Fort Worth Museum School），沃斯堡（Fort Worth）

服务年级：幼儿园前—幼儿园

建立时间：1949年

合作博物馆：沃思堡科学历史博物馆（Fort Worth Museum of Science and History）

四、上海市小学、初中、高中之 2019 学年度课程计划

上海市小学 2019 学年度课程计划

<table>
<tr><th colspan="2" rowspan="2">课程、科目</th><th colspan="5">各年级周课时</th><th rowspan="2">说　　明</th></tr>
<tr><th>一</th><th>二</th><th>三</th><th>四</th><th>五</th></tr>
<tr><td rowspan="10">基础型课程</td><td>语　　文</td><td>9</td><td>9</td><td>6</td><td>6</td><td>6</td><td rowspan="10">（1）一年级入学初设置 2—4 周的学习准备期
（2）语文课程每周安排 1 课时用于写字教学
（3）虹口区和杨浦区继续进行科学与技术课程的试验，替代自然与劳动技术课程。科学与技术课程一至五年级的周课时分别为 2，2，2，3，3</td></tr>
<tr><td>数　　学</td><td>3</td><td>4</td><td>4</td><td>5</td><td>5</td></tr>
<tr><td>外　　语</td><td>2</td><td>2</td><td>4</td><td>5</td><td>5</td></tr>
<tr><td>自　　然</td><td>2</td><td>2</td><td>2</td><td>2</td><td>2</td></tr>
<tr><td>道德与法治</td><td>2</td><td>2</td><td>2</td><td>3</td><td>3</td></tr>
<tr><td>唱游/音乐</td><td>2/</td><td>2/</td><td>/2</td><td>/2</td><td>/2</td></tr>
<tr><td>美　　术</td><td>2</td><td>2</td><td>2</td><td>1</td><td>1</td></tr>
<tr><td>体育与健身</td><td>4</td><td>4</td><td>4</td><td>3</td><td>3</td></tr>
<tr><td>信息科技</td><td></td><td></td><td>2</td><td></td><td></td></tr>
<tr><td>劳动技术</td><td></td><td></td><td></td><td>1</td><td>1</td></tr>
<tr><td colspan="2">周课时数</td><td>26</td><td>27</td><td>28</td><td>28</td><td>28</td><td></td></tr>
<tr><td rowspan="4">拓展型课程</td><td>兴趣活动
（含体育活动）</td><td>5</td><td>4</td><td>4</td><td>4</td><td>4</td><td>鼓励开设短周期兴趣活动，供学生选择；部分兴趣活动可与学生体育活动相结合</td><td rowspan="4">拓展型和探究型课程的部分内容采用"快乐活动日"的形式进行设计和实施。学校每周安排 1 个半天（按 4 课时计）实施"快乐活动日"，每学年安排 30 次，课时总量为 120 课时。可全校统一安排，也可分年段、分年级、分主题设计安排</td></tr>
<tr><td>专题教育或
班团队活动</td><td>1</td><td>1</td><td>1</td><td>1</td><td>1</td><td></td></tr>
<tr><td>社区服务
社会实践</td><td colspan="2">每学年
1至2周</td><td colspan="3">每学年
2周</td><td>学生必修；时间可分散安排</td></tr>
<tr><td colspan="6"></td><td></td></tr>
<tr><td colspan="2">探究型课程</td><td>1</td><td>1</td><td>1</td><td>1</td><td>1</td><td colspan="2">单独设置，学生必修；课时也可集中使用</td></tr>
<tr><td colspan="2">晨会或午会</td><td colspan="5">每天 15—20 分钟</td><td colspan="2"></td></tr>
<tr><td colspan="2">广播操、眼保健操</td><td colspan="5">每天约 35 分钟</td><td colspan="2"></td></tr>
<tr><td colspan="2">周课时总量</td><td>33</td><td>33</td><td>34</td><td>34</td><td>34</td><td colspan="2">每课时按 35 分钟计</td></tr>
</table>

上海市初中 2019 学年度课程计划

课程、科目		各年级周课时				说　　明
		六	七	八	九	
基础型课程	语　文	4	4	4	4	（1）切实落实中小学课程方案,保证生命科学课程总课时数为 102 课时 （2）在保证社会课程总课时数为 68 课时的前提下,可调整八、九年级的社会课程设置 （3）在保证劳动技术课程总课时数为 170 课时的前提下,可调整六至九年级的劳动技术课程设置 （4）在保证信息科技课程总课时数为 68 课时的前提下,可调整六、七年级的信息科技课程设置 （5）在调整部分学科的课程设置时,基础型课程的周课时数要控制在 28 课时以内,以保证拓展型课程和探究型课程的开设
	数　学	4	4	4	5	
	外　语	4	4	4	4	
	道德与法治	1	1	2	2	
	科　学	2	3			
	物　理			2	2	
	化　学				2	
	生命科学			2	1	
	地　理	2	2			
	历　史			3	3	
	社　会				2	
	音　乐	1	1			
	美　术	1	1			
	艺　术			2	2	
	体育与健身	3	3	3	3	
	劳动技术	2	1	2		
	信息科技	2				
	周课时数	26	27	28	27	
拓展型课程	学科类、活动类（含体育活动）	5	4	3	4	六至八年级每周安排 1 课时用于写字教学。各年级学科类、活动类科目每周至多不超过 1 课时,鼓励开设短周期的学科类、活动类科目,供学生选择。部分活动类科目可与学生体育活动相结合。学校可根据实际情况,统筹分配学科类、活动类拓展型课程以及探究型课程的课时
	专题教育或班团队活动	1	1	1	1	
	社区服务社会实践	每学年 2 周				学生必修;时间可集中安排,也可分散安排
	探究型课程	2	2	2	2	单独设置,学生必修;课时可分散使用,也可集中使用
	晨会或午会	每天 15—20 分钟				
	广播操、眼保健操	每天约 40 分钟				
	周课时总量	34	34	34	34	每课时按 40 分钟计

上海市高中 2019 学年度课程计划

课程、科目		各年级周课时			说　　　明
		高一	高二	高三	
基础型课程	语文	3	3	3	（1）在保证生命科学课程总课时数为 102 课时的前提下，可在高一开设生命科学课程 （2）在保证艺术课程总课时数为 98 课时的前提下，可调整高一至高三年级的艺术课程设置 （3）在保证劳动技术课程总课时数为 102 课时的前提下，调整高一至高×年级的劳动技术课程设置 （4）思想政治基础型课程高三年级第一学期安排社会调查专题课程，高三年级第二学期安排重大时事政治专题教育。在保障 34 课时总量的基础上，学校可根据实际情况安排每周课时 （5）在调整部分学科的课程设置时，基础型课程的周课时数要控制在各年级规定周课时数以内（高一、高二不突破 30 课时；高三不突破 20 课时），以保证拓展型课程和研究型课程的开设
	数学	3	3	3	
	外语	3	3	3	
	物理	2	2		
	化学	2	2		
	生命科学		3		
	思想政治	2	3	1	
	历史	2	2		
	地理	3			
	艺术	1	1	1	
	体育与健身	3	3	3	
	劳动技术	1	2		
	信息科技	2			
	周课时数	27	27	14	
拓展型课程	学科类、活动类（含体育活动）	8	8	21	（1）高一至高×年级学科类、活动类拓展型课程，每一科目建议每周至多不超过 2 课时；为确保高中统编教材有效实施，其中须保证高一语文每周至少安排 1 课时；鼓励开设短周期的学科类、活动类科目，供学生选择。部分活动类科目可与学生体育活动相结合 （2）学校要根据学生选课情况，为已完成相关学科基础型课程且准备参加高中学业水平等级性考试的学生开设学科拓展型课程。其中，历史、思想政治、物理和化学拓展型课程安排在高三年级；地理和生命科学拓展型课程可安排在高三年级也可安排在高×年级。上述各学科拓展型课程每周建议各 3—4 课时
	专题教育或班团队活动	1	1	1	
	社区服务社会实践	每学年 2 周			学生必修；时间可集中安排，也可分散安排
研究型课程		2	2	2	单独设置，学生必修；课时可分散使用，也可集中使用
晨会或午会		每天 15—20 分钟			
广播操、眼保健操		每天约 40 分钟			
周课时总量		38	38	38	每课时原则上按 40 分钟计

参 考 文 献

一、中文著作

北京汽车博物馆编：《通用基础标准体系》，天津大学出版社，2017年。

陈如平、李佩宁编：《美国STEM课例设计》，教育科学出版社，2018年。

迟巍、吴斌珍、钱晓烨、梁琦：《我国城镇家庭教育支出研究》，清华大学出版社，2013年。

高德毅：《舞动成长的翅膀：上海市中小学课外活动实施指南》，上海教育出版社，2014年。

黄淑芳：《现代博物馆教育：理念与实务》，台湾省立博物馆出版部，1997年。

黄琛：《中国博物馆教育十年思考与实践》，《中国学术期刊（光盘版）电子杂志社》有限公司，2017年。

李正等编：《公共管理学》，首都师范大学出版社，2018年。

李友芝：《中外师范教育辞典》，中国广播电视出版社，1988年。

柳欣源：《义务教育公共服务均等化制度设计》，华东师范大学出版社，2019年。

马继贤：《博物馆学通论》，四川大学出版社，1994年。

上海市教育委员会编：《砥砺奋进二十年：中小学拓展型、研究型课程实践与探索》，上海科技教育出版社，2019年。

上海市教育委员会教学研究室编：《课程领导：学校持续发展的引擎》，上海科技教育出版社，2019年。

单霁翔：《从"馆舍天地"走向"大千世界"——关于广义博物馆的思考》，天津大学出版社，2011年。

沈明德：《校外教育学》，学苑出版社，1989年。

孙绍荣：《制度设计中的博弈与机制》，中国经济出版社，2014年。

许德馨：《少年宫教育史》，海南出版社，1999年。

王宏钧编：《中国博物馆学基础》（修订本），上海古籍出版社，2001年。

王乐：《馆校合作研究：基于国际比较的视角》，厦门大学出版社，2017年。

王振民编：《中国校外教育工作年鉴（2016—2017）》，武汉大学出版社，2017年。

文化部文物局编：《中国博物馆学概论》，文物出版社，1985年。

张印成编：《课外校外教育学》，北京师范大学出版社，1997年。

庄瑜编：《上海市静安区文物史料馆总策划：可阅读的城市学园——上海市静安区博物馆教育案例集》，华东师范大学出版社，2020年。

曾昭燏、李济：《博物馆》，正中书局，1943年。

郑奕：《博物馆教育研究》，复旦大学出版社，2015年。

《中国大百科全书·教育卷》，中国大百科全书出版社，1985年。

朱杰进：《国际制度设计：理论模式与案例分析》，上海人民出版社，2011年。

二、中文译著

［英］艾琳·胡珀-格林希尔：《博物馆与教育——目的、方法及成效》，蒋臻颖译，上海科技教育出版社，2016年。

［美］道格拉斯·C.诺思：《制度、制度变迁与经济绩效》，杭行译，格致出版社、上海三联书店、上海人民出版社，2014年。

［英］德·朗特里：《西方教育词典》，上海译文出版社，1988年。

Genoways, H. & Ireland, L.：《博物馆行政》，五观艺术管理有限公司，2007年。

经济合作与发展组织：《教育概览2014：OECD指标》，中国教育科学研究院组织译，教育科学出版社，2015年。

美国博物馆协会：《博物馆观众服务手册》，外文出版社，2013年。

美国科学促进会：《科学教育改革的蓝本》，中国科学技术协会译，科学普及出版社，2001年。

［美］亚历山大·温特：《国际政治的社会理论》，秦亚青译，上海人民出版社，2000年。

三、英文著作

Fortney, K. & Sheppard, B. eds., *An Alliance of Spirit: Museum and School Partnerships*. Arlington, VA: American Association of Museums Press, 1988.

Gibson, J.J. *The Ecological Approach to Visual Perception*. Boston: Houghton Mifflin, 1979.

Gibson, J.J. The Theory of Affordances, in R.Shaw & J. Bransford eds., *Perceiving, Acting, and Knowing: Toward an Ecological Psychology*. Hillsdale, NJ: Lawrence Erlbaum, 1977.

Hirzy, E. C. *True Needs, True Partners: Museums and Schools Transforming Education*. Washington, DC: Institute of Museum Services, 1996.

Institution of Museum and Library Services. *True Needs, True Partners: Survey of the Status of Educational Programming Between Museums and Schools*. Washington, DC: Institution of Museum and Library Services, 1998.

Johnson, A. et al. *The Museum Educator's Manual*. Lanham, MD: AltaMira Press, 2009.

Lord, B. ed., *The Manual of Museum Learning*. Lanham, MD: AltaMira Press, 2007.

Lord, G. D. & Blankenberg, N. *Cities, Museums and Soft Power*. Arlington, VA: American Association of Museums Press, 2015.

National Research Council. *Learning Science in Informal Environments: People, Places, and Pursuits*. Washington, DC: The National Academies Press, 2009.

Phillips, M. *Museum-Schools: Hybrid Spaces for Accessing Learning*. San Francisco: Center for Informal Learning and Schools, 2006.

Takahisa, S. & Chaluisan, R. New York City Museum School, in *Museum School Symposium: Beginning the Conversation*. St. Paul: Science Museum of Minnesota, 1995.

Wells, M., Butler, B., & Koke, J. *Interpretative Planning for Museums: Integrating Visitor Perspectives in Decision Making*. Walnut Creek, CA: Left Coast Press, 2013.

四、中文报刊文章、报告

1. 期刊文章

［日］半田昌之：《日本博物馆的现状与课题》，邵晨卉译，《东南文化》2017年第3期。

鲍贤清、杨艳艳：《课堂、家庭与博物馆学习环境的整合——纽约"城市优势项目"分析与启示》，《全球教育展望》2013年第1期。

曹运通：《建立分层次的调控机制 加强宏观、中观、微观的综合管理》，《山西财经学院学报》1989年第3期。

陈如平：《关于新样态学校的理性思考》，《中国教育学刊》2017年第3期。

陈如平：《"因材施教"是教育的最高境界》，《中小学管理》2020年第1期。

陈之腾：《引领青少年科创教育新格局 上海市青少年科学创新实践工作站项目三年显成效》，《上海教育》2019年第3期。

程虹、窦梅：《制度变迁阶段的周期理论》，《武汉大学学报》1999年第1期。

杜彬恒、陈时见：《我国教育战略规划的基本特征和价值理念——基于我国五个纲领性教育文献的政策分析》，《河北师范大学学报》2020年第3期。

段勇：《美国博物馆的公共教育与公共服务》，《中国博物馆》2004年第2期。

段勇：《中国博物馆免费开放的喜与忧》，《博物院》2017年第1期。

《法国25岁以下人群及教师将可免费参观博物馆》，《世界教育信息》2009年第2期。

冯建军：《义务教育优质均衡发展的理论研究》，《全球教育展望》2013年第1期。

傅斌晖：《以学校教育观点解读博物馆观众研究与馆校合作教育之关

系》,《中等教育季刊》2010年第3期。

黄云龙:《研究性学习摭谈》,《上海师范大学学报》2001年第2期。

洪名勇、钱龙:《信任、声誉及其内在逻辑》,《贵州大学学报(社会科学版)》2014年第1期。

康丽颖:《校外教育的概念和理念》,《河北师范大学学报》2002年第3期。

李君、隗峰:《美国博物馆与中小学合作的发展历程及其启示》,《外国中小学教育》2012年第5期。

李瑶:《中国早期博物馆教育思想的特点及其影响》,《文教资料》2008年第36期。

刘登珲:《我国校外教育功能定位流变及其现代转向》,《湖南师范大学教育科学学报》2016年第5期。

刘婉珍:《与青少年做朋友～美术馆能为青少年做什么? 如何做?》,《朱铭美术馆季刊》2003年第13期。

骈茂林:《"教育规划纲要"的政策属性与效力分析》,《国家教育行政学院学报》2013年第3期。

钱雪元:《美国的科技博物馆和科学教育》,《科普研究》2007年第4期。

沈建民、谢利民:《试论研究型课程生命活力的焕发——兼论研究型课程与基础型课程、拓展型课程的关系》,《课程·教材·教法》2001年第10期。

王素:《〈2017年中国STEM教育白皮书〉解读》,《教育与教学》2017年第14期。

王晓燕:《日本校外教育发展的政策与实践》,《国家教育行政学院学报》2009年第1期。

吴鲁平、彭冲:《中国青少年校外教育政策研究—— 一种文本内容分析》,《中国青年研究》2010年第12期。

吴忠魁:《日本文化立国战略与基础教育改革的新发展》,《比较教育研究》2001年第4期。

忻福良:《教育立法要处理好的几个关系》,《高等教育研究》1991年第4期。

习近平:《文明交流互鉴是推动人类文明进步和世界和平发展的重要

动力》,《求是》2019 年第 9 期。

许立红、高源:《美国博物馆学校案例解析及运行特点初探》,《教育与教学研究》2010 年第 6 期。

徐倩:《校内校外,共绘育人版图》,《上海教育》2015 年 11 月 A 刊。

徐瑞:《从教育政策到教育法律:论教育管理依据的转变》,《天津市教科院学报》2002 年第 2 期。

杨九诠:《综合素质评价的困境与出路》,《华东师范大学学报(教育科学版)》2013 年第 2 期。

杨银付:《〈教育规划纲要〉的理念与政策创新》,《教育研究》2010 年第 8 期。

余慧娟、赖配根、李帆、朱哲、金志明、董少校:《上海教育密码》,《人民教育》2016 年第 8 期。

张洪高:《"知识与技能、过程与方法、情感态度价值观"的整合》,《当代教育论坛》2005 年第 3 期(下半月刊)。

赵锋:《昌邑小学:"文博教育"成为德育新载体》,《上海教育》2004 年第 10 期。

赵丽丽:《回归素质教育的本原——日本小学生校外教育探究》,《基础教育参考》2006 年第 3 期。

郑奕:《中国博物馆教育发展的昨天、今天与明天》,《中国博物馆》2016 年第 1 期。

郑奕:《相关性 共鸣度 同理心——博物馆企及观众的关键所在》,《东南文化》2018 年第 1 期。

郑奕、罗兰舟:《刍议英美博物馆年报发展对中国博物馆年报编制的启迪》,《国际博物馆》2019 年第 1—2 期。

2. 报纸文章

常晶、纪秀君、徐君:《为中国学前教育发展而立法》,《中国教育报》2017 年 3 月 15 日。

陈如平:《网络远程教育"无时不在、无处不在"》,《人民日报》2020 年 6 月 23 日。

《顶层设计为教育落下重要先手棋》,《中国教育报》2019 年 9 月 5 日。

丁雅诵:《〈中国高考评价体系〉发布》,《人民日报》2020 年 1 月 8 日。

房宁:《我们需要什么样的智库学者》,《光明日报》2015 年 12 月 30 日。

《国家教育咨询委员会赴上海和江苏无锡调研现实：德育体育促进素质教育》,《中国教育报》2015年10月9日。

焦以璇：《"我们在博物馆里聆听历史"——北京史家胡同小学与博物馆走向深度融合》,《中国教育报》2017年6月29日。

李爱国、王征：《国外公益性文化设施免费开放的指导原则》,《中国文化报》2008年3月30日。

李月：《"指南针计划"青少年基地——架起学校与博物馆之间的桥梁》,《中国文化报》2014年12月11日。

刘昌亚：《发挥规划战略导向作用 加快推进教育现代化》,《中国教育报》2019年11月28日。

刘元春、宋鹭：《社会智库建设：难在哪里,如何解决》,《光明日报》2016年9月21日。

陈如平：《中小学课程改革的10个新动向》,《中国教师报》2019年4月12日。

单霁翔：《抓住历史机遇,推进新时期中国博物馆的蓬勃发展》,《光明日报》2010年11月5日。

《上海博物馆从设计角度探究中华文明》,《东方早报》2012年3月12日。

宋娴：《以科学教育推进科学普及》,《人民日报》2017年9月8日。

宋娴：《推动科普资源均衡发展》,《人民日报》2018年12月27日。

苏杨：《一流智库的建设思路》,《中国经济时报》2012年11月16日。

孙丽梅：《日本博物馆的青少年教育》,《中国文物报》2006年5月12日。

唐琪：《让校外教育发挥更大育人作用——"十二五"以来全国校外教育事业综述》,《中国教育报》2017年3月21日。

王炳林、郝清杰：《全面深化教育领域综合改革——深入学习习近平总书记教育思想（七）》,《中国教育报》2017年9月15日。

汪瑞林：《推进立德树人的生动实践——2019年基础教育课程与教学改革观察》,《中国教育报》2019年12月25日。

吴娟：《美国博物馆：与学校教育融合互动》,《中国教育报》2017年6月29日。

邢晓芳、王彦：《"上海文化"：三年行动计划提出三大品牌任务》,《文汇报》2018年4月30日。

杨荷泉：《以地域资源促进语文教育（文艺观察）》，《人民日报》2016年1月5日。

翟博：《绘制人力资源强国的宏伟蓝图——〈国家中长期教育改革和发展规划纲要〉诞生记》，《中国教育报》2010年7月31日。

赵秀红：《教育70年　与共和国同向而行》，《中国教育报》2019年9月4日。

《教育功能突出　欧洲年度博物馆花落荷兰》，《中国文化报》2015年6月15日。

中国国际经济交流中心赴美考察团：《美国全球知名智库发展现状与启示》，《光明日报》2016年8月10日。

周立奇、胡盼盼：《校外教育优质发展的三个支点》，《光明日报》2019年12月10日。

驻英国台北代表处文化组：《英国博物馆与中小学教育结合　师生满意度达80％》，《教育部电子报》2009年11月26日（第386期）。

邹靖雅、李刚、王斯敏：《智库建设：如何配置人、考核人、激励人——基于"中国智库索引（CTTI）"的智库人力资源调研分析》，《光明日报》2017年9月14日。

3. 报告

《2019年上海市教育工作年报》，上海市教育委员会网站，2020年4月23日。

《2018年全国教育事业发展统计公报》，教育部网站，2019年7月24日。

国家文物局博物馆司调研组：《关于将博物馆纳入国民教育体系的调研报告》，《新形势下博物馆工作实践与思考》，文物出版社，2010年。

《日本韩国教育考察报告》，中国教育科学研究院网站，2012年3月31日。

上海市青少年学生校外活动联席会议办公室、上海政法学院教育政策与法制研究中心：《2019上海市校外教育发展论坛材料汇编》，2019年11月26日。

五、英文文章、报告

1. 期刊文章

Brooks, M.G. and Brooks, J.G. The Courage to be Constructivist.

Educational Leadership, 1999, vol.57, no.3.

Doering, Z. D. and Pekarik, A. J. Questioning the Entrance Narrative. *Journal of Museum Education*, 1996, vol.21, no.3.

Hein, G. E. John Dewey and Museum Education. *Curator: The Museum Journal*, 2004, vol.47.

McNeil, L. Creating New Inequalities: Contradictions of Reform. *Phi Delta Kappan*, 2000, vol.81, no.10.

Rosenbloom, D. H. The Context of Management Reforms. *The Public Manager*, 1995, no.3.

2. 报告

Final Report of the Committee on Museums in Relation to Education, in *Report of the British Association for the Advancement of Science 1920*.

Learning Standards for Mathematics, Science, and Technology. Albany, NY: The University of the State of New York, 1996.

Museum of London. *Governor's Report and Financial Statements for the Year Ended 31 March 2017*.

Office of Policy and Analysis. *Lessons for Tomorrow: A Study of Education at the Smithsonian, vol.1 Summary Report*. Washington, DC: Smithsonian Institution, 2009.

六、学位论文

Bhatia, A. *Museum and School Partnership for Learning on Field Trips*. Fort Collins, CO: Colorado State University, 2009.

李无言:《我国非国有博物馆发展对策研究》,复旦大学,2020年。

后　　记

　　这是一本用心"谋"了多年的书。本研究开始于2013年，以笔者主持的两个省部级课题"公益性文化机构（博物馆）与中小学素质教育的联动机制研究""将博物馆纳入上海青少年教育体系的制度设计研究"为基底，迄今历时近7年。其中，部分成果于2019年摘得第十二届上海市决策咨询研究成果奖二等奖，专报《博物馆与中小学教育结合仍需加码助力》于同年获得党和国家领导人的批示。

　　本研究的最大难度在于，"制度设计"并非笔者的强项。并且，至今全世界都无针对制度设计的统一界定，政治学、经济学、管理学领域各有其论述。与此同时，文博领域的制度设计研究几乎空白。因此，笔者在尽可能多地研读相关成果，包括我国政府文教领域的大量红头文件之后，终于逐步厘清了博物馆与中小学教育结合制度设计的内涵与外延，并尝试搭建了理论框架。其中，区分哪些属于顶层设计、哪些属于中层设计以及其中各种体制机制的排列组合，可谓反复推敲，因为其主角都是各级各地政府，并不像底层设计的主体是博物馆和中小学那样简单明了。

　　值得一提的是，随着研究的深入，笔者的访谈对象也渐趋多元化。除了文化和旅游（文物）、教育领域的专家，来自政治学、经济学、管理学背景的学者，比如有立法、政策、规划制定经历的，有决策和管理经历的，都不断被纳入。并且，本研究的重要领域之一——教育的访谈者，覆盖了政府主管部门和单位领导、高校教授、教研员、中小学校长、教师等。他们的一线经验和真知灼见，为丰富和夯实本研究起到了重要作用。遗憾的是，因为研究时间跨度较长，一些数据的截止时间并不完全统一。并且，本书付梓时，"十三五"尚未结束，故无法获得完整的最终结果。但笔者已尽量采撷国内外新近数据，并使用权威、精准的版本。

　　在党的"十九大"报告中，"加强中国特色新型智库建设"被首次写入。而中国特色新型智库建设的核心便是通过依法、科学、民主的决策咨询制度来建立、完善国家治理体系和治理能力现代化,进而确立中国的文化软实力和话语体系。复旦大学现有两大省部级博物馆学基地——上海市社会科学创新研究基地"博物馆建设与管理创新研究"、上海高校人文社会科学研究基地"中国博物馆事业建设与管理研究基地",并致力于成为卓越的文博智库代表,以及全面服务上海市乃至全国文教宏观政策需求的思想高地。笔者现任两大基地的副主任,因此在践行本研究的进程中始终遵循"直面问题、贴近实践、服务政策、深度透析"的基本原则,并以制度设计视角审视当前我国博物馆与中小学教育结合中的关键问题及背后根源,在寻求解决方案过程中实现理论建构的突破,进而为各级各地政府提供决策参考和实证依据。从这个意义上看,这是一本就"事"论"理"的书,也是一本汇聚我国博物馆与中小学教育结合近百年历史以及国际成熟经验的寻"规"导"矩"的书,希望能为业界的可持续发展起到小小的台阶作用。

实事求是地讲,本研究超出了笔者的第一专业博物馆学和第二专业新闻学的背景,因此在研究过程中不止一次感觉给自己挖了一个坑。但我知道,这个坑或更确切地说是这口井挖得对、值得挖并且还得继续深耕厚植,以体现一个学者在推进中华优秀传统文化传承发展中的自觉责任担当。事实上,对我国博物馆与中小学教育结合的研究还将继续。并且,本制度设计之理论框架作为一个动态型经验框架,随着国内外案例的不断累积,对其的研究也将是"进行式"的而非"完成式"的。此外,本研究虽聚焦博物馆,但其成果同样可以为其他社会教育和校外教育机构、公共文化服务机构如图书馆、档案馆等所采撷。

值此梳理、小结的机会,特别感谢我的导师——复旦大学文物与博物馆学系主任陆建松教授,其一如既往的信任支撑了我在博物馆展教结合、博物馆公共文化服务之路上的漫漫求索。曾任国家文物局博物馆与社会文物司(科技司)司长、现任上海大学党委副书记段勇教授毫不犹豫地答应为本书作序,着实让我感动。此外,鸣谢现任国际博物馆协会副主席、中国博物馆协会副理事长安来顺教授为本书推荐,以及联合国教科文组织世界遗产中心官员埃德蒙·木卡拉(Moukala Ngouemo Edmond)先生立于国际文教结合维度的大力举荐。同时,本书撰写过程中,我也有幸得到了教育部教育发展研究中心副主任陈如平研究员以及上海科技大学纪委书记和上海市教育系统关心下一代工作委员会副主任吴强教授的谆谆教导。另外,华东师范大学教育高等研究院院长、终身教授丁钢先生,以及该校中外博物馆教育研究中心主任庄瑜副教授皆分享了宝贵资源。还有我的两位复旦文博系毕业生——罗兰舟、黄吉妮,亦为本研究做出了不可或缺的贡献,在此一并致谢。

  在有限的教学、科研和管理生涯中,我已逐渐感悟到:研究是一种修行,人生又何尝不是呢?希冀这是一场学术研究和政策研究深度融合的有益尝试,在此诚挚与大家分享阶段性成果。"蹄疾而步稳,勇毅而笃行",是我对自己的要求,亦是点滴心得。"路漫漫其修远兮,吾将上下而求索",愿我们携手共进,为中国文教结合事业贡献智力支持。感恩并铭记一路走来引导与扶持我的"最可爱的人",因为这也是我们的共同果实。

郑 奕
2020 年 10 月

图书在版编目(CIP)数据

博物馆与中小学教育结合:制度设计研究/郑奕著. —上海:复旦大学出版社,2020.10
(2024.3重印)
ISBN 978-7-309-15352-1

Ⅰ.①博… Ⅱ.①郑… Ⅲ.①博物馆-中小学教育-教育制度-设计-研究 Ⅳ.①G269.23
②G639.2

中国版本图书馆 CIP 数据核字(2020)第 187432 号

博物馆与中小学教育结合:制度设计研究
郑　奕　著
责任编辑/史立丽

复旦大学出版社有限公司出版发行
上海市国权路 579 号　邮编:200433
网址:fupnet@fudanpress.com　http://www.fudanpress.com
门市零售:86-21-65102580　　团体订购:86-21-65104505
出版部电话:86-21-65642845
常熟市华顺印刷有限公司

开本 787 毫米×960 毫米　1/16　印张 37　字数 606 千字
2020 年 10 月第 1 版
2024 年 3 月第 1 版第 2 次印刷

ISBN 978-7-309-15352-1/G·2170
定价:128.00 元

如有印装质量问题,请向复旦大学出版社有限公司出版部调换。
版权所有　侵权必究